"十二五"高等院校规划教材

数字电子技术

（第 2 版）

靳孝峰　武　超　主编

北京航空航天大学出版社

内容简介

本书依据高等院校"数字电子技术"课程教学内容的基本要求而编写。在编写过程中充分考虑到现代数字电子技术的飞速发展,重点介绍了数字电子技术的新理论、新技术和新器件及其应用。

本书主要内容包括绪论、数字逻辑基础、逻辑门电路、组合逻辑电路、触发器、时序逻辑电路、脉冲信号的产生与整形、半导体存储器、D/A 和 A/D 转换、可编程逻辑器件以及硬件描述语言共 11 章内容。书中包含了大量的例题和习题,书后给出了附录,以便于学生自学。

本书适合高等院校本、专科的电子、电气、信息技术和计算机等专业作为"数字电子技术"课程教材使用,也适合工程技术人员作为技术参考书使用。

图书在版编目(CIP)数据

数字电子技术/靳孝峰,武超主编. —2 版. —北京:北京航空航天大学出版社,2010.9
ISBN 978-7-5124-0195-2

Ⅰ.①数… Ⅱ.①靳…②武… Ⅲ.①数字电路—电子技术 Ⅳ.①TN79

中国版本图书馆 CIP 数据核字(2010)第 164027 号

版权所有,侵权必究。

数字电子技术(第 2 版)
靳孝峰 武 超 主编
责任编辑 刘 星

*

北京航空航天大学出版社出版发行

北京市海淀区学院路 37 号(邮编 100191) http://www.buaapress.com.cn
发行部电话:(010)82317024 传真:(010)82328026
读者信箱:emsbook@gmail.com 邮购电话:(010)82316936
北京市媛明印刷厂印装 各地书店经销

*

开本:787×1 092 1/16 印张:26.5 字数:678 千字
2010 年 9 月第 2 版 2010 年 9 月第 1 次印刷 印数:4 000 册
ISBN 978-7-5124-0195-2 定价:45.00 元

第 2 版前言

本书第 1 版出版发行后，我们收到了许多高校教师的邮件和电话，在对教材内容及特点给予充分肯定的同时，也提出了一些改进意见。为使本书的特点更加明显，使用更加方便，现决定再版。

第 2 版完全保留了原书的特色和知识框架，增删了部分内容，纠正了原版中存在的错漏以及个别符号、图形、公式、表格等不规范的问题；在基本保持原书理论体系的基础上，加强了可编程逻辑器件的内容；同时，为了更好地掌握可编程逻辑器件的开发和应用，添加了硬件描述语言内容，并单独整理成第 11 章。

原书中讲授的基本逻辑单元的工作原理以及组合逻辑电路和时序逻辑电路的基本概念、分析方法、设计方法仍是使用这些新器件必须的理论基础。因而，这方面内容我们仍然完整保留。

原书考虑到许多院校在安排教学计划时有先上数字电路、后上模拟电路的习惯，因此增加了半导体器件的内容，并单独成章。经过两年的教学实践，大家认为半导体器件这章内容过多，不利于教学节律的调节，因为数字电路主要需要的是对半导体器件开关特性的掌握。所以，这次修订时，我们将半导体器件精简，重点讲述其开关特性。新版教材将原版第 1 章半导体器件删去，代之为绪论，包括电子技术概述、半导体器件的开关特性以及理想集成运放 3 部分内容。这样，无论先期是否已经学过模拟电子技术，都可以选用这本书作为数字电子技术课程的教材。

参加本书修订编写的人员有：王明杰（编写第 1 章）；刘云朋（编写第 2 章）；芦明、程汉蓬（共同编写第 3 章）；张琦（编写第 4 章）；卢永芳、郭艳红（共同编写第 5 章、第 6 章）；陈阳（编写第 7 章、附录 A）；刘错（编写第 8 章）；王新强（编写第 9 章、附录 B、附录 C、附录 D）；李晓辉、邢广成（共同编写第 10 章）；武超（编写第 11 章）；靳孝峰（总体规划、统稿、定稿）。焦作大学靳孝峰、中原工学院武超担任主编，刘云朋、陈阳、张琦、王新强担任副主编。司国宾、赵锋、王保华、张艳、王春霞、郑文杰、刘晓莉等老师为本书制作了部分电路图，郑州大学宋家友教授不辞辛苦地认真审阅了全部书稿，并提出了宝贵建议。本书的修订得到了北京航空航天大学、郑州大学、河南理工大学、焦作大学、河南城建学院、中原工学院、河南经贸职业学院等兄弟院校的大力支持和热情帮助，北京航空航天大学出版社的工作人员为本书的成功出版付出了艰辛的劳动。编者在此向所有关心、支持和帮助过本书编写、修改、出版、发行工作的同志们致以诚挚的感谢。

修订后的教材可能还存在许多不完善之处，殷切地期望读者给予批评和指正，作者邮箱是 jxfeng369@163.com。如有老师需要电子教案，也可以同作者联系。

作　者

2010 年 6 月

第1版前言

数字电子技术课程是电子、电气、信息技术和计算机等专业必须开设的一门专业基础课。本书依据高等院校"数字电子技术"课程教学内容的基本要求而编写,并充分考虑到数字电子技术的飞速发展,加强了数字电子技术新理论、新技术和新器件及其应用的介绍。本书的编写原则是知识面宽、知识点新、应用性强,有利于学生的理解和自学。

本教材参考教学学时为72~90学时,可以根据教学要求适当调整。本教材具有以下特点:

其一,本书反映了数字电子技术的新发展,重点介绍了数字电路的新技术和新器件。例如,本书用一章的篇幅介绍了应用越来越广泛的可编程逻辑器件及其应用。

其二,本书重点介绍数字电路的分析方法和设计方法以及常用集成电路的应用。在掌握分析方法和设计方法的前提下,对于数字集成电路的内部结构不进行过多地分析和繁杂的数学公式推导,力求简明扼要、深入浅出、通俗易懂。

其三,本书内容编排上力求顺序合理,逻辑性强,可读性强,使读者更易学习和掌握。

其四,对加宽、加深的内容均注有"*"号,以便于选讲和自学。

其五,教材正文与例题、习题紧密配合。例题是正文的补充,某些内容则有意让读者通过习题来掌握,以调节教学节律,利于理解深化。

其六,本书电路中所用逻辑符号均采用国标符号和国际流行符号。

另外,本书可以与模拟电子技术教材配合使用,也可单独使用。考虑到不同学校不同专业,两门课程的开设顺序不同,本教材增加了模拟电子技术和数字电子技术的共同基础——半导体器件(第1章)。若已开设过模拟电子技术课程的专业,第1章可以省略;而对于只开设或者先开设数字电子技术的专业,必须首先讲解第1章。

本书由靳孝峰担任主编,负责制定编写要求和详细的内容编写目录,并对全书进行统稿和定稿。参加本书编写的人员均为长期从事数字电子技术教学的一线教师,具有丰富的教学经验。本书由河南理工大学付子义教授、李泉溪副教授主持审阅，两位老师在百忙中认真细致地审阅全书，并提出了宝贵建议。本书的编写得到了北京航空航天大学、郑州大学、河南理工大学、焦作大学、河南城建学院、中原工学院、河南经贸职业学院等兄弟院校的大力支持和热情帮助，北京航空航天大学出版社的工作人员为本书的成功出版付出了艰辛的劳动。编者在此对为本书成功出版做出贡献的所有工作人员表示衷心的感谢。

由于编者水平有限，书中的错误与不当之处在所难免，敬请读者指正，以便不断改进。

作　者

2007 年 6 月

目　录

第1章　绪　论 … 1
1.1　电子技术概述 … 1
1.1.1　电子技术的发展和应用 … 1
1.1.2　电子技术基础课程的性质和任务 … 1
1.1.3　数字电子技术课程的特点和学习方法 … 2
1.2　半导体器件及其开关特性 … 2
1.2.1　半导体二极管及其开关特性 … 3
1.2.2　半导体三极管及其开关特性 … 7
1.2.3　MOS管及其开关特性 … 16
1.3　理想集成运算放大器 … 22
1.3.1　集成运算放大器概述 … 22
1.3.2　理想集成运算放大器的工作特点 … 25
1.3.3　理想集成运算放大器的应用 … 26
本章小结 … 28
习　题 … 29

第2章　数字逻辑基础 … 31
2.1　数字电路概述 … 31
2.1.1　数字信号和数字电路 … 31
2.1.2　数字电路的分类和特点 … 31
2.1.3　数字电路的研究方法 … 32
2.2　数的进制和二进制代码 … 33
2.2.1　常用的数制 … 33
2.2.2　不同进制数之间的相互转换 … 35
2.2.3　二进制代码 … 37
2.3　逻辑代数及其基本运算 … 41
2.3.1　逻辑代数的逻辑变量和正负逻辑 … 41
2.3.2　逻辑代数的3种基本运算 … 41
2.4　逻辑代数的定律和规则 … 44
2.4.1　逻辑代数的基本公式 … 44
2.4.2　逻辑代数的三大规则 … 45
2.4.3　若干常用公式 … 46
2.5　常用的复合逻辑运算 … 47

2.6 逻辑问题的几种表示方法 ··· 49
  2.6.1 逻辑表达式和逻辑真值表 ·· 50
  2.6.2 逻辑图 ··· 51
  2.6.3 波形图和卡诺图 ·· 52
2.7 逻辑函数的代数化简法 ··· 52
  2.7.1 逻辑函数化简的意义和最简的概念 ························· 52
  2.7.2 代数化简逻辑函数的常用方法 ································ 53
  2.7.3 逻辑函数表达式不同形式的转换 ···························· 55
2.8 逻辑函数的卡诺图化简法 ·· 57
  2.8.1 逻辑函数的最小项及其最小项表达式 ······················ 58
  *2.8.2 逻辑函数的最大项及其最大项表达式 ····················· 59
  2.8.3 逻辑函数的卡诺图表示方法 ···································· 60
  2.8.4 卡诺图化简逻辑函数的方法 ···································· 62
  2.8.5 逻辑函数式的无关项 ··· 66
  2.8.6 具有无关项逻辑函数的化简 ···································· 67
本章小结 ·· 68
习　题 ··· 68

第 3 章　逻辑门电路 ·· 70

3.1 逻辑门电路概述 ··· 70
  3.1.1 逻辑门电路的特点及其类型 ···································· 70
  3.1.2 3 种基本逻辑门电路 ·· 70
3.2 TTL 集成逻辑门电路 ··· 73
  3.2.1 TTL 与非门的工作原理 ··· 73
  3.2.2 TTL 与非门的电气特性与参数 ································ 75
  3.2.3 改进的 TTL 与非门 ··· 82
  3.2.4 集电极开路与非门和三态与非门 ···························· 83
  3.2.5 TTL 数字集成电路的系列和特点 ···························· 89
  3.2.6 TTL 集成门电路的使用注意事项 ···························· 91
*3.3 其他类型的双极型数字集成电路简介 ······························· 93
  3.3.1 射极耦合逻辑电路 ··· 93
  3.3.2 集成注入逻辑电路 ··· 95
3.4 MOS 集成逻辑门电路 ·· 97
  3.4.1 CMOS 非门 ·· 97
  3.4.2 CMOS 传输门和双向模拟开关 ······························ 100
  3.4.3 CMOS 与非门和或非门 ··· 101
  3.4.4 CMOS 漏极开路门和三态门 ································· 102
  3.4.5 CMOS 数字集成逻辑电路的系列 ·························· 103
  3.4.6 CMOS 逻辑电路的特点 ··· 104
  3.4.7 CMOS 逻辑门电路的使用注意事项 ····················· 105

3.5 集成逻辑门接口技术 ………………………………………………………… 107
    3.5.1 用 TTL 电路驱动 CMOS 电路 ……………………………………… 107
    3.5.2 用 CMOS 电路驱动 TTL 电路 ……………………………………… 108
    3.5.3 TTL(CMOS)电路驱动大电流负载 …………………………………… 109
本章小结 ……………………………………………………………………………… 110
习　题 ………………………………………………………………………………… 110

第 4 章　组合逻辑电路 …………………………………………………………… 113

4.1 组合逻辑电路概述 ………………………………………………………………… 113
    4.1.1 组合逻辑电路的特点 ………………………………………………… 113
    4.1.2 组合逻辑电路的逻辑功能描述 ……………………………………… 113
    4.1.3 组合逻辑电路的类型和研究方法 …………………………………… 114
4.2 组合逻辑电路的分析方法和设计方法 …………………………………………… 114
    4.2.1 组合逻辑电路的分析方法 …………………………………………… 114
    4.2.2 组合逻辑电路的设计方法 …………………………………………… 115
4.3 组合电路的竞争冒险现象 ………………………………………………………… 118
    4.3.1 竞争冒险的产生原因 ………………………………………………… 119
    4.3.2 竞争冒险的判断和识别 ……………………………………………… 119
    4.3.3 竞争冒险的消除 ……………………………………………………… 120
4.4 加法器和数值比较器 ……………………………………………………………… 121
    4.4.1 加法器 ………………………………………………………………… 121
    4.4.2 数值比较器 …………………………………………………………… 126
4.5 数据选择器和数据分配器 ………………………………………………………… 129
    4.5.1 数据选择器 …………………………………………………………… 129
    4.5.2 数据分配器 …………………………………………………………… 132
4.6 编码器和译码器 …………………………………………………………………… 133
    4.6.1 编码器 ………………………………………………………………… 133
    4.6.2 译码器 ………………………………………………………………… 140
    4.6.3 集成中规模译码器的应用 …………………………………………… 147
本章小结 ……………………………………………………………………………… 150
习　题 ………………………………………………………………………………… 150

第 5 章　触发器 ……………………………………………………………………… 153

5.1 触发器概述 ………………………………………………………………………… 153
    5.1.1 触发器的特点 ………………………………………………………… 153
    5.1.2 触发器的分类 ………………………………………………………… 153
5.2 基本 RS 触发器 …………………………………………………………………… 154
    5.2.1 基本 RS 触发器的电路结构和工作原理 …………………………… 154
    5.2.2 基本 RS 触发器的功能描述方法 …………………………………… 155
    5.2.3 基本 RS 触发器的工作特点 ………………………………………… 156

5.3 同步时钟触发器 ………………………………………………………… 157
　　5.3.1 同步 RS 触发器 …………………………………………………… 157
　　5.3.2 同步 D 触发器 ……………………………………………………… 158
　　5.3.3 同步 JK 触发器 …………………………………………………… 159
　　5.3.4 同步 T 触发器和 T′触发器 ……………………………………… 159
　　5.3.5 同步触发器的工作特点 …………………………………………… 160
5.4 主从时钟触发器 ………………………………………………………… 160
　　5.4.1 主从 RS 触发器 …………………………………………………… 161
　　5.4.2 主从 JK 触发器 …………………………………………………… 162
　　5.4.3 主从触发器的工作特点 …………………………………………… 163
5.5 边沿触发器 ……………………………………………………………… 163
　　5.5.1 维持-阻塞式 D 触发器 …………………………………………… 164
　　5.5.2 利用门延迟时间的边沿触发器 …………………………………… 165
　　5.5.3 CMOS 传输门型边沿触发器 ……………………………………… 166
　　5.5.4 集成边沿触发器介绍 ……………………………………………… 168
　　5.5.5 边沿触发器时序图的画法 ………………………………………… 169
5.6 集成触发器使用中应注意的几个问题 ………………………………… 170
　*5.6.1 集成触发器的脉冲工作特性 ……………………………………… 170
　　5.6.2 集成触发器的参数 ………………………………………………… 172
　　5.6.3 电路结构和逻辑功能的关系 ……………………………………… 173
　　5.6.4 触发器的选择和使用 ……………………………………………… 174
　　5.6.5 不同类型时钟触发器之间的转换 ………………………………… 174
本章小结 ……………………………………………………………………… 176
习　题 ………………………………………………………………………… 176

第6章 时序逻辑电路 ………………………………………………… 179

6.1 时序逻辑电路概述 ……………………………………………………… 179
　　6.1.1 时序逻辑电路的概念和特点 ……………………………………… 179
　　6.1.2 时序逻辑电路的分类 ……………………………………………… 180
　　6.1.3 时序逻辑电路的功能描述 ………………………………………… 180
6.2 时序逻辑电路的分析方法 ……………………………………………… 181
　　6.2.1 分析时序逻辑电路的一般步骤 …………………………………… 181
　　6.2.2 时序逻辑电路分析举例 …………………………………………… 182
6.3 计数器 …………………………………………………………………… 186
　　6.3.1 二进制计数器 ……………………………………………………… 187
　　6.3.2 十进制计数器 ……………………………………………………… 192
　　6.3.3 集成计数器 ………………………………………………………… 196
　　6.3.4 任意进制计数器的构成 …………………………………………… 201
　　6.3.5 计数器的应用 ……………………………………………………… 208
6.4 寄存器 …………………………………………………………………… 210

目 录

    6.4.1 状态寄存器 ·· 211
    6.4.2 移位寄存器 ·· 212
    6.4.3 移位寄存器在数据传送系统中的应用 ·· 215
    6.4.4 移位寄存器构成移存型计数器 ··· 215
*6.5 顺序脉冲发生器和序列信号发生器 ··· 219
    6.5.1 顺序脉冲发生器 ·· 219
    6.5.2 序列信号发生器 ·· 222
6.6 时序逻辑电路的设计 ··· 223
    6.6.1 同步时序逻辑电路设计的一般步骤 ·· 224
    6.6.2 同步时序逻辑电路设计举例 ··· 225
*6.7 时序逻辑电路中的竞争冒险 ··· 230
本章小结 ·· 231
习 题 ··· 232

第 7 章 脉冲信号的产生与整形 ·· 235

7.1 概 述 ·· 235
    7.1.1 脉冲信号的特点及主要参数 ··· 235
    7.1.2 脉冲产生与整形电路的特点 ··· 235
*7.2 施密特触发器 ·· 236
    7.2.1 门电路构成的施密特触发器 ··· 236
    7.2.2 集成施密特触发器 ··· 238
    7.2.3 施密特触发器的应用 ·· 238
*7.3 单稳态触发器 ·· 240
    7.3.1 门电路构成的单稳态触发器 ··· 240
    7.3.2 集成单稳态触发器 ··· 242
    7.3.3 单稳态触发器的应用 ·· 243
*7.4 多谐振荡器 ··· 244
    7.4.1 门电路构成的多谐振荡器 ·· 244
    7.4.2 石英晶体多谐振荡器 ·· 246
    7.4.3 施密特触发器构成的多谐振荡器 ··· 247
7.5 555 定时器及其应用 ··· 248
    7.5.1 CC7555 的电路结构和工作原理 ·· 248
    7.5.2 555 定时器构成的施密特触发器 ··· 250
    7.5.3 555 定时器构成的单稳态触发器 ··· 251
    7.5.4 555 定时器构成的多谐振荡器 ·· 253
    7.5.5 555 定时器综合应用实例 ··· 255
本章小结 ·· 257
习 题 ··· 257

第 8 章 半导体存储器 259

8.1 半导体存储器概述 259
8.2 只读存储器 259
  8.2.1 掩模 ROM 260
  8.2.2 可编程只读存储器 262
  8.2.3 可擦除可编程只读存储器 263
  8.2.4 只读存储器芯片简介 267
8.3 随机存储器 267
  8.3.1 RAM 的基本电路结构 267
  8.3.2 RAM 的存储单元 269
  8.3.3 RAM 芯片简介 272
8.4 存储器容量的扩展 273
  8.4.1 位数的扩展 273
  8.4.2 字数的扩展 273
  8.4.3 RAM 的字数、位数同时扩展 274
8.5 存储器的应用 275
  8.5.1 存储器实现组合逻辑函数 275
  *8.5.2 存储数据、程序 277
本章小结 278
习题 278

第 9 章 D/A 转换和 A/D 转换 280

9.1 概述 280
9.2 D/A 转换器 281
  9.2.1 D/A 转换器的基本工作原理 281
  9.2.2 D/A 转换器的主要电路形式 281
  9.2.3 D/A 转换器的主要技术指标 285
  9.2.4 常用集成 D/A 转换器简介 285
9.3 A/D 转换器 288
  9.3.1 A/D 转换器的基本工作过程 288
  9.3.2 A/D 转换器的主要电路形式 290
  9.3.3 A/D 转换器的主要技术指标 299
  9.3.4 集成 A/D 转换电路 300
本章小结 304
习题 305

第 10 章 可编程逻辑器件 306

10.1 概述 306
10.2 可编程逻辑器件的基本结构和表示方法 307

目 录

  10.2.1 PLD 的基本结构 …………………………………… 308
  10.2.2 PLD 器件的表示方法 ……………………………… 308
 *10.3 现场可编程逻辑阵列 ……………………………………… 309
  10.3.1 PROM 的结构 ……………………………………… 309
  10.3.2 FPLA 结构 ………………………………………… 310
  10.3.3 FPLA 器件的应用 ………………………………… 311
 *10.4 可编程阵列逻辑 PAL ……………………………………… 312
  10.4.1 PAL 的基本电路结构 ……………………………… 312
  10.4.2 PAL 的输出电路结构和反馈形式 ………………… 313
  10.4.3 PAL 器件的应用 …………………………………… 315
  10.4.4 PAL 的特点 ………………………………………… 319
 10.5 通用阵列逻辑 GAL ………………………………………… 319
  10.5.1 常用 GAL 芯片的结构 …………………………… 319
  10.5.2 GAL 的输出逻辑宏单元 …………………………… 322
  10.5.3 GAL 器件的特点 …………………………………… 326
 *10.6 高密度 PLD ………………………………………………… 327
  10.6.1 可擦除的可编程逻辑器件 ………………………… 327
  10.6.2 复杂的可编程逻辑器件 …………………………… 330
  10.6.3 现场可编程门阵列 ………………………………… 333
 *10.7 可编程逻辑器件的开发 …………………………………… 337
  10.7.1 在系统可编程技术 ………………………………… 337
  10.7.2 可编程逻辑器件的设计过程 ……………………… 338
  10.7.3 边界扫描测试技术 ………………………………… 340
 本章小结 ……………………………………………………………… 341
 习 题 ……………………………………………………………… 342

第 11 章 硬件描述语言 ………………………………………… 343

 11.1 EDA 技术概述 ……………………………………………… 343
  11.1.1 EDA 技术及发展 …………………………………… 343
  11.1.2 EDA 技术的主要内容 ……………………………… 344
  11.1.3 EDA 设计流程 ……………………………………… 345
  11.1.4 EDA 的原理图设计方法 …………………………… 347
 11.2 硬件描述语言 VHDL ……………………………………… 355
  11.2.1 VHDL 设计实体的基本结构 ……………………… 357
  11.2.2 VHDL 语言要素 …………………………………… 358
  11.2.3 VHDL 顺序语句 …………………………………… 365
  11.2.4 VHDL 并行语句 …………………………………… 373
 11.3 VHDL 设计流程实例 ……………………………………… 378
  11.3.1 编辑 VHDL 源程序 ………………………………… 379
  11.3.2 设计 8 位计数显示译码电路顶层文件 …………… 381

  11.3.3 编译顶层设计文件 ··············· 382
  11.3.4 仿真顶层设计文件 ··············· 382
  11.3.5 下载顶层设计文件 ··············· 383
 本章小结 ································· 383
 习 题 ································· 383

附录 A 数字电路系统的设计 ················ 386

 A.1 数字电路系统的组成 ··············· 386
 A.2 数字电路系统的方框图描述法 ········· 387
 A.3 多路可编程控制器的设计与制作 ········ 387
  A.3.1 多路可编程控制器的电路设计 ······ 387
  A.3.2 电路制作与测试 ··············· 390
 A.4 数字频率计的设计与制作 ············ 392
  A.4.1 数字频率计电路设计 ············ 392
  A.4.2 数字频率计的制作与调试 ········· 395
 A.5 数字电路系统设计与制作的一般方法 ····· 396
  A.5.1 数字电路系统设计的一般方法 ······ 396
  A.5.2 数字电路系统的安装与调试 ········ 398

附录 B 数字系统一般故障的检查和排除 ········ 400

 B.1 常见故障 ······················· 400
 B.2 产生故障的主要原因 ··············· 401
 B.3 查找故障的常用方法 ··············· 401
 B.4 故障的排除 ····················· 403

附录 C 国产半导体集成电路型号命名法(GB3430—82) ··· 404

 C.1 型号的组成 ····················· 404
 C.2 实际器件举例 ···················· 404

附录 D 本书常用文字符号 ··················· 405

 D.1 晶体管符号 ····················· 405
 D.2 电压、电流和功率符号 ·············· 405
 D.3 电阻、电导和电容符号 ·············· 407
 D.4 时间和频率符号 ·················· 407
 D.5 逻辑器件及其他符号 ··············· 408
 D.6 其他参数符号 ···················· 409

参考文献 ································· 410

第1章 绪论

本章首先介绍电子技术的发展、应用以及"电子技术"课程的任务、性质、特点及学习方法，然后对学习数字电子技术所需要的基础知识(如半导体器件的开关特性、理想运算放大器)进行探讨。

1.1 电子技术概述

1.1.1 电子技术的发展和应用

电子技术是一门研究电子器件及其应用的科学技术。自 20 世纪初第一只实用的电子器件——真空二极管问世以来，电子技术获得了巨大的发展。电子技术的广泛应用不仅有力地促进了生产力的发展，也使我们的生活更加丰富多彩。

电子技术的发展和进步是与新型电子器件的发明紧密联系在一起的。自从真空二极管发明以来，晶体管和集成电路等新型电子器件不断涌现。特别是集成电路的出现使电子技术产生了质的飞跃，实现了电路的微型化，使电路可靠性大大提高。随着集成电路工艺的日渐完善，集成规模越来越大，现在已能将上千万个甚至上亿个晶体管和元件集成于同一硅片上，这就是大规模和超大规模集成电路。为了得到集成度更高、工作速度更快的电子器件，科学家正在努力寻找新一代全新的电子器件。

在大规模集成电路迅速发展的同时，大功率电子器件的研制也取得了突破性的进展。目前生产的大功率电子器件足以控制数千安培的电流，可承受数千伏的高电压。用大功率电子器件制成的驱动装置已经广泛地用在各行各业的自动化系统中。

现在电子技术应用极为广泛，几乎渗透到社会生产和生活的一切领域。例如在通信方面，利用电子技术生产的现代化通信设备(如各种广播、电视的发送/接收设备、录像机、传真机、无线电话、卫星通信设备等)琳琅满目。在工业控制方面，采用电子技术制作的传感器、测量仪表、控制器和驱动装置使系统更加灵敏、精确，从而有效地提高了自动控制系统的质量。采用大规模和超大规模集成电路工艺生产的微型计算机、单片机在工农业生产、科学研究、经济管理、办公自动化以及日常生活的各个领域中得到了广泛的应用。可以这样说，没有先进的电子技术就没有社会生产和生活的现代化。

1.1.2 电子技术基础课程的性质和任务

电子技术发展迅速、应用广泛，所有电类专业和其他许多专业都必须掌握这门技术，电子技术基础就是适应需要为相关专业开设的课程。

电子技术基础课程是电子技术方面的入门基础课程，它具有自身的理论体系和很强的实践性。其任务是使学生获得电子技术方面的基本理论、基本知识和基本技能，培养学生分析问题和解决问题的能力，为今后从事电子技术的研究、开发工作奠定基础。同时，也为一些后续课程的学习提供必要的基础知识。

电子技术基础课程的内容包括数字电路和模拟电路两部分。数字电路处理的信号都是数字量，在采用二进制的数字电路中，信号只有 0 和 1 两种状态。数字电路不仅能完成数值运算，还能进行数学逻辑运算，因而也把数字电路叫作逻辑电路或数字逻辑电路。

模拟电路处理的信号是在时间上和数值上都连续变化的模拟信号。模拟电路主要用于微弱信号的放大、信号的自动产生和波形变换等。

由于这两种电路中工作信号性质不同，所以电路的工作状态以及分析方法、设计方法、实验方法均有明显的差别。

1.1.3 数字电子技术课程的特点和学习方法

本课程为数字电子技术部分。"数字电子技术"课程是高等理工科院校电气、电子、信息、通信、计算机科学技术类专业的一门专业基础课。通过本课程的学习，可使学生获得数字电子技术方面的基本概念、基本知识和基本技能，培养他们对数字电路的分析与设计的能力，为后续课程的学习及今后的实际工作打下良好的基础。"数字电子技术"课程先修课程有"电路分析"等，主要后续课程有"计算机原理及应用"、"单片机原理及应用"、"计算机控制技术"等。

数字电子技术的特点之一是电子器件和电子电路的种类繁多，而且随着时间的推移还会不断有新的电子器件和电子电路产生。因此，在学习的过程中必须抓住它们的共性作为学习的重点，也就是要把重点放在掌握基本概念、基本分析方法和设计方法上面。在学习各种集成电路的内容时，应以器件的外部特性和正确的使用方法为重点，而不要把注意力放在内部电路的具体结构和工作过程的仔细分析、计算上。在分析具体电路时，要根据实际情况紧抓主要因素、忽略次要因素，以使分析简化。数字电子技术的另一个显著特点是它的实践性很强。我们所讨论的许多电子电路都是实用电路，即可以做成实际的装置。这就要求我们不仅需要掌握电子技术的基本理论知识，还应当学会用实验的方法组装、测试和调试电子电路，培养理论联系实际解决实际问题的能力。因此我们一定要加强实践环节。学会理论联系实际，能够运用所学的理论知识处理、解决实际问题。

1.2 半导体器件及其开关特性

半导体器件是以半导体（硅、锗）等为主要材料制作而成的电子控制器件。它种类很多，二极管、双极型三极管、场效应管以及集成电路都是重要的半导体器件。半导体器件具有体积小、质量轻、使用寿命长、输入功率小、功率转化效率高以及可靠性强等优点，因而得到极为广泛的应用。本节主要介绍半导体器件的开关特性。

完全纯净的、结构完整的半导体材料称为本征半导体。半导体具有热敏性、光敏性、掺杂性等特点，半导体具有带正电的空穴和带负电的自由电子 2 种导电粒子，这是其与导体的本质区别。

绪 论
第1章

在本征半导体中掺入微量特定的杂质元素,就会使半导体的导电性能发生显著改变。根据掺入杂质元素的性质不同,杂质半导体可分为P型半导体和N型半导体2大类。

P型半导体是在本征半导体硅(或锗)中掺入微量的3价元素(如硼、铟等)而形成的。空穴为多数载流子(简称多子),自由电子则为少数载流子(简称少子);N型半导体是在本征半导体硅(或锗)中掺入微量的5价元素(如磷、砷、镓等)而形成的。自由电子是多数载流子,空穴是少数载流子。因而P型半导体以空穴导电为主,N型半导体以电子导电为主。

通过掺杂工艺,把本征硅(或锗)片的一边做成P型半导体,另一边做成N型半导体,这样在它们的交界面处会形成一个很薄的特殊物理层,称为PN结。PN结的重要特点是单向导电性,PN结是构造所有半导体元器件的基本结构单元。

1.2.1 半导体二极管及其开关特性

1. 半导体二极管的结构和符号

半导体二极管内部实质上就是一个PN结,同样具有单向导电性。二极管按半导体材料的不同可以分为硅二极管、锗二极管和砷化镓二极管等。按结构可分为点接触型、面接触型和平面型二极管3类,如图1.1所示。

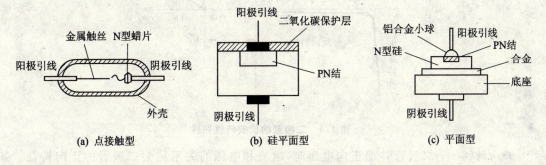

图1.1 二极管的3种结构

点接触型二极管结构的PN结面积和极间电容均很小,允许通过电流较小,工作频率较高,不能承受高的反向电压和大电流,因而适用于制作高频检波和脉冲数字电路里的开关元件以及作为小电流的整流管;面接触型和硅平面型二极管的PN结面积大,可承受较大的电流,其极间电容大,工作频率低,因而适用于整流,而不宜用于高频电路中。不同结构二极管共用同一符号(如图1.2所示),由P端引出的电极是正极,由N端引出的电极是负极,三角形指向的方向表示正向电流的方向,VD是二极管的文字符号。

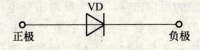

图1.2 二极管的符号

常见的二极管有金属、塑料和玻璃3种封装形式。按照应用的不同,二极管分为整流、检波、开关、稳压、发光、光电、快恢复和变容二极管等。根据使用的不同,二极管的外形各异,如图1.3所示为几种常见的二极管外形。

图 1.3 常见的二极管外形

2. 二极管的伏安特性及主要参数

(1) 二极管的伏安特性

二极管两端的电压 U 及其流过二极管的电流 I 之间的关系曲线,称为二极管的伏安特性。二极管的伏安特性曲线如图 1.4 所示。

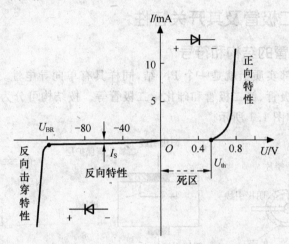

图 1.4 二极管的伏安特性曲线

正向特性——二极管外加正向电压时,电流和电压的关系称为二极管的正向特性。如图 1.4 所示,当二极管所加正向电压比较小时($0<U<U_{th}$),二极管上流经的电流为 0,管子仍截止,此区域称为死区,U_{th} 称为死区电压(门坎电压)。硅二极管的死区电压约为 0.5 V,锗二极管的死区电压约为 0.1 V。

反向特性——二极管外加反向电压时,电流和电压的关系称为二极管的反向特性。如图 1.4 可知,二极管外加反向电压时,反向电流很小($I \approx -I_S$),而且在相当宽的反向电压范围内,反向电流几乎不变,此电流值为二极管的反向饱和电流。

反向击穿特性——从图 1.4 可知,当反向电压的值增大到 U_{BR} 时,反向电压值稍有增大,反向电流会急剧增大,称此现象为反向击穿,U_{BR} 为反向击穿电压。利用二极管的反向击穿特性可以做成稳压二极管,但一般的二极管不允许工作在反向击穿区。

理论分析表明,二极管的电流 I 与外加电压 U 之间的关系(不包含击穿特性)可表示为:

$$I = I_s(e^{\frac{U}{U_T}} - 1) \tag{1-1}$$

式(1-1)中,I_S 为未击穿时最大反向电流称为反向饱和电流,其大小与二极管的材料、制作工艺、温度等有关,随温度升高明显上升,$U_T = kT/q$,称为温度的电压当量或热电压,其中 k 为玻耳兹曼常数,T 为热力学温度,q 为电子的电量。在 $T=300$ K(室温)时,$U_T = 26$ mV,式(1-1)称为伏安特性方程。

(2) 二极管的温度特性

二极管是对温度非常敏感的器件。实验表明，随温度升高，二极管的正向压降会减小，正向伏安特性左移，即二极管的正向压降具有负的温度系数(约为 $-2\text{ mV}/℃$)；温度升高，反向饱和电流会增大，反向伏安特性下移，温度每升高 10 ℃，反向电流大约增加 1 倍。图 1.5 为温度对二极管伏安特性的影响。

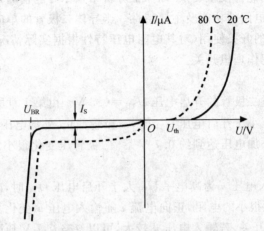

图 1.5　温度对二极管伏安特性的影响

(3) 二极管的主要参数

器件参数是定量描述器件性能质量和安全工作范围的重要数据，更是我们合理选择和正确使用器件的依据。二极管的参数一般可以从产品手册中查到，也可以通过直接测量得到。下面介绍晶体二极管的主要参数及其意义。

最大整流电流 I_F——I_F 是二极管长期运行时，允许通过的最大正向平均电流。实际应用时，流过二极管的平均电流不能超过此值，否则二极管将因过热而烧毁。例如 2AP1 的最大整流电流为 16 mA。此值取决于 PN 结的面积、材料和散热情况。

最大反向工作电压 U_{RM}——U_{RM} 是指二极管允许的最大反向工作电压。当反向电压超过此值时，二极管可能被击穿。为了留有余地，通常取击穿电压的一半作为 U_{RM}。

反向电流 I_R——I_R 指二极管未击穿时的反向电流。I_R 越小，单向导电性能越好。I_R 与温度密切相关，使用时应注意 I_R 的温度条件。其值愈小，说明二极管的单向导电性愈好。

最高工作频率 f_M——f_M 的值主要取决于二极管内 PN 结结电容的大小，结电容越大，则二极管允许的最高工作频率越低。工作频率超过 f_M 时，二极管的单向导电性能降低。

需要指出的是，由于器件参数分散性较大，手册中给出的一般为典型值，必要时应通过实际测量得到准确值。另外，应注意参数的测试条件，不同测试条件则参数不同，当运用条件不同时，应考虑其影响。

二极管在实际应用中，首先应根据电路要求选用合适的管子类型和型号，并且保证管子参数满足电路的要求，同时留有余量以免损坏二极管；另外在实际操作时应注意对二极管的保护。

普通二极管的应用范围很广，可用于开关、稳压、整流、检波、限幅、电平变换等电路。数字电路中，二极管一般作为开关使用，下面主要探讨其开关特性。

除普通二极管外，还有稳压二极管、变容二极管、光电二极管、发光二极管等特殊用途的二极管。其具体结构、原理及应用本节不再探讨,有兴趣的读者可参阅笔者编著的《模拟电子技术》教材(ISBN 978-7-81124-797-8)。

3. 半导体二极管的开关特性

二极管是一种非线性元件,根据分析手段及应用要求,器件电路模型将有所不同。例如:借助计算机辅助分析,则允许模型复杂,以保证分析结果尽可能精确;而在工程分析中,则力求模型简单、实用,以突出电路的功能及主要特性。半导体二极管的单向导电性决定了它可以作为一个受外加电压控制的开关使用(对其电阻电压特性根据实际情况适当近似),在频率没有超过其极限值时,可以视作理想开关。

(1) 静态开关特性

以硅二极管为例,硅二极管的开启电压 $U_{TH}=0.5$ V。由第 1 章所述二极管的伏安特性曲线可以看出,当外加电压小于开启电压 U_{TH} 时,二极管截止,外加电压大于开启电压 U_{TH} 以后,二极管才导通,而且在外加电压达到约 0.7 V 后,二极管压变化很小。当外加反向电压时,反向电流近似为 0。

图 1.6(a)中,当输入电压 u_i 为高电平 U_{iH} 大于开启电压 U_{TH} 时,二极管导通,其工作电压约为 0.7 V,二极管呈现很小的电阻,正向电流 i 随输入电压 u_i 变化。这时,二极管可以视作具有 $u_D=0.7$ V 的闭合开关,若输入电压 u_i 较大,可以忽略 0.7 V 压降,如图 1.6(b)所示。当输入电压 u_i 为低电平 U_{iL} 小于开启电压 U_{TH} 时,二极管截止,反向电流 i 极小,二极管呈现很高的电阻。这时,二极管可以视作断开的开关,如图 1.6(c)所示。综上所述,在数字电路中二极管就是一个压控开关。

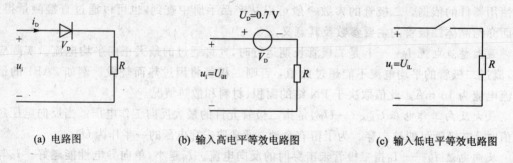

(a) 电路图　　　　(b) 输入高电平等效电路图　　　　(c) 输入低电平等效电路图

图 1.6　二极管开关电路及其等效电路

(2) 动态开关特性

二极管并非理想开关,其内部结构决定了它的开、关需要一定的时间。在低速开关电路中,这种由截止到导通和由导通到截止的转换时间可以忽略,但在高速开关电路中则必须考虑。

在图 1.6(a)电路中加入图 1.7 上半部分所示的快速脉冲电压,二极管的动态过程如下:在 $u_i=U_{iH}>U_{TH}$ 时,二极管导通,其电流 $i=i_H$;当 u_i 由 U_{iH} 跳变到 U_{iL} 时,二极管并不能立即截止,而是在 U_{iL} 的作用下,产生了很大的反向电流 i_L(与二极管内部结构有关,自己思考一下原因),经过一段时间 t_{rr} 后二极管才进入截止状态,如图 1.7 下半部分所示,t_{rr} 为反向恢复时间(又称关断时间)。

二极管由截止到导通所需的时间为正向导通时间(又称开通时间),这个时间比反向恢复时间 t_{rr} 小得多,对二极管的开关速度影响很小,一般忽略不记。一般开关二极管的反向恢复

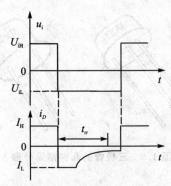

注：上半部分为输入脉冲电压波形；下半部分为实际电流波形。

图 1.7　二极管动态开关特性

时间 t_{rr} 也只有几 ns，例如，高速开关电路的平面型硅开关管 2CK 系列，$t_{rr} \leqslant 5$ ns。

反向恢复时间 t_{rr} 对二极管的动态开关特性影响很大，当二极管两端输入电压频率非常高时，以至于低电平的持续时间小于它的反向恢复时间，二极管将失去其单向导电的开关作用。纯净的半导体单晶硅(Si)和单晶锗(Ge)晶体。

(3) 肖特基二极管

为了缩短开关时间，人们制作了肖特基二极管。它的原理结构图和对应的电路符号如图 1.8 所示。它是采用一种特殊工艺制作的硅二极管。当金属与 N 型半导体接触时，在其交界面处会形成势垒区，利用该势垒制作的二极管，称为肖特基二极管或表面势垒二极管(SBD)。

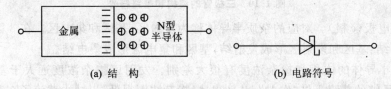

(a) 结　构　　　　　　　　(b) 电路符号

图 1.8　肖特基二极管的结构和电路符号

SBD 导通电压较低，约有 0.3 V，而且存储效应小，反向恢复时间短，开关速度快，利用它可提高电路的工作速度。

1.2.2　半导体三极管及其开关特性

半导体三极管又称晶体三极管，简称三极管。因其内部有两种载流子参与导电，又称为双极型三极管。它在电子电路中既可作为放大元件，又可作为开关元件，应用十分广泛。

双极型三极管种类很多。按照工作频率分，有低频管和高频管；按照功率分，有小、中、大功率管；按照半导体材料分，有硅管和锗管等。三极管一般有 3 个电极，常见的三极管外形如图 1.9 所示。

1. 三极管的结构和符号

三极管一般有 NPN 型和 PNP 型两种结构类型，结构示意图和电路符号分别如图 1.10 (a)、(b)所示。

在一块半导体上，掺入不同杂质，制成不同的 3 层杂质半导体，形成 2 个紧挨着的 PN 结，并引出 3 个电极，则构成三极管。从 3 块杂质半导体各自引出的电极依次为发射极(e 极)、基

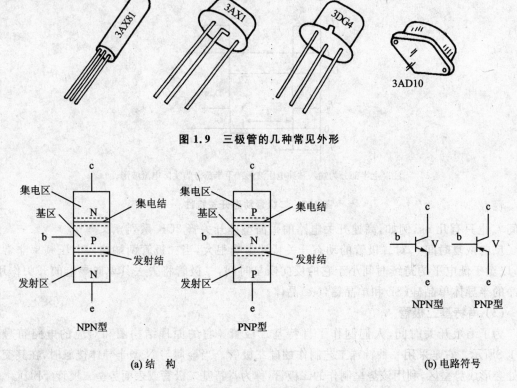

图 1.9　三极管的几种常见外形

(a) 结　构　　　　　　　　　　　　　　　　　(b) 电路符号

图 1.10　三极管的结构和电路符号

极(b 极)和集电极(c 极)。对应的杂质半导体称为发射区、基区和集电区。在 3 区交界处形成形成 2 个 PN 结:基区和发射区形成发射结;基区和集电区形成集电结。

3 块杂质半导体的体积和掺杂浓度有很大差别。发射区掺杂浓度远大于基区的掺杂浓度,以便于有足够的载流子供"发射";基区很薄,掺杂浓度很低,以减少载流子在基区的复合机会,这是三极管具有放大作用的关键所在;集电区比发射区体积大且掺杂少,以利于收集载流子。

由此可见,三极管并非 2 个 PN 结的简单组合,不能用 2 个二极管来代替,在放大电路中也不可将发射极和集电极对调使用。三极管不是对称性器件。

组成 NPN 晶体管的 3 层杂质半导体是 N 型-P 型-N 型结构,称为 NPN 管;组成 PNP 晶体管的 3 层杂质半导体是 P 型-N 型-P 型结构,称为 PNP 管。注意:2 种结构管子电路符号发射极的箭头方向不同。

晶体三极管产品共有 4 种类型,它们对应的型号分别为:3A(锗 PNP)、3B(锗 NPN)、3C(硅 PNP)、3D(硅 NPN)。目前我国产品多为硅 NPN 和锗 PNP 两种。

2. 半导体三极管的工作原理

NPN 型三极管和 PNP 型三极管虽然结构不同,但其工作原理是相同的。NPN 硅三极管应用最为广泛,下面以 NPN 型三极管为例分析三极管的工作原理和主要性能。有关 PNP 三极管的性能特点,读者可依照此方法自己去分析。

(1) 三极管的工作电压

三极管正常工作时,须外加合适的电源电压。三极管要实现放大作用,发射结必须加正向电压,集电结必须加反向电压,即发射结正偏,集电结反偏,如图 1.11 所示。其中 V 为三极管,U_{CC} 为集电极电源电压,U_{BB} 为基极电源电压,2 类管子外部电路所接电源极性正好相反,R_b 为基极电阻,R_c 为集电极电阻。若以发射极电压为参考电压,则三极管发射结正偏,集电结反偏这个外部条件也可用电压关系来表示:对于 NPN 型,$U_C > U_B > U_E$;对于 PNP 型,$U_E > U_B > U_C$。

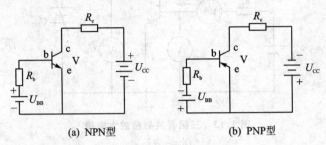

图 1.11 三极管的电源接法

(2) 三极管的基本连接方式

三极管有 3 个电极,而在连成电路时必须由 2 个电极接输入回路,2 个电极接输出回路,这样势必有 1 个电极作为输入和输出回路的公共端。根据公共端的不同,有各具特点的 3 种基本连接方式。

共发射极接法(简称共射接法)——共射接法是以基极为输入端的一端,集电极为输出端的一端,发射极为公共端,如图 1.12(a)所示。

共集电极接法(简称共集接法)——共集接法是以基极为输入端的一端,发射极为输出端的一端,集电极为公共端,如图 1.12(b)所示。

共基极接法(简称共基接法)——共基接法是以发射极为输入端的一端,集电极为输出端的一端,基极为公共端,如图 1.12(c)所示。

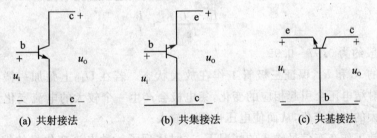

图 1.12 三极管电路的 3 种组态

无论采用哪种接法,三极管要实现放大作用,都必须满足发射结正偏,集电结反偏。这里要注意的是,复杂的实际应用电路共端极并不一定接地,判断方法是基入集出为共射、射入集出为共基、基入射出为共集。

(3) 三极管的电流分配和放大作用

3 种接法各有特点,其中共射接法应用最为广泛。下面以 NPN 硅三极管共射电路为例分析其工作情况。图 1.13 是三极管共射极放大电路。图中 U_{BB} 为基极外接电源,它使 $U_{BE} > 0$,保证发射结正偏压;U_{CC} 为集电极外接电源,要满足 $U_{CC} > U_{BB}$,以保证集电结反偏;R_b 和 R_c 分别为基极回路和集电极回路的串接电阻。

改变 U_{BB} 从而改变 I_B 的大小,同时测试记录 I_B、I_C 和 I_E 的值,可以得出如下结论:

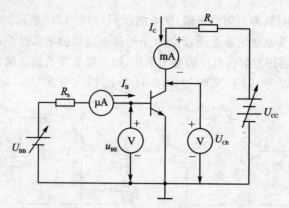

图 1.13 三极管共射极放大电路

$$I_C \approx \bar{\beta} I_B$$
$$I_E = I_B + I_C \tag{1-2}$$

通过理论分析，可以得出更加精确的结论如下：

$$I_C = \bar{\beta} I_B + (1+\bar{\beta}) I_{CBO} = \bar{\beta} I_B + I_{CEO}$$
$$I_E = I_B + I_C \tag{1-3}$$

其中，$\bar{\beta}$ 值称为共射极直流电流放大系数，一般在 10～200 之间。$\bar{\beta}$ 太小，管子的放大能力就差，而 $\bar{\beta}$ 过大则管子不够稳定。基极电流有微小的变化时，集电极电流将发生大幅度变化。这就是三极管的电流放大作用。

式(1-3)中 I_{CBO} 是集电结反向饱和电流与温度关系密切，$I_{CEO}=(1+\bar{\beta})I_{CBO}$ 称为集电极-发射极穿透电流。因 I_{CBO} 很小，在忽略其影响时，则有式(1-2)，这是今后电路分析中常用的关系式。

为了反映集电极电流与射极电流的比例关系，定义共基极直流电流放大系数为：

$$\bar{\alpha} = \frac{I_C - I_{CBO}}{I_E} \approx \frac{I_C}{I_E} \tag{1-4}$$

显然，$\bar{\alpha} < 1$，一般约为 0.97～0.99。

选择合适的 R_b 和 R_c，保证三极管工作在放大状态。若在 U_{BB} 上叠加一微小的正弦电压 Δu_i，则正向发射结电压会引起相应的变化，集电极会产生一个较大的电流变化量 Δi_C，必将在负载上产生较大的电压变化，从而使电压也得到放大。

三极管常常工作在有信号输入的情况下，这时体现了一种电流变化量的控制关系。放大系数的大小反映了三极管放大能力的强弱。集电极电流变化量与基极电流变化量之比值，叫作共发射极交流电流放大系数，用 β 表示，即：

$$\beta = \frac{\Delta I_C}{\Delta I_B}\bigg|_{U_{CE}=常数} \tag{1-5}$$

其大小体现了共射接法时三极管的放大能力。

同样道理，集电极电流变化量与射极电流变化量之比值，叫作共基极交流电流放大系数，用 α 表示，即：

$$\alpha = \frac{\Delta I_C}{\Delta I_E}\bigg|_{U_{CB}=常数} \tag{1-6}$$

其大小体现了共基接法时三极管的放大能力。

绪 论
第1章

显然,直流状态和交流状态下的两种系数含义不同,数目也不相等。只是在放大状态,并忽略 I_{CEO} 的情况下,两者基本相等。一般计算中,常常认为相等,不再区分。

3. 半导体三极管的伏安特性曲线

三极管的特性曲线是指各极电压与电流之间的关系曲线。因为三极管的共射接法应用最广,下面以 NPN 硅管共射接法为例来分析三极管的特性曲线。

三极管有2个回路,晶体管特性曲线包括输入和输出2组特性曲线。这2组曲线可以在晶体管特性图示仪的屏幕上直接显示出来,也可以用图 1.13 测试电路逐点测出。

(1) 共发射极输入特性曲线

共射输入特性曲线是以 U_{CE} 为参变量时,i_B 与 U_{BE} 间的关系曲线,用函数关系表示为:

$$i_B = f(U_{BE})|_{U_{CE}=常数} \tag{1-7}$$

典型的硅 NPN 型三极管共发射极输入特性曲线如图 1.14 所示。

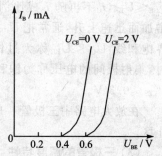

图 1.14 共发射极输入特性曲线

从图 1.14 可以看出,输入特性具有以下特点:

当 $U_{CE}=0$ 时,三极管的输入回路相当于2个 PN 结并联。三极管的输入特性曲线是2个正向二极管的伏安特性。

当 $U_{CE}>0$ 时,随着 U_{CE} 的增加,曲线右移。

当 $U_{CE}>1$ V 时,在一定的 U_{BE} 条件之下,只要 U_{BE} 不变,U_{CE} 再继续增大,I_B 变化不大,$U_{CE}>1$ V 以后,不同 U_{CE} 的值的各条输入特性曲线几乎重叠在一起。在实际应用中,三极管的 U_{CE} 一般大于1 V,$U_{CE}>1$ V 时的曲线更具有实际意义。常用 $U_{CE}>1$ V 的某条输入特性曲线来代表输入特性特性曲线。

由三极管的输入特性曲线可看出,三极管的输入特性曲线是非线性的,输入电压小于某一开启值时,三极管不导通,基极电流约为零,这个开启电压又叫阈值电压。对于硅管,其阈值电压约为 0.5 V,锗管约为 0.1~0.2 V。当管子正常工作时,发射结压降变化不大,对于硅管约为 0.6~0.8 V,对于锗管约为 0.2~0.3 V。

(2) 共发射极输出特性曲线

三极管共射极输出特性曲线是以 i_B 为参变量时,i_C 与 U_{CE} 之间的关系曲线,用函数关系表示为:

$$i_C = f(U_{CE})|_{i_B=常数} \tag{1-8}$$

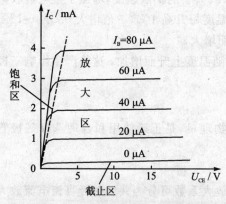

图 1.15 共发射极输出特性曲线

典型的硅 NPN 型三极管共发射极输出特性曲线如图 1.15 所示。固定一个 I_B 值,可得到一条输出特性曲线,改变 I_B 值,可得到一簇输出特性曲线。

由图 1.15 可见,输出特性可以划分为3个区域,即截止区、放大区、饱和区,分别对应于3种工作状态。现分别讨论如下:

截止区——$I_B \leqslant 0$ 的区域,称为截止区。对于 NPN 型硅三极管,此时 $U_{BE}<U_{th}$(0.5 V),$I_C \approx I_{CEO} \approx 0$,由于穿透电流 I_{CEO} 很小,故输出特性曲线是一条几乎与横轴重合的直线。实际应用常使 $U_{BE} \leqslant$

0,此时,发射结和集电结均处于反偏状态,三极管处于可靠截止状态。

放大区——发射结正向偏置(要大于导通电压),集电结反向偏置的工作区域为放大区。由图1.15可以看出,在放大区有以下两个特点:

其一,基极电流i_B对集电极电流i_C有很强的控制作用,即i_B有很小的变化量Δi_B时,i_C就会有很大的变化量Δi_C,满足$\Delta i_C \approx \beta \Delta i_B$。由于工作在这一区域的三极管具有放大作用,因而把该区域称为放大区。

其二,U_{CE}变化对i_C的影响很小。在特性曲线上表现为,i_B一定而U_{CE}增大时,曲线略有上翘(i_C略有增大)。U_{CE}在很大范围内变化时I_C基本不变。当I_B一定时,输出特性曲线几乎与横轴平行,集电极电流具有恒流特性。

饱和区——发射结和集电结均处于正偏的区域为饱和区。对于NPN型三极管,此时$U_{CE} \leqslant U_{BE}$,i_C不再随i_B成比例增大,三极管失去了电流控制作用。i_C与外电路有关,随U_{CE}的增加而迅速上升,通常把$U_{CE}=U_{BE}$(即c结零偏)的情况称为临界饱和,对应点的轨迹为临界饱和线,$U_{CE}<U_{BE}$称为过饱和。在特性曲线上表现为靠近纵坐标的区域。三极管饱和时,集射极间的电压称为饱和压降,用U_{CES}表示,国标用$U_{CE(sat)}$表示。一般很小,小功率硅管$U_{CES} \leqslant 0.3$ V。

在放大电路中三极管一般工作在放大区,在脉冲和数字电路中一般工作在饱和区和截止区。

(3) 三极管的温度特性

三极管是一种对温度十分敏感的元件,由它构成的电路性能往往受温度影响。理论上,三极管的所有参数都与温度有关。实际中,我们着重考虑温度对U_{BE}、I_{CBO}和β这3个参数的影响。

① 温度对I_{CBO}的影响

I_{CBO}由少数载流子形成的,随温度变化的规律与PN结相同。当温度上升时,少数载流子增加,故I_{CBO}也上升。其变化规律是,温度每上升10℃,I_{CBO}约上升1倍。I_{CEO}随温度变化规律大致与I_{CBO}相同,比I_{CBO}变化更快。在输出特性曲线上,温度上升,曲线上移。

② 温度对U_{BE}的影响

U_{BE}随温度变化的规律与PN结相同,随温度升高而减小。温度每升高1℃,U_{BE}减小2～2.5 mV;表现在输入特性曲线图上,温度升高时曲线左移。

③ 温度对β的影响

β随温度升高而增大。温度升高加快了基区中注入载流子的扩散速度,增加了集电极收集电流的比例,因此β随温度升高而增大。变化规律是:温度每升高1℃,β值增大0.5%～1%。表现在输出特性曲线图上,曲线间的距离随温度升高而增大。

综上所述,温度对U_{BE}、I_{CBO}和β的影响,均将使i_C随温度上升而增加,这将严重影响三极管的工作状态,正常工作时必须采取措施进行抑制。

4. 半导体三极管的主要参数

三极管的参数是表征管子性能和安全运用范围的物理量,是正确使用和合理选择三极管的依据。三极管的参数较多,这里只介绍主要的几个。

(1) 电流放大系数

前面已述,根据工作状态和电路接法的不同,电流放大系数可分为共发射极直流电流放大系数、共发射极交流电流放大系数、共基极直流电流放大系数、共基极交流电流放大系数4种。

电流放大系数描述了三极管的控制能力,实际应用中应选择 β 值合适的三极管,因为 β 值太大,管子性能不稳定;太小则放大作用较差。

应当指出,三极管具有分散性,同型号三极管 β 值也有差异。β 值与测量条件有关。一般来说,在 i_C 很大或很小时,β 值较小。只有在 i_C 不大、不小的中间值范围内,β 值才比较大,且基本不随 i_C 而变化。因此,在查手册时应注意 β 值的测试条件,尤其是大功率管更应强调这一点。实际应用中最好对三极管进行测量。

(2) 极间反向电流

集电极-基极间的反向电流 I_{CBO}——I_{CBO} 指发射极开路时,集电极-基极间的反向电流,称为集电极反向饱和电流。温度升高时,I_{CBO} 急剧增大,温度每升高 10 ℃,I_{CBO} 增大一倍。

集电极-发射极间的反向电流 I_{CEO}——I_{CEO} 指基极开路时,集电极-发射极间的反向电流,称为集电极穿透电流,$I_{CEO}=(1+\beta)I_{CBO}$。它受温度影响较 I_{CEO} 更重,它反映了三极管的稳定性,其值越小,受温度影响也越小,三极管的工作就越稳定。

实际应用中,应选择 I_{CEO} 小且受温度影响小的三极管。硅管的极间反向电流比锗管小得多,这是硅管应用广泛的重要原因。

(3) 结电容和最高工作频率

三极管内有 2 个 PN 结,其结电容包括发射结电容和集电结电容。与二极管一样结电容包括扩散电容和势垒电容。结电容影响晶体管的频率特性,决定了最高工作频率。

(4) 晶体管的极限参数

三极管的极限参数是指在使用时不得超过的极限值,以此保证三极管的安全工作。

击穿电压——$U_{(BR)CBO}$ 指发射极开路时,集电极-基极间的反向击穿电压。通常 $U_{(BR)CBO}$ 为几十伏,高反压管可达数百伏。$U_{(BR)CEO}$ 指基极开路时,集电极-发射极间的反向击穿电压。$U_{(BR)CEO} < U_{(BR)CBO}$。$U_{(BR)EBO}$ 指集电极开路时,发射极-基极间的反向击穿电压。普通晶体管该电压值比较小,只有几伏。

集电极最大允许电流 I_{CM}——β 与 i_C 的大小有关,随着 i_C 的增大,β 值会减小。I_{CM} 一般指 β 下降到正常值的 2/3 时所对应的集电极电流。当 $i_C > I_{CM}$ 时,虽然管子不致于损坏,但 β 值已经明显减小。因此,晶体管线性运用时,i_C 不应超过 I_{CM}。

集电极最大允许耗散功率 P_{CM}——晶体管功率损耗 $P_C = U_{CE} I_C$,晶体管工作在放大状态时,U_{CE} 的大部分降在集电结上,c 结承受着较高的反向电压,同时流过较大的电流,因此集电结温度将随管耗增加而升高,结温过高时,管子的性能下降,过热会使管子损坏。为了保证三极管可靠工作,必须对结温加以限制,最高结温对应的 P_C,称为集电极最大允许耗散功率 P_{CM},实际应用功耗必小于 P_{CM}。P_{CM} 的大小与管芯的材料、体积、环境温度及散热条件等因素有关。根据三个极限参数 I_{CM}、P_{CM}、$U_{(BR)CEO}$ 可以确定三极管的安全工作区,如图 1.16 所示。三极管工作时必须保证工作在安全区内,并留有一定的余量。

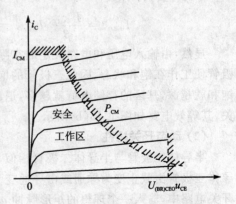

图 1.16 三极管的安全工作区

5. 半导体三极管的开关特性

半导体三极管有3个工作区域,既可以作为开关管使用,又可以作为放大管使用。在信号的运算、放大、处理以及波形产生等领域都有着广泛的用途。下面探讨其开关特性。

(1) 静态开关特性

三极管有截止、放大、饱和3种工作状态。在数字电路中,三极管一般工作在截止或饱和状态,而放大状态仅仅是一种快速过渡状态。下面依照图1.17所示的共发射极硅三极管开关电路和输出特性曲线来讨论三极管的静态开关作用。

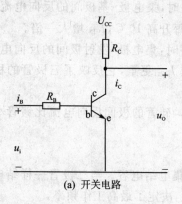
(a) 开关电路

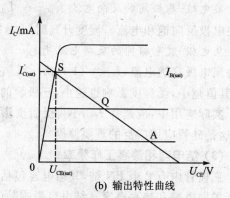
(b) 输出特性曲线

图 1.17 三极管开关电路和输出特性曲线

当输入电压 $u_i = U_{iL}$ 时,三极管发射结电压小于 U_{TH}($U_{TH} = 0.5$ V),三极管截止,$i_B \approx 0$,$i_C \approx 0$,其输出电压 $u_O \approx U_{CC}$。为了使三极管可靠截止,应使 $U_{BE} \leqslant 0$ V。三极管截止时如同断开的开关,其等效电路如图1.18(a)所示。

当输入电压 $u_i = U_{iH}$ 时,三极管发射结电压 $U_{BE} \geqslant U_{TH}$,三极管可能工作在放大和饱和状态。u_i 到达特定值三极管进入临界饱和状态,即工作在图1.17(b)中的S点。这时对应的基极电流为临界饱和基极电流 $I_{B(sat)}$,对应的集电极电流为临界饱和集电极电流 $I_{C(sat)}$,对应的基射电压为临界饱和基极电压 $U_{BE(sat)}$,其值约为0.7 V,对应的集射电压为临界饱和集电极电压 $U_{CE(sat)}$,其值约为0.1 V~0.3 V,此时,放大特性仍适用。

$$I_{B(sat)} = \frac{I_{C(sat)}}{\beta}, \quad I_{C(sat)} = \frac{U_{CC} - U_{CE(sat)}}{R_C} \approx \frac{U_{CC}}{R_C}, \quad I_{B(sat)} \approx \frac{U_{CC}}{\beta R_C} \quad (1-9)$$

显然,由输入电压和电路决定的实际基极电流 i_B 只要大于其临界饱和基极电流 $I_{B(sat)}$,三极管便工作在饱和状态,因此三极管的饱和条件为 $i_B > I_{B(sat)} \approx U_{CC}/(\beta R_C)$。$i_B$ 比 $I_{B(sat)}$ 大越多,饱和就越深,基区的存储电荷就越多,退出饱和状态的时间就越长。此时三极管如同闭合的开关,其等效电路如图1.18(b)所示。

(2) 动态开关特性

半导体三极管与半导体二极管相似,其内部电荷的建立和消散都需要一定的时间,因此半导体三极管由截止变为导通或由导通变为截止需要一定的时间。在图1.17所示的共发射极开关电路中,输入一个理想的矩形脉冲 u_i 时,其集电极电流和输出电压的变化如图1.19所示。

当输入电压 u_i 由 U_{iL} 正跳变到 U_{iH} 时,三极管由截止向导通变化。由截止变为导通所需的时间称为开通时间,用 t_{on} 表示,$t_{on} = t_d + t_r$。t_d 称为延迟时间,是从 u_i 正跳变开始到 i_C 上升到 $0.1 I_{C(sat)}$ 所需的时间,t_r 称为上升时间,是从 $0.1 I_{C(sat)}$ 上升到 $0.9 I_{C(sat)}$ 所需的时间。t_{on} 是三极

绪 论
第1章

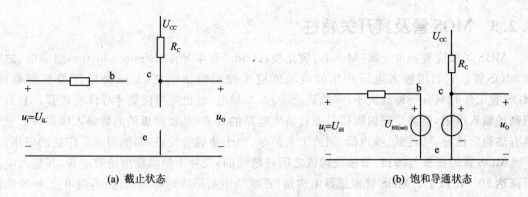

(a) 截止状态 (b) 饱和导通状态

图 1.18 三极管开关等效电路

管发射结由宽变窄和基区电荷建立所需要的时间。

当输入电压 u_i 由 U_{iH} 负跳变到 U_{iL} 时,三极管由导通向截止变化。由导通变为截止所需的时间称为关断时间,用 t_{off} 表示,$t_{off}=t_s+t_f$。t_s 称为存储时间,是从 u_i 负跳变开始到 i_C 下降到 $0.9I_{C(sat)}$ 所需的时间,t_f 称为下降时间,是从 $0.9I_{C(sat)}$ 下降到 $0.1I_{C(sat)}$ 所需的时间。t_{off} 是三极管发射结由窄变宽和基区电荷消散所需要的时间。

三极管的开关时间一般为 ns 级,并且 $t_s>t_f$,$t_{off}>t_{on}$,因此 t_s 的大小是决定三极管开关速度的主要参数。减少饱和导通时三极管基区存储电荷的数量,尽可能地加速其消散过程,是提高三极管开关速度的关键。

(3) 抗饱和三极管

图 1.20(a)所示为抗饱和三极管,它是在三极管基极和集电极之间接入了一个肖特基二极管(SBD)构成的。肖特基二极管的正向压降小,约为 0.3 V,它分流了三极管部分基极电流,使其工作在浅饱和状态,从而大大缩短了三极管的开关时间,提高了工作速度。在集成电路中,肖特基二极管和三极管制作在一起。图 1.20(b)所示为抗饱和三极管的符号。

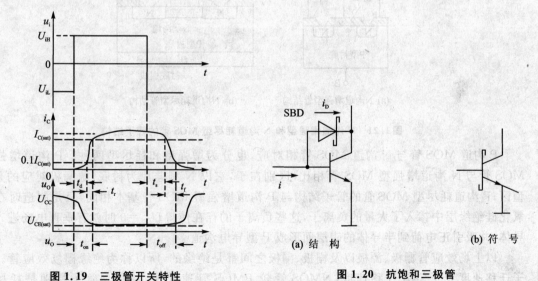

图 1.19 三极管开关特性   图 1.20 抗饱和三极管

1.2.3 MOS 管及其开关特性

MOS 场效应管是由金属(Metal)、氧化物(Oxide)和半导体(Semiconductor)组成的,故称为 MOS 管。它利用输入电压产生的电场效应来控制输出电流,是一种电压控制型器件。MOS 管工作时只有一种载流子(多数载流子)参与导电,故也叫单极型半导体三极管。它具有很高的输入电阻,能满足高内阻信号源对放大电路的要求,是较理想的前置输入级器件。它还具有热稳定性好、功耗低、噪声低、制造工艺简单、便于集成等优点,因而得到了广泛的应用。

MOS 管的栅极与漏极、源极及沟道之间是绝缘的,又称为绝缘栅型场效应管,其输入电阻可高达 $10^{+9}\Omega$ 以上。MOS 管根据导电沟道(正或负电荷形成的导电通路)不同可分为 N 沟道和 P 沟道两类,其中每一类按照工作方式不同又可以分为增强型和耗尽型两种。所谓增强型就是 $U_{GS}=0$ 时,不存在导电沟道;所谓耗尽型就是 $U_{GS}=0$ 时,存在导电沟道。

1. 绝缘栅场效应管的 4 种结构和电路符号

图 1.21(a)是 N 沟道增强型 MOS 管的结构示意图。以 1 块掺杂浓度较低的 P 型硅片做衬底,在衬底上通过扩散工艺形成 2 个高掺杂的 N^+ 型区,并引出 2 个极作为源极 S 和漏极 D;在 P 型硅表面制作一层很薄的二氧化硅(SiO_2)绝缘层,在二氧化硅表面再喷上一层金属铝,引出栅极 G,就形成了 N 沟道增强型 MOS 管。

N 沟道耗尽型 MOS 管的管子结构与 N 沟道增强型 MOS 管基本相同,只是制造时在二氧化硅绝缘层中掺入了大量的正离子,这些正离子的存在,使得 $U_{GS}=0$ 时,就有垂直电场进入半导体,并吸引自由电子到半导体的表层而形成 N 型导电沟道。N 沟道耗尽型 MOS 管的结构如图 1.21(b)所示。

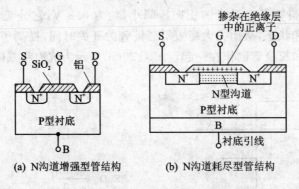

(a) N沟道增强型管结构　　(b) N沟道耗尽型管结构

图 1.21　N 沟道增强型和 N 沟道耗尽型 MOS 管的管子结构

P 沟道 MOS 管与 N 沟道 MOS 管相对应,也分为增强型和耗尽型两种。P 沟道增强型 MOS 管与 N 沟道增强型 MOS 管相比,区别在于,它以 N 型硅片为衬底,源漏极对应的是 P 型区;P 沟道耗尽型 MOS 管的管子结构与 P 沟道增强型 MOS 管基本相同,只是制造时在二氧化硅绝缘层中掺入了大量的负离子,这些负离子的存在使得 $U_{GS}=0$ 时就有垂直电场进入半导体,并吸引正电荷到半导体的表层而形成 P 型导电沟道。

以上场效应管栅极、源极以及栅极、漏极之间都是绝缘的,所以称为绝缘栅场效应管。电子迁移速度大于空穴迁移速度,NMOS 管较 PMOS 管速度快,耗尽型管子特别是耗尽型 PMOS 管,相比于增强型管子较难制作,因此增强型管较常用,特殊场合也使用耗尽型 NMOS 管。

4 种管子电路符号如图 1.22 所示,箭头方向是区分 NMOS 管和 PMOS 管的标志,连续线为耗尽型 MOS 管,间断线为增强型 MOS 管。

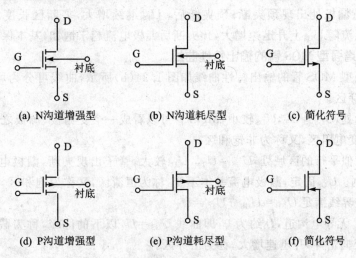

图 1.22 4 种管子电路符号和简化符号

2. N 沟道增强型 MOS 管的工作原理及输出特性曲线

(1) N 沟道增强型 MOS 管的工作原理

图 1.23 是 N 沟道增强型 MOS 管的工作原理示意图。工作时栅源之间加正向电源电压 U_{GS},漏源之间加正向电源电压 U_{DS},并且源极与衬底连接,衬底是电路中最低的电位点,以保证源极和漏极处 PN 结反偏。

当 $U_{GS}=0$ 时,漏极与源极之间没有原始的导电沟道,漏极电流 $I_D=0$。这是因为当 $U_{GS}=0$ 时,漏极和衬底以及源极和衬底之间形成了 2 个反向串联的 PN 结,无论 U_{DS} 加正向电压还是反向电压,漏极与源极之间总有一个 PN 结反向偏置的缘故。

当 $U_{GS}>0$ 时,栅极与衬底之间产生了一个垂直于半导体表面、由栅极 G 指向衬底的电场。这个电场的作用是排斥 P 型衬底中的空穴而吸引电子到表面层,当 U_{GS} 增大到一定程度时,绝缘体和 P 型衬底的交界面附近积累了较多的电子,形成了 N 型薄层,称为 N 型反型层。反型层使漏极与源极之间成为一条由电子构成的导电沟道,当加上漏源电压 U_{DS} 之后,就会

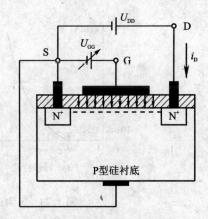

图 1.23 N 沟道增强型 MOS 管工作原理

有电流 I_D 流过沟道。通常将刚刚出现漏极电流 I_D 时所对应的栅源电压称为开启电压,用 U_T 表示,国标用 $U_{GS(th)}$ 表示。当 $U_{GS}>U_{GS(th)}$ 时,U_{GS} 增大、电场增强,沟道变宽,沟道电阻减小,I_D 增大;U_{GS} 减小,沟道变窄,沟道电阻增大,I_D 减小。改变 U_{GS} 的大小,就可以控制沟道电阻的大小,从而达到控制电流 I_D 的大小,随着 U_{GS} 的增强,导电性能也跟着增强,故称之为增强型。

必须强调,这种管子当 $U_{GS}<U_{GS(th)}$ 时,导电沟道消失,$I_D=0$。只有当 $U_{GS}\geqslant U_{GS(th)}$ 时,才能形成导电沟道,并有电流 I_D 流过。

$U_{GS} > U_T$后,若$U_{DS} > 0$则形成由漏极指向源极的漏极电流I_D,此时导电沟道并不均匀,靠近源极端厚,靠近漏极端薄。随着U_{DS}的增加,D处沟道越来越薄,当U_{DS}上升到使$U_{GD} = U_{GS} - U_{DS} = U_T$时,靠近漏极处出现预夹断;预夹断后,$U_{DS}$继续增大,夹断区长度增加。预夹断前$U_{DS}$较小,漏极电流随$U_{DS}$上升迅速增大,预夹断后漏极电流趋于饱和,基本保持不变。

(2) N沟道增强型MOS管的输出特性曲线

N沟道增强型MOS管的输出特性曲线如图1.24(b)所示,曲线可分为可变电阻区、恒流区、夹断区和击穿区。

靠近纵坐标处,$U_{GS} > U_T$,U_{DS}较小,MOS管可以看成一个受栅极、源极之间电压控制的可变电阻,称为可变电阻区,又称为非饱和区。

与横坐标近似平行的区域处,$U_{GS} > U_T$,U_{DS}较大,管子出现夹断,漏极电流基本与U_{DS}无关,只受U_{GS}控制。U_{GS}固定,漏极电流基本不变,称为恒流区,又称为饱和区,相当于三极管的放大区。两区交界线满足$U_{GD} = U_{GS} - U_{DS} = U_T$。

$U_{GS} < U_T$时,无导电沟道,I_D约为0,即曲线$U_{GS} = U_T$以下的区域,称为截止区。当U_{DS}过大,PN结出现反向击穿,I_D迅速增大,称为击穿区。

MOS管作为放大元件时,一般工作在恒流区;作为开关元件时,一般工作在截止区和可变电阻区。

(3) N沟道增强型MOS管的转移特性曲线

N沟道增强型MOS管的转移特性曲线如图1.24(a)所示,它与输出特性曲线有严格的对应关系,可以用作图法从输出特性曲线求出。管子工作在恒流区时,I_D受U_{DS}影响很小,不同的U_{DS}所对应的转移特性曲线基本重合在一起。

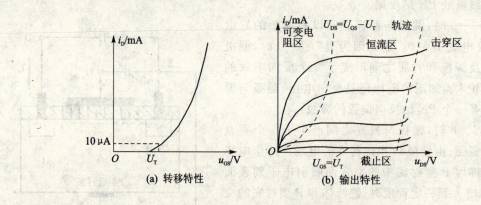

图1.24 N沟道增强型MOS场效应管的特性曲线

$U_{GS} > U_T$,I_D可用近似公式表示为:

$$I_D = I_{DO}\left(\frac{U_{GS}}{U_T} - 1\right)^2 \qquad (1-10)$$

式中,I_{DO}是$U_{GS} = 2U_T$时对应的I_D值。

由图1.24(a)所示的转移特性曲线可见,当$U_{GS} < U_{GS(th)}$时,导电沟道没有形成,$I_D = 0$。当$U_{GS} \geq U_{GS(th)}$时,开始形成导电沟道,并随着U_{GS}的增大,导电沟道变宽,沟道电阻变小,电流I_D增大。

3. 其他类型 MOS 管的工作特性

(1) N 沟道耗尽型 MOS 管

N 沟道耗尽型 MOS 管与增强型 MOS 管结构基本相同,工作原理和特性曲线相似。特性曲线如图 1.25 所示。区别有以下两点:①由于制造时,在二氧化硅绝缘层中掺入了大量的正离子,这些正离子的存在,使得 $U_{GS}=0$ 时,已形成 N 型导电沟道。如果在漏极和源极之间外加电压 $u_{DS}>0$,即产生漏极电流 i_D。②改变 U_{GS} 就可以改变沟道的宽窄,从而控制漏极电流 i_D。如果 $U_{GS}>0$,指向衬底的电场加强,沟道变宽,漏极电流 i_D 将会增大;反之,若 $U_{GS}<0$,则栅压产生的电场与正离子产生的自建电场方向相反,总电场减弱,沟道变窄,沟道电阻变大,i_D 减小。当 U_{GS} 继续变负,等于某一阈值电压时,沟道将全部消失,$i_D=0$,管子进入截止状态,此时对应的 u_{GS} 值,称为夹断电压,表示为 U_P,国标为 $U_{GS(OFF)}$。

综上所述,N 沟道耗尽型 MOS 管可以在正、负栅源电压下工作,并且栅极电流基本为 0,这是耗尽型 MOS 管的重要特点。

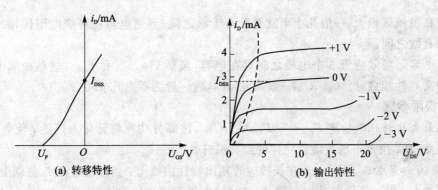

图 1.25　N 沟道耗尽型 MOS 管的特性曲线

(2) P 沟道增强型和耗尽型 MOS 管

P 沟道增强型和 N 沟道增强型相比,工作原理和特性曲线相似,它要求 U_{DS} 和 U_{GS} 的电压极性与 N 沟道增强型相反,其开启电压是负值;P 沟道耗尽型 MOS 管和 N 沟道耗尽型相比,工作原理和特性曲线相似,它要求 U_{DS} 和 U_{GS} 的电压极性与 N 沟道耗尽型相反,U_{GS} 正负皆可,其对应夹断电压为正值。选择合适的参考方向,可以自行画出 P 沟道 MOS 管的特性曲线。P 沟道 MOS 管源极与衬底连接时,衬底应是电路中最高的电位点,以保证源极和漏极处 PN 结反偏。

4. MOS 场效应管主要参数

(1) 直流参数

饱和漏极电流 I_{DSS}——I_{DSS} 是耗尽型 MOS 管的一个重要参数,它的定义是当栅源之间的电压 U_{GS} 等于 0,恒流区对应的漏极电流。实际测试时,一般让漏、源之间电压 U_{DS} 为一合适值,例如 10 V。

夹断电压 U_P——U_P 是耗尽型 MOS 管的重要参数,其定义为当 U_{DS} 一定时,使 I_D 减小到某一个微小电流(如 1 μA,50 μA)时所需的 U_{GS} 值。N 沟道管是负值,P 沟道管是正值。

开启电压 U_T——U_T 是增强型 MOS 管的重要参数,它的定义是当 U_{DS} 一定时,漏极电流 I_D 达到某一微小数值(例如 10 μA)时所需加的 U_{GS} 值。N 沟道管是正值,P 沟道管是负值。

直流输入电阻 R_{GS}——R_{GS} 是栅、源之间所加电压与产生的栅极电流之比。由于栅极几乎不索取电流,所以输入电阻很高,可达 10^{10} Ω 以上。

(2) 交流参数

低频跨导 g_m——在 U_{DS} 为常数时,漏极电流的微变量和引起这个变化量的栅源电压微变量之比称为跨导,即:

$$g_m = \frac{dI_D}{dU_{GS}} \tag{1-11}$$

跨导 g_m 反映了栅源电压对漏极电流的控制能力。跨导的单位是 mA/V,一般为几毫西门子。它的值可由转移特性或输出特性求得,也可通过电流公式微分求出。

导通电阻 r_{on}——在 U_{GS} 为常数时,漏源电压的微变量和漏极电流的微变量之比称为导通电阻,即:

$$r_{on} = \frac{dU_{DS}}{di_D} \tag{1-12}$$

导通电阻在恒流区很大,一般几十千欧到几百千欧之间;导通电阻在可变电阻区很小,一般几十欧到几百欧之间。

极间电容。场效应管 3 个电极之间存在电容,包括 C_{GS}、C_{GD} 和 C_{DS}。这些极间电容愈小,则管子的高频性能愈好。C_{GS}、C_{GD} 一般为几 pF,C_{DS} 一般为零点几 pF。

(3) 极限参数

漏极最大允许耗散功率 P_{DM}——$P_{DM}=I_D U_{DS}$,这部分功率将转化为热能,使管子的温度升高。显然,P_{DM} 决定于场效应管允许的最高温升。

漏、源间击穿电压 BU_{DS}——在场效应管输出特性曲线上,当漏极电流 I_D 急剧上升产生雪崩击穿时的 U_{DS} 值。工作时外加在漏、源之间的电压不得超过此值。

栅源间击穿电压 BU_{GS}——MOS 场效应管栅极与沟道之间有一层很薄的二氧化硅绝缘层,当 U_{GS} 过高时,可能将 SiO_2 绝缘层击穿,使栅极与衬底发生短路。这种击穿不同于 PN 结击穿,而和电容器击穿的情况类似,属于破坏性击穿,栅、源间发生击穿,MOS 管立即被损坏。

除了上述参数外,场效应管还有噪声系数、高频特性等其他参数,请读者参考有关电路手册。

5. MOS 管的开关特性

在数字逻辑电路中,MOS 管主要作为开关使用,一般采用增强型 MOS 管组成开关电路,并由栅源电压 U_{GS} 控制 MOS 管的截止和导通。下面以 N 沟道增强型 MOS 管为例来介绍其开关特性。

(1) 静态开关特性

图 1.26(a)所示为 N 沟道增强型 MOS 管构成的开关电路。在栅源之间输入 u_I,NMOS 管的开启电压 $U_{GS(TH)}>0$ V。

当 $u_I<U_{GS(TH)}$ 时,NMOS 管工作在截止状态,漏极 D 和源极 S 之间呈现高电阻,如同断开的开关,$I_D=0$,$U_O=U_{DS}=U_{DD}$。其等效电路如图 1.26(b)所示。

当 $u_I>U_{GS(TH)}$ 时,NMOS 管工作在导通状态,漏极 D 和源极 S 之间呈现较小电阻 R_{ON},$I_G=0$。当 R_D 远大于 R_{ON} 时,$U_O=(R_{ON}U_{DD})/(R_D+R_{ON})≈0$,如同闭合的开关,其等效电路如

图1.26(c)所示。

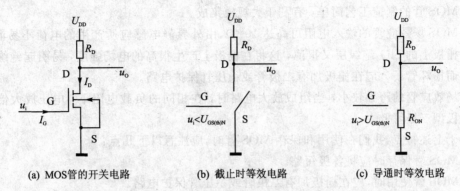

(a) MOS管的开关电路　　(b) 截止时等效电路　　(c) 导通时等效电路

图1.26　MOS管开关电路和等效电路

(2) 动态开关特性

MOS管状态转化也同样需要时间。在图1.26(a)所示的开关电路中,输入理想的矩形脉冲u_i,其漏极电流i_D的变化如图1.27所示。当输入电压u_i由U_{iL}正跳变到U_{iH}时,MOS管需要经过开通时间t_{on}之后,才能由截止状态转化为导通状态;当输入电压u_i由U_{iH}负跳变到U_{iL}时,MOS管需要经过关断时间t_{off}之后,才能由导通状态转化为截止状态。

需要说明的是,MOS管的导通电阻R_{ON}可能较大(例如工作在恒流区时),这时要取更大的R_D才能保证其开关特性。这也是MOS管开关时间比三极管长的重要原因。

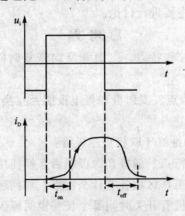

图1.27　MOS管开关特性

6. MOS管的特点及应用

与双极型三极管相比,MOS管具有以下特点:
- MOS管是一种电压控制器件,通过U_{GS}来控制I_D。
- MOS管输入端几乎没有电流,其直流输入电阻和交流输入电阻都非常高。
- MOS管是利用多数载流子导电的,与双极性三极管相比,具有噪声小、受幅射的影响小、热稳定性较好而且存在零温度系数工作点等特性。
- MOS管的结构对称,有时漏极和源极可以互换使用,而各项指标基本上不受影响,应用时比较方便、灵活。衬底单独引出的MOS管漏极和源极可以互换使用,NMOS管衬底连电路最低电位,PMOS管衬底连电路最高电位。MOS管在使用时,常把衬底和源极连在一起,这时漏极、源极不能互换。
- MOS 管的制造工艺简单,有利于大规模集成。
- MOS 场效应管的输入电阻可高达 $10^{15}\,\Omega$,由外界静电感应所产生的电荷不易泄漏,而栅极上的 SiO_2 绝缘层又很薄,这将在栅极上产生很高的电场强度,易引起绝缘层击穿而损坏管子。应在栅极加有二极管或稳压管保护电路。
- 场效应管的跨导较小,当组成放大电路时,在相同的负载电阻下,电压放大倍数比双极型三极管低。

基于上述特点,我们在使用和保存 MOS 管时,应注意以下几点:
- MOS 管保存时应将各极短路。
- MOS 管使用时,应在栅极加有二极管或稳压管保护电路。
- MOS 管需要焊接时,更要慎重,以免损坏 MOS 管。
- 使用 MOS 场效应管时各极必须加正确的工作电压。
- 使用 MOS 场效应管时,要注意漏源电压、漏源电流及耗散功率等,不要超过规定的最大允许值。

MOS 管开关特性好,可用万用表判别其引脚和性能的优劣。MOS 器件用途极为广泛,发展十分迅速。目前在分立元件方面,MOS 管已进入高功率应用,国产 VMOS 管系列产品,其电压可高达上千伏,电流可高达数十安培。在模拟集成电路和数字集成电路中,都有很多实际产品。特别值得提出的是,MOS 器件在大和超大规模集成电路中更是得到了飞速的发展,有关这方面的内容在后续章节中将要进行讨论。

思 考 题

(1) 简述二极管的开关条件和特点。二极管反向恢复时间会对二极管开关作用有什么影响?

(2) 三极管结构上有什么特点?发射极和集电极能否互换使用?简述三极管的开关条件和特点。

(3) 为何 MOS 管的温度特性好于双极型三极管?

(4) MOS 管结构上有什么特点?漏极和源极能否互换使用?

(5) 增强型 NMOS 管 3 个工作区域各有什么特点?如何区分 3 个工作区域?

(6) MOS 管开关时间和三极管开关时间哪个长?说明原因。

1.3 理想集成运算放大器

集成运放是一种高增益的多级直接耦合放大电路。它属于模拟电子技术中内容,考虑到数字电子技术的需要,这里简单介绍集成运放,主要讨论理想集成运放的工作特点及应用情况。

1.3.1 集成运算放大器概述

采用半导体制造工艺,将大量的晶体管、电阻、电容等电路元件及其电路连线全部集中制造在同一半导体硅片上,形成具有特定电路功能的单元电路,统称为集成电路(Integrated Circuit,简称 IC)。集成电路具有成本低、体积小、质量小、耗电省、可靠性高等一系列优点,随着半导体工艺的进步,集成电路规模的不断扩大,使得器件、电路与系统之间已难以区分。因此有时又将集成电路称作集成器件。集成运算放大器是集成电路中的一种重要形式,简称集成运放。

1. 集成运放的组成及封装形式

集成运放实际上就是一个高增益的多级直接耦合放大器,由于它最初主要用作各种数学运算(例如加、减、乘、除、微积分等),故至今仍保留了这个名字。随着电子技术的飞速发展,集成运放的各项性能不断提高,目前它的应用领域已大大超出了数学运算的范畴。使用集成运放,只需另加少数几个外部元件,就可以方便地实现很多电路功能。其已在控制、测量、仪表等许多领域中发挥着重要作用,已经成为电子技术领域中的核心器件之一。

集成运算放大器是利用集成工艺,将所有的元件集成制作在同一块硅片上,然后再封装在管壳内。集成运放型号繁多,性能各异,内部电路各不相同,但其内部电路的基本结构却大致相同。集成运放的内部电路一般可分为输入级、中间级、输出级、偏置电路 4 个部分。

集成电路的常见封装形式有 4 种,即双列直插式、扁平式、圆壳式和贴片式。贴片式是近年来迅速发展的一种新工艺,应用已日趋广泛。常见集成运放的封装主要有金属圆壳式、扁平式和双列直插式(DIP 式)等,引脚数有 8 脚、9 脚、14 脚等类型。其引脚排列顺序的首号,一般有色点、凹槽、管键及封装时压出的其他标记等。从成本上说,塑料外壳的 DIP 式最便宜,陶瓷外壳 DIP 式和扁平式最贵;从体积上说,扁平式最小;从可靠性上说,陶瓷 DIP 式和扁平式最好,塑料 DIP 式最差。

2. 集成运放的表示符号

集成运放内部电路随型号的不同而不同,但可以用同一电路符号来表示集成运放。集成运算放大器的输入级由差动放大电路组成,一般具有 2 个输入端、1 个输出端:1 个是同相输入端,用"+"表示;1 个是反相输入端,用"−"表示;输出端用"+"表示。若将反相输入端接地,信号由同相输入端输入,则输出信号和输入信号的相位相同;若将同相输入端接地,信号从反相输入端输入,则输出信号和输入信号相位相反。集成运放的引脚除输入、输出端外,还有用于连接电源电压和外加校正环节等的引出端,例如正负电源、相位补偿、调 0 端等。集成运放的代表符号如图 1.28(a)、(b)所示,图中"▽"表示信号的传输方向,"∞"表示具有极高的增益,同相输入电压、反相输入电压以及输出电压分别用"u_+"、"u_-"、"u_o"表示。图 1.28(a)是目前常用的规定符号,但要提请读者注意的是很多资料以及工程技术人员都习惯直接用图 1.28(b)所示符号表示集成运算放大器。

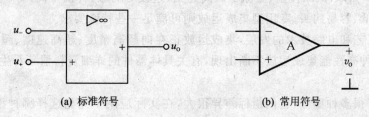

(a) 标准符号   (b) 常用符号

图 1.28 集成运放的表示符号

3. 集成运算放大器的分类

自 1964 年第 1 块集成运算放大器 μA702（我国为 F001）问世以来，经过几十年的发展，集成运放已成为一种类别与品种系列繁多的模拟集成电路了。随着集成工艺和材料技术的进步，通用型产品技术指标进一步得到完善，适应特殊需要的各种专用型集成运放不断涌现。为了能在实际应用中正确地选择使用，读者则必须了解集成运放的分类。

集成运算放大器按其用途分为通用型与专用型两大类。通用型集成运算放大器的参数指标比较均衡全面，适应于一般工程应用。通用型种类多、产量大、价格低，一般应用首选通用型。专用型集成运算放大器是为满足特殊要求而设计的，其参数中往往有一项或某几项非常突出，目前已经出现了高速型、低功耗型、高精度型、宽带型、高电压型、功率型、高输入阻抗型、电流模型、跨导型、程控型等多种专用型集成运算放大器，随着集成技术的进步，新的专用型产品还在涌现。

集成运算放大器按其供电电源分类，可分为双电源和单电源集成运算放大器两类。双电源集成运放采用正负对称的双电源供电，以保证运放的优良性能。绝大部分运放在设计中都采取这种供电方式；单电源集成运放采用特殊设计，在单电源下能实现零输入、零输出。

按其构成器件类型及制作工艺可分为双极型、单极型、双极-单极兼容型 3 类。双极型集成运放内部由双极型器件集成，一般速度优于单极型，功耗劣于单极型；单极型集成运放内部由单极型器件集成，一般速度低于双极型，功耗极低是单极型突出优点；双极-单极兼容型集成运放采用双极和单极两种集成工艺优化组合，取长补短，运放性能更加优良，但工艺较复杂。

按单片封装内所包含的运放数目来分，集成运放可分为单运放、双运放、三运放、四运放 4 类。

4. 集成运算放大器的选择

集成运放的特性参数是衡量集成运放性能优劣的依据，为了正确地选择和使用运放，必须了解各项性能参数的含义。运放的的技术指标有很多，应用中可通过器件手册直接查到各种型号运放的技术指标，集成运放的手册上给出了多达 30 种以上的技术指标，集成运放的主要技术指标这里不做详细介绍，可以参阅模拟电子技术。不同运放的各项技术指标往往各有侧重，并且同一型号的组件在性能上也存在一定的分散性，因而使用前常需要进行测试和筛选。

通用型集成运放的性能指标比较均衡，专用型集成运放部分指标特别优良，但其它指标并不都是十分理想。随着技术的改进，近些年来各种专用型集成运放也不断问世，如高阻型（输入电阻高）、高压型（输出电压高）、大功率型（输出功率高达十几瓦）、低功耗型（静态功耗低，如 1～2 V，10～100 μA）、低漂移型（温漂小）、高速型（过渡时间短、转换率高）等。通用型集成运放种类多、价格低、容易购买；专用型集成运放则可满足一些特殊要求。

随着集成工艺和电路技术的发展，集成运放正在向超高精度、超高速度、超宽频带及多功能方向发展，各种高性能集成运放不断出现，有关具体器件的详细资料请参看生产厂家提供的产品说明。

集成运放有很多种型号，它们指标差异很大，在实际应用中究竟选择哪种型号，是必须考虑的问题。总的来说，应根据系统对电路的要求来确定集成运放的类型。根据集成运放的分类及国内外常用集成运放的型号，查阅集成运放的性能和参数，综合对比来选择合适的集成运放。

首先考虑尽量采用通用型集成运放,因为它们容易买到,价格较低,只有在通用型集成运放不能满足要求时才去选择专用型的集成运放。选择集成运放时应着重考虑以下几方面因素:

信号源的性质——信号源是电压源还是电流源,源阻抗大小,输入信号幅度及其变化范围,信号频率范围等。例如,当信号源源阻抗很大时,失调电流和基极电流指标就比失调电压的指标更为重要。

负载的性质——是纯电阻负载还是电抗负载,负载阻抗的大小,需要集成运放输出的电压和电流的大小等直接影响着对运放的要求。

对精度的要求——对集成运放精度要求恰当,过低则不能满足要求,过高则增加成本。

环境条件——集成运放的指标都是在一定温度环境和特定条件下测试得到的,当环境条件变坏时,各项指标将显著下降。因此,选择集成运放时,必须考虑到工作温度范围、工作电压范围、功耗与体积限制及噪声源的影响等因素。例如:在温度变化较大的环境中就需要选择温漂小的集成运放;如果工作时经常有冲击电流或冲击电压,就应该选择具有过载保护的,并且在容量方面留有余地,这样才能保证系统可靠。

其次必须说明,并不是高档的运放所有指标都好,因为有些指标是相互矛盾的,例如高速和低功耗。如果耐心挑选,完全可以从低档型号中,挑选出具有某一两项高档参数的集成运放型号。总之,我们必须从实际需要出发进行选择,既要保证系统可靠、性能优良,又要具有经济性。

1.3.2 理想集成运算放大器的工作特点

1. 理想集成运算放大器

将集成运放的各项技术指标理想化,便得到一个理想的运算放大器。理想运放实际上就是实际运放的理想化模型。工程应用中,常将实际运放视为理想,这样不仅方便分析与应用,而且误差一般在实际许可的范围内。理想集成运算放大器的技术指标如下:

① 开环差模电压放大倍数 $A_{od}=\infty$;

② 差模输入电阻 $r_{id}=\infty$;

③ 输出电阻 $r_{od}=0$;

④ 输入失调电压 $U_{IO}=0$,输入失调电流 $I_{IO}=0$;输入失调电压的温漂 $dU_{IO}/dT=0$,输入失调电流的温漂 $dI_{IO}/dT=0$;

⑤ 共模抑制比 $K_{CMR}=\infty$;

⑥ 输入偏置电流 $I_{IB}=0$;

⑦ -3 dB 带宽 $f_h=\infty$;

⑧ 无干扰、噪声。

2. 理想集成运放的工作区

在集成运放应用电路中,运放的工作范围有两种情况:工作在线性区或工作在非线性区。

(1) 线性工作区特点

线性工作区是指输出电压 u_O 与输入电压 u_i 成正比时的输入电压范围。在线性工作区,集成运放 u_O 与 u_i 之间关系可表示为:

$$u_O = A_{od}u_i = A_{od}(u_+ - u_-)$$

(1-13)

式(1-13)中，A_{od} 为集成运放的开环差模电压放大倍数，u_+ 和 u_- 分别为同相输入端和反相输入端电压。

对于理想运放，$A_{od}=\infty$，而 u_O 为有限值，工作在线性区时，有：$u_+ - u_- \approx 0$，即：

$$u_+ \approx u_- \tag{1-14}$$

这一特性称为理想运放输入端的"虚短"。"虚短"和"短路"是截然不同的两个概念："虚短"的两点之间仍然有电压，只是电压十分微弱；而"短路"的两点之间，电压为零。

由于理想运放的输入电阻 $r_{id}=r_{ic}=\infty$，而加到运放输入端的电压 $u_+ - u_-$ 有限，所以运放两个输入端的电流为：

$$i_+ = i_- \approx 0 \tag{1-15}$$

这一特性称为理想运放输入端的"虚断"。

(2) 非线性工作区特点

当集成运放工作在开环状态或外接正反馈时，由于集成运放的 A_{od} 很大，只要有微小的电压信号输入，集成运放就一定工作在非线性区。

在非线性工作区，运放的输入信号超出了线性放大的范围，输出电压不再随输入电压线性变化，而是达到饱和，输出电压为正向饱和压降 U_{OH}（正向最大输出电压）或负向饱和压降 U_{OL}（负向最大输出电压）。集成运放的电压传输特性如图 1.29 所示，图中实线为理想特性，虚线为实际特性。

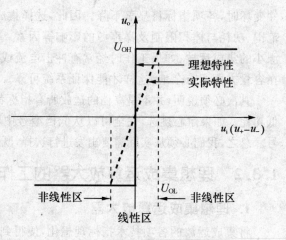

图 1.29 集成运放的电压传输特性

理想运放工作在非线性区时，当同相端电压大于反相端电压，即 $u_+ > u_-$ 时，$u_O = U_{OH}$；当反相端电压大于同相端电压，即 $u_+ < u_-$ 时，$u_O = U_{OL}$。

理想运放工作在非线性区时，由于 $r_{id}=r_{ic}=\infty$，而输入电压总是有限值，所以不论输入电压是差模信号还是共模信号，仍满足"虚断"条件：$i_+ = i_- \approx 0$。

1.3.3 理想集成运算放大器的应用

集成运算放大器的应用极为广泛。线性应用电路中一般都加入深度负反馈，使运放工作在线性区，以实现各种不同功能，典型线性应用电路主要有各种运算电路及有源滤波电路等；非线性应用电路中一般都开环或加入正反馈，使运放工作在非线性区，主要有各种比较电路以及非正弦波产生电路等。比较电路根据比较器的传输特性不同，可分为单限比较器、滞回比较器及双限比较器等。在分析具体的集成运放应用电路时，应该首先判断集成运放工作在线性区还是非线性区，然后再运用线性区和非线性区的特点对电路进行分析，考虑到数字电子技术的需要，本小节只介绍反相比例、同相比例运算电路、最基本的单限比较器电路。

1. 反相比例运算电路

反相比例运算电路也称为反相放大器，电路组成如图 1.30 所示。输入电压加在反相输入端，为保证运放工作在线性区，在输出端和反相输入端之间接反馈电阻 R_f 构成深度电压并联

绪 论
第 1 章

负反馈，R' 为平衡电阻，应满足：

$$R' = R_f // R_1 \tag{1-16}$$

根据理想运放线性区的"虚短"、"虚断"特点，可以分析得出该电路的电压放大倍数为：

$$A_{uf} = \frac{u_o}{u_i} = -\frac{R_f}{R_1} \tag{1-17}$$

比例系数取决于电阻 R_f 与 R_1 阻值之比。反相比例运算电路中引入了电压并联负反馈，其输入电阻 $R_i \approx R_1$，输出电阻 $R_O \approx 0$。

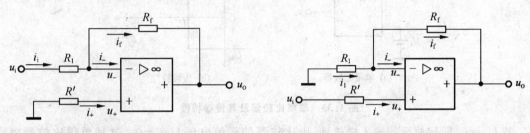

图 1.30　反相比例运算电路　　　　　图 1.31　同相比例运算电路

2. 同相比例运算电路

同相比例运算电路也称为同相放大器，电路组成如图 1.31 所示。输入电压加在同相输入端，为保证运放工作在线性区，在输出端和反相输入端之间接反馈电阻 R_f 构成深度电压串联负反馈，平衡电阻 R' 仍应满足式(1-17)。

根据理想运放线性区的"虚短"、"虚断"特点，可以分析得出该电路的电压放大倍数为：

$$A_{uf} = \frac{u_o}{u_i} = 1 + \frac{R_f}{R_1} \tag{1-18}$$

比例系数仍取决于电阻 R_f 与 R_1 阻值之比。同相比例运算电路中引入了电压串联负反馈，可以进一步提高电路的输入电阻，降低输出电阻，$R_i \approx \infty$，$R_o \approx 0$。

图 1.31 中，若 $R_1 = \infty$ 或 $R_f = 0$，则 $u_o = u_i$，此时电路构成电压跟随器，两种常用接法如图 1.32 所示。

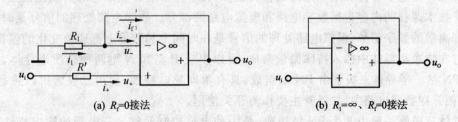

(a) $R_f = 0$ 接法　　　　　　　(b) $R_1 = \infty$、$R_f = 0$ 接法

图 1.32　电压跟随器的两种接法

3. 单限比较器

电压比较器是一种常见的模拟信号处理电路，它将一个模拟输入电压与一个参考电压进行比较，并将比较的结果输出。比较器的输出只有两种可能的状态：高电平或低电平，为数字量；而输入信号是连续变化的模拟量，比较器可作为模拟电路和数字电路的"接口"。

比较器的输出只有高、低电平两种状态，其中的运放常工作在非线性区。从电路结构来看，运放常处于开环状态或加入正反馈。下面仅介绍单限比较器。

比较器输出电压由一种状态跳变为另一种状态时,所对应的输入电压通常称为阈值电压或门限电压,用 U_{TH} 表示。单限比较器是指只有一个门限电压的比较器,输入电压可同相输入,亦可反相输入。图 1.33(a) 即为同相输入的单限比较器,图 1.33(b) 为其电压传输特性,U_R 为参考电压。可见这种单限比较器的阈值电压 $U_{TH}=U_R$。

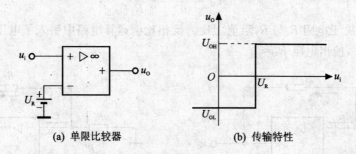

(a) 单限比较器　　　　　(b) 传输特性

图 1.33　单限比较器及其传输特性

若 $U_R=0$,即运放反相输入端接地,则比较器的阈值电压 $U_{TH}=0$。这种单限比较器也称为过 0 比较器。利用过 0 比较器可以将正弦波变为方波。

思 考 题

(1) 集成运放的封装主要有几种？各有什么特点？
(2) 集成运放符号框内符号的含义是什么？
(3) A_{od}、r_{id} 的物理含义是什么？
(4) 如何选择您需要的集成运放？
(5) 集成运放工作在线性区和非线性区各有什么特点？

本章小结

电子技术是一门研究电子器件及其应用的科学技术,它发展迅速、应用极为广泛。电子技术的特点之一是电子器件和电子电路的种类繁多,另一个显著特点是它的实践性很强。

电子技术课程的内容包括数字电路和模拟电路两部分。数字电路处理的信号是时间上和数值上都离散的数字信号;模拟电路处理的信号是在时间上和数值上都连续变化的模拟信号。

通过在纯净半导体中掺入特殊微量杂质,可以生成 P 型和 N 型两种杂质半导体,从而可以组成 PN 结。半导体二极管由 PN 结组成,具有单向导电特性,利用二极管可以进行整流、检波、限幅。在数字电路中,二极管主要作为开关使用。

半导体三极管一般由 2 个 PN 结组成,是一种电流控制元件。三极管的输出特性有 3 个工作区域:截止区、放大区和饱和区。作为开关元件一般工作在截止区和饱和区,作为放大元件应工作在放大区。

MOS 管是电压控制性器件,只有一种载流子参与导电,是单极型晶体管。MOS 管的特性曲线都有 3 个工作区域,即:夹断区(截止区)、恒流区和可变电阻区。作为开关元件一般工作在截止区和可变电阻区,作为放大元件应工作在恒流区。

集成运算放大器实际上就是一个高增益的多级直接耦合放大器。常见集成运放的封装主要有金属圆壳式、扁平式和双列直插式(DIP 式)等。集成运放种类繁多,使用方便,应用广泛。

绪 论
第1章

集成运放的各项技术指标理想化即得理想运放,理想运放可线性应用,亦可非线性应用,视集成运放为理想,其误差一般在实际许可范围内。

☞ 习 题

题1.1 二极管电路和二极管伏安特性曲线分别如图1.34(a)、(b)所示,其中 $R_L = 500\ \Omega$。试问:

(1) $u_i = 1\ V$ 时,$i_D = ?$ 二极管两端电压 $U_D = ?$

(2) $u_i = 2\ V$ 时,i_D 是否增加一倍?为什么?

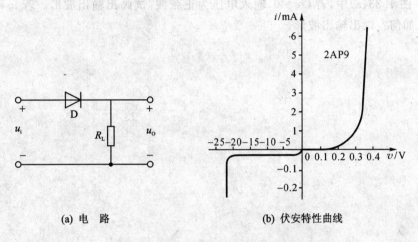

(a) 电路　　　　　　　(b) 伏安特性曲线

图1.34 题1.1的电路及伏安特性曲线

题1.2 硅二极管电路如图1.35所示,硅二极管的导通电压为0.7 V,判断它是否导通,若导通则流过二极管的电流是多少?

题1.3 若将一般的整流二极管用作高频整流或高速开关,会出现什么问题?

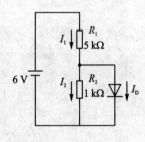

题1.4 有2个晶体管,其中一个 $\beta = 200$,$I_{CEO} = 200\ \mu A$;另一个 $\beta = 50$,$I_{CEO} = 10\ \mu A$,其余参数大致相同。你认为应选用哪个管子较稳定?

题1.5 已知某三极管的 $P_{CM} = 100\ mW$,$I_{CM} = 200\ mA$,

图1.35 题1.2电路

$U_{(BR)CEO} = 15\ V$,试问在下列几种情况下,哪种是正常工作的?

(1) $U_{CE} = 3\ V$,$I_C = 100\ mA$

(2) $U_{CE} = 2\ V$,$I_C = 40\ mA$

(3) $U_{CE} = 6\ V$,$I_C = 20\ mA$

题1.6 如何用万用表的电阻挡检测三极管的极性和结构?

题1.7 NMOS管电路如图1.36(a)所示,其漏极特性曲线如图1.36(b)所示。试问输入电压为1 V、5 V和7 V时,管子的状态以及输出电压值?

题1.8 根据"虚短"、"虚断"特性,利用电路定理计算图1.30和图1.31的电压放大倍数(要有中间过程)。

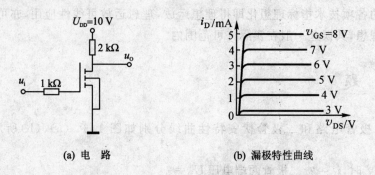

(a) 电路　　　　　　　(b) 漏极特性曲线

图 1.36　题 1.7 的电路及漏极特性曲线

题 1.9　图 1.33(a)中，若 $U_R=0$，输入电压为正弦波，试画出输出波形。若 u_i 和 U_R 交换位置，情况又如何？画出输出波形。

第2章 数字逻辑基础

本章首先将介绍数字电路的特点和分类;然后介绍数字电路中所需要的数制和码制;最后介绍研究数字电路的数学工具——逻辑代数,重点将介绍逻辑代数的基本运算、常用运算、定律、规则和逻辑函数的化简方法。

2.1 数字电路概述

2.1.1 数字信号和数字电路

自然界中的物理量可分为数字量和模拟量两大类。数字量是指离散变化的物理量,模拟量是指连续变化的物理量。与之对应,电子技术中处理和传输的电信号有两种:一种信号是时间和数值连续变化,称为模拟信号;另一种信号是时间和数值上都是离散的,称为数字信号。例如:自动生产线上输出的零件数目所对应的电信号就是数字信号,热电耦在工作时所输出的电压信号就属于模拟信号。处理数字信号、完成逻辑功能的电路,称为逻辑电路或数字电路。在数字电路中,数字信号用二进制表示,采用串行和并行传输两种传输方法。

与模拟信号相比,数字信号具有传输可靠、易于存储、抗干扰能力强、稳定性好等优点。为便于存储、分析和传输,常将模拟信号转化为数字信号,这也是数字电路应用愈来愈广泛的重要原因。

2.1.2 数字电路的分类和特点

1. 数字电路的分类

从电路结构上讲,数字电路有分立和集成之分。分立电路用单个元器件和导线连接而成,目前已很少使用。集成电路的所有元器件及其连线,均按照一定的功能要求,制作在同一块半导体基片上,集成电路种类很多,应用广泛。

数字集成电路按其内部有源器件的不同可以分为3大类。一类为双极型晶体管集成电路,它主要有晶体管-晶体管逻辑(Transistor Transistor Logic,TTL)、射极耦合逻辑(Emitter Coupled Logic,ECL)和集成注入逻辑(Integrated Injection Logic,I^2L)等几种类型。另一类为MOS(Metal Oxide Semiconductor)集成电路,其有源器件采用金属-氧化物-半导体场效应管,又可分为PMOS、NMOS和CMOS等几种类型。还有一类为Bi-CMOS器件,它由双极型晶体管电路和MOS型集成电路构成,能够充分发挥两种电路的优势,缺点是制造工艺复杂。

目前数字系统中普遍使用TTL和CMOS集成电路。TTL集成电路工作速度快、驱动能力强,但功耗高、集成度低;MOS 集成电路具有集成度高、功耗低的优点,超大规模集成电路基本上都是 MOS 集成电路,其缺点是工作速度略低。

数字集成电路按其集成规模可分为多种类型。一般认为,每片组件内包含 10~100 个元件(或 1~10 个等效门)的为小规模集成电路(Small Scale Integration,SSI);每片组件内含 100~1 000 个元件(或 10~100 个等效门)的为中规模集成电路(Medium Scale Integration,MSI);每片组件内含 1 000~100 000 个元件(或 100~1 000 个等效门)的为大规模集成电路(Large Scale Integration,LSI);每片组件内含 100 000 个元件以上(或 1 000 个以上等效门)的为超大规模集成电路(Very Large Scale Integration,VLSI)。

目前常用的逻辑门和触发器属于 SSI,常用的译码器、数据选择器、加法器、计数器、移位寄存器等组件属于 MSI。常见的 LSI 和 VLSI 有只读存储器、随机存取存储器、微处理器、单片微处理机、位片式微处理器、高速乘法累加器、通用和专用数字信号处理器等。此外还有专用集成电路 ASIC 和可编程逻辑器件 PLD。PLD 是近十几年来迅速发展的新型数字器件,目前应用十分广泛。

根据电路逻辑功能的不同,数字集成电路又可以分为组合逻辑电路和时序逻辑电路两大类,其中组合逻辑电路没有记忆功能,时序逻辑电路具有记忆功能。

2. 数字电路的特点

在实际工作中,数字电路中数字信号的高、低电平分别用 1 和 0 表示。只要能区分出高、低电平,就可以知道它所表示的逻辑状态了,高、低电平都有一个允许的范围。正因为如此,数字电路一般工作于开关状态,对元器件参数和精度的要求,对供电电源的要求,都比模拟电路要低一些。数字电路比模拟电路应用更加广泛。数字电路与模拟电路相比具有以下特点:

① 结构简单,便于集成;
② 工作可靠,抗干扰能力强;
③ 数字信号便于长期保存和加密;
④ 产品系列全,通用性强,成本低;
⑤ 不仅能实现算术运算,还能进行逻辑判断。

2.1.3 数字电路的研究方法

数字电路具有模拟电路无可比拟的特点,它的产生极大地推动了电子技术的发展与应用。它一方面在数字信息处理中应用广泛(如计算机等),另一方面也为模拟信号的变换、压缩、传输、显示提供了十分有利的载体和条件。数字电子技术在日常生活、机械加工、过程控制、智能机器人、军事科学、航天技术、测量技术、原始教育等诸多领域都得到了广泛应用。

数字电路的主要研究对象是电路的输入和输出之间的逻辑关系,其分析和设计方法与模拟电路不同。由于数字电路中的器件工作在开关状态,因而采用的分析方法是逻辑代数,逻辑电路功能主要用逻辑真值表、逻辑表达式以及波形图来描述。

随着计算机技术的发展,为了分析、仿真和设计数字电路或数字系统,可以采用硬件描述语言,例如 ABEL 语言和 ISP Synario 软件,借助计算机以实现设计自动化。这种方法对于设计较复杂的数字系统,优点更突出。

2.2 数的进制和二进制代码

2.2.1 常用的数制

生活中离不开数字，人们常采用进位的原则进行计数，称为进位计数制。我们习惯用十进制进行计数。数字系统中多采用二进制、八进制和十六进制。

每一种进位计数制都有一组特定的数码，例如十进制数有 10 个数码，二进制数只有 2 个数码，而十六进制数有 16 个数码。每种进位计数制中允许使用的数码总数称为基数，基数的幂称为权值。数码处于不同的位置，权值不同，代表的数值不同。

在任何一种进位计数制中，任何一个数都由整数和小数两部分组成，并且具有两种书写形式：位置记数法和多项式表示法。

1. 十进制数（Decimal）

在十进制中，每个数位规定使用的数码为 0~9，共 10 个，故其进位基数 R 为 10，其计数规则是"逢十进一"。各位的权值为 10^i，i 是各数位的序号。十进制数用下标"D"或"10"、"十"表示，也可省略。

若干个数码并列在一起可以表示一个十进制数。例如在 435.86 这个数中，小数点左边第 1 位的 5 代表个位，它的数值为 5；小数点左边第 2 位的 3 代表十位，它的数值为 3×10^1；左边第 3 位的 4 代表百位，它的数值为 4×10^2；小数点右边第 1 位的值为 8×10^{-1}；小数点右边第 2 位的值为 6×10^{-2}。可见，数码处于不同的位置，代表的数值是不同的。这里 10^2、10^1、10^0、10^{-1} 和 10^{-2} 称为十进制数的权或位权，即十进制数中各位的权是基数 10 的幂，各位数码的值等于该数码与权的乘积。于是，$435.86=4\times10^2+4\times10^1+5\times10^0+8\times10^{-1}+6\times10^{-2}$。

上式左边称为位置记数法或并列表示法，右边称为多项式表示法或按权展开法。

一般，对于任何一个十进制数 N，都可以用位置记数法和多项式表示法，写为：

$$\begin{aligned}(N)_{10} &= a_{n-1}a_{n-2}\cdots a_1 a_0 \cdot a_{-1}a_{-2}\cdots a_{-m} \\ &= a_{n-1}\times 10^{n-1}+a_{n-2}\times 10^{n-2}+\cdots+a_1\times 10^1+a_0\times 10^0+a_{-1}\times 10^{-1}+ \\ &\quad a_{-2}\times 10^{-2}+\cdots+a_{-m}\times 10^{-m} \\ &= \sum_{i=-m}^{n-1} a_i\times 10^i\end{aligned}\qquad(2-1)$$

式中，n 代表整数位数；m 代表小数位数；$a_i(-m\leqslant i\leqslant n-1)$ 表示第 i 位数码（或系数），它可以是 0~9 中的任意一个；10^i 为第 i 位数码的权值。

上述十进制数的表示方法也可以推广到任意进制数。对于一个基数为 $R(R\geqslant 2)$ 的 R 进制计数制，数 N 可以写为：

$$\begin{aligned}(N)_R &= a_{n-1}a_{n-2}\cdots a_1 a_0 \cdot a_{-1}a_{-2}\cdots a_{-m} \\ &= a_{n-1}\times R^{n-1}+a_{n-2}\times R^{n-2}+\cdots+a_1\times R^1+a_0\times R^0+a_{-1}\times R^{-1}+ \\ &\quad a_{-2}\times R^{-2}+\cdots+a_{-m}\times R^{-m} \\ &= \sum_{i=-m}^{n-1} a_i R^i\end{aligned}\qquad(2-2)$$

式中，n 代表整数位数；m 代表小数位数；a_i 为第 i 位数码，它可以是 0~$(R-1)$ 个不同数码中的任何一个；R^i为第i位数码的权值。

从计数电路的角度来看,采用十进制极不方便。构成计数电路要把电路的状态与数码对应起来,十进制中的10个数码就需要有10个不同的、而且能够严格区分的电路状态与之对应,技术上实现十分困难,也不经济。

2. 二进制数(Binary Numeral)

在二进制中,每个数位规定使用的数码为0和1,共2个数码,故其进位基数R为2,其计数规则是"逢二进一"。各位的权值为2^i(2的幂),i是各数位的序号。二进制数用下标"B"或"2"表示。

任何一个二进制数,根据式(2-2)可表示为:

$$(N)_2 = a_{n-1}a_{n-2}\cdots a_1 a_0 \cdot a_{-1}a_{-2}\cdots a_{-m}$$
$$= a_{n-1} \times 2^{n-1} + a_{n-2} \times 2^{n-2} + \cdots + a_1 \times 2^1 + a_0 \times 2^0 + a_{-1} \times 2^{-1} +$$
$$a_{-2} \times 2^{-2} + \cdots + a_{-m} \times 2^{-m}$$
$$= \sum_{i=-m}^{n-1} a_i 2^i \tag{2-3}$$

例如:
$$(1011.011)_2 = 1 \times 2^3 + 0 \times 2^2 + 1 \times 2^1 + 1 \times 2^0 + 0 \times 2^{-1} + 1 \times 2^{-2} + 1 \times 2^{-3}$$
$$= (11.375)_{10}$$

在数字计数中二进制被广泛采用是因为其具有如下突出优点:
① 二进制只有2个数码,两个稳定电路状态即可实现,电路简单、可靠、易实现。
② 二进制运算规则与十进制相同。只有2个数码,运算简单,运算操作简便。

但是二进制也有位数多、难写、不方便记忆等缺点,因此,数字系统的运算过程中采用二进制,其对应的原始数据和运算结果多采用人们习惯的十进制数记录。

3. 八进制数(Octal Numeral)

八进制数的进位规则是"逢八进一",其基数$R=8$,采用的数码是0~7,每位的权是8的幂。八进制数用下标"O"或"8"表示。任何一个八进制数也可以根据式(2-2)表示为:

$$(N)_8 = \sum_{i=-m}^{n-1} a_i 8^i \tag{2-4}$$

例如:
$$(376.4)_8 = 3 \times 8^2 + 7 \times 8^1 + 6 \times 8^0 + 4 \times 8^{-1} = 3 \times 64 + 7 \times 8 + 6 + 0.5$$
$$= (254.5)_{10}$$

4. 十六进制数(Hexadecimal Numeral)

十六进制数的进位规则是"逢十六进一",基数$R=16$,采用的16个数码为0~9,以及A、B、C、D、E、F,符号A~F分别代表十进制数的10~15。每位的权是16的幂。十六进制数用下标"H"或"16"表示。

任何一个十六进制数,也可以根据式(2-2)表示为:

$$(N)_{16} = \sum_{i=-m}^{n-1} a_i 16^i \tag{2-5}$$

例如:
$$(3AB.11)_{16} = 3 \times 16^2 + 10 \times 16^1 + 11 \times 16^0 + 1 \times 16^{-1} + 1 \times 16^{-2} = (939.0664)_{10}$$

总之，任意一个数，都可以用不同的计数制表示，尽管表示形式各不相同，但数值的大小是不变的，进制只是人为规定而已。为了便于对照，将十进制数、二进制数、八进制数、十六进制数之间的对应关系列于表2.1中。

表 2.1 各种进制数对照表

十进制数	二进制数	八进制数	十六进制数
0	0000	0	0
1	0001	1	1
2	0010	2	2
3	0011	3	3
4	0100	4	4
5	0101	5	5
6	0110	6	6
7	0111	7	7
8	1000	8	8
9	1001	9	9
10	1010	10	A
11	1011	11	B
12	1100	12	C
13	1101	13	D
14	1110	14	E
15	1111	15	F

2.2.2 不同进制数之间的相互转换

1. 任意进制数转换为十进制数

若将任意进制数转换为十进制数，只需将数$(N)_R$写成按权展开的多项式表示式，并按十进制规则进行运算，便可求得相应的十进制数$(N)_{10}$。

例如：

$(10110.11)_2 = 1\times 2^4 + 1\times 2^2 + 1\times 2^1 + 1\times 2^{-1} + 1\times 2^{-2} = 16+4+2+0.5+0.25 = (22.75)_{10}$

$(2A.8)_H = 2\times 16^1 + A\times 16^0 + 8\times 16^{-1} = 32+10+0.5 = (42.5)_D$

$(165.2)_8 = 1\times 8^2 + 6\times 8^1 + 5\times 8^0 + 2\times 8^{-1} = 64+48+5+0.25 = (117.25)_D$

2. 十进制数转换为二、八、十六进制数

由前面分析可知，任意R进制数都可以转换成十进制数，也就是说十进制数可以写成任意R进制数（例如，二进制数、八进制数、十六进制数）的多项式形式。只要对此式进行简单的数学处理，就可得到二进制数、八进制数、十六进制数的每位对应系数，从而写出具体数值。转换方法有两种：基数连除取余法和基数连乘取整法，前者用于整数部分转换，后者用于小数部分转换。

(1) 整数转换

整数转换采用基数连除法。把十进制整数N转换成R进制数的步骤如下。

第1步:将 N 除以 R,记下所得的商和余数。
第2步:将上一步所得的商再除以 R,记下所得商和余数。
第3步:重复做第2步,直到商为0。
第4步:所得各个余数即为 R 进制的数码,按照和运算过程相反的顺序把各个余数排列起来,即为对应的 R 进制数。具体转换方法是以将十进制数转换为二进制数为例,转换为八进制数、十六进制数请读者自己动手去做。

例如,将 $(57)_{10}$ 转换为二进制数:

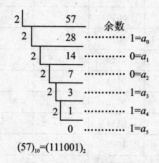

$(57)_{10} = (111001)_2$

(2) 纯小数转换

纯小数转换采用基数连乘法。把十进制的纯小数 M 转换成 R 进制数的步骤如下。
第1步:将 M 乘以 R,记下整数部分。
第2步:将上一步乘积中的小数部分再乘以 R,记下整数部分。
第3步:重复做第2步,直到小数部分为0或者满足精度要求为止。
第4步:各步求得的整数即为 R 进制的数码,按照和运算过程相同的顺序排列起来,即为对应的 R 进制数。具体转换方法以将十进制数转换为二进制数为例,转换为八进制数、十六进制数请读者自己动手去做。

例如,将 $(0.724)_{10}$ 转换成二进制小数:

$$
\begin{array}{r}
0.724 \\
\times \quad 2 \\
\hline
1.448 \quad \cdots\cdots\cdots 1 = a_{-1} \\
0.448 \\
\times \quad 2 \\
\hline
0.896 \quad \cdots\cdots\cdots 0 = a_{-2} \\
\times \quad 2 \\
\hline
1.792 \quad \cdots\cdots\cdots 1 = a_{-3} \\
0.792 \\
\times \quad 2 \\
\hline
1.584 \quad \cdots\cdots\cdots 1 = a_{-4}
\end{array}
$$

$(0.724)_{10} = (0.1011)_2$

可见,小数部分乘2取整的过程不一定能使最后乘积为0,转换值存在误差。通常在二进制小数的精度已达到预定的要求时,运算便可结束。

将一个带有整数和小数的十进制数转换成二进制数时,必须将整数部分和小数部分分别按除2取余法和乘2取整法进行转换,然后再将两者的转换结果合并起来即可。

例如:$(57.724)_{10} = (111001.1011)_2$

3. 二进制数与八进制数、十六进制数之间的转化

(1) 二进制数转换为八进制数、十六进制数

八进制数和十六进制数的基数分别为 $8=2^3$，$16=2^4$，3 位二进制数恰好相当于 1 位八进制数，4 位二进制数相当于 1 位十六进制数，它们之间的相互转换是很方便的。

二进制数转换成八进制数（或十六进制数）时，其整数部分和小数部分可以同时进行转换。其方法是：以二进制数的小数点为起点，分别向左、向右，每 3 位（或 4 位）分 1 组，即分组规则是整数从低位到高位，小数从高位到低位。对于小数部分，最低位一组不足 3 位（或 4 位）时，必须在有效位右边补 0，使其足位；对于整数部分，最高位一组不足位时，可在有效位的左边补 0，也可不补。然后，把每一组二进制数转换成与之等值的八进制（或十六进制）数，并保持原排序，即得到二进制数对应的八进制数和十六进制数。

例如，求 $(01101111010.1011)_2$ 的等值八进制数。

二进制数 001 101 111 010 . 101 100
八进制数   1   5   7   2   5   4

得： $(01101111010.1011)_2 = (1572.54)_8$

例如，将 $(001101101011.101)_2$ 转换为十六进制数。

二进制数 00 11 01 10 10 11 . 10 10
十六进制数   3   6   C   . B

得： $(1101101011.101)_2 = (36C.B)_{16}$

(2) 八进制数、十六进制数转化为二进制数

八进制（或十六进制）数转换成二进制数时，与前面步骤相反，即只要按原来顺序将每一位八进制数（或十六进制数）用相应的 3 位（或 4 位）二进制数代替即可。整数最高位一组不足位左边补 0，小数最低位一组不足位右边补 0，即得到八进制数和十六进制数对应的二进制数。

由于目前微型计算机多采用 16 位或 32 位二进制进行运算，而 16 位或 32 位二进制数可以用 4 位和 8 位十六进制数来表示，所以用十六进制符号书写程序十分方便，它也比八进制应用更加广泛。不同进制数值的算术运算规则与十进制基本相同，机内二进制运算都在加法器中实现。

2.2.3 二进制代码

数字系统中的信息分为两类：一类是数值，其表示方法见 2.2.1 小节所述；另一类是文字符号（包括控制符），也采用一定位数的二进制代码来表示，称为代码。建立这种代码与十进制数值、字母、符号的一一对应关系称为编码。若所需编码的信息有 N 项，则二进制代码的位数 n 应满足 $2^n \geq N$，下面介绍几种常见的代码。

1. 二-十进制码（BCD 码）

二-十进制编码是用 4 位二进制码的 10 种组合表示十进制数 $0 \sim 9$，简称 BCD 码（Binary Coded Decimal）。用二进制来表示 $0 \sim 9$ 这 10 个数符，必须用 4 位二进制来表示，而 4 位二进制共有 16 种组合，从中取出 10 种组合来表示 $0 \sim 9$ 的编码方案有很多（约 2.9×10^{10}）种。几种常用的 BCD 码如表 2.2 所列。若某种代码的每一位都有固定的"权值"，则称这种代码为有权代码，否则，称为无权代码。

表 2.2　几种常用的 BCD 码

十进制数	8421 码	5421 码	2421 码	余 3 码	BCD Gray 码
0	0000	0000	0000	0011	0000
1	0001	0001	0001	0100	0001
2	0010	0010	0010	0101	0011
3	0011	0011	0011	0110	0010
4	0100	0100	0100	0111	0110
5	0101	1000	1011	1000	0111
6	0110	1001	1100	1001	0101
7	0111	1010	1101	1010	0100
8	1000	1011	1110	1011	1100
9	1001	1100	1111	1100	1000

(1) 8421BCD 码

8421BCD 码是最基本最常用的 BCD 码,它和 4 位自然二进制码相似,各位的权值为 8、4、2、1,故称为有权 BCD 码。和 4 位自然二进制码不同的是,它只选用了 4 位二进制码中前 10 组代码,即用 0000~1001 分别代表它所对应的十进制数,余下的 6 组代码不用。

(2) 5421BCD 码和 2421BCD 码

5421BCD 码和 2421BCD 码为有权 BCD 码,它们从高位到低位的权值分别为 5、4、2、1 和 2、4、2、1。这两种有权 BCD 码中,有的十进制数码存在两种加权方法,例如,5421BCD 码中的数码 5,既可以用 1000 表示,也可以用 0101 表示;2421BCD 码中的数码 6,既可以用 1100 表示,也可以用 0110 表示。这说明 5421BCD 码和 2421BCD 码的编码方案都不是唯一的。表 2.2 只列出了一种编码方案。

表 2.2 中 2421BCD 码的 10 个数码中,0 和 9、1 和 8、2 和 7、3 和 6、4 和 5 代码的对应位恰好一个是 0 时,另一个就是 1,即互为反码。可见 2421BCD 码具有对 9 互补的特点,它是一种对 9 的自补代码(即只要对某一组代码各位取反就可以得到 9 的补码),在运算电路中使用比较方便。

(3) 余 3 码

余 3 码是由 8421BCD 码的每个码组加 0011 形成的。其中的 0 和 9、1 和 8、2 和 7、3 和 6、4 和 5,各对码组相加均为 1111,具有这种特性的代码称为自补代码,常用于 BCD 码的运算电路中。余 3 码各位无固定权值,故属于无权码。

格雷码既是 BCD 码的一种,也是可靠性代码,它不仅能对十进制数编码,同时还能对任意二进制数编码(放在可靠性代码中讲解)。

用 BCD 码可以方便地表示多位十进制数,例如十进制数 $(579.8)_{10}$ 可以分别用 8421BCD 码、余 3 码表示为:

$$(579.8)_{10} = (0101\ \ 0111\ \ 1001.1000)_{8421BCD码}$$
$$= (1000\ \ 1010\ \ 1100.1011)_{余3码}$$

2. 可靠性代码

代码在形成和传输过程中难免出错,为了减少这种错误,且保证一旦出错时易于发现和校正,常采用可靠性代码。目前常用的代码有格雷码、奇偶校验码等。

(1) 格雷码(Gray 码)

Gray 码的最基本的特性是任何相邻的两组代码中仅有一位数码不同,并且任一组编码的首尾两个代码只有一位数不同,构成一个循环,故常把格雷码称为循环码,又称为单位距离码。

Gray 码的编码方案有多种,典型的 Gray 码如表 2.3 所列。从表中可以看出,这种代码具有单位距离码的特点。还有一些格雷码具有反射特性,即相对于每组编码的中线对称的两个代码,最高位相反,而其余各位相同。这种具有反射特性的 Gray 码,又称为反射码。反射码只是 Gray 码的特例,利用这一反射特性可以方便地构成位数不同的实用 Gray 码。

表 2.3 典型的 Gray 码

十进制数	二进制码 $B_3 B_2 B_1 B_0$	Gray 码 $G_3 G_2 G_1 G_0$	
0	0 0 0 0	0 0 0 0	…1 位反射对称轴
1	0 0 0 1	0 0 0 1	…2 位反射对称轴
2	0 0 1 0	0 0 1 1	
3	0 0 1 1	0 0 1 0	…3 位反射对称轴
4	0 1 0 0	0 1 1 0	
5	0 1 0 1	0 1 1 1	
6	0 1 1 0	0 1 0 1	
7	0 1 1 1	0 1 0 0	…4 位反射对称轴
8	1 0 0 0	1 1 0 0	
9	1 0 0 1	1 1 0 1	
10	1 0 1 0	1 1 1 1	
11	1 0 1 1	1 1 1 0	
12	1 1 0 0	1 0 1 0	
13	1 1 0 1	1 0 1 1	
14	1 1 1 0	1 0 0 1	
15	1 1 1 1	1 0 0 0	

Gray 码的单位距离特性有很重要的意义。例如两个相邻的十进制数 13 和 14,相应的二进制码为 1101 和 1110。在用二进制数做加 1 计数时,如果从 13 变为 14,二进制码的最低 2 位都要改变,但实际上 2 位改变不可能完全同时发生,若最低位先置 0,然后次低位再置 1,则中间会出现 1101、1100、1110,即出现暂短的误码 1100,而 Gray 码因只有 1 位变化,从而杜绝了出现这种错误的可能。

BCD Gray 码是一种具有单位距离特性的 BCD 码,其编码方案也很多,表 2.2 最右边仅列出了一种,它的前 9 组代码与典型的 4 位 Gray 码相同,仅最后一组代码不同,用 1000 代替了 Gray 码的 1101,这是因为从最大数 9 返回到 0 也应具有单位距离特性。

(2) 奇偶校验码

代码(或数据)在传输和处理过程中,有时会出现代码中的某一位由 0 错变成 1,或 1 错变成 0,奇偶校验码是一种具有校验出这种错误的代码。奇偶校验码由信息位和 1 位奇偶校验位两部分组成。信息位是位数不限的任一种二进制代码,它代表着要传输的原始信息;校验位仅有 1 位,它可以放在信息位的前面,也可以放在信息位的后面,它的编码方式有两种。

使得一组代码中信息位和校验位中 1 的个数之和为奇数,称为奇校验;使得一组代码中信息位和校验位中 1 的个数之和为偶数,称为偶校验。对于任意 n 位二进制数,增加 1 位校验位,便可构成 $n+1$ 位的奇或偶校验码,表 2.4 给出了 8421BCD 奇偶校验码。

表 2.4 带奇偶校验的 8421BCD 码

十进制数	8421BCD 奇校验		8421BCD 偶校验	
0	0000	1	0000	0
1	0001	0	0001	1
2	0010	0	0010	1
3	0011	1	0011	0
4	0100	0	0100	1
5	0101	1	0101	0
6	0110	1	0110	0
7	0111	0	0111	1
8	1000	0	1000	1
9	1001	1	1001	0
	信息位	校验位	信息位	校验位

接收方对接收到的奇偶校验码要进行检测,看每个码组中 1 的个数是否与约定相符,若不相符则为错码。

奇偶校验码只能检测 1 位错码,但不能测定哪一位出错,也不能自行纠正错误。若代码中同时出现多位错误,则奇偶校验码无法检测。但是,由于多位同时出错的概率要比 1 位出错的概率小得多,并且奇偶校验码容易实现,因而该码在计算机存储器中被广泛采用。

3. 字符代码

对各个字母和符号编制的代码称为字符代码。字符代码的种类繁多,目前在计算机和数字通信系统中被广泛采用的是 ISO 和 ASCII 码。

① ISO(International Standardization Orgnization)编码。ISO 编码是国际标准化组织编制的一组 8 位二进制代码,主要用于信息传送。这一组编码包括 0~9,共 10 个数值码、26 个英文字母以及 20 个其他符号的代码,共 56 个。8 位二进制代码的其中 1 位是补偶校验位,用来把每个代码中 1 的个数补成偶数以便于查询。

② ASC (American Standard Code for Information Interchange) 编码。ASC 码是美国信息交换标准代码的简称。ASCII 码采用 7 位二进制数编码,可以表示 128 个字符。它包括 10 个十进制数 0~9;26 个大小写字母;32 个通用控制符号;34 个专用符号。读码时,先读列码,再读行码。例如,十进制数 0~9,相应用 0110000~0111001 来表示,应用中常在最前面增加 1 位奇偶校验位,用来把每个代码中 1 的个数补成偶数或奇数以便于查询。在机器中表示时,常使其为 0,因此 0~9 的 ASCII 码为 30H~39H,大写字母 A~Z 的 ASCII 码为 41H~5AH 等。

ASCII 编码从 20H~7EH 均为可打印字符,而 00H~1FH 为通用控制符,它们不能被打印出来,只起控制或标志的作用,如 0DH 表示回车(CR),0AH 表示换行控制(LF),04H (EOT)为传送结束标志。字符代码的具体内容清参阅有关资料。

2.3 逻辑代数及其基本运算

数字电路是一种开关电路,从电路内部看,管子导通或管子截止可以用 0 或 1 表示;从电路的输入/输出看,高电平或低电平也可以用 0 或 1 表示。换言之,数字电路的输入量和输出量之间是一种因果关系或称逻辑关系。这种仅有两个取值变化的逻辑关系通常用二元(二值)代数即逻辑代数(logic algebra)来描述。逻辑代数来源于布尔代数(boolean algebra),是其重要分支,它用来研究任何事物的发展和变化的因果关系。逻辑代数是分析和设计数字系统的数学工具,因其研究的是开关电路,故又称为开关代数(switching algebra)。

2.3.1 逻辑代数的逻辑变量和正负逻辑

逻辑是指事物因果之间所遵循的规律。为了避免用冗繁的文字来描述逻辑问题,逻辑代数采用逻辑变量和一套运算符组成逻辑函数表达式来描述事物的因果关系。

1. 逻辑变量

和普通代数一样,逻辑代数系统也是由变量、常量和基本运算符构成的。逻辑代数中的变量称为逻辑变量,一般用大写字母 A、B、C、⋯表示,逻辑变量的取值只有两种,即逻辑 0 和逻辑 1,0 和 1 称为逻辑常量。但必须指出,这里的逻辑 0 和 1 本身并没有数值意义,它们并不代表数量的大小,而仅仅是作为一种符号,代表事物矛盾双方的两种状态。例如,灯泡的亮与灭,开关的通与断,种子的发芽与否,命题的"假"和"真",符号的"有"和"无"等。

2. 正负逻辑

对于一个事件的逻辑状态,单纯的用 0 和 1 描述仍有不确定性。比如,前面提到的灯泡亮灭状态,某一时刻灯亮,其逻辑状态是 0 还是 1 呢? 这就要求对亮和灭两种状态与 0 和 1 的对应要事先规定。逻辑代数中,有两种基本的定义逻辑状态的规则体系。规定事件的正的、积极的、阳性的逻辑状态为 1 状态,称为正逻辑,反之,称为负逻辑。对于同一逻辑事件,所采用的正、负逻辑不同,逻辑变量间的逻辑关系也不同。

3. 逻辑函数

数字电路的输入、输出量一般用高、低电平来表示,本书采用正逻辑,定义高电平为逻辑 1 状态、低电平为逻辑 0 状态。数字电路的输入与输出之间的关系是一种因果关系,它可以用逻辑函数来描述,又称为逻辑电路。

对于任何一个电路,若输入逻辑变量 A、B、C、⋯的取值确定后,其输出逻辑变量 F 的值也被唯一地确定了,则可以称 F 是 A、B、C、⋯的逻辑函数,并记为:
$$F = f(A, B, C, \cdots)$$

逻辑函数与普通代数中的函数相似,它是随自变量的变化而变化的因变量,自变量和因变量分别表示某一事件发生的条件和结果。逻辑函数习惯用大写字母 F、Y、L、Z 等表示。

2.3.2 逻辑代数的 3 种基本运算

逻辑代数规定了 3 种基本运算:与运算、或运算、非运算。任何逻辑函数都可以用这 3 种运算的组合来构成,即任何数字系统都可以用这 3 种逻辑电路来实现。与、或、非是一个完备集合,简称完备集。

逻辑关系可以用文字、逻辑表达式、表格或图形来描述,描述逻辑关系的0、1表格称为逻辑真值表,用规定的图形符号来表示逻辑运算称为逻辑符号。下面分别讨论这3种基本逻辑运算。

1. 与逻辑运算

只有当决定一个事件结果(F)的所有条件(A、B、C、…)同时具备时,结果才能发生,这种逻辑关系称为与逻辑运算。

例如:"只有德才兼备才能做一个好领导"这句话就内含了与逻辑关系。

与逻辑运算相应的逻辑表达式为:

$$F = A \cdot B \cdot C \cdots \tag{2-6}$$

在逻辑代数中,将与逻辑称为与运算或逻辑乘。符号"·"表示逻辑乘,同普通代数中乘法运算符号一致,在不致混淆的情况下,常省去符号"·"。在有些文献中,也采用 $\wedge$、$\cap$ 及 & 等符号来表示逻辑乘。

实现"与运算"的电路称为与门(第3章讲解),其对应的逻辑符号如图2.1所示,其中图2.1(a)是我国常用的传统符号,图2.1(b)为国外流行符号,图2.1(c)为国家标准符号。

如图2.2所示的串联开关灯控电路中,只有在开关A和B都闭合的条件下,灯F才亮,这种灯亮与开关闭合的关系就是与逻辑。正逻辑定义开关A、B闭合为1,断开为0,灯F亮为1,灭为0,则F与A、B的与逻辑关系可以用如表2.5所列的真值表来描述。所谓真值表,就是将自变量的各种可能的取值组合与其因变量的值一一列出来的表格形式。

表2.5 与逻辑真值表

A	B	F
0	0	0
0	1	0
1	0	0
1	1	1

(a) 常用符号　　(b) 国外流行符号　　(c) 国际符号

图2.1 与门的逻辑符号　　图2.2 与逻辑电路实例

由真值表可知,逻辑乘的基本运算规则为:

$$0 \cdot 0 = 0; \quad 0 \cdot 1 = 0; \quad 1 \cdot 0 = 0; \quad 1 \cdot 1 = 1$$

与普通代数乘法一致。与逻辑的运算规律为:输入有0输出得0,输入全1输出得1。

2. 或逻辑运算

当决定一个事件结果(F)的几个条件(A、B、C、…)有一个或有一个以上具备时,结果就会发生,这种逻辑关系称为或逻辑运算。

例如:"贪污或受贿都构成犯罪"这句话就内含了或逻辑关系。

或逻辑运算相应的逻辑表达式为:

$$F = A + B + C \cdots \tag{2-7}$$

在逻辑代数中,将或逻辑称为或运算或逻辑加。符号"+"表示逻辑加,有些文献中也采用 $\vee$、$\cup$ 等符号来表示逻辑加。

实现"或运算"的电路称为或门(第3章讲解),其对应的逻辑符号如图2.3所示,其中图2.3(a)是我国常用的传统符号,图2.3(b)为国外流行符号,图2.3(c)为国家标准符号。

或逻辑灯控电路如图 2.4 所示,或逻辑真值表如表 2.6 所列。

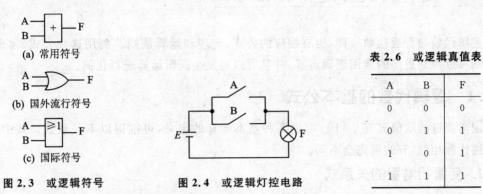

图 2.3　或逻辑符号　　　图 2.4　或逻辑灯控电路

表 2.6　或逻辑真值表

A	B	F
0	0	0
0	1	1
1	0	1
1	1	1

由真值表可知,逻辑乘的基本运算规则为:
$$0+0=0;\quad 0+1=1;\quad 1+0=1;\quad 1+1=1$$
与普通代数加法有区别。与逻辑的运算规律为:输入有 1 输出得 1,输入全 0 输出得 0。

3. 非运算

非运算是逻辑的否定,即当一件事的条件(A)具备时,结果(F)不会发生;而条件不具备时,结果一定会发生。这种逻辑关系称为非逻辑,又称为逻辑反,对应的运算关系即非运算。例如:"怕死就不是真正的共产党员"这句话就内含了非逻辑关系。

非运算相应的逻辑表达式为:
$$F = \overline{A} \tag{2-8}$$

读做"F 等于 A 非"。通常称 A 为原变量,$\overline{A}$ 为反变量,二者为互补变量。

实现"非运算"的电路称为非门或者称为反相器(第 3 章讲解),其对应的逻辑符号如图 2.5 所示,其中图 2.5(a)是我国常用的传统符号,图 2.5(b)为国外流行符号,图 2.5(c)为国家标准符号。

非逻辑灯控电路如图 2.6 所示,非逻辑真值表如表 2.7 所列。由真值表可知,逻辑非的基本运算规则为:$0=\overline{1},1=\overline{0}$。非逻辑的运算规律为:输出和输入始终相反。

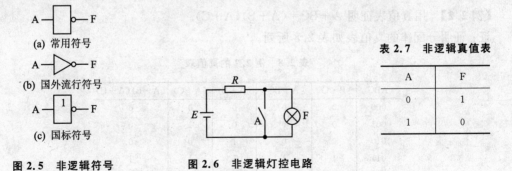

图 2.5　非逻辑符号　　　图 2.6　非逻辑灯控电路

表 2.7　非逻辑真值表

A	F
0	1
1	0

2.4 逻辑代数的定律和规则

逻辑代数与普通代数一样,也有相应的公式、定理和运算规则。利用这些公式、定理和运算规则可以得到更多的常用逻辑运算,并且可以对复杂逻辑运算进行化简。

2.4.1 逻辑代数的基本公式

逻辑变量的取值只有 0 和 1,根据 3 种基本运算的定义,可推得以下关系式。其中,有的与普通代数相似,有的则完全不同。

1. 变量和常量的关系式

0−1 律	$A \cdot 0 = 0$	$A + 1 = 1$	(2−9)
自等律	$A \cdot 1 = A$	$A + 0 = A$	(2−10)
重叠律	$A \cdot A = A$	$A + A = A$	(2−11)
互补律	$A \cdot \overline{A} = 0$	$A + \overline{A} = 1$	(2−12)

2. 与普通代数相似的定律

交换律	$A \cdot B = B \cdot A$	$A + B = B + A$	(2−13)
结合律	$(A \cdot B) \cdot C = A \cdot (B \cdot C)$	$(A + B) + C = A + (B + C)$	(2−14)
分配律	$A \cdot (B + C) = AB + AC$	$A + BC = (A + B)(A + C)$	(2−15)

需要注意的是,上述基本公式反映的是变量的逻辑关系而非数量关系。以上定律可以用真值表证明,也可以用公式证明。

【例 2.1】 证明加和乘的分配律 $A + BC = (A + B)(A + C)$。

证:$(A + B)(A + C)$
$= A \cdot A + A \cdot B + A \cdot C + B \cdot C$
$= A + AB + AC + BC$
$= A(1 + B + C) + BC = A + BC$

因此有 $A + BC = (A + B)(A + C)$。

【例 2.2】 用真值表证明 $A + BC = (A + B)(A + C)$。

证:证明分配律的真值表如表 2.8 所列。

表 2.8 例 2.2 的真值表

ABC	B·C	A+BC	(A+B)	(A+C)	(A+B)(A+C)
000	0	0	0	0	0
001	0	0	0	1	0
010	0	0	1	0	0
011	1	1	1	1	1
100	0	1	1	1	1
101	0	1	1	1	1
110	0	1	1	1	1
111	1	1	1	1	1

检验可知等式两边的真值相等,可得 $A + BC = (A + B)(A + C)$。

3. 逻辑代数中的特殊定律

反演律(De Morgan 定律)：
$$\left.\begin{array}{l}\overline{A \cdot B} = \overline{A} + \overline{B} \\ \overline{A + B} = \overline{A} \cdot \overline{B}\end{array}\right\} \quad (2-16)$$

还原律：
$$\overline{\overline{A}} = A \quad (2-17)$$

证明反演律的真值表如表 2.9 所列。

表 2.9　反演律的真值表

A	B	$\overline{A+B}$	$\overline{A}\,\overline{B}$	$\overline{AB}$	$\overline{A}+\overline{B}$	A	B	$\overline{A+B}$	$\overline{A}\,\overline{B}$	$\overline{AB}$	$\overline{A}+\overline{B}$
0	0	1	1	1	1	1	0	0	0	1	1
0	1	0	0	1	1	1	1	0	0	0	0

2.4.2　逻辑代数的三大规则

为了应用方便，总结了以下几个规则，利用这些规则可以扩充基本定律的使用范围。

1. 代入规则

逻辑等式中的任何变量 A，都可用另一函数式 Z 代替，等式仍然成立，这个规则称为代入规则。由于逻辑函数与逻辑变量一样，只有 0、1 两种取值，所以代入规则的正确性不难理解。代入法则可以扩大基本公式的应用范围。

例如，已知 $\overline{A+B} = \overline{A} \cdot \overline{B}$(反演律)，若用 F=B+C 代替等式中的 B，则可以得到适用于多变量的反演律，即 $\overline{A+B+C} = \overline{A} \cdot \overline{B+C} = \overline{A} \cdot \overline{B} \cdot \overline{C}$，这样就得到三变量的摩根定律。

同理可将摩根定律推广到 n 变量：
$$\overline{A_1 + A_2 + \cdots A_n} = \overline{A}_1 \cdot \overline{A}_2 \cdots \overline{A}_n$$
$$\overline{A_1 A_2 \cdots A_n} = \overline{A}_1 + \overline{A}_2 + \cdots + \overline{A}_n$$

2. 反演规则

对于输入变量的所有取值组合，函数 F_1 和 F_2 的取值总是相反，则称 F_1 和 F_2 互为反函数，或称为互补函数。

记作：
$$F_1 = \overline{F_2} \quad \text{或} \quad F_2 = \overline{F_1}$$

由原函数求反函数，称为反演或求反。摩根定律是进行反演的重要工具。多次应用摩根定律，可以求出一个函数的反函数。但当函数较复杂时，求反过程就相当麻烦。为此，人们从实践中归纳出求反的法则如下：

对于任意一个逻辑函数式 F，如果将其表达式中所有的算符"·"换成"+"，"+"换成"·"；常量"0"换成"1"，"1"换成"0"；原变量换成反变量，反变量换成原变量，则所得到的结果就是原函数 F 的反函数。

反演规则是反演律的推广，运用它可以简便地求出一个函数的反函数。运用反演规则时应注意以下两点。

① 保持原式的运算顺序(先括号，然后按"先与后或"的原则运算)。

例如：$F = \overline{A}B + CD$ 的反函数应为 $\overline{F} = (A+\overline{B})(\overline{C}+\overline{D})$，若不加括号就变成了 $A + \overline{B}\,\overline{C} + \overline{D}$，显然是错误的。

② 不属于单变量上的非号应保留不变。

【例 2.3】 求下列函数的反函数。

$$F_1 = \overline{\overline{AB+C} \cdot D + AC}, \quad F_2 = \overline{A + \overline{B} + \overline{C + \overline{D} \cdot E}}$$

解：
$$\overline{F_1} = [(\overline{A}+\overline{B}) \cdot \overline{C} + \overline{D}](\overline{A}+\overline{C})$$

$$\overline{F_2} = \overline{A} \cdot B \cdot \overline{\overline{C} \cdot \overline{D} \cdot \overline{E}}$$

3. 对偶规则

对于任何一个逻辑函数，如果将其表达式 F 中所有的算符"·"换成"＋"，"＋"换成"·"；常量"0"换成"1"，"1"换成"0"；而变量保持不变，则得出的逻辑函数式 F′（或 F*）就是 F 的对偶式。

例如：若 F＝A·$\overline{B}$＋A·(C＋0)，则 F′＝(A＋$\overline{B}$)·(A＋C·1)。

若 F＝(A＋$\overline{B}$)·(A＋C·1)，则 F′＝A·$\overline{B}$＋A·(C＋0)。

若 F＝$\overline{\overline{A} \cdot \overline{B} \cdot \overline{C}}$，则 F′＝$\overline{\overline{A}+\overline{B}+\overline{C}}$。

若 F＝A，则 F′＝A。

以上各例中 F′是 F 的对偶式，不难证明 F 也是 F′的对偶式，即 F 与 F′互为对偶式。

任何逻辑函数式都存在着对偶式，若原等式成立，则对偶式也一定成立。即如果 F＝G，则 F′＝G′。这种逻辑推理关系称为对偶规则。

必须注意，由原式求对偶式时，原式运算的优先顺序不能改变，且式中的非号也保持不变。应正确使用括号，否则就要发生错误。例如：函数式 AB＋$\overline{A}$C，其对偶式应为：(A＋B)·($\overline{A}$＋C)；如不加括号，就变成 A＋B$\overline{A}$＋C，显然是错误的。

观察前面逻辑代数基本定律和公式，不难看出它们都是成对出现的，而且都是互为对偶的对偶式。利用对偶规则，可以使需要证明的公式减少一半，给公式证明提供了方便。

例如，已知乘对加的分配律成立，即 A(B＋C)＝AB＋AC，根据对偶规则有，A＋BC＝(A＋B)(A＋C)，即加对乘的分配律也成立。

2.4.3 若干常用公式

运用基本公式和以上 3 个规则，可以得到更多的公式。下面介绍一些常用的公式，常用公式可以用基本公式证明。

1. 合并律

$$AB + A\overline{B} = A \qquad (2-18)$$

证：$AB+A\overline{B}=A(B+\overline{B})=A \cdot 1=A$

在逻辑代数中，如果两个乘积项分别包含了互补的两个因子（如 B 和 $\overline{B}$），而其他因子都相同，那么这两个乘积项称为相邻项。也就是说，任何两个相邻的逻辑项，只有一个变量取值不同（一项以原变量形式出现，另一项以反变量形式出现），如 AB 与 A$\overline{B}$、ABC 与 $\overline{A}$BC 都是相邻关系。

合并律说明，两个相邻项可以合并为一项，消去互补量（即变化量）。

2. 吸收律

$$A + AB = A \tag{2-19}$$

证：$A+AB=A(1+B)=A \cdot 1=A$

该公式说明，在一个与或表达式中，如果某一乘积项的部分因子（如 AB 项中的 A）恰好等于另一乘积项（如 A）的全部，则该乘积项（AB）是多余的。

3. 消因子律

$$A + \overline{A}B = A + B \tag{2-20}$$

证：利用分配律

$$A+\overline{A}B=(A+\overline{A})(A+B)=1 \cdot (A+B)=A+B$$

该公式说明，在一个与或表达式中，如果一个乘积项（如 A）取反后是另一个乘积项（如 $\overline{A}$B）的因子，则此因子 $\overline{A}$ 是多余的。

4. 多余项公式

$$AB + \overline{A}C + BC = AB + \overline{A}C \tag{2-21}$$

证：$AB+\overline{A}C+BC=AB+\overline{A}C+(A+\overline{A})BC=AB+\overline{A}C+ABC+\overline{A}BC=AB+\overline{A}C$

推论：$AB+\overline{A}C+BCD=AB+\overline{A}C$

推论左式加多余项 BC 即可证明推论。

该公式及推论说明，在一个与或表达式中，如果两个乘积项中的部分因子互补（如 AB 项和 $\overline{A}$C 项中的 A 和 $\overline{A}$），而这两个乘积项中的其余因子（如 B 和 C）都是第 3 个乘积项中的因子，则这个第 3 项是多余的。

思 考 题

(1) 写出四变量的摩根定律表达式。
(2) 反演规则和对偶规则有什么不同？

2.5 常用的复合逻辑运算

"与"、"或"、"非"是 3 种最基本的逻辑运算，但实际的逻辑关系往往要复杂得多；为此，在数字逻辑电路中，还常常直接使用一些复合逻辑运算。复合逻辑运算由"与"、"或"、"非"3 种最基本的逻辑运算组合而成，下面分别介绍。

1. "与非"、"或非"和"与或非"逻辑

"与非"逻辑是"与"逻辑和"非"逻辑的组合，先"与"再"非"。其表达式为：

$$F = \overline{A \cdot B} \tag{2-22}$$

实现"与非"逻辑运算的电路称为"与非门"，其逻辑符号如图 2.7 所示。

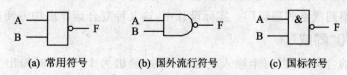

    (a) 常用符号   (b) 国外流行符号   (c) 国标符号

图 2.7 "与非门"的逻辑符号

"或非"逻辑是"或"逻辑和"非"逻辑的组合,先"或"后"非"。其表达式为:
$$F = \overline{A+B} \tag{2-23}$$

实现"或非"逻辑运算的电路称为"或非门",其逻辑符号如图2.8所示。

"与或非"逻辑是"与"、"或"、"非"3种基本逻辑的组合,先"与"再"或"最后"非"。其表达式为:
$$F = \overline{AB+CD} \tag{2-24}$$

实现"与或非"逻辑运算的电路称为"与或非门",其逻辑符号如图2.9所示。

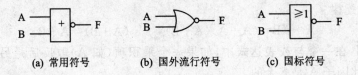

(a) 常用符号　　　　(b) 国外流行符号　　　　(c) 国标符号

图2.8　"或非门"的逻辑符号

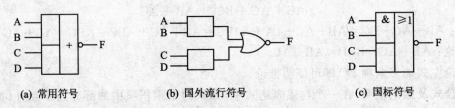

(a) 常用符号　　　　(b) 国外流行符号　　　　(c) 国标符号

图2.9　"与或非门"的逻辑符

"与非"、"或非"和"与或非"逻辑的逻辑真值表如表2.10和表2.11所列。

表2.10　"与非"、"或非"的逻辑真值表

A	B	F(与非)	F(或非)
0	0	1	1
0	1	1	0
1	0	1	0
1	1	0	0

表2.11　"与或非"的逻辑真值表

A	B	C	D	F	A	B	C	D	F
0	0	0	0	1	1	0	0	0	1
0	0	0	1	1	1	0	0	1	1
0	0	1	0	1	1	0	1	0	1
0	0	1	1	0	1	0	1	1	0
0	1	0	0	1	1	1	0	0	0
0	1	0	1	1	1	1	0	1	0
0	1	1	0	1	1	1	1	0	0
0	1	1	1	0	1	1	1	1	0

从反演律可以看出,有了"与"和"非"可得出"或",有了"或"和"非"可得出"与","与非"、"或非"、"与或非"运算中的任何一种都能单独实现"与"、"或"、"非"运算,这3种复合运算每种都是完备集,而且实现函数只需要一种规格的逻辑门,而"与"、"或"、"非"完备集实现一个函数要使用3种不同规格的逻辑门。实际设计中,这3种复合运算更加方便,应用更加广泛。

2. "异或"和"同或"

"异或"逻辑的含义是:当两个输入变量相异时,输出为1;相同时输出为0。"⊕"是"异或"运算的符号。

"异或"逻辑的真值表如表2.12所列,其逻辑表达式为:

第2章 数字逻辑基础

$$F = A \oplus B = A\bar{B} + \bar{A}B \qquad (2-25)$$

"异或门"逻辑符号如图 2.10(a)所示,从上而下为常用、国外、国标符号。

"同或"逻辑与"异或"逻辑相反,它表示当两个输入变量相同时输出为 1;相异时输出为 0。"⊙"(⊗)是"同或"运算的符号。

"同或"逻辑的真值表如表 2.13 所列,其逻辑表达式为:

$$F = A \odot B = \bar{A}\bar{B} + AB \qquad (2-26)$$

"同或门"的逻辑符号图 2.10(b)所示,从上而下为常用、国外、国标符号。

由定义和真值表可见,两变量的"异或"逻辑与"同或"逻辑互为反函数,用公式也易证明;利用对偶规则可知,两变量的"异或"函数和"同或"函数又互为对偶函数,即既互补又对偶,因此可以将"⊕"作为"⊙"的对偶符号,反之亦然。这是一对特殊函数。

表 2.12 "异或"逻辑的真值表

A	B	F
0	0	0
0	1	1
1	0	1
1	1	0

表 2.13 "同或"逻辑的真值表

A	B	F
0	0	1
0	1	0
1	0	0
1	1	1

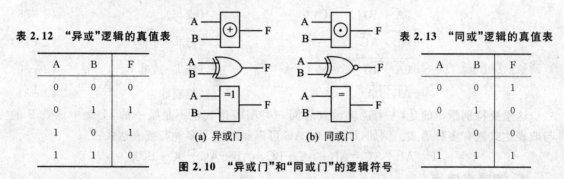

图 2.10 "异或门"和"同或门"的逻辑符号

多变量的"异或"或"同或"运算,要利用两变量的"异或门"或"同或门"来实现。这里要特别指出的是多变量的"异或"逻辑与"同或"逻辑不一定互为反函数。例如:

$$A \odot B = \overline{A \oplus B} \qquad A \odot B \odot C \odot D = \overline{A \oplus B \oplus C \oplus D} \qquad A \odot B \odot C = A \oplus B \oplus C$$

上式可以利用公式证明,并可以推广为:偶数个变量的"同或",等于这偶数个变量的"异或"之非;奇数个变量的"同或",等于这奇数个变量的"异或"。

进一步可以证明,n 个变量的"异或"逻辑输出值和输入变量取值的对应关系是:奇数个 A 时,$A \oplus A \oplus A \oplus \cdots \oplus A = A$;偶数个 A 时,$A \oplus A \oplus A \oplus \cdots \oplus A = 0$。

若取 A=1,则输入变量的取值组合中,有奇数个 1 时,"异或"逻辑的输出值为 1;反之,输出值为 0。利用此特性,可作为奇偶校验码校验位的产生电路。

"异或"逻辑电路,可以用作奇校验码的接收端的错码检测电路。当它输出 0 时,表示输入代码有错码;当它输出 1 时,表示输入代码基本无错码。(有可能有偶数位错码,但发生的概率很小)它也可用于偶校验码的错码检测,只是其输出值 1 和 0 的含义与检测奇校验码时相反。

2.6 逻辑问题的几种表示方法

逻辑问题有多种表达方法,除了用语言描述外,常用的代数方法还有:逻辑表达式、逻辑真值表、逻辑图、波形图和卡诺图等。下面分别介绍。

2.6.1 逻辑表达式和逻辑真值表

1. 逻辑表达式

按照对应的逻辑关系,利用与、或、非等运算符号,把输入逻辑变量组合成代数式,此代数式即是输出逻辑变量的逻辑函数表达式,简称为逻辑表达式。前面所介绍的基本运算和复合逻辑运算式子都是最基本的逻辑表达式。不同的组合可得出多种逻辑表达式,常用表达式形式有:与或表达式;或与表达式;与非-与非表达式;或非-或非表达式;与或非表达式 5 种。任何一个逻辑函数式都可以通过逻辑变换写成以上 5 种形式。

例如:逻辑表达式 $F=AB+\overline{A}C$,可以变化为以下 5 种形式:

$$F = AB + \overline{A}C \qquad \text{(与或)} \qquad (2-27)$$

$$= (\overline{A}+B)(A+C) \qquad \text{(或与)} \qquad (2-28)$$

$$= \overline{\overline{AB} \cdot \overline{\overline{A}C}} \qquad \text{(与非-与非)} \qquad (2-29)$$

$$= \overline{\overline{(\overline{A}+B)} + \overline{(A+C)}} \qquad \text{(或非-或非)} \qquad (2-30)$$

$$= \overline{A\overline{B} + \overline{A}\overline{C}} \qquad \text{(与或非)} \qquad (2-31)$$

这里要特别指出的是,一个逻辑函数的同一类型表达式也不是唯一的,上例中函数 F 的与或表达式就有多种形式。例如,$F=AB+\overline{A}C$ 可以写成以下多种与或表达式:

$$F = AB + \overline{A}C = AB + \overline{A}C + BC = AB + \overline{A}C + BC + BCD$$

2. 逻辑真值表

将输入变量的全部可能取值和相应的函数值排列在一起所组成的表格就是逻辑真值表。具有 n 个输入变量的逻辑函数,其取值的可能组合有 2^n 个。对于一个确定的逻辑关系,逻辑函数的真值表是唯一的。它的优点是能够直观、明了地反映变量取值和函数值之间的对应关系,而且从实际逻辑问题列写真值表也比较容易。主要缺点是,变量多时(4 个以上)列写真值表比较烦琐,而且不能运用逻辑代数公式进行逻辑化简。

3. 逻辑表达式和逻辑真值表之间的转换

可以直接从由逻辑问题的文字表述列出真值表;亦可按照逻辑式子,对变量的各种取值进行计算,求出相应的函数值,再把变量值和函数值一一对应列成表格,就可以得到真值表。

例如,异或函数 $F=A \oplus B$ 和同或函数 $F=A \odot B$ 都有两个输入变量,取值的可能组合有 $2^n=4$ 个,代入式子进行运算可得其函数真值表如表 2.12 和表 2.13 所列。

用同样办法可得到以上 5 种形式的函数真值表,如表 2.14 所列,这说明逻辑真值表是唯一的。对于任一逻辑函数,输入变量的取值一旦确定,输出变量的取值也就随之确定了,可见,逻辑函数的真值表是唯一的。但是其代数表达式可以有繁简不一的形式,因此证明两个逻辑表达式等价与否的最有效方法,就是检查两函数的真值表是否一致。

表 2.14 逻辑式(2-27)~式(2-31)真值表

A	B	C	F
0	0	0	0
0	0	1	1
0	1	0	0
0	1	1	1
1	0	0	0
1	0	1	0
1	1	0	1
1	1	1	1

反之，由真值表也可很容易地得到逻辑表达式。首先把真值表中函数值等于1的变量组合挑出来，输入变量值是1的写成原变量，是0的写成反变量，同一组合中的各个变量（以原变量或反变量的形式）相乘，这样，对应于函数值为1的每一个变量组合就可以写成一个乘积项，然后把这些乘积项相加，就得到相应的逻辑表达式了。利用上述方法可直接由表2.12和表2.13写出异或函数表达式：$F=A \oplus B = A\bar{B}+\bar{A}B$，同或函数表达式：$F=A \odot B = \bar{A}\bar{B}+AB$。

为了书写方便，在逻辑表达式中，括号和运算符号可按下述规则省略。

① 对一组变量进行非运算时，可以不加括号。

例如：$\overline{(AB+CD)}$可以写成$\overline{AB+CD}$。

② 逻辑运算顺序先括号，再乘，最后加。表达式中，不混淆的情况下，可以按照先乘后加的原则省去括号。

例如：$(A \cdot B)+(C \cdot D)$可以写成$A \cdot B + C \cdot D$；$(A+B) \cdot (C+D)$不能写成$A+B \cdot C+D$。

2.6.2 逻辑图

在数字电路中，用逻辑符号表示每一个逻辑单元以及由逻辑单元所组成的部件而得到的图形称为逻辑电路图，简称逻辑图。每一张逻辑图的输入与输出之间的逻辑关系，都可以用相应的逻辑函数来表示，反之，一个逻辑函数也可以用相应的逻辑图来表示。逻辑图的优点是逻辑符号和实际电路、器件有着明显的对应关系，能方便地按逻辑图构成实际电路图。同一逻辑函数有多种逻辑表达式，相应的逻辑图也有多种。

逻辑图与实际的数字电路具有直接对应的特点，是分析和设计数字电路不可缺少的中间环节。逻辑图有繁简不一的多种形式；但不能直接化简，不能直观反映输入与输出变量的对应关系。

1. 将逻辑图转换为逻辑函数

分析逻辑图所示的逻辑关系有两种方法：一是根据逻辑图列出函数真值表；二是根据逻辑图逐级写出输出端的逻辑函数表达式。

【例2.4】 分析如图2.11所示输入与输出之间的逻辑关系。

解：首先根据变量的各种取值，逐级求出输出F的相应值，列出逻辑函数的真值表，如表2.13所列。运用学过的方法，由真值表写出函数表达式为：

$$F=\bar{A}B+AB$$

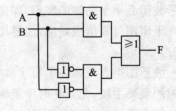

图2.11 例2.4的逻辑图

也可以直接根据逻辑图，由输入至输出逐级写出输出端的逻辑函数表达式。在图2.11中，$F=AB+\bar{A}B$。

列真值表对于简单的逻辑图是比较容易和直观的，但只要逻辑图稍微复杂一些（逻辑变量较多）就很麻烦。写逻辑函数表达式是分析逻辑图时更常用的方法。例2.4逻辑图比较简单，对于多级较复杂的逻辑电路可以设置中间变量，多次代入求出逻辑表达式。

2. 根据逻辑函数表达式画出逻辑图

逻辑函数表达式是由与、或、非等各种运算组合成的，只要用对应的逻辑符号来表示这些运算，就可以得到与给定的逻辑函数表达式相对应的逻辑图。

【例 2.5】 画出式(2-27)～式(2-31)5 种逻辑函数表达式形式所对应的逻辑图。

解: 在这里把反变量视为独立变量,可得逻辑图如图 2.12 所示。可以看出,形式上有复杂、简洁的不同。

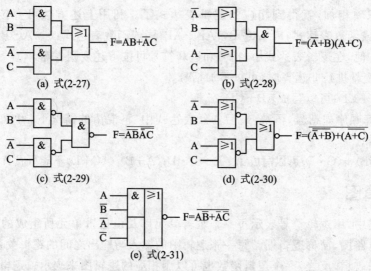

图 2.12 同一逻辑函数的 5 种逻辑图

2.6.3 波形图和卡诺图

数字电路的输入信号和输出信号随时间变化的电压或电流图形称为波形图,又称为时序图。波形图能直观地表达出变量和函数之间随时间变化的规律,可以帮助我们掌握数字电路的工作情况和诊断电路故障。

只要已知赋值确定的逻辑函数和输入信号波形,就很容易根据逻辑真值表、逻辑表达式或逻辑图画出输出信号波形图;反过来,只要已知输入信号波形和输出信号波形,也就很容易找到逻辑真值表,进而得到逻辑表达式、逻辑图。这里要指出的是,已知的输入信号波形和输出信号波形必须是完整的波形,即信号波形的高、低电平应包含有输入变量的全部 0、1 组合。

卡诺图与真值表对应,主要用于逻辑函数表达式的化简,方法简单易掌握,应用广泛,详见 2.8 节。

波形图则直观地表示出了数字电路输入/输出端电压信号的变化,是分析数字电路逻辑关系时的重要手段,尤其在时序逻辑电路中应用更多;卡诺图主要用于逻辑函数表达式的化简。

综上所述,可得出如下结论:针对同一逻辑函数可以有多种表示方法,它们所表述的逻辑实质是一致的。这些表示方法各有特点,适应不同的场合并且可以相互转换。

2.7 逻辑函数的代数化简法

2.7.1 逻辑函数化简的意义和最简的概念

1. 化简的意义

直接根据实际逻辑要求而得到的逻辑函数可以用不同的逻辑表达式和逻辑图来描述。逻辑函数表达式简单,逻辑图就简单,实现逻辑问题所需要的逻辑单元也就比较少,从而所需要的电路元器件少,电路便更加可靠。为此在设计数字电路中,首先要化简逻辑表达式,以便用最少的门实现实际电路。这样既可降低系统的成本,同时又可提高电路的可靠性。

逻辑函数化简,并没有一个严格的原则,通常遵循以下几条原则:
① 逻辑电路所用的门最少;
② 各个门的输入端要少;
③ 逻辑电路所用的级数要少;
④ 逻辑电路能可靠地工作。

例如:函数 $F=AB\overline{C}+A\overline{B}C+\overline{A}BC+B+\overline{A}B+BC$ 的逻辑图如图 2.13 所示;通过公式和定理可将函数化简为 $F=AC+B$,逻辑图如图 2.14 所示,只要两个门器件就够了。

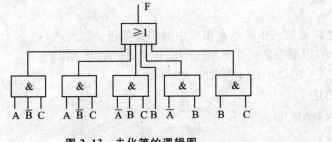

图 2.13 未化简的逻辑图

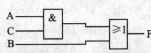

图 2.14 化简后的逻辑图

2. 最简的与或表达式

不同类型的逻辑表达式的最简标准是不同的,最常用的是与或表达式,由它很容易推导出其他形式的表达式,其他形式的表达式也可方便地变换为与或表达式。下面我们以与或表达式为例,介绍逻辑表达式的化简。

所谓最简的与或逻辑表达式,应满足:
① 乘积项的数目最少。
② 在此前提下,每一个乘积项中变量的个数也最少。这样才能称为最简与或表达式。例如:上例的 $F=AC+B$ 式就是最简与或逻辑表达式。最常用的化简逻辑函数的方法,有公式法(代数法)和卡诺图法,本节介绍公式法。

2.7.2 代数化简逻辑函数的常用方法

代数化简法就是利用逻辑代数的基本公式、常用公式和运算规则对逻辑函数的代数表达式进行化简,又称为公式法。逻辑表达式的多样性,代数化简法尚无一套完整的方法,能否以最快的速度化简而得到最简逻辑表达式,与使用者的经验和对公式掌握与运用的熟练程度有密切关系。下面介绍几种具体方法,供化简时参考。

1. 并项法

利用公式 $AB+A\overline{B}=A$ 将两项合并成一项,并消去一个变量(互补因子)。

【例 2.6】 化简函数: $F_1=A\overline{B}CD+AB\overline{C}D$; $F_2=A\overline{B}\overline{C}+AB\overline{C}+ABC+A\overline{B}C$; $F_3=AB+CD+A\overline{B}+\overline{C}D$; $F_4=\overline{A}BC+A\overline{C}+\overline{B}\overline{C}$。

解:

$F_1 = A\bar{B}\bar{C}D + AB\bar{C}D = A\bar{C}D(B+\bar{B}) = A\bar{C}D$

$F_2 = A\bar{B}\bar{C} + AB\bar{C} + ABC + A\bar{B}C = A(\bar{B}\bar{C}+B\bar{C}) + A(BC+\bar{B}C) = A\bar{C} + AC = A$

$F_3 = AB + CD + A\bar{B} + \bar{C}D = (AB+A\bar{B}) + (CD+\bar{C}D) = A + D$

$F_4 = \bar{A}\bar{B}\bar{C} + A\bar{C} + \bar{B}\bar{C} = \bar{A}\bar{B}\bar{C} + (A+\bar{B})\bar{C} = \bar{A}\bar{B}\bar{C} + \overline{\bar{A}B}\,\bar{C} = \bar{C}$

2. 吸收法

利用吸收律 $A+AB=A$ 消去逻辑函数式中多余的乘积项。

【例 2.7】 化简函数: $F_1 = A\bar{B} + A\bar{B}CD(E+F)$; $F_2 = \bar{B} + A\bar{B}CD + \bar{B}C$。

解: $F_1 = A\bar{B} + A\bar{B}CD(E+F) = A\bar{B}$

$F_2 = \bar{B} + A\bar{B}CD + \bar{B}C = \bar{B}$

3. 消去法

利用公式 $A+\bar{A}B=A+B$ 消去逻辑函数式中某些乘积项中的多余因子。

【例 2.8】 化简函数: $F_1 = AB + \bar{A}C + \bar{B}C$; $F_2 = \bar{A} + AB + DE$; $F_3 = \bar{B} + AB + A\bar{B}CD$。

解: $F_1 = AB + \bar{A}C + \bar{B}C = AB + (\bar{A}+\bar{B})C = AB + \overline{AB}\,C = AB + C$

$F_2 = \bar{A} + AB + DE = \bar{A} + B + DE$

$F_3 = \bar{B} + AB + A\bar{B}CD = \bar{B} + A + ABCD = A + \bar{B}$

4. 消去多余项法

利用多余项公式 $AB + \bar{A}C + BC = AB + \bar{A}C$ 消去多余项。

【例 2.9】 化简函数 $F_1 = AB + \bar{A}CD + BCDE(F+G)$; $F_2 = AB + AC + \bar{A}D + \bar{B}D + B\bar{C}$。

解: $F_1 = AB + \bar{A}CD + BCDE(F+G) = AB + \bar{A}CD$

$F_2 = AB + AC + \bar{A}D + \bar{B}D + B\bar{C} = AB + AC + (\bar{A}+\bar{B})D + B\bar{C} = AB + AC + \overline{AB}D + B\bar{C}$
$= AB + AC + D + B\bar{C} = AC + D + B\bar{C}$ (AB 是 $AC+B\bar{C}$ 的多余项)

5. 配项法

利用重叠律 $A+A=A$、互补律 $A+\bar{A}=1$ 和多余项公式 $AB+\bar{A}C+BC=AB+\bar{A}C$ 先配项或添加多余项,然后再逐步化简。

(1) 利用重叠律 $A+A=A$

【例 2.10】 化简逻辑函数式 $F = \bar{A}\bar{B}\bar{C} + \bar{A}B\bar{C} + \bar{A}BC + AB\bar{C}$。

解: $F = \bar{A}\bar{B}\bar{C} + \bar{A}B\bar{C} + \bar{A}BC + AB\bar{C} = (\bar{A}\bar{B}\bar{C}+\bar{A}B\bar{C}) + (\bar{A}B\bar{C}+\bar{A}BC) + (\bar{A}B\bar{C}+AB\bar{C})$
$= \bar{A}\bar{C} + \bar{A}B + B\bar{C}$

本例重复使用 $\bar{A}B\bar{C}$。

(2) 利用互补律 $A+\bar{A}=1$

【例 2.11】 化简逻辑函数式 $F = \bar{A}\bar{B} + \bar{B}\bar{C} + BC + AB$。

解: 利用 $A+\bar{A}=1$ 添上因子展开,再并项吸收。

$F = \bar{A}\bar{B} + \bar{B}\bar{C} + BC + AB = \bar{A}\bar{B}(C+\bar{C}) + \bar{B}\bar{C} + BC(A+\bar{A}) + AB$
$= \bar{A}\bar{B}C + \bar{A}\bar{B}\bar{C} + \bar{B}\bar{C} + ABC + \bar{A}BC + AB = \bar{A}C + \bar{B}\bar{C} + AB$

上式也可在 $\bar{B}\bar{C}$ 和 AB 处分别乘上 $A+\bar{A}$ 和 $C+\bar{C}$。

$F = \bar{A}\bar{B} + \bar{B}\bar{C}(A+\bar{A}) + BC + AB(C+\bar{C})$
$= \bar{A}\bar{B} + \bar{A}\bar{B}\bar{C} + AB\bar{C} + BC + ABC + AB\bar{C}$

第 2 章 数字逻辑基础

$$= \overline{A}\overline{B} + BC + A\overline{C}(\text{并项、吸收})$$

上式的化简说明同一形式的最简式也不唯一。

(3) 反用多余项公式 $AB + \overline{A}C = AB + \overline{A}C + BC$,添加多余项,再并项吸收

【例 2.12】 利用公式 $AB + \overline{A}C = AB + \overline{A}C + BC$ 化简函数 $F = AB + \overline{A}C + \overline{B}C$。

解：$F = AB + \overline{A}C + \overline{B}C = AB + \overline{A}C + \overline{B}C + BC$ （BC 为 AB、$\overline{A}C$ 的多余项）
$= AB + \overline{A}C + C = AB + C$

或

$F = AB + \overline{A}C + \overline{B}C = AB + \overline{A}C + \overline{B}C + AC$ （AC 为 AB、$\overline{B}C$ 的多余项）
$= AB + \overline{B}C + AC + \overline{A}C = AB + C$

【例 2.13】 利用公式 $AB + \overline{A}C = AB + \overline{A}C + BC$ 化简函数 $F = \overline{A}\overline{B} + \overline{B}\overline{C} + BC + AB$。

解：添加 $\overline{A}\overline{B}$ 和 BC 的多余项 $\overline{A}C$。

则 $F = \overline{A}\overline{B} + \overline{B}\overline{C} + BC + AB = \overline{A}\overline{B} + \overline{B}\overline{C} + BC + AB + \overline{A}C = AB + \overline{A}C + \overline{B}\overline{C}$

其中,BC 是 $AB + \overline{A}C$ 的多余项,$\overline{A}\overline{B}$ 是 $\overline{B}\overline{C} + \overline{A}C$ 的多余项。

同理,添加多余项 $A\overline{C}$,化简可得 $F = \overline{A}B + BC + A\overline{C}$。与例 2.11 对比可知化简方法不同,但结果相同。

6. 综合例子

化简一般逻辑函数时,往往需要综合运用上述几种方法,才能得到最简结果。

【例 2.14】 化简 $F = AD + A\overline{D} + AB + \overline{A}C + BD + ACEF + \overline{B}EF + DEFG$。

解：$AD + A\overline{D}$ 并项得：$\quad F = A + AB + \overline{A}C + BD + ACEF + \overline{B}EF + DEFG$

$A + AB + ACEF$ 吸收得：$F = A + \overline{A}C + BD + \overline{B}EF + DEFG$

$A + \overline{A}C$ 消去得：$\quad F = A + C + BD + \overline{B}EF + DEFG$

吸收多余项得：$\quad F = A + C + BD + \overline{B}EF$

实际解题时,不需要写出所用方法。

【例 2.15】 化简函数 $F = \overline{\overline{A}\overline{B} \cdot \overline{ABD}} \cdot (B + \overline{C}D)$。

解：$F = \overline{\overline{A}\overline{B}} \cdot \overline{ABD} \cdot (B + \overline{C}D) = (A + B)(\overline{A} + \overline{B} + \overline{D})(B + \overline{C}D) = (B + A\overline{C}D)(\overline{A} + \overline{B} + \overline{D})$
$= \overline{A}B + B\overline{D} + A\overline{B}\overline{C}D$

【例 2.16】 化简函数 $F = (\overline{A} + \overline{B} + \overline{C})(B + \overline{B}C + \overline{C})(\overline{D} + DE + \overline{E})$。

解：$F = (\overline{A} + \overline{B} + \overline{C})(B + \overline{B}C + \overline{C})(\overline{D} + DE + \overline{E}) = (\overline{A} + \overline{B} + \overline{C})(B + C + \overline{C})(\overline{D} + E + \overline{E})$
$= (\overline{A} + \overline{B} + \overline{C}) \times 1 \times 1 = \overline{A} + \overline{B} + \overline{C}$

另解：F 的对偶式为 $\overline{A}\overline{B}\overline{C} + B(\overline{B} + C)\overline{C} + \overline{D}(D + E)\overline{E} = \overline{A}\overline{B}\overline{C}$

由对偶规则可得：$F = \overline{A} + \overline{B} + \overline{C}$

代数化简法没有固定的方法和步骤。对于复杂逻辑函数的化简,需要灵活地使用各种方法、公式、定理和规则,才能得出最简逻辑表达式。函数的最简表达式不一定唯一。

2.7.3 逻辑函数表达式不同形式的转换

逻辑函数表达式的多样性,决定了实现逻辑问题的逻辑电路的多样性。前面我们针对与或表达式进行化简,但实际中,大量使用与非、与或非等单元电路,这要求我们能将与或表达式转换为其他形式。

1. 与非-与非式

最简与非表达式应满足:

① 与非项最少(假定原变量和反变量都已存在,即单个变量的非运算不考虑在内);

② 每个与非门输入变量个数最少。用两次求反法,可将已经化简的与或表达式转换为两级与非-与非表达式。

【例 2.17】 将 $F=AB+\overline{A}C$ 转换为与非-与非表达式。

解:利用反演律求反,将每个乘积项视为一个整体,可得:

$$\overline{F}=\overline{AB+\overline{A}C}=\overline{AB}\cdot\overline{\overline{A}C}$$

第 2 次求反得:$F=\overline{\overline{F}}=\overline{\overline{AB}\cdot\overline{\overline{A}C}}$

对应的逻辑图如图 2.12 所示。

这里要指出的是,如果逻辑电路的组成不限于二级与非门网络,情况就要复杂得多,用两次求反法得到的与非-与非表达式实际上不一定最简,这需要根据实际情况进行变换,这里仅举例说明。

【例 2.18】 将 $F=AB+A\overline{C}+A\overline{D}+\overline{A}BCD$ 转换为最简与非-与非表达式。

解:$F=AB+A\overline{C}+A\overline{D}+\overline{A}BCD=A(B+\overline{C}+\overline{D})+\overline{A}BCD=A\overline{\overline{B}CD}+\overline{A}BCD$

用两次求反法可得:

$$F=\overline{\overline{A\overline{\overline{B}CD}}\cdot\overline{\overline{A}BCD}}$$

对应的逻辑图如图 2.15(a)所示。

直接用两次求反法则得:

$$F=\overline{\overline{AB}\cdot\overline{A\overline{C}}\cdot\overline{A\overline{D}}\cdot\overline{\overline{A}BCD}}$$

对应的逻辑图如图 2.15(b)所示。比较图 2.15(a)、(b)可以看出:

图(a)用了 4 个与非门,11 个输入端实现函数。

图(b)用了 5 个与非门,14 个输入端实现函数。显然第 1 种方法最简单。

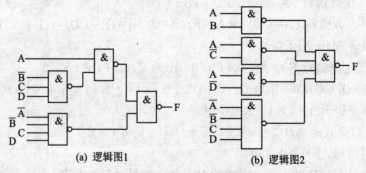

图 2.15 例 2.18 的逻辑图

【例 2.19】 求 $F=A\overline{B}+B\overline{C}+C\overline{D}+D\overline{A}$ 的与非-与非表达式,并画出逻辑图。

解:利用反演律可得:

$$\overline{F}=(\overline{A}+B)(\overline{B}+C)(\overline{C}+D)(A+\overline{D})$$
$$=(\overline{A}\overline{B}+\overline{A}C+B\overline{B}+BC)(A\overline{C}+AD+\overline{C}\overline{D}+D\overline{D})$$
$$=(\overline{A}\overline{B}+BC)(AD+\overline{C}\overline{D})=\overline{A}\overline{B}\overline{C}\overline{D}+ABCD$$

对 $\overline{F}=\overline{A}\overline{B}\overline{C}\overline{D}+ABCD$ 求反得:$F=\overline{\overline{A}\overline{B}\overline{C}\overline{D}\cdot\overline{ABCD}}$

再对 F 二次求反得：$F=\overline{\overline{\overline{ABCD}\cdot\overline{\overline{AB}\overline{CD}}}}$

对应的逻辑图如图 2.16(a)所示。

直接对 F 二次求反得：$F=\overline{\overline{A\overline{B}}\cdot\overline{B\overline{C}}\cdot\overline{C\overline{D}}\cdot\overline{D\overline{A}}}$

对应的逻辑图如图 2.16(b)所示。

比较图 2.16(a)、(b)可以看出,图 2.16(a)比图 2.16(b)少一个与非门和一个输入端。

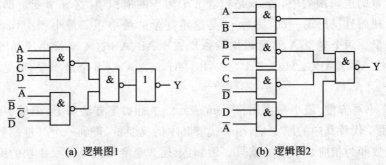

(a) 逻辑图1　　　　　　　(b) 逻辑图2

图 2.16　例 2.19 的逻辑图

2. 与或非表达式

将与或式转化为与或非表达式方法为,对与或式两次求反。先求出 $\overline{F}$ 的与或表达式,然后对 $\overline{F}$ 求反即可。

【例 2.20】　将 $F=AB+\overline{A}C$ 转换为与或非表达式。

解：$F=AB+\overline{A}C=\overline{\overline{AB+\overline{A}C}}=\overline{(\overline{A}+\overline{B})(A+\overline{C})}=\overline{\overline{A}\overline{B}+A\overline{C}}$

对应的逻辑图如图 2.12 所示。

在实际设计中,由于允许使用与或非门的地方,也允许使用非门,因此常用与或非门加非门的形式实现电路。

3. 或与表达式和或非-或非表达式

将与或非表达式按反演律展开,即可变化为或与表达式。将或与表达式两次取反,用摩根定律展开一次即得或非或非表达式。

【例 2.21】　将 $F=AB+\overline{A}C$ 转换为或与表达式和或非-或非表达式。

解：$F=AB+\overline{A}C=\overline{\overline{AB}+\overline{A}C}=(\overline{A}+B)(A+C)$

对应的逻辑图如图 2.12 所示。

$F=AB+\overline{A}C=\overline{\overline{AB}+\overline{A}C}=(\overline{A}+B)(A+C)=\overline{\overline{(\overline{A}+B)(A+C)}}=\overline{\overline{\overline{A}+B}+\overline{A+C}}$

对应的逻辑图如图 2.12 所示。

思 考 题

(1) 代数化简的难点是什么？

(2) 最简与或表达式的标准是什么？

2.8 逻辑函数的卡诺图化简法

利用公式法化简逻辑函数,既要熟练掌握公式和定理,还要有一定的技巧,并且化简结果是否最简难以确定。下面介绍一种既简单又直观的化简方法:卡诺图化简法。卡诺图是按相邻性原则排列的最小项的方格图,利用卡诺图可以方便地得出最简的逻辑函数表达式。

2.8.1 逻辑函数的最小项及其最小项表达式

1. 最小项的概念及特点

在 n 个变量的逻辑函数中,若 m 是包含 n 个因子的乘积项,这 n 个变量都以原变量或反变量的形式出现而且仅出现一次,则称 m 是这组变量的最小项。最小项中,n 个变量可以是原变量和反变量。两个变量 A、B 可以构成 $\bar{A}\bar{B}$、$\bar{A}B$、$A\bar{B}$、AB 这 4 个最小项,3 个变量 A、B、C 可以构成 $\bar{A}\bar{B}\bar{C}$、$\bar{A}\bar{B}C$、$\bar{A}B\bar{C}$、$\bar{A}BC$、$A\bar{B}\bar{C}$、$A\bar{B}C$、$AB\bar{C}$、ABC 这 8 个最小项,可见 n 个变量的最小项共有 2^n 个。

通常,为了书写方便,最小项可用符号 m_i 表示。下标确定方法如下:把最小项中变量按一定顺序排好,用 1 代替其中的原变量,用 0 代替其中的反变量,得到一个二进制数,该二进制数的等值十进制数即为相应最小项的编号。例如:上述 3 个变量的 8 个最小项的编号依次为:0、1、…、7,n 个变量的 2^n 个最小项的编号为:0、1、…、2^n-1。

从最小项的定义出发,不难得知最小项的下列几个主要特点。

① 对于任意一个最小项,有且仅有一组变量取值使其值为 1。
② 任意两个不同的最小项的逻辑乘恒为 0,即 $m_i \cdot m_j = 0$ $(i \neq j)$。
③ n 变量的全部最小项的逻辑和恒为 1,即

$$\sum_{i=0}^{2^n-1} m_i = 1$$

④ n 变量的每一个最小项有 n 个逻辑相邻项(只有一个变量不同的最小项)。例如,3 个变量的某一最小项 $\bar{A}\bar{B}C$ 有 3 个相邻项:$A\bar{B}C$、$\bar{A}BC$、$\bar{A}\bar{B}\bar{C}$。这种相邻关系对于逻辑函数化简十分重要。

2. 最小项表达式—标准与或式

如果在一个与或表达式中,所有与项均为最小项,则称这种表达式为最小项表达式,或称为标准与或式、标准积之和式。例如:$F(A,B,C) = \bar{A}BC + A\bar{B}\bar{C} + AB\bar{C}$ 是 3 个变量的最小项表达式,它也可以简写为:

$$F(A,B,C) = m_5 + m_4 + m_6 = \sum_m(4,5,6)$$

这里借用普通代数中的"$\sum$"表示多个最小项的累计或运算,圆括号内的十进制数字表示参与运算的各个最小项的下标(编号)。

任何一个逻辑函数都可以表示为最小项之和的形式。最小项表达式可以从真值表中直接写出,亦可以对一般表达式进行变换求得。若给出逻辑函数的一般表达式,则首先通过运算将一般表达式转换为与或表达式,再对与或表达式反复使用公式 $A = A(B+\bar{B})$ 配项,补齐变量,就可以获得最小项表达式。

【例 2.22】 写出 $F_1(A,B,C) = AB + \bar{B}C$、$F_2(A,B,C) = AB + BC + AC$ 的最小项表达式。

解: $F_1(A,B,C) = AB + \bar{B}C = AB(C+\bar{C}) + (A+\bar{A})\bar{B}C = AB\bar{C} + ABC + \bar{A}\bar{B}C + A\bar{B}C$

$= m_1 + m_5 + m_6 + m_7 = \sum_m(1,5,6,7)$

$$F_2(A,B,C) = AB + BC + AC = AB(C+\bar{C}) + (A+\bar{A})BC + A(B+\bar{B})C$$
$$= AB\bar{C} + ABC + \bar{A}BC + A\bar{B}C = m_3 + m_5 + m_6 + m_7 = \sum_m(3,5,6,7)$$

【例 2.23】 写出 $F(A,B,C) = \overline{\bar{A}+\bar{B}+\bar{C}} + A\bar{B}\bar{C}$ 的最小项表达式。

解： $F(A,B,C) = \overline{\bar{A}+\bar{B}+\bar{C}} + A\bar{B}\bar{C} = ABC + A\bar{B}\bar{C} = m_4 + m_7 = \sum_m(4,7)$

若给出逻辑函数的真值表，只要将真值表中使函数值为 1 的各个最小项相或，便可得出该函数的最小项表达式（见 2.6.1 小节）。由于任何一个逻辑函数的真值表都是唯一的，因此其最小项表达式也是唯一的。它是逻辑函数的标准形式之一，又称为标准与或式。例如表 2.15 所列的三变量函数真值表，可以直接写出 F 的最小项表达式：

表 2.15 三变量函数真值表

A	B	C	F
0	0	0	1
0	0	1	0
0	1	0	0
0	1	1	0
1	0	0	0
1	0	1	0
1	1	0	0
1	1	1	1

$$F = \bar{A}\bar{B}\bar{C} + ABC = \sum_m(0,7)$$

对于一些变量较多但已经较简单的式子，利用补齐变量的方法十分烦琐，这时候借助真值表反而较简单。

【例 2.24】 写出 $F(A,B,C) = \overline{ABC} + \overline{AB}$ 的最小项表达式。

解： $F(A,B,C) = \overline{ABC} + \overline{AB} = \bar{A} + \bar{B} + \bar{C}$

利用补齐变量的方法较麻烦，借助真值表可知 $\bar{A}, \bar{B}, \bar{C}$ 中分别含有 4 个最小项，由此可以得出：

$$F(A,B,C) = \sum_m(1,2,3,4,5,6,7)$$

根据最小项的性质，很易得出以下最小项表达式的 3 个主要性质。

① 若 m_i 是逻辑函数 $F(A,B,C\cdots)$ 的一个最小项，则使 $m_i = 1$ 的一组变量取值，必定使 $F(A,B,C\cdots) = 1$。

② 若 F_1 和 F_2 都是同变量 $(A,B,C\cdots)$ 的函数，则 $Y = F_1 + F_2$ 将包含 F_1 和 F_2 中的所有最小项，$F = F_1 \times F_2$ 将包含 F_1 和 F_2 中的共有最小项。

③ 反函数 $\bar{F}$ 的最小项由函数 F 包含的最小项之外的所有最小项组成。

*2.8.2 逻辑函数的最大项及其最大项表达式

1. 最大项及其特点

n 个变量的最大项是 n 个变量的"或项"，其中每一个变量都以原变量或反变量的形式出现一次。n 个变量可以构成 2^n 个最大项。最大项用符号 M_i 表示。i 的值规定与最小项相反，即原变量取 0、反变量取 1。

例如，最大项 $\bar{A}+B+\bar{C}$ 仅和变量取值 101 对应，故用 M_5 表示。最大项具有以下特点：

① 对于任何一个最大项，只有一组变量取值使它为 0，而变量的其余取值均使它为 1。

② n 变量的全部最大项的逻辑乘恒为 0，即

$$\prod_{i=0}^{2^n-1} M_i = 0$$

③ n 变量的任意两个不同的最大项的逻辑和必等于 1，即

$$M_i + M_j = 1 \quad (i \neq j)$$

④ n 变量的每个最大项有 n 个相邻项。例如，三变量的某一最大项 $(A+\bar{B}+C)$ 有 3 个相

邻项：$(\overline{A}+\overline{B}+C)$、$(A+B+C)$、$(A+\overline{B}+\overline{C})$。

变量数相同，编号相同的最小项和最大项之间存在互补关系，即

$$\overline{m_i}=M_i \quad \overline{M_i}=m_i$$

例如：
$$M_7=\overline{A}+\overline{B}+\overline{C}=\overline{ABC}=\overline{m_7}$$
$$m_7=ABC=\overline{\overline{A}+\overline{B}+\overline{C}}=\overline{M_7}$$

2. 最大项表达式—标准或与式

在一个或与式中，如果所有的或项均为最大项，则称这种表达式为最大项表达式，或称为标准或与式、标准和之积表达式。

如果一个逻辑函数的真值表已给出，要写出该函数的最大项表达式，可以先求出该函数的反函数 $\overline{F}$，并写出 $\overline{F}$ 的最小项表达式，然后将 $\overline{F}$ 再求反，利用 m_i 和 M_i 的互补关系便得到最大项表达式。例如，已知表 2.15 的真值表，可得：

$$F=\overline{A}\,\overline{B}\,\overline{C}+ABC=\sum_m(0,7)$$
$$\overline{F}=m_1+m_2+m_3+m_4+m_5+m_6$$
$$F=\overline{\overline{F}}=\overline{m_1+m_2+m_3+m_4+m_5+m_6}=\prod_M(1,2,3,4,5,6)$$

可见，最大项表达式是真值表中使函数值为 0 的各个最大项相与。

综合以上可得出如下结论：任何一个逻辑函数既可以用最小项表达式表示，也可以用最大项表达式表示。如果将一个 n 变量函数的最小项表达式改为最大项表达式时，其最大项的编号必定都不是最小项的编号，而且这些最小项的个数和最大项的个数之和为 2^n。

2.8.3 逻辑函数的卡诺图表示方法

1. 变量卡诺图

在逻辑函数的真值表中，输入变量的每一种组合都和一个最小项相对应，这种真值表也称最小项真值表。卡诺图就是根据最小项真值表按一定规则排列的方格图。对于有 n 个变量的逻辑函数，其最小项有 2^n 个，方格图中有 2^n 个小方格，每个小方格表示一个最小项，小方格排列规则要满足逻辑相邻几何相邻原则。

所谓逻辑相邻就是，若两个最小项只有一个因子不同，其余因子均相同，那么就称这两个最小项逻辑相邻。所谓几何相邻，一是相接，即紧挨着；二是相对，即任意一行或一列的两头；三是相重，即对折起来位置重合。n 变量的卡诺图中，逻辑相邻项要排列在几何相邻位置。

利用上述排列原则，可以画出二、三、四、五变量的卡诺图，如图 2.17、图 2.18、图 2.19、图 2.20 所示。

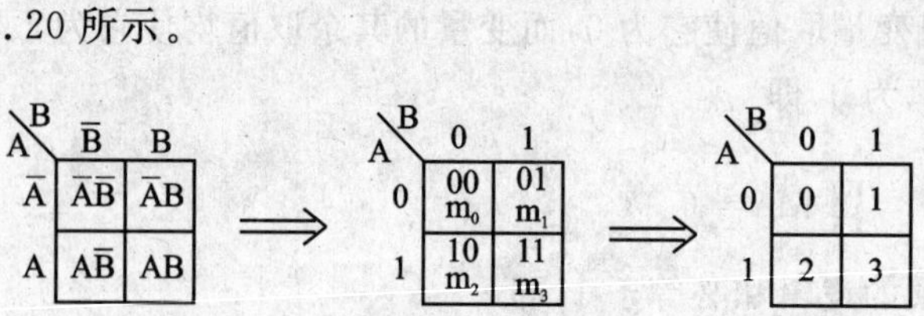

图 2.17　二变量卡诺图

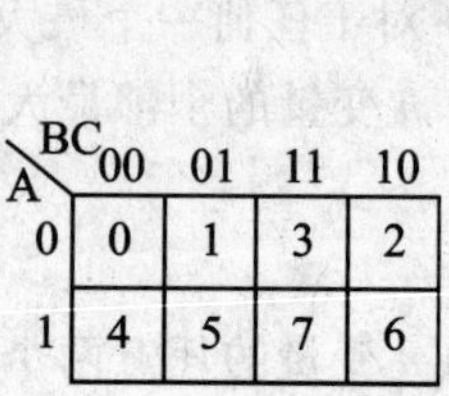

图 2.18　三变量卡诺图

CD\AB	00	01	11	10
00	0	1	3	2
01	4	5	7	6
11	12	13	15	14
10	8	9	11	10

图 2.19 四变量卡诺图

CDE\AB	000	001	011	010	110	111	101	100
00	0	1	3	2	6	7	5	4
01	8	9	11	10	14	15	13	12
11	24	25	27	26	30	31	29	28
10	16	17	19	18	22	23	21	20

图 2.20 五变量卡诺图

由以上图可以看出,卡诺图具有如下特点:

① 外标的 0 表示取变量的反变量,1 表示取变量的原变量。

② 卡诺图中,变量取值的顺序按格雷码(循环码)排列,保证了任何几何位置相邻的两个最小项,在逻辑上都是相邻的,反之亦然。

③ 变量顺序确定的情况下,卡诺图有不同的写法,如图 2.17 所示为二变量卡诺图的 3 种写法,熟练后经常不标最小项编号。

④ 改变变量行列顺序,可以画出不同形式的卡诺图,例如图 2.18 所示的三变量卡诺图,可以把 C 作行、AB 作列。可见卡诺图的画法不唯一,但必须符合相邻性原则。在实际中,一般根据字母顺序和先行后列的顺序画卡诺图。

⑤ 卡诺图也反映了 n 变量的任何一个最小项有 n 个相邻项这一特点,例如:最小项 ABC 有 $\overline{A}BC$、$A\overline{B}C$、$AB\overline{C}$ 这 3 个逻辑相邻项。

⑥ 卡诺图直观明了地反映了最小项的相邻性,为化简提供了很大方便。但是,随着输入变量的增加图形迅速、复杂,不仅画卡诺图麻烦,而且相邻项就不那么直观,难以辨认。例如,由于上述五变量卡诺图 2.20 已不方便辨认,因此它只适于用来表示 6 个以下变量的逻辑函数。

2. 逻辑函数的卡诺图

任何逻辑函数都可以由最小项构成标准与或式,而卡诺图的每一个小方格都对应一个最小项,只要将构成逻辑函数的最小项在卡诺图上相应的方格中填 1,其余的方格填 0(或不填),则可以得到该函数的卡诺图。也就是说,任何一个逻辑函数都等于其卡诺图上填 1 的那些最小项之和。下面举例说明用卡诺图表示逻辑函数的方法。

(1) 根据逻辑函数的最小项表达式求函数卡诺图

只要将表达式中包含的最小项在卡诺图对应的方格内填 1,没有包含的项填 0(或不填),就得到函数卡诺图。

【例 2.25】 用卡诺图表示逻辑函数 $Y = \overline{A}B + A\overline{B} + AB$。

解:$Y = \overline{A}B + A\overline{B} = AB = \sum_m(1,2,3)$

其卡诺图如图 2.21 所示。

B\A	0	1
0		1
1	1	1

图 2.21 例 2.25 的卡诺图

(2) 根据真值表画卡诺图

因为真值表和逻辑卡诺图中的最小项完全对应,所以给出逻辑真值表,可以直接写出逻辑函数的卡诺图。

【例 2.26】 画出如表 2.16 所列真值表对应的卡诺图。

解:根据真值表可以直接画出如图 2.22 所示的卡诺图。

(3) 根据一般表达式画出函数的卡诺图

给出逻辑表达式的其他形式,要首先变成最小项表达式找到最小项,再画卡诺图。

【例 2.27】 用卡诺图表示逻辑函数 $F=BC+C\bar{D}+\bar{B}CD+\bar{A}\,\bar{C}D$。

解:利用配项法可以得到其最小项表达式(过程省略):

$$F=\sum_m(1,2,3,5,6,7,10,11,14,15)$$

从而可得 F 的卡诺图如图 2.23 所示。

熟练后,可以将一般与或式中每个与项在卡诺图上所覆盖的最小项处都填 1,其余的填 0(或不填),就可以得到该函数的卡诺图。

表 2.16 例 2.26 的真值表

A	B	C	Y
0	0	0	0
0	0	1	1
0	1	0	1
0	1	1	1
1	0	0	1
1	0	1	1
1	1	0	0
1	1	1	0

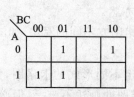

图 2.22 例 2.26 的卡诺图

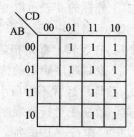

图 2.23 例 2.27 的卡诺图

例如,上式中 BC:$B=1$,$C=1$ 对应的最小项方格为 m_6、m_7、m_{14}、m_{15};$C\bar{D}$:$C=1$,$D=0$ 对应的最小项方格为 m_2、m_6、m_{10}、m_{14};$\bar{B}CD$:$B=0$,$C=D=1$ 对应的最小项方格为 m_3 和 m_{11};$\bar{A}\,\bar{C}D$:$A=C=0$,$D=1$ 对应的最小项方格为 m_1 和 m_5。把对应的所有最小项方格填 1,所得卡诺图与上法相同。

2.8.4 卡诺图化简逻辑函数的方法

1. 化简依据

根据并项公式可知,凡是逻辑相邻的最小项均可以合并。而卡诺图具有逻辑相邻几何相邻的特性,几何位置相邻的最小项均可以合并。合并的结果是消去这个不同的变量,保留相同的变量。合并规则如下:

① 两个相邻最小项可以圈在一起合并为一项,它所对应的与项由圈内没有变化的那些变量组成,可以直接从卡诺图中读出。与项中标注为 1 的写成原变量,标注为 0 的写成反变量。

如图 2.24 所示是两个 1 格合并后消去一个变量的例子。在图(a)中,m_1 和 m_5 为两个相邻 1 格,$m_1+m_5=\bar{A}\bar{B}C+A\bar{B}C=(A+\bar{A})\bar{B}C=\bar{B}C$;在(b)图中,$m_4$ 和 m_6 为两个相邻 1 格,$m_4+m_6=AB\bar{C}+A\bar{B}\bar{C}=(B+\bar{B})A\bar{C}=A\bar{C}$;图(c)、(d)、(e)、(f)的合并过程请读者自行分析。

图 2.24 的合并结果为:(a) $\bar{B}C$;(b) $A\bar{C}$;(c) BCD;(d) $A\bar{B}D$;(e) $\bar{A}\bar{B}\bar{D}$;(f) $BC\bar{D}$。

② 4 个逻辑相邻项可合并为一项,消去两个取值不同的变量,保留相同变量,标注与变量关系同上。如图 2.25 所示是 4 个 1 格合并后消去两个变量的例子。图(a)中,m_1、m_3、m_5、m_7 为 4 个相邻 1 格,把它们圈在一起加以合并可消去两个变量;

$m_1+m_3+m_5+m_7=\bar{A}\bar{B}C+\bar{A}BC+A\bar{B}C+ABC=\bar{A}C(\bar{B}+B)+AC(\bar{B}+B)=\bar{A}C+AC=$

$(\overline{A}+A)C = C$

图 2.25 中还有其他一些 4 个 1 格合并后消去两个变量的例子,请读者自行分析。图 2.25 的合并结果为:(a) C;(b) $\overline{A}$;(c) $\overline{C}$;(d) $\overline{C}D$;(e) $\overline{A}C$;(f) $\overline{B}D$;(g) $\overline{B}\overline{D}$。

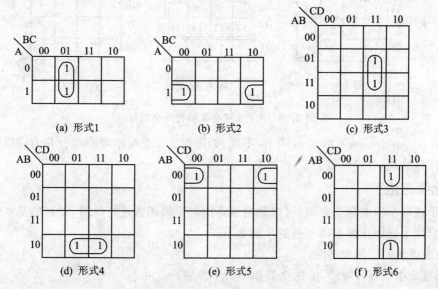

图 2.24 两个 1 格合并后消去一个变量

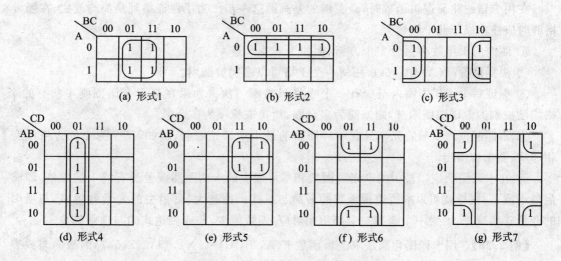

图 2.25 4 个 1 格合并后消去两个变量

③ 8 个逻辑相邻项可合并为一项,消去 3 个取值不同的变量,保留相同变量,标注与变量关系同上。如图 2.26 所示是 8 个 1 格合并后消去 3 个变量的例子。对此,请读者自行分析。

总之,在 n 变量卡诺图中,若有 2^k 个 1 格相邻($k=0,1,2,\cdots,n$),则它们可以圈在一起加以合并,合并后可消去 k 个不同的变量,简化为一个具有 $(n-k)$ 个变量的与项。若 $k=n$,则合并后可消去全部变量,结果为 1。合并圈越大,消去的变量数越多。

这里需要指出的是,2^n 个相邻最小项才可合并,不满足 2^n 关系的最小项不可合并。如 2、4、8、16 个相邻项可合并,其他的均不能合并,而且相邻关系应是封闭的,如 m_0、m_1、m_3、m_2 这 4 个最小项,m_0 与 m_1,m_1 与 m_3,m_3 与 m_2 均相邻,且 m_2 和 m_0 还相邻。这样的 2^n 个相邻的最小项

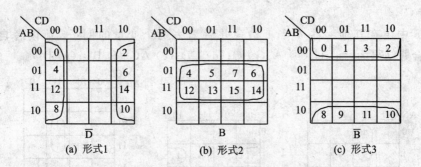

图 2.26 8 个 1 格合并消去 3 个变量

可合并。而 m_0、m_1、m_3、m_7，由于 m_0 与 m_7 不相邻，因而这 4 个最小项不可合并为一项。利用公式也可得同样结果，自己可以去验证。

2. 化简方法

根据上述最小项的合并原则，可以利用卡诺图对逻辑函数进行化简，得到的基本形式是与或逻辑。利用卡诺图化简逻辑函数的步骤如下：

① 画出逻辑函数的卡诺图；
② 根据最小项合并规律，圈住全部相邻的 1 方格；
③ 将每个卡诺图圈写成相应的与项，并将它们相或，便得到最简与或式。

在用卡诺图化简逻辑函数时，最关键的是画圈这一步。为了保证得到最简与或式，在圈方格群时应注意以下几个问题。

① 圈内的 1 格数必须为 2^k 个方格，例如 1、2、4、8 等。
② 根据重叠律（$A+A=A$），任何一个 1 格可以多次被圈用。
③ 保证每个卡诺图圈内至少有一个 1 格只被圈一次。如果在某个卡诺图圈中所有的 1 格均已被别的卡诺图圈圈过，则该圈为多余圈，所得乘积项为多余项。
④ 不能漏项。一般应先从只有一种圈法的最小项开始圈起，例如，某个为 1 的方格没有相邻项，要单独圈出。
⑤ 在卡诺图上应以最少的卡诺图圈数和尽可能大的卡诺图圈覆盖所有填 1 的方格，即满足最小覆盖，这样就可以求得逻辑函数的最简与或式。圈越大，可消去的变量就越多，与项中的变量就越少；又因为一个圈和一个与项相对应，圈数越少，与或表达式的与项就越少。

【例 2.28】 用卡诺图化简法求逻辑函数 $F(A,B,C)=\sum_m(1,2,3,6,7)$ 的最简与或表达式。

解：

① 画出该函数的卡诺图。对于函数 F 的标准与或表达式中出现的那些最小项，在该卡诺图的对应小方格中填上 1，其余方格不填，结果如图 2.27 所示。
② 合并最小项。把图中相邻且能够合并在一起的 1 格圈在一个大圈中，如图 2.27 所示。在卡诺图有多种圈法时，要注意如何使卡诺图圈数目最少，同时又要尽可能地使卡诺图圈大。
③ 写出最简与或表达式。对卡诺图中所画每一个圈进行合并，保留相同的变量，去掉互反的变量，得到其相应的两个与项。将这两个与项相或，便得到最简与或表达式：$F=\overline{A}C+B$。

【例 2.29】 用卡诺图化简函数 $F(A,B,C,D)=\overline{A}BCD+A\overline{B}\overline{C}D+AB\overline{C}D+AB\overline{C}D$。

解： 依据该式可以画出该函数的卡诺图，化简过程如图 2.28 所示，化简后与或表达式为：
$$F(A,B,C,D) = A\overline{C}\overline{D} + \overline{B}CD$$

【例 2.30】 用卡诺图化简函数 $F(A,B,C,D) = \overline{A}\overline{B}\overline{C} + \overline{A}CD + \overline{A}BC\overline{D} + A\overline{B}\overline{C}$。

解： 从表达式中可以看出它为四变量的逻辑函数，不是最小项式。首先将每个乘积项中缺少的变量补上，变成最小项式如下：
$$F(A,B,C,D) = \overline{A}\overline{B}\overline{C}\overline{D} + \overline{A}\overline{B}\overline{C}D + \overline{A}BCD + \overline{A}\overline{B}CD + \overline{A}BC\overline{D} + A\overline{B}\overline{C}\overline{D} + A\overline{B}\overline{C}D$$

依据该式可以画出该函数的卡诺图，如图 2.29 所示，化简可得与或表达式：
$$F = \overline{B}\overline{D} + \overline{B}C + \overline{A}CD$$

如图 2.30 所示为一些画圈的例子，供读者参考。

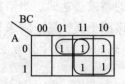
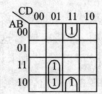
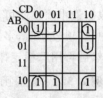

图 2.27　例 2.28 的卡诺图　　　图 2.28　例 2.29 的卡诺图　　　图 2.29　例 2.30 的卡诺图

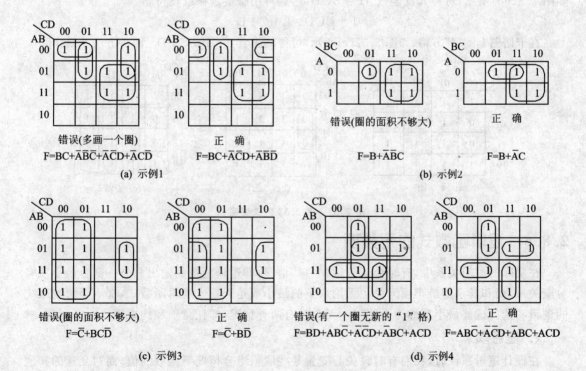

图 2.30　最小项合并举例

最后还要强调说明，同一卡诺图的正确圈法可能有多种，可以得到不同的最简与-或式。

【例 2.31】 利用卡诺图法化简函数 $F = \overline{A}\overline{B} + \overline{B}\overline{C} + AB + BC$。

解： 首先将逻辑函数式变换为最小项表达式：
$$F = \overline{A}\overline{B} + \overline{B}\overline{C} + AB + BC = \sum\nolimits_m (0,1,3,4,6,7)$$

根据最小项表达式可以画出如图 2.31(a)所示的逻辑函数卡诺图。此卡诺图有两种正确合并最小项的方法，分别如图 2.31(b)和图 2.31(c)所示，由此可以得出两种最简与或表达式：

$$F = AB + \overline{A}C + \overline{B}\overline{C} \qquad F = \overline{A}\overline{B} + BC + A\overline{C}$$

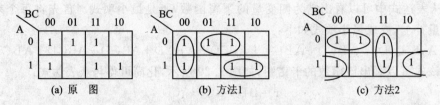

图 2.31　例 2.31 卡诺图

根据最小项性质可知，合并为 0 的最小项，可得出该函数反函数的与或表达式。当函数卡诺图中"1"项较多时，多次重复使用"1"项，容易出错。这时可以在卡诺图上圈"0"方格，求其反函数，然后再用摩根定律取反即可。同时可以看出由卡诺图求与或非式和或与式十分方便。

【例 2.32】　化简函数 $F = \sum_m (0\sim3, 5\sim11, 13\sim15)$。

解：画出此函数卡诺图如图 2.32(a)所示。卡诺图中"1"项较多，在卡诺图上圈"0"方格，如图 2.32(b)所示，可得其反函数：$\overline{F} = B\overline{C}D$，然后再用摩根定律取反可得：

$$F = \overline{B\overline{C}D} = \overline{B} + C + \overline{D}$$

在卡诺图上圈"1"方格，如图 2.32(c)所示，可得其函数：$F = \overline{B} + C + \overline{D}$。两种方法结果相同。

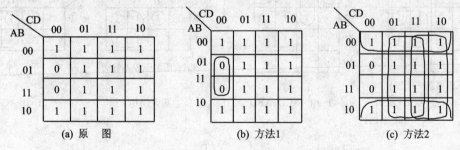

图 2.32　例 2.32 的卡诺图

2.8.5　逻辑函数式的无关项

在实际的逻辑关系中，有时会遇到这样一些情况，即逻辑函数的输出只与一部分最小项有对应关系，而和其余的最小项无关。无论余下的最小项是否写入逻辑函数式，都不会影响系统的逻辑功能。这些最小项称为无关项。无关项有两种情况，即任意项和约束项。

1. 任意项

在设计逻辑系统时，我们有时只关心变量某些取值组合情况下函数的值，而对变量的其他取值组合所对应的函数值不加限制，为 0 或为 1 都可以。函数值可 0 可 1 的变量组合所对应的最小项常称为任意项。函数式中任意项加上与否，只会影响函数取值，但不会影响系统的逻辑功能。

例如：将 8421BCD 码转换为十进制数码显示时，0000~1001 的 10 种取值是有效的编码，电路只需要在这 10 种取值出现时显示相应的 0~9 的 10 个数码即可，其余 6 种取值 1010~1111 不是 8421BCD 码的有效组合，此时输出变量的值为 0 或 1 都不影响电路的正常功能，对应的6个最小项 $m_{10} \sim m_{15}$ 就是一组任意项。

2. 约束项

在实际的逻辑关系中,逻辑变量之间具有一定的制约关系,使得某些变量取值组合不可能出现,这些变量取值组合所对应的最小项称为约束项。显然,对变量所有的可能取值,约束项的值都等于0。对变量约束的具体描述称做约束条件,可以用逻辑式、真值表和卡诺图来描述,在真值表和卡诺图中,约束项一般计为:"×"或"φ"。

例如,用3个变量A、B、C分别表示加法、乘法和除法3种操作,因为机器是按顺序执行指令的,每次只能进行其中一种操作,所以任何两个逻辑变量都不会同时取值为1,即三变量A、B、C的取值只可能出现000、001、010、100,而不会出现011、101、110、111。也就是说A、B、C是一组具有约束的逻辑变量,这个约束关系可以计为:

$$AB=0, \quad BC=0, \quad AC=0 \text{ 或 } AB+BC+AC=0$$

也可以用最小项表示,则有:

$$\overline{A}BC+A\overline{B}C+AB\overline{C}+ABC=0 \quad \text{或} \quad \sum{}_d(3,5,6,7)=0$$

2.8.6 具有无关项逻辑函数的化简

无论是任意项还是约束项,其值为1、为0都不会影响电路正常逻辑功能的实现。可以充分利用这一特性,使具有无关项的逻辑函数的表达式更简单。具体某个无关项的值为1或是为0,以能达到逻辑函数的最简表达式为依据。

具有无关项逻辑函数的化简方法与一般逻辑函数的化简方法相同,可以利用公式和卡诺图化简,其最大区别是无关项可以灵活为1、为0,而其他项只能是1或是0。

公式法需要加上全部或部分最小项,具体选择哪些无关最小项,既需要对公式熟练掌握,又需要很大的灵活性和技巧性。卡诺图化简法直观明了,哪些无关项为1,哪些无关项为0,在卡诺图中较易识别。下面举例讲解用卡诺图化简具有无关项逻辑函数的方法。

【**例 2.33**】 化简函数 $F=\sum_m(1,2,5,6,9)+\sum_d(10,11,12,13,14,15)$,式中d代表无关项。

解:无关项用"×"表示,画出函数的卡诺图如图 2.33(a)所示。

若全部无关项取值都为0,最小项合并如图 2.33(b)所示,可得 $F=\overline{B}C\overline{D}+\overline{A}C\overline{D}+\overline{A}C\overline{D}$。
若选择无关项 m_{10}、m_{13}、m_{14} 为1,m_{11}、m_{12}、m_{15} 为0,最小项合并如图 2.33(c)所示,可得 $F=C\overline{D}+\overline{C}D$,结果更为简单。可以验证,若无关项的取值采用另外的组合方式,化简所得的逻辑表达式都不如上式简单。

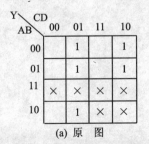
(a) 原　图

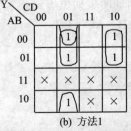
(b) 方法1

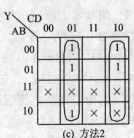
(c) 方法2

图 2.33　例 2.33 的卡诺图

思 考 题

(1) 什么是最小项？什么是约束项？

(2) 如何画简具有约束项的卡诺图，利用卡诺图化简时应注意什么？

本章小结

数字电路的工作信号是一种离散的信号，称为数字信号。数字信号用二进制数据来表示。0 和 1 的组合既可以表示数据的大小，亦可以表示一特定信息。表示特定信息的 0 和 1 的组合称为二进制代码，常用的有 BCD 码、ASC 码和 ISO 码等。

逻辑代数是按一定逻辑规律进行运算的、反映逻辑变量运算规律的一门数学，它是分析和设计数字电路的数学工具。逻辑变量是用来表示逻辑关系的二值量。它们取值只有 0 和 1 两种，它们代表的是逻辑状态，而不是数量大小。

逻辑代数有 3 种基本运算（与、或、非），应熟记逻辑代数的运算规则和基本公式。

逻辑函数通常有 5 种表示方式，即真值表、逻辑表达式、卡诺图、逻辑图和波形图，它们之间可以相互转换。

逻辑函数的化简方法有公式法和图形法两种。公式法适用于任何复杂的逻辑函数，但需要熟练掌握公式，还要有一定的运算技巧。图形法在化简时比较直观、简便，也容易掌握，但不适合变量较多的复杂逻辑运算。

习 题

题 2.1 将下列十进制数转化为二进制数、八进制数和十六进制数。

(1) 22.24_{10} (2) 108.08_{10} (3) 66.625_{10}

题 2.2 将下列二进制数转化为十进制数、八进制数和十六进制数。

(1) 111101_2 (2) 0.10001011_2 (3) 101101.001_2

题 2.3 分别用 8421BCD 码、余 3 码和格雷码表示十进制数 156。

题 2.4 用真值表证明下列恒等式：

(1) $A(B \oplus C) = AB \oplus AC$

(2) $(\bar{A}+B)(A+\bar{C})(B+C) = (\bar{A}+B)(A+\bar{C})$

(3) $A \oplus B = \overline{A \odot B} = A \oplus B \oplus 0$

题 2.5 用基本定律和运算规则证明下列恒等式：

(1) $(A+B+C)(A+\bar{B}+\bar{C}) = A\bar{B}+\bar{A}C+BC$

(2) $\overline{A\bar{B}} + \overline{A}C + \overline{BC} = \overline{A}\overline{B}C + ABC$

(3) $A + AB\bar{C} + \bar{A}CD + (\bar{C}+\bar{D})E = A + CD + E$

题 2.6 利用公式法化简下列函数：

(1) $Y = AB(BC+A)$

(2) $Y = (A \oplus B)C + ABC + \bar{A}BC$

(3) $Y = \overline{ABC}(B+\bar{C})$

(4) $Y = \overline{\overline{AB} + ABC} + \overline{A(B+A\overline{B})}$

(5) $Y = (\overline{A}+\overline{B}+\overline{C})(B+\overline{B}C+\overline{C})(\overline{D}+DE+\overline{E})$

(6) $Y = \overline{B} + ABC + \overline{A}\overline{C} + \overline{A}B$

(7) $Y = \overline{\overline{\overline{A}+B} + \overline{A+\overline{B}} + \overline{AB}\cdot\overline{A}B}$

题 2.7 将下列各式转换成最简的与或形式和与非形式，并画出最简与非逻辑图。

(1) $Y = AB + \overline{B}C + A\overline{C} + ABC + \overline{A}\overline{B}\overline{C}\overline{D}$

(2) $Y = \overline{\overline{A+B} + \overline{C+D}} + \overline{\overline{C+D} + \overline{A+D}}$

题 2.8 将下列函数展开为最小项表达式：

(1) $Y = A\overline{B} + BC + \overline{A}\overline{B}\overline{C} + A\overline{B}C$

(2) $Y = \overline{A}\overline{B} + ABD(B+\overline{C}D)$

题 2.9 用卡诺图化简下列函数：

(1) $Y = \overline{AC} + \overline{A}BC + \overline{B}C + AB\overline{C}$

(2) $Y = \overline{AC} + \overline{A}BC + \overline{B}C + AB\overline{C}$

(3) $Y = A\overline{B}C + AC + \overline{A}BC + \overline{B}C\overline{D}$

(4) $Y = \overline{\overline{AC} + \overline{A}BC + \overline{B}C + AB\overline{C}}$

(5) $Y = AB(C+D) + (\overline{A}+B)\overline{C}\overline{D} + \overline{C\oplus D}\cdot \overline{D}$

(6) $Y(A,B,C) = \sum_m(0,2,4,5,6)$

(7) $Y(A,B,C,D) = \sum_m(0,1,2,3,4,5,8,10,11,12)$

(8) $Y(A,B,C,D) = \sum_m(2,6,7,8,9,10,11,13,14,15)$

(9) $Y(A,B,C,D) = \sum_m(0,1,2,3,4,5,8,10,11,12)$

题 2.10 用卡诺图将下列函数化简成最简的与或式、与非-与非式、与或非式和或非-或非式。

(1) $Y = \overline{(\overline{A\oplus B} + C\cdot \overline{A}(B+C) + \overline{A}D)}$

(2) $Y(A,B,C,D) = \sum_m(0,1,2,3,4,6,8,10,12,13,14,15)$

题 2.11 用卡诺图化简下列具有约束条件的逻辑函数：

(1) $Y(A,B,C,D) = \sum_m(0,1,2,3,6,8) + \sum_d(10,11,12,13,14,15)$

(2) $Y(A,B,C,D) = \sum_m(2,4,6,7,12,15) + \sum_d(0,1,3,8,9,11)$

(3) $Y(A,B,C,D) = \sum_m(0,2,4,6,9,13) + \sum_d(3,5,7,11,15)$

(4) $Y(A,B,C,D) = \sum_m(0,13,14,15) + \sum_d(1,2,3,9,10,11)$

题 2.12 用卡诺图化简下列具有约束条件为 $AB+AC=0$ 的函数，并写出最简与或表达式：

(1) $F = \overline{A}B + \overline{A}C$

(2) $F = \overline{A}BC + \overline{A}BD + \overline{A}\overline{B}D + A\overline{B}\overline{C}\overline{D}$

(3) $F = \overline{A}CD + \overline{A}BCD + \overline{A}\overline{B}D + A\overline{B}\overline{C}D$

第3章 逻辑门电路

逻辑门电路是按特定逻辑功能构成的系列开关电路。它具有体积小、成本低、抗干扰能力强、使用灵活方便等特点，是构成各种复杂逻辑控制及数字运算电路的基本单元。本章在介绍二极管、三极管和 MOS 管开关特性的基础上，简要介绍基本分立门电路，然后重点讨论 TTL 和 CMOS 集成逻辑门电路的工作原理和工作特性以及正确使用方法。熟练掌握门电路的基本原理及使用方法是本章学习的主要内容。

3.1 逻辑门电路概述

3.1.1 逻辑门电路的特点及其类型

逻辑门电路是最简单的数字电路，简称逻辑门。它完成一些最基本的逻辑运算，常用的逻辑门在功能上有与门、或门、反相器(非门)、与非门、或非门、异或门、与或非门等。

集成门电路产品主要有 TTL、ECL、I^2L、NMOS、PMOS 和 CMOS 等几种类型。TTL 和 CMOS 集成电路是目前数字系统中最常用的集成逻辑门，一般属于 SSI 产品。这两种类型的集成电路正朝高速度、低功耗、高集成度的方向发展。

逻辑门电路中，半导体器件一般工作在开关状态，其输入和输出只有高电平 U_H 和低电平 U_L 两个不同的状态。高电平和低电平不是固定数值，允许有一定变化范围。TTL 和 CMOS 要求有所差别。本书逻辑门电路中，采用正逻辑分析，规定用 1 表示高电平，用 0 表示低电平。

3.1.2 3 种基本逻辑门电路

在介绍各系列门电路之前，首先要了解最基本的门电路，为学习和掌握集成门电路打下基础。基本逻辑运算有与、或、非运算，相应的基本逻辑门电路有与门、或门、非门(又称反相器)。利用与、或、非门，能构成所有可以想像出的逻辑电路，如与非门、或非门、与或非门等。

1. 二极管与门和或门电路

(1) 二极管与门电路

用电子电路实现逻辑关系时，它的输入、输出量均为电位(或电平)。输入量作为条件，输出量作为结果，输入、输出量之间满足逻辑关系，则构成逻辑门电路。

如图 3.1 所示为双输入单输出二极管与门电路及与门逻辑符号。在图 3.1(a)中，A、B 为输入变量，L 为输出变量，用 5 V 正电源。取高、低电平为 3 V 和 0 V，二极管正向导通电压为 0.7 V，进行分析。

① A、B 端同时为低电平"0"时,二极管 V_{D1}、V_{D2} 均导通,使输出端 L 为低电平"0"(0.7 V)。

② 当 A、B 中的任何一端为低电平"0"(0 V)时,阴极接低电位的二极管将首先导通,使 L 点电位固定在 0.7 V,此时阴极接高电位的二极管受反向电压作用而截止。这种现象称为二极管的钳位作用。此时,输出为低电平"0"(0.7 V)。

③ A、B 端同时为高电平"1"(3 V)时,二极管 V_{D1}、V_{D2} 均导通,输出端为高电平"1"(3.7 V)。

把上述分析结果归纳列入表 3.1 中,可以发现电路满足与逻辑关系。

用 0 表示低电平,用 1 表示高电平,可得出如表 3.2 所列与门真值表。其逻辑表达式为:

$$L = A \cdot B \tag{3-1}$$

当与门有多个输入端时,则式(3-1)可推广为:

$$L = A \cdot B \cdot C \cdot \cdots \tag{3-2}$$

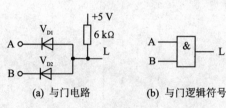

(a) 与门电路　　(b) 与门逻辑符号

图 3.1 二极管与门电路

表 3.1 与门电位关系表

U_A/V	U_B/V	U_L/V
0	0	0.7
0	3	0.7
3	0	0.7
3	3	3.7

表 3.2 与门真值表

A	B	L
0	0	0
0	1	0
1	0	0
1	1	1

(2) 二极管或门电路

如图 3.2 所示为双输入单输出二极管(DTL)或门电路及与门逻辑符号。在图 3.2(a)中,A、B 为输入变量,L 为输出量,用 5 V 负电源。取高低电平为 3 V、0 V,二极管正向导通电压为 0.7 V。读者可仿照上面方法进行分析,可得如表 3.3 所列的电位表和如表 3.4 所列的真值表。可以看出,输入与输出信号状态满足或逻辑关系。其逻辑表达式为:

$$L = A + B \tag{3-3}$$

当或门有多个输入端时,则式(3-3)可推广为:

$$L = A + B + C + \cdots \tag{3-4}$$

二极管门电路结构简单,价格便宜,但其存在电平偏移现象,且抗干扰能力和带负载能力都很差,目前已很少使用。

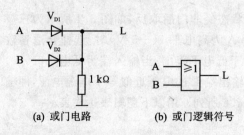

(a) 或门电路　　(b) 或门逻辑符号

图 3.2 二极管或门电路

表 3.3 或门电位关系表

U_A/V	U_B/V	U_L/V
0	0	0
0	3	2.3
3	0	2.3
3	3	2.7

表 3.4 或门真值表

A	B	L
0	0	0
0	1	1
1	0	1
1	1	1

【例 3.1】 二极管门电路如图 3.3 所示。已知二极管正向导通电压为 0.7 V,试问:

① 若输入信号 A、B、C 的低电平为 $U_{IL}=0$ V,高电平为 $U_{IH}=5$ V,电路的逻辑功能如何?

② 若 C 悬空或接地对电路功能有何影响?

③ 若在输出端接上 200 Ω 的负载电阻,对电路功能有何影响?

解:

① 当输入信号 A、B、C 均为高电平时,输出电平为 $U_L=5.7$ V,当输入信号 A、B、C 有一个或一个以上为低电平时,则输入端接低电平的二极管导通,使输出电平被钳位在 $U_L=0.7$ V。用 0 表示低电平,用 1 表示高电平可得出如表 3.5 所列的逻辑真值表。

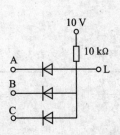

图 3.3 例 3.1 电路图

表 3.5 例 3.1 逻辑真值表

A	B	C	L
0	0	0	0
0	0	1	0
0	1	0	0
0	1	1	0
1	0	0	0
1	0	1	0
1	1	0	0
1	1	1	1

由逻辑真值表可知,该电路的输入和输出是与逻辑关系,此电路是与逻辑门,输出表达式为 $L=A \cdot B \cdot C$。

② 当 C 端悬空时,与 C 连接的二极管相当于开路。输入 A、B 和输出 L 仍是与逻辑关系,即 $L=A \cdot B$。可见,C 端悬空不影响电路的其余输入和输出的逻辑关系。

当 C 端接地时,与 C 连接的二极管导通,使输出电平被钳位在 $U_L=0.7$ V,其余输入端的信号变化对输出基本无影响,电路不能实现逻辑与功能。

若在输出端接上 200 Ω 的负载电阻,输出电平将受负载影响,可能输出的最大电压为:

$$U_L=(R_L V_{CC})/(R+R_L)=(10 \text{ V} \times 200 \text{ Ω})/(200 \text{ Ω}+10 \text{ kΩ}) \approx 0.2 \text{ V}$$

此时,输入无论是低电平还是高电平,二极管均不能导通,失去了钳位作用,电路不能再实现逻辑与功能。

2. 三极管非门电路

非门只有一个输入端和一个输出端,输入的逻辑状态经非门后取反,如图 3.4 所示为三极管非门电路及其逻辑符号。在图 3.4(a)中,当输入端 A 为高电平 1(+5 V)时,选择合适参数使晶体管饱和导通,L 端输出 0.2~0.3 V 的电压,属于低电平范围;当输入端为低电平 0(0 V)时,晶体管截止,晶体管集电极-发射极间呈高阻状态,输出端 L 的电压近似等于电源电压,即输入与输出信号状态满足"非"逻辑关系。其真值表如表 3.6 所列。用以下逻辑表达式表示:

$$L=\overline{A} \tag{3-5}$$

在数字电路的逻辑符号中,若在输入端加小圆圈,则表示输入低电平信号有效;若在输出端加一个小圆圈,则表示将输出信号取反。

第 3 章 逻辑门电路

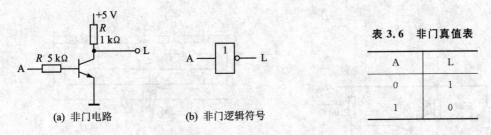

(a) 非门电路   (b) 非门逻辑符号

表 3.6 非门真值表

A	L
0	1
1	0

图 3.4 三极管非门电路

三极管非门电路结构简单,是一种具有放大功能的反向器,经常用它做负载的驱动器。与三极管一样,MOS 管也可构成非门电路,可以自己去分析。

利用二极管与门、或门和三极管、MOS 管非门可以组合成与非、或非、与或非等各种分立逻辑门电路,但由于其电气特性较差,实际中很少采用,现在已被集成电路所取代。

思 考 题

(1) 简述二极管的钳位作用。
(2) 举例说明与、或、非逻辑关系。
(3) 给出输入信号波形,画出与、或、非电路输出信号波形。

3.2 TTL 集成逻辑门电路

TTL 系列集成门电路主要由双极型晶体管构成。由于输入级和输出级都采用三极管,所以称为三极管-三极管逻辑门电路(Transistor-Transistor Logic),简称为 TTL 电路,其逻辑状态仅由双极型晶体管实现。TTL 门电路目前几乎都做成单片中小规模集成电路,其功能类型系列繁多,其输入、输出结构相近。国产 TTL 主要产品有 CT54/74 标准系列、CT54/74H 高速系列、CT54/74S 肖特基系列和 CT54/74LS 低功耗肖特基系列。CT 的含义是中国制造 TTL 电路,以后 CT 可省略。TTL 系列集成门电路生产工艺成熟,产品参数稳定,工作稳定可靠,开关速度高,应用广泛。

本节以 CT74H 高速系列与非门为例讲解 TTL 与非门的逻辑功能和电气特性,然后介绍其他功能的逻辑电路以及系列参数和应用。

3.2.1 TTL 与非门的工作原理

1. 电路组成

CT74HTTL 与非门的典型电路如图 3.5 所示,由输入级、中间级和输出级 3 部分组成。

多发射极晶体管 V_1 和电阻 R_1 构成输入级。多射极管 V_1 的结构如图 3.6(a)所示,其等效电路如图 3.6(b)所示。其功能是对输入变量 A、B、C 实现与运算,相当一个与门。

晶体管 V_2 和电阻 R_2、R_3 构成中间级。其集电极和发射极分别输出极性相反的电平,分别用来控制晶体管 V_4 和 V_5 的工作状态。它们的功能是非运算。

晶体管 V_3、V_4、V_5 和电阻 R_4、R_5 构成输出级,在正常工作时,V_4 和 V_5 总是一个截止,另一个饱和。这种电路形式称推拉式电路,它不仅输出阻抗低,带负载能力强,而且可以提高工作速度。

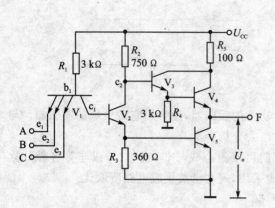
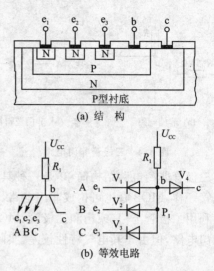

图 3.5 典型 TTL 与非门电路　　　　图 3.6 多射极晶体管的结构及其等效电路

2. 逻辑功能

取输入高低电平分别为 3.6 V 和 0.3 V,PN 结正向导通电压为 0.7 V,电路功能分析如下。

(1) 输入全部为高电位(3.6 V)

输入端全部接高电平(U_{iH}=3.6 V)。V_1 的基极电位 U_{B1} 最高不会超过 2.1 V。当 $U_{B1} \geqslant$ 2.1 V 时,V_1 的集电结及 V_2 和 V_5 的发射结会同时导通,把 U_{B1} 钳位在 $U_{B1}=U_{BC1}+U_{BE2}+U_{BE5}=$ 0.7 V+0.7 V+0.7 V=2.1 V。当各个输入端都接高电平 U_{iH}(3.6 V)时,V_1 的所有发射结均截止(发射结反偏),集电结正偏。这时,V_1 管的基极电流 I_{B1} 流向集电极并注入 V_2 的基极,I_{B1} 为

$$I_{B1}=\frac{U_{CC}-U_{B1}}{R_1}=\frac{5\text{ V}-2.1\text{ V}}{3\text{ k}\Omega}\approx 1\text{ mA}$$

此时的 V_1 是处于倒置(反向)运用状态(把实际的集电极用做发射极,而实际的发射极用做集电极),其电流放大系数为 $\beta(\beta<0.05)$,$I_{B2}=I_{C1}=(1+\beta)I_{B1}\approx I_{B1}$。由于 I_{B1} 较大,足以使 V_2 管饱和,且 V_2 管发射极向 V_5 管提供基流,使 V_5 也饱和,这时 V_2 的集电极压降为:

$$U_{C2}=U_{CES2}+U_{BE5}\approx 0.3\text{ V}+0.7\text{ V}=1\text{ V}$$

U_{C2} 加到 V_3 的基极,由于 R_4 的存在,可以使 V_3 导通。所以,V_4 的基极电位和射极电位分别为:$U_{B4}=U_{E3}\approx U_{C2}-U_{BE3}=1\text{ V}-0.7\text{ V}=0.3\text{ V}$,$U_{E4}=U_{CES5}\approx 0.3\text{ V}$,可见,$V_4$ 的发射结偏压 $U_{BE4}=U_{B4}-U_{E4}=0.3\text{ V}-0.3\text{ V}=0\text{ V}$,所以,$V_4$ 处于截止状态。在 V_4 截止、V_5 饱和的情况下,输出电压 $U_o=U_{CES5}\approx 0.3\text{ V}=U_{oL}$。$U_o=U_{oL}$ 时,称与非门处于开门状态。

(2) 输入端至少有一个为低电位(0.3 V)

当输入端至少有一个接低电平 U_{iL}(0.3 V)时,接低电平的发射结正向导通,则 V_1 的基极电位 $U_{B1}=U_{BE1}+U_{iL}=0.7\text{ V}+0.3\text{ V}=1\text{ V}$。为使 V_1 的集电结及 V_2 和 V_5 的发射结同时导通,U_{B1} 至少应当等于 2.1 V($U_{B1}=U_{BC1}+U_{BE2}+U_{BE5}$)。现在 $U_{B1}=1\text{ V}$,V_2 和 V_5 必然截止。由于 V_2 截止,故 $I_{C2}\approx 0$,$I_{C1}\approx 0$,而 V_1 的基极电流 I_{B1} 很大,所以这时 V_1 处于深饱和状态。此时 R_2 中的电流也很小,因而 R_2 上的电压很小,$U_{C2}=U_{CC}-U_{R2}\approx 5\text{ V}$。该电压使 V_3 和 V_4 的发射

逻辑门电路
第 3 章

结处于良好的正向导通状态，V_5 处于截止状态，此时输出电 $U_o = U_{oH} = U_{C2} - U_{BE3} - U_{BE4} = 5\text{ V} - 0.7\text{ V} - 0.7\text{ V} = 3.6\text{ V}$ 为高电平。此值未计入 R_2 上的压降，所以实际的 U_{oH} 小于 3.6 V。$U_o = U_{oH}$ 时，称与非门处于关闭状态。

综上所述，当输入端全部为高电位（3.6 V）时，输出为低电位（0.3 V），这时 V_5 饱和，电路处于开门状态；当输入端至少有一个为低电位（0.3 V）时，输出为高电位（3.6 V），这时 V_5 截止，电路处于关门状态。由此可见，电路的输出和输入之间满足与非逻辑关系：

$$F = \overline{A \cdot B \cdot C} \tag{3-6}$$

TTL 与非门和三极管器件工作状态如表 3.7 所列。

表 3.7 TTL 与非门各级工作状态

输入	V_1	V_2	V_3	V_4	V_5	输出	与非门状态
全部为高电位	倒置工作	饱和	导通	截止	饱和	低电位	开门
至少有一个为低电位	深饱和	截止	微饱和	导通	截止	高电位	关门

(3) 输入端全部悬空

输入端全部悬空时，V_1 管的发射结全部截止。$+U_{CC}$ 通过 R_1 使 V_1 的集电结及 V_2 和 V_5 的发射结同时导通，使 V_2 和 V_5 处于饱和状态，则 $U_{B3} = U_{C2} = U_{CES2} + U_{BE5} = 0.3\text{ V} + 0.7\text{ V} = 1\text{ V}$，由于 R_4 的作用，V_3 导通，$U_{BE3} = 0.7\text{ V}$。此时 V_4 的发射结电压 $U_{BE4} = U_{B4} - U_{E4} = U_{E3} - U_{CES5} = U_{B3} - U_{BE3} - U_{CES5} \approx 1\text{ V} - 0.7\text{ V} - 0.3\text{ V} = 0\text{ V}$，所以 V_4 处于截止状态。该电路在输入端全部悬空时，V_4 截止，V_5 饱和，其输出电压 $U_o = U_{CES5} \approx 0.3\text{ V}$。

可见输入端全部悬空和输入端全部接高电平时，该电路的工作状态完全相同。TTL 与非门电路的某输入端悬空，可以等效地视做该端接入了逻辑高电平。实际电路中，悬空易引入干扰，故对不用的输入端一般不悬空，应作相应的处理，一般接高电平或并联使用。

(4) TTL 与非门的特点

TTL 与非门具有较高的开关速度，主要原因有两点：一是由于采用了多射极管 V_1，它缩短了 V_2 和 V_5 的开关时间。当输入端全部为高电位时，V_1 处于倒置工作状态。此时 V_1 向 V_2 提供了较大的基极电流，使 V_2、V_5 迅速导通饱和；当某一输入端突然从高电位变到低电位时，I_{B1} 转而流向 V_1 低电位输入端，即为 V_1 正向工作的基流，该瞬间将产生一股很大的集电极电流 I_{C1}，正好为 V_2 和 V_5 提供了很大的反向基极电流，使 V_2 和 V_5 基区的存储电荷迅速消散，加快了 V_2 和 V_5 的截止过程，提高了开关速度。二是由于采用了推拉式输出电路，加速了 V_5 存储电荷的消散过程。当 V_2 由饱和转为截止时，V_3 和 V_4 导通。由于 V_3、V_4 是复合射随，相当于 V_5 集电极只有很小的电阻，此时瞬间电流很大，从而加速了 V_5 脱离饱和的速度，使 V_5 迅速截止。

此外，由于采用推拉式输出级，与非门输出低电平时，V_5 处于深饱和状态，输出电阻很低；而输出高电平时 V_3、V_4 导通，组成射极跟随器，其输出电阻也很低。无论哪种状态，输出电阻都很低，都有很强的带负载能力。

3.2.2 TTL 与非门的电气特性与参数

对器件的使用者来说，正确理解器件的各项参数是十分重要的。而这些参数和电路的电流电压特性有着极为密切的联系。通过分析器件特性可以更好地理解各项参数的意义。

1. 电压传输特性及主要参数

电压传输特性是指输出电压跟随输入电压变化的关系曲线，即 $U_o = f(u_i)$ 的函数关系。电压传输特性曲线可以通过理论分析或试验测试得到。如图 3.7（a）、(b) 分别为电压传输特性的测试电路和电压传输特性曲线。电压传输特性曲线可分成下列 4 段。

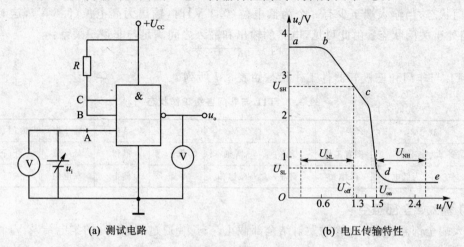

(a) 测试电路　　　　　　　(b) 电压传输特性

图 3.7　TTL 与非门的电压传输特性

ab 段（截止区）：当 $0 \leqslant u_i \leqslant 0.6$ V 时，V_1 工作在深饱和状态，$U_{B1} < 0.6$ V $+ 0.7$ V $= 1.3$ V，故 V_2、V_5 截止，V_3、V_4 均导通，输出高电平 $U_o = U_{oH} = 3.6$ V，此时，V_5 截止，称 ab 段为截止区。此时，门电路的状态为关门状态。

bc 段（线性区）：当 0.6 V $\leqslant u_i < 1.3$ V 时，1.3 V $\leqslant U_{B1} < 2.1$ V，V_2 开始导通，V_5 尚未导通。此时 V_2 处于放大状态，其集电极电压 U_{C2} 随着 u_i 的增加而下降，并通过 V_3、V_4 射极跟随器使输出电压 u_o 线性下降，下降斜率近似等于 $-R_2/R_3$。此时，V_2 处于放大状态，称 bc 段为线性区。

cd 段（转折区）：当 1.3 V $\leqslant u_i < 1.4$ V 时，u_i 略大于 1.3 V，V_5 开始导通，此时 V_2 发射极到地的等效电阻比 V_5 截止时小得多，V_2 放大倍数增加，U_{C2} 迅速下降，输出电压 U_o 也迅速下降。此时，V_2、V_5 均处于放大状态，称 cd 段为转折区。

de 段（饱和区）：当 $u_i \geqslant 1.4$ V 时，随着 u_i 增加 V_1 进入倒置工作状态，V_3 导通，V_4 截止，V_2、V_5 饱和，输出低电平 $u_o = U_{oL} = 0.3$ V。此时，V_5 饱和，称 de 段为饱和区。此时，门电路的状态为开门状态。

从与非门电压传输特性可以得出以下几个重要参数。

（1）输出高电平 U_{oH} 和输出低电平 U_{oL}

与非门至少有一个输入端接低电平时的输出高电压值称为输出高电平，记为 U_{oH}。与非门的所有输入端都接高电平时的输出低电压称为输出低电平，记为 U_{oL}。不同型号的 TTL 与非门，其内部结构有所不同，故其 U_{oH} 和 U_{oL} 也不一样。即使同一个与非门，其 U_{oH} 和 U_o 也随负载的变化表现出不同的数值。一般产品手册中规定 $U_{oH} \geqslant 2.7$ V 认为合格，$U_{oL} < 0.5$ V 时即为合格。U_{oH} 的标准额定值是 3 V，U_{oL} 的标准额定值是 0.35 V。

上述与非门电路电压传输特性截止区对应的输出电压 $U_{oH} = 3.6$ V，饱和区的输出电压

逻辑门电路
第 3 章

$U_{oL}=0.3\text{ V}$。

有的手册中还规定高电平的下限值为标准高电平,用 U_{SH} 表示,规定低电平的上限值为标准低电平,用 U_{SL} 表示。

(2) 阈值电压 U_{TH}

阈值电压也称为门槛电压。U_{TH} 是电压传输特性的转折区中点所对应的 u_i 值,是 V_5 管截止与导通的分界线,也是输出高、低电平的分界线。当 $u_i<U_{TH}$ 时,与非门关门(V_5 管截止),输出为高电平;当 $u_i>U_{TH}$ 时,与非门开门(V_5 管导通),输出为低电平。实际上,阈值电压有一定范围,理论上通常取 $U_{TH}=1.4\text{ V}$。

(3) 开门电平 U_{on} 和关门电平 U_{off}

在保证输出电压为标准低电平 U_{SL}(一般为标准额定值的 90%,如 0.3 V)的条件下,所允许的最小输入高电平,称为开门电平 U_{on}。只有输入电平高于 U_{on},与非门才进入开门状态,输出低电平。

在保证输出电压为标准高电平 U_{SH}(2.7 V)的条件下,所允许的最大输入低电平,称为关门电平 U_{off}。只有输入电平低于 U_{off},与非门才进入关门状态,输出高电平。

U_{on} 和 U_{off} 是与非门电路的重要参数,表明正常工作情况下输入信号电平变化的极限值,同时也反映了电路的抗干扰能力。

一般产品规定 U_{on} 范围为 1.4~1.8 V,一般取输入高电平 $U_{iH}\geqslant 2\text{ V}$。一般产品规定 U_{off} 范围为 0.8~1 V,一般取输入低电平 $U_{iL}\leqslant 0.8\text{ V}$。

(4) 噪声容限 U_{NL}、U_{NH}

实际应用中,由于外界干扰、电源波动等原因,可能使输入电平 u_i 偏离规定值。为了保证电路可靠工作,应对干扰的幅度有一定限制,称为噪声容限。当与非门的输入端接有低电平时,其输出应为高电平。若输入端窜入正向干扰,以致使输入低电平叠加上该干扰电压后大于 U_{off},则输出就不能保证是高电平。在保证与非门输出高电平的前提下,允许叠加在输入低电平上的最大正向干扰电压称为低电平噪声容限(或称为低电平干扰容限),记为 U_{NL}。其值一般为 $U_{NL}=U_{off}-U_{iL}=0.8\text{ V}-0.3\text{ V}=0.5\text{ V}$。式中,$U_{iL}=0.3\text{ V}$ 是输入低电平的标准值,关门电平 $U_{off}=0.8\text{ V}$。

当与非门的输入端全接高电平时,其输出应为低电平,但是若输入端窜入负向干扰电压,就会使实际输入电平低于 U_{on},致使输出电压不能保证为低电平。在保证与非门输出低电平的前提条件下,允许叠加在输入高电平上的最大负向干扰电压称为高电平噪声容限(或称为高电平干扰容限),记为 U_{NH}。其值一般为 $U_{NH}=U_{iH}-U_{on}=3\text{ V}-1.8\text{ V}=1.2\text{ V}$。式中,$U_{iH}=3\text{ V}$ 是输入高电平的标准值,$U_{on}=1.8\text{ V}$ 是开门电平。显然,为了提高器件的抗干扰能力,要求 U_{NL}、U_{NH} 尽可能地接近。U_{NL}、U_{NH} 越接近,说明与非门的电压传输特性越陡直,静态开关性能就越好。

这里还要指出的是,U_{NL}、U_{NH} 只反映了电路允许承受多大的干扰信号,但不能反映电路是否容易接受干扰信号。因为门电路的输入阻抗对接受干扰信号有重大影响,输入阻抗越大,越容易接受干扰。因此衡量一个与非门电路的抗干扰能力,除了要求有较大的 U_{NL}、U_{NH} 外,还要求有合适的输入阻抗。这是在实际中要加以注意的。

2. 输入伏安特性及主要参数

输入伏安特性是指与非门输入电流随输入电压变化的关系曲线。如图 3.8 所示为 TTL

与非门输入伏安特性。其中如图 3.8(a)所示为测试电路,如图 3.8(b)所示为 TTL 与非门的输入伏安特性曲线。一般规定输入电流以流入输入端为正。

从图 3.8 看出,当 $U_i < U_{TH}$ 时 I_i 为负,即 I_i 流入信号源,对信号源形成灌电流负载。当 $U_i > U_{TH}$ 时 I_i 为正,I_i 流入 TTL 门,对信号源形成拉电流负载。

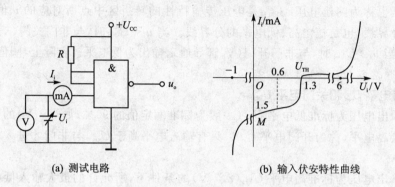

(a) 测试电路　　　　(b) 输入伏安特性曲线

图 3.8　TTL 与非门输入伏安特性

由图 3.9 可以得到以下几个主要参数。

(1) 输入短路电流 I_{is}

输入短路电流 I_{is} 是把与非门的一个输入端直接接地(其他输入端悬空或接高电平)时,由该输入端流向参考地的电流,也称为低电平输入电流。

由图 3.9(a)可以估算出 I_{is}:

$$I_{is} = -\frac{U_{CC} - U_{be1} - U_i}{R_1}$$

当 $U_I = 0$ 时:　　　　$I_{is} = -\frac{(5-0.7)\text{V}}{3\text{ k}\Omega} \approx -1.4\text{ mA}$

式中,负号表示电流是流出的,当与非门是由前级门驱动时,I_{is} 就是流入(灌入)前级与非门 V_5 的负载电流,可见,它是一个和电路负载能力有关的参数,它的大小直接影响前级门的工作情况。I_{is} 的典型值约为 -1.5 mA。一般情况下,$I_{is} \leqslant 2\text{ mA}$。

(2) 输入漏电流 I_{iH}

输入漏电流 I_{iH} 是把与非门的一个输入端接高电平(其他输入端悬空,或接高电平 $U_i > U_{TH}$)时,流入该输入端的电流,

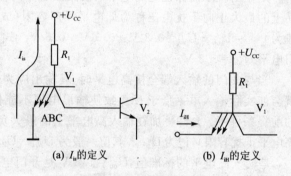

(a) I_{is} 的定义　　　　(b) I_{iH} 的定义

图 3.9　输入电流 I_i 的定义

也称为高电平输入电流。如图 3.9 所示。由于此电流是流入与非门的,因而是正值。因为此时 V_1 处于倒置状态,故 I_{iH} 数值很小,一般情况下,$I_{iH} < 40\text{ μA}$。当与非门的前级驱动门输出为高电平时,I_{iH} 就是前级门的流出(拉)电流,可见,它也是一个和电路负载能力有关的参数。显然,I_{iH} 越大,前级门输出级的负载就越重。

I_{is} 和 I_{iH} 都是 TTL 与非门的重要参数,是估算前级门带负载能力的依据之一。应注意,当 $U_i > 7\text{ V}$ 以后,V_1 的 ce 结将发生击穿,使 I_i 猛增。此外当 $U_i \leqslant -1\text{ V}$ 时,V_1 的 be 结也可能烧

毁。这两种情况下都会使与非门损坏,为此在使用时,尤其是混合使用电源电压不同的集成电路时,应采取相应的措施(输入端加接钳位二极管),使输入电位钳制在安全工作区内。

3. 输入端负载特性及主要参数

输入端负载特性是指输入端接上电阻 R_i 时,输入电压 U_i 随 R_i 的变化关系,其电路如图 3.10(a)所示,如图 3.10(b)所示为 TTL 与非门的输入负载特性曲线。

当 TTL 与非门的一个输入端外接电阻 R_i 时(其余输入端悬空或接高电平),在一定范围内,输入电压 U_i 随着 R_i 的增大而升高。在 V_5 导通前,输入电压为:

$$U_i \approx \frac{(U_{CC} - U_{be1})R_i}{R_1 + R_i} = \frac{4.3R_i}{R_1 + R_i}$$

由图 3.10(b)可知,开始 U_i 随 R_i 增大而上升,但当 $U_i=1.4$ V 后,V_5 导通,V_1 的基极电位钳位在 2.1 V 不变,U_i 亦被钳位在 1.4 V,不再随 R_i 增大而增大。这时,V_5 饱和导通,输出为低电平 0.3 V。

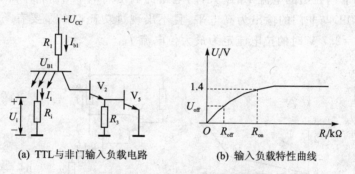

(a) TTL 与非门输入负载电路　　(b) 输入负载特性曲线

图 3.10　TTL 与非门的输入端负载特性

由以上分析可知,输入端外接电阻的大小,会影响门电路的工作情况。当 R_i 较小时,相当于输入信号是低电平,门电路输出为高电平;当 R_i 较大时,相当于输入信号是高电平,门电路输出为低电平。

(1) 关门电阻 R_{off}

使 TTL 与非门输出为标准高电平 U_{SH} 时,所对应的输入端电阻 R_i 的最大值称为关门电阻,用 R_{off} 表示。要使与非门稳定地工作在截止状态,必须选取 $R_i < R_{off}$。

(2) 开门电阻 R_{on}

使 TTL 与非门输出为标准低电平时,输入端外接电阻的最小值称为开门电阻,用 R_{on} 表示。要使与非门可靠地工作在开门状态,稳定地输出低电平,必须选取 $R_i > R_{on}$。

这两个参数是与非门电路中的重要参数。当 $R_i < R_{off}$ 时,TTL 与非门截止,输出高电平;当 $R_i > R_{on}$ 时,TTL 与非门导通,输出低电平。在 TTL 与非门典型电路中,一般选 $R_{off}=0.7$ kΩ,$R_{on} \geqslant 2.0$ kΩ。

考虑到不同类型的 TTL 与非门,其内部结构及元件参数会有所不同,故它们的 R_{off} 及 R_{on} 也会有所差异。在工程技术中,TTL 与非门的 R_{off} 和 R_{on} 分别取值为 0.5 kΩ 和 2 kΩ。

综合上述,当 TTL 与非门的某一输入端通过电阻 R 接地时,若 $R \leqslant 0.5$ kΩ,则该端相当于输入逻辑低电平;若 $R \geqslant 2$ kΩ,则该端相当于输入逻辑高电平。

4. 输出特性及主要参数

TTL 与非门的输出特性是指它的输出电压与输出电流(负载电流)的关系。

在实际应用中，TTL与非门的输出端总是要与其他门电路连接（或其他负载），也就是它要带负载。输出电压有高电平和低电平两种，与之对应形成灌电流和拉电流两种输出电流。TTL与非门带的负载分为灌电流负载和拉电流负载两种。

(1) 灌电流负载特性

当输入全为高电平时，TTL与非门导通，输出为低电平。此时，V_5饱和，负载电流为灌电流，如图3.11(a)所示。负载R_L越小，灌入V_5的电流I_{oL}越大，V_5饱和程度变浅，输出低电平值增大，如图3.11(b)所示。为了保证TTL与非门的输出为低电平，且不出现过功耗，对I_{oL}要有一个限制。一般将输出低电平$U_{oL}=0.35$ V时的灌电流定为最大灌电流I_{oLmax}。

(2) 拉电流负载特性

当输入端有一个低电平时，TTL与非门截止，输出为高电平。此时V_5截止，负载为拉电流，其测试电路如图3.12(a)所示。V_3、V_4工作于射极跟随器状态，其输出电阻很小。负载R_L越小，从TTL与非门拉出的电流I_{oH}越大，门电路的输出高电平U_{oH}将下降，如图3.12(b)所示。为了保证TTL与非门的输出为高电平，且不出现过功耗，对I_{oH}要有一个限制。一般将输出高电平$U_{oH}=2.7$ V时的拉电流定为最大拉电流I_{oHmax}。

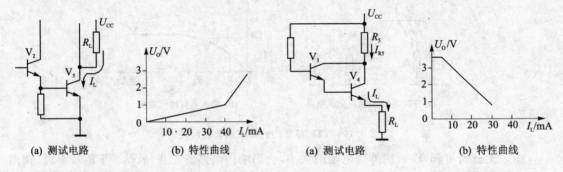

(a) 测试电路　　(b) 特性曲线　　　　　　(a) 测试电路　　(b) 特性曲线

图3.11　TTL与非门输出低电平的输出特性　　图3.12　TTL与非门输出高电平时的输出特性

在实际应用中，若输出电流超过I_{oLmax}或I_{oHmax}，则与非门就可能输出不正确的逻辑电平。

(3) 扇出系数和扇入系数

TTL与非门在保证输出正确的逻辑电平和不出现过功耗的前提下，其输出端允许连接的同类门的输入端数，称为扇出系数N_o。它是衡量门电路带负载能力的一个重要参数。

当TTL门的某个输入端为低电平时，其输入电流约等于I_{iS}（输入短路电流）；当输入端为高电平时，输入电流为I_{iH}（输入漏电流）。若门电路输出最大拉流和最大灌流为I_{oLmax}、I_{oHmax}，则可求出驱动门的扇出系数为N_o。

N_o由I_{oLmax}/I_{iS}和I_{oHmax}/I_{iH}中的较小者决定。一般$N_o \geqslant 8$，N_o越大，表明门的负载能力越强。

有些资料还定义了扇入系数，它是门电路的输入端数，用N_i表示。扇入系数一般为$N_i \leqslant 5$，最多不超过8。当需要的输入端数超过N_i时，可以用与扩展器来实现。

(4) 最小负载电阻 R_{Lmin}

R_{Lmin}是为保证门电路输出正确的逻辑电平，在其输出端允许接入的最小电阻（或最小等效电阻）。

在门的输出端接上负载电阻R_L后，若R_L过小会使输出电流过大，会使门电路无法输出正确的电平。由于 V_5 输出电阻较小,只要 R_L 的阻值不趋近于 0,对于输出低电平几乎无影响;但与非门处于关门状态时,应当输出高电平,此时 $U_o = I_{RL} \cdot R_L$。若 R_L 阻值太小,就会使得 I_{RL} 达到允许的最大值 I_{oHmax} 时,输出电平仍低于 U_{oHmin},从而造成逻辑错误。为了输出正确的逻辑高电平,R_L 的阻值必须使如下不等式成立:

$$I_{oHmax} \cdot R_L \geqslant U_{oHmin}$$

即

$$R_L \geqslant \frac{U_{oHmin}}{I_{oHmax}}$$

$$R_{Lmin} = \frac{U_{oHmin}}{U_{oHmax}} \quad (3-7)$$

对于 TTL 标准系列,按式(3-7)求得的 R_{Lmin} 的阻值范围为 150~200 Ω,为留有余地,一般取 $R_{Lmin} = 200$ Ω。对于 TTL 改进系列(如高速系列及低功耗系列等),按式(3-7)求得的 R_{Lmin} 相差很大,很难确定一个参考值。在实际工作中,应根据给定的参数按式(3-7)进行计算。

5. 空载功耗和平均延迟时间

(1) 空载功耗

输出端不接负载时,门电路消耗的功率称为空载功耗。它是 TTL 与非门空载时电源总电流 I_C 与电源电压 U_{CC} 的乘积,包括静态功耗和动态功耗。

静态功耗是门电路的输出状态不变时,门电路消耗的功率。静态功耗又分为截止功耗和导通功耗。截止功耗 P_{off} 是门输出高电平时消耗的功率;导通功耗 P_{on} 是门输出低电平时消耗的功率。作为门电路的功耗指标通常是指空载导通功耗。TTL 门的功耗范围为 1~22 mW。导通功耗大于截止功耗。

动态功耗是门电路的输出状态由 U_{oH} 变为 U_{oL}(或相反)时门电路消耗的功率。动态功耗一般大于静态功耗。与非门电路状态转化过程中,尤其是输出低电平突然转化为高电平的瞬间,由于 V_5 饱和较深,还没有来得及退出饱和,V_2 先退出饱和,U_{C2} 上升很快,迫使 V_3、V_4 导通,从而出现了 V_2、V_3、V_4 和 V_5 同时导通的情况,这时出现了很大的瞬间电流,使总电流 I_C 出现了尖峰,瞬时功耗随之增大,整个平均功耗增大。这种情况在低频时影响小些,但随着工作频率的升高,两种状态转换次数增多,平均功耗将增大,甚至超过额定值。为此在选择电路和电源时应考虑这个问题,留有适当的余量。另外,峰值电流是内部的干扰脉冲,可能影响电路的正常工作。为此,在电路设计和布线时,应采取去耦措施消除这一影响。

(2) 平均延迟时间 t_{pd}

平均延迟时间是衡量门电路速度的重要指标,它表示输出信号滞后于输入信号的时间。如图 3.13 所示。从输入端接入高电平开始,到输出端输出低电平为止(输出电压由高电平跳变为低电平),所经历的时间称为导通延迟时间,记为 t_{PHL}。测试时,把输入波形的上升边沿的中点,到对应输出波形下降边沿的中点之间的时间间隔作为 t_{PHL} 的值。从输入端接入低电平开始,到输出端输出高电平为止(输出电压由低电平跳变为高电平)的传输延迟时间称为截

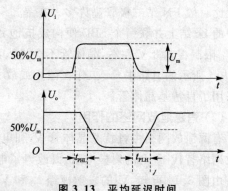

图 3.13 平均延迟时间

止延迟时间 t_{PLH}。测试时,把输入波形的下降边沿的中点到对应输出波形的上升边沿的中点之间的时间间隔作为 t_{PLH} 的值。t_{pd} 为 t_{PHL} 和 t_{PLH} 的平均值:

$$t_{pd} = \frac{1}{2}(t_{PHL} + t_{PLH}) \tag{3-8}$$

t_{pd} 是衡量门电路开关速度的一个重要参数。通常,TTL 门的 t_{pd} 在 3~40 ns 之间。

(3) 功耗延迟积 M

门的平均延迟时间 t_{pd} 和空载导通功耗 P_{on} 的乘积称为功耗延迟积,也称为品质因数,简称 pd 积,记为 M。

$$M = P_{on} \cdot t_{pd} \tag{3-9}$$

若 P_{on} 的单位是 mW,t_{pd} 的单位是 ns,则 M 的单位是 pJ(微微焦耳)。M 是全面衡量一个门电路品质的重要指标。M 越小,其品质越高。

3.2.3 改进的 TTL 与非门

为了降低 TTL 与非门的功耗,提高开关速度和抗干扰能力,又研制出了多种改进电路。下面给大家介绍 TTL 肖特基与非门和 TTL 低功耗肖特基与非门的电路结构以及特点。

1. TTL 肖特基与非门

TTL 肖特基与非门电路,简称 STTL 电路。TTL 肖特基与非门典型电路如图 3.14 所示。

它在电路结构上进行了两点改进,即采用抗饱和三极管和有源泄放电路。这样,既提高了电路的工作速度,也提高了电路的抗干扰能力。STTL 系列与非门的 t_{pd} 约为 3 ns,每门功耗约为 19 mW。

(1) 肖特基抗饱和三极管的作用

肖特基抗饱和三极管由普通的双极型三极管和肖特基势垒二极管 SBD (Schottky Barrier Diode)组合而成。SBD 的正向压降约为 0.3 V,而且开关速度比一般 PN 结二极管高许多。在晶

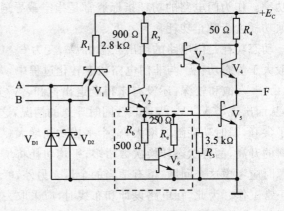

图 3.14 肖特基与非门电路

体管的 bc 结上并联一个 SBD 便构成抗饱和晶体管,或称肖特基晶体管。由于 SBD 的引入,其 U_{bc} 限制在 0.3 V 左右,晶体管不会进入深饱和,从而缩短存储时间,提高开关速度。在如图 3.14 所示的电路中,V_4 工作在截止或放大状态,没有采用肖特基晶体管,其余所有晶体管都采用了肖特基晶体管。

(2) 有源泄放网络的作用

有源泄放网络由肖特基晶体管 V_6 和电阻 R_b、R_c 组成,如图 3.14 中虚线框内所示。有源泄放网络替代了 V_2 的射极电阻,既改善了电压传输特性,也提高了整个电路的开关速度。

由图 3.14 可知,V_2 的发射极经 R_b 和 V_6 的发射极接地,只有在 V_5、V_6 发射结导通时,才会导通,它不存在 V_2 先于 V_5 导通的线性区。STTL 与非门的电压传输特性的下降段很陡,过渡

区很窄,电压传输特性变得较为理想,抗干扰能力得到了提高,如图 3.15 所示。

有源泄放网络的增加,还能提高电路的开关速度,现在分析其原理。

V_2 由截止到导通的瞬间,由于 R_b 的存在,V_2 发射极电流绝大部分流入 V_5 的基极,使 V_5 先于 V_6 导通,从而缩短了开通时间,而在 V_5 导通后,V_6 接着进入导通状态,分流了 V_5 的部分基极电流,使 V_5 饱和变浅,这也有利于缩短 V_5 由导通向截止转换的时间。

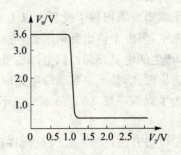

图 3.15 STTL 与非门的电压的电压传输特性

当 V_2 由导通转换为截止后,V_6 由于受结电容的影响,同时其基区存储电荷又无泄放通路,故仍处于导通状态,这样导通的 V_6 为 V_5 基区存储电荷的泄放提供了低阻通路,加速了 V_5 的截止,从而缩短了关闭时间。综上所述,有源泄放网络的增加,提高了整个电路的开关速度。

如图 3.14 所示的输入端加有阻尼二极管 V_{D1}、V_{D2},主要是为了减小输入连线上的负尖峰干扰脉冲。

2. TTL 低功耗肖特基与非门

为了进一步降低功耗,在 STTL 的基础上又研制出了一种低功耗肖特基系列电路,简称 LSTTL。

LSTTL 与非门在采用抗饱和三极管和有源泄放电路措施的基础上又进行了改进,与 STTL 电路相比具有以下特点。

(1) 功耗低

为了降低功耗,大幅度加大了电路中各电阻的阻值,同时将 V_3 的射极电阻 R_3 由接地改接到输出端,减小了 V_3 导通时在 R_3 上的功耗,从而降低了整个电路的功耗,LSTTL 与非门的每门功耗约为 2 mW,仅为 STTL 的 1/10。

(2) 工作速度较高

加大电路中各电阻的阻值,势必会影响工作速度。为了提高工作速度,电路在采用抗饱和三极管和有源泄放电路的基础上又采用以下措施:

其一,将输入端的多发射极三极管用没有存储效应、瞬态响应快的 SBD 代替,提高了工作速度。其二,在输出级和中间级之间接入两个 SBD 管,为输出状态转换提供了另一条电流通路。可见,电路接入了 SBD 后,可以提高电路的工作速度。

LSTTL 与非门的电路请参阅有关资料,LSTTL 与非门的平均传输延迟时间 t_{pd} 约为 9.5 ns,但功耗很小,速度-功耗积是 TTL 门电路中较小的系列,而且 LSTTL 与非门和 STTL 与非门一样,电压传输特性没有线性区,阈值电压较小,约为 1 V 左右。LSTTL 与非门已得到广泛应用,成为集成电路的发展方向。

3.2.4 集电极开路与非门和三态与非门

在实际使用中,有时需要将多个与非门的输出端直接并联来实现"与"的功能,这种用"线"连接形成"与"功能的方式称为"线与"。

一般的 TTL 门电路,不论输出高电平,还是输出低电平,其输出电阻都很低,只有几欧姆至几十欧姆。若把两个或两个以上的 TTL 门电路的输出端直接并接在一起,当其中一个输出高电平,另一个输出低电平时,它们中的导通管,就会在 $+U_{CC}$ 和地之间形成一个低阻串联通路,产生的电流将超过门电路的最大允许值。门电路将因此不能输出正确的逻辑电平,从而造成逻辑混乱,甚至会导致门电路因功耗过大而损坏,因此一般的 TTL 门电路不能"线与"。

为了克服一般 TTL 门输出端不能直接并联的缺点,人们又研制出了集电极开路门和三态门。

集电极开路门和三态门是允许输出端直接并联在一起的两种 TTL 门,集电极开路门可以构成线与逻辑及线或逻辑。

1. 集电极开路与非门

(1) 电路结构及功能分析

集电极开路门(Open Collector),简称 OC 门。与非 OC 门的逻辑电路及符号如图 3.16 所示。

OC 门的电路特点是其输出管的集电极开路,在正常工作时,必须在输出端和 $+U_{CC}$ 之间外接"上拉电阻 R_C"。外接上拉电阻 R_C 的选取应保证输出的高电平不低于输出高电平的最小值 U_{oHmin};输出的低电平不高于输出低电平的最大值 U_{oLmax}。同时 OC 门又能使输出三极管的负载电流不致过大。

OC 门接入上拉电阻 R_C 后,与如图 3.5 所示的与非门的差别仅在于用外接电阻 R_C 取代了由 V_3 和 V_4 构成的有源负载。

当其输入中有低电平时,V_2 和 V_5 均截止,F 端输出高电平;当其输入全是高电平时,V_2 和 V_5 导通,只要 R_C 的取值足够大,V_5 就可以达到饱和,使 F 端输出低电平。可见 OC 门外接上拉电阻 R_C 后,就是一个与非门。集电极开路与非门与普通与非门不同的是,它输出的高电平约为 V_{CC}。多个 OC 门输出端相连时,可以共用一个上拉电阻 R_C,如图 3.17 所示,简单分析可知各输出之间是与关系。

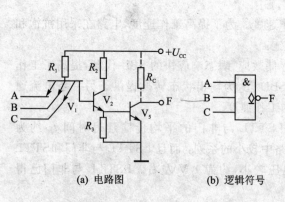

(a) 电路图　　(b) 逻辑符号

图 3.16　OC 与非门

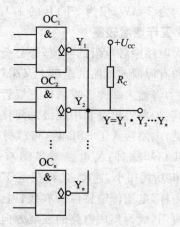

图 3.17　n 个 OC 门输出端并联

除了 TTL 与非门可以做成 OC 门外,其他 TTL 门也可做成 OC 门,并且也能实现"线与"或"线或"。

(2) R_C 的计算

在 OC 门的实际应用中,经常需要多个 OC 门并联后为多个负载门提供输入信号。为了

逻辑门电路
第 3 章

保证并联电路可靠工作，必须选择合适的上拉电阻，R_C 的选取原则是保证 OC 门输出的高电平不小于 U_{oHmin}；输出的低电平不大于 U_{oLmax}。

如图 3.18(a)、(b)所示的是 n 个 OC 门并联后为负载门的 m 个输入端提供输入信号的两种情况。图 3.18(a)是 n 个 OC 门全部输出 U_{oH} 的情况。此时所有 OC 门的输出管都截止，流入每个 OC 门输出端的电流都是其输出管的穿透电流 I_{CEO}（OC 门正常工作时，不论输出 U_{oH} 还是 U_{oL}，都不产生拉电流）；流入负载门各输入端的电流都是高电平输入漏电流 I_{iH}。各电流的实际方向如图 3.18(a)所示。

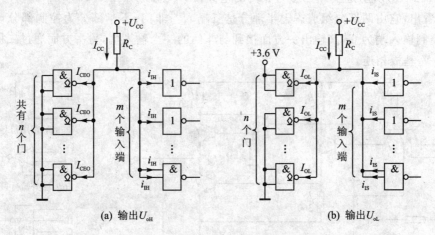

(a) 输出 U_{oH} (b) 输出 U_{oL}

图 3.18 外接上拉电阻的计算

此时 $I_{CC} = nI_{CEO} + mI_{iH}$ 最小，$U_{oH} = U_{CC} - I_{CC}R_C = U_{CC} - (nI_{CEO} + mI_{iH})R_C$。
为使 $U_{oH} \geqslant U_{oHmin}$，则必须满足：

$$U_{CC} - (nI_{CEO} + mI_{iH})R_C \geqslant U_{oHmin}$$

变换得：

$$R_C \leqslant \frac{U_{CC} - U_{oHmin}}{nI_{CEO} + mI_{iH}} \tag{3-10}$$

如图 3.18(b)所示是 n 个 OC 门线与输出 U_{oL} 的情况。n 个线与的 OC 门有一个或一个以上输出低电平，线与的输出都是低电平。I_{CC} 和所有的负载电流全部流入唯一导通门的输出管 V_5，对导通门来说这是负载最重的情况，此时 $I_{CC} = I_{oL} - m'I_{iS}$ 最大。

$$U_{oL} = U_{CC} - I_{CC}R_C = U_{CC} - (I_{oL} - m'I_{iS})R_C$$

为保证 $I_{oL} = I_{oLmax}$ 时，$U_{oL} \leqslant U_{oLmax}$，应当满足：

$$U_{CC} - (I_{oLmax} - m'I_{iS})R_C \leqslant U_{oLmax}$$

变换得：

$$R_C \geqslant \frac{U_{CC} - U_{oLmax}}{I_{oLmax} - m'I_{iS}} \tag{3-11}$$

式中，I_{oLmax} 是 OC 门允许的最大灌电流；m' 应为负载门的数目，$m' \leqslant m$，具体与负载门的接法有关。综合上述两种情况，上拉电阻 R_C 应在两者之间选取，实际中取标称值电阻。

OC 门的外接电阻的大小会影响系统的开关速度，其值越大，工作速度越低。由于它只能在 R_{Cmin} 和 R_{Cmax} 之间取值，开关速度受到限制，故 OC 门只适用于开关速度不高的场合。

2. 三态门(TSL 或 TS 门)

三态输出门(Three-State Output Gate)是在普通门电路的基础上附加控制电路而构成的,又称为 TSL 或 TS 门。普通 TTL 门的输出只有两种状态——逻辑 0 和逻辑 1,这两种状态都是低阻输出。三态逻辑(TSL)输出门除了具有这两个状态外,还具有高阻输出的第三状态(或称禁止状态),这时输出端相当于悬空。

(1) 电路结构及功能分析

如图 3.19(a)所示是一种三态与非门的电路图,其符号如图 3.19(b)、(c)、(d)所示。从电路图中看出,它由两部分组成。上半部分是三输入与非门;下半部分为控制部分,是一个快速非门,控制输入端为 G,其输出一方面接到与非门的一个输入端,另一方面通过二极管 V_D 和与非门的 V_3 基极相连。

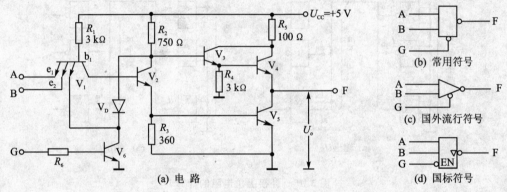

图 3.19 三态 TTL 与非门电路及符号

在图 3.19(a)中,G 端为控制端,也称为选通端或使能端。A 端与 B 端为信号输入端,F 端为输出端。

当 G=0(即 G 端输入低电平)时,V_6 截止,其集电极电位 U_{C6} 为高电平,使 V_1 中与 V_6 集电极相连的那个发射结也截止。由于和二极管 V_D 的 N 区相连的 PN 结全截止,故 V_D 截止,相当于开路,不起任何作用。这时三态门和普通与非门一样,完成"与非"功能,即 $F=\overline{A \cdot B}$。这是三态门的工作状态,也称为选通状态。

当 G=1(即 G 端输入高电平)时,V_6 饱和导通,U_{C6} 为低电平,则 V_D 导通,使 U_{C2} 被钳制在 1 V 左右,致使 V_4 截止。同时 U_{C6} 使 V_1 射极之一为低电平,V_2、V_5 也截止。由于同输出端相接的 V_4 和 V_5 同时截止,因而输出端相当于悬空或开路。这时三态门相对负载而言呈现高阻抗,故称这种状态为高阻态或悬浮状态,也称为禁止状态。在禁止状态下,由于三态门与负载之间无信号联系,对负载不产生任何逻辑功能,所以禁止状态不是逻辑状态,三态门也不是三值逻辑门,称它"三态门"只是为区别于其他门的一种方便称呼。该三态门的真值表如表 3.8 所列。

表 3.8 三态门的真值表

G	A	B	F
0	0	0	1
0	0	1	1
0	1	0	1
0	1	1	0
1	×	×	高阻

(2) 常见的三态门及其逻辑符号

常见的 TTL 和 CMOS 三态门有三态与非门、三态缓冲门、三态非门(三态倒相门)、三态与门。其逻辑符号如图 3.20 所示。

这些三态门又有低电平有效的三态门和高电平有效的三态门两种。低电平有效的三态门是指当 G=0 时,三态门工作;当 G=1 时,三态门禁止,其逻辑符号如图 3.20(a)所示。这类三态门也称为低电平选通的三态门。高电平有效的三态门是指当 G=1 时,三态门工作;当 G=0 时,三态门禁止,其逻辑符号如图 3.20(b)所示。这类三态门也称为高电平选通的三态门。

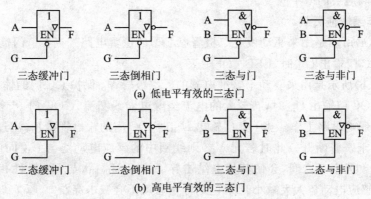

图 3.20 各种三态门的逻辑符号

3. OC 门和 TS 门的应用

OC 门和 TS 门在数字系统中的应用十分广泛,下面举例说明。

(1) 用来实现线与逻辑功能

两个 OC 门输出端并联的电路如图 3.21(a)所示,图 3.21(b)为其等效电路,公共输出端经上拉电阻与电源连接。

两个 OC 门输出端 F_1、F_2 均为高电平时,输出 F 为高电平,两个 OC 门输出端 F_1、F_2 有低电平时,输出 F 为低电平,逻辑表达式为 $F=F_1F_2$,实现了线与逻辑功能(非 OC 门不能进行这种线与)。将 $F_1=\overline{AB}$,$F_2=\overline{CD}$ 代入 $F=F_1F_2$ 式变换可得:$F=F_1F_2=\overline{AB}\cdot\overline{CD}=\overline{AB+CD}$,可见 OC 门很方便地实现了"与或非"运算,要比用其他门的成本低。

(2) 实现多路信号在总线(母线)上的分时传输

OC 门可以实现多路信号在总线(母线)上的分时传输,如图 3.22 所示。图中 D_1、D_2、D_3、…、D_n 是要传送的数据,E_1、E_2、E_3、…、E_n 是各个 OC 门的选通信号。控制选通信号可以将数据传输到总线上,总线上的数据可以同时被所有的负载门接收,也可以加接选通信号,让指定的负载门接收。

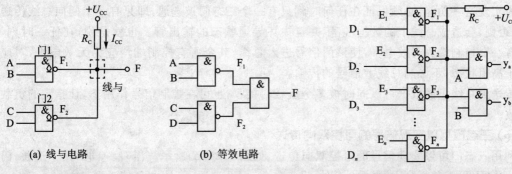

图 3.21 用 OC 与非门实现线与   图 3.22 OC 门实现总线传输

(3) 实现电平转换－抬高输出高电平

由 OC 门的功能分析可知，OC 门输出的低电平 $U_{oL}=U_{CES5}\approx 0.3$ V，高电平 $U_{oH}=U_{CC}-I_{CEO5}R_C\approx U_{CC}$。改变电源电压可以方便地改变其输出高电平。只要 OC 门输出管的 $U_{(BR)CEO}$ 大于 U_{CC}，即可把输出高电平抬高到 U_{CC} 的值。OC 门的这一特性，被广泛用于数字系统的接口电路，实现前级和后级的电平匹配。

(4) 驱动非逻辑性负载

如图 3.23(a)所示是用来驱动发光二极管(LED)的逻辑电路。当 OC 门输出 U_{oL} 时，LED 导通发光；当 OC 门输出 U_{oH} 时，LED 截止熄灭。

如图 3.23(b)所示是用来驱动干簧继电器的。二极管 V_D 保护 OC 门的输出管不被击穿。工作过程如下：OC 门输出 U_{oL} 时，有较大的电流经继电器线圈流入 OC 门，干簧管被吸合，V_D 相当于开路，不影响电路工作。当 OC 门输出 U_{oH} 时，OC 门的输出管截止，流过线圈的电流突然减小为 I_{CEO}，干簧管断开。此时若无 V_D，则线圈中的感应电动势与 U_{CC} 同向串联后，加到 OC 门的集电极和发射极之间，会使其集电结击穿。接入 V_D 后，与 U_{CC} 极性相同的感应电动势使 V_D 导通，感应电动势大大减小，OC 门的输出管就不会被击穿。

如图 3.23(c)所示是用来驱动脉冲变压器的。脉冲变压器与普通变压器的工作原理相同，只是脉冲变压器可工作在更高的频率上。

如图 3.23(d)所示是用来驱动电容负载的，构成锯齿波发生器。当 $U_i=U_{iL}$ 时，OC 门截止，U_{CC} 通过 R_C 对电容 C 充电，U_o 近似线性上升；当 $U_i=U_{iH}$ 时，OC 门导通，电容通过 OC 门放电，U_o 迅速下降，在电容两端形成锯齿波电压。

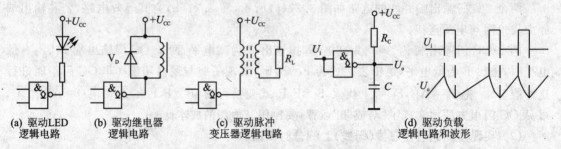

(a) 驱动LED 　　(b) 驱动继电器 　　(c) 驱动脉冲 　　(d) 驱动负载
逻辑电路　　　　逻辑电路　　　　变压器逻辑电路　　逻辑电路和波形

图 3.23　OC 驱动非逻辑性负载

(5) 三态门在数字系统总线结构中的应用

三态门主要应用在数字系统的总线结构中，实现用一条总线有秩序地传送几组不同的数据或信号，即多路数在总线上的分时传送，如图 3.24(a)所示。

为实现这一功能，必须保证在任何时刻只有一个三态门被选通，即只有一个门向总线传送数据；否则，会造成总线上的数据混乱，并且损坏导通状态的输出管。也就是说，在任一时刻，只能有一个控制端为有效电平，使该门信号进入总线，其余所有控制端均应为无效电平，对应门处于高阻状态，不影响总线上信号的传输。

传送到总线上的数据可以同时被多个负载门接收，也可在控制信号作用下，让指定的负载门接收。

(6) 三态门可以实现信号的可控双向传送

利用三态门可以实现信号的可控双向传送，如图 3.24(b)所示。当 $G=0$ 时，门 1 选通，门 2 禁止，信号由 A 传送到 B；当 $G=1$ 时，门 1 禁止，门 2 选通，信号由 B 传送到 A。

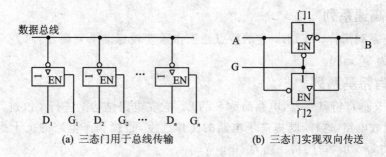

图 3.24 三态门的应用

4. 三态门和 OC 门的性能比较

三态门和 OC 门结构不同,各具特点,具体比较如下。

① 三态门的开关速度比 OC 门快。输出高电平时,三态门的 V_4 是按射极输出器的方式工作,其输出电阻小,输出端的分布电容充电速度快,u_o 很快由 U_{oL} 变到 U_{oH};而 OC 门在输出高电平时,其输出电阻约等于外接的上拉电阻 R_C,其值比射极输出器的输出电阻大得多,故对输出分布电容的充电速度慢,u_o 的上升时间长。在输出低电平时,两者的输出电阻基本相等,故两者 u_o 的下降时间基本相同。

② 允许接到总线上的三态门的个数,原则上不受限制,但允许接到总线上的 OC 门的个数受到上拉电阻 R_C 取值条件的限制。

③ OC 门可以实现"线与"逻辑,而三态门则不能。若把多个三态门输出端并联在一起,并使其同时选通,当它们的输出状态不同时,不但不能输出正确的逻辑电平,而且还会烧坏导通状态的输出管。

3.2.5 TTL 数字集成电路的系列和特点

在实际的数字系统中,需要多种多样逻辑功能的集成门电路。TTL 产品中除与非门外,还有或非门、与或非门、与门、或门、异或门等,它们具有相似的电路结构和特性参数。

TTL 数字集成电路 54 和 74 系列为国际上通用的两种系列,其中每种系列又有多种子系列产品。两种系列的 TTL 门电路,电路结构和电气性能参数相同,主要区别在于 54 系列比 74 系列的工作温度范围更宽,电源允许的工作范围也更大。74 系列工作温度范围为 0～70 ℃,而 54 系列为 -55～+125 ℃;74 系列电源允许的变化范围为 5(1±5%) V,54 系列为 5(1±10%) V。

顺便重复一下,国产型号前加 CT,CT 表示中国制造 TTL。下面以 74 系列为例对各种子系列产品进行简单介绍。

1. 74 标准系列和 74L 低功耗系列

国际型号 74 标准系列和 74L 低功耗系列为早期产品。74 标准系列与 74H 高速度系列相比,电路中所用电阻较大,输出级采用三极管和二极管串联的推拉式输出结构。每门功耗比 74H 高速度系列低,约为 10 mW,平均传输延迟时间比 74H 高速度系列长,约为 10 ns。

国际型号 74L 低功耗系列,电路中电阻更大,每门功耗极低,约为 1 mW,但牺牲了工作速度,平均传输延迟时间约为 33 ns,速度太低。只能在速度要求较低的场合使用。

2. 74H 高速系列

74H 高速系列简称 HTTL。它的特点是工作速度较标准系列高，t_{pd} 约为 6 ns，但每门功耗比较大，约为 20 mW。

3. 74S 肖特基系列

74S 系列又称肖特基系列，电路简称 STTL。它在电路结构上进行了改进，采用抗饱和三极管和有源泄放电路，这样，既提高了电路的工作速度，也提高了电路的抗干扰能力。STTL 与非门的 t_{pd} 约为 3 ns，每门功耗约为 19 mW。

4. 74LS 低功耗肖特基系列

国际型号 74LS 系列又称低功耗肖特基系列，电路简称 LSTTL。它是在 STTL 的基础上加大了电阻阻值，同时还采用了将输入端的多发射极三极管也用 SBD 代替等措施。这样，在提高工作速度的同时，也降低了功耗。LSTTL 与非门的每门功耗约为 2 mW，平均传输延迟时间 t_{pd} 约为 5 ns，这是 TTL 门电路中速度-功耗积较小的系列，因而得到广泛应用。

5. 74AS 系列和 74ALS 系列

国际型号 74AS 系列又称先进肖特基系列，电路简称 ASTTL。ASTTL 系列是为了进一步缩短延迟时间而设计的改进系列。其电路结构与 74LS 系列相似，但电路中采用了很低的电阻值，从而提高了工作速度，其缺点是功耗较大。每门功耗约为 8 mW，平均传输延迟时间 t_{pd} 约为 1.5 ns。较大的功耗限制了其使用范围。

74ALS 系列又称先进低功耗肖特基 TTL 系列，电路简称 ALSTTL。ALSTTL 系列是为了获得更小的延迟-功耗积而设计的改进系列。为了降低功耗，电路中采用了较高的电阻值。更主要的是在电路结构和生产工艺上也进行了局部改进，从而使器件达到高性能，它的功耗-延迟积是 TTL 电路所有系列中最小的一种。每门功耗约为 1.2 mW，平均传输延迟时间 t_{pd} 约为 3.5 ns。

以上所有系列电路标准电源电压都是 5 V。表 3.9 给出了国产 TTL 各系列集成门电路的主要性能指标，其他系列请参阅有关资料或手册。

表 3.9 国产 TTL 各系列集成门电路主要性能指标

参数名称	电路型号			
	CT74 系列 (T1000)	CT74H 系列 (T2000)	CT74S 系列 (T3000)	CT74LS 系列 (T4000)
电源电压/V	5	5	5	5
$U_{oH(min)}$/V	2.4	2.4	2.5	2.5
$U_{oL(max)}$/V	0.4	0.4	0.5	0.5
逻辑摆幅	3.3	3.3	3.4	3.4
每门功耗	10	22	19	2
每门传输延时	10	6	3	9.5
最高工作频率	35	50	125	45
扇出系数	10	10	10	20
抗干扰能力	一般	一般	好	好

标准 TTL 和 HTTL 两个子系列的功耗-延迟积最大,综合性能较差,目前使用较少,而 LSTTL 子系列的功耗-延迟积很小,是一种性能优越的 TTL 集成电路,并且工艺成熟,产量大,品种全,价格便宜,是目前 TTL 集成电路的主要产品。ASTTL 系列和 ALSTTL 系列虽然性能有较大改善,但产品产量小、品种少、价格也较高,目前应用还不如 LSTTL 普及。

在不同子系列 TTL 门电路中,只要器件型号后面几位数字相同时,通常它们的逻辑功能、外形尺寸、外引线排列都相同。例如 CT7400、CT74L00、CT74H00、CT74S00、CT74LS00、CT74AS00、CT74ALS00,它们都是四 2 输入与非门,外引线都为 14 根且排列顺序相同,如图 3.25(a)所示。CT7420、CT74L20、CT74H20、CT74S20、CT74LS20、CT74AS20、CT74ALS20,它们都是四 2 输入与非门,外引线都为 14 根且排列顺序相同,如图 3.25(b)所示。

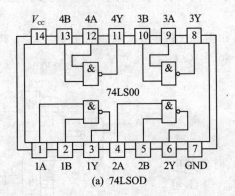 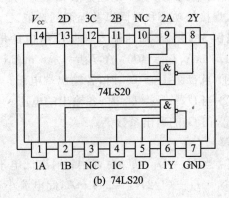

(a) 74LS00　　　　　　　　　　　　(b) 74LS20

图 3.25　74LS00 和 74LS20 的引脚图

3.2.6　TTL 集成门电路的使用注意事项

在使用 TTL 集成门电路时,应注意以下事项。

1. 电源电压的稳定及电源干扰的消除

对于 74 系列电源应取为 $V_{CC}=5(1\pm5\%)$ V,对于 54 系列电源应取为 $V_{CC}=5(1\pm10\%)$ V,不允许超出这个范围。

为防止动态尖峰电流或脉冲电流通过公共电源内阻耦合到逻辑电路造成的干扰,须对电源进行滤波。通常在印制电路上加接电容进行滤波。

2. TTL 电路输出端的连接

TTL 电路输出端的连接要注意以下几点。

① 一般的 TTL 门电路输出端不能直接和地线或电源线(+5 V)相连。因为当输出端与地短路时,会造成 V_3、V_4 的电流过大而损坏;当输出端与+5 V 电源线短接时,V_5 会因电流过大而损坏。

② 所接负载不能超过规定的扇出系数,更不允许输出端短路,输出电流应小于产品手册上规定的最大值。

③ 一般的 TTL 门电路输出端不能直接并联使用。集电极开路门输出端可以直接并联使用,但公共输出端和电源 V_{CC} 之间必须接上拉电阻。三态门输出端可以直接并联使用,但在同一时刻只能有一个门工作,其他门输出都处于高阻状态。

3. TTL 门多余输入端的处理方法

TTL 门的输入端悬空,相当于输入高电平或低电平,但是,为防止引入干扰,通常不允许其输入端悬空。对于与门和与非门的多余输入端,可以使其输入高电平。具体措施是将其直接接 $+V_{CC}$,或通过电阻 R(约几千欧)接 $+V_{CC}$,或者通过大于 $2\ \text{k}\Omega$ 的电阻接地。在前级门的扇出系数有富余的情况下,也可以和有用输入端并联连接。

对于或门及或非门的多余输入端,可以使其输入低电平。具体措施是通过小于 $500\ \Omega$ 的电阻接地或直接接地。在前级门的扇出系数有富余时,也可以和有用输入端并联连接。

对于与或非门,若某个与门多余,则其输入端应全部输入低电平(接地或通过小于 $500\ \Omega$ 的电阻接地),或者与另外同一个门的有用端并联连接(但不可超出前级门的扇出能力);若与门的部分输入端多余,处理方法和单个与门方法一样。另外在实际操作时,还要注意用线的布局,焊接的功率和时间以及焊剂的选取。

【例 3.2】 已知四输入与非门组成的电路如图 3.26 所示。电路参数为:$I_{iH}=20\ \mu\text{A}$,$I_{iL}=1.6\ \text{mA}$,$I_{oH}=400\ \mu\text{A}$,$I_{oL}=12.8\ \text{mA}$,$U_{oL}=0.2\ \text{V}$,$U_{oH}=3.6\ \text{V}$。试求:

① 当 $U_A=U_B=U_{iH}$ 时,各输出端电压;
② 当 $U_A=U_B=U_{iL}$ 时,各输出端电压;
③ 门 G_1 的扇出系数 N_o。

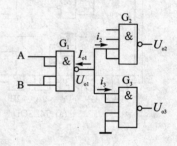

图 3.26 例 3.2 的电路

解:

① 当 $U_A=U_B=U_{iH}$ 时,门 G_1 扇出低电平,此时负载电流为 $i_{o1}=I_{iL}+(1/2)I_{iL}=2.4\ \text{mA}$,此电流小于 I_{oL},门 G_1 可以正常工作。$U_{o1}=0.2\ \text{V}$,$U_{o2}=U_{o3}=3.6\ \text{V}$。

② 当 $U_A=U_B=U_{iL}$ 时,门 G_1 扇出高电平,此时负载电流为 $i_{o1}=2I_{iH}+2I_{iH}=80\ \mu\text{A}$,此电流小于 I_{oH},门 G_1 可以正常工作。$U_{o1}=3.6\ \text{V}$,$U_{o2}=0.2\ \text{V}$,$U_{o3}=3.6\ \text{V}$。

③ 门 G_1 的扇出系数 N_o 由两种情况决定:

当输出高电平时,$N_{o1}=400/20=20$;

当输出低电平时,$N_{o2}=12.8/1.6=8$;

门 G_1 的扇出系数 N_o 应为 8。

思 考 题

(1) TTL 与非门多余输入端应如何处理?或门、或非门、与或非门多余输入端应如何处理?说明原因。

(2) 试说明 TTL 与非门 U_{off}、U_{on}、U_{NL}、U_{NH} 和 R_{off}、R_{on} 的含义。

(3) 说明 TTL 与非门采用有源泄放电路提高开关速度的原因。

(4) 什么是"线与"?普通 TTL 门电路为什么不能进行"线与"?

(5) 三态门输出有哪 3 种状态?为保证接至同一母线上的许多三态门电路能够正常工作的必要条件是什么?

(6) 如果将异或门和同或门作为非门使用,其输入端应如何连接?

第 3 章 逻辑门电路

*3.3 其他类型的双极型数字集成电路简介

为了满足生产实践中不断提出的各种特殊要求,例如高速、高抗干扰以及高集成度等,人们生产出了各种类型的双极型集成电路。TTL 只是其中应用最为广泛的一种,除 TTL 以外,还有二极管-三极管逻辑(Diode-Transistor Logic,DTL)、高阀值逻辑(High Threshold Logic,HTL)、发射极耦合逻辑(Emitter Coupled Logic,ECL)和集成注入逻辑(Integrated Injection Logic,IIL)等几种逻辑电路。

DTL 是一种早期电路结构,它的输入端是二极管结构,输出端是三极管结构,工作速度较低,目前已被淘汰。

HTL 逻辑电路的主要特点是阀值电压较高,噪声容限大,抗干扰能力强;但 HTL 逻辑电路的工作速度低(t_{pd}>100 ns),功耗也较大(约为 40~60 mW);另外,它的逻辑电平与 TTL 门电路不兼容,它们之间连接时,要通过接口电路才能配合使用。HTL 逻辑电路主要适应于对速度要求不高,对抗干扰性能要求较高的工业自动化、程序控制和巡回检测等设备中。目前几乎完全被 CMOS 集成逻辑电路所取代。本节只简单介绍 ECL、I^2L 的电路结构、工作原理和工作特点。

3.3.1 射极耦合逻辑电路

1. ECL 的电路结构和工作原理

射极耦合逻辑电路 ECL 是一种非饱和型的高速集成逻辑电路,电路中三极管只工作在截止和放大状态。如图 3.27 所示为 ECL 或/或非门的典型电路和逻辑符号,图中 4 个三极管共用发射极电阻,称为射极耦合逻辑电路。

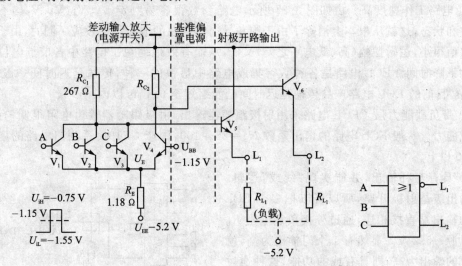

图 3.27 ECL 或/或非门的典型电路和逻辑符号

如图 3.27 所示逻辑电路可按虚线所示划分为差动放大输入级、基准偏置源和射极开路输出级 3 个组成部分。

差动放大输入级由 V_1、V_2、V_3、V_4 组成,V_4 基极受基准偏置电压 U_{BB} 控制,并且与受输入信号 A、B、C 控制的 V_1、V_2、V_3 构成差动放大电路。基准偏置源为 V_4 基极提供 $U_{BB}=-1.15\ V$ 基准偏置电压,具体电路图中未画出。射极开路输出级由 V_5、V_6 组成,它们不仅是电路的输出级,而且还具有电平转移的作用,以利于与同类门电平配合。ECL 或/或非门有两个互补的输出端。

正常工作时,假设三极管发射结的正向导通电压为 0.75 V,取 $U_{EE}=-5.2\ V$,$U_{BB}=-1.15\ V$,$U_{iH}=-0.75\ V$,$U_{iL}=-1.55\ V$。

当全部输入端接低电平时,V_1、V_2、V_3 的基极都是 $-1.55\ V$,V_4 的基极是 $-1.15\ V$,故 V_4 导通并将发射极电平钳位在 $U_E=U_{BB}-U_{BE}=-1.15\ V-0.75\ V=-1.9\ V$,这时,$V_1$、$V_2$、$V_3$ 的发射结电压只有 $U_{iL}-U_E=-1.55\ V+1.9\ V=0.35\ V$,$V_1$、$V_2$、$V_3$ 同时截止。此时 V_1、V_2、V_3 的集电极输出高电平约为 0 V,V_4 的集电极输出低电平约为 $-0.8\ V$(自己估算)。

当输入端有一个(假设 A)接高电平时,V_1 的基极为 $-0.75\ V$,高于 U_{BB},V_1 一定导通,并将发射极电平钳位在 $U_E=U_{iH}-U_{BE}=-0.75\ V-0.75\ V=-1.5\ V$。此时加到 V_4 的发射结电压只有 $U_{BB}-U_E=-1.15\ V+1.5\ V=0.35\ V$,$V_4$ 一定截止。此时 V_1、V_2、V_3 的集电极输出低电平约为 0.8 V,V_4 的集电极输出高电平约为 0 V(自己估算)。

V_1、V_2、V_3、V_4 集电极的输出高低电平不等于输入信号的高低电平,无法作为下一级门电路的输入信号,V_5、V_6 组成的射极开路输出级将输出高、低电平转换成 $-0.75\ V$ 和 $-1.55\ V$,作为下一级门电路的输入信号。

由于 V_1、V_2、V_3 的输出是并联在一起的,只要有一个输入端接高电平,L_1 就会是低电平,L_2 就会是高电平,因此 $L_1=\overline{A+B+C}$,$L_2=A+B+C$,可见输出 L_1 和 L_2 是互补的。

2. ECL 电路的主要特点

与 TTL 电路相比,ECL 电路的优点和缺点都十分突出。ECL 电路有如下几个优点。

① 电路工作速度高。由如图 3.27 所示电路参数很容易判定 V_1、V_2、V_3、V_4 均不可能工作在饱和状态,这就从根本上消除了由于饱和导通而存在的电荷存储效应。同时,由于电路中电阻取值很小,逻辑摆幅(高、低电平之差)又低,从而有效地缩短了电路中各节点电位的上升时间和下降时间。ECL 电路是各种数字集成电路中最快的一种,传输延迟时间一般为 $t_{pd}=1\sim 2\ ns$,目前的 ECL 电路产品传输延迟时间已能缩短至 0.1 ns 以内。

② 带负载能力强。ECL 电路采用射极跟随器输出,射极跟随器输出电阻很低,有很强的带负载能力。一般 ECL 电路的扇出系数 $N_o=25\sim 100$,国产 CE10K 系列门电路的扇出系数可达 90 以上。

③ 具有互补输出,并能实现"线或"逻辑。由于输出级是射极开路,所以可以把多个 ECL 电路的输出端直接相连,通过外接负载电阻 R_L 接负电源 $-5.2\ V$。显然有 1 个门输出为高,就可使总的输出为高,即具有或的功能,这种通过导线直接连接实现的或功能,称为"线或"。

如图 3.28 所示为两个 ECL 实现"线或"的逻辑电路。图中,总的输出为:

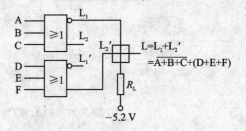

图 3.28 ECL 实现"线或"的逻辑电路

$$L=L_1+L_2'=\overline{A+B+C}+(D+E+F)$$

要注意的是,双极型集成电路输出级集电极开路可实现"线与",输出级发射极开路可实现"线或"。对于推拉输出级或含有源负载的集成电路,则不允许将输出端直接并联,即不构成"线"逻辑。

ECL 电路有如下几个明显的缺点。

① 功耗大。由于 ECL 电路的电阻都很小,而且三极管导通时均处于非饱和状态(放大状态),所以功耗很大。可以认为,ECL 电路的高速是用高功耗换来的,功耗过大严重地限制了 ECL 电路集成度的提高。这是目前 ECL 电路产品集成度较低的原因所在。

② 输出电平的稳定性差。因为电路中三极管导通时处于放大状态,而且输出电平又直接与 V_5、V_6 的发射结电压有关,所以输出电平对电路参数的变化以及环境温度的改变都比较敏感。

③ 噪声容限低。由于 ECL 电路的逻辑摆幅只 0.8 V,因此抗干扰能力较差。ECL 电路的高、低电平噪声容限一般均小于 0.3 V。

由于 ECL 电路具有速度快、带负载能力强的优点,所以目前在大型、高速的数字系统和设备中得到了广泛的应用。

3.3.2 集成注入逻辑电路

制造大规模数字集成电路既要求每个逻辑单元的电路结构非常简单,又要求降低单元电路的功耗。前面所介绍的 ECL 和 TTL 电路都不具备这两个条件,20 世纪 70 年代研制成功的集成注入逻辑电路(I^2L)则具备电路结构简单、功耗低的特点,特别适于制造大规模集成电路。

1. I^2L 的电路结构和工作原理

I^2L 电路的基本逻辑单元是由一个 NPN 型多集电极三极管和一个 PNP 型三极管组成的,如图 3.29 所示为 I^2L 电路的基本逻辑单元。图中 V 为纵向 NPN 型多集电极三极管,其多个集电区相互隔离,在逻辑功能上都相当于输入信号的倒相,V′为横向 PNP 三极管,用于为反相器提供基极偏流。由于横向 PNP 三极管的基极接地,发射极接到固定的电源 V_i 上,所以它工作在恒流状态,为了画图方便常采用如图 3.29(b)所示的简化画法,用恒流源代替 V′,有时连恒流源也不画。在实际电路中,PNP 三极管也做成多集电极形式,以便用同一多集电极 PNP 三极管驱动多只 NPN 多集电极三极管。

在结构上 PNP 三极管的集电极与 NPN 三极管的基极相连,PNP 三极管的基极与 NPN 三极管的发射极相连,它们合并在一起成为一个特定的逻辑单元,习惯称为"并合三极管"。由于 I^2L 电路的驱动电流是由 PNP 三极管的发射极注入的,所以称为集成注入逻辑,PNP 三极管的发射极称为注入极。

如图 3.29(a)所示,NPN 型多集电极三极管的基极作为信号输入端,当输入电压 V_i 为高电平($\geqslant 0.7$ V)时,恒流注入 V 基极,V 深饱和导通,它的多个集电极均输出低电平($\leqslant 0.1$ V);当输入电压 V_i 为低电平(0.1 V)时,恒流从输入端流出,V 截止,它的多个集电极均输出高电平(这里假定多集电极均通过负载接正电源)。可见,任何一个输出端和输入端之间都是反相的逻辑关系,逻辑符号如图 3.29(c)所示。

2. I^2L 电路的主要特点

I^2L 电路的优点十分突出,具体有以下几个方面。

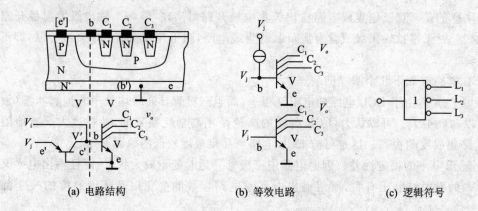

(a) 电路结构　　　　(b) 等效电路　　　　(c) 逻辑符号

图 3.29　I^2L 电路的基本逻辑单元

① I^2L 电路结构简单、紧凑，又没有电阻元件，便于大规模集成，同时也可以降低功耗。

② I^2L 电路能在低电压、微电流下工作。由图 3.29(a) 可知，只要横向 PNP 三极管 V′射极端电压大于 V′的饱合压降和 V 的发射结导通压降之和，电路就可以正常工作。V′工作在深饱和状态，其饱合压降为 $0\sim 0.1\ V$，V 的发射结导通压降约为 $0.7\ V$，I^2L 电路的最低工作电压为 $0.7\sim 0.8\ V$。I^2L 电路可以在 1 V 以下的电源电压下工作。I^2L 电路的工作电流可小于 1 nA，是目前双极型数字集成电路中功耗最低的一种。I^2L 电路的集成度可以达到 500 门/mm² 以上。

③ I^2L 电路的多集电极开路输出结构具有"线与"功能。我们可以通过线与方式把若干个门的输出端并联，以获得所需要的逻辑功能。如图 3.30 所示为 I^2L 电路的或/或非门电路图。利用"线与"功能构成复杂的逻辑电路十分方便。

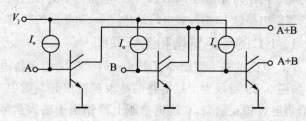

图 3.30　I^2L 或/或非门电路

I^2L 电路也存在不足，缺点也比较明显，具体有以下几个方面。

① 多块 I^2L 电路在一起使用时，由于各输入特性不一致，所以基极电流分配会出现不均匀现象，严重时可能使电路无法正常工作。

② 抗干扰能力较差。I^2L 电路的输出信号幅度比较小，通常在 0.6 V 左右，噪声容限低，抗干扰能力差。

③ 开关速度较慢。因为 I^2L 电路属于饱和型逻辑电路，所以限制了它的工作速度。I^2L 电路的传输延迟时间一般为 $t_{pd}=15\sim 30$ ns。

为了弥补在速度方面的缺陷，人们对电路结构和制造工艺不断改进，目前已成功地把每级反相器的传输延迟时间缩短为几个纳秒（例如肖特基 I^2L 电路）；另外，利用 I^2L 与 TTL 电路的兼容性，直接在 I^2L 大规模集成电路芯片上制作与 TTL 电路兼容的接口电路，可以有效地提高 I^2L 电路的抗干扰能力。

由于目前 I^2L 电路主要用于制作大规模集成电路的内部逻辑电路，很少用来制作中小规模集成电路产品，所以它广泛应用于单片微处理器、大规模逻辑阵列等微型数字系统中。

思考题

(1) ECL 和 I²L 逻辑门电路的主要优点是什么？
(2) ECL 和 I²L 逻辑门电路的三极管工作状态如何？

3.4 MOS 集成逻辑门电路

在半导体芯片上制作一个 MOS 管要比制作一个电阻容易，而且所占的芯片面积也小。在 MOS 集成电路中，几乎所有的电阻都用 MOS 管代替，这种 MOS 管称为负载管。在 MOS 逻辑电路中，除了负载管有可能是耗尽型外，其他 MOS 管均为增强型。MOS 逻辑门是用 MOS 管制作的逻辑门，MOS 逻辑电路有 PMOS、NMOS 和 CMOS 这 3 种类型。

PMOS 逻辑电路是用 P 沟道 MOS 管制作的。由于工作速度低，而且采用负电源，不便和 TTL 电路连接，故其应用受到限制，已经很少使用。

NMOS 逻辑电路是用 N 沟道 MOS 管制作的。其工作速度比 PMOS 电路高，集成度高，而且采用正电源，便于和 TTL 电路连接。其制造工艺适宜制作大规模数字集成电路，如存储器和微处理器等。但 NMOS 电路对电容性负载的驱动能力较弱，不适宜制作通用型逻辑集成电路。这种电路要求在一个芯片上制作若干不同类型的逻辑门和触发器。

CMOS 逻辑电路是用 P 沟道和 N 沟道两种 MOS 管构成的互补电路制作的。CMOS 逻辑电路和 PMOS、NMOS 电路相比，CMOS 电路的工作速度高，功耗低，并且可用正电源，便于和 TTL 电路连接。它既适宜制作大规模数字集成电路，如寄存器、存储器、微处理器及计算机中的常用接口等；又适宜制作大规模通用型逻辑电路，如可编程逻辑器件等。

各种 MOS 门的工作原理类似，下面只讨论应用日益广泛的 CMOS 逻辑门。CMOS 电路参数的定义和 TTL 门的相同，只是数值有所差异。CMOS 数字集成电路主要有 4000 系列和高速系列两大类产品，我国生产的 CC4000 系列和国际上 4000 系列同序号产品可以互换使用。高速 CMOS(HCMOS)数字集成电路主要有 54/74HC 和 54/74HCT 两个系列，一般后者可以与同序号的 TTL 产品互换使用。由于 CMOS 数字集成电路具有微功耗和高抗干扰能力等优点，故在中大规模集成电路中有着广泛的应用。

3.4.1 CMOS 非门

1. 电路结构及工作原理

CMOS 反相器电路如图 3.31(a)所示，它由两个增强型 MOS 管组成，其中 V_1 为 NMOS 管，用做驱动管，V_2 为 PMOS 管，用做负载管。两管栅极连在一起作为输入端，漏极连在一起作为输出端，如图 3.31(b)所示是 CMOS 反相器的简化电路。NMOS 管的栅源开启电压 U_{TN} 为正值，约为 1~5 V，$U_{GS}>U_{TN}$ 时，V_1 导通，$U_{GS}<U_{TN}$ 时，V_1 截止。

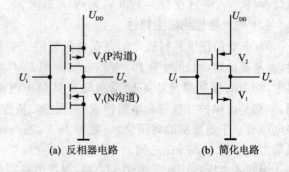

(a) 反相器电路　　　　(b) 简化电路

图 3.31　CMOS 门反相器电路

PMOS 管的栅源开启电压 U_{TP} 是负值,约为 $-2\sim-5$ V,$U_{GS}<U_{TP}$ 时,V_2 导通,$U_{GS}>U_{TP}$ 时,V_2 截止。为了使电路能正常工作,要求电源电压 $U_{DD}>(U_{TN}+|U_{TP}|)$。U_{DD} 可在 $3\sim 18$ V 之间工作,其适用范围较宽。

当 $U_i=U_{iL}=0$ V 时,$U_{GS1}=0$,V_1 截止,$|U_{GS2}|>|U_{TP}|$,V_2 导通,且导通内阻很低,$U_o=U_{oH}\approx U_{DD}$,即输出为高电平。

当 $U_i=U_{iH}=U_{DD}$ 时,$U_{GS1}=U_{DD}>U_{TN}$,V_1 导通,$|U_{GS2}|=0<|U_{TP}|$,V_2 截止。此时 $U_o=U_{oL}\approx 0$,即输出为低电平。可见,CMOS 反相器实现了逻辑非的功能。

CMOS 反相器在工作时,由于在静态下 U_i 无论是高电平还是低电平,V_1 和 V_2 中总有一个截止,且截止时阻抗极高,流过 V_1 和 V_2 的静态电流很小,所以 CMOS 反相器的静态功耗非常低,这是 CMOS 电路最突出的优点。

2. CMOS 反相器的电气特性

(1) 电压传输特性和电流转移特性

CMOS 反相器的电压传输特性如图 3.32 所示。该特性曲线大致分为 AB、BC、CD 这 3 个阶段。

AB 段:输入低电平 $U_i<U_{TN}$ 时,$U_{GS1}<U_{TN}$、$|U_{GS2}|>|U_{TP}|$,故 V_1 截止,V_2 导通,$U_o=U_{oH}\approx U_{DD}$,输出高电平。

CD 段:$U_i>U_{DD}-|U_{TP}|$,输入为高电平,V_1 导通,而 $|U_{GS2}|<|U_{TP}|$,故 V_2 截止,所以 $U_o=U_{oL}\approx 0$,输出低电平。

BC 段:$U_{TN}<U_i<(U_{DD}-|U_{TP}|)$,此时由于 $U_{GS1}>U_{TN}$,$U_{GS2}>|U_{TP}|$,故 V_1、V_2 均导通。若 V_1、V_2 的参数对称,则 $U_i=1/2U_{DD}$ 时两管导通内阻相等,$U_o=1/2U_{DD}$。

CMOS 反相器的阈值电压为 $U_T\approx(1/2)U_{DD}$。BC 段特性曲线很陡,可见 CMOS 反相器的传输特性接近理想开关特性,因而其噪声容限大,抗干扰能力强。

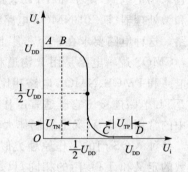

图 3.32 CMOS 反相器的电压传输性

CMOS 反相器的电流转移特性如图 3.33 所示,在 AB 段由于 V_1 截止,阻抗很高,所以流过 V_1 和 V_2 的漏电流几乎为 0。在 CD 段 V_2 截止,阻抗很高,所以流过 V_1 和 V_2 的漏电流也几乎为 0。只有在 BC 段,V_1 和 V_2 均导通时才有电流 i_D 流过 V_1 和 V_2,并且在 $U_i=1/2U_{DD}$ 附近,i_D 最大。

(2) 输入特性和输出特性

MOS 管的栅极和衬底之间存在着极薄的二氧化硅绝缘层,极易被击穿(耐压约为 100 V),在实际的 CMOS 集成电路中,均加有保护措施。不同系列的产品保护电路有所不同,但都是由保护二极管和电阻构成的,保护二极管在制作时自然形成。保护二极管的反向击穿电压要小于绝缘层的耐压值,一般为 30 V,正向导通电压 U_{DF} 为 $0.5\sim 0.7$ V,保护电路中电阻取值为 $1.5\sim 2.5$ kΩ 之间。

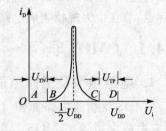

图 3.33 CMOS 反相器的电流转移特性

当输入电压在正常范围 $(0\sim U_{DD})$,保护电路不起作用,输入电流约为 0,当输入电压小于 0 或大于 U_{DD},保护电路起作用,将栅极箝位在 $-U_{DF}$ 或 $U_{DD}+U_{DF}$,保证栅极电压不会超过耐压极限。此时输入电流由保护电路决定，与二极管伏安曲线相似。

CMOS 反相器接上负载后，会产生负载电流，与 TTL 门电路一样，也有拉电流和灌电流两种负载形式，具体分析方法同 TTL 门电路。由于 CMOS 反相器的输出电阻大于 TTL，故 CMOS 反相器的最大输出电流要小于 TTL 门电路，另外，CMOS 反相器的输出电阻与输入电压有直接关系，输入电压的大小对负载电流有直接影响。

虽然 CMOS 反相器的最大输出电流要小于 TTL 门电路，但由于其输入电流极小，因而其带同类负载的能力很强，扇出系数很大。CMOS 反相器在驱动 TTL 门电路或其他负载时就要考虑电流和电平匹配问题。

3. CMOS 电路的特点和主要参数

从以上分析看出，CMOS 电路有以下特点。

① 静态功耗低。CMOS 反相器稳定工作时总是有一个 MOS 管处于截止状态，流过的电流为极小的漏电流，静态功耗很低，有利于提高集成度。在实际的 CMOS 反向器电路中，不仅有输入保护二极管，还存在着寄生二极管，这些二极管的反向电流比 V_1 和 V_2 的漏电流要大得多，它们是构成电源静态电流的主要部分。由于二极管的反向电流随温度变化，所以静态功耗也随温度的变化而改变。动态功耗是反相器状态转换过程中产生的附加功耗，动态功耗远比静态功耗高得多，一般与输入信号的上升时间、下降时间和重复频率以及所驱动负载电容量和电源电压有关，上述参数越大，动态功耗也就越高。CMOS 反相器的功耗主要由动态功耗决定，静态功耗可以忽略不记。

② 抗干扰能力强。由于其阈值电压 $U_T = 1/2 U_{DD}$，在输入信号变化时，过渡区变化陡峭，低电平噪声容限和高电平噪声容限近似相等，约为 $0.45 U_{DD}$。因此，为了提高 CMOS 门电路的抗干扰能力，可以通过适当提高 U_{DD} 的方法来实现。这在 TTL 电路中是办不到的。

③ 电源电压工作范围宽，电源利用率高。标准 CMOS 电路的电源电压范围很宽，可在 3～18 V 范围内工作。当电源电压变化时，与电压传输特性有关的参数基本上都与电源电压呈线性关系。CMOS 反相器的输出电压摆幅大，$U_{oH} = U_{DD}$，$U_{oL} = 0$ V，可见电源利用率很高。

④ 传输延迟时间。MOS 管的开关过程中不发生载流子的聚集和消散，但是集成电路内部存在电阻和电容，再加上负载电容的影响，输出电压的变化仍然滞后于输入电压的变化，产生传输延迟。由于 CMOS 反相器的输出电阻比 TTL 大得多，负载电容对传输延迟时间和输出电压的上升及下降时间的影响更为显著。另外，输入电压的大小对负载电流有直接影响，而输入高电平约为 U_{DD}，因而传输延迟时间与 U_{DD} 有关，与 TTL 区别较大。由于 CMOS 反相器的输出电阻大等原因，故早期 CMOS 门电路的工作速度低于 TTL 门电路。

CMOS 非门传输延迟较大，且它们均与电源电压有关。表 3.10 列出了温度为 25 ℃、负载电容为 50 pF 时，不同电源电压下 CMOS 非门的传输延迟和功耗。由表可见，电源电压越高，CMOS 电路的传输延迟越小，功耗越高。

表 3.10 CMOS 非门的延迟和功耗与电源电压的关系

电源电压/V	5	10	15
传输延迟/(ns/门)	50	30	20
功耗/(mW/门)	0.5	0.8	2

3.4.2 CMOS 传输门和双向模拟开关

1. CMOS 传输门

CMOS 传输门的电路和符号如图 3.34 所示。它由一个 NMOS 管 V_1 和一个 PMOS 管 V_2 并联而成。V_1 和 V_2 的源极和漏极分别相接作为传输门的输入端和输出端。两管的栅极是一对互补控制端,C 端称为高电平控制端,$\overline{C}$ 端称为低电平控制端。两管的衬底均不和源极相接,NMOS 管的衬底接地,PMOS 管的衬底接正电源 U_{DD},以便于控制沟道的产生。

把 NMOS 管 V_1 的"栅-衬"间的电压记为 U_{GB1},开启电压记为 U_{TN},则当 $U_{GB1}>U_{TN}$ 时,V_1 产生沟道;当 $U_{GB1}<U_{TN}$ 时,V_1 的沟道消失。把 PMOS 管 V_2 的"栅-衬"间的电压记为 U_{GB2},开启电压记为 U_{TP},则当 $U_{GB2}<U_{TP}$ 时,V_2 产生沟道;当 $U_{GB2}>U_{TP}$ 时,V_2 的沟道消失。假设输入信号的变化范围不超出 $0 \sim U_{DD}$,分析如下:

当在控制端 C 加 0V,在 $\overline{C}$ 端加 U_{DD} 时,有 V_1 的 $U_{GB1}=0<U_{TN}$,V_2 的 $U_{GB2}=0>U_{TP}$,则 V_1 和 V_2 同时截止,输入与输出之间呈高阻态($R_{TG}>10^9\ \Omega$),传输门截止,相当于开关断开。

反之,若 $C=U_{DD}$,$\overline{C}=0$ V,则当 $0<U_I<U_{DD}-U_{TN}$ 时,V_1 将导通,而当 $|U_{TP}|<U_i<U_{DD}$ 时,V_2 导通。U_i 在 $0\sim U_{DD}$ 之间变化时,V_1 和 V_2 至少有一个是导通的,使 U_i 与 U_o 两端之间呈低阻态(R_{TG} 小于 1 kΩ),传输门导通,相当于开关接通。

CMOS 传输门所驱动负载为 R_L,输出电压为 $U_o=(R_L U_i)/(R_L+R_{TG})$,$U_o$ 与 U_i 的比值称为电压传输系数 K_{TG},$K_{TG}=R_L/(R_L+R_{TG})$。为了保证电压传输系数尽量大而且稳定,要求所驱动负载 R_L 要远大于 V_1、V_2 的导通电阻。传输信号的大小对 MOS 管的导通电阻影响很大,但是 CMOS 传输门中两个管子并联运行,且随着传输信号的变化两个管子的导通电阻一个增加一个减小,从而使传输信号的大小对传输门导通电阻 R_{TG} 的影响极小,这是其显著优点。

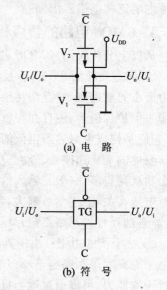

图 3.34 CMOS 传输门

由于 V_1、V_2 的结构形式是对称的,即漏极和源极可互换使用,因而 CMOS 传输门属于双向器件,它的输入端和输出端也可以互易使用。CMOS 传输门如同 CMOS 反相器一样是一种基本单元电路,利用它和 CMOS 反相器可以组合成各种复杂的逻辑电路,如数据选择器、寄存器和计数器等。

2. 双向模拟开关

传输门的一个重要用途是用做模拟开关,它可以用来传输连续变化的模拟电压信号。模拟开关的基本电路由 CMOS 传输门和一个 CMOS 反相器组成,如图 3.35(a)、(b)所示。当 C=1 时,开关接通,C=0 时,开关断开,只要一个控制电压即可工作。和 CMOS 传输门一样,模拟开关也是双向器件。

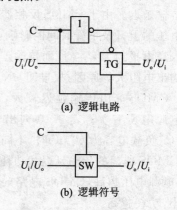

图 3.35 CMOS 模拟开关

由于传输信号的大小对传输门导通电阻 R_{TG} 的影响,传输门导通电阻 R_{TG} 并不是常数,并且不够小,改进的国产四双向模拟开关 CC4066 的导通电阻 R_{TG} 已下降到 240 Ω 以下,并且在传输信号变化时,R_{TG} 基本不变。目前一些精密 CMOS 模拟开关的导通电阻 R_{TG} 已下降到 20 Ω 以下。

3.4.3 CMOS 与非门和或非门

在 CMOS 反相器和 CMOS 传输门的基础上可以构成各种功能的 CMOS 逻辑门。CMOS 与非门和或非门就是两种重要的 CMOS 逻辑电路。

1. CMOS 与非门

如图 3.36 所示为 CMOS 与非门电路。图中,V_1 和 V_2 是两个串联的 NMOS 管,用做驱动管;V_3 和 V_4 是两个并联的 PMOS 管,用做负载管。V_1 和 V_3 为一对互补管,它们的栅极作为输入端 A;V_2 和 V_4 作为另一对互补管,它们的栅极相连作为输入端 B。V_2 和 V_4 的漏极相连作为输出端 F。为了更容易产生导电沟道,V_2 的衬底没有和自己的源极相接,而是与 V_1 的源极、衬底相接后,共同接地。这是因为沟道的产生及其宽度,实质上是受栅极 G 和衬底 B 之间的电压 U_{GB}

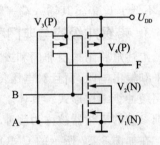

图 3.36 CMOS 与非门电路

的控制(多数情况下,源极 S 和衬底 B 短接,$U_{GS}=U_{GBS}$,此时可以认为沟道的产生受 U_{GS} 的控制)。本电路中,只要 B 端输入电压 $U_{IB}>U_{TN}$,则 V_2 就产生沟道。若把 V_2 的衬底和自己的源极相连,只有当 B 端输入电压 $U_{IB}>U_{TN}+U_{DS1}$ 时,V_2 才产生沟道。

当两个输入端 A、B 均输入高电平($U_{iH}=U_{DD}$)时,V_1 和 V_2 的"栅-衬"间的电压均为 U_{DD},其值大于 U_{TN},故 V_1 和 V_2 均产生沟道而导通。而 V_3 和 V_4 的"栅-衬"间的电压均为 0 V,其值大于 U_{TP},故 V_3 和 V_4 均不产生沟道而截止。F 端的输出电压 $U_o=U_{oL}\approx 0$ V。

当两个输入端 A 和 B 中至少有一个输入低电平($U_{iL}=0$)时,V_1 和 V_2 中至少有一个不能产生导电沟道,处于截止状态。V_3 和 V_4 中至少有一个产生沟道,处于导通状态。此种情况下,F 端的输出电压 $U_o=U_{oH}\approx U_{DD}$。

综合上述,F 和 A、B 之间是与非逻辑关系,即 $F=\overline{A \cdot B}$。

此种电路结构与非门的驱动管是由多个 NMOS 管串联构成的,即有几个输入端,就有几个管子串联。其输出低电平是各驱动管 D、S 极间的导通电压之和,故其 U_{oL} 的值较高,为保证 U_{oL} 不超过 U_{oLmax},其输入端一般不超过 4 个。另外其输出电阻随输入信号的不同变化很大。

2. CMOS 或非门

CMOS 或非门的电路如图 3.37 所示。图中,V_1 和 V_2 是两个并联的 N 沟道 MOS 管,用做驱动管;V_3 和 V_4 是两个串联的 P 沟道 MOS 管,用做负载管。V_2 和 V_3 为一对互补管,它们的栅极相连作为输入端 A;V_1 和 V_4 为另一对互补管,它们的栅极相连作为输入端 B。V_2 和 V_3 的漏极相连作为输出端 F。

当两个输入端 A、B 均输入低电平($U_{iL}=0$ V)时,V_1 和 V_2 均不开启,处于截止状态,V_3 和 V_4 均被开启导通,故 F 端必输出高电平 $U_{oH}\approx U_{DD}$。

当两个输入端 A、B 中至少有一个为高电平($U_{iH}\approx U_{DD}$)时,V_1 和 V_2 中至少有一个开启导通，V_3 和 V_4 中至少有一个不产生沟道而截止，故 F 端必输出低电平 $U_{oL} \approx 0$。可见，该电路的 F 和 A、B 之间是或非逻辑关系，即 $F = \overline{A+B}$。

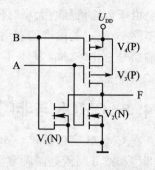

图 3.37 CMOS 或非门电路

或非门的驱动管是由多个 NMOS 管并联构成的，有几个输入端，就有几个管子并联。其输出低电平是一个驱动管的 D、S 极间导通电压，增加输入端数，不会提高 U_{oL} 的值。故其输入端数不受 U_{oL} 取值的限制。但是，其负载管是由多个 P 沟道 MOS 管串联构成的，输出高电平是电源电压与各负载管 D、S 极间导通电压之和的差值，故其 U_{oH} 的值较低，为保证 U_{oH} 不低于 U_{oHmin}，其输入端一般不超过 4 个。同样其输出电阻也随输入信号的不同而改变。

3. 带缓冲级的与非门和或非门

上述电路结构与非门和或非门的输入端数目和输入端状态不仅影响门电路的输出高、低电平和输出电阻，而且对电压传输特性也有一定的影响。为了克服这些缺点，目前系列产品均采用缓冲级结构形式。具体就是在每个门电路的输入和输出端各增加一级反相器，这个具有标准参数的反相器被称为缓冲器。

在如图 3.37 所示的 CMOS 或非门电路的输入和输出端各增加一级反相器，就形成了带缓冲级的与非门；在如图 3.36 所示的 CMOS 与非门电路的输入和输出端各增加一级反相器就形成了带缓冲级的或非门。逻辑电路图如图 3.38(a)、(b) 所示。

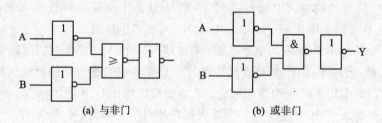

(a) 与非门　　　　　　　　(b) 或非门

图 3.38 带缓冲级的与非门或非门

门电路的输入和输出端增加了反相器后，其输出高、低电平都不会受输入状态和端数的影响，其电气特性和反相器相同。

在 CMOS 门电路的系列产品中，除了以上所介绍的以外，还有与门、或门、与或非门、异或门等几种。这些门电路可以由非门、与非门、或非门组成，这里就不再一一介绍了。

3.4.4　CMOS 漏极开路门和三态门

1. CMOS 漏极开路门（OD 门）

如同 TTL 电路中的 OC 门一样，CMOS 门的输出电路结构也可以做成漏极开路形式。CMOS 漏极开路门简称 OD 门。在 CMOS 电路中，CMOS 漏极开路门经常用做输出缓冲/驱动器，或者用于输出电平转换，或者用于驱动较大电流负载。与 TTL 电路中的 OC 门一样，CMOS 漏极开路门同样可以实现线与逻辑，同样需要外接上拉电阻，计算方法与 OC 门一样，此处不再重复。

如图 3.39(a)所示为漏极开路的 CMOS 与非门逻辑电路,它的输出电路结构是一只漏极开路的增强型 NMOS 管。如图 3.39(b)所示为其逻辑符号,与 TTL 电路 OC 门逻辑符号定义相同。OD 门输出低电平 U_{oL}<0.5 V 时,可吸收高达 50 mA 的输出电流。当输入级和输出级采用不同的电源电压 U_{DD1} 和 U_{DD2} 时,可以将输入的 $0 \sim U_{DD1}$ 的电压转换成 $0 \sim U_{DD2}$ 的电压,从而实现了电平转换。同时,由于吸收电流较高,所以可以驱动较大的电流负载,例如,驱动发光二极管等。

2. CMOS 三态门

CMOS 三态门和 TTL 三态门的逻辑功能和应用以及逻辑符号没有区别。但是在电路结构上,CMOS 三态门的电路要简单得多。一般在 CMOS 非门、与非门、或非门的基础上增加控制 MOS 管和传输门,就可以构成多种形式的 CMOS 三态门,这里仅举例说明。如图 3.40 所示为 CMOS 三态非门电路。两个 NMOS 管 V_1 和 V_2 串联,另外两个 PMOS 管 V_3 和 V_4 也串联。两组串联 MOS 管构成等效互补电路,V_2 和 V_3 一对互补管构成 CMOS 反相器(非门),其栅极相接作为三态非门的信号输入端,V_1 和 V_4 一对互补管构成控制电路,两者的栅极反相连接后作为控制端(也称为选通端)。

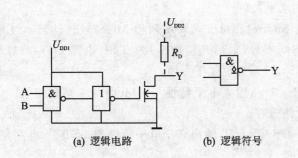

(a) 逻辑电路   (b) 逻辑符号

图 3.39 漏极开路的 CMOS 与非门逻辑电路和逻辑符号

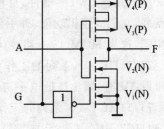

图 3.40 CMOS 三态非门电路

当 G=1 时,V_1 和 V_4 均不产生导电沟道,处于截止状态,不论 A 为何值,F 端均处于高阻态,相当于 F 端悬空,称为禁止状态。

当 G=0 时,V_1 和 V_4 均产生导电沟道,处于导通状态。此时若把 V_1 和 V_4 近似用短路线代替,则该电路就与如图 3.31 所示的反相器一样,完成非运算 $F=\overline{A}$。

可见该电路是一个低电平选通的三态非门。CMOS 三态门的逻辑符号与 TTL 三态门相同。

3.4.5 CMOS 数字集成逻辑电路的系列

CMOS 数字集成电路从 20 世纪 60 年代末发展至今,随着制作工艺的不断完善,其技术参数越来越优越,一些产品不但具有低功耗、高抗干扰能力等突出优点,而且其工作速度得到了很大提高。

CMOS 逻辑门器件与 TTL 逻辑门一样,也有多种功能和不同系列。CMOS 逻辑门器件有 4000、74/54C××、74/54HC××、74/54HCT×× 和 BCT(Bi-CMOS)等系列。

1. 4000 系列

CMOS4000 系列产品出现较早,该系列产品输入和输出端均加有反相器作为缓冲级,具有对称的驱动能力和输出波形,工作电源电压为 3~15 V。由于具有低功耗、噪声容限大、扇出系数大等优点,目前仍普遍使用。国产 CC4000 系列产品外部引线排列和同序号国外产品一致,可以互换使用。但由于其工作速度低,最高工作频率小于 5 MHz,驱动能力差,输出电流约为 0.51 mA/门,再加上与 TTL 的兼容问题,CMOS4000 系列的使用受到了一定的限制。

2. 74/54C××系列

74/54C××系列主要有普通 74/54C××系列、高速 MOS74/54HC××系列和 MOS74/54HCT××系列 3 类。74 和 54 系列的差别是工作温度范围有所不同,74 系列的工作温度范围较 54 系列小,54 系列适合在温度条件恶劣的环境下工作,74 系列适合在常规条件下工作。

普通 74/54C××系列在 CMOS4000 系列产品后出现,引脚编号和 TTL 兼容,但因为输入、输出电压仍不兼容,这种系列没有得到推广应用。

提高 CMOS 电路的开关速度和带负载能力是获得高性能 CMOS 电路的重要措施。由于 CMOS 工艺的重大突破,一种新型的高速 CMOS 器件系列诞生,这就是 HCMOS 电路系列。这类器件在相同电源的条件下,其平均传输延迟时间远小于 4000 系列产品,平均传输延迟时间约为 6~10 ns,已达到 CT74/54LS 的水平。

国产高速 CMOS 器件,目前主要有 MOS74/54HC××系列和 MOS74/54HCT××两个子系列,它们的逻辑功能、外引线排列与同型号(最后几位数字)的 TTL 电路 CT74/54LS 系列相同,这为 HCMOS 电路替代 CT74/54LS 系列提供了方便。

74/54HC××系列的工作电压为 2~6 V,输入电平特性与 CMOS4000 系列相似。电源电压取 5V 时,输出高低电平与 TTL 电路兼容。

74/54HCT××系列的工作电压为 4.5~5.5 V,输出高低电平特性与 LSTTL 电路相同。74/54HCT 中的 T 表示与 TTL 电路兼容。

HCMOS 电路比 CMOS4000 系列具有更高的工作频率和更强的输出驱动负载能力,同时还保留了 CMOS4000 系列低功耗、高抗干扰能力的优点,它是一种很有发展前途的 CMOS 器件。

3. Bi-CMOS 系列电路

Bi-CMOS 是双极型-CMOS(Bipoler-CMOS)电路的简称。这种门电路的结构特点是逻辑功能部分采用 CMOS 结构,输出级采用双极型三极管。它兼有 CMOS 门电路低功耗、高抗干扰能力和双极型门电路低输出电阻、大驱动能力的优点。目前 Bi-CMOS 反相器的传输延迟时间可以减小到 1 ns 以下,驱动能力与 TTL 电路接近。由于 Bi-CMOS 系列电路工作速度极高,所以也可算作高速 CMOS 电路范围。Bi-CMOS 系列具体电路和功能分析可以参阅有关书籍,这里不再详述。

3.4.6 CMOS 逻辑电路的特点

与 TTL 逻辑电路相比较,CMOS 逻辑电路具有以下特点。

1. 工作速度比 TTL 低

由于 CMOS 管的导通内阻比双极型晶体管导通内阻大,再加上极间电容和负载电容的影响,故 CMOS 电路的工作速度比 TTL 电路的工作速度低。改进的 HCMOS 工作速度已接近

LSTTL 电路。

2. 驱动电流比 TTL 低，扇出系数大

CMOS 拉电流小于 5 mA，要比 TTL 门的拉电流（可达 20 mA）小得多。但 CMOS 电路的输入阻抗很高，可达 10 MΩ 以上，因此所需驱动电流很小。在频率不高的情况下，电路可以驱动的 CMOS 电路多于 TTL 电路，扇出系数 N_o 大。

3. 电路结构简单，静态功耗低，集成度高，成本低

CMOS 与非门只有 4 个管子，而 TTL 与非门共有 5 个管子和 5 个电阻，并且做一个 CMOS 管要比做一个电阻更容易，而且占芯片面积小。CMOS 电路结构简单、工艺容易。CMOS 管工作时总是一管导通，另一管截止，几乎不从电源汲取电流，可见 CMOS 电路的功耗比 TTL 电路低。由于 CMOS 集成电路的结构简单，工艺容易，功耗低，其内部发热量小，所以 CMOS 电路的集成度要比 TTL 电路高，成本低。

4. 电压允许范围大，噪声容限大

CMOS 电路的允许电源电压的变化范围较大，约在 3~20 V 之间，其输出高、低电平的摆幅较大。与 TTL 电路相比，CMOS 电路的抗干扰能力更强，噪声容限可达 45% U_{DD}（U_{DD} 为电源电压）。并且输入高、低电平 U_{iH} 和 U_{iL} 均受电源电压 U_{DD} 的限制，规定 $U_{iH} \geqslant 0.7U_{DD}$，$U_{iL} \leqslant 0.3U_{DD}$。

5. 温度稳定性好，抗辐射能力强

CMOS 集成电路的互补对称结构对参数的温度特性有互补作用，再者 MOS 管靠多子导电，受温度影响不大，这两者决定了其具有温度稳定性好的特点。由于射线和辐射对多子浓度影响不大，所以 CMOS 集成电路抗辐射能力强，适合于特殊环境下工作，例如航天、卫星及核能装置中。

6. 内部设有保护电路

由于 CMOS 电路的输入阻抗高，使其容易受静电感应而击穿，所以在其内部一般都设置了保护电路。

3.4.7 CMOS 逻辑门电路的使用注意事项

TTL 电路的使用注意事项，一般对 CMOS 电路也适用。尽管 CMOS 和大多数 MOS 电路输入有保护电路，但这些电路吸收瞬变能量有限，太大的瞬变信号会破坏保护电路，CMOS 电路容易产生栅极击穿问题，甚至破坏电路的工作。为防止这种现象发生，应特别注意以下几点。

1. 避免静电损失

① 存放 CMOS 电路不能用塑料袋，要用金属将引脚短接起来或用金属盒屏蔽。
② 焊接时，电烙铁外壳应接地，必要时，应断电利用余热焊接。
③ 组装、调试时，应使所有仪表、工作台等良好接地。必要时，用金属材料覆盖工作台。
④ 器件插入或拔出插座时，所有电压均需除去。

2. 电源电压

① 电源电压的极性不可接反，否则可能造成集成电路永久性失效。

② 电源电压的取值一定要在允许范围内。CC4000 系列的电源电压可在 3~15 V 的范围内选取，最大不允许超过 18 V。高速 CMOS 电路，HC 系列的电源电压可在 2~6 V 内选取，HT 系列的电源电压可在 4.5~5.5 V 内选取，最大不允许超过极限值 7 V。

3. 注意输入电路的过流保护

输入端保护二极管电流容限一般为 1 mA，在可能出现较大瞬态输入电流的情况下，要串接输入保护电阻。例如，输入端接低内阻的信号源或引线过长或输入电容较大时，在电源开关瞬间容易形成较大的瞬态电流，应在门电路的输入端串接限流电阻。限流电阻可根据电源电压和容限电流进行估算，例如 $U_{DD}=10$ V，限流电阻取 10 kΩ 即可。实际选取时，还要适当加大。

4. 闲置输入端的处理方法

闲置输入端的处理方法有以下几种。

① 闲置输入端不允许悬空。MOS 门的输入端是 MOS 管的绝缘栅极，输入阻抗高，易受外界干扰的影响，它与其他电极间的绝缘层很容易被击穿。虽然内部设置有保护电路，但由于它只能防止稳态过压，对瞬变过压保护效果差，所以 MOS 门的闲置端不允许悬空。

② 对于与门和与非门，闲置输入端应根据逻辑要求接正电源或高电平；对于或门和或非门，闲置输入端应根据逻辑要求接地或接低电平。这一点与 TTL 门相同。

③ 由于 MOS 门的输入端是绝缘栅极，所以通过一个电阻 R 将其接地时，不论 R 多大，该端都相当于输入低电平。这一点与 TTL 门不同。

④ 闲置输入端不宜与使用输入端并联使用。闲置输入端虽然可以与使用输入端并联使用，但会增大输入电容，影响工作速度，为此只有在工作速度较低的情况下，输入端才允许并联使用。

5. 输出端的连接和保护

输出端的连接和保护要注意以下几点。

① 输出端不允许直接与电源或地相连接。电路的输出级为 CMOS 反相器结构，输出级的 NMOS 或 PMOS 管可能因电流过大而损坏。

② 输出级所接负载电容不能过大，否则会因输出级电流和功率过大而损坏电路，为了避免损坏，可以在输出端和电容负载之间串接一个限流电阻，以保证流过管子的电流不超过允许值。一般负载电容大于 500 pF 就必须串接一个限流电阻。

③ 为提高电路的驱动能力，可将同一集成芯片内相同门电路的输入端和输出端并联使用，注意只能是同一集成芯片。

思 考 题

(1) CMOS 门电路有什么优点和缺点？

(2) CMOS 门电路的闲置输入端能否悬空？为什么？

(3) 实际的 CMOS 与非门和或非门集成电路中，其输入级和输出级为什么要用反相器？

(4) CMOS 与非门、或非门和异或门用作非门，输入端应如何连接？

(5) 试比较 TTL 与 CMOS 逻辑门的抗干扰能力。

(6) 使用 CMOS 电路时，应注意哪些问题？

3.5 集成逻辑门接口技术

接口电路的作用是通过逻辑电平的转换,把不同逻辑值的电路(如 TTL 和 MOS 门电路)连接起来;或者用来驱动集成电路本身驱动不了的大电流及大功率负载;也可用来切断干扰源通道,增强抗干扰能力。

接口电路有系统接口(如 PIO、SIO、CTC 等)和器件之间的接口。以下介绍 TTL 电路和 CMOS 电路的相互连接。

TTL 电路和 CMOS 电路接口时,无论是用 TTL 电路驱动 CMOS 电路,还是用 CMOS 电路驱动 TTL 电路,驱动门都必须为负载门提供合乎标准的高、低电平和足够的驱动电流。也就是必须同时满足下列各式:

驱动门　负载门

$$U_{oHmin} \geqslant U_{iHmin} \tag{3-12}$$

$$U_{oLmax} \leqslant U_{iLmax} \tag{3-13}$$

$$I_{oHmax} \geqslant N_H I_{iHmax} \tag{3-14}$$

$$I_{oLmax} \geqslant N_L I_{iLmax} \tag{3-15}$$

其中,N_H 和 N_L 分别为输出高低电平扇出系数,上式左边为驱动门的极限参数,右边为负载门的极限参数。

由于 TTL、CMOS 电路的输入/输出特性参数的不一致性,合理连接不同的电路十分重要。

为了更清楚地了解电路特性,列出 TTL、CMOS 电路参数如表 3.11 所列。

表 3.11 TTL、CMOS 电路的输入/输出特性参数

各种电路 参数名称	TTL 74 系列	TTL 74S 系列	CMOS* 4000 系列	高速 CMOS 74HC 系列	高速 CMOS 74HCT 系列
U_{oHmin}/V	2.4	2.7	4.6	4.4	4.4
U_{oLmax}/V	0.4	0.5	0.05	0.1	0.1
I_{oHmax}/mA	−0.4	−0.4	−0.51	−4	−4
I_{oLmax}/mA	16	8	0.51	4	4
U_{iHmin}/V	2	2	3.5	3.5	2
U_{iLmax}/V	0.8	0.8	1.5	1	0.8
I_{iHmax}/μA	40	20	0.1	0.1	0.1
I_{iLmax}/mA	−1.6	−0.4	-0.1×10^{-3}	-0.1×10^{-3}	-0.1×10^{-3}

* 表示 CC4000 系列 CMOS 门电路在 $U_{DD}=5$ V 时的参数。

3.5.1 用 TTL 电路驱动 CMOS 电路

1. 用 TTL 电路驱动 4000 系列和 74HC 系列 CMOS 电路

根据表 3.11 给出的数据可知,用 TTL 电路作为驱动门,式(3-13)、式(3-14)和式(3-15)均能满足,但式(3-12)不能满足。为此,必须设法将 TTL 电路输出高电平抬高到 3.5 V 以上。

TTL 和 CMOS 两种电路的电源电压相等或相近时,可以在 TTL 门的输出端和电源之间接入上拉电阻 R_1,以提高 TTL 门的输出高电平,如图 3.41(a)所示。当 TTL 与非门输出高电平时,图 3.41(a)中 TTL 门流过 R_1 的电流很小,只要 R_1 的值不是特别大,其输出高电平将被提升至接近 U_{DD},满足 CMOS 门的要求。R_1 的取值方法和 OC 门的上拉电阻的取值方法相同(约在几百欧到几千欧之间)。

如果 CMOS 电路的电源较高,当 $U_{DD} > U_{CC}$ 时,上述方法不再适用。否则,会使 TTL 输出 U_{oH} 时,所承受反压(约为 U_{DD})超过其耐压极限而损坏。例如,CMOS 电路在 $U_{DD}=15$ V 时,要求的 $V_{iH(min)}=11$ V,TTL 输出的高电平必须大于 11 V,要求管耐压必须大于 11 V。

解决的方法之一,是在 TTL 门和 CMOS 门之间插入一级 OC 门,如图 3.41(b)所示(OC 门的输出管均采用高反压管,其耐压可高达 30 V 以上)。OC 门上拉电阻的大小对工作速度有一定的影响,这是由于门电路的输入和输出端均存在杂散电容的缘故。

另一种方法是采用专用于 TTL 门和 CMOS 门之间的电平移动器,如 CC40109。它实际上是一个带电平偏移电路的 CMOS 门电路,它由两种直流电源 U_{CC} 和 U_{DD} 供电。若把 U_{CC} 端接 TTL 的电源,把 U_{DD} 端接 CMOS 的电源,则它能接收 TTL 的输出电平,而向后级 CMOS 门输出合适的 U_{iH} 和 U_{iL}。应用电路如图 3.41(c)所示。例如,当 $U_{CC}=5$ V,$U_{DD}=10$ V,输入为 1.5 V/3.5 V 时,输出为 9 V/1 V。这个输出电平足以满足后面 CMOS 电路对输入高、低电平的要求。

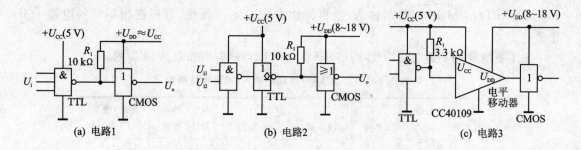

图 3.41 用 TTL 电路驱动 CMOS 电路的接口电路

2. 用 TTL 电路驱动 74HCT 系列高速 CMOS 电路

高速 CMOS 电路 74HCT 系列在制造时已考虑了和 TTL 电路的兼容问题,它的输入高电平已经降到 $V_{iH(min)}=2$ V,上述 4 个式子全部满足。TTL 电路的输出端可以直接与 74HCT 系列 CMOS 门电路的输入端直接相接,不需外加任何元件和器件。

3.5.2 用 CMOS 电路驱动 TTL 电路

1. 用 CCMOS4000 系列电路驱动 TTL 电路

CMOS 电路输出的高、低电平均能满足 TTL 电路的要求,但由于 TTL 电路的输入低电平电流较大,而 CCMOS4000 系列电路输出低电平电流却很小,所以对 TTL 电路的驱动能力很有限。另外,CMOS 门的 $U_{oH} \approx U_{DD}$,$U_{oL} \approx 0$ V,当 U_{DD} 太高时,有可能使 TTL 损坏。为此,接口电路既要把输出高电平降低到 TTL 门所允许的范围内,又要对 TTL 门有足够大的驱动电流。具体实现方法有以下几种。

① 采用专用的 CMOS→TTL 电平转换器,如 CC4049(六反相器)或 CC4050(六缓冲器)。由于它们的输入保护电路特殊,因而允许输入电压高于电源电压 U_{DD}。例如,当 $U_{DD}=5\ V$ 时,其输入端所允许输入的最高电压为 15 V,而其输出电平在 TTL 的 U_{iH} 和 U_{iL} 的允许范围内。应用电路如图 3.42(a)所示。例如 CD4069(六反相器)能直接驱动两个 74LS 系列门负载。

② 采用 CMOS 漏极开路门(OD 门),如 CC40107。当 $U_{DD}=5\ V$ 时,其 $I_{oL} \geqslant 16\ mA$ 时,CC40107 能同时驱动 10 个 74 系列的 TTL 门电路,应用电路如图 3.42(b)所示。

③ 用分立三极管开关实现电流放大。应用电路如图 3.42(c)所示,只要放大器的电路参数选择合适,就可以做到输出电流和电压都符合要求。

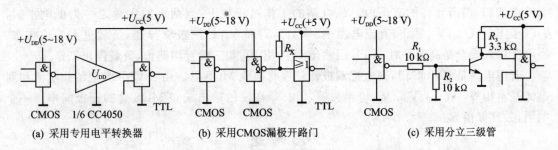

图 3.42 CMOS 电路驱动 TTL 电路的接口电路

④ 将同一封装内的门电路并联使用以加大驱动能力。虽然同一封装内的门电路的参数基本一致,但不可能完全相同,两个同一封装内的门电路并联后的最大输出电流略低于每个门最大负载电流的两倍。

CCMOS4000 系列驱动 LSTTL 时,由于 LSTTL 的输入电流较小,可以直接驱动,但需要驱动较多 LSTTL 门时,仍要采取上述方法。

2. 用 74HC/74HCT 系列电路驱动 TTL 电路

高速 CMOS 电路的电源电压 $U_{DD}=U_{CC}=5\ V$ 时,74HC/74HCT 系列电路的输出端和 TTL 电路的输出端可以直接相连。可驱动负载门的数目,可以根据表 3.11 所给参数求出。

3.5.3 TTL(CMOS)电路驱动大电流负载

大电流负载通常对输入电平的要求很宽松,但要求有足够大的驱动电流。最常见的大电流负载有继电器、脉冲变压器、显示器、指示灯、可关断可控硅等。普通门电路很难驱动这类负载,常用的方法有如下几种。

① 在普通门电路和大电流负载间,接入和普通门电路类型相同的功率门(也称为驱动门)。有些功率门的驱动电流可达几百毫安。

② 利用 OC 门或 OD 门作接口。把 OC 门或 OD 门的输入端与普通门的输出端相连,把大电流负载接在上拉电阻的位置上。

③ 用分立的三极管或 MOS 管做接口电路来实现电流扩展。因为大多数逻辑门的灌电流能力比拉电流能力强,所以为充分发挥前级门的潜力,应将拉电流负载变成灌电流负载。

如图 3.43 所示是一个用普通 TTL 门接入三极管来驱动大电流负载的电路。

设负载的工作电流 $I_C=200\ mA$,三极管的 $\beta=20$,则三极管的基极电流 $i_B=10\ mA$。若不接 R_1、V_{D1}、V_{D2},而把三极管的基极直接接 TTL 门的输出端,则 i_B 对 TTL 门构成拉电流,其值已远远超过 TTL 门拉电流的允许值,使其 U_{oH} 大大降低,以致无法工作在开关状态,甚至会因超过允许功耗而损坏。接入 R_1、V_{D1}、V_{D2} 后,当 TTL 门输出 U_{oH} 时,VD_1 截止,i_B 由 +5 V→R_1→V_{D2} 的支路提供,对 TTL 门不产生影响。当 TTL 门输出 U_{oL} 时,由 +5 V→R_1→V_{D1} 的支路向 TTL 门灌入电流,只要 R_1 取值合适,就可以使灌电流

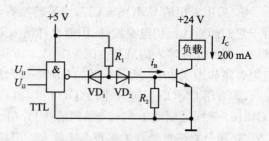

图 3.43 用三极管实现电流扩展

保持在 TTL 门所允许的范围内。该电路的工作过程如下:当两个输入端之一为低电平时,TTL 门输出 U_{oH},V_{D1} 截止,直流电源 +5 V,经 R_1 和 V_{D2} 使三极管导通,负载进入工作状态。当两个输入端全是高电平时,TTL 门输出 U_{oL},使 V_{D2} 和三极管均截止,负载停止工作。

若门电路是 CMOS 门,则应把双极性三极管换成 MOS 管。由于 CMOS 门的拉电流和灌电流基本相等,故 R_1、V_{D1}、V_{D2} 应当去掉,但必须在门的输出端和 MOS 管的栅极间串接一个电阻,并且保留 R_2。

思 考 题

(1) 对比 TTL 和 CMOS 电路的优点和缺点。
(2) TTL 和 CMOS 电路相互驱动时,应注意哪些问题?

本章小结

(1) 目前普遍使用的数字集成电路基本上有两大类:一类是双极型数字集成电路,TTL、HTL、IIL、ECL 都属于此类电路;另一类是金属氧化物半导体(MOS)数字集成电路,PMOS、NMOS、CMOS 都属于此类电路。

(2) 在双极型数字集成电路中,TTL 与非门电路在工业控制上应用最广泛,是本章介绍的重点。对该电路要着重了解其外部特性和参数,以及使用时的注意事项。

(3) 在 MOS 数字集成电路中,CMOS 电路是重点。由于 MOS 管具有功耗低、输入阻抗高、集成度高等优点,故在数字集成电路中逐渐被广泛采用。

习 题

题 3.1 有两个 TTL 与非门 G_1 和 G_2,测得它们的关门电平分别为:$U_{off1}=0.8$ V,$U_{off2}=1.1$ V;开门电平分别为:$U_{on1}=1.9$ V,$U_{on2}=1.5$ V。它们的输出高电平和低电平都相等,试判断何者为优(定量说明)。

题 3.2 已知电路和两个输入信号的波形如图 3.44 所示,信号的重复频率为 1 MHz,每个门的平均延迟时间 $t_{pd}=20$ ns。试画出:

(1) 不考虑 t_{pd} 时的输出波形。
(2) 考虑 t_{pd} 时的输出波形。

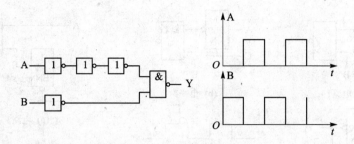

图 3.44 题 3.2 电路和输入波形

题 3.3 试判断如图 3.45 所示 TTL 或 CMOS 电路能否按各图要求的逻辑关系正常工作？若电路的接法有错，则修改电路。

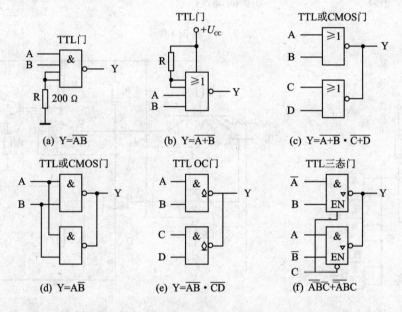

图 3.45 题 3.3 电路

题 3.4 如图 3.46 所示均为 TTL 门电路：

(1) 写出 Y_1、Y_2、Y_3、Y_4 的逻辑表达式。

(2) 若已知 A、B、C 的波形，分别画出 $Y_1 \sim Y_4$ 的波形。

题 3.5 在图 3.47 电路中，G_1、G_2 是两个 OC 门，接成线与形式。每个门在输出低电平时，允许注入的最大电流为 13 mA；输出高电平时的漏电流小于 250 μA。G_3、G_4 和 G_5 是 3 个 TTL 与非门，已知 TTL 与非门的输入短路电流为 1.5 mA，输入漏电流小于 50 μA，$U_{CC}=5$ V，$U_{oH}=3.5$ V，$U_{oL}=0.3$ V。问：R_{Lmax}、R_{Lmin} 各是多少？R_L 应该选多大？

题 3.6 TTL 门电路能否串接大电阻？CMOS 门电路输入端能否悬空？说明原因。

题 3.7 什么是开门电阻、关门电阻？在分析 TTL 门电路输入负载特性时应如何确定输入负载电阻范围？

题 3.8 试分析如图 3.48 所示电路的逻辑功能，列出真值表，写出表达式，并说明这是一个什么逻辑功能部件。

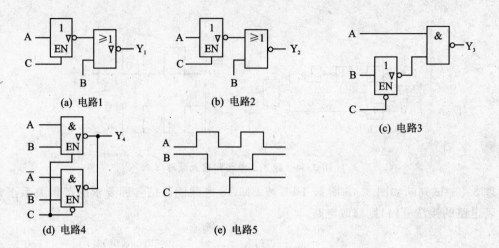

图 3.46 题 3.4 图

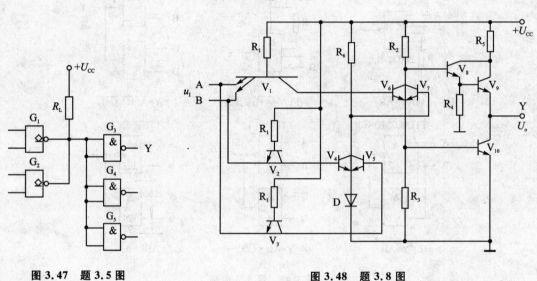

图 3.47 题 3.5 图　　　　图 3.48 题 3.8 图

题 3.9　什么是线与？哪种门电路可以线与？为什么？

题 3.10　用最少的二输入与非门和或非门实现 $F_1 = A+B+C+D$ 和 $F_2 = ABCD$？

第4章 组合逻辑电路

本章首先讲述一般组合逻辑电路的共同特点、一般分析方法和设计方法,简要介绍组合逻辑电路的竞争冒险现象及其消除方法,然后从设计的角度介绍常用组合逻辑电路的工作原理,以及各种中规模集成组合逻辑电路的逻辑功能、使用方法和应用举例。本章重点是组合逻辑电路的分析方法、设计方法,以及常见中规模集成组合逻辑电路的应用。

4.1 组合逻辑电路概述

4.1.1 组合逻辑电路的特点

按照逻辑功能的不同,数字逻辑电路可分为两大类,一类是组合逻辑电路(简称组合电路),另一类是时序逻辑电路(简称时序电路)。本章介绍组合逻辑电路,时序逻辑电路将在后续章节中介绍。所谓组合电路是指电路在任一时刻的电路输出状态只与同一时刻各输入状态的组合有关,而与前一时刻的输出状态无关。组合电路没有记忆功能,这是组合电路功能上的共同特点。

为了保证组合电路的逻辑功能,组合电路在电路结构上要满足以下两点。

① 输入、输出之间没有反馈延迟通路,即只有从输入到输出的通路,没有从输出到输入的回路。

② 电路中不包含有存储单元,例如触发器等。

这也是组合逻辑电路结构的共同特点,逻辑门电路就是简单的组合逻辑电路。

4.1.2 组合逻辑电路的逻辑功能描述

组合逻辑电路主要由门电路组成,可以有多个输入端和多个输出端。组合电路的示意图如图 4.1 所示。

它有 n 个输入变量 X_1、X_2、X_3、$\cdots$、X_n,m 个输出变量 Y_1、Y_2、Y_3、$\cdots$、Y_m,输出变量是输入变量的逻辑函数。根据组合逻辑电路的概念,可以用以下的逻辑函数表达式来描述该逻辑电路的逻辑功能:

$$Y_i = F_i(X_1, X_2, X_3, \cdots, X_n) \quad (i=1,2,3,\cdots,m)$$

图 4.1 组合电路示意图

组合逻辑电路的逻辑功能除了可以用逻辑函数表达式来描述外,还可以用逻辑真值表、卡诺图和逻辑图等各种方法来描述。

4.1.3 组合逻辑电路的类型和研究方法

组合逻辑电路的类型有多种。目前集成组合逻辑电路主要有 TTL 和 CMOS 两大类产品,根据实际用途,常用产品可分为加法器、编码器、译码器、数据选择器、数值比较器和数据分配器等。

我们对组合逻辑电路研究的目的是为了获得性能更加优良的组合逻辑电路产品以满足实际的需要。这包含多个方面的内容:一方面,要对已有的产品进行分析,熟悉产品的逻辑功能和性能指标,这样才能正确使用集成器件,即为将要详细讲解的组合逻辑电路的分析方法;另一方面,要设计出符合实际要求的组合逻辑电路,即为将要详细讲解的组合逻辑电路的设计方法。组合逻辑电路的分析和设计有传统和计算机辅助两种方法。

思 考 题

(1) 组合逻辑电路的特点是什么?
(2) 逻辑门电路是组合逻辑电路吗?

4.2 组合逻辑电路的分析方法和设计方法

4.2.1 组合逻辑电路的分析方法

所谓逻辑电路的分析,就是根据给定的逻辑电路写出输出逻辑函数式和真值表,并指出电路的逻辑功能。有时还要检查电路设计是否合理。

1. 基本分析步骤

组合逻辑电路的分析过程一般按下列步骤进行。

① 根据给定的逻辑电路,从输入端开始,逐级推导出输出端的逻辑函数表达式。表达式不够简明,应利用公式法或卡诺图法化简逻辑函数表达式。
② 根据输出函数表达式列出真值表。
③ 根据函数表达式或真值表的特点用简明文字概括出电路的逻辑功能。
通过试验测试也可得出组合逻辑电路的逻辑功能,这里不进行介绍。

2. 分析举例

【例 4.1】 分析如图 4.2 所示的组合逻辑电路的功能。

解:
① 写出如下逻辑表达式。
由图 4.2 可得:

$$Y_1 = \overline{AB}$$
$$Y_2 = \overline{A \cdot Y_1} = \overline{A \cdot \overline{AB}}$$
$$Y_3 = \overline{Y_1 \cdot B} = \overline{\overline{AB} \cdot B}$$

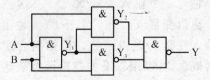

图 4.2 例 4.1 的组合逻辑电路

第4章 组合逻辑电路

由此可得电路的逻辑表达式为：

$$Y = \overline{Y_2 Y_3} = \overline{\overline{A \cdot \overline{AB}} \; \overline{\overline{AB} \cdot B}}$$

$$= (\overline{A} + AB) \cdot (AB + \overline{B})$$

$$= \overline{A}\,\overline{B} + AB$$

② 根据逻辑函数式可列出如表 4.1 所列的真值表。

③ 确定逻辑功能。从逻辑表达式和真值表可以看出，电路具有异或功能，为异或门。

【例 4.2】 分析如图 4.3 所示的组合逻辑电路的逻辑功能。

解：根据给出的逻辑图，逐级推导出输出端的逻辑函数表达式：

$$P_1 = \overline{AB}, \quad P_2 = \overline{BC}, \quad P_3 = \overline{AC}$$

$$F = \overline{P_1 \cdot P_2 \cdot P_3} = \overline{\overline{AB} \cdot \overline{BC} \cdot \overline{AC}} = AB + BC + AC$$

根据逻辑函数式可列出如表 4.2 所列的真值表。

从逻辑函数表达式和如表 4.2 所列的真值表可以看出，在 3 个输入变量中，只要有两个或两个以上的输入变量为 1，则输出函数 F 为 1，否则为 0，它表示了一种"少数服从多数"的逻辑关系。此电路在实际应用中可作为多数表决电路使用，该电路为三变量多数表决器。

表 4.1 例 4.1 的真值表

A	B	Y
0	0	0
0	1	1
1	0	1
1	1	0

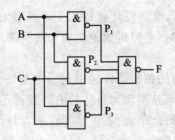

图 4.3 例 4.2 的组合逻辑电路

表 4.2 例 4.2 的真值表

A	B	C	F
0	0	0	0
0	0	1	0
0	1	0	0
0	1	1	1
1	0	0	0
1	0	1	1
1	1	0	1
1	1	1	1

4.2.2 组合逻辑电路的设计方法

组合逻辑电路的设计就是根据给定的实际逻辑问题，求出能实现这一逻辑要求的最简单逻辑电路。这里所说的"最简"，是指逻辑电路所用的逻辑器件数目最少，器件的种类最少，且器件之间的连线最简单。这样的电路又称"最小化"电路。这里要明确的是"最小化"电路不一定是实际上的最佳逻辑电路。"最佳化"电路，是逻辑电路的最佳设计，必须从经济指标和速度、功耗等多个指标综合考虑，才能设计出最佳电路。

1. 组合逻辑电路设计的一般步骤

组合逻辑电路可以采用小规模集成电路实现，也可以采用中规模集成电路器件或存储器、可编程逻辑器件来实现。虽然采用中、大规模集成电路设计时，其最佳含义及设计方法都有所不同，但采用传统的设计方法仍是数字电路设计的基础。下面介绍设计的一般方法。

组合逻辑电路的设计一般可按以下步骤进行。

(1) 进行逻辑抽象

将文字描述的逻辑命题转换成逻辑真值表称为逻辑抽象。首先要分析逻辑命题，确定输入、输出变量，一般把引起事件的原因定为输入变量，而把事件的结果定为输出变量；然后用二值逻辑的0、1两种状态分别对输入、输出变量进行逻辑赋值,即确定0、1的具体含义;最后根据输出与输入之间的逻辑关系列出真值表。

(2) 根据真值表写出与选择器件类型相应的逻辑函数表达式

首先根据对电路的具体要求和器件的资源情况选择器件类型;然后根据逻辑真值表写出逻辑函数表达式;最后根据实际要求把逻辑函数表达式化简或变换为与所选器件相对应的表达式形式。

当采用SSI集成门设计时,为了获得最简单的设计结果,应将逻辑函数表达式化简,一般化简为最简与或式。若对所用器件种类有附加的限制,则要将逻辑函数表达式变换为和门电路相对应的最简式。例如,若实际要求只允许使用单一与非门,则要将逻辑函数表达式变换为与非-与非式。

当选用MSI组合逻辑器件设计电路时,需要把逻辑函数表达式变换为与MSI逻辑函数式相对应的形式,这样才能得到最简电路,每个MSI器件的逻辑功能都可以写成一个逻辑函数式。

选用存储器和可编程逻辑器件设计组合逻辑电路的方法与前面不同。选用MSI和选用存储器和可编程逻辑器件设计组合逻辑电路的方法将在后续章节介绍,本节只介绍采用SSI集成门设计组合逻辑电路的方法。

目前用于逻辑设计的计算机辅助设计软件几乎都具有对逻辑函数进行化简和变换的功能,因而在采用计算机辅助设计时,逻辑函数的化简和变换都是由计算机自动完成的。

(3) 画出逻辑电路图

根据逻辑函数表达式及选用的逻辑器件画出逻辑电路图。至此,理论上原理性设计已经完成。这里要指出的是,把逻辑电路实现为具体的电路装置还需要进行工艺设计,最后还要组装、调试。这部分内容本书不进行介绍,读者可参阅有关资料。

2. 组合逻辑电路设计举例

【例4.3】 有3个班学生上自习,大教室能容纳两个班学生,小教室能容纳一个班学生。设计两个教室是否开灯的逻辑控制电路,要求如下:

① 一个班学生上自习,开小教室的灯;
② 两个班上自习,开大教室的灯;
③ 3个班上自习,两个教室均开灯。

解:

① 根据电路要求,设输入变量A、B、C分别表示3个班学生是否上自习,1表示上自习,0表示不上自习;输出变量Y、G分别表示大教室、小教室的灯是否亮,1表示亮,0表示灭。由此可以列出真值表如表4.3所列。

表4.3 例4.3的真值表

A	B	C	Y	G	A	B	C	Y	G
0	0	0	0	0	1	0	0	0	1
0	0	1	0	1	1	0	1	1	0
0	1	0	0	1	1	1	0	1	0
0	1	1	1	0	1	1	1	1	1

② 利用如图 4.4 所示的卡诺图化简并变换，可得：

$Y = AC + BC + AB = \overline{\overline{AC} \cdot \overline{BC} \cdot \overline{AB}}$

$G = \overline{A}\overline{B}C + \overline{A}B\overline{C} + A\overline{B}\overline{C} + ABC = \overline{A}(B \oplus C) + A(B \odot C) = A \oplus B \oplus C$

$G = \overline{A}\overline{B}C + \overline{A}B\overline{C} + A\overline{B}\overline{C} + ABC = \overline{\overline{A}\overline{B}C \cdot \overline{A}B\overline{C} \cdot \overline{A}\overline{B}\overline{C} \cdot \overline{ABC}}$

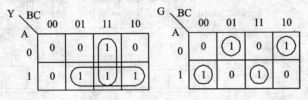

图 4.4 例 4.3 的卡诺图

③ 根据逻辑式画逻辑图如图 4.5 所示。用与门、或门和异或门实现的逻辑电路图如图 4.5(a)所示。用与非门实现的逻辑电路图如图 4.5(b)所示。若要求用与非门实现，首先将化简后的与或逻辑表达式转换为与非形式；然后再画出如图 4.5(b)所示的逻辑图。本例也可用或非门和与或非门实现，自己去做。

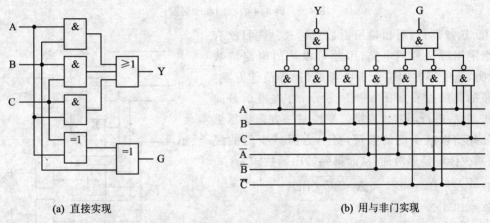

(a) 直接实现 　　　　　　　　　　　　(b) 用与非门实现

图 4.5 例 4.3 的逻辑图

【例 4.4】 设计一个将 8421BCD 码变换为余 3 码的代码转换电路。

解：

① 分析题意，列真值表。该电路输入为 8421BCD 码，用 A、B、C、D 表示，输出为余 3 码，用 E_3、E_2、E_1、E_0 表示，是一个四输入、四输出的码制变换电路，其框图如图 4.6(a)所示。8421BCD 码 1010～1111 6 种状态不会出现，视为无关项处理，根据两种 BCD 码的编码关系，可列出如表 4.4 所列的真值表。由真值表可得出如图 4.6(b)所示的卡诺图。

表 4.4 例 4.4 的真值表

A	B	C	D	E_3	E_2	E_1	E_0	A	B	C	D	E_3	E_2	E_1	E_0
0	0	0	0	0	0	1	1	0	1	0	1	1	0	0	0
0	0	0	1	0	1	0	0	0	1	1	0	1	0	0	1
0	0	1	0	0	1	0	1	0	1	1	1	1	0	1	0
0	0	1	1	0	1	1	0	1	0	0	0	1	0	1	1
0	1	0	0	0	1	1	1	1	0	0	1	1	1	0	0

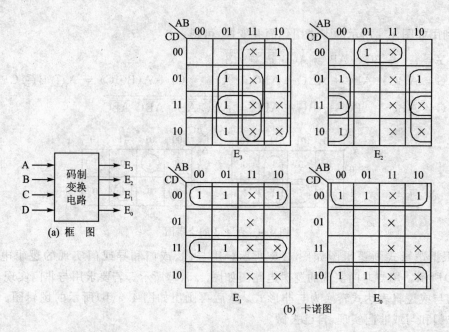

图 4.6 例 4.4 的框图和卡诺图

② 选择器件，写出输出函数表达式。题目没有具体指定用哪一种门电路，因此可以从门电路的数量、种类、速度等方面综合折中考虑，选择最佳方案。该电路的化简过程如图 4.6(b)所示，首先得出最简与或式，然后进行函数式变换。变换时一方面应尽量利用公共项以减少门的数量，另一方面减少门的级数，以减少传输延迟时间，从而得到输出函数式为：

$E_3 = A + BC + BD = \overline{\overline{A} \cdot \overline{BC} \cdot \overline{BD}}$

$E_2 = BC\overline{D} + \overline{B}C + \overline{B}D$

$\quad = B(\overline{C}+\overline{D}) + \overline{B}(C+D) = B \oplus (C+D)$

$E_1 = \overline{C}\overline{D} + CD = C \odot D = C \oplus \overline{D}$

$E_0 = \overline{D}$

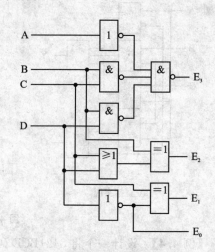

图 4.7 例 4.4 的逻辑电路图

③ 画逻辑电路图。该电路采用了 3 种门电路，速度较快，逻辑电路如图 4.7 所示。

思 考 题

(1) 最简组合电路是否一定是最佳组合电路？说明原因。

(2) 组合电路分析的基本任务是什么？简述组合电路的分析方法。

(3) 组合电路逻辑设计的基本任务是什么？简述组合电路的设计步骤。

4.3 组合电路的竞争冒险现象

在前面组合电路的分析和设计中，都是考虑电路在稳态时的工作情况，并未考虑门电路的

组合逻辑电路

延迟时间对电路产生的影响,实际上从信号输入到稳定输出需要一定的时间。由于从输入到输出存在不同的通路,而这些通路上门电路的级数不同,而且门电路平均延迟时间存在差异,从而使信号经过不同路径传输到输出级所需的时间不同,可能会使电路输出干扰脉冲(电压毛刺),造成系统中某些环节误动作。通常把这种现象称为竞争冒险。

4.3.1 竞争冒险的产生原因

在如图 4.8(a)所示的电路中,与门 G_2 的输入是 A 和 $\overline{A}$ 两个互补信号。由于 G_1 的延迟,$\overline{A}$ 的下降沿要滞后于 A 的上升沿,所以在很短的时间内,G_2 的两个输入端都会出现高电平,这样就会在它的输出端短暂出现一个高电平脉冲,如图 4.8(b)所示。与门 G_2 的两个输入信号通过不同路径在不同时刻到达的现象为竞争,由此产生输出干扰脉冲的现象称为冒险。如图 4.8(b)所示产生高电平尖峰脉冲,称为 1 型冒险。产生低电平尖峰脉冲的现象,称为 0 型冒险,如图 4.9(a)所示的电路会出现 0 型冒险,如图 4.9(b)所示为其竞争冒险波形。

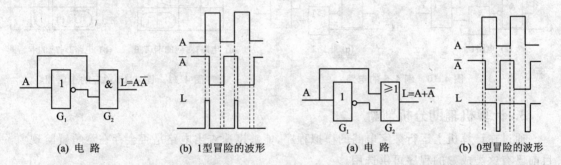

图 4.8 产生 1 型冒险的电路和波形   图 4.9 产生 0 型冒险的电路和波形

由以上分析看出,在组合逻辑电路中,当一个门电路的两个输入信号到达时间不同且向相反方向变化时,则在输出端可能出现不应有的尖峰脉冲,这是产生冒险的主要原因。尖峰脉冲只发生在输入信号转化瞬间,在稳定状态下是不会出现的。

对于速度要求不高的数字系统,尖峰脉冲影响不大,但是对于高速工作的数字系统,尖峰脉冲将使系统逻辑混乱,不能正常工作,是必须克服的。为此,应当识别电路是否存在竞争冒险,并采取措施加以消除。

4.3.2 竞争冒险的判断和识别

对于已经设计出的组合逻辑电路必须进行竞争冒险的判断和识别,常用的方法主要有以下几种。

1. 代数法判断

在输入变量每次只有一个改变状态的简单情况下,可以通过逻辑函数式判断组合逻辑电路是否有竞争冒险存在。假若输出端门电路的两个输入信号 A 和 $\overline{A}$ 是经过不同的传输通路而来的,那么当变量 A 的状态发生变化时,输出端必然存在竞争冒险。只要输出函数在一定条件下能简化成 $Y=A+\overline{A}$ 或 $Y=A\overline{A}$,就可以判定存在竞争冒险。

【例 4.5】 试判断如图 4.10 所示的电路是否存在竞争冒险。已知输入变量每次只有一个改变状态。

解： 在如图 4.10(a)所示的电路中,当 B=C=1 时,输出逻辑函数式为：

$$Y_1 = AB + \overline{A}C = A + \overline{A}$$

如图 4.10(a)所示的电路存在竞争冒险,应为 0 型冒险。

在如图 4.10(b)所示的电路中,当 A=C=0 时,输出逻辑函数式为：

$$Y_2 = (A+B)(\overline{B}+C) = B\overline{B}$$

如图 4.10(b)所示的电路存在竞争冒险,应该为 1 型冒险。

2. 卡诺图法判断

凡是函数卡诺图中存在相切而不相交的方格群的逻辑函数都存在竞争冒险现象。

【例 4.5】 如图 4.10 所示的电路已经判断出都存在竞争冒险现象,观察它们的卡诺图,可以看到它们都存在相切而不相交的方格群,如图 4.11 所示。

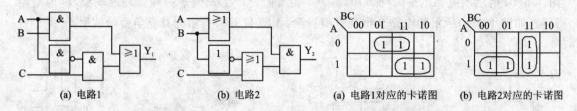

(a) 电路1　　　　　(b) 电路2　　　　　(a) 电路1对应的卡诺图　　(b) 电路2对应的卡诺图

图 4.10　例 4.5 的电路　　　　　图 4.11　图 4.10 对应的卡诺图

3. 计算机辅助分析判断

通过在计算机上运行数字电路的模拟程序,能够迅速查出电路是否会存在竞争冒险现象。目前已有这类成熟的程序可供选用。

4. 实验法判断

在电路输入端加入包含所有状态变化的波形,观察输出端是否出现高电平窄脉冲或低电平窄脉冲,这种方法比较直观可靠。因为仿真电路模型和实际电路参数有差别,所以即使是计算机辅助分析手段检查过的电路,也需要实验方法检验。实验检查结果才是最终结论。

4.3.3　竞争冒险的消除

判断组合逻辑电路存在竞争冒险现象必须加以消除,常用的消除措施主要有以下几种。

1. 并接滤波电容

由于竞争冒险现象所产生的干扰脉冲非常窄,所以可以在输出端并接一个电容量很小的滤波电容来加以消除,电容一般为几十到几百皮法。这种方法简单易行,但会使输出波形的上升沿和下降沿变化缓慢,从而使输出波形质量变坏。

2. 修改逻辑设计,增加冗余项

如图 4.10(a)所示的电路中,$Y_1 = AB + \overline{A}C$,卡诺图如图 4.11(a)所示,将产生竞争冒险现象。在如图 4.11(a)所示的卡诺图中增加一个方格群,即可以消除竞争冒险现象,增加一个方格群后的卡诺图如图 4.12(a)所示。根据图 4.12(a)所示的卡诺图,可以写出：

$$Y_1 = AB + \overline{A}C + BC \tag{4-2}$$

增加 BC 这一项后,当 B=C=1 时,无论 A 如何变化,输出始终等于 1,不再有干扰脉冲出

组合逻辑电路

现,消除了竞争冒险现象。从逻辑关系上看,BC 项对于函数 Y_1 是多余的,称之为冗余项。根据式(4-2)可以画出如图 4.12(b)所示的逻辑图。

利用增加冗余项的方法消除竞争冒险现象,适应范围是十分有限的。如图 4.12(b)所示的电路中,若 A 和 B 同时改变,即 AB 从 01 到 10(或 10 到 01)时,电路仍存在竞争冒险现象。可见,增加冗余项 BC 以后仅仅消除了在 B=C=1 时,由于 A 的变化所导致的竞争冒险现象。

3. 引入选通脉冲

在电路中引入一个选通脉冲,在确定电路进入稳定状态后,才让电路输出选通,否则封锁电路输出。这种方法效果较好,但对选通脉冲要求苛刻。例如,要求其与输入信号同步,且对脉冲宽度和作用时间有严格要求。

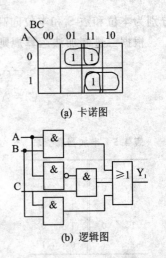

图 4.12 修正后的卡诺图和逻辑图

思 考 题

(1) 什么是竞争?什么是冒险?并简述其产生原因。
(2) 消除竞争冒险的方法有哪些?

4.4 加法器和数值比较器

4.4.1 加法器

实现两个二进制数相加功能的逻辑电路称为加法器。加法器有一位加法器和多位加法器之分。在计算机中,加、减、乘、除等各种算术运算往往是通过加法器进行的,加法器是计算机的基本运算单元。

1. 1 位加法器

实现两个 1 位二进制数相加的逻辑电路称为 1 位加法器。1 位加法器又分为半加器和全加器。

(1) 半加器

只考虑本位两个二进制数相加,而不加来自低位进位的逻辑电路称为半加器。

1 位二进制半加器的输入变量有两个,分别为加数 A 和被加数 B;输出也有两个,分别为本位和数 S 与向高位的进位 C。

根据二进制加法运算规则列真值表如表 4.5 所列。由真值表可以写出如下逻辑表达式:

$$S = \overline{A}B + A\overline{B} \tag{4-3}$$

$$C = AB \tag{4-4}$$

画出逻辑图如图 4.13(a)所示,图 4.13(b)是半加器逻辑符号。

(2) 全加器

将来自低位的进位和本位两个二进制数相加的逻辑电路称为全加器。1 位二进制全加器的输入变量有 3 个,分别为加数 A_i、被加数 B_i 及相邻低位的进位 C_{i-1}(或 C_i),输出也有两个,

分别为本位和数 S_i 和本位向高位的进位 C_i(或 C_{i+1})。

根据二进制加法运算规则列真值表如表 4.6 所列。由真值表写出逻辑表达式如下：

$$S_i = \overline{A}_i\overline{B}_iC_{i-1} + \overline{A}_iB_i\overline{C}_{i-1} + A_i\overline{B}_i\overline{C}_{i-1} + A_iB_iC_{i-1} \tag{4-5}$$

$$C_i = A_i\overline{B}_iC_{i-1} + \overline{A}_iB_iC_{i-1} + A_iB_i\overline{C}_{i-1} + A_iB_iC_{i-1} \tag{4-6}$$

表 4.5 半加器真值表

A	B	S	C
0	0	0	0
0	1	1	0
1	0	1	0
1	1	0	1

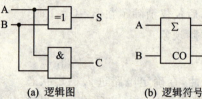

(a) 逻辑图　　　(b) 逻辑符号

图 4.13　半加器的逻辑图和逻辑符号

表 4.6 全加器真值表

A_i	B_i	C_{i-1}	S_i	C_i
0	0	0	0	0
0	0	1	1	0
0	1	0	1	0
0	1	1	0	1
1	0	0	1	0
1	0	1	0	1
1	1	0	0	1
1	1	1	1	1

将上式变换可得逻辑表达式如下：

$$\begin{aligned}S_i &= \overline{A}_i\overline{B}_iC_{i-1} + \overline{A}_iB_i\overline{C}_{i-1} + A_i\overline{B}_i\overline{C}_{i-1} + A_iB_iC_{i-1}\\ &= (\overline{A}_iB_i + A_i\overline{B}_i)\overline{C}_{i-1} + (\overline{A}_i\overline{B}_i + A_iB_i)C_{i-1}\\ &= (A_i \oplus B_i)\overline{C}_{i-1} + \overline{A_i \oplus B_i}C_{i-1} = A_i \oplus B_i \oplus C_{i-1}\\ C_i &= A_i\overline{B}_iC_{i-1} + \overline{A}_iB_iC_{i-1} + A_iB_i\overline{C}_{i-1} + A_iB_iC_{i-1}\\ &= (A_i\overline{B}_i + \overline{A}_iB_i)C_{i-1} + A_iB_i = (A_i \oplus B_i)C_{i-1} + A_iB_i\end{aligned}$$

由以上逻辑表达式可得用异或门构成的全加器逻辑图，如图 4.14 所示。

由真值表(或函数变换)也可以写出如下逻辑表达式：

$$\overline{S}_i = \overline{A}_i\overline{B}_i\overline{C}_{i-1} + \overline{A}_iB_iC_{i-1} + A_i\overline{B}_iC_{i-1} + A_iB_i\overline{C}_{i-1}$$

$$\overline{C}_i = \overline{A}_i\overline{B}_i + \overline{B}_i\overline{C}_{i-1} + \overline{A}_i\overline{C}_{i-1}$$

根据上式，可用与或非门实现全加器，由与或非门组成的全加器逻辑电路如图 4.15(a)所示，如图 4.15(b)所示为全加器的逻辑符号。在如图 4.15(b)所示全加器的逻辑符号中，CI 是进位输入端，CO 是进位输出端。

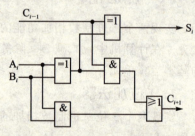

图 4.14　用异或门构成的全加器逻辑图

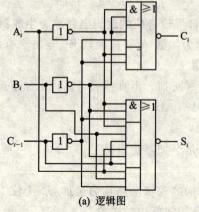

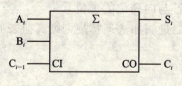

(a) 逻辑图　　　　　　　　(b) 逻辑符号

图 4.15　用与或非门组成全加器

2. 多位加法器

实现两个多位二进制数相加的逻辑电路称为多位加法器。多位数相加时,要考虑进位,进位的方式有串行进位和超前进位两种,多位加法器可分为串行进位加法器和超前进位加法器。

(1) 串行进位加法器

全加器只能实现两个1位二进制数相加,当进行多位二进制数相加运算时,就必须使用多个全加器才能完成。n位串行进位加法器由n个全加器串联构成。如图4.16所示是一个4位串行进位加法器。

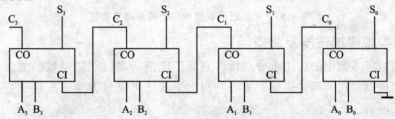

图4.16 4位串行进位加法器

在串行进位加法器中,采用串行进位运算方式,由低位至高位进行运算,每一位的运算都必须等待相邻低位的进位输入。这种电路结构简单,但运算速度慢,一个n位串行进位加法器至少需要经过n个全加器的传输延迟时间才能得到可靠的运算结果,适合在运算速度要求不高的场合使用。

(2) 超前进位加法器

为了提高加法器的运算速度,必须设法减少进位信号的传递时间,采用超进位加法器可较好地解决这个问题。所谓超前进位,是指电路在进行二进制加法运算时,通过快速进位电路同时产生除最低位外的其余所有全加器的进位信号,无须由低位到高位逐位传递进位信号,从而消除串行进位加法器逐位传递进位信号的时间,提高了加法器的运算速度。

前面我们已经得到全加器的表达式为:

$$S_i = A_i \oplus B_i \oplus C_{i-1} \qquad C_i = A_i B_i + (A_i \oplus B_i) C_{i-1}$$

令$G_i = A_i B_i$称为进位产生函数,$P_i = A_i \oplus B_i$称为进位传输函数。将其代入S_i、C_i表达式中得递推公式如下:

$$S_i = P_i \oplus C_{i-1} \qquad C_i = G_i + P_i C_{i-1}$$

这样可得各位进位信号的逻辑表达式如下:

$$C_0 = G_0 + P_0 C_{-1}$$
$$C_1 = G_1 + P_1 C_0 = G_1 + P_1 G_0 + P_1 P_0 C_{-1}$$
$$C_2 = G_2 + P_2 C_1 = G_2 + P_2 P_1 G_0 + P_2 P_1 P_0 C_{-1}$$
$$C_3 = G_3 + P_3 C_2 = G_3 + P_3 G_2 + P_3 P_2 G_1 + P_3 P_2 P_1 G_0 + P_3 P_2 P_1 P_0 C_{-1}$$

利用以上逻辑式可以得到超前进位电路,超前进位加法器就是由超前进位电路和若干全加器组合而成的。如图4.17所示是一个4位超前进位加法器的电路结构图,图中未画出具体的超前进位电路。

超前进位加法器的速度得到了很大提高,但增加了电路的复杂程度,随着加法器位数的增加,电路的复杂程度也随之急剧上升。

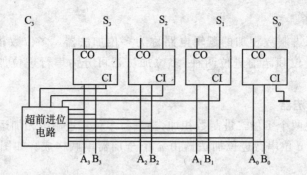

图 4.17 4 位超前进位加法器的电路结构图

3. 集成中规模加法器及其应用

加法器在数字系统中的应用十分广泛。它除了能进行多位二进制数的加法运算外,也可以用来完成二进制减法和乘除运算。另外利用加法器还可以很方便地实现一些逻辑电路,例如实现码组变换。

MSI74283 是 4 位二进制超前进位加法器,其引脚图和功能示意图如图 4.18 所示。图中 Σ 为加运算符号,A_3、A_2、A_1、A_0 和 B_3、B_2、B_1、B_0 为两组 4 位二进制数的输入端,S_3、S_2、S_1、S_0 为加法器和数输出端,CI 为低位进位输入端,CO 为进位输出端。

将 74283 进行简单级联,可以构成多位加法器,如图 4.19 所示为用两个 74283 构成的 8 位二进制加法器。

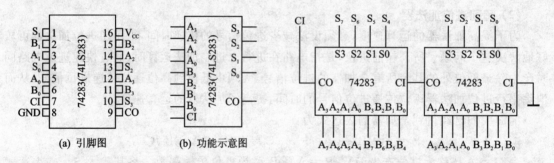

图 4.18 74283 的引脚图和功能示意图　　图 4.19 两个 74283 构成 8 位二进制加法器

【例 4.6】 试用 74283 构成二进制减法器。

解:利用"加补"的概念,即可将减法用加法来实现,在利用加法器完成减法运算时,最通常的做法是将减数的二进制数的每一位变反($0 \to 1$,$1 \to 0$),并且在最低位加 1,其结果再与被减数相加,即采用减数求补相加法。如图 4.20 所示即为全加器实现减法功能的电路。

【例 4.7】 试采用 4 位加法器完成 8421BCD 码到余 3 码的转换。

解:由于 8421BCD 码加 0011 即为余 3 码,如取输入 $A_3A_2A_1A_0$ 为 8421BCD 码,$B_3B_2B_1B_0 = 0011$,进位输入 CI=0,则输出 $S_3S_2S_1S_0 = 0011 + A_3A_2A_1A_0$。其转换电路就是一个加法电路,如图 4.21 所示。

【例 4.8】 试采用 4 位加法器完成余 3 码到 8421BCD 码的转换。

解:因为对于同样一个十进制数,余 3 码比相应的 8421BCD 码多 3,因此要实现余 3 码到 8421BCD 码的转换,只需从余 3 码减去 $(0011)_2$ 即可。由于 0011 各位变反后成为 1100,再加

1，即为1101，因此，减(0011)同加(1101)等效。所以，在4位加法器的A_3～A_0接上余3码的4位代码，B_3、B_2、B_1、B_0上接固定代码1100，低位进位接1就能实现转换，其逻辑电路如图4.22所示。

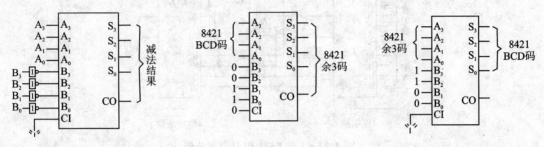

图4.20 全加器实现减法功能的电路　　图4.21 8421BCD码到余3码的转换电路　　图4.22 余3码到8421BCD码的转换电路

【例4.9】 用4位加法器构成1位8421BCD码加法器。

解： 2个用BCD码表示的数字相加，并以BCD码给出其和的电路称为BCD码加法器。利用加法器可以实现8421BCD码相加。

2个1位十进制数相加，若考虑低位的进位，其和应为0～19。8421BCD码加法器的输入、输出都应该用8421BCD码表示，而4位二进制加法器是按二进制数进行运算的，必须将输出的二进制数(和数)进行等值变换。表4.7列出了与十进制数0～19相应的二进制数$C_3 S_3 S_2 S_1 S_0$及8421BCD码$CS_3 S_2 S_1 S_0$。从表中看出，当和小于等于9时不需要修正，当和大于9时需要加6(0110)修正，即当和大于9时，二进制和数加6(0110)才等于相应的8421BCD码。故修正电路应含一个判9电路，当和数大于9时对结果加0110，小于等于9时加0000。考虑约束条件，从表中还看出，和大于9的条件为$C=C_3+S_3 S_2+S_3 S_1$。用2片4位二进制全加器和判9电路，可以完成两个1位8421BCD码的加法运算。电路如图4.23所示，第Ⅰ片完成二进数相加的操作，第Ⅱ片完成和的修正操作。

表4.7 例4.9的变换表

十进制和	二进制和					BCD码和					十进制和	二进制和					BCD码和				
	C_3	S_3	S_2	S_1	S_0	C	S_3	S_2	S_1	S_0		C_3	S_3	S_2	S_1	S_0	C	S_3	S_2	S_1	S_0
0	0	0	0	0	0	0	0	0	0	0	10	0	1	0	1	0	1	0	0	0	0
1	0	0	0	0	1	0	0	0	0	1	11	0	1	0	1	1	1	0	0	0	1
2	0	0	0	1	0	0	0	0	1	0	12	0	1	1	0	0	1	0	0	1	0
3	0	0	0	1	1	0	0	0	1	1	13	0	1	1	0	1	1	0	0	1	1
4	0	0	1	0	0	0	0	1	0	0	14	0	1	1	1	0	1	0	1	0	0
5	0	0	1	0	1	0	0	1	0	1	15	0	1	1	1	1	1	0	1	0	1
6	0	0	1	1	0	0	0	1	1	0	16	1	0	0	0	0	1	0	1	1	0
7	0	0	1	1	1	0	0	1	1	1	17	1	0	0	0	1	1	0	1	1	1
8	0	1	0	0	0	0	1	0	0	0	18	1	0	0	1	0	1	1	0	0	0
9	0	1	0	0	1	0	1	0	0	1	19	1	0	0	1	1	1	1	0	0	1

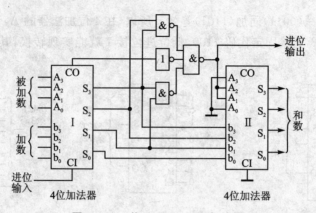

图 4.23　1 位 8421 BCD 码加法器

4.4.2　数值比较器

在数字系统中,特别是在计算机中,经常需要比较两个数 A 和 B 的大小,数值比较器就是对两个位数相同的二进制数 A、B 进行比较,其结果有 A>B、A<B 和 A=B 这 3 种可能性。

1. 1 位数值比较器

将两个 1 位数 A 和 B 进行大小比较,一般有 A>B,A<B,A=B 这 3 种可能。比较器应有 2 个输入端 A 和 B,3 个输出端 $F_{A>B}$、$F_{A<B}$、$F_{A=B}$。假设与比较结果相符的输出为 1,不符的为 0,则可列出其真值表,如表 4.8 所列。

由真值表可以得出各输出逻辑表达式为:

$$F_{A>B}=A\bar{B} \quad F_{A<B}=\bar{A}B \quad F_{A=B}=\bar{A}\bar{B}+AB=\overline{A\oplus B}=\overline{F_{A>B}+F_{A<B}} \quad (4-7)$$

由逻辑表达式可以画出 1 位数字比较器的逻辑电路图如图 4.24 所示。

表 4.8　1 位数字比较器的真值表

输 入		输 出		
A	B	$F_{A>B}$	$F_{A<B}$	$F_{A=B}$
0	0	0	0	1
0	1	0	1	0
1	0	1	0	0
1	1	0	0	1

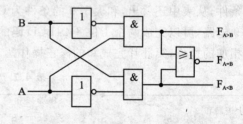

图 4.24　1 位数值比较器的逻辑电路

2. 集成数值比较器

(1) 多位数值比较器的比较原理

2 位数码比较器也可以用同样的方法设计,但对于多位比较器,输入变量数目太多,非常麻烦,考虑到多位比较器高、低位之间的约束一般采用灵活的设计方法进行设计。

当 2 个多位二进制数进行比较时,需从高位到低位逐位比较。高位比较结果即为多位二进制数比较结果,只有高位二进制数相等时,才对低位进行比较,直到比较出结果为止。1 位数字比较器是多位数值比较器的基础,多个 1 位数字比较器再附加一些门电路则可以构成多位数值比较器。

(2) 4 位集成数字比较器 74LS85

集成数字比较器 74LS85 的逻辑图如图 4.25 所示,其引脚排列图如图 4.26 所示。

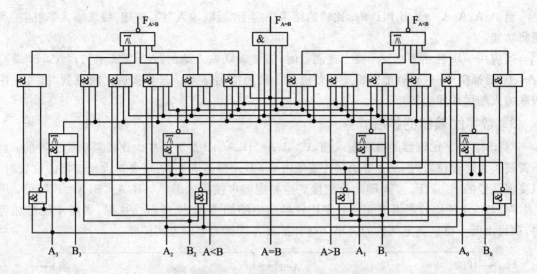

图 4.25 4 位比较器 74LS85 的逻辑图

图 4.26 中 A_3、A_2、A_1、A_0、B_3、B_2、B_1、B_0 为 2 组相比较的数据输入端;$I_{A>B}$、$I_{A<B}$、$I_{A=B}$ 为 3 个级联输入端,用于数字比较器的扩展;$F_{A>B}$、$F_{A<B}$、$F_{A=B}$ 为 3 个比较结果输出端。其功能表如表 4.9 所列。

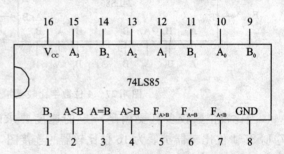

图 4.26 4 位数值比较器 74LS85 的引脚图

从表 4.9 中可以看出,若比较 2 个 4 位二进制数 $A(A_3A_2A_1A_0)$ 和 $B(B_3B_2B_1B_0)$ 的大小,从最高位开始进行比较。若 $A_3>B_3$,则 A 一定大于 B,这时输出 $F_{A>B}=1$;若 $A_3<B_3$,则可以肯定 A<B,这时输出 $F_{A<B}=1$;若 $A_3=B_3$,则比较次高位 A_2 和 B_2,依次类推直到比较到最低位。这种从高位开始比较的方法要比从低位开始比较的方法速度快。

表 4.9 4 位数字比较器功能表

数值输入和级联输入							比较输出		
$A_3 B_3$	$A_2 B_2$	$A_1 B_1$	$A_0 B_0$	$I_{A>B}$	$I_{A<B}$	$I_{A=B}$	$F_{A>B}$	$F_{A<B}$	$F_{A=B}$
$A_3>B_3$	×	×	×	×	×	×	1	0	0
$A_3<B_3$	×	×	×	×	×	×	0	1	0
$A_3=B_3$	$A_2>B_2$	×	×	×	×	×	1	0	0
$A_3=B_3$	$A_2<B_2$	×	×	×	×	×	0	1	0
$A_3=B_3$	$A_2=B_2$	$A_1>B_1$	×	×	×	×	1	0	0
$A_3=B_3$	$A_2=B_2$	$A_1<B_1$	×	×	×	×	0	1	0
$A_3=B_3$	$A_2=B_2$	$A_1=B_1$	$A_0>B_0$	×	×	×	1	0	0
$A_3=B_3$	$A_2=B_2$	$A_1=B_1$	$A_0<B_0$	×	×	×	0	1	0
$A_3=B_3$	$A_2=B_2$	$A_1=B_1$	$A_0=B_0$	1	0	0	1	0	0
$A_3=B_3$	$A_2=B_2$	$A_1=B_1$	$A_0=B_0$	0	1	0	0	1	0
$A_3=B_3$	$A_2=B_2$	$A_1=B_1$	$A_0=B_0$	0	0	1	0	0	1

当 $A_3A_2A_1A_0=B_3B_2B_1B_0$ 时,比较的结果决定于"级联输入"端,应用"级联输入"端能扩展逻辑功能。

当应用一块芯片来比较4位二进制数时,应使级联输入端的"A=B"端接1,"A>B"端与"A<B"端都接0,这样就能完整地比较出这3种可能的结果。若要扩展比较位数时,可应用级联输入端做片间连接。

3. 数字比较器的扩展

74LS85 数字比较器的级联输入端 A>B、A<B、A=B 是为了扩大比较器功能设置的,当不需要扩大比较位数时,A>B、A<B 接低电平,$I_{A=B}$ 接高电平;若需要扩大比较器的位数时,只要将低位的 $F_{A>B}$、$F_{A<B}$ 和 $F_{A=B}$ 分别接高位相应的串接输入端 A>B、A<B、A=B 即可。用2片 74LS85 4位比较器组成 8位数字比较器的电路如图 4.27 所示。这样,当高4位都相等时,就可由低4位来决定两数的大小。这种扩展方式称为串联方式扩展。

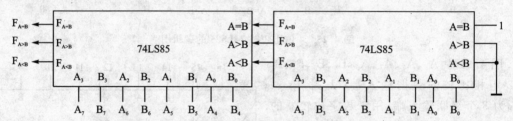

图 4.27 4位数字比较器扩展为8位比较器的电路

当比较位数较多且要满足一定的速度要求时,可以采用并联方式。如图 4.28 为 5 片 74LS85 4位比较器扩展为 16 位比较器的连接图,这种扩展方式称为并联方式扩展。由图 4.28 可以看出,这里采用两级比较方法,将 16 位按高、低位次序分成 4 组,每组 4 位,各组的比较是并行进行的。将每组的比较结果再经过 4 位比较器进行比较后得出结果。显然,从数据输入到稳定输出只需 2 倍的 4 位比较器延迟时间,若用串联方式,则 16 位的数值比较器从输入到稳定输出需要 4 倍的 4 位比较器延迟时间。

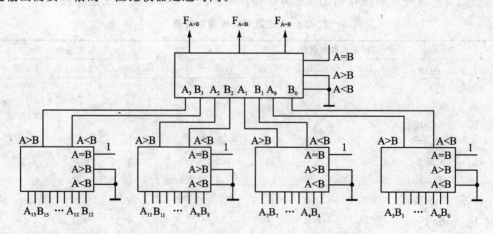

图 4.28 4位比较器扩展为16位比较器的连接图

目前生产的数字比较器产品中,电路结构形式多样。电路结构形式不同,扩展输入端的用法也不完全一样,使用时应注意区别。例如,CC14585 就是一款 4 位比较器产品,它具有与

第4章 组合逻辑电路

74LS85 相同的逻辑功能,但它不需要扩大比较位数时,应把"A>B"、"A=B"接高电平,"A<B"接低电平。

数值比较器除了在数字系统中进行两组二进制数的比较之外,在自动控制系统中还常用于反馈量与给定量之间的数字比较环节。例如在装料生产中,要控制某个容器的装料量,可以将装料量或料位采样,并将其采样数据送至控制机构中与某一标准值比较,然后将比较结果由控制机构送回到执行机构来决定是否继续装料。

思 考 题

(1) 什么是半加器?什么是全加器?
(2) 串行进位加法器如何连接?有没有别的连接方法?
(3) 利用半加器和门电路能否构成全加器?如何连接?
(4) 74LS85 的 3 个输入端 $I_{A>B}$、$I_{A<B}$、$I_{A=B}$ 有什么作用?

4.5 数据选择器和数据分配器

4.5.1 数据选择器

数据选择器又称为多路选择器或多路开关(Multiplexer,MUX),每次在地址输入的控制下,从多路输入数据中选择一路输出,其功能类似于一个单刀多掷开关。它一般有 n 位地址输入、2^n 位数据输入、1 位数据输出。

常用的数据选择器电路结构主要有 TTL 和 CMOS 两种类型,不同电路结构的参数各有不同,但功能是相似的。根据输入数据的数目有 2 选 1、4 选 1、8 选 1、16 选 1 等。

1. 4 选 1 数据选择器的设计

4 选 1 数据选择器有 4 个数据输入端 $D_0 \sim D_3$,一个数据输出端 Y,当然应该有 2 位地址输入端 A_1、A_0。实际电路还设置有工作控制端,称为使能端 $\overline{E}$,这里设置低电平有效工作。即当 $\overline{E}=1$ 时,输出 $Y=0$,当 $\overline{E}=0$ 时,在地址输入 A_1、A_0 的控制下,从 $D_0 \sim D_3$ 中选择一路输出。根据上述要求可以得到 4 选 1 数据选择器的功能表如表 4.10 所列。

根据上述逻辑功能表可以写出逻辑表达式如下:

$$Y=(\overline{A}_1\overline{A}_0 D_0+\overline{A}_1 A_0 D_1+A_1\overline{A}_0 D_2+A_1 A_0 D_3)E$$

根据上述逻辑表达式可以画出如图 4.29(a)所示的逻辑图,如图 4.29(b)所示是 4 选 1 数据选择器的逻辑符号。

当 $\overline{E}=0$ 时,4 选 1 MUX 的逻辑功能还可以用以下表达式表示:

$$Y=\overline{A}_1\overline{A}_0 D_0+\overline{A}_1 A_0 D_1+A_1\overline{A}_0 D_2+A_1 A_0 D_3=\sum_{i=1}^{3} m_i D_i \quad (4-8)$$

表 4.10 4 选 1 MUX 功能表

$\overline{E}$	A_1	A_0	Y
0	0	0	D_0
0	0	1	D_1
0	1	0	D_2
0	1	1	D_3
1	×	×	0

式中,m_i 是地址变量 A_1、A_0 所对应的最小项,称地址最小项,当 D_i 全为 1 时,MUX 的输出函数正好是所有地址最小项的和。MUX 又称为最小项输出器。

2. 集成 8 选 1 数据选择器 74LS151 和 4 选 1 数据选择器 74LS153

74LS151 是一个具有互补输出的 8 选 1 数据选择器,它有 3 个地址输入端,8 个数据输入

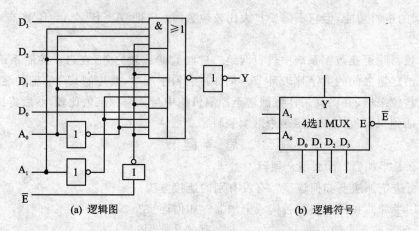

图 4.29 4 选 1 MUX 的逻辑图和逻辑符号

端,2 个互补输出端,1 个低电平有效的选通使能端。如图 4.30 所示为 8 选 1 MUX 的逻辑功能示意图,其功能表如表 4.11 所列。

表 4.11 8 选 1 MUX 功能表

$\overline{E}$	A_2	A_1	A_0	Y
1	×	×	×	0
0	0	0	0	D_0
0	0	0	1	D_1
0	0	1	0	D_2
0	0	1	1	D_3
0	1	0	0	D_4
0	1	0	1	D_5
0	1	1	0	D_6
0	1	1	1	D_7

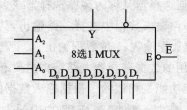

图 4.30 8 选 1 MUX 逻辑符号

根据表 4.11 可以写出输出表达式为:

$$Y = E \sum_{i=0}^{7} m_i D_i \qquad (4-9)$$

当 $\overline{E}=0$ 时,MUX 正常工作;当 $\overline{E}=1$ 时,输出恒为 0,MUX 不工作。

74LS153 是一个双 4 选 1 数据选择器,它包含有 2 个完全相同的 4 选 1 数据选择器。每个 4 选 1 数据选择器的逻辑图同图 4.29。两个 4 选 1 数据选择器有共同的 2 个地址输入端,但数据输入端、输出端和使能端是独立的,分别有一个低电平有效的选通使能端和 4 个数据输入端以及一个输出端。功能与表 4.10 相同。

另外,除了 TTL 数据选择器产品还有不少 CMOS 产品,CC14539 就是一个双 4 选 1 数据选择器。CC14539 的功能与 74LS153 相同,但电路结构不同。CC14539 电路内部由传输门和门电路构成,这也是 CMOS 产品经常使用的设计工艺。

3. 数据选择器的扩展

利用使能端可以将两片 4 选 1 MUX 扩展为 8 选 1 MUX。图 4.31 是将双 4 选 1 MUX 扩展为 8 选 1 MUX 的逻辑图。其中 A_2 是 8 选 1 MUX 地址端的最高位,A_0 是最低位。8 选 1

组合逻辑电路

第4章

MUX 的输出 $Y=Y_1+Y_2$。当 $A_2=0$ 时，左边 4 选 1 工作，右边 4 选 1 禁止工作，$Y_2=0$，$Y=Y_1$；当 $A_2=1$ 时，右边 4 选 1 工作，左边 4 选 1 禁止工作，$Y_1=0$，$Y=Y_2$。

另外还有一种扩展方法称为树状扩展。用 5 个 4 选 1 MUX 实现 16 选 1 MUX 的逻辑图如图 4.32 所示。

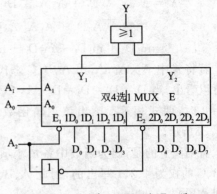

图 4.31 双 4 选 1 MUX 实现 8 选 1 MUX 的逻辑图

4. 数据选择器的应用

数据选择器的应用很广泛，典型应用之一就是可以作为函数发生器实现逻辑函数。我们知道，逻辑函数可以写成最小项之和的标准形式，数据选择器的输出正好包含了地址变量的所有最小项，根据这一特点，可以方便地实现逻辑函数。具体方法如下：

① 让数据选择器有效工作，并写出其输出逻辑表达式。

② 把要实现的逻辑函数变换成最小项表达式。

③ 选择接到地址端的函数变量，对照数据选择的输出逻辑表达式和待实现的逻辑函数表达式，确定数据输入 D_i 的值。用 MUX 实现函数的关键在于如何确定 D_i 的对应值。

④ 连接电路就可以用 MUX 实现函数。n 个地址输入的 MUX，可以实现 1 个输入变量的函数，1 可以等于 n，小于 n，也可以大于 n。MUX 只适合实现单输出函数。

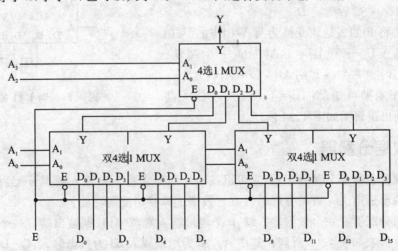

图 4.32 5 个 4 选 1 MUX 实现 16 选 1 MUX 的逻辑图

当 $l=n$ 时，只要将函数的输入变量 A、B、C、… 依次接到 MUX 的地址输入端，根据函数所需要的最小项，确定 MUX 中 D_i 的值（0 或 1）即可。

【例 4.10】 试用 8 选 1 数据选择器 74LS151 产生逻辑函数 $Y=AB\bar{C}+\bar{A}BC+\bar{A}\bar{B}$。

解：把逻辑函数变换成最小项表达式：

$$Y=AB\bar{C}+\bar{A}BC+\bar{A}\bar{B}=AB\bar{C}+\bar{A}BC+\bar{A}\bar{B}C+\bar{A}\bar{B}\bar{C}=m_0+m_1+m_3+m_6$$

8 选 1 数据选择器的输出逻辑函数表达式为：

$$Y = \overline{A_2}\,\overline{A_1}\,\overline{A_0}D_0 + \overline{A_2}\,\overline{A_1}A_0D_1 + \overline{A_2}A_1\overline{A_0}D_2 + \overline{A_2}A_1A_0D_3 + A_2\,\overline{A_1}\,\overline{A_0}D_4$$
$$+ A_2\,\overline{A_1}A_0D_5 + A_2A_1\,\overline{A_0}D_6 + A_2A_1A_0D_7$$
$$= m_0D_0 + m_1D_1 + m_2D_2 + m_3D_3 + m_4D_4 + m_5D_5 + m_6D_6 + m_7D_7$$

若将式中 A_2、A_1、A_0 用 A、B、C 来代替,对比两式可以看出,当 $D_0 = D_1 = D_3 = D_6 = 1$, $D_2 = D_4 = D_5 = D_7 = 0$ 时,两式相等。画出该逻辑函数的逻辑图如图 4.33 所示。

需要注意的是,因为函数中各最小项的标号是按 A、B、C 的权为 4、2、1 写出的,因此 A、B、C 必须依次加到 A_2、A_1、A_0 端。

当 $l < n$ 时,将 MUX 的高位地址输入端不用,一般接 0 或 1,其余同上。高位地址输入端接 0 和接 1 时所需要的数据输入不同。

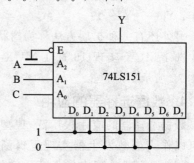

图 4.33 例 4.10 的逻辑图

当 $l > n$ 时,不能采用上面所述的简单方法。如果从 l 个输入变量中选择 n 个直接作为 MUX 的地址输入,那么,多余的 $(l-n)$ 个变量就要反映到 MUX 的数据输入 D_i 端,即 D_i 是多余输入变量的函数,因此设计的关键是如何求出 D_i。一般采用代数法确定 D_i。

【例 4.11】 试用 4 选 1 MUX 实现三变量函数:
$$F = \overline{A}BC + \overline{A}\,\overline{B}C + \overline{A}B\overline{C} + AB\overline{C}$$

解:首先选择地址输入,令 $A_1A_0 = AB$,则多余输入变量为 C,$D_i = f(c)$,然后确定 D_i。

用代数法将 F 的表达式变换为与 Y 相应的形式:
$$Y = \overline{A_1}\,\overline{A_0}D_0 + \overline{A_1}A_0D_1 + A_1\overline{A_0}D_2 + A_1A_0D_3$$
$$F = \overline{A}\,\overline{B} \cdot 1 + \overline{A}B \cdot C + A\overline{B} \cdot \overline{C} + AB \cdot 0$$

将 F 与 Y 对照可知,当 $D_0 = 1, D_1 = C, D_2 = \overline{C}, D_3 = 0$ 时,Y = F。画出逻辑图如图 4.34 所示。

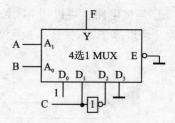

图 4.34 例 4.11 的逻辑图

4.5.2 数据分配器

数据分配器也称为多路分配器,它可以按地址的要求将 1 路输入数据分配到多输出通道中某一特定输出通道去。数据分配器具有与数据选择器相反的功能。

一个数据分配器有一个数据输入端,n 个地址输入端,2^n 个数据输出端。一个 4 路数据分配器的逻辑真值表如表 4.12 所列。其中 A_1、A_0 为地址输入,D 为数据输入,D_3、D_2、D_1、D_0 为 4 路数据输出。

由真值表可以写出逻辑表达式为:
$$D_0 = D\overline{A_1}\,\overline{A_0} \qquad D_1 = D\,\overline{A_1}A_0 \qquad D_2 = DA_1\overline{A_0} \qquad D_3 = DA_1A_0$$

根据逻辑表达式可以看出数据分配器的输出包含了地址输入的所有最小项。根据逻辑表达式可以画出用与非门实现的逻辑图,如图 4.35 所示。

后面所讲的译码器可以兼做分配器使用,厂家并不单独生产分配器组件,而是将译码器改接成分配器,有关内容在译码器部分讲解。

表 4.12　一个 4 路数据分配器的逻辑真值表

A_1	A_0	D_3	D_2	D_1	D_0
0	0	0	0	0	D
0	1	0	0	D	0
1	0	0	D	0	0
1	1	D	0	0	0

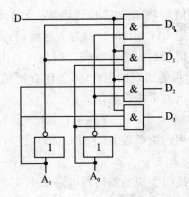

图 4.35　一个 4 路数据分配器的逻辑图

思 考 题

(1) 简述数据选择器的扩展方法。
(2) 若函数变量与数据选择器地址控制端个数不同，如何实现逻辑函数？
(3) 简述数据分配器的功能。

4.6　编码器和译码器

4.6.1　编码器

在数字系统中，常常需要将信息（输入信号）变换为某一特定的代码（输出）。用文字、数字、符号来表示某一特定对象或信号的过程，称为编码。实现编码操作的数字电路称为编码器。在逻辑电路中，信号都是以高低电平的形式给出的，编码器的逻辑功能就是把输入的高低电平信号编成一组二进制代码并行输出。

编码器通常有 m 个输入（$I_0 \sim I_{m-1}$），需要编码的信号从此处输入，有 n 个输出端（$Y_0 \sim Y_{n-1}$），编码后的二进制信号从此处输出。n 位二进制数有 2^n 个代码组合，最多为 2^n 个信息编码，m 与 n 之间应满足 $m \leqslant 2^n$ 的关系。另外，集成编码器还设置有一些控制端，它用于控制编码器是否进行编码，主要用于编码器间的级联扩展。

编码器可分为普通编码器和优先编码器，二进制编码器和非二进制编码器。待编输入信号的个数 m 与输出变量的位数 n 满足 $m = 2^n$ 关系的编码器称为二进制编码器，满足 $m < 2^n$ 的编码器称为非二进制编码器；允许多个信号同时进入只对优先级高的信号进行编码的编码器称为优先编码器，只允许一个信号进入并对其进行编码的编码器称为普通编码器。由于普通编码器输入的 m 个信号是互相排斥的，只允许一个信号为有效电平，因此又称为互斥变量编码器。

1. 普通编码器

用 n 位二进制代码对 2^n 个相互排斥的输入信息进行编码的电路，称为二进制普通编码器，对小于 2^n 个相互排斥的输入信息进行编码的电路，称为非二进制普通编码器。普通编码器的输入信号只能有一个为有效电平，根据设计规定，可以是高电平有效，也可以是低电平有效。

(1) 2 位二进制普通编码器

2 位二进制普通编码器的功能是对 4 个相互排斥的输入信号进行编码，它有 I_0、I_1、I_2、I_3 4

个输入信息,输出为 2 位代码 Y_0、Y_1,又称为 4 线-2 线编码器。

规定 $I_i(i=0,1,2,3)$ 为 1 时编码,为 0 时不编码,并依此按 I_i 下角标的值与 Y_0、Y_1 二进制代码的值相对应进行编码。据此可列出如表 4.13 所列的编码真值表。表 4.13 只列出了 I_0、I_1、I_2、I_3 可能出现的组合,其他组合都是不允许出现的,约束条件为 $I_iI_j=0\ (i \neq j)$。由真值表可以写出如下逻辑表达式:

$$Y_1 = \bar{I}_3 I_2 \bar{I}_1 \bar{I}_0 + I_3 \bar{I}_2 \bar{I}_1 \bar{I}_0 \qquad Y_0 = \bar{I}_3 \bar{I}_2 I_1 \bar{I}_0 + I_3 \bar{I}_2 \bar{I}_1 \bar{I}_0$$

利用约束条件 $I_iI_j=0\ (i \neq j)$,进行化简可得逻辑表达式:

$$Y_1 = I_2 + I_3 \qquad Y_0 = I_1 + I_3$$

用或门实现的编码器电路如图 4.36 所示,I_1、I_2、I_3 都为 0 时,则对 I_0 编码,I_0 线可以不画。

表 4.13 编码真值表

I_0	I_1	I_2	I_3	Y_1	Y_0
1	0	0	0	0	0
0	1	0	0	0	1
0	0	1	0	1	0
0	0	0	1	1	1

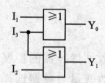

图 4.36 4 线-2 线普通编码器

(2) 3 位二进制普通编码器

3 位二进制普通编码器的功能是对 8 个相互排斥的输入信号进行编码,它有 I_0、I_1、I_2、I_3、I_4、I_5、I_6、I_7 8 个输入信息,输出为 3 位代码 Y_0、Y_1、Y_2,又称为 8 线-3 线编码器。

输入有效方式和编码方式规定与 4 线-2 线编码器相同,可列出如表 4.14 所列的编码真值表。由真值表可以写出如下逻辑表达式:

$$Y_2 = \bar{I}_7 \bar{I}_6 \bar{I}_5 I_4 \bar{I}_3 \bar{I}_2 \bar{I}_1 \bar{I}_0 + \bar{I}_7 \bar{I}_6 I_5 \bar{I}_4 \bar{I}_3 \bar{I}_2 \bar{I}_1 \bar{I}_0 + \bar{I}_7 I_6 \bar{I}_5 \bar{I}_4 \bar{I}_3 \bar{I}_2 \bar{I}_1 \bar{I}_0 + I_7 \bar{I}_6 \bar{I}_5 \bar{I}_4 \bar{I}_3 \bar{I}_2 \bar{I}_1 \bar{I}_0$$
$$Y_1 = \bar{I}_7 \bar{I}_6 \bar{I}_5 \bar{I}_4 \bar{I}_3 I_2 \bar{I}_1 \bar{I}_0 + \bar{I}_7 \bar{I}_6 \bar{I}_5 \bar{I}_4 I_3 \bar{I}_2 \bar{I}_1 \bar{I}_0 + \bar{I}_7 I_6 \bar{I}_5 \bar{I}_4 \bar{I}_3 \bar{I}_2 \bar{I}_1 \bar{I}_0 + I_7 \bar{I}_6 \bar{I}_5 \bar{I}_4 \bar{I}_3 \bar{I}_2 \bar{I}_1 \bar{I}_0$$
$$Y_0 = \bar{I}_7 \bar{I}_6 \bar{I}_5 \bar{I}_4 \bar{I}_3 \bar{I}_2 I_1 \bar{I}_0 + \bar{I}_7 \bar{I}_6 \bar{I}_5 \bar{I}_4 I_3 \bar{I}_2 \bar{I}_1 \bar{I}_0 + \bar{I}_7 \bar{I}_6 I_5 \bar{I}_4 \bar{I}_3 \bar{I}_2 \bar{I}_1 \bar{I}_0 + I_7 \bar{I}_6 \bar{I}_5 \bar{I}_4 \bar{I}_3 \bar{I}_2 \bar{I}_1 \bar{I}_0$$

利用约束条件 $I_iI_j=0\ (i \neq j)$,进行化简可得逻辑表达式:

$$Y_2 = I_4 + I_5 + I_6 + I_7$$
$$Y_1 = I_2 + I_3 + I_6 + I_7$$
$$Y_0 = I_1 + I_3 + I_5 + I_7$$

用或门实现的编码器电路如图 4.37 所示,自己画出用与非门实现的编码器电路。

表 4.14 8 线-3 线编码器编码真值表

输入								输出		
I_0	I_1	I_2	I_3	I_4	I_5	I_6	I_7	Y_2	Y_1	Y_0
1	0	0	0	0	0	0	0	0	0	0
0	1	0	0	0	0	0	0	0	0	1
0	0	1	0	0	0	0	0	0	1	0
0	0	0	1	0	0	0	0	0	1	1
0	0	0	0	1	0	0	0	1	0	0
0	0	0	0	0	1	0	0	1	0	1
0	0	0	0	0	0	1	0	1	1	0
0	0	0	0	0	0	0	1	1	1	1

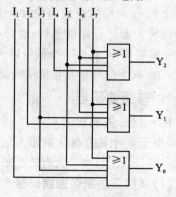

图 4.37 3 位二进制编码器

(3) 二-十进制普通编码器

非二进制普通编码器类型很多,例如字符编码器、二-十进制编码器等。本小节以二-十进制编码器为例进行研究。

将十进制数 0、1、2、3、4、5、6、7、8、9 这 10 个互相排斥的信号编成二进制代码的电路称做二-十进制编码器。它的输入是代表 0~9 这 10 个数符的状态信号,信号有效时(某信号有效,则表示要对它进行编码,据规定可为 1 亦可为 0),输出是相应的 BCD 码,也称为 10 线-4 线编码器。它和普通二进制编码器特点一样,任何时刻只允许输入一个有效信号。

因输入变量相互排斥,可直接列出编码表如表 4.15 所列,表中 DCBA 为输出 BCD 码,D 为最高位,$I_i(i=0\sim9)$ 为 10 个输入。利用编码表和约束条件,便可得出编码器的各输出表达式:

$$D = I_8 + I_9 = \overline{\overline{I_8} \cdot \overline{I_9}}$$

$$C = I_4 + I_5 + I_6 + I_7 = \overline{\overline{I_4} \cdot \overline{I_5} \cdot \overline{I_6} \cdot \overline{I_7}}$$

$$B = I_2 + I_3 + I_6 + I_7 = \overline{\overline{I_2} \cdot \overline{I_3} \cdot \overline{I_6} \cdot \overline{I_7}}$$

$$A = I_1 + I_3 + I_5 + I_7 + I_9 = \overline{\overline{I_1} \cdot \overline{I_3} \cdot \overline{I_5} \cdot \overline{I_7} \cdot \overline{I_9}}$$

由逻辑表达式可画出如图 4.38 所示的 8421BCD 码编码器逻辑电路图。

表 4.15 8421BCD 码编码表

输入										输出			
I_0	I_1	I_2	I_3	I_4	I_5	I_6	I_7	I_8	I_9	D	C	B	A
1	0	0	0	0	0	0	0	0	0	0	0	0	0
0	1	0	0	0	0	0	0	0	0	0	0	0	1
0	0	1	0	0	0	0	0	0	0	0	0	1	0
0	0	0	1	0	0	0	0	0	0	0	0	1	1
0	0	0	0	1	0	0	0	0	0	0	1	0	0
0	0	0	0	0	1	0	0	0	0	0	1	0	1
0	0	0	0	0	0	1	0	0	0	0	1	1	0
0	0	0	0	0	0	0	1	0	0	0	1	1	1
0	0	0	0	0	0	0	0	1	0	1	0	0	0
0	0	0	0	0	0	0	0	0	1	1	0	0	1

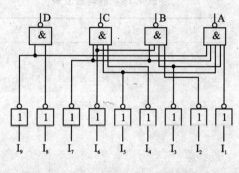

图 4.38 8421BCD 码编码器逻辑电路图

2. 优先编码器

普通编码器的输入信号互相排斥,当多个输入有效时,输出的二进制代码将出现紊乱,限制了它的应用。与普通编码器不同,优先编码器允许多个输入信号同时有效,但它只为其中优先级别最高的有效输入信号编码,对级别较低的输入信号不予理睬。在设计优先编码器时已经将所有输入信号按优先顺序排了队,优先编码器也有二进制和非二进制优先编码器 2 种。优先编码器常用于优先中断系统和键盘编码。

(1) 3 位二进制优先编码器

3 位二进制优先编码器有 8 个输入信息 $I_i(i=0\sim7)$,输出为 3 位代码 $Y_2Y_1Y_0$,I_7 优先级最高,I_0 优先级最低,又称为 8 线-3 线优先编码器。规定输入高电平编码,仿照上述方法,可列出如表 4.16 所列的编码真值表。被排斥的量用"×"号表示,无论是 0 还是 1 不影响电路的输出。由表 4.16 可得出编码器的逻辑表达式为：

$$Y_2 = \bar{I}_7 \bar{I}_6 \bar{I}_5 I_4 + \bar{I}_7 \bar{I}_6 I_5 + \bar{I}_7 I_6 + I_7$$

$$Y_1 = \bar{I}_7 \bar{I}_6 \bar{I}_5 \bar{I}_4 \bar{I}_3 I_2 + \bar{I}_7 \bar{I}_6 \bar{I}_5 \bar{I}_4 I_3 + \bar{I}_7 I_6 + I_7$$

$$Y_0 = \bar{I}_7 \bar{I}_6 \bar{I}_5 \bar{I}_4 \bar{I}_3 \bar{I}_2 I_1 + \bar{I}_7 \bar{I}_6 \bar{I}_5 \bar{I}_4 I_3 + \bar{I}_7 \bar{I}_6 I_5 + I_7$$

化简变换可得：

$$Y_2 = I_4 + I_5 + I_6 + I_7 = \overline{\bar{I}_4 \bar{I}_5 \bar{I}_6 \bar{I}_7}$$

$$Y_1 = \bar{I}_5 \bar{I}_4 I_2 +_5 \bar{I}_4 I_3 + I_6 + I_7 = \overline{\overline{\bar{I}_5 \bar{I}_4 I_2} \cdot \overline{\bar{I}_5 \bar{I}_4 I_3} \cdot \bar{I}_6 \cdot \bar{I}_7}$$

$$Y_0 = \bar{I}_6 \bar{I}_4 \bar{I}_2 I_1 + \bar{I}_6 \bar{I}_4 I_3 + \bar{I}_6 I_5 + I_7 = \overline{\overline{\bar{I}_6 \bar{I}_4 \bar{I}_2 I_1} + \overline{\bar{I}_6 \bar{I}_4 I_3} + \overline{\bar{I}_6 I_5} + \bar{I}_7}$$

由上述逻辑表达式读者可自己画出逻辑电路图。

(2) 二-十进制优先编码器

二-十进制优先编码器有 $I_i(i=0\sim9)$ 10 个信号输入，I_9 的优先级别最高，I_8 次之，依次类推，I_0 优先级别最低。其中当有多个信号同时出现在输入端时，要求只对优先级别最高的信号进行编码，此处规定输入、输出都是低电平有效，8421BCD 反码输出，被排斥的量用"×"号表示。

输出为 4 位二进制码用 DCBA 表示，可列出二-十进制优先编码器的真值表如表 4.17 所列。

表 4.16 编码真值表

I_7	I_6	I_5	I_4	I_3	I_2	I_1	I_0	Y_2	Y_1	Y_0
1	×	×	×	×	×	×	×	1	1	1
0	1	×	×	×	×	×	×	1	1	0
0	0	1	×	×	×	×	×	1	0	1
0	0	0	1	×	×	×	×	1	0	0
0	0	0	0	1	×	×	×	0	1	1
0	0	0	0	0	1	×	×	0	1	0
0	0	0	0	0	0	1	×	0	0	1
0	0	0	0	0	0	0	1	0	0	0

表 4.17 二-十进制优先编码器真值表

输入										输出			
I_9	I_8	I_7	I_6	I_5	I_4	I_3	I_2	I_1	I_0	D	C	B	A
1	1	1	1	1	1	1	1	1	0	1	1	1	1
1	1	1	1	1	1	1	1	0	×	1	1	1	0
1	1	1	1	1	1	1	0	×	×	1	1	0	1
1	1	1	1	1	1	0	×	×	×	1	1	0	0
1	1	1	1	1	0	×	×	×	×	1	0	1	1
1	1	1	1	0	×	×	×	×	×	1	0	1	0
1	1	1	0	×	×	×	×	×	×	1	0	0	1
1	1	0	×	×	×	×	×	×	×	1	0	0	0
1	0	×	×	×	×	×	×	×	×	0	1	1	1
0	×	×	×	×	×	×	×	×	×	0	1	1	0

合并使函数值为 0 的最小项，用公式法进行化简，先求出反函数的最简与或式，然后再取反求出函数的最简与或非式。这样便于用与或非门实现该电路，并且化简方便。

因为被排斥的变量对函数值没有影响，所以可以从相应的最小项中去掉，于是根据真值表可以写出表达式如下：

$$\bar{D} = \bar{I}_9 + \bar{I}_9 \bar{I}_8 = \bar{I}_9 + \bar{I}_8 \qquad D = \overline{\bar{I}_9 + \bar{I}_8}$$

$$\bar{C} = \bar{I}_9 \bar{I}_8 \bar{I}_7 + \bar{I}_9 \bar{I}_8 \bar{I}_7 \bar{I}_6 + \bar{I}_9 \bar{I}_8 I_7 I_6 \bar{I}_5 + \bar{I}_9 \bar{I}_8 I_7 I_6 I_5 \bar{I}_4 = \bar{I}_9 \bar{I}_8 \bar{I}_7 + \bar{I}_9 \bar{I}_8 \bar{I}_6 + \bar{I}_9 \bar{I}_8 \bar{I}_5 + \bar{I}_9 \bar{I}_8 \bar{I}_4$$

$$C = \overline{\bar{I}_9 \bar{I}_8 \bar{I}_7 + \bar{I}_9 \bar{I}_8 \bar{I}_6 + \bar{I}_9 \bar{I}_8 \bar{I}_5 + \bar{I}_9 \bar{I}_8 \bar{I}_4}$$

$$\bar{B} = \bar{I}_9 \bar{I}_8 \bar{I}_7 + \bar{I}_9 \bar{I}_8 I_7 \bar{I}_6 + \bar{I}_9 \bar{I}_8 I_7 I_6 \bar{I}_5 I_4 \bar{I}_3 I_2 = \bar{I}_9 \bar{I}_8 \bar{I}_7 + \bar{I}_9 \bar{I}_8 \bar{I}_6 + \bar{I}_9 \bar{I}_8 I_5 Y_4 \bar{I}_3 + \bar{I}_9 \bar{I}_8 I_5 I_4 \bar{I}_2$$

$$B = \overline{\overline{I_9}\overline{I_8}\overline{I_7} + \overline{I_9}\overline{I_8}I_6 + \overline{I_9}\overline{I_8}I_5\overline{I_4}\overline{I_3} + \overline{I_9}\overline{I_8}I_5\overline{I_4}\overline{I_2}}$$

$$\overline{A} = \overline{I_9} + \overline{I_9}\overline{I_8}\overline{I_7} + \overline{I_9}\overline{I_8}\overline{I_7}\overline{I_6}\overline{I_5} + \overline{I_9}\overline{I_8}\overline{I_7}\overline{I_6}\overline{I_5}\overline{I_4}\overline{I_3} + \overline{I_9}\overline{I_8}\overline{I_7}\overline{I_6}\overline{I_5}\overline{I_4}I_3\overline{I_2}\overline{I_1}$$

$$A = \overline{\overline{I_9} + \overline{I_8}\overline{I_7} + \overline{I_8}I_6\overline{I_5} + \overline{I_8}I_6\overline{I_4}\overline{I_3} + \overline{I_8}I_6\overline{I_4}I_2I_1}$$

由上列表达式画出二-十进制优先编码器的逻辑图如图 4.39 所示。

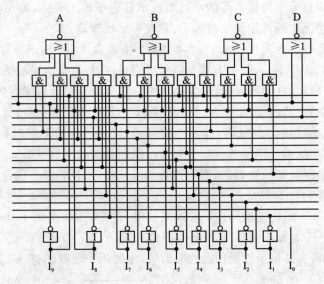

图 4.39 二-十进制优先编码器的逻辑图

【例 4.12】 电话室有 3 种电话,按由高到低优先级排序依次是火警电话,急救电话,工作电话,要求电话编码依次为 00、01、10。试设计电话编码控制电路。

解:

① 根据题意知,同一时间电话室只能处理一部电话,假如用 A、B、C 分别代表火警、急救、工作 3 种电话,设电话铃响用 1 表示,铃没响用 0 表示。当优先级别高的信号有效时,低级别的则不起作用,这时用"×"表示;用 Y_1、Y_2 表示输出编码。

② 根据规定可以列出如表 4.18 所列的真值表。由真值表写逻辑表达式如下:

$$Y_1 = \overline{A}BC \qquad Y_2 = \overline{A}B$$

③ 根据逻辑表达式可画出如图 4.40 所示的优先编码器逻辑图。

表 4.18 例 4.12 的真值表

输入			输出	
A	B	C	Y_1	Y_2
1	×	×	0	0
0	1	×	0	1
0	0	1	1	0

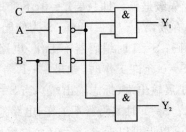

图 4.40 例 4.12 的优先编码逻辑图

3. 集成中规模编码器及其应用

常用的 MSI 优先编码器主要有 10 线-4 线、8 线-3 线 2 种。10 线-4 线集成优先编码器常见型号为 54/74147、54/74LS147、C304,8 线-3 线常见型号为 54/74148、54/74LS148。

MSI 优先编码器一般设计为输入、输出低电位有效,反码输出,有的电路还采用缓冲级,以提高驱动能力。为了实际应用方便,集成电路还增加了功能控制端。

(1) 优先编码器 74LS147

74LS147 是 10 线-4 线集成优先编码器,74LS147 编码器的引脚图及逻辑符号如图 4.41 所示。引脚图及逻辑符号中的输入端的小圆圈表示低电平输入有效,输出端的小圆圈表示反码输出。注意这种情况也经常用反变量表示,并没有硬性规定。

74LS147 编码器的功能表与表 4.17 基本相同。由该表可见,编码器有 10 个输入端($I_0 \sim I_9$)和 4 个输出端(A、B、C、D)。其中 I_9 状态信号级别最高,I_0 状态信号的级别最低。DCBA 为编码输出端,以反码输出,D 为最高位,A 为最低位。输入信号为低电平有效,一组 4 位二进制代码表示 1 位十进制数。I_0 是隐含输入,当输入端 $I_1 \sim I_9$ 均为无效,即 9 个输入信号全为"1"时,电路输出 DCBA=1111(0 的反码)即是 0 的编码,代表输入的十进制数是 0。若 $I_1 \sim I_9$ 均为有效信号输入,则根据输入信号的优先级别输出级别最高信号的编码。74LS147 编码器中,由于每一个十进制数字分别独立编码,无须扩展编码位数,所以它没有设置扩展端。

(2) 优先编码器 74LS148

74LS148 是 8 线-3 线优先编码器,逻辑符号图和引脚图如图 4.42 所示,小圆圈表示低电平有效。图中,$\overline{I_7} \sim \overline{I_0}$ 为输入信号端,$\overline{S}$ 是使能输入端,$\overline{Y_2}\,\overline{Y_1}\,\overline{Y_0}$ 是 3 个代码(反码)输出端,其中 $\overline{Y_2}$ 为最高位,$\overline{Y_S}$ 和 $\overline{Y_{EX}}$ 是用于扩展功能的输出端,主要用于级联和扩展。

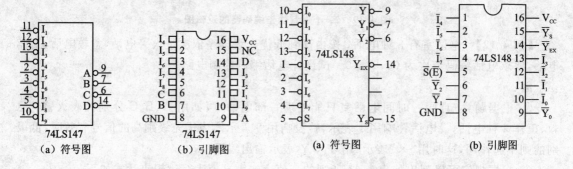

图 4.41 优先编码器 74LS147　　　　　图 4.42 74LS148 优先编码器

74LS148 的功能如表 4.19 所列。从表 4.19 中可以看出,输入为低电平有效,$\overline{I_7}$ 优先级最高,$\overline{I_0}$ 优先级最低。即只要 $\overline{I_7}=0$,不管其他输入端是 0 还是 1,输出只对 $\overline{I_7}$ 编码,且对应的输出为反码有效,$\overline{Y_2}\,\overline{Y_1}\,\overline{Y_0}=000$。$\overline{S}$ 为使能(允许)输入端,低电平有效,只有 $\overline{S}=0$ 时编码器工作,允许编码;$\overline{S}=1$ 时编码器不工作,电路禁止编码,输出 $\overline{Y_2}\,\overline{Y_1}\,\overline{Y_0}$ 均为高电平。$\overline{Y_S}$ 为使能输出端,当 $\overline{S}=0$ 允许工作时,如果 $\overline{I_7} \sim \overline{I_0}$ 端有信号输入,$\overline{Y_S}=1$;若 $\overline{I_7} \sim \overline{I_0}$ 端无信号输入时,$\overline{Y_S}=0$。$\overline{Y_{EX}}$ 为扩展输出端(标志输出端),当 $\overline{S}=0$ 时,只要有编码信号输入,$\overline{Y_{EX}}=0$,无编码信号输入,$\overline{Y_{EX}}=1$。$\overline{S}=1$ 时编码器不工作,电路禁止编码,$\overline{Y_S}=1$,$\overline{Y_{EX}}=1$。

综合以上可以看出,$\overline{S}=0$(允许编码)时,若有编码信号输入,$\overline{Y_S}=1$,$\overline{Y_{EX}}=0$;若无编码信号输入,$\overline{Y_S}=0$,$\overline{Y_{EX}}=1$。根据此二输出端值可判断编码器是否有码可编。

利用 $\overline{S}$、$\overline{Y_S}$ 和 $\overline{Y_{EX}}$ 可以实现优先编码器的扩展。用 2 块 74LS148 可以扩展成为一个 16 线-4 线优先编码器,电路连接图如图 4.43 所示。

表 4.19 优先编码器 74LS148 的功能表

使能输入	输入								输出			扩展输出	使能输出
$\bar{S}$	$\bar{I}_7$	$\bar{I}_6$	$\bar{I}_5$	$\bar{I}_4$	$\bar{I}_3$	$\bar{I}_2$	$\bar{I}_1$	$\bar{I}_0$	$\bar{Y}_2$	$\bar{Y}_1$	$\bar{Y}_0$	$\bar{Y}_{EX}$	$\bar{Y}_S$
1	×	×	×	×	×	×	×	×	1	1	1	1	1
0	1	1	1	1	1	1	1	1	1	1	1	1	0
0	0	×	×	×	×	×	×	×	0	0	0	0	1
0	1	0	×	×	×	×	×	×	0	0	1	0	1
0	1	1	0	×	×	×	×	×	0	1	0	0	1
0	1	1	1	0	×	×	×	×	0	1	1	0	1
0	1	1	1	1	0	×	×	×	1	0	0	0	1
0	1	1	1	1	1	0	×	×	1	0	1	0	1
0	1	1	1	1	1	1	0	×	1	1	0	0	1
0	1	1	1	1	1	1	1	0	1	1	1	0	1

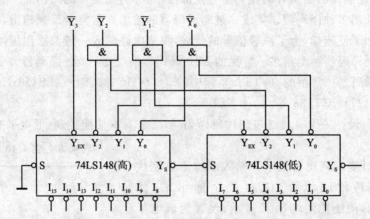

图 4.43 2 片 8 线-3 线优先编码器扩展为 16 线-4 线优先编码器的连接图

根据对图 4.43 进行的分析,可以看出,高位片 $\bar{S}=0$,则高位片允许对输入 $I_8\sim I_{15}$ 编码。若 $I_8\sim I_{15}$ 有编码请求,则高位片 $Y_S=1$,使得低位片 $\bar{S}=1$,低位片禁止编码;但若 $I_8\sim I_{15}$ 都是高电平,即均无编码请求,则高位片 $Y_S=0$,使得低位片 $\bar{S}=0$,允许低位片对输入 $I_0\sim I_7$ 编码。显然,高位片的编码级别优先于低位片。自己进行扩展时,要注意输入端数、输出端数的确定以及芯片间的连接等若干问题。

用一片 74LS148 附加门电路还可以实现 10 线-4 线优先编码器等,这部分内容作为习题请读者自行解决。

(3) 编码器的应用

编码器的应用是非常广泛的。例如,计算机键盘,内部就有一个采用 ASCII 码的字符编码器。字符编码器的种类很多,用途不同,其电路形式各异,是一种用途十分广泛的编码器。它将键盘上的大、小写英文字母、数字、符号及一些功能键等编成一系列的 7 位二进制代码,送到计算机的 CPU 进行数字处理、存储后,再输出到显示器或打印机等输出设备上。计算机的显示器和打印机也都使用专用的字符编码器。显示器把每个要显示的字符分成 m 行,每行又

分成 n 列,每行用一组 n 位二进制数来表示。每一个字符变成 $m×n$ 的二进制阵列。显示时,只要按行将某字符的行二进制编码送到屏幕上,经过 m 行后,一个完整的字符就显示在屏幕上。这些字符的编码都存储在 ROM 中。

编码器还可用于工业控制中。例如,74LS148 编码器监控炉罐的温度,若其中任何一个炉温超过标准温度或低于标准温度,则检测传感器输出一个 0 电平到 74LS148 编码器的输入端,编码器编码后输出 3 位二进制代码到微处理器进行控制。

4.6.2 译码器

译码是编码的逆过程,即将输入的二进制代码按其原意转换成与代码对应的输出信号。实现译码功能的数字电路称为译码器。根据译码信号的特点可把译码器分为二进制译码器、二-十进制译码器和显示译码器。

1. 二进制译码器

二进制译码器有 n 个输入端(即 n 位二进制码),2^n 个输出线。一个代码组合只能对应一个指定信息,二进制译码器所有的代码组合全部使用,称为完全译码。仿照二进制编码器的设计方法可以设计出多种译码器。集成二进制译码器的输出端常常是反码输出,低电位有效,为了扩展功能增加了使能端,为了减轻信号的负载,集成电路输入一般都采用缓冲级等。

集成二进制译码器种类很多。常见的 MSI 译码器有 2 线-4 线译码器、3 线-8 线译码器和 4 线-16 线译码器。常用的有:TTL 系列中的 54/74HC138、54/74LS138;CMOS 系列中的 54/74HC138、54/74HCT138 等。

【例 4.13】 设计一个 2 位二进制代码译码器,要求具有使能控制,低电平有效功能。

解:

① 分析设计要求列出真值表。输入 2 位二进制代码 A_1A_0 有 4 种代码组合,应有 4 个输出端,用 $\overline{Y_3}\overline{Y_2}\overline{Y_1}\overline{Y_0}$ 表示,使能控制端用 $\overline{E}$ 表示,设置为低电平有效。由此可以列出表 4.20 所列的逻辑真值表。

表 4.20 例 4.13 的真值表

$\overline{E}$	A_1	A_0	$\overline{Y_3}$	$\overline{Y_2}$	$\overline{Y_1}$	$\overline{Y_0}$
1	×	×	1	1	1	1
0	0	0	1	1	1	0
0	0	1	1	1	0	1
0	1	0	1	0	1	1
0	1	1	0	1	1	1

② 根据逻辑真值表可以写出逻辑表达式为:
$\overline{Y_0}=\overline{\overline{E}\,\overline{A_1}\,\overline{A_0}}$,$\overline{Y_1}=\overline{\overline{E}\,\overline{A_1}A_0}$,$\overline{Y_2}=\overline{\overline{E}A_1\overline{A_0}}$,$\overline{Y_3}=\overline{\overline{E}A_1A_0}$

③ 根据上述逻辑表达式可以画出如图 4.44(a)所示的 2 线-4 线译码器的逻辑电路,如图 4.44(b)所示为其逻辑符号,如图 4.44 所示的 A_1、A_0 为地址输入端,A_1 为高位。$\overline{Y_0}$、$\overline{Y_1}$、$\overline{Y_2}$、$\overline{Y_3}$ 为状态信号输出端,Y_i 上的非号及逻辑符号中的小圆圈表示低电平有效。$\overline{E}$ 为使能端(或称为选通控制端),低电平有效。一般使能端有两个用途,一是可以引入选通脉冲,以抑制冒险脉冲的发生,二是可以用来扩展输入变量数实现功能扩展。

当 $\overline{E}=0$ 时,2 线-4 线译码器的输出函数分别为:$\overline{Y_0}=\overline{\overline{A_1}\,\overline{A_0}}$,$\overline{Y_1}=\overline{\overline{A_1}A_0}$,$\overline{Y_2}=\overline{A_1\overline{A_0}}$,$\overline{Y_3}=\overline{A_1A_0}$;当 $\overline{E}=1$ 时,所有输出 $\overline{Y_0}\sim\overline{Y_3}$ 均为高电平。如果用 $\overline{Y_i}$ 表示 i 端的输出,m_i 表示输入地址变量 A_1、A_0 的一个最小项,则输出函数可写成:$\overline{Y_i}=\overline{\overline{E}m_i}$ $(i=0,1,2,3)$。可见,译码器的每一个输出函数对应输入变量的一组取值,当使能端有效($\overline{E}=0$)时,它正好是输入变量最小项的非。二进制译码器也称为最小项译码器(或称为全译码器)。

组合逻辑电路
第4章

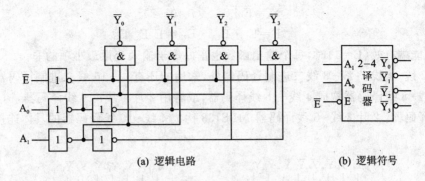

(a) 逻辑电路　　　　　　　　　(b) 逻辑符号

图 4.44　例 4.13 的逻辑电路及符号

当 $\overline{E}=0$ 时,允许译码器工作,$\overline{Y}_0 \sim \overline{Y}_3$ 中有一个为低电平输出;当 $\overline{E}=1$ 时,禁止译码器工作,所有输出 $\overline{Y}_0 \sim \overline{Y}_3$ 均为高电平。

如图 4.45 所示为集成 3 线-8 线译码器 74LS138 的符号图、引脚图,其逻辑功能表如表 4.21 所列。

由功能表 4.21 可知,A_2、A_1、A_0 为地址输入端,A_2 为高位。$\overline{Y}_0 \sim \overline{Y}_7$ 为状态信号输出端,低电平有效。

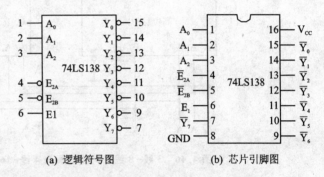

(a) 逻辑符号图　　　　(b) 芯片引脚图

图 4.45　74LS138 的符号图和引脚图

由功能表可看出,E_1 和 $\overline{E}_{2A}$、$\overline{E}_{2B}$ 为使能端,只有当 E_1 为高,且 $\overline{E}_{2A}$、$\overline{E}_{2B}$ 都为低时,该译码器才处于工作状态,才有译码状态信号输出;若有一个条件不满足,则译码器不工作,输出全为高。

表 4.21　74LS138 译码器功能表

输入					输出							
E_1	$\overline{E}_{2A}\mid\overline{E}_{2B}$	A_2	A_1	A_0	$\overline{Y}_7$	$\overline{Y}_6$	$\overline{Y}_5$	$\overline{Y}_4$	$\overline{Y}_3$	$\overline{Y}_2$	$\overline{Y}_1$	$\overline{Y}_0$
×	1	×	×	×	1	1	1	1	1	1	1	1
0	×	×	×	×	1	1	1	1	1	1	1	1
1	0	0	0	0	1	1	1	1	1	1	1	0
1	0	0	0	1	1	1	1	1	1	1	0	1
1	0	0	1	0	1	1	1	1	1	0	1	1
1	0	0	1	1	1	1	1	1	0	1	1	1
1	0	1	0	0	1	1	1	0	1	1	1	1
1	0	1	0	1	1	1	0	1	1	1	1	1
1	0	1	1	0	1	0	1	1	1	1	1	1
1	0	1	1	1	0	1	1	1	1	1	1	1

如果用 $\overline{Y}_i$ 表示 i 端的输出,则输出函数为:

$$\overline{Y}_i = \overline{Em_i} \quad (i=0\sim 7)$$
$$E = E_1 \cdot \overline{E}_{2A} \cdot \overline{E}_{2B} = E_1 \overline{E_{2A} E_{2B}} \tag{4-10}$$

可见,当使能端有效(E=1)时,每个输出函数也正好等于输入变量最小项的非。

除了 2 线-4 线、3 线-8 线二进制译码器外,常用的还有 4-16 线二进制译码器等。可以用 2 片 3 线-8 线译码器构成 4 线-16 线译码器,或者用 2 片 4 线-16 线译码器,构成 5 线-32 线二进制译码器。2 片 3 线-8 线译码器 74LS138 构成 4 线-16 线译码器的具体连接如图4.46所示。

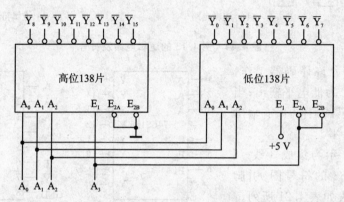

图 4.46 3 线-8 线译码器扩展为 4 线-16 线译码器的连接图

利用译码器的使能端作为高位输入端,4 位输入变量 A_3、A_2、A_1、A_0 的最高位 A_3 接到高位片的 E_1 和低位片的 E_{2A} 和 E_{2B},其他 3 位输入变量 A_2、A_1、A_0 分别接 2 块 74LS138 的变量输入端 $A_2 A_1 A_0$。

当 $A_3=0$ 时,由表 4.21 可知,低位片 74LS138 工作,对输入 A_3、A_2、A_1、A_0 进行译码,还原出 $Y_0 \sim Y_7$,此时高位禁止工作;当 $A_3=1$ 时,高位片 74LS138 工作,还原出 $Y_8 \sim Y_{15}$,而低位片禁止工作。

2. 二-十进制译码器

译码器输入的是 n 位二进制代码,输出端子数 $N < 2^n$ 的译码器称为非二进制译码器,又称为部分译码。非二进制译码器种类很多,其中二-十进制译码器应用较广泛。二-十进制译码器也称为 BCD 译码器,它的功能是将输入的 1 位 BCD 码(4 位二进制)译成相应的 10 个高、低电平输出信号,也称为 4 线-10 线译码器。二-十进制译码器常用型号有:TTL 系列的 54/7442、54/74LS42 和 CMOS 系列中的 54/74HC42、54/74HCT42 等。

如图 4.47 是二-十进制译码器 74LS42 的逻辑电路图。如图 4.48 所示为 74LS42 的逻辑符号图和引脚图。该译码器有 $A_0 \sim A_3$ 4 个输入端,输入为 8421BCD 码,$Y_0 \sim Y_9$ 共 10 个输出端,输出为代码对应信号,输出低电平有效。

根据逻辑图可以得出逻辑表达式如下:

$$\overline{Y}_0 = \overline{\overline{A}_3 \overline{A}_2 \overline{A}_1 \overline{A}_0} \quad \overline{Y}_1 = \overline{\overline{A}_3 \overline{A}_2 \overline{A}_1 A_0} \quad \overline{Y}_2 = \overline{\overline{A}_3 \overline{A}_2 A_1 \overline{A}_0}$$
$$\overline{Y}_3 = \overline{\overline{A}_3 \overline{A}_2 A_1 A_0} \quad \overline{Y}_4 = \overline{\overline{Y}_3 A_2 \overline{A}_1 \overline{A}_0} \quad \overline{Y}_5 = \overline{\overline{A}_3 A_2 \overline{A}_1 A_0}$$
$$\overline{Y}_6 = \overline{\overline{A}_3 A_2 A_1 \overline{A}_0} \quad \overline{Y}_7 = \overline{\overline{A}_3 A_2 A_1 A_0}$$
$$\overline{Y}_8 = \overline{A_3 \overline{A}_2 \overline{A}_1 \overline{A}_0} \quad \overline{Y}_9 = \overline{A_3 \overline{A}_2 \overline{A}_1 A_0}$$

第4章 组合逻辑电路

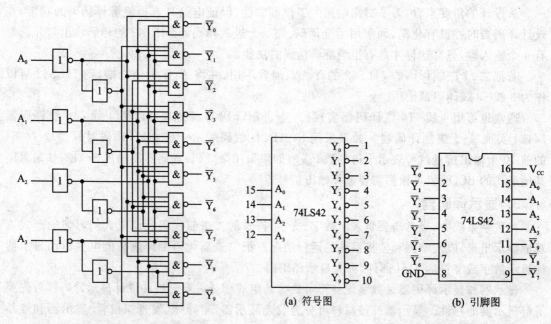

图 4.47 二-十进制译码器 74LS42 的逻辑电路图

图 4.48 二-十进制译码器 74LS42 的逻辑符号图和引脚图

根据逻辑表达式可以得出功能真值表如表 4.22 所列。由表 4.22 可知，$A_3 A_2 A_1 A_0$ 输入的 8421BCD 码只用到二进制代码的前 10 种组合 0000~1001，表示 0~9 这 10 个十进制数或信息，而后 6 种组合 1010~1111 没有用称为伪码。当输入伪码时，输出全为 1，不会出现 0。译码不会出现误译码，也就是说这种电路结构具有拒绝翻译伪码的功能。

表 4.22 二-十进制译码器 74LS42 的真值表

序号	输入				输出									
	A_3	A_2	A_1	A_0	$\overline{Y}_0$	$\overline{Y}_1$	$\overline{Y}_2$	$\overline{Y}_3$	$\overline{Y}_4$	$\overline{Y}_5$	$\overline{Y}_6$	Y_7	$\overline{Y}_8$	$\overline{Y}_9$
0	0	0	0	0	0	1	1	1	1	1	1	1	1	1
1	0	0	0	1	1	0	1	1	1	1	1	1	1	1
2	0	0	1	0	1	1	0	1	1	1	1	1	1	1
3	0	0	1	1	1	1	1	0	1	1	1	1	1	1
4	0	1	0	0	1	1	1	1	0	1	1	1	1	1
5	0	1	0	1	1	1	1	1	1	0	1	1	1	1
6	0	1	1	0	1	1	1	1	1	1	0	1	1	1
7	0	1	1	1	1	1	1	1	1	1	1	0	1	1
8	1	0	0	0	1	1	1	1	1	1	1	1	0	1
9	1	0	0	1	1	1	1	1	1	1	1	1	1	0
伪码	1	0	1	0	1	1	1	1	1	1	1	1	1	1
	1	0	1	1	1	1	1	1	1	1	1	1	1	1
	1	1	0	0	1	1	1	1	1	1	1	1	1	1
	1	1	0	1	1	1	1	1	1	1	1	1	1	1
	1	1	1	0	1	1	1	1	1	1	1	1	1	1
	1	1	1	1	1	1	1	1	1	1	1	1	1	1

从设计的角度来看,为了提高电路的工作可靠性,保证电路具有拒绝翻译伪码的功能,在设计译码器时并没有化简,而采用了全译码。二-十进制译码器74LS42的译码输出与非门都有4个输入端,只有这样才具有拒绝翻译伪码的功能。

若把二-十进制译码器74LS42的Y_8、Y_9闲置不用,并将A_3作为使能端,则74LS42可以作为3线-8线译码器使用。

通常也可用4线-16线译码器实现二-十进制译码器,例如,可以用4线-16线译码器74154实现二-十进制译码器。如果采用8421BCD编码表示十进制数,译码时只需取74154的前10个输出信号就可表示十进制数0~9;如果采用余3码,译码器需输出3~12;如果采用其他形式的BCD码,可根据需要选择输出信号。

3. 显示译码器

在数字系统中,经常需要将表示数字、文字、符号的二进制代码翻译成人们习惯的形式直观地显示出来,以便掌握和监控系统的运行情况。把二进制代码翻译成高低电平驱动显示器件显示数字或字符的MSI部件,称为显示译码器。

显示器和显示译码器是数字设备不可缺少的组成部分。要分析和设计显示译码器首先要了解显示器的特性。显示器件按材料可分为荧光显示器、半导体(发光二极管)显示器和液晶显示器。半导体显示器件和液晶显示器件都可以用CMOS和TTL电路直接驱动。显示器的显示方法主要有以下3种:其一为分段式,数码由同一平面上的若干发光段组成,每个发光段为一个电极,利用发光段的不同组合显示数字、文字、符号等,例如发光二极管数码显示器;其二为点阵式,由排列整齐的发光点阵组成,利用发光点的不同组合显示不同的数码、文字或图案等,如大屏幕点阵显示器;其三为字形重叠式,电极做成0~9这10个不同的字符,它们相互重叠,彼此绝缘,如辉光数码管等,目前较少使用。分段式发光二极管显示器是目前最常用的数码显示器。

为了驱动显示器显示译码器要附加驱动电路,通常集成电路中已经将驱动电路集成进去。显示译码器的输入一般为二进制代码,输出的信号用以驱动显示器。

(1) 七段LED显示器

数字电路中最常用的是由发光二极管(LED)组成的分段式显示器,主要用来显示字形或符号,一般称为LED数码管。LED数码管根据发光段数分为七段数码管和八段数码管,其中,七段显示器应用最普遍。

发光二极管(LED)由特殊的半导体材料砷化镓、磷砷化镓等制成,可以单独使用,也可以组装成分段式或点阵式LED显示器件(半导体显示器)。外加正向电压时二极管导通,发出清晰的光,有红、黄、绿等色。只要按规律控制各发光段的亮、灭,就可以显示各种字形或符号。七段LED数码管由7条线段围成8字型,每一段包含一个发光二极管,其表示符号如图4.49所示。七段LED数码管有共阴、共阳两种接法。如图4.50(a)所示为发光二极管的共阴极接法。共阴极接法是各发光二极管的阴极相接,使用时,公共阴极接地,对应阳极接高电平时亮。如图4.50(b)所示为发光二极管的共阳极接法。共阳极接法是各发光二极管阳极相接,使用时,

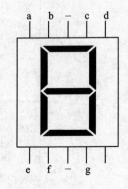

图4.49 LED数码管

公共阳极接正电源,对应阴极接低电平时亮。7个阳极或阴极 a～g 由相应的 BCD 七段译码器来驱动(控制)。R 是上拉电阻,也称限流电阻,用来保证 LED 亮度稳定,同时防止电流过大损坏发光管。当译码器内部带有上拉电阻时,则可省去。

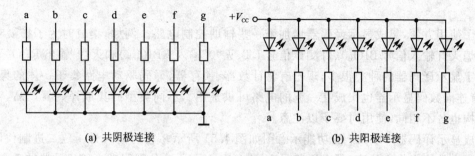

图 4.50　七段 LED 数码管的两种接法

(2) 七段显示译码器的设计

BCD 七段译码器的输入是一位 BCD 码(以 DCBA 或 $A_3A_2A_1A_0$ 表示),输出是数码管各段的驱动信号(以 Fa～Fg 表示),也称 4 线-7 线译码器。若用它驱动共阴 LED 数码管,则输出应为高电平有效,即输出为高(1)时,相应显示段发光。例如,当输入 8421 码 DCBA=0100 时,应显示 4,即要求同时点亮 b、c、f、g 段,熄灭 a、d、e 段,故译码器的输出应为 Fa～Fg=0110011,这也是一组代码,常称为段码。同理,根据组成 0～9 这 10 个字形的要求可以列出如表 4.23 所列的 8421BCD 七段译码器的真值表(未用码组省略)。未用码组作为约束项处理很容易列出表达式,画出逻辑电路图(过程不再详述)。

表 4.23　8421BCD 七段译码器真值表

输入				输出							字形
D	C	B	A	F_a	F_b	F_c	F_d	F_e	F_f	F_g	
0	0	0	0	1	1	1	1	1	1	0	０
0	0	0	1	0	1	1	0	0	0	0	１
0	0	1	0	1	1	0	1	1	0	1	２
0	0	1	1	1	1	1	1	0	0	1	３
0	1	0	0	0	1	1	0	0	1	1	４
0	1	0	1	1	0	1	1	0	1	1	５
0	1	1	0	1	0	1	1	1	1	1	６
0	1	1	1	1	1	1	0	0	0	0	７
1	0	0	0	1	1	1	1	1	1	1	８
1	0	0	1	1	1	1	1	0	1	1	９

在实际产品中,为了鉴别输入情况,当输入码大于 9 时,仍使数码管显示一定图形,这时未用码组所对应的输出要根据要求选择为 0 或 1。为了在上述设计的的基础上增加功能扩展电路和驱动电路,人们生产了多种类型的集成显示译码器,主要有 TTL 和 CMOS 两大类产品,不同类型产品的结构和参数不同,但基本功能相似。

(3) 集成显示译码器

实际显示译码器,不仅可以将 BCD 码变成十进制数字,而且可以将 BCD 码变成字母和符号并在数码管上显示出来。在数字式仪表、数控设备和微型计算机中是不可缺少的人机联系手段。

为了使用方便,集成显示译码器增加了一些辅助控制电路。例如,集成时为了扩展功能,增加了熄灭灯输入信号 BI(I_B)、灯测试信号 LT、灭"0"输入 RBI(I_{BR})和灭"0"输出 RBO(Y_{BR})。

数字显示译码器的种类很多,现已有将计数器、锁存器、译码驱动电路集于一体的集成器件,还有连同数码显示器也集成在一起的电路可供选用。不同类型的集成译码器产品,输入、输出结构也各不相同,使用时要予以注意。

集成显示译码器 74LS47 的功能示意图如图 4.51 所示。它的输入为 4 位二进制代码 $A_3A_2A_1A_0$,它的输出为 7 位高、低电平信号 $Y_aY_bY_cY_dY_eY_fY_g$,分别驱动 7 段显示器的 7 个发光段,输出 $Y_aY_bY_cY_dY_eY_fY_g$ 低电平有效,且为集电极开路门输出;$\overline{LT}$、$\overline{I_{BR}}$、$\overline{I_B}/\overline{Y_{BR}}$ 为附加的功能扩展输入/输出端,用以扩展电路功能。当附加的功能扩展端无效时,74LS47 完成基本的显示功能,功能真值表与表 4.23 相似,唯一的区别是输出低电平有效。下面介绍附加控制段的功能和用法。

灯测试输入端 $\overline{LT}$:当 $\overline{LT}=0$ 时,不管输入 $A_3A_2A_1A_0$ 状态如何,七段均发亮,显示"8"。它主要用来检测数码管是否损坏。$\overline{LT}=1$ 时,译码器方可进行译码显示。

灭"0"输入端 $\overline{I_{BR}}$:当 $\overline{LT}=1$,输入 $A_3A_2A_1A_0$ 为 0000 时,若 $\overline{I_{BR}}=0$,显示器各段均熄灭,不显示"0"。而 $A_3A_2A_1A_0$ 为其他各种组合时,正常显示。它主要用来熄灭无效的前 1 个 0 和后 1 个 0。如 0093.2300,显然前 2 个 0 和后 2 个 0 均无效,则可使用 $\overline{I_{BR}}$ 使之熄灭,显示 93.23。

双功能的输入/输出端 $\overline{I_B}/\overline{Y_{BR}}$:$\overline{I_B}/\overline{Y_{BR}}$ 是一个双功能的输入/输出端。当作为输入端使用时,称为灭灯输入端,当 $\overline{I_B}=0$ 时,不管其他任意输入端状态如何,七段数码管均处于熄灭状态,不显示数字;当作为输出端使用时,称为灭"0"输出端,$\overline{Y_{BR}}$ 的逻辑表达式为:

$$\overline{Y_{BR}} = \overline{\overline{LT}\,\overline{A_3}\,\overline{A_2}\,\overline{A_1}\,\overline{A_0}\,\overline{I_{BR}}} \tag{4-11}$$

上式表明,只有当输入 $A_3A_2A_1A_0=0000$,而且 $\overline{I_{BR}}=0$,$\overline{LT}=1$ 时,$\overline{Y_{BR}}$ 才为 0。它的物理意义是当本位为"0"且熄灭时,$\overline{Y_{BR}}$ 才为 0。在多位显示系统中,可以用它与高位或低位的 $\overline{I_{BR}}$ 相连,通知此位如果是 0 也可熄灭。$\overline{I_B}/\overline{Y_{BR}}$ 共用一个引出端。

74LS48 和 74LS49 具有与 74LS47 相似的逻辑功能,它们与 74LS47 的最大区别是输出结构不同,并且输出为高电平有效。74LS49 的功能示意图如图 4.52 所示,输出端无小圆圈。

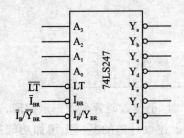

图 4.51　74LS247 功能示意图

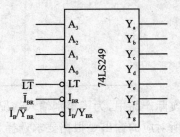

图 4.52　74LS249 功能示意图

(4) 译码器和显示器的用法

数字电路处理的信息都是以二进制代码表示的,而显示器显示的是文字、符号等信息,译码器和显示器总是结合起来使用的。

LED 七段数码管有共阴极结构和共阳极结构两种形式。共阴极形式高电平驱动阳极发光,共阳极结构形式低电平驱动阴极发光。显示译码器有输出高电平有效和低电平有效两种驱动方式,需要合理匹配。输出低电平有效的显示译码器应与共阳极结构显示器相连,输出高电平有效地显示译码器应与共阴极结构显示器相连。

74LS47 驱动共阳极结构显示器的逻辑电路如图 4.53 所示。图中 LED 七段显示器的驱动电路是由 74LS47 译码器、1 kΩ 的双列直插限流电阻排、七段共阳极 LED 显示器组成的。由于 74LS47 是集电极开路输出(OC 门),驱动七段显示器时需要外加限流电阻。其工作过程是:输入的 8421BCD 码经译码器译码,产生 7 个低电平有效的输出信号,这 7 个输出信号通过限流电阻分别接至七段共阳极显示器对应的 7 个段;当 LED 七段显示器的 7 个输入端有一个或几个为低电平时,与其对应的字段点亮。

74LS49 驱动共阴极结构显示器的逻辑电路如图 4.54 所示。图中所接电阻为上拉电阻,起限流作用,可以保证发光段上有合适的电流流过,应根据发光亮度要求和译码器驱动能力进行选取。有些集成器件内部已集成有上拉电阻,这时则不需要外接。

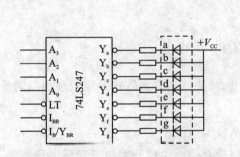

图 4.53　74LS247 显示器的逻辑电路

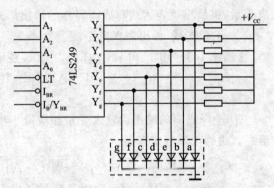

图 4.54　74LS249 显示器的逻辑电路

将灭"0"输入端和灭"0"输出端配合使用,可以实现多位数码显示系统的灭"0"控制。如图 4.55 所示为灭"0"控制的连接电路。只需在整数部分把高位的 $\overline{Y}_{BR}$ 与低位的 $\overline{I}_{BR}$ 相连,在小数部分把低位的 $\overline{Y}_{BR}$ 与高位的 $\overline{I}_{BR}$ 相连,就可以把前后多余的 0 熄灭了。在这种连接方式下,整数部分只有高位是 0,而且被熄灭的情况下,低位才有灭"0"输入信号;同理,小数部分只有低位是 0,而且被熄灭的情况下,高位才有灭"0"输入信号。如图 4.55 所示的要求小数点前后一位必须显示,不灭"0"。

4.6.3　集成中规模译码器的应用

译码器的应用范围很广,译码器除了用来驱动各种显示器件外,还可实现存储系统和其他数字系统的地址译码、指令译码,组成脉冲分配器、程序计数器、代码转换和逻辑函数发生器等。下面介绍译码器的几种典型应用。

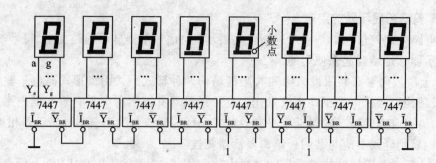

图 4.55 有灭"0"控制的 8 位数码显示系统

1. 实现逻辑函数

全译码器(变量译码器)在选通时,各输出函数为输入变量相应最小项之非(或最小项),且包含所有最小项,而任意逻辑函数总能表示成最小项之和的形式。利用这个特点,可以实现组合逻辑电路的设计,而不需要经过化简过程。可见,利用全译码器和门电路可实现逻辑函数。设计过程如下:

① 写出待设计电路的最小项表达式。

② 根据函数要求选定译码器,确定待设计电路的输入变量和译码器的输入变量之间的对应关系,将最小项表达式写成译码器的输出形式。

③ 正确连线,画出逻辑电路图。

【例 4.14】 用全译码器 74LS138 实现逻辑函数:

$$F=\overline{A}\,\overline{B}C+\overline{A}B C+A\overline{B}C+ABC$$

解:

① 全译码器的输出为输入变量相应最小项之非,故先将逻辑函数式 F 写成最小项之反的形式。由德•摩根定理得:

$$F=\overline{\overline{A}\,\overline{B}C \cdot \overline{A}BC \cdot A\overline{B}C \cdot ABC}$$

② F 有 3 个变量,因而选用三变量译码器。将变量 A、B、C 分别接三变量译码器的 A_2 $A_1 A_0$ 端,则上式变为:

$$F=\overline{\overline{A}\,\overline{B}C \cdot \overline{A}BC \cdot A\overline{B}C \cdot ABC}=\overline{\overline{Y_0}\,\overline{Y_1}\,\overline{Y_2}\,\overline{Y_7}}$$

③ 根据上式可以画出用三变量译码器 74LS138 实现上述函数的逻辑图,如图 4.56 所示。译码器的选通端均应接有效电平,例如图 4.56 中,E_1 和 E_{2A}、E_{2B} 分别接 1 和 0。

由以上例题可以看出,采用输出为低电平有效的译码器时,应将最小项表达式变换成与非-与非表达式,并用译码器的输出取代式中各最小项的非,然后加一个与非门就可以完成

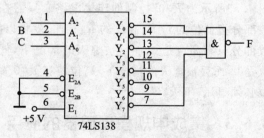

图 4.56 74LS138 实现逻辑函数

设计;若采用输出为高电平有效的译码器时,则需要用译码器的输出取代式中各最小项,并加或门就可以完成设计。

全译码器可以实现任意函数,并且可以有多路输出,但函数变量数不能超过译码器地址端

数。部分译码器也可以实现一些函数，但要求译码器的输出含有函数所包含的最小项。

【**例 4.15**】 用 4 线-10 线译码器（8421BCD 码译码器）实现单"1"检测电路。

解：单"1"检测的函数式为：

$$F=\overline{A}\overline{B}\overline{C}D+\overline{A}\overline{B}C\overline{D}+\overline{A}B\overline{C}\overline{D}+A\overline{B}\overline{C}\overline{D}$$

将变量 A、B、C、D 分别接 4 线-10 线译码器的 A_3、A_2、A_1、A_0 端，则上式变为：

$$F=m_1+m_2+m_4+m_8=\overline{\overline{m_1}\cdot\overline{m_2}\cdot\overline{m_4}\cdot\overline{m_8}}$$

单"1"检测电路逻辑图如图 4.57 所示。

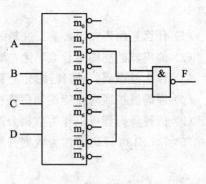

图 4.57 单"1"检测电路

2. 用译码器构成数据分配器或时钟分配器

二进制译码器和数据分配器的输出都是地址的最小项。译码器可用做数据分配器或脉冲分配器。数据分配器基本无产品，一般将译码器改接成分配器，下面举例说明。

将带使能端的 3 线-8 线译码器 74LS138 改做 8 路数据分配器的电路图，如图 4.58(a)所示。译码器的使能端作为分配器的数据输入端，译码器的输入端作为分配器的地址码输入端，译码器的输出端作为分配器的输出端。这样分配器就会根据所输入的地址码将输入数据分配到地址码所指定的输出通道。

例如，要将输入信号序列 00100100 分配到 Y_0 通道输出，只要使地址 $X_2X_1X_0=000$，输入信号从 D 端输入，Y_0 端即可得到和输入信号相同的信号序列，波形图如图 4.58(b)所示。此时，其余输出端均为高电平。若要将输入信号分配到 Y_1 输出端，只要将地址码变为 001 即可。依次类推，只要改变地址码，就可以把输入信号分配到任何一个输出端输出。

74LS138 用做分配器时，按如图 4.58(a)所示的接法可得到数据的原码输出。若将数据加到 E_1 端，而 E_{2A}、E_{2B} 接地，则输出端得到数据的反码。在图 4.58(a)中，如果 D 输入的是时钟脉冲，则可将该时钟脉冲分配到 $Y_0 \sim Y_7$ 的某一个输出端，从而构成时钟脉冲分配器。

除了上述接法，我们也可以把 A_2 作为数据输入，A_1、A_0 作为地址输入，则在使能端接有效电平的情况下，74LS138 的 8 路输出为 4 路 A_2 的原变量，4 路 A_2 的反变量，如图 4.59 所示为 74LS138 改做 8 路分配器的另一种接法，E_1 可以作为工作停止控制端。

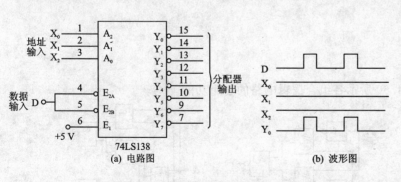

图 4.58 74LS138 改做 8 路分配器

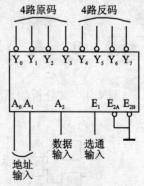

图 4.59 74LS138 改做的 8 路互补分配器

思 考 题

(1) 什么是编码？什么是二进制编码？
(2) 编码器的功能是什么？优先编码器有什么优点？
(3) 什么是译码？译码器的分类和特点？
(4) 译码器扩展时使能端如何连接？
(5) 何种译码器可以作为数据分配器使用？为什么？
(6) 74LS138 译码器作为数据分配器使用时，对于 E_1、E_{2A}、E_{2B} 的设置方法有哪些？

☞ 本章小结

(1) 组合逻辑电路的特点是，任何时刻的输出仅取决于该时刻的输入，而与电路原来的状态无关，它一般由若干逻辑门组成。

(2) 组合逻辑电路的分析过程是：逻辑图→逻辑表达式→化简和变换逻辑表达式→列出真值表→确定功能。

(3) 组合逻辑电路的设计方法是：列出真值表→写出逻辑表达式→逻辑化简和变换→画出逻辑图。

(4) 组合逻辑电路在过渡态有可能出现险象，实际电路设计中要设法消除，消除方法有滤波、修改逻辑设计和加入选通脉冲等措施。

(5) 本章着重介绍了具有特定功能常用的一些组合逻辑电路，如比较器、加法器、数据选择器和数据分配器、编码器、译码器等。在介绍这些组合逻辑电路的一般设计方法的基础上，重点介绍 MSI 集成芯片的逻辑功能以及集成电路的扩展和应用。其中，编码器和译码器功能相反，都设有使能控制端，便于多片连接扩展；数据选择器和分配器功能相反，分配器一般由二进制译码器构成，并不生产专门产品；数字比较器用来比较数的大小，加法器用来实现算术运算。

(6) 用数据选择器和译码器可实现逻辑函数及组合逻辑电路，译码器可以实现单输出和多输出逻辑函数，数据选择器只能实现单输出逻辑函数，显示译码器可以驱动显示器显示数字、符号和文字。

☞ 习 题

题 4.1 试分析如图 4.60 所示各组合逻辑电路的逻辑功能。

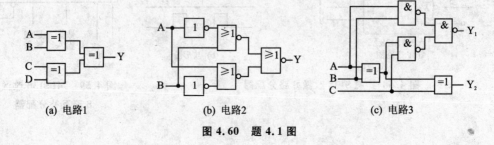

(a) 电路1　　　　　(b) 电路2　　　　　(c) 电路3

图 4.60　题 4.1 图

题 4.2 判断下列逻辑函数是否存在冒险现象：
$$Y_1 = AB + \overline{A}C + BC + \overline{A}\,\overline{B}C$$
$$Y_2 = (A+B)(\overline{B}+\overline{C})(\overline{A}+C)$$

题 4.3 采用与非门设计下列逻辑电路：
(1) 三变量非一致电路；
(2) 三变量判奇电路(含 1 的个数)；
(3) 三变量多数表决电路；
(4) 一个 2 位乘 2 位的二进制乘法器。

题 4.4 有一个车间，有红、黄 2 个故障指示灯，用来表示 3 台设备的工作情况。当有 1 台设备出现故障时，黄灯亮；当有 2 台设备出现故障时，红灯亮；当 3 台设备都出现故障时，红灯、黄灯都亮。试用与非门设计 1 个控制灯亮的逻辑电路。

题 4.5 A、B、C 和 D 4 人在同一实验室工作，他们之间的工作关系是：
(1) A 到实验室，就可以工作；
(2) B 必须 C 到实验室后才有工作可做；
(3) D 只有 A 在实验室才可以工作。

请将实验室中没人工作这一事件用逻辑表达式表达出来。

题 4.6 仿照半加器和全加器的设计方法，试设计一个半减器和一个全减器。

题 4.7 采用串接方法用 74LS85 实现 12 位比较器。

题 4.8 试用 74LS151 数据选择器实现逻辑函数：
(1) $Y_1(A,B,C) = \sum_m(1,3,5,7)$
(2) $Y_2 = \overline{A}\,\overline{B}C + \overline{A}BC + AB\overline{C} + ABC$

题 4.9 用 4 选 1 数据选择器和译码器，组成 20 选 1 数据选择器。

题 4.10 试用 74LS153 数据选择器设计半加器和全加器。

题 4.11 试用集成电路实现将 16 路输入中的任意一组数据传送到 16 路输出中的任意一路，画出逻辑连接图。

题 4.12 旅客列车分特快、直快、慢车 3 种。它们的优先顺序由高到低依次是特快、直快、慢车。试设计一个列车从车站开出的逻辑电路。

题 4.13 为使 74LS138 译码器的第 10 引脚输出为低电平，请标出各输入端应置的逻辑电平。

题 4.14 用译码器实现下列逻辑函数，画出连线图。
(1) $Y_1 = \sum_m(3,4,5,6)$
(2) $Y_2 = \sum_m(1,3,5,9,11)$
(3) $Y_3 = \sum_m(2,6,9,12,13,14)$

题 4.15 用与非门设计一个 8421BCD 码的七段显示译码器，要求能显示 0～9，其他情况灭灯。

题 4.16 用二进制译码器和门电路设计一个 8 选 1 数据选择器。

题 4.17 在如图 4.61 所示的电路中，当比较器 C 输入端信号 $U_i > 0$ 时，C 输出高电平；

当 $U_i<0$ 时，C 输出低电平，且 C 输出电平与 TTL 器件输出电平兼容。若 U_i 为正弦波，其频率为 1 Hz，问数码管显示图案是怎样的？

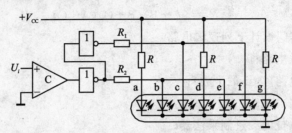

图 4.61 题 4.17 图

第5章 触发器

本章首先对触发器的电路结构和功能特点进行概括性介绍；然后详细讨论各种具体触发器的电路结构、逻辑功能以及动作特点；最后介绍集成触发器的使用注意事项，重点介绍触发器转换方法。

5.1 触发器概述

触发器(Flip Flop,FF)是构成数字电路的又一基本单元，它是具有记忆功能的存储单元，可以存储1位0或1。若干个触发器组合在一起可寄存多位二值信号。

5.1.1 触发器的特点

触发器有双稳态、单稳态和无稳态触发器等几种，本章所介绍的是双稳态触发器，即其输出有两个稳定状态0、1，专门用来接收、存储和输出0、1代码。

触发器有1个或多个信号输入端，2个互补的输出端Q和$\overline{Q}$。一般用Q的状态表明触发器的状态。$Q=0,\overline{Q}=1$为0态，$Q=1,\overline{Q}=0$为1态。如外界信号使$Q=\overline{Q}$，则破坏了触发器的状态，这种情况在实际运用中是不允许出现的。

只有输入触发信号有效时，输出状态才有可能转换；否则，输出将保持不变。为了实现记忆二值信号的功能，触发器应具有以下2个基本特点：

① 具有2个自行保持的稳定状态，即0态和1态。
② 随不同输入信号改变为1或0态。

输入信号变化时，触发器可以从一个稳定状态转换到另一个稳定状态。为了分析方便，我们把触发器接收输入信号之前的状态称为现在状态（简称现态），用Q^n（或Q，上标可省略）表示，把触发器接收输入信号之后所进入的状态称为下一状态（简称次态），用Q^{n+1}表示。现态和次态是2个相邻离散时间触发器输出端的状态，它们之间的关系是相对的，每一时刻触发器的次态就是下一相邻时刻触发器的现态。

5.1.2 触发器的分类

双稳态触发器可以由分立元器件、集成门构成，现在基本上都是中小规模集成产品，主要有TTL和CMOS两大类。

按照电路结构形式和工作特点的不同，双稳态触发器可分为基本触发器(RS)、时钟(CP或CI)触发器两大类，不同电路结构的触发器具有不同的动作方式。CP为Clock Pulse(时钟脉冲)的简写。CP不影响触发器的逻辑功能,只是控制触发器的工作节奏,不是输入信号。

时钟(CP或CI)触发器又可分为电平控制的触发器和边沿触发器两种类型。前一类有同步和主从2种,在CP为0或1时动作;后一类有维持阻塞、利用CMOS传输门的主从、利用门电路延迟时间的触发器,在CP上升沿或下降沿时动作。

由于内部逻辑电路的不同,使触发器的输入与输出信号间的逻辑关系也有所不同,其输出信号在输入信号作用下将按不同的逻辑关系进行变化,从而构成各种不同逻辑功能的触发器,如RS触发器、D触发器、JK触发器、T触发器和T'型触发器。

触发器的输入端一般都有确定的名称,比如R、S等,输入端的名称由触发器的功能决定。RS触发器的2个输入信号R、S,R为英文RESET的缩写,S为英文SET的缩写。RS触发器具有置1、置0和保持功能,R、S不允许同时为有效电平。D触发器为一个输入信号D,输出态跟随D变化,具有置1、置0功能。JK触发器的2个输入信号J、K,具有置1、置0、保持和变反功能。T触发器一个输入信号T,具有保持和变反功能。T'型触发器,只有变反功能,一般由D触发器、JK触发器和T触发器实现。逻辑功能的描述方法有逻辑符号、特性方程、特性表、状态图和时序波形图等多种形式。

此外,根据存储数据的原理不同,触发器还可以分为静态和动态触发器。静态触发器是靠电路的自锁存储数据的;而动态触发器是通过在MOS管栅极输入电容上存储电荷来存储数据的,例如输入电容上存有电荷为0状态,则没存电荷为1状态。本章只介绍静态触发器,第8章将介绍动态触发器。

思 考 题

(1) 什么是触发器?按控制时钟状态可分成哪几类?

(2) 触发器当前的输出状态与哪些因素有关?它与门电路按一般逻辑要求组成的逻辑电路有何区别?

5.2 基本RS触发器

5.2.1 基本RS触发器的电路结构和工作原理

基本RS触发器是构成各种功能触发器的基本单元,称为基本触发器。它可以用2个与非门或2个或非门交叉耦合构成。本节将针对与非门构成的基本RS触发器进行分析,如图5.1(c)、(d)所示的或非门构成的基本RS触发器请读者自己进行分析。如图5.1(a)所示是用2个与非门构成的基本RS触发器,它有2个输入端(或称激励端)R_D和S_D,2个互补输出端Q和$\bar{Q}$,一般用Q端的逻辑值来表示触发器的状态。

根据如图5.1(a)所示电路中的与非逻辑关系,可以得出以下结果:

① 当$R_D=0$,$S_D=1$时,$Q=0$,$\bar{Q}=1$,称触发器处于置0(复位)状态。

② 当$R_D=1$,$S_D=0$时,$Q=1$,$\bar{Q}=0$,称触发器处于置1(置位)状态。

③ 当$R_D=1$,$S_D=1$时,$Q^{n+1}=Q^n$,称触发器处于保持(记忆)状态。

④ 当$R_D=0$,$S_D=0$时,$Q=\bar{Q}=1$,2个与非门输出均为1(高电平),此时破坏了触发器的互补输出关系,而且当R_D和S_D同时从0变化为1时,由于门的延迟时间不一致,使触发器的

触发器
第5章

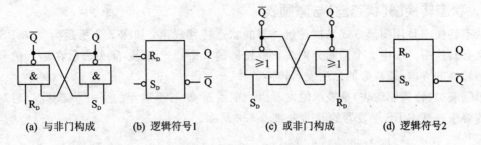

图 5.1 基本 RS 触发器的电路组成和逻辑符号

次态不确定,即 Q=×,这种情况是不允许的。规定输入信号 R_D 和 S_D 不能同时为 0,它们应遵循 $R_D+S_D=1$ 的约束条件。

从以上分析可见,基本 RS 触发器具有置 0、置 1 和保持的逻辑功能,通常 S_D 称为置 1 端或置位(SET)端,R_D 称为置 0 或复位(RESET)端。该触发器又称为置位-复位(Set-Reset)触发器,其逻辑符号如图 5.1(b)所示。因为它是以 R_D 和 S_D 为低电平时被清 0 和置 1 的,所以称 R_D 和 S_D 低电平有效,且在图 5.1(b)中 R_D 和 S_D 的输入端加有小圆圈表示。输出端的小圆圈表示输出非端,Q 和 $\bar{Q}$ 正常情况下状态互补。另外要注意,一些资料还习惯用反变量表示输入低电平有效。

5.2.2 基本 RS 触发器的功能描述方法

基本 RS 触发器的逻辑功能可采用状态表、特征方程式、逻辑符号图以及状态转换图、波形图或称时序图来描述。

1. 状态转换真值表(状态表)

将触发器的次态 Q^{n+1} 与现态 Q^n、输入信号之间的逻辑关系用表格形式表示出来,这种表格就称为状态转换真值表,简称状态表。根据以上分析,如图 5.1(a)所示基本 RS 触发器的状态转移真值表如表 5.1 所列。它们与组合电路的真值表相似,不同的是触发器的次态 Q^{n+1} 不仅与输入信号有关,还与它的现态 Q^n 有关,这正体现了存储电路的特点。

2. 特征方程(状态方程)

描述触发器逻辑功能的函数表达式称为特征方程或状态方程。据表 5.1 画出的卡诺图如图 5.2 所示,对如图 5.2 所示的次态卡诺图化简,可以求得基本 RS 触发器的特征方程为:

$$\begin{cases} Q^{n+1} = \bar{S}_D + R_D Q^n \\ S_D + R_D = 1 \end{cases} \quad (5-1)$$

特征方程中的约束条件表示 R_D 和 S_D 不允许同时为 0,即 R_D 和 S_D 总有一个为 1。

表 5.1 状态表

输入		输出	逻辑功能	输入		输出	逻辑功能
R_D	S_D	Q^n	Q^{n+1}		R_D	S_D	Q^n	Q^{n+1}	
0	0	0	×	不定	1	0	0	1	置1
0	0	1	×		1	0	1	1	
0	1	0	0	置0	1	1	0	0	保持不变
0	1	1	0		1	1	1	1	

$R_D S_D$ \ Q	00	01	11	10
0	×	0	0	1
1	×	0	1	1

图 5.2 次态卡诺图

3. 状态转换图(状态图)与激励表

状态转换图是用图形方式来描述触发器的状态转移规律。如图 5.3 所示为基本 RS 触发器的状态转换图。图中 2 个圆圈分别表示触发器的 2 个稳定状态,箭头表示在输入信号作用下状态转换的方向,箭头旁的标注表示转换条件。

激励表(也称为驱动表)是表示触发器由当前状态 Q^n 转至确定的下一状态 Q^{n+1} 时对输入信号的要求。基本 RS 触发器的激励表如表 5.2 所列。

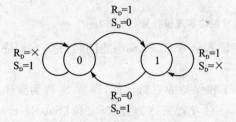

图 5.3 基本 RS 触发器的状态转换图

表 5.2 基本 RS 触发器的激励表

$Q^n \rightarrow Q^{n+1}$		S_D	R_D
0	0	1	×
0	1	0	1
1	0	1	0
1	1	×	1

4. 工作波形图

工作波形图又称为时序图,它反映了触发器的输出状态随时间和输入信号变化的规律,是实验中可观察到的波形,如图 5.4 所示。

由或非门构成的基本 RS 触发器的电路图和逻辑符号如图 5.1(c)和(d)所示。逻辑符号中,S_D、R_D 处无小圆圈,表示高电平有效。它和与非门构成的基本 RS 触发器功能相似,区别只有高、低电平的不同。其特征方程为:

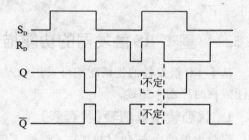

图 5.4 基本 RS 触发器的时序图

$$\begin{cases} Q^{n+1} = S_D + \overline{R_D}Q^n \\ S_D R_D = 0 \end{cases} \quad (5-2)$$

5.2.3 基本 RS 触发器的工作特点

通过以上分析可以知道,基本 RS 触发器具有如下特点。

① 直接复位-置位。它具有两个稳定状态,分别为 1 和 0。如果没有外加触发信号作用,它将保持原有状态不变,触发器具有记忆作用。在外加触发信号作用下,触发器输出状态才可能发生变化,输出状态直接受输入信号的控制,也称其为直接复位-置位触发器,属于非时钟控制触发器。

② 存在约束。对于与非门构成的基本 RS 触发器,当 R_D、S_D 端输入均为低电平时,输出状态不定,即 $R_D = S_D = 0$,$Q = \overline{Q} = 1$,不符合互补关系,实际运用中不允许出现这种情况。

基本 RS 触发器电路结构简单,可存储 1 位二进制代码,是构成各种性能更好的触发器和时序逻辑电路的基础。由于基本 RS 触发器存在直接置位和约束的问题,其使用受到了很大限制。

思 考 题

(1) 基本 RS 触发器有几种功能?RS 各在什么时候有效?

(2) 基本 RS 触发器有哪几种类型？

(3) 基本 RS 触发器的不定状态有几种情况？

5.3 同步时钟触发器

为了克服基本 RS 触发器存在约束和直接控制的不足，给触发器增加了时钟控制端 CP，从而构成了时钟触发器。根据 CP 触发方式的不同，时钟触发器包括同步时钟触发器、主从时钟触发器和边沿时钟触发器。下面首先介绍同步时钟触发器的电路组成和逻辑功能及工作特点。

同步时钟触发器由 CP 电平控制触发，有高电平触发与低电平触发两种类型，有 RS、D、JK 和 T 等多种逻辑功能电路。

5.3.1 同步 RS 触发器

1. 同步 RS 触发器的电路组成和逻辑符号

同步 RS 触发器是由在基本 RS 触发器的基础上增加 2 个与非门构成的，其逻辑电路及逻辑符号分别如图 5.5(a)、(b)所示。图中 C、D 门构成触发引导电路，R 为置 0 端，S 为置 1 端，CP 为时钟输入端。

2. 同步 RS 触发器的逻辑功能

如图 5.5(a)所示，基本 RS 触发器的输入函数为 $R_D = \overline{R \cdot CP}$，$S_D = \overline{S \cdot CP}$，当 CP=0 时，C、D 门被封锁，$R_D = 1$，$S_D = 1$，由基本 RS 触发器功能可知，触发器状态维持不变。

当 CP=1 时，$R_D = \overline{R}$，$S_D = \overline{S}$，触发器状态将发生转换。将 R_D、S_D 代入基本 RS 触发器的特征方程式(5-1)中，可得出同步 RS 触发器的特征方程为：

$$\begin{cases} Q^{n+1} = S + \overline{R}Q^n \\ RS = 0 \end{cases} \quad (CP = 1) \qquad (5-3)$$

其中 RS=0 表示 R 与 S 不能同时为 1。该方程表明当 CP=1 时，同步 RS 触发器的状态按式(5-3)转换，即时钟信号为 1 时才允许外输入信号起作用。

同理还可得出 CP=1 时，钟控 RS 触发器的状态转换真值表和激励表分别如表 5.3 和表 5.4 所列，状态转换图、时序图分别如图 5.6(a)和(b)所示。

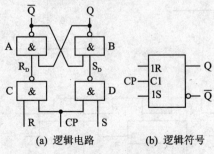

(a) 逻辑电路　　(b) 逻辑符号

图 5.5　同步 RS 触发器的逻辑电路及逻辑符号

表 5.3　同步 RS 触发器的状态转换真值表

R	S	Q^{n+1}
0	0	Q^n
0	1	1
1	0	0
1	1	×

表 5.4　同步 RS 触发器的激励表

$Q^n \to Q^{n+1}$	R	S
0　0	×	1
0　1	0	1
1　0	1	0
1　1	0	×

同步 RS 触发器是在 R 和 S 分别为 1 时清"0"和置"1"，R、S 高电平有效，逻辑符号的 R、S 输入端不加小圆圈。CP(或 C1)端表示高电平脉冲有效。

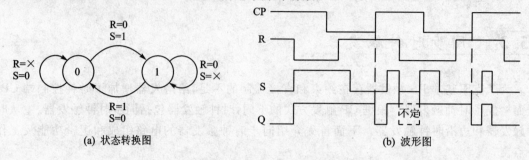

(a) 状态转换图　　　　　　　　　　　(b) 波形图

图 5.6　同步 RS 触发器的状态图和波形图

5.3.2　同步 D 触发器

1. 同步 D 触发器的电路组成和逻辑符号

为了解决 R、S 之间有约束的问题，可以将如图 5.5(a)所示钟控 RS 触发器的 R 端接至 D 门的输出端，并将 S 改为 D，便构成了如图 5.7(a)所示的钟控 D 触发器，其逻辑符号如图 5.7(b)所示。

2. 同步 D 触发器的逻辑功能

在图 5.7(a)中，门 A 和 B 组成基本触发器，门 C 和 D 组成触发引导门。

基本触发器的输入为 $S_D = \overline{D \cdot CP}$，$R_D = \overline{S_D \cdot CP} = \overline{\overline{D} \cdot CP}$。

当 CP=0 时，$S_D=1$，$R_D=1$，触发器状态维持不变。当 CP=1 时，$S_D = \overline{D}$，$R_D = D$，代入基本 RS 触发器的特征方程，从而得出同步 D 触发器的特征方程为：

$$Q^{n+1} = D \tag{5-4}$$

同理，可以得出同步 D 触发器在 CP=1 时的状态转换表(表 5.5)、状态驱动表(表 5.6)。画出如图 5.8 所示的状态图和时序图。

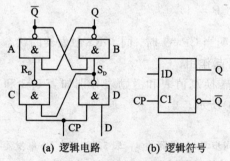

(a) 逻辑电路　　(b) 逻辑符号

图 5.7　同步 D 触发器的逻辑电路
　　　　及逻辑符号

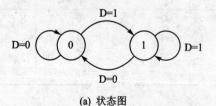

(a) 状态图

图 5.8　同步 D 触发器的状态图和时序图

表 5.5　同步 D 触发器的状态转换表

D	Q^{n+1}
0	0
1	1

表 5.6　同步 D 触发器的状态驱动表

$Q^n \to Q^{n+1}$	D
0　0	0
0　1	1
1　0	0
1　1	1

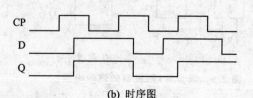

(b) 时序图

同步D触发器在时钟作用下,其次态 Q^{n+1} 始终和 D 输入一致,为此常把它称为数据锁存器或延迟(Delay)触发器。D 触发器的功能和结构都很简单,目前得到普遍应用。

5.3.3 同步 JK 触发器

1. 同步 JK 触发器的电路组成和逻辑符号

同步 JK 触发器的逻辑电路及逻辑符号分别如图 5.9(a)和(b)所示。从图中可以看出,它是由钟控 RS 触发器的互补输出 Q 和 $\overline{Q}$ 分别接至原来的 R 和 S 输入端,并在触发引导门的输入端加 J、K 输入信号而构成的。

2. 同步 JK 触发器的逻辑功能

由图 5.9(a)可见:$S_D = \overline{J\,\overline{Q^n} \cdot CP}$,$R_D = \overline{KQ^n \cdot CP}$。

当 CP=0 时,$S_D=1$,$R_D=1$,触发器状态维持不变;当 CP=1 时,$S_D = \overline{J\,\overline{Q^n}}$,$R_D = \overline{KQ^n}$。

代入基本 RS 触发器的特征方程式(5-1),得出同步 JK 触发器的特征方程为:

$$Q^{n+1} = \overline{S_D} + R_D Q^n = J\,\overline{Q^n} + \overline{KQ^n}Q^n = J\,\overline{Q^n} + \overline{K}Q^n \tag{5-5}$$

Q 和 $\overline{Q}$ 互补,约束条件自动满足,因此这种结构也解决了 R,S 之间的约束问题。

状态转换图、时序图分别如图 5.10、图 5.11 所示。同理还可得出 CP=1 时,钟控 JK 触发器的状态转换真值表、驱动表分别如表 5.7 和表 5.8 所列。

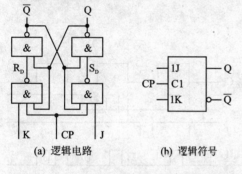

(a) 逻辑电路　　　(b) 逻辑符号

图 5.9 JK 触发器的逻辑电路及逻辑符号

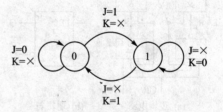

图 5.10 JK 触发器的状态图

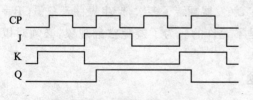

图 5.11 JK 触发器的时序图

表 5.7 JK 触发器的状态真值表

J	K	Q^{n+1}
0	0	Q^n
0	1	0
1	0	1
1	1	变反

表 5.8 JK 触发器的状态真值表

Q^n	Q^{n+1}	J	K
0	0	0	×
0	1	1	×
1	0	×	1
1	1	×	0

5.3.4 同步 T 触发器和 T 触发器

将 JK 触发器的 2 个输入端联在一起,用 T 表示,则构成了 T 触发器。逻辑电路和逻辑符号如图 5.12 所示。当 CP=1 时,钟控 T 触发器的特征方程为:

$$Q^{n+1} = J\,\overline{Q^n} + \overline{K}Q^n = T\overline{Q} + \overline{T}Q = T \oplus Q \tag{5-6}$$

上标 n 可省略不写。

由式(5-6)可以看出,当 T=0 时,T 触发器状态保持不变;T=1 时,T 触发器状态变反,即 $Q^{n+1}=\bar{Q}$。可以发现,T 触发器是 JK 触发器的特殊情况。T=1 时的 T 触发器,只有一种变反功能,$Q^{n+1}=\bar{Q}$,这种触发器称为 T′触发器,用途广泛。T 和 T′触发器一般由 D、JK 触发器产品构成。

5.3.5 同步触发器的工作特点

同步触发器具有以下工作特点。

① 脉冲电平触发,又称为电平触发器,CP=1 期间触发器的状态对输入信号敏感,输入信号的变化会引起触发器的状态变化;CP=0 期间,不论输入信号如何变化,都不会影响输出,触发器的状态维持不变。抗干扰能力好于基本 RS 触发器。

② 同步 RS 触发器,R、S 之间仍存在约束,约束关系为 RS=0,即 CP=1 期间不允许 R=S=1。其他功能触发器不存在约束。

③ 空翻和振荡现象。空翻现象就是在 CP=1 期间,触发器的输出状态随输入信号的变化翻转 2 次或 2 次以上的现象。在同步 JK 触发器中,互补输出引到了输入端,即使输入信号不发生变化,但由于 CP 脉冲过宽,同步 JK 触发器也会产生多次翻转。这种现象称为振荡现象。空翻和振荡波形图如图 5.13 所示。第 1 个 CP=1 期间和第 2 个 CP=1 期间 Q 状态变化了 2 次。

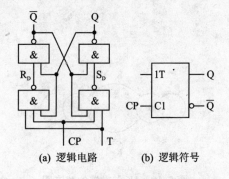

图 5.12 T 触发器的逻辑电路及逻辑符号

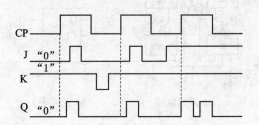

图 5.13 空翻和振荡波形图

第 3 个脉冲 CP=1 时,J=K=1 不变,$Q^{n+1}=\bar{Q^n}$,触发器翻转了多次,产生振荡现象。CP=1 期间,在同步触发器的多次翻转在实际工作中,是不允许的。为了避免空翻现象,必须对以上的同步触发器在电路结构上加以改进。

思 考 题

(1) 同步触发器的 CP 脉冲何时有效?
(2) 同步 JK 触发器有几种功能?
(3) 何谓空翻和振荡现象?

5.4 主从时钟触发器

为了提高触发器的可靠性,要求每来一个 CP 脉冲,触发器仅发生一次翻转,主从时钟触发器可以满足这个要求。主从时钟触发器由同步 RS 触发器构成,功能类型较多,这里主要介绍主从 RS 触发器和主从 JK 触发器。

5.4.1 主从 RS 触发器

1. 电路组成和逻辑符号

主从 RS 触发器由 2 个同步 RS 触发器串联而成。逻辑电路图和逻辑符号如图 5.14(a)、(b)、(c)所示,图 5.14(c)为带异步端的逻辑符号。如图 5.14(a)所示的逻辑电路中,左边同步 RS 触发器起驱动作用,负责接收信号,称做主触发器,其触发信号为 CP;右边同步 RS 触发器被驱动,负责输出信号,称做从触发器,其触发信号为 $\overline{CP}$;非门 G 负责得 $\overline{CP}$,保证主、从两个触发器分别工作在不同的时区。

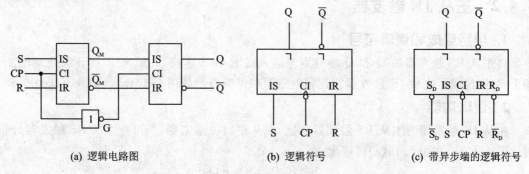

(a) 逻辑电路图　　　　　(b) 逻辑符号　　　　　(c) 带异步端的逻辑符号

图 5.14　主从 RS 触发器的逻辑电路图和逻辑符号

2. 逻辑功能

主从 RS 触发器中,接收信号和输出信号分 2 步进行:

① 接收输入信号的过程:CP=1 期间,主触发器接收输入信号 R、S。主触发器的输出为:

$$\begin{cases} Q_M^{n+1} = S + \overline{R}Q_M^n \\ RS = 0 \quad (约束条件) \end{cases} \quad (CP = 1 期间有效) \qquad (5-7)$$

此时 $\overline{CP}=0$,从触发器保持状态不变,因此主从 RS 触发器的输出状态不变。

② 输出信号的过程:当 CP 下降沿到来时,主触发器被封锁,不再接收输入信号,但存储 CP=1 期间接收的信号,此时,从触发器被打开,接收主触发器的存储信号,输出端的状态随之改变。从触发器输出端 Q 的状态取决于主触发器的状态 Q_M,即 $Q=Q_M$。

同理,在 CP=0 期间,主触发器被封锁,将保持原有的状态不变,受其控制的从触发器状态不变,主从 RS 触发器的输出状态不变。

综上所述可得主从 RS 触发器的特性方程为:

$$\begin{cases} Q^{n+1} = S + \overline{R}Q^n \\ RS = 0 \quad (约束条件) \end{cases} \quad (CP = \downarrow) \qquad (5-8)$$

"↓"代表下降沿有效,主从 RS 触发器的逻辑功能与同步 RS 触发器相同,具有相同的状态表和状态图,区别在于 CP 有效时间的不同。

主从 RS 触发器的状态变化滞后于主触发器,如图 5.14(c)逻辑符号中的"⌐"为输出延迟符号。主触发器的状态变化在 CP 的上升沿,而主从 RS 触发器的输出状态变化在 CP 的下降沿,输出状态如何变化,则由时钟 CP 下降沿到来前一瞬间的 R、S 值,由 RS 触发器的特征方程来决定。主从 RS 触发器实质上还是电平触发。

3. 异步输入端的作用

集成主从 RS 触发器中,为了置初始状态的需要还设置了异步输入端。如图 5.14(c)所示,为带异步端的逻辑符号。其中,$\bar{R}_D$ 和 $\bar{S}_D$ 为异步输入端,也称为直接复位和置位端,2 输入端的小圆圈代表低电平有效。

当 $\bar{R}_D=0,\bar{S}_D=1$ 时,触发器被直接复位到 0 状态,当 $\bar{R}_D=1,\bar{S}_D=0$ 时,触发器被直接置位到 1 状态。当 $\bar{R}_D=\bar{S}_D=1$ 时,同步输入和 CP 才起作用,同步输入 R、S 能否有效进入,取决于 CP 的同步控制。这里要注意,$\bar{R}_D$ 和 $\bar{S}_D$ 不能同时有效,即不允许 $\bar{R}_D=\bar{S}_D=0$,否则将出现不正常状态。

5.4.2 主从 JK 触发器

1. 电路组成和逻辑符号

将主从 RS 触发器的 Q 和 $\bar{Q}$ 端分别与输入端 R 和 S 连接,在原来 R 和 S 端处新增加 K 和 J 端,则构成了主从 JK 触发器。逻辑电路图和逻辑符号如图 5.15(a)、(b)、(c)、(d)所示。

2. 逻辑功能

主从 JK 触发器与主从 RS 触发器相比,主从逻辑关系未变,仍可按主从 RS 触发器分析。对比图 5.14(a)和图 5.15(a)可得出:

$$S=J\bar{Q} \qquad R=KQ$$

代入主从 RS 触发器的特性方程化简可得出主从 JK 触发器的特征方程:

$$Q^{n+1} = J\overline{Q^n} + \overline{KQ^n}Q^n = J\overline{Q^n} + \bar{K}\,\overline{Q^n} \qquad (CP = \downarrow) \tag{5-9}$$

代入其约束条件可得 $SR=KQJ\bar{Q}\equiv 0$,说明主从 JK 触发器不存在约束。

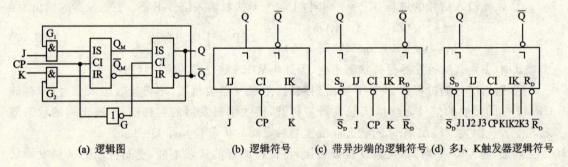

(a) 逻辑图　　　　　(b) 逻辑符号　　(c) 带异步端的逻辑符号　(d) 多 J、K 触发器逻辑符号

图 5.15 主从 JK 触发器的逻辑电路图和逻辑符号

主从 JK 触发器的逻辑功能与同步 JK 触发器相同,区别在于 CP 有效时间的不同。

为了实际应用方便,集成主从 JK 触发器不但设置了异步输入端,还设置了多个同步输入端。如图 5.15(d)所示,为带异步端和 3 个 J、K 端的主从 JK 触发器逻辑符号。一般 3 个 J 或 K 之间是与关系。

主从 JK 触发器不存在约束关系,更加实用方便。但要求 CP=1 的期间,J、K 的值必须保持不变,否则可能出现一次翻转现象,造成触发器误动作。

5.4.3 主从触发器的工作特点

主从触发器具有如下工作特点。

① 主从控制,两步动作,电平触发,实质上仍是电平触发器。主从触发器在 CP=1 时为准备阶段。CP 由 1 下跳变至 0 时触发器状态发生转移,是一种电平触发方式。而状态转移发生在 CP 下降沿时刻。

② 主从 RS 触发器的 R、S 之间仍存在与同步 RS 触发器一样的约束关系,主从 JK 触发器不存在约束关系。

③ 主从触发器的一次翻转现象。主从 RS 触发器和主从 JK 触发器都克服了空翻现象,但出现了一次翻转现象问题。以主从 JK 触发器为例来分析一次翻转现象。

所谓一次翻转现象又称为一次变化,是指在 CP=1 期间,主触发器接收了输入激励信号发生一次翻转后,主触发器状态就一直保持不变,它不再随输入激励信号 J、K 的变化而变化。也就是说,不论 J、K 变化多少次,主触发器状态只变化一次。一次翻转现象,可能会使触发器产生错误动作,从而限制了它的使用。

设触发器初始状态为 $Q=Q_m=0$。若 $J=0,K=1$,则 G_1 和 G_2 的输出均为 0,主触发器的状态不变。在 CP=1 期间,若 J 出现正脉冲,即 J 由 0 变为 1,则 G_1 的输出由 0 变为 1,主触发器的状态变为 $Q_m=1$。J 恢复到 0 后,G_1、G_2 的输出均为 0,主触发器的状态不会随着 J 端信号的恢复而变回到初始状态。显然 CP=↓后,触发器的状态 Q 是由 J=K=1 而不是由 J=0,K=1 决定的。此时,若 J 端出现正跳干扰信号,将使触发器状态出错。在上述情况下,主触发器状态只能随控制信号变化一次,这就是所谓一次变化现象。

产生一次变化现象的根本原因是主触发器将 J 由 0 变为 1 后产生的状态保存下来,在 J 由 1 恢复到 0 后其状态不能随之改变。实际上并非所有的跳变输入信号都会使主从 JK 触发器出现一次变化现象,只有当 Q=0,J 端出现正脉冲,或 Q=1,K 端出现负脉冲这两种情况下,才出现一次变化现象。后一种情况由读者自己分析。

为了避免一次变化现象,使 CP 下降沿时输出值跟随当时的 J、K 信号变化,必须要求在 CP=1 的期间 J、K 信号不变化。但实际上由于干扰信号的影响,主从触发器的一次翻转现象仍会使触发器产生错误动作,因此主从 JK 触发器数据输入端抗干扰能力较弱。为了减少接收干扰的机会,应使 CP=1 的宽度尽可能窄。

思 考 题

(1) 什么是主从触发器?说明其工作特点。
(2) 主从 RS 触发器和主从 JK 触发器有什么不同?
(3) 根据文中分析,画出 JK 触发器一次变化的输入/输出波形。

5.5 边沿触发器

边沿触发器仅在 CP 的上升沿或下降沿到来时,才接收输入信号,状态才可能改变,除此以外任何时刻的输入信号变化不会引起触发器输出状态的变化。可见,边沿触发器不仅克服了空翻现象,而且大大提高了抗干扰能力,工作更为可靠。

边沿触发方式的触发器有两种类型,一类是维持-阻塞式触发器,它是利用直流反馈来维持翻转后的新状态,阻塞触发器在同一时钟内再次产生翻转;另一类是边沿触发器,它是利用触发器内部逻辑门之间延迟时间的不同,使触发器只在约定时钟跳变时才接收输入信号。

5.5.1 维持-阻塞式 D 触发器

维持-阻塞式触发器是一种可以克服空翻的电路结构。它利用触发器翻转时内部产生的反馈信号,把引起空翻的信号传送通道锁住,从而克服了空翻和振荡现象。维持-阻塞式触发器有 RS、JK、D、T、T′触发器,应用较多的是维持-阻塞式 D 触发器。

1. 电路组成和逻辑符号

维持-阻塞式 D 触发器由同步 RS 触发器、引导门和 4 根直流反馈线组成,逻辑电路如图 5.16(a)所示,逻辑符号如图 5.16(b)所示。图中,门 1、2、3、4 构成同步 RS 触发器,门 1、2,门 3、4,门 5、6 构成基本 RS 触发器。$\overline{R_D}$、$\overline{S_D}$ 为异步置 0、置 1 端。图中,$S_D' = Q_3$,$R_D' = Q_4$,$R' = Q_6$,$S' = Q_5$。

2. 逻辑功能

图 5.16 中,$\overline{R_D}$、$\overline{S_D}$ 为异步置 0、置 1 端,低电平有效。当 $\overline{R_D}=0$,$\overline{S_D}=1$ 时,2 门、3 门、6 门锁定,使 $\overline{Q}=1$,3 门输出 $S_D'=1$,有 $Q = \overline{S_D' \overline{Q} \, \overline{S_D}} = \overline{1 \cdot 1 \cdot 1} = 0$,此时,无论 CP 和输入信号处于什么状态,都能保证触发器可靠置 0,即 $Q=0$。同理,当 $\overline{R_D}=1$,$\overline{S_D}=0$ 时,无论 CP 和输入信号处于什么状态都能保证触发器可靠置 1,即 $Q=1$,$\overline{Q}=0$。

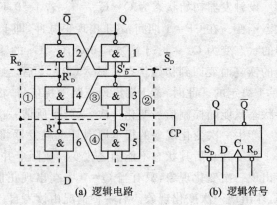

(a) 逻辑电路　　(b) 逻辑符号

图 5.16　维持-阻塞式 D 触发器的逻辑电路和逻辑符号

当异步端不起作用,即 $\overline{R_D} = \overline{S_D} = 1$ 时,触发器状态才可能随 CP 和输入信号变化而改变,此时维持-阻塞式 D 触发器功能分析如下:

CP=0 时,门 3 和门 4 被封锁,$R_D'=1$,$S_D'=1$,触发器状态维持不变,$Q^{n+1}=Q^n$。此时,门 5 和 6 被打开,$R'=\overline{D}$,$S'=D$。

当 CP 由 0 变为 1 时,$S_D' = \overline{S'} = \overline{D}$,$R_D' = \overline{R'S_D'} = D$,代入式(5-1)基本触发器特性方程并变化可得到维持-阻塞式 D 触发器的特征方程为:

$$Q^{n+1} = \overline{S_D'} + R_D' Q^n = D + DQ^n = D \tag{5-10}$$

即触发器的输出状态由 CP 上升沿到达前瞬间的输入信号 D 来决定,不存在约束。

设 CP 上升沿到达前 D=0,由于 CP=0,$R_D'S_D'=11$,D 信号存储在 5、6 门输出,$R'=1$,$S'=0$,当 CP 上升沿到达后,$R_D'S_D'=01$,使 $Q^{n+1}=0$。如果此时 D 由 0→1,由于反馈线①将 $R_D'=0$ 的信号反馈到 6 门,使 6 门被封锁,D 信号变化不会引起触发器状态改变,即维持原来的 $Q^{n+1}=0$ 状态,所以反馈线①称为置 0 维持线。维持置 0 信号 $R_D'=D=0$ 经 6 门反相后,再经连线④使 S′保持 0,从而封锁 3 门,使 $S_D'=1$,这样触发器不会再翻向 1 状态,故④线称为阻塞置 1 线。

同理,若 CP 上升沿到达前 D=1,则 R'=0,S'=1,CP 上升沿到达后 $R'_D S'_D=10$ 使 $Q_{n+1}=1$。如果此时 D 由 1→0,反馈线②将 $S'_D=0$ 的信号反馈到 5 门,使 S'=1,$S'_D=0$,即维持原来的 $Q_{n+1}=1$ 状态,反馈线②称为置 1 维持线。同时 $S'_D=0$ 经反馈线③送至 4 门,将 4 门封锁,使 R'_D 保持 1,这样触发器不会再翻向 0 状态,故③线称为阻塞置 0 线。

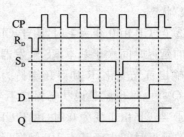

图 5.17 维持-阻塞式 D 触发器的时序图

维持-阻塞式 D 触发器的逻辑状态表和状态图与同步 D 触发器相同,其区别在于 CP 触发的时刻不同。维持-阻塞式 D 触发器的时序图如图 5.17 所示。

3. 维持-阻塞式 D 触发器的工作特点

综上所述,维持-阻塞式 D 触发器的工作分 2 个阶段,CP=0 期间为准备阶段,CP 由 0 变至 1 时为触发器的状态变化阶段。维持-阻塞式 D 触发器是在 CP 上升沿到达前接收输入信号;上升沿到达时刻触发器翻转;上升沿以后输入被封锁。可见,维持-阻塞式 D 触发器具有边沿触发的功能,不仅有效地防止了空翻,同时还克服了一次变化现象。如图 5.16(b)所示逻辑符号中,时钟信号 CP(或 C1)端的"∧"表示上升沿触发,若下降沿触发再加一个小圆圈。这种结构的 D 触发器简称为 D 边沿触发器。

5.5.2 利用门延迟时间的边沿触发器

1. 电路组成和逻辑符号

利用 TTL 门传输延迟时间构成的负边沿 JK 触发器的逻辑电路如图 5.18(a)所示。图中的 2 个与或非门构成基本 RS 触发器,2 个与非门(3、4 门)作为输入信号引导门,而且在制作时已保证与非门的延迟时间大于基本 RS 触发器的传输延迟时间。如图 5.18(b)所示为其逻辑符号,时钟信号 CP(或 C_1)端的"∧"再加一个小圆圈,表示下降沿触发输入。

2. 逻辑功能

负边沿 JK 触发器具有以下逻辑功能。

① 当 CP=0 稳定时,G_3、G_4 被封锁,G_1、G_2 输入信号 J、K 被封锁,$S=Q_3=1$,$R=Q_4=1$,A 和 D 被封锁输出为 0,触发器的状态保持不变。

$$Q^{n+1}=\overline{0+\overline{Q^n}S}=Q^n$$
$$\overline{Q^{n+1}}=\overline{0+Q^n R}=\overline{Q^n}$$

② 当 CP=1 稳定时,触发器的输出也不会变,可从以下的推导式中看出:

$$Q^{n+1}=\overline{\overline{Q^n}\cdot CP+\overline{Q^n}S}=Q^n$$
$$\overline{Q^{n+1}}=\overline{Q^n\cdot CP+Q^n R}=\overline{Q^n}$$

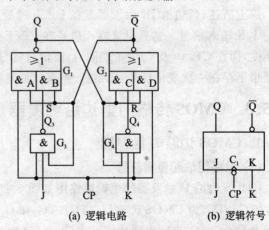

(a) 逻辑电路 (b) 逻辑符号

图 5.18 负边沿 JK 触发器的电路组成和逻辑符号

由此可见,在稳定的 CP=0 及 CP=1 期间,触发器状态均维持不变,这时触发器处于一种

"自锁"状态。

③ 当 CP 由 0 变为 1 时,由于 CP 信号是直接加到与或非门的 A 和 D 与门输入端,并且与非门的延迟时间大于基本 RS 触发器的传输延迟时间,A 和 D 首先解除了触发器的"自锁",A 和 D 输出首先变化,R 和 S 还维持为 CP=0 时的 1。若 CP=0 时,$Q^n=0$,则 $Q^{n+1}=0$,$Q^n=1$,则 $Q^{n+1}=1$,也就是说状态保持不变。

④ 当 CP 由 1 变为 0 时,由于 CP 信号是直接加到与或非门的 A 和 D 与门输入端,因此与非门的延迟时间大于基本 RS 触发器的传输延迟时间,A 和 D 首先解除了触发器的"自锁",则与或非门中的 A、D 与门结果为 0,与或非门变为由与非门组成的基本 RS 触发器。在与非门 G_3、G_4 输出还没有来得及变化前,S 和 R 仍保持 CP 下降沿前 CP=1 期间的值(还要经过一个与非门延迟时间 t_{pd} 才能变为 1),即 $S=\overline{J\overline{Q^n}}$,$R=\overline{KQ^n}$,代入基本 RS 触发器特征方程,则得出 JK 触发器的特征方程如下:

$$Q^{n+1} = J\overline{Q^n} + \overline{K}Q^n \tag{5-11}$$

也就是说,在 CP 由 1 变为 0 的下降沿时刻,触发器接收了输入信号 J、K,并按 JK 触发器的特征规律变化。

由以上分析可知,在 CP=1 时,J、K 信号可以进入输入与非门,但仍被拒于触发器之外。只有在 CP 由 1 变为 0 之后的短暂时刻里,由于与非门对信号的延迟,在 CP=0 前进入与非门的 J、K 信号仍起作用,而此时触发器又解除了"自锁",使得 J、K 信号可以进入触发器,并引起触发器状态改变。可见,只在时钟下降沿前的 J、K 值才能对触发器起作用,从而实现边沿触发的功能。其状态表、状态图与同步 JK 触发器相同,只是逻辑符号和时序图不同,其时序图如图 5.19 所示。

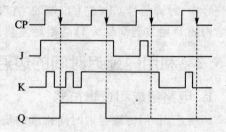

图 5.19 边沿 JK 触发器的理想波形图

3. 边沿 JK 触发器的工作特点

综上所述,负边沿 JK 触发器是在 CP 下降沿产生翻转的,翻转方向决定于 CP 下降前瞬间的 J、K 输入信号。它只要求输入信号在 CP 下降沿到达之前,在与非门 3、4 转换过程中保持不变,而在 CP=0 及 CP=1 期间,J、K 信号的任何变化都不会影响触发器的输出。这种触发器也不存在一次变化现象,比维持-阻塞式触发器在数据输入端具有更强的抗干扰能力。

5.5.3 CMOS 传输门型边沿触发器

1. CMOS 边沿 D 触发器

(1) 电路组成和逻辑符号

CMOS 边沿 D 触发器的逻辑电路图如图 5.20(a)所示,图 5.20(b)为其逻辑符号。TG_1、TG_2、TG_3、TG_4 为 CMOS 传输门,TG_1、TG_2 和 G_1、G_2 组成主触发器,TG_3、TG_4 和 G_3、G_4 组成从触发器。G_5、G_6 为输出缓冲门,G_7、G_8 为 CP 变换门。主从触发器 CP 接法相反。R、S 为异步端,1 有效,触发器工作时,取 R=S=0。

(2) 逻辑功能

当 CP=0 时,则 $\overline{CP}=1$,这时 TG_1、TG_4 导通,TG_2、TG_3 关闭。主触发器接收 D 信号,使

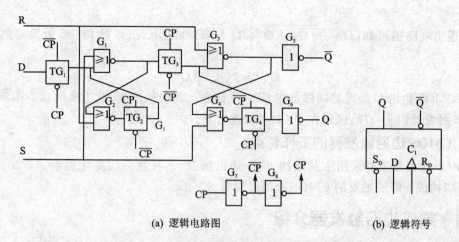

(a) 逻辑电路图 (b) 逻辑符号

图 5.20 CMOS 边沿 D 触发器逻辑电路和逻辑符号

$Q_m=D$,$\overline{Q_m}=\overline{D}$。由于 TG_3 关闭，主、从触发器联系被切断，由于 TG_4 导通，从触发器保持原状态不变。

当 CP 由 0 跳变为 1 时，则 $\overline{CP}=0$，这时 TG_2、TG_3 导通，TG_1、TG_4 关闭。由于 G_1 输入电容的存储作用，G_1 输入端的电压不会立即消失，因而主触发器把 TG_1 关闭前的状态维持下来，即 $Q_m=D$,$\overline{Q_m}=\overline{D}$，并经 TG_3 送给从触发器，使 $Q^{n+1}=D$,$\overline{Q^{n+1}}=\overline{D}$。

可见，该触发器上升沿触发按 $Q^{n+1}=D$ 规律变化。由于 TG_1 关闭，因而有效地防止了输入信号的变化对触发器输出状态的影响。

当 CP 由 1 跳变为 0 时，从触发器状态不变，主触发器可以输入新的 D 信号。该触发器特性方程、状态表和状态图和前面讨论的 D 触发器完全一样，区别在于 CP 的触发更深刻。

综上所述，CMOS 边沿 D 触发器在 CP=↑ 前接收信号，CP=↑ 后瞬间输出信号，并且由于 CMOS 传输门的作用，主触发器和从触发器总是只有一个打开，有效地消除了一次变化现象。

2. CMOS 边沿 JK 触发器

在 CMOS 边沿 D 触发器的输入端 D 附加一些简单的组合逻辑电路，就可以构成 CMOS 边沿 JK 触发器，附加的组合逻辑电路只要满足 $D=J\overline{Q}+\overline{K}Q$ 即可。逻辑电路图和逻辑符号分别如图 5.21(a) 和图 5.21(b) 所示。

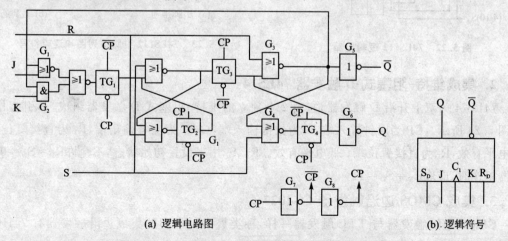

(a) 逻辑电路图 (b) 逻辑符号

图 5.21 CMOS 边沿 JK 触发器逻辑电路和逻辑符号

由逻辑电路图可知，$D = \overline{\overline{J+Q}+KQ} = J\overline{Q}+\overline{K}Q$，可见 CMOS 边沿 JK 触发器的特征方程为：

$$Q^{n+1} = J\overline{Q^n}+\overline{K}Q^n$$

与 CMOS 边沿 D 触发器同样是在 CP=↑触发。其特性方程、状态表和状态图和前面讨论的 JK 触发器完全一样，区别在于 CP 的触发时刻。

3．CMOS 边沿触发器的工作特点

CMOS 边沿触发器采用主从结构，属于边沿触发，不存在一次变化现象。若互换 CP 和 $\overline{CP}$ 则可以构成下降沿触发的 CMOS 边沿触发器。

5.5.4 集成边沿触发器介绍

通过对以上 3 类边沿触发器分析可以看出，它们具有共同的动作特点，这就是触发器的次态仅取决于 CP 跳变沿（上升或下降沿）到达时的输入，边沿前或边沿后输入信号的变化对触发器的输出状态没有影响。这一特点有效地提高了触发器的抗干扰能力，同时提高了工作的可靠性，用途广泛。以下介绍几种常用产品型号。

1．集成 TTL 边沿触发器 74LS112

74LS112 为双下降沿 JK 触发器，它由 2 个独立的下降沿触发的边沿 JK 触发器组成，其逻辑电路如图 5.22 所示，引脚排列图和逻辑符号如图 5.23(a)、(b)所示。CP 为时钟输入端，J、K 为数据输入端，Q、$\overline{Q}$ 为互补输出端，$\overline{R_D}$ 为直接复位端，低电平有效，$\overline{S_D}$ 为直接置位端，低电平有效。$\overline{R_D}$、$\overline{S_D}$ 用来设置初始状态，不允许 $\overline{R_D}=\overline{S_D}=0$，触发器工作时，应取 $\overline{R_D}=\overline{S_D}=1$。

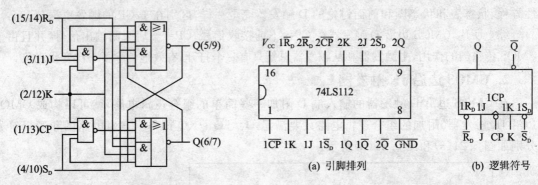

图 5.22　74LS112 逻辑电路　　　图 5.23　74LS112 引脚排列图和逻辑符号

2．集成维持-阻塞式 D 触发器 74LS74

74LS74 为双上升沿 D 触发器，它由 2 个独立的维持-阻塞式 D 触发器组成，其引脚排列如图 5.24 所示。CP 为时钟输入端，D 为数据输入端，Q、$\overline{Q}$ 为互补输出端，$\overline{R_D}$ 为直接复位端，低电平有效，$\overline{R_D}$ 为直接置位端，低电平有效。$\overline{R_D}$、$\overline{S_D}$ 用来设置初始状态，不允许 $\overline{R_D}=\overline{S_D}=0$，触发器工作时，应取 $\overline{R_D}=\overline{S_D}=1$。

3．集成 CMOS 边沿触发器 CC4027

CMOS 边沿触发器与 TTL 触发器一样，种类繁多。常用的集成边沿触发器有 74HC74（D 触发器）和 CC4027（JK 触发器）。

第 5 章 触发器

CC4027 由 2 个独立的下降沿触发的 CMOS 边沿 JK 触发器组成,引脚排列如图 5.25 所示,使用时注意 CMOS 触发器的电源电压为 3～18 V。

CP 为时钟输入端,J、K 为数据输入端,Q、$\overline{Q}$ 为互补输出端,R_D 为直接复位端,高电平有效,S_D 为直接置位端,高电平有效。R_D、S_D 用来设置初始状态,不允许 $R_D = S_D = 1$,触发器工作时,应取 $R_D = S_D = 0$。

图 5.24 74LS74 引脚排列图

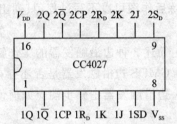

图 5.25 CC4027 引脚排列图

5.5.5 边沿触发器时序图的画法

1. 画时序图的一般步骤

画边沿触发器时序图一般按以下步骤进行:

① 以时钟 CP 的作用沿为基准,划分时间间隔,CP 作用沿到来前为现态,作用沿到来后为次态。

② 每个时钟脉冲作用沿到来后,根据触发器的状态方程或状态表确定其次态。

③ 异步直接置 0、置 1 端(R_D、S_D)的操作不受时钟 CP 的控制,画波形时要特别注意。

2. 画时序图举例

【例 5.1】 边沿 JK 触发器和维持-阻塞式 D 触发器的逻辑符号如图 5.26(a)、(b)所示,其输入波形如图 5.26(c)所示,设电路初态均为 0,试分别画出 Q_1、Q_2 端的波形。

解:从图 5.26 中可见,JK 触发器为下降沿触发。首先以 CP 下降沿为基准,划分时间间隔,然后根据 JK 触发器的状态方程 $Q_1^{n+1} = J\overline{Q_1} + \overline{K}Q_1 = A\overline{Q_1} + \overline{B}Q_1$,由每个 CP 来到之前的 A、B 和原态 Q_1 决定其次态 Q_1^{n+1}。例如第 1 个 CP 下降沿来到前因 $AB = 10$,$Q_1 = 0$,将 A、B、Q_1 代入状态方程得 $Q_1^{n+1} = 1$,故画波形时应在 CP 下降沿到来后使 Q_1 为 1,该状态一直维持到第 2 个 Q_1 下降沿到来后才变化。依次类推可画出 Q_1 的波形如图 5.26(c)所示。

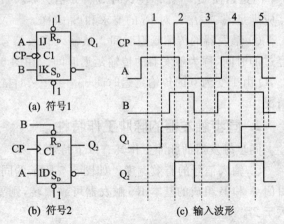

图 5.26 例 5.1 的触发器的逻辑符号和输入波形图

如图 5.26(b)所示的 D 触发器为上升沿触发。首先以 CP 上升沿为基准,划分时间间隔。由于 D = A,故 D 触发器的状态方程为 $Q_2^{n+1} = D = A$,这里需要注意的是异步置 0 端

R_D 和 B 相连,该状态方程只有当 B=1 时才适用。当 B=0 时,无论 CP、A 如何,都有 $Q_2^{n+1}=0$,即图 5.26(c) 中 B 为 0 期间所对应的 Q_2^{n+1} 均为 0;只有 B=1 时,Q_2^{n+1} 才在 CP 的上升沿到来后和 A 有关。例如在第 2 个 CP 上升沿到来前,B=1,A=1,故 CP 来到后 $Q_2^{n+1}=1$。该状态本来应维持到第 3 个 CP 上升沿到来前,但由于在第 2 个 CP=0 的期间 B 已变为 0,所以也强迫 $Q_2=0$。Q_2 的波形如图 5.26(c) 所示。

熟练后作图可以不写过程,只列出方程,画出波形图即可。

思 考 题

(1) 简述 3 种边沿触发器的工作特点。
(2) CMOS 边沿触发器是否还存在一次变化现象?
(3) 边沿触发器中异步端应如何使用?

5.6 集成触发器使用中应注意的几个问题

*5.6.1 集成触发器的脉冲工作特性

为了保证集成触发器可靠工作,输入信号和时钟信号以及电路的特性应有一定的配合关系。触发器对输入信号和时钟信号之间时间关系的要求称为触发器的脉冲工作特性。掌握这种特性对触发器的应用非常重要。下面介绍几种触发器的脉冲工作特性。

1. 基本 RS 触发器的脉冲工作特性

基本 RS 触发器的脉冲工作具有以下特性。

① 输入信号的有效宽度。前面对如图 5.1 所示的分析没有考虑到门电路的传输延迟时间,假设所有门电路的平均传输延迟时间均相等,用 t_{pd} 表示。

假设触发器初始态为 Q=0,$\overline{Q}$=1,当 S_D 变成 0 时,经一个门传输,使 $\overline{Q}$=1,这个 1 加到第 2 个门延迟使 Q=0。即使这时 $S_D=0$ 消失,Q=1 也将保持下去。可见输入信号的有效宽度 t_W 应满足 $t_W \geqslant 2t_{pd}$。对 R_D 的要求和 S_D 一样。

② 触发器的传输延迟时间。从输入有效信号到达开始,到触发器新状态稳定建立起来所经过的时间,称为触发器的传输延迟时间。在图 5.1 中,Q 由 0 变为 1 的传输延迟时间 $t_{pLH}=t_{pd}$,Q 由 1 变为 0 的传输延迟时间 $t_{pHL}=2t_{pd}$。自己可以分析或非门组成的基本 RS 触发器的情况。

2. 同步触发器的脉冲工作特性

同步触发器的脉冲工作具有以下特性。

① 输入信号的有效宽度。如图 5.5 所示的同步 RS 触发器全部由与非门构成。为了保证由门 A 和 B 组成的基本 RS 触发器可靠翻转,则要求它的输入信号 S_D 和 R_D 的有效宽度必须大于 $2t_{pd}$。

这里 $R_D=\overline{R \cdot CP}$,$S_D=\overline{S \cdot CP}$,故要求 S_D(或 R_D)和 CP 同时为 1 的时间应满足 $t_{W(CP)} \geqslant 2t_{pd}$。

② 触发器的传输延迟时间。从 S_D 和 CP 同时变为 1 开始,到触发器新状态稳定建立起来所经过的时间,就是同步 RS 触发器的传输延迟时间。在图 5.5 中,Q 由 0 变为 1 的传输延迟时间 $t_{pLH}=2t_{pd}$,Q 由 1 变为 0 的传输延迟时间 $t_{pHL}=3t_{pd}$。

③ 对钟控信号 CP 的要求。由前面分析可知，当 CP=1 且脉冲宽度较宽时，同步触发器将会出现空翻现象。特别是 T′触发器，将在 CP=1 期间一直发生翻转，直至 CP=0 为止。这在实际应用中是不允许的。现在以同步 T′触发器为例探讨对 CP=1 宽度的要求。

同步 T′触发器特性方程 $Q^{n+1}=\bar{Q}$，如果要求每来 1 个 CP 触发器仅发生 1 次翻转，则对钟控信号有效电平（通常 CP=1）的宽度要求是极为苛刻的。例如，对 T′触发器必须要求触发器输出端的新状态返回到输入端之前，CP 应回到低电平，就是 CP 的宽度 t_{CPW} 不能大于 $3t_{pd}$，而为了保证触发器能可靠翻转，至少在第 1 次翻转过程中，CP 应保持在高电平，亦即宽度不应小于 $2t_{pd}$。CP 的宽度应限制在 $2t_{pd}<t_{CPW}<3t_{pd}$ 范围内。但 TTL 门电路的传输时间 t_{pd} 通常在 50 ns 以内，产生或传送这样的脉冲很困难，尤其是每个门的延迟时间 t_{pd} 各不相同。在一个包括许多触发器的数字系统中，实际上无法确定时钟脉冲应有的宽度。为了避免空翻现象，必须对以上的钟控触发器在电路结构上加以改进。

3. 主从触发器的脉冲工作特性

主从 JK 触发器分 2 步动作，为了避免一次变化现象，在 CP=1 期间，J、K 信号应不发生变化。

① 输入信号建立时间。在 CP 上跳沿到达时，J、K 信号应处于稳定状态。输入信号建立时间是指输入信号应先于 CP 上跳沿到达的时间，用 t_{set} 表示。由图 5.15 所示的主从 JK 触发器的逻辑电路图和逻辑符号可知，J、K 信号只要不迟于 CP 到达即可有 $t_{set}=0$。

② 输入信号保持时间。为了避免一次变化现象，在 CP=1 期间，J、K 信号不应发生变化，并且要保持一段时间，保持时间应大于 CP=1 的持续时间 t_{CPH}。

③ 触发器的传输延迟时间。定义从 CP 下降沿开始到触发器输出端新状态稳定建立起来所经过的时间，就是主从触发器的传输延迟时间。在图 5.15 中，Q 由 0 变为 1 的传输延迟时间 $t_{pLH}=3t_{pd}$，Q 由 1 变为 0 的传输延迟时间 $t_{pHL}=4t_{pd}$。

④ 对钟控信号 CP 的要求。从 CP 上升沿到达时到主触发器状态稳定，需要经历 3 级与非门的延迟时间，即 $3t_{pd}$，为此要求 CP=1 的持续期 $t_{CPH}\geq 3t_{pd}$。

CP 由 1 下跳至 0 时，主触发器的状态转换至从触发器。从 CP 下跳沿开始到从触发器状态转变完成，也需经历 3 级与非门的延迟时间，即 $3t_{pd}$，为此要求 CP=0 的持续期 $t_{CPL}\geq 3t_{pd}$。此间主触发器已被封锁，J、K 信号可以变化。

综上所述，为了保证触发器能可靠地进行状态变化，允许时钟信号的最小周期为：

$$T_{CP(min)}=t_{CPH}+t_{CPL}=6t_{pd}$$

最高工作频率为：

$$f_{CPmax}\leq \frac{1}{t_{CPH}+t_{CPL}}=\frac{1}{6t_{pd}}$$

4. 维持-阻塞式 D 触发器的脉冲工作特性

① 输入信号建立时间。由图 5.16(a)可知，维持-阻塞式 D 触发器的工作分 2 个阶段：CP=0 期间为准备阶段，CP 由 0 变至 1 时为触发器的状态变化阶段。

为了使触发器可靠工作，必须要求 CP=0 期间，把输入信号送至 5、6 门的输出，在 CP 上升沿到达之前建立稳定状态，它需要经历 2 个与非门的延迟时间，为此 D 的输入信号必须先于 CP 的上升沿到达，而且建立时间应满足 $t_{set}\geq 2t_{pd}$。

② 输入信号保持时间 t_H。由图 5.16(a)可知，为实现边沿触发，应保证 CP=1 期间 6 门

的输出始终不变,不受 D 状态变化的影响。

为此,在 D=0 的情况下,当 CP 上升沿到达以后,还要等待 4 门输出的 0 返回到 6 门的输入端后,D=0 才允许改变。这个过程需要经历一个与非门延迟时间,D=0 的保持时间为 $t_H \geq t_{pd}$。在 D=1 的情况下,由于 CP 上升沿到达以后,3 门的输出将 4 门封锁,所以不要求输入信号继续保持不变,故 D=0 的保持时间为 $t_H = 0$。

③ 传输延迟时间。从 CP 由 0 变至 1 开始,直至触发器状态稳定建立的时间,分别是 $t_{pLH} = 2t_{pd}$,$t_{pHL} = 3t_{pd}$。

④ 对钟控信号 CP 的要求。为保证 1、2 门组成触发器可靠翻转,要求 CP=1 的持续时间 $t_{CPH} \geq t_{pHL} = 3t_{pd}$,为保证在 CP 上升沿到达前 5、6 门输出稳定建立,要求 CP=0 的持续时间 $t_{CPL} \geq t_{pLH} + t_{pd} = 3t_{pd}$。

由此可得到,CP 的最高工作频率为:

$$f_{CPmax} = \frac{1}{t_{CPL} + t_{CPH}} = \frac{1}{6t_{pd}}$$

维持-阻塞式 D 触发器只要求输入信号 D 在 CP 上升沿前后很短时间($t_{set} + t_H = 3t_{pd}$)内保持不变,而在 CP=0 及 CP=1 的其余时间内,无论输入信号如何变化,都不会影响输出状态,因此,它的数据输入端具有较强的抗干扰能力,且工作速度快,故应用较广泛。

5. 负边沿触发 JK 触发器的脉冲工作特性

以如图 5.18 所示的负边沿触发的 JK 触发器为例,来讨论其脉冲特性。这种负边沿触发的 JK 触发器,仅要求在 CP 下降沿到达之前有信号到达与非门 3 和 4 的输出端。其输入信号的建立时间 t_{set},应满足 $t_{set} \geq t_{pd}$。此过程在 CP=1 期间进行,因此 $t_{CPH} \geq t_{pd}$。

CP 下降沿到达时,CP 封锁了 1、2 门,故负边沿触发器基本上不需要保持时间。但在 CP=0 持续期 t_{CPL} 内一定要保证基本 RS 触发器能可靠地翻转,电路结构保证了这个时间较短,为了估算方便而近似不记,因而触发器最高工作频率为:

$$f_{CPmax} = \frac{1}{t_{CPH} + t_{CPL}} = \frac{1}{t_{pd}}$$

这种负边沿触发的 JK 触发器要求的 t_{CPH} 和 t_{CPL} 极短,不但具有高抗干扰能力,还提高了工作速度。

这里要强调指出,上述结论只是定性近似的估算,借此说明一些物理概念。在实际的集成触发器中,由于每个门的传输延迟时间各不相同,再加上实际集成触发器中采用了各种形式的简化电路,集成触发器的动态参数与上述分析差别很大。集成触发器产品的具体参数要通过实验最后测定。

5.6.2 集成触发器的参数

基本 RS 触发器、同步触发器、主从触发器和边沿触发器各有其对应产品。集成触发器产品极多、型号各异,但是无论何种触发器其参数表示方法都是相似的。由于集成触发器内部是由门电路构成的,因此集成触发器和门电路一样,其参数也可分为静态参数和动态参数两大类。下面以 TTL 集成触发器为例分别予以简单介绍。

1. 静态参数

静态参数有以下几种。

① 电源电流 I_{CC}。门电路输出高、低电平时电源电流相差甚远,经常分别给出。但是一个触发器由多个门电路构成,无论在 0 态还是 1 态,总是有一部分门处于饱和状态,另一部分门处于截止状态,总的电源电流差别是不大的。但为明确起见,目前有些制造厂家规定所有输入和输出端悬空时电源向触发器提供的电流为电源电流 I_{CC},它表明该电路的空载功耗。

② 输入短路电流(即低电平输入电流 I_{iL})I_{iS}。某输入端接地,其余输入端、输出端悬空时,从该输入端流向地的电流为输入短路电流 I_{iS},它表明对驱动电路输出为低电平时的加载情况。

③ 高电平输入电流 I_{iH}。将各个输入端(例如 J、K、CP、R、S、D 等)分别接 V_{CC} 时,流入该输入端的电流,为高电平输入电流 I_{iH},它表明对驱动电路输出为高电平时的加载情况。

④ 输出高电平 V_{oH} 和输出低电平 V_{oL}。Q 和 $\overline{Q}$ 端输出高电平时的对地电压值为 V_{oH},输出低电平时的对地电压值为 V_{oL}。

2. 动态参数(开关参数)

动态参数有以下几种。

① 最高时钟频率 f_{max}。f_{max} 就是触发器在记数状态下能正常工作的最高工作频率,是表明触发器工作速度的一个重要指标。在测试 f_{max} 时,Q 和 $\overline{Q}$ 端应带上额定的电流负载和电容负载,测得的结果与负载状况大有关系,在厂家的产品手册中均有明确规定。

② 对时钟信号的延迟时间 t_{CPLH} 和 t_{CPHL}。从时钟信号的触发沿到触发器输出端由 0 态变到 1 态的延迟时间为 t_{CPLH};从时钟信号的触发沿到触发器输出端由 1 态变到 0 态的延迟时间为 t_{CPHL}。一般 t_{CPHL} 比 t_{CPLH} 大一级门的延迟时间,产品手册中一般给出平均值。

CMOS 触发器的参数定义与以上介绍的参数基本一致,不再另行介绍,请参考有关资料。

5.6.3 电路结构和逻辑功能的关系

通过以上分析,我们知道,对于每一个时钟触发器而言,它都有一定的电路结构形式和逻辑功能。必须强调指出,触发器的电路结构形式和逻辑功能是两个不同性质的概念。所谓逻辑功能是指触发器的次态和现态及输入信号在稳态下的逻辑关系。据此,触发器被分为 RS、D、JK、T 和 T′ 触发器等几种类型。凡在时钟作用下,逻辑状态变化情况符合特征方程式(5-12)的触发器,称为 RS 触发器;凡在时钟作用下,逻辑状态变化情况符合特征方程式(5-13)的触发器,称为 D 触发器;凡在时钟作用下,逻辑状态变化情况符合特征方程式(5-14)的触发器,称为 JK 触发器;J=K=T 的触发器,称为 T 触发器,T=1 的触发器称为 T′ 触发器,T 和 T′ 触发器的特征方程分别为式(5-15)和式(5-16)。

$$\begin{cases} Q^{n+1} = S + \overline{R}Q^n \\ RS = 0 \end{cases} \quad (5-12)$$

$$Q^{n+1} = D \quad (5-13)$$

$$Q^{n+1} = J\overline{Q^n} + \overline{K}Q^n \quad (5-14)$$

$$Q^{n+1} = T\overline{Q^n} + \overline{T}Q^n \quad (5-15)$$

$$Q^{n+1} = \overline{Q^n} \quad (5-16)$$

而基本触发器、同步触发器、主从触发器和边沿触发器是指电路结构的几种不同类型。不同的电路结构形式使触发器在状态转换时,有不同的动作特点和脉冲特性。

总而言之,同一种逻辑功能的触发器可以用不同的电路结构实现。例如,JK 功能触发器有同步、主从和边沿3种电路结构。而同一电路结构的触发器,逻辑功能又有多种形式,例如,同步触发器有 RS、D、JK、T 和 T′多种功能形式。

5.6.4 触发器的选择和使用

实际选用触发器时,一般要综合考虑逻辑功能、电路结构形式及制造工艺3个方面的因素来确定触发器选型。

1. 触发器工艺类型的选取

目前集成触发器产品主要有 TTL 制造工艺和 CMOS 制造工艺两大类。工艺类型的选取,主要根据电路对功耗、速度、带载能力等要求来选取。一般 TTL 制造工艺的触发器速度较 CMOS 高、带载能力较 CMOS 强,而 CMOS 制造工艺触发器的功耗远低于 TTL 制造工艺的触发器。

对集成触发器的多余输入端也应进行恰当的处理,处理的原则和方法与相应的集成门电路相同。级数较多的复杂系统,还要注意前后级的连接是否合适,特别是触发器的某些输入端由于同时接到了多个门上,其输入电流可能比较大。设计电路时,要对上述因素进行通盘考虑。

2. 触发器逻辑功能的选取

电路输入为单端形式适宜选用 D 和 T 触发器,电路输入为双端形式适宜选用 JK 和 RS 触发器。JK 触发器包含了 RS、D 和 T 触发器的功能,选用 JK 触发器可以满足对 RS 触发器的性能要求。

3. 触发器电路结构形式的选取

由于电路结构不同,触发器工作特点不同,因此选择触发器电路结构形式时应考虑以下几点。

如果触发器只用做寄存1位二值信号0和1,而且在 CP=1(或 CP=0)期间输入信号保持不变,则可以选用同步结构的触发器,电路简单,价格便宜。

如果要求触发器之间具有移位功能或记数功能,则不能采用同步结构的触发器,必须选用主从结构或边沿结构的触发器。

如果 CP=1(或 CP=0)期间输入信号不够稳定或易受干扰,则最好采用边沿结构的触发器以提高电路的可靠性。

5.6.5 不同类型时钟触发器之间的转换

从基本 RS 触发器出发,得到几种不同功能的触发器,说明不同触发器之间可以通过引入附加电路和接线而转换成其他触发器。

在数字装置中往往需要各种类型的触发器,而市场上出售的触发器多为集成 D 触发器和 JK 触发器,这就要求我们必须掌握不同类型触发器之间的转换方法。了解触发器间的相互转换可以在实际逻辑电路的设计和应用中更充分地利用各类触发器,同时也有助于更深入地理解和掌握各类触发器的特点与区别。转换逻辑电路的方法,一般是先比较已有触发器和待求触发器的特征方程,然后利用逻辑代数的公式和定理实现2个特征方程之间的变换,进而画出转换后的逻辑电路。

1. JK 触发器转换成 D、T、T′ 触发器

JK 触发器的特征方程为：

$$Q^{n+1} = J\overline{Q^n} + \overline{K}Q^n \tag{5-17}$$

(1) JK 触发器转换成 D 触发器

D 触发器的特征方程为：

$$Q^{n+1} = D = D\overline{Q^n} + DQ^n \tag{5-18}$$

比较式(5-17)和式(5-18)，可见只要取 J=D，K=$\overline{D}$，就可以把 JK 触发器转换成 D 触发器。如图 5.27(a)所示是转换后的 D 触发器电路图。转换后 D 触发器的 CP 触发脉冲与转换前 JK 触发器的 CP 触发脉冲相同。

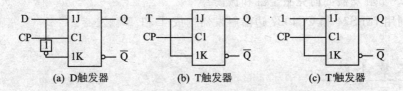

(a) D 触发器　　　　　(b) T 触发器　　　　　(c) T′触发器

图 5.27　JK 触发器转换成 D 触发器、T 触发器和 T′ 触发器

(2) JK 触发器转换为 T 触发器

T 触发器的特征方程为：

$$Q^{n+1} = T\overline{Q^n} = \overline{T}Q^n \tag{5-19}$$

比较式(5-17)和式(5-19)，可见只要取 J=K=T，就可以把 JK 触发器转换成 T 触发器。如图 5.27(b)所示是转换后的 T 触发器电路图。

(3) JK 触发器转换为 T′ 触发器

如果 T 触发器的输入端 T=1，主从 JK 触发器就变成了主从 T′ 触发器，如图 5.27(c)所示。T′ 触发器也称为 1 位计数器，在计数器中应用广泛。

2. D 触发器转换成 JK、T 和 T′ 触发器

D 触发器只有一个信号输入端，且 $Q^{n+1}=D$，因此，只要将其他类型触发器的输入信号经过转换后变为 D 信号，即可实现转换。

(1) D 触发器转换成 JK 触发器

令 D=J$\overline{Q^n}$+$\overline{K}Q^n$，就可实现 D 触发器转换成 JK 触发器，如图 5.28(a)所示。

(2) D 触发器转换成 T 触发器

令 D=T$\overline{Q^n}$+$\overline{T}Q^n$，就可以把 D 触发器转换成 T 触发器，如图 5.28(b)所示。

(3) D 触发器转换成 T′ 触发器

直接将 D 触发器的 $\overline{Q^n}$ 端与 D 端相连，就构成了 T′ 触发器，如图 5.28(c)所示。D 触发器到 T′ 触发器的转换最简单，计数器电路中用得最多。

同理，利用上述方法还可以实现其他触发器间的转换，这里不再详述。注意转化后的触发器脉冲触发时刻及动作特点与已知触发器相同。

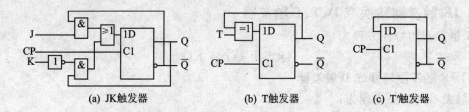

(a) JK 触发器　　(b) T 触发器　　(c) T′触发器

图 5.28　D 触发器转换成 JK 触发器、T 触发器和 T′触发器

思 考 题

(1) CC4027 边沿触发器的 CP 脉冲何时有效？
(2) 74LS74 触发器如何克服空翻和振荡？
(3) 分别用 74LS74 和 CC4027 边沿触发器构成 T 和 T′触发器。

☞ 本章小结

(1) 触发器是数字系统中极为重要的基本逻辑单元。它有 2 个稳定状态,在外加触发信号的作用下,可以从一种稳定状态转换到另一种稳定状态。当外加信号消失后,触发器仍维持其现状态不变,可见,触发器具有记忆作用,每个触发器只能记忆(存储)1 位二进制数码。

(2) 集成触发器按功能可分为 RS、JK、D、T、T′几种。其逻辑功能可用状态表(真值表)、特征方程、状态图、逻辑符号图和波形图(时序图)来描述。类型不同而功能相同的触发器,其状态表、状态图、特征方程均相同,只是逻辑符号图和时序图不同。

(3) 触发器电路结构有基本 RS 触发器和时钟触发器。时钟触发器有高电平 CP=1、低电平 CP=0、上升沿 CP↑、下降沿 CP↓4 种触发方式,具体有同步、主从和边沿触发器。

(4) 常用的集成触发器 TTL 型的有:双 JK 负边沿触发器 74LS112、双 D 正边沿触发器 74LS74,CMOS 型的有:CC4027 和 CC4013。

(5) 在使用触发器时,必须注意电路的功能及其触发方式。同步触发器在 CP=1 时触发翻转,属于电平触发,有空翻和振荡现象。主从触发器下降沿翻转,存在一次变化现象。为克服空翻和振荡现象,应使用 CP 脉冲边沿触发的触发器。功能不同的触发器之间可以相互转换。

☞ 习 题

题 5.1　分析如图 5.29 所示的 RS 触发器的功能,并根据输入波形画出 Q 和 $\overline{Q}$ 的波形。

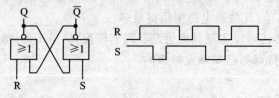

图 5.29　题 5.1 RS 触发器

第5章 触发器

题 5.2 同步 RS 触发器接成如图 5.30(a)、(b)、(c)、(d) 所示的形式。设初始状态为 0，试根据如图(e)所示的 CP 波形，画出 Q_a、Q_b、Q_c、Q_d 的波形。

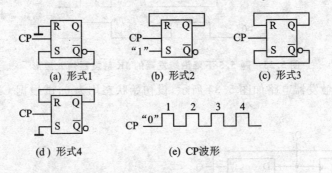

图 5.30 题 5.2 同步 RS 触发器和 CP 波形

题 5.3 同步触发器接成如图 5.31(a)、(b)、(c)、(d) 所示的形式，设初始状态为 0，试根据如图(e)所示的 CP 波形画出 Q_a、Q_b、Q_c、Q_d 的波形。

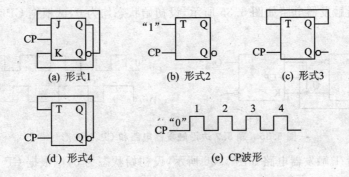

图 5.31 题 5.3 同步触发器和 CP 波形

题 5.4 维持-阻塞式 D 触发器接成如图 5.32(a)、(b)、(c)、(d) 所示的形式，设触发器的初始状态为 0，试根据如图(e)所示的 CP 波形画出 Q_a、Q_b、Q_c、Q_d 的波形。

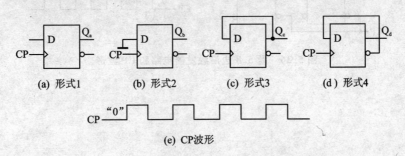

图 5.32 题 5.4 维持-阻塞式 D 触发器和 CP 波形

题 5.5 下降沿触发的 JK 触发器的输入波形如图 5.33 所示，设触发器初始状态为 0，画出相应的输出波形。

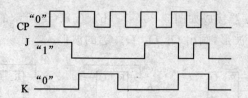

图 5.33 题 5.5 下降沿触发器的 JK 触发器输入波形

题 5.6 边沿触发器电路如图 5.34 所示,设初始状态均为 0,试根据 CP 波形画出 Q_1、Q_2 的波形。

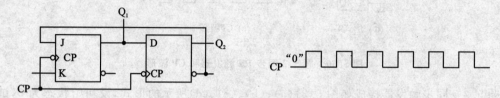

图 5.34 题 5.6 边沿触发器电路和 CP 波形

题 5.7 边沿触发器电路如图 5.35 所示,设初始状态均为 0,试根据 CP 和 D 的波形画出 Q_1、Q_2 的波形。

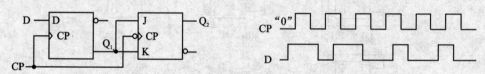

图 5.35 题 5.7 边沿触发器电路和 CP、D 波形

题 5.8 边沿 T 触发器电路如图 5.36 所示,设初始状态为 0,试根据 CP 波形画出 Q_1、Q_2 的波形。

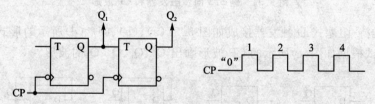

图 5.36 题 5.8 边沿触发器电路和 CP 波形

第6章 时序逻辑电路

本章首先概述时序逻辑电路的功能和结构特点,并详细讲述分析时序逻辑电路的具体方法和步骤;然后分别介绍了计数器、寄存器、顺序脉冲发生器等各种常用时序逻辑电路的电路结构、工作原理和使用方法;最后讲述时序逻辑电路的一般设计方法,并简单探讨时序逻辑电路的竞争冒险现象。

6.1 时序逻辑电路概述

数字电路按逻辑功能和电路结构特点不同可分为组合逻辑电路和时序逻辑电路两大类,前面已经介绍过,组合逻辑电路由基本门电路组成,本节将对时序逻辑电路进行概述。

6.1.1 时序逻辑电路的概念和特点

时序逻辑电路简称时序电路,是数字系统中非常重要的一类逻辑电路。它由门电路和记忆元件(或反馈支路)共同构成,一般是由组合逻辑电路和触发器构成的。在时序逻辑电路中,任一时刻的输出不仅与该时刻输入变量的取值有关,而且与电路的原状态,即与过去的输入情况有关。

与组合逻辑电路相比,时序逻辑电路在结构上有2个特点:第一,时序逻辑电路包含组合逻辑电路和存储电路两部分,存储电路具有记忆功能,通常由触发器组成;第二,存储电路的状态反馈到组合逻辑电路的输入端,与外部输入信号共同决定组合逻辑电路的输出。组合逻辑电路的输出除包含外部输出外,还包含连接到存储电路的内部输出,它将控制存储电路状态的转移。

如图 6.1 所示为时序逻辑电路的结构框图。时序逻辑电路的状态是靠存储电路记忆和表示的,它可以没有组合电路,但必须有触发器。触发器是最简单的时序逻辑电路。

在图 6.1 中,$X(x_1 \sim x_n)$ 为外部输入信号;$Q(q_1 \sim q_j)$ 为存储电路的状态输出,也是组合逻辑电路的内部输入;$Z(z_1 \sim z_m)$ 为外部输出信号;$Y(y_1 \sim y_k)$ 为存储电路的激励信号,也是组合逻辑电路的内部输出。在存储电路中,每一位输出 $q_i(i=1 \sim j)$ 称为一个状态变量,j 个状态变量可以组成 2^j 个不同的内部状态。时序逻辑电路对于输入变量历史情况的记忆就是反映在状态变量的不同取值上,即不同的内部状态代表不同的输入变量的历史情况。

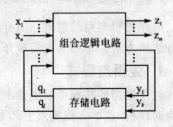

图 6.1 时序逻辑电路的结构框图

图 6.1 所示的时序逻辑电路可以用式(6-1)来描述。

$$\begin{cases} z_1^n = f_1(x_1^n, x_2^n, \cdots, x_n^n, q_1^n, q_2^n, \cdots, q_j^n) \\ z_2^n = f_2(x_1^n, x_2^n, \cdots, x_n^n, q_1^n, q_2^n, \cdots, q_j^n) \\ z_m^n = f_m(x_1^n, x_2^n, \cdots, x_n^n, q_1^n, q_2^n, \cdots, q_j^n) \end{cases}$$

$$\begin{cases} y_1^n = g_1(x_1^n, x_2^n, \cdots, x_n^n, q_1^n, q_2^n, \cdots, q_j^n) \\ y_2^n = g_2(x_1^n, x_2^n, \cdots, x_n^n, q_1^n, q_2^n, \cdots, q_j^n) \\ y_k^n = g_k(x_1^n, x_2^n, \cdots, x_n^n, q_1^n, q_2^n, \cdots, q_j^n) \end{cases} \quad (6-1)$$

$$\begin{cases} q_1^{n+1} = h_1(y_1^n, y_2^n, \cdots, y_k^n, q_1^n, q_2^n, \cdots, q_j^n) \\ q_2^{n+1} = h_2(y_1^n, y_2^n, \cdots, y_k^n, q_1^n, q_2^n, \cdots, q_j^n) \\ q_j^{n+1} = h_j(y_1^n, y_2^n, \cdots, y_k^n, q_1^n, q_2^n, \cdots, q_j^n) \end{cases}$$

其中,式(6-1)中第 1 个方程组称为输出方程,第 2 个方程组称为驱动方程(或激励方程),第 3 个方程组称为状态方程。方程中的上标 n 和 $n+1$ 表示相邻的 2 个离散时间(或称相邻的 2 个节拍),如 q_1^n、q_2^n、$\cdots$、q_j^n 表示存储电路中每个触发器的当前状态(也称为现状态或原状态),q_1^{n+1}、q_2^{n+1}、$\cdots$、q_j^{n+1} 表示存储电路中每个触发器的新状态(也称为下一状态或次状态)。以上 3 方程组可写成如式(6-2)所示的形式,角标 n 可省略不写。

$$\begin{cases} Z^n = F(X^n, Q^n) \\ Y^n = G(X^n, Q^n) \\ Q^{n+1} = H(Y^n, Q^n) \end{cases} \quad (6-2)$$

从以上关系式不难看出,时序逻辑电路某时刻的输出 Z^n 决定于该时刻的外部输入 X^n 和内部状态 Q^n;而时序逻辑电路的下一状态 Q^{n+1} 同样决定于 X^n 和 Q^n。时序逻辑电路的工作过程实质上是在不同的输入条件下,内部状态不断更新的过程。

6.1.2 时序逻辑电路的分类

时序逻辑电路类型繁多。按触发脉冲输入方式的不同,时序电路可分为同步时序电路和异步时序电路。同步时序电路是指各触发器状态的变化受同一个时钟脉冲控制;而异步时序电路中,各触发器状态的变化不受同一个时钟脉冲控制。按实现功能的不同,时序电路可分为计数器、寄存器、序列信号发生器和脉冲产生整形电路等。此外,按集成度不同又可分为 SSI、MSI、LSI、VLSI。按使用的开关器件可分为 TTL 和 CMOS 等时序逻辑电路。本章主要讲解计数器、寄存器和序列信号发生器等时序逻辑电路。

6.1.3 时序逻辑电路的功能描述

时序逻辑电路的逻辑功能有逻辑表达式、状态转换表、卡诺图、状态转换图、时序波形图等多种表示方法。本小节先简单介绍,详细方法将在后面的具体电路中进行说明。

1. 逻辑方程式

时序电路的功能可以用输出方程、驱动方程(或激励方程)和状态方程来描述,这种方法又称为时序机,这些方程实质上都是逻辑表达式。

2. 状态转换表

状态转换表也称为状态迁移表,简称状态表,是用列表的方式来描述时序逻辑电路输出

Z、次态 Q^{n+1} 和外部输入 X、现态 Q 之间的逻辑关系。列表的形式有多种。状态转换表较复杂时,可用表示输出 Z、次态 Q^{n+1} 和外部输入 X、现态 Q 之间逻辑关系的卡诺图来表示,此卡诺图称为综合卡诺图。综合卡诺图中最小项的编号,对应时序电路的输入、现态,而方格内的数据对应该现态的次态和输出,由综合卡诺图得出状态图极为方便。

3. 状态转换图

为了以更加形象的方式直观地描述出时序电路的逻辑功能,把状态转换表的内容表示成状态转换图的形式。状态转换图简称状态图,它是反映时序电路状态转换规律及相应输入、输出信号取值情况的几何图形。在状态图中,将状态圈起来(圈可省略)用有向线按顺序连接,有向线表示状态的转化方向,同时在有向线旁注明输入和输出,输入和输出分别在斜线上下,若无输入和输出则不注。

4. 时序波形图

时序图即为时序电路的工作波形图,它以波形的形式描述时序电路内部状态 Q、外部输出 Z 随输入信号 X 变化的规律。这些信号在时钟脉冲的作用下,随时间变化,因此称为时序图。时序图反映了输入、输出信号及各触发器状态的取值在时间上的对应关系,可以用实验观察的方法检测时序电路的功能,也常用于数字电路的计算机模拟中。

以上几种同步时序逻辑电路功能描述的方法各有特点,但实质相同,且可以相互转换,它们都是同步时序逻辑电路分析和设计的主要工具。

思 考 题

(1) 时序逻辑电路的特点是什么?它与组合逻辑电路的主要区别在哪里?
(2) 时序逻辑电路的分类有哪些?

6.2 时序逻辑电路的分析方法

分析时序电路的目的是确定已知电路的逻辑功能和工作特点,就是要求找出电路的状态和输出状态在输入变量和时钟信号作用下的变化规律。

6.2.1 分析时序逻辑电路的一般步骤

分析时序电路时,一般按下面的顺序进行。

① 根据给定的逻辑电路图写出电路中各个触发器的时钟方程、驱动方程、输出方程。
- 时钟方程:时序电路中各个触发器 CP 脉冲的逻辑表达式。
- 驱动方程:时序电路中各个触发器输入信号的逻辑表达式。
- 输出方程:时序电路中外部输出信号的逻辑表达式,若无输出时此方程可省略。

② 求各个触发器的状态方程。将时钟方程和驱动方程代入相应触发器的特征方程式中,即可求出触发器的状态方程。状态方程也就是各个触发器次态输出的逻辑表达式,电路状态由触发器来记忆和表示。

③ 通过计算,列状态转换表(或综合卡诺图),画出状态图和波形图。将电路输入信号和触发器现态的所有取值组合代入相应的状态方程和输出方程,求得相应触发器的次态和输出。整理计算结果可以列出状态转换表,画出状态图和波形图。

计算时,需要注意以下几个问题。
- 代入计算时应注意状态方程的有效时钟条件,时钟条件不满足时,触发器状态应保持不变。
- 电路的现态是指所有触发器的现态组合。
- 现态初值若给定,从给定初值开始依次进行运算,若未给定,需自己设定初值并依次进行运算。计算时,不要漏掉任何可能出现的现态和输入值。

画图表时,要注意以下几点。
- 状态转化是由现态到次态。
- 输出是现态和输入的函数,不是次态和输入的函数。
- 时序图中,状态更新时刻只能在 CP 的有效时刻。

④ 判断电路能否自启动。时序电路由多个触发器组成存储电路,n 位触发器有 2^n 个状态组合,正常使用的状态,称为有效状态,否则称为无效状态。无效状态不构成循环圈且能自动返回有效状态称为能自启动,否则称为不能自启动。检查的方法是:不论电路从哪一个状态开始工作,在 CP 脉冲作用下,触发器输出的状态都会进入有效循环圈内,此电路就能够自启动;反之,则此电路不能自启动。

⑤ 归纳上述分析结果,确定时序电路的功能。一般情况下,状态转换表和状态图就可以说明电路的工作特性。但是,在实际应用中,各输入/输出信号都有其特定的物理意义,常常结合这些实际物理含义进一步说明电路的具体功能。例如电路名称等,一般用文字说明。

以上分析方法既适合同步电路,也适合异步电路。同步电路在同一时钟作用下,可以不写时钟方程,异步电路必须写时钟方程,其电路状态必须在有效时钟脉冲到达时,才按状态方程规律变化。以上步骤不是固定程序,具体电路可灵活分析。

6.2.2 时序逻辑电路分析举例

以下举几个例子来详细说明时序电路的分析方法。

【**例 6.1**】 分析如图 6.2 所示的时序电路的逻辑功能(J_0、K_0 空悬视为高电平)。

解:

① 写相关方程式。

时钟方程　$CP_0 = CP_1 = CP\downarrow$

驱动方程　$\begin{cases} J_0 = K_0 = 1 \\ J_1 = K_1 = Q_0^n \end{cases}$

输出方程　$Z = Q_1 Q_0$

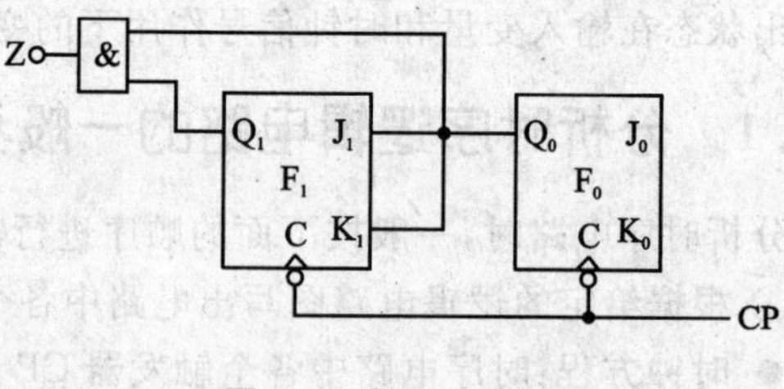

图 6.2　例 6.1 电路

② 求各个触发器的状态方程。

JK 触发器特性方程为　$Q^{n+1} = J\overline{Q^n} + \overline{K}Q^n (CP\downarrow)$

将对应驱动方程分别代入特性方程,进行化简变换可得状态方程:

$$Q_0^{n+1} = 1 \cdot \overline{Q_0^n} + \overline{1} \cdot Q_0^n = \overline{Q_0^n}(CP\downarrow)$$

$$Q_1^{n+1} = J_1\overline{Q_1^n} + \overline{K_1}Q_1^n = Q_0^n\overline{Q_1^n} + \overline{Q_0^n}Q_1^n(CP\downarrow)$$

③ 计算求出对应状态,列状态表,画状态图和时序图。

列状态表:列出电路输入信号和触发器原态的所有取值组合,代入相应的状态方程,求得相应的触发器次态及输出,列表得到状态表如表 6.1 所列。

根据状态表画状态图如图 6.3(a)所示,设 Q_1Q_0 的初始状态为 00,画时序图如图 6.3(b)所示。

④ 判断电路能否自启动。没有无效状态,该电路能自启动。

⑤ 归纳上述分析结果,确定该时序电路的逻辑功能。从时钟方程可知该电路是同步时序电路。从如图 6.3(a)所示的状态图可知:随着 CP 脉冲的递增,不论从电路输出的哪一个状态开始,触发器输出 Q_1Q_0 的变化都会进入同一个循环过程,而且此循环过程中包括 4 个状态,并且状态之间是递增变化的。

表 6.1 例 6.1 状态表

CP	Q_1^n	Q_0^n	Q_1^{n+1}	Q_0^{n+1}	Z
↓	0	0	0	1	0
↓	0	1	1	0	0
↓	1	0	1	1	0
↓	1	1	0	0	1

(a) 状态图

(b) 时序图

图 6.3 例 6.1 时序电路对应图形

当 $Q_1Q_0=11$ 时,输出 $Z=1$;当 Q_1Q_0 取其他值时,输出 $Z=0$;在 Q_1Q_0 变化 1 个循环的过程中,$Z=1$ 只出现 1 次,故 Z 为进位输出信号。

综上所述,此电路是带进位输出的同步四进制加法计数器电路。又称为四分频电路,且可以自启动。所谓分频电路是将输入的高频信号变为低频信号输出的电路。四分频是指输出信号的频率为输入信号频率的 1/4,即 $f_z = \frac{1}{4} f_{CP}$,故有时又将计数器称为分频器。

【例 6.2】 分析如图 6.4 所示的时序电路的逻辑功能。

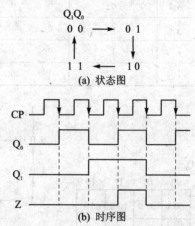

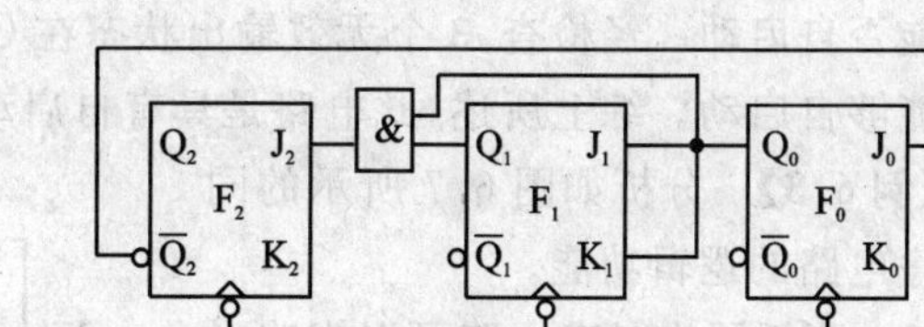

图 6.4 例 6.2 时序电路

解:

① 写出时钟方程和驱动方程。

时钟方程:$CP_0 = CP_1 = CP_2 = CP\downarrow$

驱动方程:$J_0 = \overline{Q_2^n}$ $K_0 = 1$

$J_1 = Q_0^n$ $K_1 = Q_0^n$

$J_2 = Q_0^n Q_1^n$ $K_2 = 1$

② 求各个触发器的状态方程:

$$Q_0^{n+1} = J_0 \overline{Q_0^n} + \overline{K_0} Q_0^n = \overline{Q_2^n}\, \overline{Q_0^n}(CP\downarrow)$$

$$Q_1^{n+1} = J_1 \overline{Q_1^n} + \overline{K_1} Q_1^n = Q_0^n \overline{Q_1^n} + \overline{Q_0^n} Q_1^n (CP\downarrow)$$

$$Q_2^{n+1} = J_2 \overline{Q_2^n} + \overline{K_2} Q_2^n = Q_0^n Q_1^n \overline{Q_2^n} = \overline{Q_2^n} Q_1^n Q_0^n (CP\downarrow)$$

③ 求出对应状态值。

列状态表:列出电路输入信号和触发器原态的所有取值组合,代入相应的状态方程,求得相应的触发器次态及输出,列表得到状态表,如表 6.2 所列,或列出如图 6.5 所示的综合卡诺图。在触发器位数较多时,列综合卡诺图的方便性十分明显。

画状态图:根据状态表画状态图如图 6.6(a)所示,设 $Q_2Q_1Q_0$ 的初始状态为 000,画时序图如图 6.6(b)所示。

表 6.2　例 6.2 时序电路状态表

CP	Q_2^n	Q_1^n	Q_0^n	Q_2^{n+1}	Q_1^{n+1}	Q_0^{n+1}	CP	Q_2^n	Q_1^n	Q_0^n	Q_2^{n+1}	Q_1^{n+1}	Q_0^{n+1}
↓1	0	0	0	0	0	1	↓5	1	0	0	0	0	0
↓2	0	0	1	0	1	0	↓6	1	0	1	0	1	0
↓3	0	1	0	0	1	1	↓7	1	1	0	0	1	0
↓4	0	1	1	1	0	0	↓8	1	1	1	0	0	0

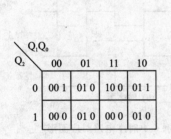

图 6.5　次态综合卡诺图

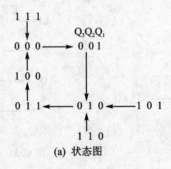

(a) 状态图

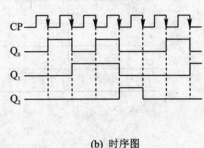

(b) 时序图

图 6.6　例 6.2 同步计数器的状态图和时序图

④ 归纳分析结果,确定该时序电路的逻辑功能。从时钟方程可知该电路是同步时序电路。从如表 6.2 所列的时序电路状态表可知,计数器输出 $Q_2Q_1Q_0$,共有 8 种状态 000~111。

从如图 6.6(a)所示的状态图可知,随着 CP 脉冲的递增,触发器输出 $Q_2Q_1Q_0$ 会进入一个有效循环过程,此循环过程包括 5 个有效输出状态,其余 3 个输出状态为无效状态,要检查该电路能否自启动。经检查,3 个无效输出状态在 CP 脉冲作用下,都会进入有效循环圈内,此电路就能够自启动。综上所述,此电路是具有自启动功能的同步五进制加法计数器。

【例 6.3】　分析如图 6.7 所示的同步时序电路的逻辑功能。

解:分析同步时序电路可以省略时钟方程。

① 求输出方程和激励方程。

$$J_0 = K_0 = 1$$
$$J_1 = K_1 = X \oplus Q_0$$
$$Z = X\overline{Q_1}\,\overline{Q_0}$$

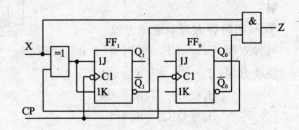

图 6.7　例 6.3 同步时序电路的逻辑功能

② 求状态方程。

$$Q_1^{n+1} = J_1\overline{Q_1} + \overline{K_1}Q_1 = (X \oplus Q_0)\overline{Q_1} + \overline{X \oplus Q_0}Q_1 = X \oplus Q_0 \oplus Q_1$$
$$Q_0^{n+1} = J_0\overline{Q_0} + \overline{K_0}Q_0 = \overline{Q_0}$$

③ 设初始状态为 00,代入状态方程和输出方程依次进行运算。时序电路状态表如表 6.3

时序逻辑电路
第6章

所列,状态表较复杂,可以画出如图 6.8 所示的次态与输出卡诺图。根据状态表或卡诺图画出状态图,如图 6.9 所示。

表 6.3 例 6.3 时序电路状态表

Q_1Q_0 \ X	$Q_1^{n+1}Q_0^{n+1}/Z$	
	0	1
00	01/0	11/1
01	10/0	00/0
11	00/0	10/0
10	11/0	01/0

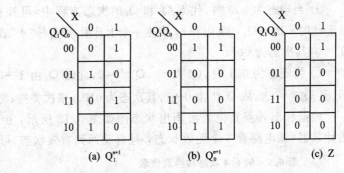

图 6.8 例 6.3 次态与输出卡诺图

④ 画波形图。设 Q_1Q_0 的初始状态为 00,输入变量 X 的波形如图 6.10 中第 2 行所示。根据如表 6.3 所列的状态表即可画出波形图。例如第 1 个 CP 来到前 $X=0$,$Q_1Q_0=00$,从表中查出 $Q_1^{n+1}Q_0^{n+1}=01$,可在画波形时在第 1 个 CP 来到后使 Q_1Q_0 进入 01。依次类推,即可画出 Q_0、Q_1 的整体波形如图 6.10 中第 3、4 行所示。外部输出 $Z=X\overline{Q_1}\overline{Q_0}$,它是组合电路的即时输出,只要外部输入或内部状态一有变化,外部输出 Z 就会跟着改变,画波形时要特别注意。

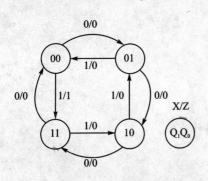

图 6.9 例 6.3 状态图

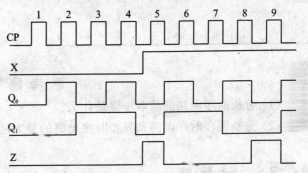

图 6.10 例 6.3 时序图

⑤ 综合以上分析可知,该电路为自启动可逆四进制同步计数器。

【例 6.4】 异步时序电路如图 6.11 所示,试分析其功能。

解:由电路可知 $CP_1=CP_3=CP$,$CP_2=Q_1$,可见该电路为异步时序电路。

各触发器的激励方程为:

$$J_1 = \overline{Q_3^n} \qquad K_1 = 1$$
$$J_2 = K_2 = 1$$
$$J_3 = Q_1^n Q_2^n \qquad K_3 = 1$$

代入 JK 触发器特性方程,可得状态方程为:

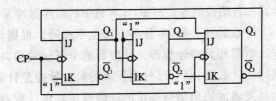

图 6.11 例 6.4 的异步时序电路

$$Q_1^{n+1} = \overline{Q_3^n}\,\overline{Q_1^n} \qquad CP_1 = CP$$
$$Q_2^{n+1} = \overline{Q_2^n} \qquad CP_2 = Q_1$$
$$Q_3^{n+1} = Q_1^n Q_2^n \overline{Q_3^n} \qquad CP_3 = CP$$

各触发器仅在其时钟脉冲的下降沿动作,其余时刻均处于保持状态,故在列电路的状态真值表时必须注意。

① 当现态为 000 时,代入 Q_1 和 Q_3 的次态方程中,可知在 CP 作用下,$Q_3^{n+1}=0$,$Q_1^{n+1}=1$。由于此时 $CP_2=Q_1$,Q_1 由 0→1 产生一个上升沿,用符号"↑"表示,故 Q_2 处于保持状态,即 $Q_2^{n+1}=Q_2^n=0$,其次态为 001。

② 当现态为 001 时,$Q_1^{n+1}=0$,$Q_3^{n+1}=0$,此时 Q_1 由 1→0 产生一个下降沿,用符号"↓"表示,且 $Q_2^{n+1}=\overline{Q_2^n}$,故 Q_2 将由 0→1,其次态为 010。依次类推,得其状态转换真值表如表 6.4 所列。

根据状态转换真值表可画出状态图如图 6.12 所示,由此可看出该电路是异步五进制递增计数器,该电路有 3 个无效状态,且自动回到有效状态,可见该电路具有自启动能力。

表 6.4 例 6.4 状态转换真值表

Q_3^n	Q_2^n	Q_1^n	Q_3^{n+1}	Q_2^{n+1}	Q_1^{n+1}	CP_3	CP_2	CP_1
0	0	0	0	0	1	↓	↑	↓
0	0	1	0	1	0	↓	↓	↓
0	1	0	0	1	1	↓	↑	↓
0	1	1	1	0	0	↓	↓	↓
1	0	0	0	0	0	↓	0	↓
1	0	1	0	1	0	↓	0	↓
1	1	0	0	0	0	↓	0	↓
1	1	1	0	0	0	↓	↓	↓

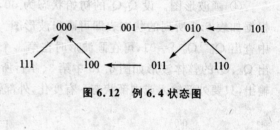

图 6.12 例 6.4 状态图

思 考 题

(1) 分析时序电路的基本步骤是什么?
(2) 分析同步时序电路和异步时序电路的最大区别是什么?

6.3 计数器

计数器是数字系统中应用最广泛的时序逻辑部件之一,是数字设备和数字系统中不可缺少的组成部分。计数器由若干个触发器和相应的逻辑门组成,计数器的基本功能就是对输入脉冲的个数进行计数。除了计数功能以外,计数器还可以用做定时、分频、信号产生、执行数字运算和自动控制等。例如,计算机中的时序脉冲发生器、分频器、指令计数器等都要使用计数器。

计数器种类很多,分类方法也不相同。根据计数脉冲的输入方式不同可把计数器分为同步计数器和异步计数器。计数器的全部触发器共用同一个时钟脉冲(计数输入脉冲)的计数器是同步计数器;只有部分触发器的时钟脉冲是计数输入脉冲,另一部分触发器的时钟脉冲由其他触发器的输出信号提供的计数器是异步计数器。

计数器按照计数的进制可分为二进制计数器($N=2^n$)和非二进制计数器($N\neq 2^n$),其中,N 代表计数器的进制数,又称为计数器的模量或计数长度,n 代表计数器中触发器的个数。各计数器按其各自计数进位规律进行计数。

根据计数过程中计数的增减不同又分为加法计数器、减法计数器和可逆计数器。对输入脉冲进行递增计数的计数器称做加法计数器，进行递减计数的计数器称做减法计数器。如果在控制信号作用下，既可以进行加法计数又可以进行减法计数，则称做可逆计数器。另外，以使用开关器件的不同可分为 TTL 计数器和 CMOS 计数器。目前通用集成计数器一般为中规模产品。

6.3.1 二进制计数器

二进制计数器由 n 位触发器和一些附加电路构成，2^n 个状态全部有效，实现 2^n 进制计数。二进制计数器可分为异步二进制计数器和同步二进制计数器。

1. 异步二进制计数器

以 3 位异步二进制计数器为例说明其工作原理。

(1) 异步二进制加法计数器

异步二进制加法计数器中的每一级触发器均用 T' 触发器，其特性方程为 $Q^{n+1}=\overline{Q^n}$。T' 触发器由 JK、D 触发器组成，JK 触发器 $J=K=1$，D 触发器 $D=\overline{Q^n}$。根据二进制加法计数规则知道，最低位每来 1 个时钟脉冲（即计入加 1）便翻转 1 次，高位只有在相邻低位由 1→0 时才翻转。对下降沿触发的触发器，其高位的 CP 端应与其邻近低位的原码输出 Q 端相连，即 $CP_i=Q_{i-1}$；对上升沿触发的触发器，其高位的 CP 端应与其邻近低位的反码输出 $\overline{Q}$ 端相连，即 $CP_i=\overline{Q}_{i-1}$。两种情况下，最低位触发器的触发脉冲都要接计数脉冲。3 位异步二进制加法计数器的逻辑电路如图 6.13(a)和如图 6.14(a)所示。图中最低位触发器的时钟信号 CP 也就是要记录的计数输入脉冲。

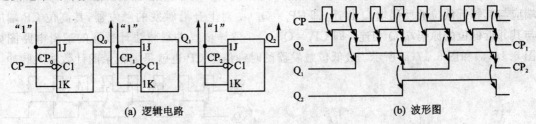

图 6.13 3 位异步二进制加法计数器的逻辑电路图和波形图（下降沿）

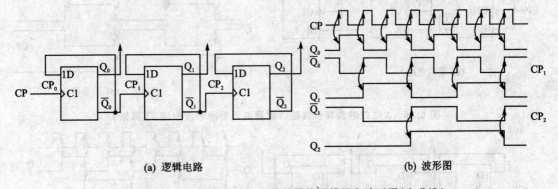

图 6.14 3 位二进制异步加法计数器的逻辑图和波形图（上升沿）

一般情况下，计数器在工作以前，要置初始状态，通常采用异步复位信号复位到 0 态，又称清 0。

对上述两个逻辑电路图进行分析，可得如表 6.5 所列的状态转换表，根据状态转换表可以画出如图 6.15 所示的状态转换图。两个逻辑图的状态转换表和状态转换图是相同的。

表 6.5 加法计数器状态转换表

CP	Q_2^n	Q_1^n	Q_0^n	Q_2^{n+1}	Q_1^{n+1}	Q_0^{n+1}	CP	Q_2^n	Q_1^n	Q_0^n	Q_2^{n+1}	Q_1^{n+1}	Q_0^{n+1}
↓1	0	0	0	0	0	1	↓5	1	0	0	1	0	1
↓2	0	0	1	0	1	0	↓6	1	0	1	1	1	0
↓3	0	1	0	0	1	1	↓7	1	1	0	1	1	1
↓4	0	1	1	1	0	0	↓8	1	1	1	0	0	0

由状态转换表和状态转换图可以看出,此计数器累加计数,8 个状态构成循环,逢 8 进 1,最大计数为 7,又称为八进制加法计数器。

$Q_2Q_1Q_0$ 000→001→010→011→100→101→110→111→000

图 6.15 加法计数器状态转换图

注意:如表 6.5 所列的状态转换表中各触发器触发脉冲的区别。

根据 T′ 触发器的翻转规律,可画出其波形图如图 6.13(b) 和图 6.14(b) 所示。图 6.13(b) 和图 6.14(b) 的区别,只是触发沿不同。

由时序图可以看出,若计数脉冲 CP 的频率为 f_0,则 Q_0、Q_1 和 Q_2 的频率分别为 f_0 的 1/2、1/4、1/8,计数器具有分频功能,又称为分频器。

(2) 异步二进制减法计数器

异步二进制减法计数器每一级触发器仍采用 T′ 触发器。最低位触发器每来 1 个时钟脉冲翻转 1 次,低位由 0→1 时向高位产生借位,高位翻转。对下降沿触发的触发器,其高位 CP 端应与其邻近低位的反码端 $\overline{Q}$ 相连,即 $CP_i = \overline{Q}_{i-1}$;对上升沿触发的触发器,其高位 CP 端应与其邻近低位的原码端 Q 相连,即 $CP_i = Q_{i-1}$。3 位异步二进制减法计数器的逻辑电路图如图 6.16(a) 和图 6.17(a) 所示。最低位触发器的时钟信号 CP 也就是要记录的计数输入脉冲。

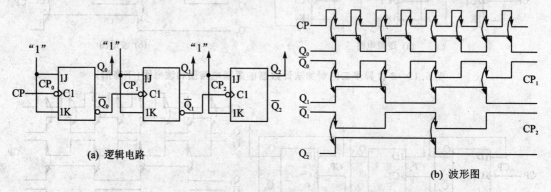

图 6.16 3 位二进制异步减法计数器的逻辑图和波形图(下降沿)

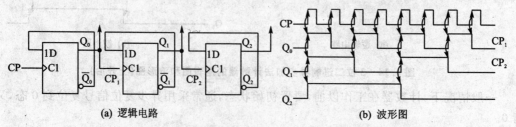

图 6.17 3 位二进制异步减法计数器的逻辑图和波形图(上升沿)

两个逻辑图的状态转换表如表 6.6 所列,状态转换图如图 6.18 所示。

表 6.6 减法计数器状态转换表

CP	Q_2^n	Q_1^n	Q_0^n	Q_2^{n+1}	Q_1^{n+1}	Q_0^{n+1}	CP	Q_2^n	Q_1^n	Q_0^n	Q_2^{n+1}	Q_1^{n+1}	Q_0^{n+1}
↓1	0	0	0	1	1	1	↓5	1	0	0	0	1	1
↓2	0	0	1	0	0	0	↓6	1	0	1	1	0	0
↓3	0	1	0	0	0	1	↓7	1	1	0	1	0	1
↓4	0	1	1	0	1	0	↓8	1	1	1	1	1	0

由状态转换表和状态转换图可以看出,此计数器减法计数,8 个状态构成循环,借 1 为 8,最大计数为 7,又称为八进制减法计数器。

$Q_2Q_1Q_0$ 000→111→110→101→100→011→010→001→000

图 6.18 减法计数器状态转换图

根据 T′触发器的反转规律,可画出其波形图如图 6.16(b)和图 6.17(b)所示。2 个图的区别,只是触发沿不同。

分析异步二进制计数器的波形图可知,输出端新状态的建立要比 CP 的上升沿或下降沿滞后一个触发器的传输延迟时间 t_{pd},位数愈多滞后时间愈长,这是二进制异步计数器工作速度较低的主要原因。例如,在二进制异步加法计数器中,当计数器的状态由 111 变为 000 时,输入脉冲要经过 3 个触发器的传输延迟时间 t_{pd} 才能到达新的稳定状态。若 $t_{pd}=50$ ns,则完成状态转换所需要的时间为 $50 \times 3 = 150$ ns。若两个输入脉冲之间的时间间隔小于 150 ns,那么在最后一个触发器变为 0 态之前,第 1 个又已由 0 变为 1 态,这就无法分辨计数器中所累计的数,造成计数错误。

综合以上分析,可得出用触发器构成 n 位异步二进制计数器的连接规律。触发器全部采用 T′触发器,JK 触发器 $J=K=1$,D 触发器 $D=\overline{Q^n}$。

下降沿加法计数器 $CP_0 = CP\downarrow$、$CP_i = Q_{i-1}(i \geq 1)$,上升沿加法计数器 $CP_0 = CP\uparrow$、$CP_i = \overline{Q}_{(i-1)}(i \geq 1)$;下降沿减法计数 $CP_0 = CP\downarrow$、$CP_i = \overline{Q}_{(i-1)}(i \geq 1)$,上升沿减法计数 $CP_0 = CP\uparrow$、$CP_i = Q_{(i-1)}(i \geq 1)$。

上述计数器,由于各触发器的翻转不是受同一个 CP 脉冲控制的,故称为异步计数器。

(3) 异步二进制可逆计数器

实际应用中,常常需要计数器既能加法记数又能减法记数,同时兼有加法和减法 2 种记数功能的计数器称为可逆计数器(或加减计数器)。把二进制异步加法计数器和二进制异步减法计数器合并在一起(增加控制门电路)则可构成异步二进制可逆计数器。可逆计数器有 2 种电路结构:一种是设置加减控制信号控制实现加法或减法功能,加法记数和减法记数公用同一个记数脉冲,这种电路结构称为单时钟可逆计数器;另一种电路有 2 个记数脉冲信号,一个称为加记数脉冲,另一个称为减记数脉冲,给其一个记数脉冲输入端加上脉冲信号,另一端应接无效电平(低或高取决于具体电路结构),电路就可以进行加法和减法记数。这种二进制可逆计数器又被称为双时钟输入式二进制可逆计数器,其具体电路不再叙述。

目前常见的异步二进制计数器产品主要有 4 位的(如 74LS293、74LS393、74HC393 等)、7 位的(如 CC4024)、12 位的(如 CC4040)、14 位的(如 CC4060)几种类型。异步二进制计数器的电路简单,对计数脉冲 CP 的负载能力要求低,但因逐级延时,工作速度较低,并且反馈和译码较为困难,所以一般用在速度要求不高的场合。

2. 同步二进制计数器

为了提高计数速度,我们可以用时钟脉冲同时去触发计数器中的全部触发器,使各触发器的状态变换与时钟脉冲到达同步,这就是所谓的同步计数器。同步计数器各触发器在同一个 CP 脉冲作用下同时翻转,工作速度较高,但控制电路复杂。由于 CP 作用于计数器的全部触发器,所以 CP 的负载较重。以 4 位同步二进制计数器为例说明其工作原理。

(1) 同步二进制加法计数器

根据二进制加法运算规则知道,多位二进制数加 1 时,若其中第 i 位以下皆为 1 时,则第 i 位应改变状态(0 变成 1 或 1 变成 0),否则不变。而最低位的状态在每次加 1 时都要改变。同步二进制加法计数器既可以用 T 触发器构成,也可以用 T′ 触发器构成。如果用 T 触发器构成,则每次计数脉冲 CP 信号到达时,应该翻转的触发器 $T_i=1$,不该翻转的触发器 $T_i=0$。如果用 T′ 触发器构成,则每次计数脉冲到达时,只能加到该翻转的触发器的 CP 输入端上,而不能加给不该翻转的触发器。这里只介绍用 T 触发器构成的同步二进制加法计数器,用 T′ 触发器构成的请参考有关资料。

由此可见,当二进制加法计数器用 T 触发器构成时,第 i 位触发器输入端的逻辑式应为:

$$T_i = Q_0^n Q_1^n \cdots Q_{i-2}^n Q_{i-1}^n \quad (i=1,2,3,\cdots,n-1) \tag{6-3}$$

只有最低位例外,按照计数规则,每次输入计数脉冲时它都要翻转,故 $T_0=1$。如图 6.19 所示是由 T 触发器构成的 4 位同步二进制加法计数器。

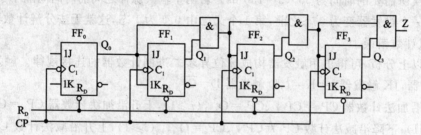

图 6.19 T 触发器构成的同步 4 位二进制加法计数器

根据电路图可分析如下。

同步 4 位二进制加法计数器,可以不写时钟方程。

各触发器的驱动方程为:

$$\begin{cases} J_0 = K_0 = T_0 = 1 \\ J_1 = K_1 = T_1 = Q_0^n \\ J_2 = K_2 = T_2 = Q_0^n Q_1^n \\ J_3 = K_3 = T_3 = Q_0^n Q_1^n Q_2^n \end{cases} \tag{6-4}$$

将驱动方程代入 T 触发器的特征方程中,并变换得到电路的状态方程为:

$$\begin{cases} Q_0^{n+1} = \overline{Q_0} \\ Q_1^{n+1} = Q_0 \oplus Q_1 \\ Q_2^{n+1} = (Q_1 Q_0) \oplus Q_2 \\ Q_3^{n+1} = (Q_2 Q_1 Q_0) \oplus Q_3 \end{cases} \tag{6-5}$$

电路的输出方程为：

$$Z = Q_3 Q_2 Q_1 Q_0 \tag{6-6}$$

根据上式计算可得状态转换图如图 6.20 所示。进而可画出时序图如图 6.21 所示。

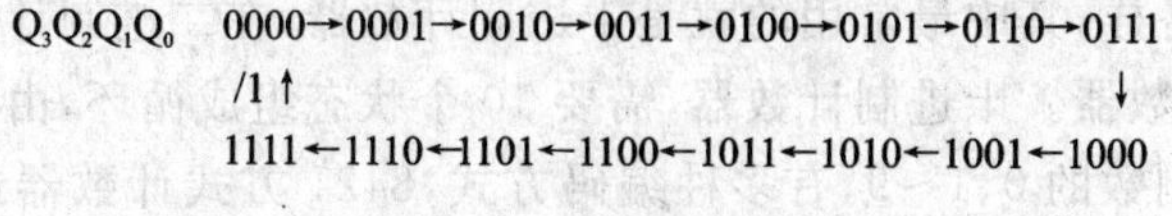

$Q_3Q_2Q_1Q_0$
0000→0001→0010→0011→0100→0101→0110→0111
/1
1111←1110←1101←1100←1011←1010←1001←1000

图 6.20　状态转换图

由状态转换图可以看出，此计数器累加计数，16 个计数脉冲工作 1 个循环，并在 Q_3 输出 1 个进位输出信号，逢 16 进 1，最大计数为 15，又称为十六进制加法计数器。计数器能计到的最大数，称为计数器的容量，n 位二进制计数器的容量等于 2^n-1。

1 2 3 4 5 6 7 8 9 10 11 12 13 14 15 16
CP
Q_0
Q_1
Q_2
Q_3
Z

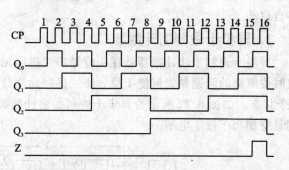

图 6.21　同步二进制加法计数器形时序波图

利用第 16 个脉冲到达时 Z 端电位的下降沿可作为向高位计数器的进位输出信号。由时序图可以看出，若计数脉冲的频率为 f_0，则 Q_0、Q_1、Q_2 和 Q_3 的频率分别为 f_0 的 1/2、1/4、1/8 和 1/16。

(2) 同步二进制减法计数器

根据二进制减法运算规则知道，多位二进制数减 1 时，若其中第 i 位以下皆为 0 时则第 i 位应改变状态(0 变成 1 或 1 变成 0)，否则不变。而最低位的状态在每次减 1 时都要改变。用 T 触发器构成同步二进制减法计数器时，第 i 位触发器输入端的逻辑式应为 $T_i = \overline{Q_0^n}\,\overline{Q_1^n}\,\overline{Q_2^n}\cdots\overline{Q_{i-2}^n}\,\overline{Q_{i-1}^n}$ $(i=1,2,3,\cdots,n-1)$，$T_0=1$。为此，只要将上述的 T 触发器构成的 4 位二进制加法计数器的输出由 Q 端改为 $\overline{Q}$ 端后，便成为 T 触发器构成的 4 位二进制减法计数器。4 位二进制减法计数器各触发器的驱动方程为：

$$\begin{cases} J_0 = K_0 = T_0 = 1 \\ J_1 = K_1 = T_1 = \overline{Q_0^n} \\ J_2 = K_2 = T_2 = \overline{Q_0^n}\,\overline{Q_1^n} \\ J_3 = K_3 = T_3 = \overline{Q_0^n}\,\overline{Q_1^n}\,\overline{Q_2^n} \end{cases} \tag{6-7}$$

电路的输出方程为：

$$Z = \overline{Q_3}\,\overline{Q_2}\,\overline{Q_1}\,\overline{Q_0} \tag{6-8}$$

用同样的方法，可得出状态方程和输出方程，可画出与加法计数器相似的状态转换表、状态转换图和时序图。这里要注意的是，状态转换表和状态转换图的变化方向与加法计数器相反，输出 Z 为借位输出端，状态为 0000 时，Z=1，0000 减 1 变成 1111，同时向高位输出借位脉冲。

(3) 同步二进制可逆计数器

将同步二进制加法和减法计数器合并在一起，设置加减控制信号或采用加法和减法双记数脉冲则可构成单时钟结构和双时钟结构电路。集成同步二进制可逆计数器多采用单时钟结构。

6.3.2 十进制计数器

计数器中 n 个触发器组成 2^n 状态,计数器的模量 $N \neq 2^n$ 的计数器,称为非二进制计数器。非二进制计数器各种各样,其中最常用的就是十进制计数器,在二进制计数器的基础上加以修改,则可得到十进制计数器。十进制计数器,需要 10 个状态组成循环,由 4 位触发器构成。10 个状态分别代表十进制数的 0、1~9,有多种编码方式,8421 方式计数器最常用。在十进制计数器中,共有 16 个状态,选用 10 个状态,剩下的 6 个为无效状态,十进制计数器电路要保证能够自启动。

1. 异步十进制加计数器

异步十进制加法计数器是在 4 位异步二进制加法计数器的基础上加以修改而得到的。修改时要解决的问题是如何使 4 位异步二进制加法计数器在计数过程中跳过从 1010 到 1111 这 6 个状态。如图 6.22 所示为异步十进制加法计数器的典型电路,假定所用为 TTL 电路,J、K 端悬空相当于接 1 电平。

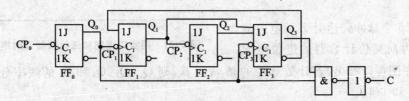

图 6.22 异步十进制加法计数器

由逻辑电路可写出时钟方程:

$$CP_0 = CP_0 \quad CP_1 = Q_0 \quad CP_2 = Q_1 \quad CP_3 = Q_0 \qquad (6-9)$$

写出驱动方程:

$$\begin{cases} J_0 = K_0 = 1 \\ J_1 = \overline{Q_3} \\ K_1 = 1 \\ J_2 = K_2 = 1 \\ J_3 = Q_1^n Q_2^n \\ K_3 = 1 \end{cases} \qquad (6-10)$$

代入特征方程可得状态方程:

$$\begin{cases} Q_0^{n+1} = \overline{Q_0} \\ Q_1^{n+1} = \overline{Q_3}\,\overline{Q_1} \\ Q_2^{n+1} = \overline{Q_2} \\ Q_3^{n+1} = Q_1 Q_2 \overline{Q_3} \end{cases} \qquad (6-11)$$

由逻辑电路可写出输出方程:

$$C = Q_3 Q_0 \qquad (6-12)$$

假设初始状态为 0000,代入上述方程,依次计算下去,可得到如图 6.23 所示的状态转换图,如图 6.24 所示的时序波形图。通过状态转换图可知该异步十进制加法计数器能够自启动。C 为进位输出。

时序逻辑电路
第6章

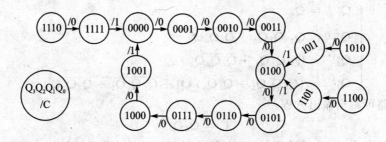

图6.23 异步十进制加法计数器的状态转换图

2. 同步十进制计数器

4位同步二进制加法计数器稍加修改则可得到如图6.25所示的同步十进制加法计数器。

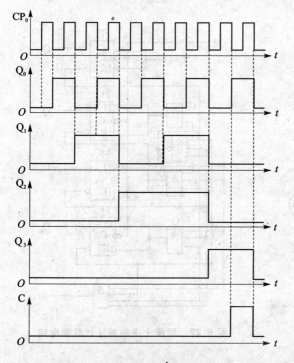

图6.24 图6.22时序波形图

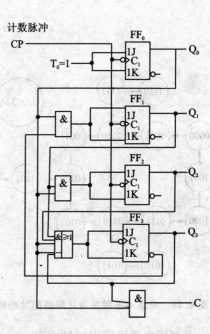

图6.25 同步十进制加法计数器电路

由逻辑电路可写出时钟方程：

$$CP_0 = CP_1 = CP_2 = CP_3 = CP \qquad (6-13)$$

写出驱动方程：

$$\begin{cases} J_0 = K_0 = T_0 = 1 \\ J_1 = K_1 = T_1 = \overline{Q}_3 Q_0 \\ J_2 = K_2 = T_2 = Q_1 Q_0 \\ J_3 = K_3 = T_3 = Q_0 Q_1 Q_2 + Q_0 Q_3 \end{cases} \qquad (6-14)$$

代入特性方程可得状态方程：

$$\begin{cases} Q_0^{n+1} = \overline{Q_0} \\ Q_1^{n+1} = \overline{Q_3}\ \overline{Q_1}Q_0 + \overline{\overline{Q_3}Q_0}Q_1 \\ Q_2^{n+1} = \overline{Q_2}\ Q_1Q_0 + \overline{Q_1Q_0}Q_2 \\ Q_3^{n+1} = (Q_0Q_1Q_2 + Q_0Q_3)\overline{Q_3} + \overline{Q_0Q_1Q_2 + Q_0Q_3}Q_3 \end{cases} \quad (6-15)$$

由逻辑电路可写出输出方程：

$$C = Q_3Q_0 \quad (6-16)$$

假设初始状态为 0000，代入上述方程，依次计算下去，可得到如图 6.26 所示的同步十进制加法器的状态转换图。通过状态转换图可知该同步十进制加法计数器能够自启动。C 为进位输出。

4 位同步二进制减法计数器稍加修改则可得到如图 6.27 所示的同步十进制减法计数器电路。

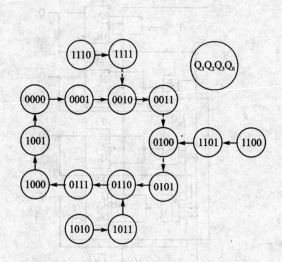

图 6.26 同步十进制加法计数器的状态转换图

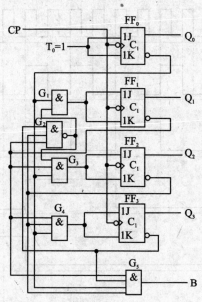

图 6.27 同步十进制减法计数器电路

由逻辑电路可写出时钟方程：

$$CP_0 = CP_1 = CP_2 = CP_3 = CP \quad (6-17)$$

写出驱动方程：

$$\begin{cases} J_0 = K_0 = T_0 = 1 \\ J_1 = K_1 = T_1 = \overline{Q_3}\ \overline{Q_2}\ \overline{Q_1}\ \overline{Q_0} \\ J_2 = K_2 = T_2 = \overline{Q_0}\ \overline{Q_1}\ \overline{Q_1\ Q_2\ Q_3} \\ J_3 = K_3 = T_3 = \overline{Q_0}\ \overline{Q_1}\ \overline{Q_2} \end{cases} \quad (6-18)$$

代入特征方程可得状态方程：

$$\begin{cases} Q_0^{n+1} = \overline{Q_0} \\ Q_1^{n+1} = (\overline{Q_3}\ \overline{Q_2}\ \overline{Q_1}\ \overline{Q_0}) \oplus Q_1 \\ Q_2^{n+1} = (\overline{Q_0}\ \overline{Q_1}\ \overline{Q_1\ Q_2\ Q_3}) \oplus Q_2 \\ Q_3^{n+1} = (\overline{Q_0}\ \overline{Q_1}\ \overline{Q_2}) \oplus Q_3 \end{cases} \quad (6-19)$$

由逻辑电路可写出输出方程：
$$B = \overline{Q}_3 \overline{Q}_2 \overline{Q}_1 \overline{Q}_0 \tag{6-20}$$

假设初始状态为 0000，代入上述方程，依次计算下去，可得到如图 6.28 所示的同步十进制减法计数器的状态转换图。

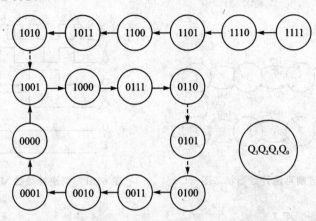

图 6.28　同步十进制减法计数器的状态转换图

通过状态转换图可知该同步十进制减法计数器能够自启动。B 为借位输出。

结合上面的加法和减法电路，增加一个加减控制端，以便控制其按照要求实现加法计数或减法计数，则可得到如图 6.29 所示的同步十进制可逆计数器。

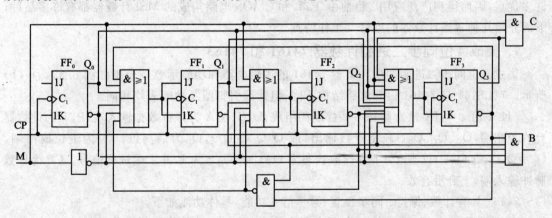

图 6.29　同步十进制可逆计数器（加减控制式）

由逻辑电路可以写出其输出函数和激励函数为：
$$\begin{cases} C = MQ_0 Q_3 \\ B = \overline{M} \overline{Q}_0 \overline{Q}_1 \overline{Q}_2 \overline{Q}_3 \end{cases} \tag{6-21}$$

$$\begin{cases} T_0 = 1 \\ T_1 = MQ_0 \overline{Q}_3 + \overline{M}\overline{Q}_0\,\overline{\overline{Q}_1 \overline{Q}_2 \overline{Q}_3} = MQ_0 \overline{Q}_3 + \overline{M}\overline{Q}_0(Q_1 + Q_2 + Q_3) \\ T_2 = MQ_0 Q_1 + \overline{M}\overline{Q}_0 \overline{Q}_1\,\overline{\overline{Q}_2 \overline{Q}_3} = MQ_0 Q_1 + \overline{M}\overline{Q}_0 \overline{Q}_1(Q_1 + Q_2 + Q_3) \\ T_3 = M(Q_0 Q_3 + Q_0 Q_1 Q_2) + \overline{M}\overline{Q}_0 \overline{Q}_1 \overline{Q}_2 \end{cases} \tag{6-22}$$

由 T 触发器的特征方程（$Q^{n+1} = T \oplus Q$）和其激励函数可求得各触发器的状态方程。由于

T 触发器在 T=1 时，触发器发生状态转换；当 T=0 时，触发器保持原状态，所以可不写状态方程。根据 T_i 及 Q_i 的取值可直接求得 C、B 和 Q_i^{n+1}，由此可画出有效状态转移图如图 6.30 所示。当 M=1、初始状态为全 0 时的工作波形如图 6.31 所示。该电路具有多余状态，对多余状态检查看出该电路具有自启动特性。

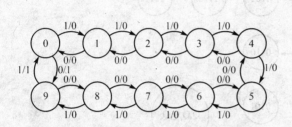

图 6.30 同步十进制可逆计数器状态图

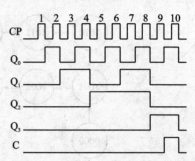

图 6.31 可逆计数器 M=1 时的波形图

6.3.3 集成计数器

集成计数器是在基本计数器的基础上，增加了一些附加电路而构成的，其功能得到了扩展。与基本计数器一样，集成计数器也可分为同步计数器和异步计数器，二进制计数器和非二进制计数器。由于集成计数器具有功能完善、通用性强、功耗低、工作速率高且可以自扩展等许多优点，因而得到广泛应用。目前由 TTL 和 CMOS 电路构成的 MSI 计数器都有许多品种，下面介绍几种常用计数器的型号及工作特点。

1. 集成 4 位同步二进制计数器 74161 和 74163

集成 4 位同步二进制加法计数器 74161 的逻辑电路和功能示意图分别如图 6.32(a)、(b) 所示。74LS161 与 74161 内部电路结构不同，但外部引脚图及功能表均相同。

74161 由 4 个 JK 触发器和一些控制门组成，D、C、B、A 为并行数据输入端，P、T 为计数器允许控制端，Q_D、Q_C、Q_B、Q_A 是计数输出（或 $Q_3Q_2Q_1Q_0$），Q_D 为最高位。O_C 为进位输出端，$O_C = Q_D Q_C Q_B Q_A T$，仅当 T=1 且计数状态为 1111 时，O_C 才为 1，并产生进位信号。CP 为计数脉冲输入端，上升沿有效。

74161 具有计数、保持、同步预置、异步清 0 功能，具体功能如下。

① 异步清 0：$\overline{C_r}$ 为异步清 0 端，低电平有效，只要 $\overline{C_r}=0$，其他为任意值，则 $Q_D Q_C Q_B Q_A = 0000$，与 CP 无关。

② 同步预置：$\overline{LD}$ 为同步预置端，低电平有效，当 $\overline{C_r}=1$，$\overline{LD}=0$，P=T=×，在 CP 上升沿来到时，才能将预置输入端 D、C、B、A 的数据送至输出端，即 $Q_D Q_C Q_B Q_A = DCBA$。

③ 计数：P、T 为计数器允许控制端，高电平有效，当 $\overline{C_r}=1$，$\overline{LD}=1$，P=T=1 时，在 CP 作用下计数器才能正常进行二进制加法计数，这时进位输出 $O_C = Q_D Q_C Q_B Q_A$。

④ 保持：当 $\overline{C_r}=\overline{LD}=1$，且 P、T 中有一个为 0 时（CP=×），各触发器的 J、K 端均为 0，从而使计数器处于保持状态。P、T 的区别是 T 影响进位输出 O_C，而 P 则不影响 O_C。P=0、T=1，保持状态和进位；P=×、T=0，状态保持，但进位为 0。

此外，有些同步计数器（例如 74LS162、74LS163）是采用同步清 0 方式的，应注意与上述

第 6 章 时序逻辑电路

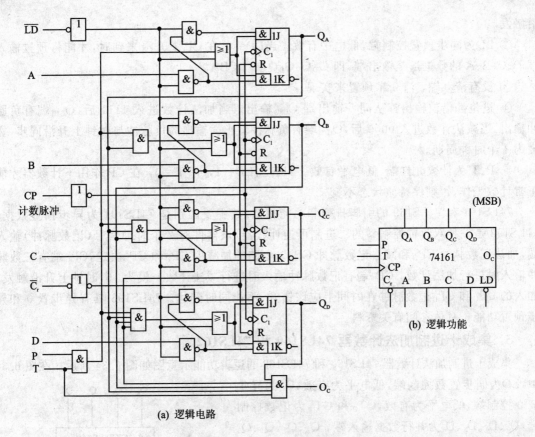

图 6.32 74161 计数器

74161(74LS161)异步清 0 方式的区别。在异步清 0 的计数电路中,清 0 信号出现有效电平,触发器立即被置 0,不受 CP 的控制;而在同步清 0 的计数电路中,清 0 信号出现有效电平后,还要等到 CP 信号到达时,才能将触发器置 0。74LS163 与 74LS161 的唯一区别,就是 74LS163 采用同步清 0 方式,其他功能完全相同。

2. 集成 4 位同步二进制可逆计数器 74LS169、74LS191 和 74LS193

集成 4 位同步二进制可逆计数器 74LS169 的逻辑功能示意图如图 6.33 所示,逻辑电路省略。

如图 6.33 所示,D、C、B、A 为并行数据输入端,Q_D、Q_C、Q_B、Q_A 是计数输出,Q_D 为最高位。CP 为计数脉冲输入端,上升沿有效。$O_{C/B}$ 为进位借位的共同输出端,产生进位信号和借位输出信号。$\overline{P}$、$\overline{T}$ 为计数允许端,低电平有效。$U/\overline{D}$ 为加/减计数方式控制端。

74LS169 的具体功能特点如下。

① 74LS169 只有 1 个时钟信号(记数脉冲)输入端,电路的加减由 $U/\overline{D}$ 的电平决定,为单时钟控制型的可逆计数器,$U/\overline{D}=1$ 时进行加法计数,$U/\overline{D}=0$ 时进行减法计数。模为 16,时钟上升

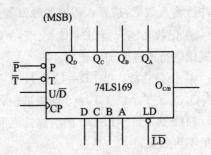

图 6.33 74LS169 的逻辑功能示意图

沿触发。

② $\overline{LD}$ 为同步预置控制端，低电平有效。当 $\overline{LD}=0$，在 CP 上升沿来到时，才能将预置输入端 D、C、B、A 的数据送至输出端，即 $Q_D Q_C Q_B Q_A = DCBA$。

③ 没有清 0 端，清 0 靠预置来实现。

④ 进位和借位输出都从同一输出端 $O_{C/B}$ 输出。当加法计数进入 1111 后，$O_{C/B}$ 端有负脉冲输出，当减法计数进入 0000 后，$O_{C/B}$ 端有负脉冲输出。输出的负脉冲与时钟上升沿同步，宽度为 1 个时钟周期。

⑤ $\overline{P}$、$\overline{T}$ 为计数允许端，低电平有效。只有当 $\overline{LD}=1$，$\overline{P}=\overline{T}=0$，在 CP 作用下计数器才能正常计数工作，否则保持原状态不变。

74LS191 和 74LS169 的引脚排列和功能相似，其主要区别是 74LS191 为异步预置数据。74LS193 是一种双时钟控制型的二进制可逆计数器，该器件有 2 个时钟信号（记数脉冲）输入端，加法记数脉冲 CP_U 和减法记数脉冲 CP_D。电路的加减由 CP_U 和 CP_D 决定，CP_U 端有记数脉冲输入时进行加法计数，CP_D 端有记数脉冲输入时进行减法计数。模为 16，时钟上升沿触发。加入的 CP_U 和 CP_D 记数脉冲在时间上应该错开，不能同时到达。74LS193 具有异步置 0 和异步预置功能。具体参阅有关资料。

3. 集成十进制加法计数器 74LS160 和 74LS162

集成十进制加法计数器 74LS160 和 74LS162 的逻辑功能示意图如图 6.34 所示。在图 6.34 中，$\overline{LD}$ 为同步置数控制端，低电平为有效，$\overline{C_r}$ 为异步清 0 控制端，低电平为有效，CT_P 和 CT_T 为记数控制端，D_0、D_1、D_2、D_3 为并行数据输入端，Q_3、Q_2、Q_1、Q_0 是计数输出，Q_3 为最高位。CO 为进位输出端，产生进位输出信号。CP 为计数脉冲输入端，上升沿有效。

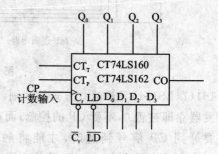

图 6.34 CT74LS160 和 CT74LS162 的逻辑功能示意图

74LS160 的逻辑功能如下。

① 异步清 0 功能。当清 0 信号为 0，无论 CP 和其他输入端有无信号输入，计数器都被清 0，这时 $Q_3 Q_2 Q_1 Q_0 = 0000$。

② 同步置数功能。当清 0 信号为 1，置数信号为 0 时，在脉冲上升沿的作用下，$D_0 D_1 D_2 D_3$ 的并行输入数据，被置入相应的触发器中，这时 $Q_3 Q_2 Q_1 Q_0 = D_3 D_2 D_1 D_0$。

③ 记数功能。当 $\overline{LD} = \overline{C_r} = CT_P = CT_T = 1$，CP 输入记数脉冲时，计数器按照 8421 BCD 码的规律进行十进制加法记数。

④ 保持功能。当 $\overline{LD} = \overline{C_r} = 1$，且 T 和 P 中有 0 时，计数器保持状态不变。进位 $CO = CT_T Q_3 Q_0$，$CT_T = 1$、$CT_P = 0$ 保持进位；$CT_T = 0$，$CT_P = \times$，进位为 0。

74LS162 和 74LS160 的引脚排列和功能基本一样，其唯一的区别是 74LS162 为同步清 0，这里不再重复。

4. 单时钟十进制可逆集成计数器 74LS190 和 74LS168

集成 4 位同步十进制可逆计数器 74LS190 的逻辑功能示意图如图 6.35 所示。

图中 $\overline{LD}$ 为异步置数控制端，低电平为有效，$\overline{C_T}$ 为记数控制端，D_3、D_2、D_1、D_0 为并行数据

输入端，Q_3、Q_2、Q_1、Q_0是计数输出，Q_3为最高位，$\overline{U}/D$为加/减方式控制端；CO/BO为进位/借位输出端，$\overline{RC}$为串行进位输出端。CP为计数脉冲输入端，上升沿有效。74LS190没有专用的清0端，但可借助数据$D_3D_2D_1D_0=0000$，实现计数器的清0功能。74LS190的逻辑功能如下：

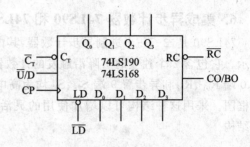

图 6.35　74LS190 逻辑功能示意图

① 异步置数功能。当置数信号为0时，无论CP和其他输入端有无信号输入，D_3、D_2、D_1、D_0的并行输入数据，被置入相应的触发器中，这时$Q_3Q_2Q_1Q_0=D_3D_2D_1D_0$。

② 没有清0端，清0靠预置来实现。

③ 记数功能。在$\overline{C}_T=0$、$\overline{LD}=1$的前提下，当$\overline{U}/D=0$时，在CP脉冲上升沿的作用下，按照8421BCD码的规律进行十进制加法记数；当$\overline{U}/D=1$时，在CP脉冲上升沿的作用下，按照8421BCD码的规律进行十进制减法记数。

④ 保持功能。当$\overline{C}_T=\overline{LD}=1$时，计数器保持状态不变。

74LS168和74LS190的引脚排列和功能基本一样，其唯一的区别是74LS168为同步预置，这里不再重复。单时钟十进制可逆集成计数器还有CC4510等。

5. 双时钟十进制可逆集成计数器 74LS192

双时钟十进制可逆集成计数器74LS192的逻辑功能示意图如图6.36所示。在图6.36中，$\overline{LD}$为异步置数控制端，低电平为有效，C_r为异步清0控制端，高电平有效，D、C、B、A为并行数据输入端，Q_D、Q_C、Q_B、Q_A是计数输出，Q_D为最高位。O_C和O_B为进位借位输出端，产生进位借位输出信号。CP_+、CP_-为加减计数脉冲输入端，上升沿有效。74LS192有如下逻辑功能：

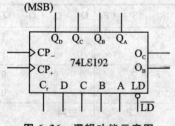

图 6.36　逻辑功能示意图

① 74LS192为双时钟工作方式，CP_+是加计数时钟输入，CP_-是减计数时钟输入，上升沿触发。

② C_r为异步清0端，高电平有效。$C_r=1$时，时钟输入和其他值任意，$Q_DQ_CQ_BQ_A=0$。

③ $\overline{LD}$为异步预置控制端，低电平有效，当$C_r=0$、$\overline{LD}=0$时，预置输入端D、C、B、A的数据送至输出端，即$Q_DQ_CQ_BQ_A=DCBA$。

④ 当$C_r=0$、$\overline{LD}=1$时，采用8421BCD码计数。进位输出和借位输出是分开的，O_C为进位输出，O_B为借位输出。

CP_+输入记数脉冲，$CP_-=1$，实现加法记数，到达1001状态后，输出一个与CP_+同相的负脉冲，宽为一个时钟周期，此时$O_B=1$无效。

CP_-输入记数脉冲，$CP_+=1$，实现减法记数，到达0000状态后，输出一个与CP_-同相的负脉冲，脉宽为一个时钟周期，此时$O_C=1$无效。

⑤ $CP_+=CP_-=1$，且$C_r=0$、$\overline{LD}=1$时，计数器状态保持不变。

双时钟类型的十进制可逆集成计数器还有CC40192等，CC40192属于CMOS结构，但功能和引脚排列和74LS192完全一样。

6. 集成异步计数器 74LS90 和 74LS93

74LS90 是二-五-十进制异步计数器,其内部逻辑电路及逻辑功能示意图如 6.37(a)、(b) 所示。它包含 2 个独立的下降沿触发的计数器,即模 2(二进制)和模 5(五进制)计数器;异步清 0 端 R_{01}、R_{02} 和异步置 9 端 S_{91}、S_{92} 均为高电平有效,如图 6.37(c)所示为 74LS90 的简化结构框图。采用这种结构可以增加使用的灵活性。74LS196、74LS293 等异步计数器多采用这种结构。

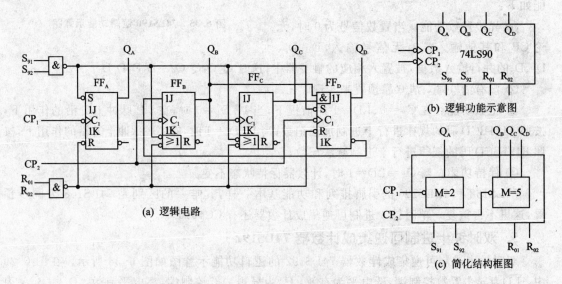

图 6.37 74LS90 计数器

74LS90 的逻辑功能表如表 6.7 所列。从表中看出,当 $R_{01}R_{02}=1$,$S_{91}S_{92}=0$ 时,无论时钟如何,输出全部清 0;而当 $S_{91}S_{92}=1$,$R_{01}R_{02}=0$ 时,无论时钟如何,输出都置 9。这说明清 0、置 9 都是异步操作,R_{01}、R_{02} 称为异步清 0 端,S_{91}、S_{92} 称为异步置 9 端。

当满足 $R_{01}R_{02}=0$、$S_{91}S_{92}=0$ 时,电路才能执行计数操作,CP_1、CP_2 的各种接法可以实现不同的计数功能。

当计数脉冲从 CP_1 输入,CP_2 不加信号时,Q_A 端输出 2 分频信号,即实现二进制计数(1 位二进制计数器)。

表 6.7 74LS90 逻辑功能表

S_{91}	S_{92}	R_{01}	R_{02}	CP_1	CP_2	Q_D	Q_C	Q_B	Q_A
1	1	0	×	×	×	1	0	0	1
1	1	×	0	×	×	1	0	0	1
0	×	1	1	×	×	0	0	0	0
×	0	1	1	×	×	0	0	0	0
$S_{91}S_{92}=0$				CP	0	二进制			
				0	CP	五进制			
$R_{01}R_{02}=0$				CP	Q_A	8421 十进制			
				Q_D	CP	5421 十进制			
						Q_A	Q_D	Q_C	Q_B

当 CP_1 不加信号,计数脉冲从 CP_2 输入时,Q_D Q_C Q_B 实现五进制计数,则构成异步五进制计数器。

实现十进制计数有 2 种接法。如图 6.38(a)所示是 8421BCD 码接法,Q_A 与 CP_2 相连,计数脉冲由 CP_1 输入,由 Q_D Q_C Q_B Q_A 输出 8421BCD 码,最高位 Q_D 为进位输出,构成 8421BCD 码异步十进制计数器。

如图 6.38(b)所示是 5421BCD 码接法,Q_D 与 CP_1 相连,计数脉冲由 CP_2 输入,由 Q_A Q_D Q_C Q_B

顺序输出 5421 规律的 BCD 码,最高位 Q_A 为进位输出,构成 5421BCD 码异步十进制计数器。

74LS93 是异步 4 位二进制加法计数器,如图 6.39(a)和(b)所示分别为它的逻辑功能示意图和逻辑电路图。

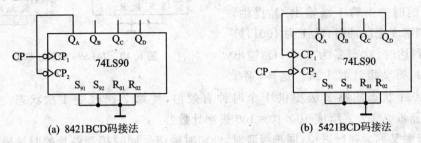

(a) 8421BCD 码接法　　　　　　　　(b) 5421BCD 码接法

图 6.38　74LS90 构成十进制计数器的 2 种接法

在如图 6.39(b)所示,FF_0 构成 1 位二进制计数器,FF_1、FF_2、FF_3 构成模 8 计数器。若将 CLK_1(CP)端与 Q_0 端在外部相连,CLK_0 作为计数脉冲就构成模 16 计数器。74LS93 又称为二-八-十六进制计数器。此外,MR_1、MR_2 为清 0 异步端,高电平有效。

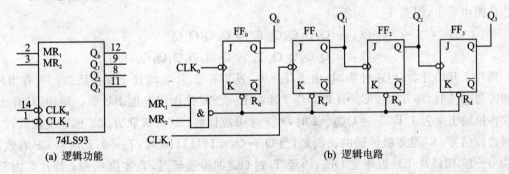

(a) 逻辑功能　　　　　　　　　　　(b) 逻辑电路

图 6.39　4 位二进制异步加法计数器 74LS93

6.3.4　任意进制计数器的构成

集成计数器产品类型有限,实际应用中,需要各种各样不同进制的计数器,这时,只能用已有的计数器产品经过外电路的不同连接得到。利用已有的集成计数器构成任意进制计数器的方法,通常有 2 种:反馈法和级联法。反馈法又分为反馈复位法、反馈置数法。级联法又分为同步和异步 2 种连接法。在反馈清 0 与置数中,集成计数器是同步还是异步对进制并无影响,问题的关键在于严格区分异步清 0 与同步清 0,区分异步置数与同步置数。用已有 N 进制计数器构成任意 M 进制计数器,有 M>N 和 M<N 2 种情况,M<N 的情况,采用反馈法,M>N 的情况采用级联法或反馈法与级联法结合,下面分别介绍。

1. 级联法

级联法又分为同步级联和异步级联 2 种方式。利用级联法可对计数器的容量进行扩展,实现 $M=N_1 \times N_2 \times \cdots \times N_n$ 进制计数器。

异步级联又称为串行进位,异步级联用前一级计数器(低位片)的输出作为后一级计数器(高位片)的时钟信号。这种信号可以取自前一级的进位(或借位)输出,也可以直接取自高位触发器的输出。此时若后一级计数器有计数允许控制端,则应使它处于允许计数状态。如

图 6.40 所示是两片 74LS90 按异步级联方式组成的 $10\times10=100$ 进制计数器。图中每片 74LS90 接成 8421BCD 码十进制计数器,第 2 级的时钟由第 1 级输出 Q_D 提供。第 1 级计到第 9 个脉冲时,状态为 1001,第 10 个脉冲到达时,状态变为 0000,Q_D 输出脉冲下降沿,第 2 级计数 1 次。这样,第 1

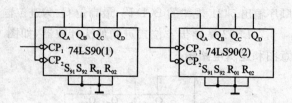

图 6.40　74LS90 的异步级联

级每经过 10 个状态向第 2 级提供 1 个时钟有效沿,使第 2 级改变 1 次状态。为此,2 片 74LS90 按异步级联方式组成 $10\times10=100$ 进制计数器。

同步级联又称为并行进位,同步级联时,外加时钟信号同时接到各片的时钟输入端,用前一级的进位(借位)输出信号作为下级的工作状态控制信号(计数允许或使能信号)。只有当进位(借位)信号有效时,时钟输入才能对后级计数器起作用。在同步级联中,计数器的计数允许(使能)端和进位(借位)端的连接有不同的方法,常见的有以下 2 种。

① 利用 T 端串行级联,各片的 T 端与相邻低位片的 OC 相连,级联电路如图 6.41(a)所示。从图中看出,因为 $T_1=1$,所以

$$T_2 = O_{C1} = Q_3Q_2Q_1Q_0 T_1 = Q_3Q_2Q_1Q_0$$
$$T_3 = O_{C2} = Q_7Q_6Q_5Q_4 T_2 = Q_7Q_6Q_5Q_4Q_3Q_2Q_1Q_0$$

当片 1 开始计数,但未计满时,由于 $T_2=0$,所以片 2、片 3 均处于保持状态。只有当片 1 计满需要进位时,即 $T_2=OC_1=1$ 时,片 2 才在下一个时钟作用下加 1 计数。同理,只有当低位片各位输出全为 1,即 $T_3=OC_2=1$ 时,片 3 才可能计数。这种级联方式工作速度较低,因为片间进位信号 OC 是逐级传递的。例如,当 $Q_7\sim Q_0=11111110$ 时,$T_3=0$,此时若 CP 有效,使 Q_0 由 $0\to 1$,则经片 1 延迟建立 OC_1,再经 T_2 到 OC_2 的传递延迟,T_3 才由 $0\to 1$,待片 3 内部稳定后,才在下一个 CP 作用下使片 3 开始计数。因此,计数的最高频率将受到片数的限制,片数越多,计数频率越低。

② 利用 P、T 双重控制,最低位片的 OC_1 并行接到其他各片的 P 端,只有 T_2 不与 OC_1 相连,其他高位片的 T 端均与相邻低位片 OC 相连。级联电路如图 6.41(b)所示。

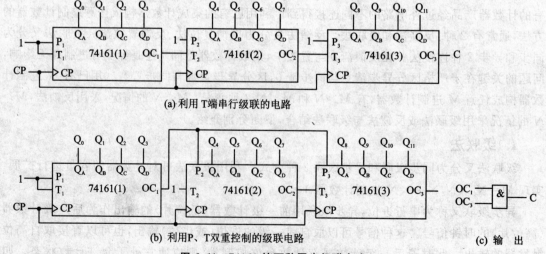

(a) 利用 T 端串行级联的电路

(b) 利用 P、T 双重控制的级联电路

(c) 输　出

图 6.41　74161 的两种同步级联方式

从图中看出：
$$T_1 = T_2 = 1$$
$$P_3 = P_2 = OC_1 = Q_3 Q_2 Q_1 Q_0 T_1 = Q_3 Q_2 Q_1 Q_0$$
$$T_3 = OC_2 = Q_7 Q_6 Q_5 Q_4 T_2 = Q_7 Q_6 Q_5 Q_4$$

显然，只有 $P_3=1$，$T_3=1$，即低片各位输出全为 1 时，片 3 才可能计数，但 OC 传递比第 1 种方法快多了。例如，$Q_7 \sim Q_0 = 11111110$ 时，T_3 已经为 1，虽然 $P_3=0$，但只要有 CP 作用，Q_0 由 $0 \to 1$，只需经片 1 延迟，就可以使 $P_3=OC_1=1$，片 3 稳定后，在 CP 作用下便可开始计数。这种接法速度较快，而且级数越多，优越性越明显。但这种接法其最高位片的进位 $OC_3=1$ 时，并不表示计数器已计到最大值，只有将最高位片 OC_3 和片 1 的 OC_1 相与，其输出才能作为整个计数器的进位输出，如图 6.41(c)所示。

2. 反馈清 0 法

N 进制集成计数器，可以加适当反馈电路后构成模为 $M(M<N)$ 进制计数器。已有计数器的模为 N，若要得到一个模值为 $M(<N)$ 的计数器，则只要在 N 进制计数器的顺序计数过程中，设法使之跳过 $(N-M)$ 个状态，只在 M 个状态中循环就可以了。通常 MSI 计数器都有清 0、置数等多个控制端，实现模 M 计数器的基本方法有 2 种：一种是反馈清 0 法（或称复位法），另一种是反馈置数法（或称置数法）。下面介绍反馈清 0 法。

反馈清 0 法的基本思想是，计数器从全 0 状态 S_0 开始计数，计满 M 个状态后产生清 0 信号，使计数器恢复到初态 S_0，然后再重复上述过程。具体做法又分两种情况。

① 异步清 0。计数器在 $S_0 \sim S_{M-1}$ 共 M 个状态中工作，当计数器进入 S_M 状态时，利用 S_M 状态进行译码产生清 0 信号，并反馈到异步清 0 端，使计数器立即返回 S_0 状态。其示意图如图 6.42(a)中虚线所示。由于是异步清 0，只要 S_M 状态一出现便立即被置成 S_0 状态，所以 S_M 状态只在极短的瞬间出现，通常称它为"过渡态"。在计数器的稳定状态循环中不包含 S_M 状态。

② 同步清 0。计数器在 $S_0 \sim S_{M-1}$ 共 M 个状态中工作，当计数器进入 S_{M-1} 状态时，利用 S_{M-1} 状态译码产生清 0 信号，并反馈到同步清 0 端，要等下一拍时钟来到时，才完成清 0 动作，使计数器返回 S_0。可见，同步清 0 没有过渡状态，其示意图如图 6.42(a)中实线所示。

3. 反馈置数法

置数法和清 0 法不同，由于置数操作可以在任意状态下进行，因此计数器不一定从全 0 状态 S_0 开始计数。它可以通过预置功能使计数器从某个预置状态 S_i 开始计数，计满 M 个状态后产生置数信号，使计数器又进入预置状态 S_i，然后再重复上述过程，其示意图如图 6.42(b)所示。这种方法适用于有预置功能的计数器。对于同步预置的计数器，使置数(LD)有效的信号应从 S_{i+M-1} 状态译出，等下一个 CP 到来时，才将预置数置入计数器，计数器在 S_i、$S_{i+1} \sim S_{i+M-1}$ 共 M 个状态中循环，如图 6.42(b)中实线所示；对于异步预置的计数器，使置数(LD)有效的信号应从 S_{i+M} 状态译出，当 S_{i+M} 状态一出现，即置数信号有效，立即就将预置数置入计数器，它不受 CP 控制。S_{i+M} 状态只在极短的瞬间出现，稳定状态循环中不包含 S_{i+M}，如图 6.42(b)中虚线所示。

综上所述，采用反馈清 0 法或反馈置数法设计任意模值计数器都需要经过以下 3 个步骤。

① 选择模 M 计数器的计数范围，确定初态和末态。

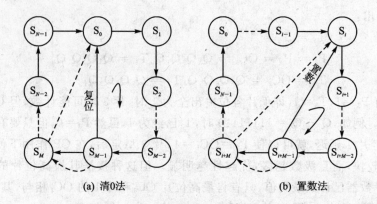

(a) 清0法　　　　　　　　　　(b) 置数法

图 6.42　实现任意模值计数器的示意图

② 确定产生清 0 或置数信号的译码状态，然后根据译码状态设计译码反馈电路。

③ 画出模 M 计数器的逻辑电路。

【例 6.5】 用 74LS90 实现模 7 计数器。

解：因为 74LS90 有异步清 0 和异步置 9 功能，并有 8421BCD 码和 5421BCD 码 2 种接法，因此可以用 4 种方案设计。

① 异步清 0 法。计数范围是 0～6，计到 7 时异步清 0。8421BCD 码接法的状态图如图 6.43(a)所示。计数器输出 $Q_D Q_C Q_B Q_A$ 的有效状态为 0000～0110，计到 0111 时异步清 0，译码状态为 0111，0111 为过渡态，译码门逻辑方程应为 $R_{01} = R_{02} = Q_C Q_B Q_A$，即当 Q_C、Q_B、Q_A 全为 1 时，$R_{01} = R_{02} = 1$，使计数器复位到全 0 状态。逻辑电路和波形图如图 6.44(a)所示。

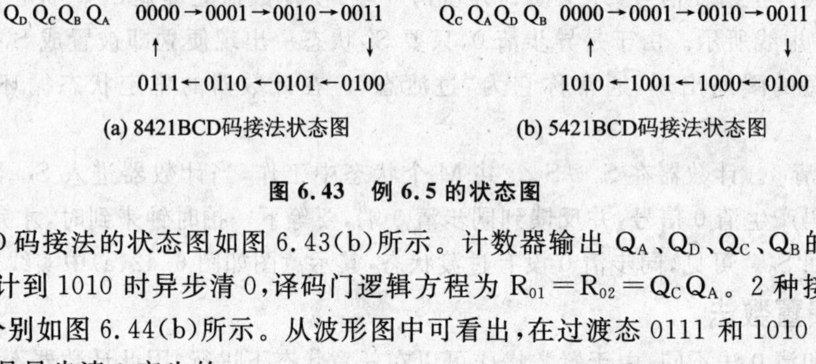

$Q_D Q_C Q_B Q_A$　0000→0001→0010→0011　　　$Q_C Q_A Q_D Q_B$　0000→0001→0010→0011

　　　　　↑　　　　　　　　　↓　　　　　　　　　　　↑　　　　　　　　　↓

　　　　0111←0110←0101←0100　　　　　　　　1010←1001←1000←0100

(a) 8421BCD 码接法状态图　　　　　　　(b) 5421BCD 码接法状态图

图 6.43　例 6.5 的状态图

5421BCD 码接法的状态图如图 6.43(b)所示。计数器输出 Q_A、Q_D、Q_C、Q_B 的有效状态为 0000～1001，计到 1010 时异步清 0，译码门逻辑方程为 $R_{01} = R_{02} = Q_C Q_A$。2 种接法的逻辑电路和波形图分别如图 6.44(b)所示。从波形图中可看出，在过渡态 0111 和 1010 中，输出端都有"毛刺"，这是异步清 0 产生的。

② 反馈置 9 法。以 9 为起始状态，按 9、0、1、2、3、4、5 顺序计数，计到 6 异步置 9。8421BCD 码接法的状态图如图 6.45(a)所示。0110 为过渡态，译码逻辑方程为 $S_{91} = S_{92} = Q_C Q_B$，其逻辑电路如图 6.46(a)所示。

5421BCD 码接法的状态图如图 6.45(b)所示。1001 为过渡态，译码逻辑方程为 $S_{91} = S_{92} = Q_A Q_B$，其逻辑电路如图 6.46(b)所示。

【例 6.6】 用 74161 实现模 7 计数器。

解：74161 有异步清 0 和同步置数功能，可以采用异步清 0 法和同步置数法实现模 7 计数器。

采用异步清 0 法和 74LS90 相似，不同的是 74161 的异步清 0 端 $\overline{C_r}$ 是低电平有效，为此译码门应采用与非门。模 7 计数器状态循环为 000～0111，0111 为过渡态，译码逻辑方程为：$\overline{C_r}=$

第6章 时序逻辑电路

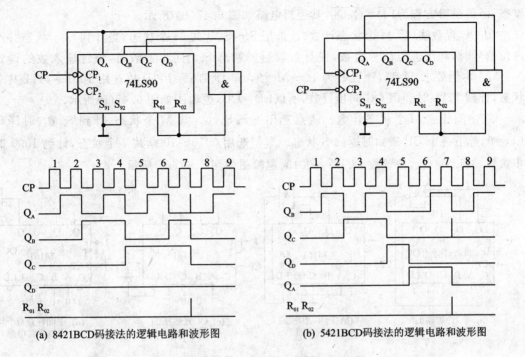

(a) 8421BCD码接法的逻辑电路和波形图 (b) 5421BCD码接法的逻辑电路和波形图

图 6.44 例 6.5 清 0 法逻辑图和时序图

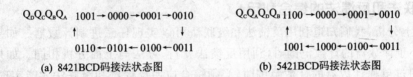

(a) 8421BCD码接法状态图 (b) 5421BCD码接法状态图

图 6.45 例 6.5 8421BCD 码接法的状态图

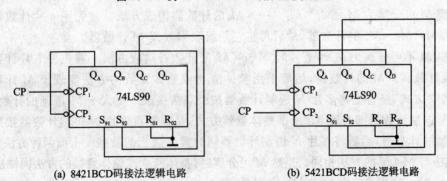

(a) 8421BCD码接法逻辑电路 (b) 5421BCD码接法逻辑电路

图 6.46 例 6.5 置 9 法逻辑图

$\overline{Q_A Q_B Q_C}$，其逻辑电路如图 6.47(a)所示。

置数法是通过控制同步置数端 LD 和预置输入端 DCBA 来实现模 M 计数器的。由于置数状态可在 N 个状态中任选，因此实现的方案很多，常用方法有 3 种。

① 同步置 0 法(前 M 个状态计数)。选用 $S_0 \sim S_{M-1}$ 共 M 个状态计数，计到 S_{M-1} 时，使 $\overline{LD}=0$，等下一个 CP 来到时置 0，即返回 S_0 状态。这种方法和同步清 0 相似，但必须设置预置输入 DCBA=0000。本例中 $M=7$，选用 0000～0110 共 7 个状态，计到 0110 时同步置 0，无过

渡态,译码逻辑方程为$\overline{LD}=\overline{Q_B Q_C}$,其逻辑电路如图 6.47(b)所示。

② OC 置数法(后 M 个状态计数)。选用 $S_i \sim S_{N-1}$ 共 M 个状态,当计到 S_{N-1} 状态并产生进位信号时,利用进位信号置数,使计数器返回初态 S_i。同步置数时,预置输入数的设置为 $N-M$。本例要求 $M=7$,预置数为 $16-M=9$,即 DCBA=1001,故选用 1001～1111 共 7 个状态,计到 1111 时利用 OC 同步置数,所以 $\overline{LD}=\overline{OC}$,逻辑图如图 6.47(c)所示。

③ 中间任意 M 个状态计数。随意选用 $S_i \sim S_{i+M-1}$ 共 M 个状态,计到 S_{i+M-1} 时译码使 $\overline{LD}=0$,等下一个 CP 来到时返回 S_i 状态。本例选用 0010～1000 共 7 个状态,计到 1000 时同步置数,故 $\overline{LD}=\overline{Q_D}$,预置数 DCBA=0010,逻辑图如图 6.47(d)所示。

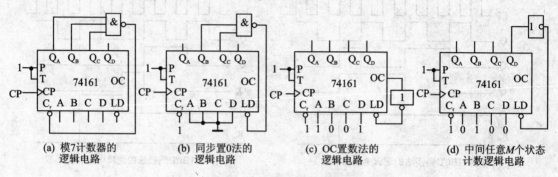

(a) 模7计数器的
逻辑电路

(b) 同步置0法的
逻辑电路

(c) OC置数法的
逻辑电路

(d) 中间任意M个状态
计数逻辑电路

图 6.47 例 6.6 模 7 计数器的 4 种实现方法

4. 级联法和反馈法的综合利用

综合以上分析,我们知道利用反馈法和级联法可以实现任意进制计数器。如果要求实现的模值 M 小于计数器的计数范围时,利用反馈法就行,方法与上面分析相同。如果要求实现的模值 M 超过单片计数器的计数范围时,必须综合应用反馈法和级联法才能实现模 M 计数器。方法有两种,先反馈再级联和先级联再整体反馈。

① 模 M 可分解为 $M=M_1 \times M_2 \times \cdots \times M_n$ 的计数器构成方法。首先用 n 片计数器分别组成模值为 M_1、$M_2 \sim M_n$ 的计数器,然后再将它们级联组成模 M 计数器。

② 模 M 不可分解为 $M=M_1 \times M_2 \times \cdots \times M_n$ 的计数器构成方法。首先将 n 片计数器级联组成最大计数 $N>M$ 的计数器,然后采用整体清 0 或整体置数的方法实现模 M 计数器。所谓整体清 0 方式,是首先将多片 N 进制计数器按级联法接成一个大于 M 进制的计数器,然后将多片 N 进制计数器同时置 0。所谓整体置数方式,是首先将多片 N 进制计数器接成一个大于 M 进制的计数器,然后将多片 N 进制计数器同时置入适当的数据。上面两种方法所用的清 0 和置数法与 $M<N$ 的方法相同。当然 M 可分解时,整体清 0 或整体置数的方法同样适应。

【例 6.7】 试用 74LS90 实现模 54 计数器。

解:因 1 片 74LS90 的模值为 10,故实现模 54 计数器需要用 2 片 74LS90。

① 模分解法。可将 M 分解为 $54=6 \times 9$,用 2 片 74LS90 分别组成 8421 BCD 码模 6、模 9 计数器,然后级联组成 $M=54$ 计数器,其逻辑图如图 6.48(a)所示。图中,模 6 计数器的进位信号应从 Q_C 输出。

② 整体清 0 法。先将 2 片 74LS90 用 8421 BCD 码接法构成模 100 计数器,然后加译码反馈电路构成模 54 计数器。过渡态 $Q'_D Q'_C Q'_B Q'_A Q_D Q_C Q_B Q_A = (01010100)_{8421BCD}$,译码逻辑方程为:

$$R_{01}=R_{02}=R'_{01}=R'_{02}=Q'_C Q'_A Q'_C$$

模 54 计数器的逻辑图如图 6.48(b)所示。

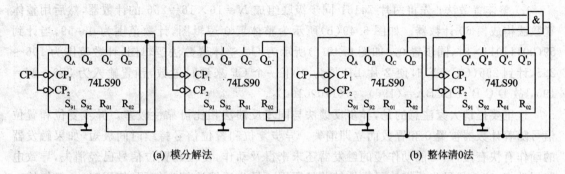

图 6.48 例 6.7 用 74LS90 实现模 54 计数器逻辑图

【例 6.8】 试用 74161 实现模 60 计数器。

解：因 1 片 74161 模值为 16，故实现模 60 计数器必须用 2 片 74161。

① 模分解法。可将 M 分解为 $60=6\times10$，用 2 片 74161 分别组成模 6、模 10 计数器，然后级联组成模 60 计数器，逻辑电路如图 6.49(a)所示。在图 6.49(a)中，模 6、模 10 计数器采

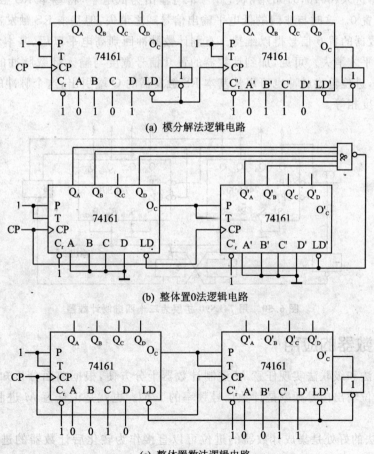

图 6.49 例 6.8 模 60 计数器逻辑图

用 OC 置数法,这种方法的好处是,集成计数器的进位可以直接作为转化后计数器的进位输出。

② 整体置数法。先将两片 74161 同步级联组成 $N=16\times16=256$ 的计数器,然后用整体置数法构成模 60 计数器。如图 6.49(b) 所示为整体置 0 逻辑图,计数范围为 $0\sim59$,当计到 $59(00111011)_2$ 时,同步置 0。如图 6.49(c) 所示为 OC 整体置数法逻辑图,计数范围为 $196\sim255$,计到 255(OC=1) 时使 2 片 LD 均为 0,下一个 CP 来到时置数,预置输入为 $256-M=196$,故 $D'C'B'A'DCBA=(196)_{10}=(11000100)_2$。

这里要提请大家注意的是,异步反馈法与同步反馈法相比可靠性较差。异步复位和置位信号随着计数器被置 0 和置数而立即消失。异步复位和置位信号持续时间极短,如果触发器的动作有快有慢,则可能动作慢的触发器还未来得及动作,复位和置位信号已经消失,导致电路误动作,这就是异步反馈法可靠性较差的原因。异步反馈法较少使用,使用时,一般加接一个受 CP 控制的基本 RS 触发器将异步反馈信号保持一段时间,以提高可靠性。例如,用 74LS90 和与非门以及基本 RS 触发器组成的二十四进制计数器如图 6.50 所示。图中的与非门起译码器的作用,当电路进入 $(0010,0100)_{BCD}$ 状态时,它输出低电平信号,基本 RS 触发器的输出 Q 作为计数器的置 0 信号。若计数器从 0000000 开始计数,则第二十四计数脉冲下降沿到达时,计数器进入 $(0010,0100)_{BCD}$ 状态,与非门输出为低电平,将基本 RS 触发器置 1,此时立即将计数器置 0。这时与非门的低电平输出信号随之消失,但基本 RS 触发器的状态仍保持不变,因而计数器的置 0 信号得以维持。直到计数脉冲回到高电平以后,基本 RS 触发器被置 1,Q 端的高电平才消失。可见,加到计数器的置 0 信号宽度与输入计数脉冲的低电平持续时间相等。同时,进位输出脉冲也可以从基本 RS 触发器的 Q 端引出,这个脉冲的宽度与计数脉冲低电平的宽度相等。

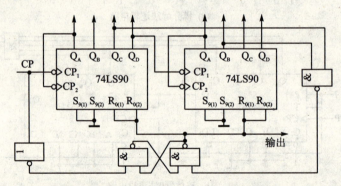

图 6.50 用 74LS90 扩展为二十四进制计数器

6.3.5 计数器的应用

利用反馈法和级联法实现任意 M 进制计数器十分方便,根据前面分析知道 M 进制计数器的进位或借位输出信号频率是计数信号频率的 $1/M$。也就是说任意 M 进制计数器可以得到任意分频器。

OC 置数法的好处是集成计数器的进位可以直接作为转化后计数器的进位输出,十分简单、方便。通常,凡是具有预置功能的加(减)计数器都可以实现可编程分频器,所谓可编程分频器是指分频器的分频比可以受程序控制。在现代通信系统与控制系统中,可编程分频器得

第6章 时序逻辑电路

到广泛的应用。

只要用进位(或借位)输出去控制置数端,使加计数计到 S_{N-1} 状态,或减计数计到 S_0 状态时置数控制端有效,使计数器又进入 S_i 预置状态。这样计数器总是在 $S_i \sim S_{N-1}$ (或 $S_i \sim S_0$)共 M 个状态中循环,从而构成模 M 计数器。预置输入数的设置方式为,对于加法计数器,同步置数时,预置值 $=N-M$,异步置数时,预置值 $=N-M-1$;对于减法计数器,同步置数时,预置值 $=M-1$,异步置数时,预置值 $=M$,式中 N 为最大计数值,M 为要求实现的模值。用这种方法设计可编程分频器是很简便的,只要用程序控制预置数就行。

例如,在 MCS-51 系列单片机中,采用 6 MHz 晶振,其机器脉冲周期为 12/6 MHz=2 ns。若要实现 0.1 s 定时,计数器的进制应为 $0.1/(2\times10^{-6})=50\ 000$,而单片机内有 16 位的二进制计数器,所以预置初值为 $2^{16}-50\ 000=15\ 536=(3CB0)_H$。即在中断子程序中预置 $(3CB0)_H$ 为初始值就可以实现 0.1 s 的定时。若改变初值,则可以实现 2^{16} 以内的任意进制计数器,进而实现不同时间的定时。

【**例6.9**】 如图 6.51 所示为简化可编程分频器,试分别求出 $M=100$ 和 $M=200$ 时的预置值;若 $I_7 \sim I_0=(01101000)_2$,试求 M 值。

解:该电路为同步置数加法计数器,最大计数值 $N=(256)_{10}=(100000000)_2$。根据预置值 $=N-M$,可求得:

当 $M=(100)_{10}=(01100100)_2$ 时,预置值 $D'C'B'A'DCBA=N-M=(100000000)_2-(01100100)_2=(10011100)_2$。

当 $M=(200)_{10}=(11001000)_2$ 时,预置值 $D'C'B'A'DCBA=N-M=(00111000)_2$。

当 $I_7 \sim I_0=(01101000)_2$ 时,$M=(256)_{10}-(01101000)_2=(10011000)_2=(152)_{10}$。

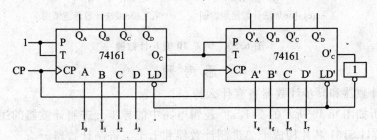

图 6.51 例 6.9 可编程分频器

【**例6.10**】 分别用 74LS192 和 74LS169 实现模 6 加法计数器和模 6 减法计数器(预置法)。

解:

① 用 74LS192 实现模 6 加、减计数器。

由于 74LS192 为异步预置,$N=10$,因此,加计数时预置值 $=N-M-1=10-6-1=3$,减计数时,预置值 $=M=6$。其状态图分别如图 6.52(a)、(b)所示,图(a)中 1001 为过渡态;图(b)中 0000 为过渡态,逻辑图如图 6.53(a)、(b)所示。

② 用 74LS169 实现模 6 加、减计数器。由于 74LS169 为同步置数,最大计数值 $N=16$,因此,加计数时预置值 $=N-M=16-6=10=(1010)_2$,减计数时预置值 $=M-1=6-1=5=(0101)_2$。其状态图分别如图 6.52(c)、(d)所示,无过渡态,逻辑图如图 6.53(c)、(d)所示。

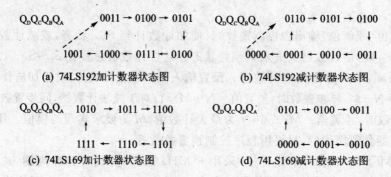

图 6.52 例 6.10 的状态图

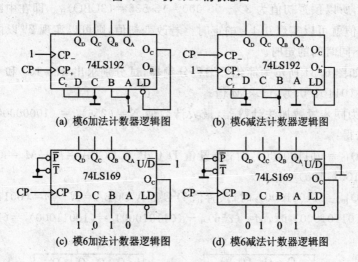

图 6.53 例 6.10 模 6 计数器

思 考 题

(1) 同步计数器和异步计数器各有什么特点？

(2) 试分析如图 6.40 所示的 74LS90 逻辑电路中的异步五进制计数器的逻辑功能。

(3) 利用 74LS161 芯片构成十二进制计数器和七十二进制计数器。

(4) 采用直接清 0 法实现任意进制计数器时，用 74LS90 芯片和用 74LS161 芯片有什么异同之处？

6.4 寄存器

在数字系统中，经常要把二进制数据或代码暂时存储起来，这种暂时存储称为寄存。具有寄存功能的电路称为寄存器。寄存器是一种基本时序电路，它被广泛用于各类数字系统和数字计算机中。寄存器按功能可分为状态寄存器和移位寄存器；按组成器件可分为 TTL 寄存器和 CMOS 寄存器。只能存放数码的寄存器称为状态寄存器，为了处理数据的需要，寄存器中的各位数据要依次（低位向高位或高位向低位）移位，具有移位功能的寄存器称为移位寄存器。

6.4.1 状态寄存器

1. 电路及工作原理

状态寄存器又称为数据寄存器或基本寄存器,其功能是在控制脉冲的作用下,接收、存储和输出一组二进制代码。状态寄存器由触发器和控制门组成,因为一个触发器能存储1位二进制代码,所以用 n 个触发器组成的寄存器能存储一组 n 位二进制代码。对状态寄存器中使用的触发器只要求具有置1、置0的功能即可。无论是用基本RS结构的触发器,还是用数据锁存器、主从结构或边沿触发结构的触发器,都能组成状态寄存器。数据寄存器按其接受数据的方式又分为双拍式和单拍式2种。

① 二拍接收4位数据寄存器。如图6.54所示是由基本RS触发器构成的二拍接收4位数据寄存器。当清0端为逻辑1,接收端为逻辑0时,寄存器保持原状态。当需将4位二进制数据存入数据寄存器时,需2拍完成:第1拍,发清0信号(1个负向脉冲),使寄存器状态为0($Q_3Q_2Q_1Q_0 = 0000$);第2拍,将要保存的数据 $D_3D_2D_1D_0$ 送数据输入端(如 $D_3D_2D_1D_0 = 1101$),再送接收信号(1个正向脉冲),要保存的数据将被保存在数据寄存器中($Q_3Q_2Q_1Q_0 = 1101$)。从该数据寄存器的输出端 $Q_3Q_2Q_1Q_0$ 可获得被保存的数据。此数据寄存器并行输入并行输出数据。此类寄存器如果在接受寄存数据前不清0,就会出现接收存放数据错误。

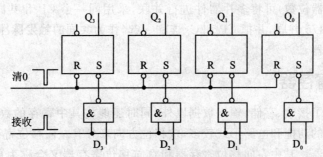

图 6.54 二拍接收4位数据寄存器

② 单拍接收4位数据寄存器。如图6.55所示是由数据锁存器构成的单拍接收4位数据寄存器。当接收端CP为逻辑0时,寄存器保持原状态;当需将4位二进制数据存入数据寄存器时,单拍即能完成,无须先进行清0。

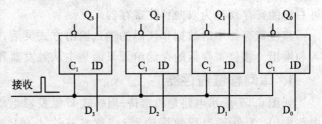

图 6.55 单拍接收4位数据寄存器

只要接收脉冲CP有效(为1),输入数据 $D_3D_2D_1D_0$ 直接存入触发器,故称为单拍式数据寄存器。同样从数据寄存器的输出端 $Q_3Q_2Q_1Q_0$ 可获得被保存的数据。

对于功能完善的触发器,如主从JK触发器、维持-阻塞式D触发器等,都可构成这类数据寄存器。

2. 集成状态寄存器

集成状态寄存器型号较多,参数各异,功能相似。集成产品主要有两大类,一类是由多个(边沿触发)D触发器组成的触发型集成寄存器,如 74LS171(4D)、74LS173(4D)、74LS175

(4D)、CC4076(4D)、74LS174(6D)、74LS273(8D)等；另一类是由带使能端（电位控制式）D触发器构成的锁存型集成寄存器，如 74LS375(4D)、74LS363(8D)、74LS373(8D)等。为了增加使用的灵活性，有些集成寄存器还附加了异步置 0、保持和三态控制等功能，例如 74LS173(4D)和 CC4076(4D)就属于这样一种寄存器。如图 6.56 所示是四边沿 D 触发器构成的中规模集成 4 位寄存器 74LS175 的逻辑图，图中 $\bar{C}_r$ 为异步清 0 端，$D_0 \sim D_3$ 为并行数据输入端，$Q_0 \sim Q_3$ 为并行数据输出端。分析可知，其具有如下逻辑功能。

① 置 0 功能。无论寄存器中原来有无数码，只要 $\bar{C}_r = 0$，触发器都被置 0，即 $Q_0 \sim Q_3 = 0000$。

② 并行送数功能。无论寄存器中原来有无数码，只要 $\bar{C}_r = 1$，当时钟脉冲 CP 为上升沿时，数码 $D_0 \sim D_3$ 可并行输入到寄存器中去，4 位数码由 $Q_0 \sim Q_3$ 并行输出，故该寄存器为单拍式并行输入、并行输出寄存器。

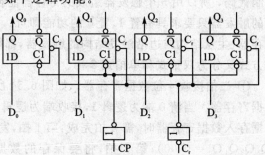

图 6.56　74LS175 逻辑图

③ 保持功能。当 $\bar{C}_r = 1$，CP = 0 时，寄存器保存数码不变。

若要扩大寄存器位数，可将多片器件进行并联，采用同一个 CP 和共同的控制信号即可。例如，用 2 片 74LS175 并联，并把 CP 和 $\bar{C}_r$ 连在一起，作为共同的触发脉冲和清 0 信号就可以构成 8 位数码寄存器。

6.4.2　移位寄存器

移位寄存器除了接收、存储、输出数据以外，同时还能将其中寄存的数据按一定方向进行移动。移位寄存器的功能和电路形式较多，按移位方向来分有左向移位寄存器、右向移位寄存器和双向移位寄存器。其中左向移位寄存器和右向移位寄存器又合称为单向移位寄存器，单向移位寄存器只能将寄存的数据在相邻位之间单方向移动（左移或右移），将数据既可左移，又可右移的寄存器称为双向移位寄存器。

移位寄存器中的数据和代码的输入输出方式灵活，既可以串行输入和输出，也可以并行输入和输出。移位寄存器的存储单元只能是主从触发器和边沿触发器。

1. 单向移位寄存器

如图 6.57 所示电路是由维持-阻塞式 D 触发器组成的 4 位单向移位（右移）寄存器。在该电路中，R_i 为外部串行数据输入（或称右移输入），R_o 为外部输出（或称移位输出），输出端 $Q_3Q_2Q_1Q_0$ 为外部并行输出，CP 为同步时钟脉冲输入端（或称移位脉冲输入端），清 0 端信号将使寄存器清 0（$Q_3Q_2Q_1Q_0 = 0000$）。

在该电路中，各触发器的激励方程为：

$$D_3 = R_i \quad D_2 = Q_3 \quad D_1 = Q_2 \quad D_0 = Q_1 \tag{6-23}$$

将激励方程代入特征方程可得状态方程：

$$Q_3^{n+1} = R_i \quad Q_2^{n+1} = Q_3^n \quad Q_1^{n+1} = Q_2^n \quad Q_0^{n+1} = Q_1^n \tag{6-24}$$

通过状态方程可以看出，在 CP 脉冲的作用下，外部串行数据输入 R_i 移入 Q_3，Q_3 移入 Q_2，Q_2 移入 Q_1，Q_1 移入 Q_0。总的效果相当于移位寄存器原有的代码依次右移了 1 位。例如，利用

时序逻辑电路
第6章

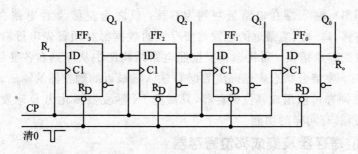

图 6.57 4 位单向移位(右移)寄存器

清 0,使电路初态为 0,在第 1、2、3、4 个 CP 脉冲的作用下,R_i 端依次输入数据为 1、0、1、1,根据电路状态方程可得到移位寄存器中数码移动的情况如表 6.8 所列,各移位寄存器输出端 $Q_3 Q_2 Q_1 Q_0$ 的工作波形如图 6.58 所示。

表 6.8 移位寄存器数码移动的情况

CP	输入数据 R_i	右移移位寄存器输出			
		Q_3	Q_2	Q_1	Q_0
0	0	0	0	0	0
1	1	1	0	0	0
2	0	0	1	0	0
3	1	1	0	1	0
4	1	1	1	0	1

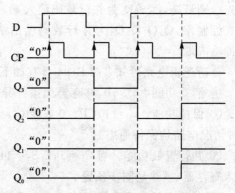

图 6.58 移位寄存器工作波形图

从表 6.8 和图 6.58 可知,在如图 6.57 所示右移移位寄存器电路中,经过 4 个 CP 脉冲后,依次输入的 4 位代码全部移入了移位寄存器中,这种依次输入数据的方式,称为串行输入,每输入 1 个 CP 脉冲,数据向右移动 1 位。输出有 2 种方式,数据从最右端 Q_0 依次输出,称为串行输出;由 $Q_3 Q_2 Q_1 Q_0$ 端同时输出,称为并行输出。由于依次输入的 4 位代码,在触发器的输出端并行输出,因而,利用移位寄存器可以实现代码的串行-并行转换,并行输出只需 4 个 CP 脉冲就可完成转换。

如果首先将 4 位数据并行的置入移位寄存器的 4 个触发器中,然后连续加入 4 个移位脉冲,则移位寄存器中的 4 位代码将从串行输出端依次送出,从而可以实现代码的并行-串行转换。可见,从串行输入到串行输出需要经过 8 个 CP 脉冲才能将输入的 4 个数据全部输出。

应当注意每次数码的输入必须在触发沿之前到达,保证信号的建立时间 t_{set},同时在触发沿后应满足持续保持时间 t_H 的稳定输入,以便于输出信号的稳定。

同理,将右侧触发器的输出作为左侧触发器的输入,则可构成左移移位寄存器,电路如图 6.59 所示(图中未画异步清 0 端),请读者自行分析其功能。

通过分析如图 6.57 和图 6.59 所

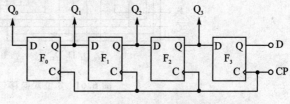

图 6.59 左移移位寄存器

示电路可知:数据串行输入端在电路最左侧为右移,反之为左移,2 种电路在实质上是相同的。无论左移、右移,离输入端最远的触发器要存放的数据都必须首先串行输入,如表 6.8 所列;否则会出现数据存放错误。列状态表要按照电路结构图中从左到右各变量的实际顺序来排列,画时序图时,要结合状态表先画离数据 D 输入端最近的触发器的输出。

用 JK 触发器同样可以组成移位寄存器,只需把 JK 触发器转化为 D 触发器即可,它和 D 触发器移位寄存器具有同样的功能。

2. 双向移位寄存器及集成移位寄存器

综合左移和右移寄存器电路,增加控制信号和部分门电路,则可构成双向移位寄存器。集成移位寄存器就是这样设计制作的。

74LS194 是 4 位通用移存器,具有左移、右移、并行置数、保持、清除等多种功能,其内部结构请参阅有关资料,其逻辑功能示意图如图 6.60 所示。图中 $\overline{C_r}$ 为异步清 0 端,低电平有效,优先级别最高,$D_0 \sim D_3$ 为并行数码输入端,S_R、S_L 为右移、左移串行数码输入端,S_1、S_0 为工作方式控制端,$Q_0 Q_1 Q_2 Q_3$ 为并行数码输出端,CP 为移位脉冲输入端。

分析逻辑电路可知,74LS194 具有如下逻辑功能。

① 清 0 功能。$\overline{C_r}=0$,移存器无条件异步清 0。

② 保持功能。$\overline{C_r}=1$,CP=0 或者 $\overline{C_r}=1$,$S_1 S_0 = 00$,2 种情况电路均保持原态。

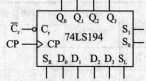

图 6.60 74LS194 的逻辑功能示意图

③ 并行置数功能。当 $\overline{C_r}=1$,$S_1 S_0 = 11$ 时,在 CP 上升沿的作用下,$D_0 \sim D_3$ 端的数码并行送入寄存器,显然是同步预置。

④ 右移串行送数功能。当 $\overline{C_r}=1$,$S_1 S_0 = 01$ 时,在 CP 上升沿的作用下,执行右移功能,S_R 端输入的数码依次送入寄存器。

⑤ 左移串行送数功能。当 $\overline{C_r}=1$,$S_1 S_0 = 10$ 时,在 CP 上升沿的作用下,执行左移功能,S_L 端输入的数码依次送入寄存器。

将 2 片 74LS194 进行级联,则扩展为 8 位双向移位寄存器,如图 6.61 所示。其中,第 I 片的 S_R 端是 8 位双向移位寄存器的右移串行输入端,第 II 片的 S_L 端是 8 位双向移位寄存器的左移串行输入端,$D_0 \sim D_7$ 为并行输入端,$Q_0 \sim Q_7$ 为并行输出端。第 I 片的 Q_3 与第 II 片的 S_R 相连,第 II 片的 Q_0 与第 I 片的 S_L 相连。清 0 端和工作方式端以及 CP 公用即可。

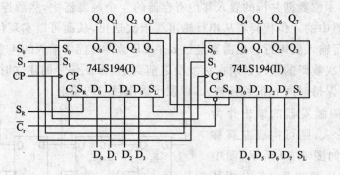

图 6.61 8 位双向移位寄存器

6.4.3 移位寄存器在数据传送系统中的应用

数据传送系统分为串行数据传送和并行数据传送 2 种。串行传送数据是每一时间节拍（一般是每个 CP 脉冲）只传送 1 位数据，n 位数据需要 n 个时间节拍才能完成传送任务；并行传送数据一个时间节拍同时传送 n 位数据。

在数字系统中，信息的传播通常是串行的，而处理和加工往往是并行的，经常要进行输入、输出的串、并转换。利用移位寄存器可以实现数据传输方式的转换，下面以 4 位数据移位寄存器 74LS194 转换为例进行简单介绍。

1. 并行数据输入转换为串行数据输出

将 4 位数据送到 74LS194 的并行输入端，工作方式选择端置为 $S_0S_1=11$，这时，在第 1 个 CP 脉冲作用下，将并行输入端的数据同时存入 74LS194 中，同时，Q_3 端输出最高位数据；然后将工作方式选择端置为 $S_0S_1=01$（右移），在第 2 个 CP 脉冲作用下，数据右移 1 位，Q_3 端输出次高位数据；在第 3 个 CP 脉冲作用下，数据又右移 1 位，Q_3 端输出次低位数据；在第 4 个 CP 脉冲作用下，数据再右移 1 位，Q_3 端输出最低位数据。经过 4 个 CP 脉冲，完成了 4 位数据由并入到串出的转换。

2. 串行输入数据转换为并行输出数据

串行至并行转换电路如图 6.62 所示。将工作方式选择端置为 $S_0S_1=10$，串行数据加到 S_R 端，在 4 个 CP 脉冲配合下，依次将 4 位串行数据存入 74LS194 中；然后，将并行输出允许控制端置为 E=1，4 位数据由 $Y_3 \sim Y_0$ 端并行输出。

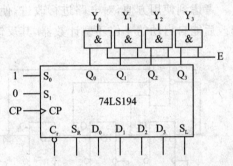

图 6.62 串行至并行转换电路

6.4.4 移位寄存器构成移存型计数器

如果把 n 位移位寄存器的 n 位输出 $Q_0Q_1Q_2Q_3 \sim Q_{n-1}$ 以一定的方式反馈送到串行输入端，则构成闭环电路，移位寄存器的状态将形成循环，显然可构成计数器。利用不同形式的反馈逻辑电路，可以得到不同形式的计数器，这种计数器称为移位寄存器型计数器，简称移存型计数器。移存型计数器电路连接简单，编码方便，用途较为广泛。这里，仅重点介绍环型计数器和扭环型计数器 2 种最常用的电路，其他类型的移存型计数器可参考相关书籍和资料。

1. 环型计数器

将 n 位移位寄存器的最末级输出 Q_{n-1} 通过反馈作为首级的输入 D_0，也就是说，其反馈逻辑方程为 $D_0=Q_{n-1}$，这样构成的移存型计数器就是环型计数器。如图 6.63(a)所示为 4 位 D 触发器组成的基本环型计数器逻辑电路，其反馈逻辑方程 $D_0=Q_3$。当连续输入时钟信号时，寄存器里的数据将循环右移。根据时序逻辑电路的分析方法，很容易画出 4 位环型计数器的状态图，如图 6.63(b)所示。

若电路的起始状态为 $Q_0Q_1Q_2Q_3=1000$，则电路中循环移位 1 个 1，认定此循环为有效循环，其他几种循环则为无效循环。有效循环只有 4 种状态，计数长度为 4。可见，4 位环型计数器实际上是一个模 4 计数器。如果由于电源故障或信号干扰而使电路进入无效循环时，将不

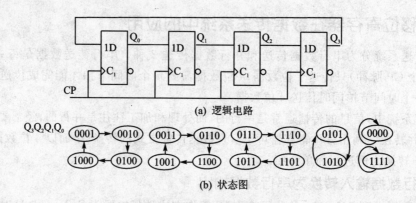

(a) 逻辑电路

(b) 状态图

图 6.63　4 位环型计数器的电路和状态图

能自动回到有效循环中,因而此电路不具有自启动特性,要想正常工作必须重新启动。

考虑到使用方便,对电路进行改进,使环型计数器具有自启动特性。如图 6.64(a)所示是修改后能自启动的 4 位环型计数器,其反馈逻辑方程修正为 $D_0 = \overline{Q_2}\ \overline{Q_1}\ \overline{Q_0}$,其他各级不变。

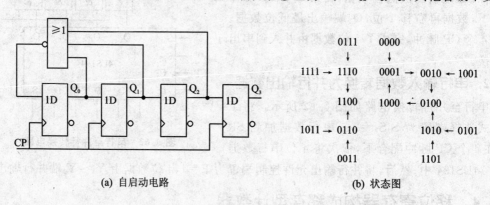

(a) 自启动电路

(b) 状态图

图 6.64　能自启动的 4 位环型计数器

根据自启动的 4 位环型计数器电路可得到它的状态方程为:

$$Q_0^{n+1} = D_0 = \overline{Q_2}\overline{Q_1}\ \overline{Q_0} \quad Q_1^{n+1} = Q_0 \quad Q_2^{n+1} = Q_1 \quad Q_3^{n+1} = Q_2$$

可以画出电路的状态转换图如图 6.64(b)所示,由状态转换图可以看出,有效地消除了无效循环,并自动返回有效循环,能够自启动。

集成移位寄存器同样可以构成环型计数器和扭环型计数器,构成方法与以上相同。将 74LS194 接成单向移位寄存器(例如右移),将右移输入 S_R 与 Q_3 相连,即 $S_R = Q_3$,则构成 4 位环型计数器,逻辑电路如图 6.65(a)所示,同样此逻辑电路不能自启动。

对如图 6.65(a)所示进行设计修正,使 $S_R = \overline{Q_2}\overline{Q_1}\ \overline{Q_0} = \overline{Q_2 + Q_1 + Q_0}$,同样可得到具有自启动特性的环型计数器,如图 6.66(b)所示。

环型计数器结构很简单,其特点是每个时钟周期只有一个输出端为 1(或 0),可以直接用环型计数器的输出作为状态输出信号或脉冲信号,不需要再加译码电路。但它的状态利用率低,n 个触发器或 n 位移存器只能构成 $N = n$ 的计数器,有 $(2^n - n)$ 个无效状态。

时序逻辑电路

第 6 章

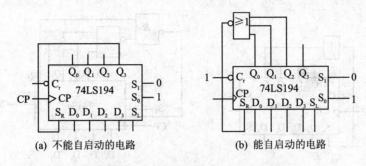

(a) 不能自启动的电路　　　　(b) 能自启动的电路

图 6.65　74LS194 构成的 4 位环型计数器

2. 扭环型计数器(也称为循环码或约翰逊计数器)

为了提高电路状态的利用率,改进得到了扭环计数器。与环计数器相比,n 位扭环型计数器移位寄存器内部结构并未改变,只是改变了其反馈逻辑方程。其最末级输出 $\overline{Q}_{n-1}$ 通过反馈作为首级的输入 D_0,也就是说,其反馈逻辑方程变为 $D_0 = \overline{Q}_{n-1}$,这样构成的移存型计数器就是扭环型计数器。如图 6.66(a)所示为 4 位扭环型计数器电路,其反馈逻辑方程为 $D_0 = \overline{Q}_3$。

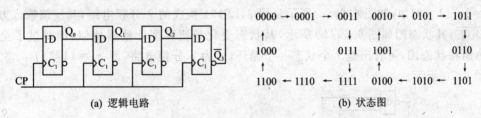

(a) 逻辑电路　　　　　　　　　　(b) 状态图

图 6.66　4 位扭环型计数器的逻辑电路和状态图

分析如图 6.66(a)所示的 4 位扭环型计数器电路可以得到其状态图,如图 6.66(b)所示。从状态图可以看出,该计数器有 8 个有效状态构成计数循环,计数长度为 8,可见 4 位扭环型计数器实际上是一个模 8 计数器。其余 8 个无效状态构成无效循环,此电路不能自启动。修改反馈逻辑,可以得到图 6.67(a)所示的能够自启动 4 位扭环型计数器逻辑电路,自己分析电路可得到如图 6.67(b)所示的能够自启动 4 位扭环型计数器状态图。

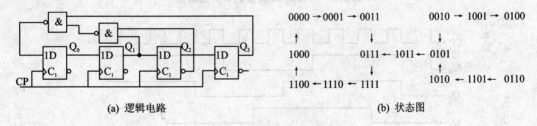

(a) 逻辑电路　　　　　　　　　　(b) 状态图

图 6.67　自启动 4 位扭环型计数器

将 74LS194 接成单向移位寄存器(例如右移),将右移输入 S_R 与 $\overline{Q}_3$ 相连,即 $S_R = \overline{Q}_3$,则构成 4 位扭环型计数器,逻辑电路如图 6.68(a)所示,此逻辑电路不能自启动,修改反馈逻辑方程可得到具有自启动特性的扭环型计数器,逻辑电路和状态图如图 6.68(b)所示。

从扭环型计数器状态图可以看出,扭环型计数器的状态按循环码的规律变化,即相邻状态之间仅有 1 位代码不同,不会产生竞争、冒险现象,且译码电路也比较简单。n 位移存器可以构成 $N = 2n$ 计数器,提高了状态利用率,但无效状态仍有 $(2^n - 2n)$ 个。扭环型计数器输出波

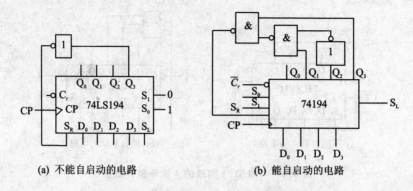

(a) 不能自启动的电路 (b) 能自启动的电路

图 6.68 74LS194 构成的 4 位扭环型计数器

形的频率比时钟频率降低了 $2n$ 倍,可以用作偶数分频器。

以上所说的扭环型计数器的计数容量始终为偶数($2n$),但只要修改反馈逻辑,也可使循环长度变为奇数($2n-1$),其模值为 $M=2n-1$,则可以构成奇数分频器。

以右移为例,如果将反馈输入方程改为 $S_R = \overline{Q_{n-2}Q_{n-1}}$,则可以构成奇数分频器,其模值为 $M=2n-1$。例如,如图 6.69(a)所示是用 74LS194 构成的 7 分频电路,其反馈输入方程为 $S_R = \overline{Q_2Q_3}$,其状态图如图 6.69(b)所示,其状态变化与扭环型计数器相似,但跳过了全 0 状态。由所得状态图,可看出是 7 个状态一个循环,故为 7 分频电路,即 $f_0=(1/7)f_{CP}$。其波形图如图 6.70 所示。

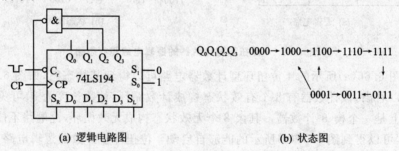

(a) 逻辑电路图 (b) 状态图

图 6.69 74LS194 构成的 7 分频电路

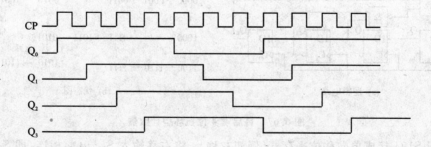

图 6.70 波形图

合理设置输入反馈逻辑可得到最大长度移位寄存器型计数器,其循环长度为 2^n-1,这种计数器中,只有全 0 状态是无效状态。电路有自启动和不能自启动 2 种,不能自启动的电路,其反馈逻辑一般由异或门组成,在此基础上增加一些控制电路则可构成能自启动的移位寄存

第6章 时序逻辑电路

器型计数器。最大长度移位寄存器型计数器状态的利用比较充分,而且反馈逻辑也简单,因此它比同步二进制计数器更为经济,尤其是在循环长度很长的地方。这方面的内容可参考相关书籍和资料。

移位寄存器型计数器作为分频器十分方便,不仅可以实现固定分频,还可以实现可变编程分频,只要用程序控制预置数就可以实现可变编程分频。

思 考 题

(1) 什么是基本寄存器?什么是移位寄存器?它们有哪些异同点?

(2) 使用寄存器时,应注意哪些问题?

(3) 如何利用 JK 触发器构成单向移位寄存器?

(4) 阐述集成移位寄存器 74LS194 是如何实现左、右移位,并行数据输入,清 0 等控制的?

(5) 环型计数器设置初始状态时可以通过哪几种方法?

(6) 移位寄存器分频的原理是什么?

(7) 一个 8 位移位寄存器,可以构成最长计数器的长度是多少?

*6.5 顺序脉冲发生器和序列信号发生器

6.5.1 顺序脉冲发生器

顺序脉冲是指在每个循环周期内,在时间上按一定顺序排列的脉冲信号。产生顺序脉冲信号的电路称为顺序脉冲发生器。在数字系统中,常用顺序脉冲控制设备按事先规定的顺序进行运算和操作。顺序脉冲发生器的构成方法有多种,下面介绍 2 种常用方法。

1. 移位寄存器构成的顺序脉冲发生器

顺序脉冲发生器可以用移位寄存器构成。当环型计数器工作在每个状态中只有一个 1 的循环状态时,它就是一个顺序脉冲发生器。如图 6.64(a)所示能自启动的 4 位环型计数器电路,就是一个顺序脉冲发生器。当 CP 端不断输入系列脉冲时,$Q_0 Q_1 Q_2 Q_3$ 端将依次输出正脉冲,并不断循环,其波形如图 6.71 所示。

这种方案的优点是不必附加译码电路,结构比较简单,缺点是使用的触发器数目比较多,同时还必须采用能自启动的反馈逻辑电路。

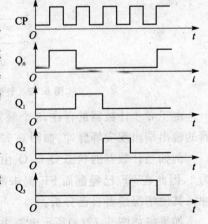

图 6.71 顺序脉冲发生器的波形图

2. 计数器和译码器构成的顺序脉冲发生器

构成顺序脉冲发生器的另一种方案是采用计数器和译码器,在需要顺序脉冲较多时,更加方便。如图 6.72(a)所示的电路是 8 个顺序脉冲输出的顺序脉冲发生器电路图。图中的 3 个触发器组成 3 位二进制异步计数器,8 个与门组成 3 线-8 线译码器。只要在计数器的输入端 CP 加入固定频率的脉冲,便可在 $P_0 \sim P_7$ 端依次得到输出脉冲信号,其电压波形如图 6.72(b)所示。

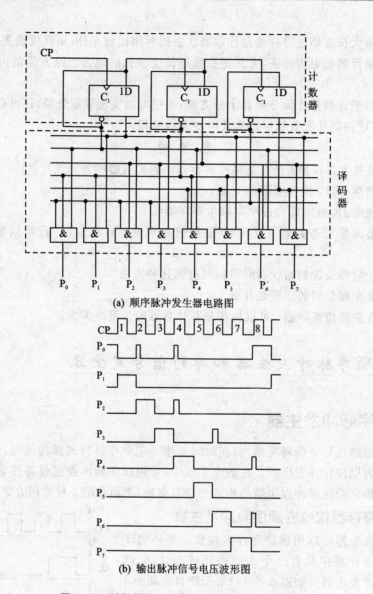

(a) 顺序脉冲发生器电路图

(b) 输出脉冲信号电压波形图

图 6.72 计数器和译码器构成的顺序脉冲发生器

由于异步计数器的存在，3个触发器翻转有先有后，将发生竞争冒险现象，有可能在译码器的输出端出现尖峰脉冲，如图 6.72(b)所示。

例如当计数器的状态 $Q_2Q_1Q_0$ 由 001 变为 010 的过程中，因 FF_0 先翻转为 0，而 FF_1 后翻转为 1，因此在 FF_0 已经翻而 FF_1 尚未翻转的瞬间，计数器将出现 0000 状态，使 P_0 端出现尖峰脉冲。其他情况读者自己分析。

如果将如图 6.72(a)所示电路中的计数器改为 4 位扭环型计数器，并取有 0000 状态的循环为有效循环，则可组成如图 6.73 所示的顺序脉冲发生器电路。此电路可从根本上消除竞争冒险现象。因为扭环型计数器在计数循环过程中，任何 2 个相邻状态之间仅有 1 个不同，所以任何 1 个译码器的门电路都不会有 2 个输入端同时改变状态，亦不存在竞争现象。

中规模集成电路(MSI)大多数均设置有控制输入端，可以用作选通脉冲的输入端，可见采用选通的方法极易实现。

第6章 时序逻辑电路

如图6.74(a)所示的顺序脉冲发生器电路是用4位同步二进制计数器74LS161和3线-8线译码器74LS138构成的顺序脉冲发生器。图中74LS161的低3位输出Q_0、Q_1、Q_2作为3线-8线译码器74LS138的3位输入信号。

为使74LS161工作在计数状态，C_r、LD、P和T均应接高电平。由于74LS161的低3位输出Q_0、Q_1、Q_2是按八进制计数器连接的，所以在连续输入CP信号的情况下，$Q_2Q_1Q_0$的状态将按000～111的顺序反复循环，并在译码器输出端依次输出P_0～P_7的顺序脉冲。

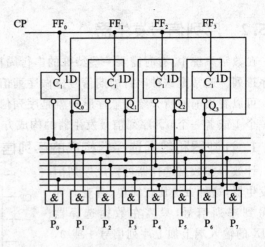

图6.73 4位扭环型计数器构成的顺序脉冲发生器电路

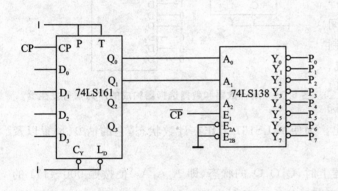

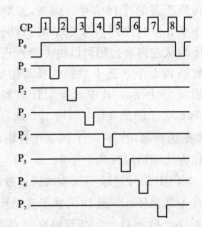

(a) 用MSI构成的顺序脉冲发生器电路　　　　(b) 用MSI构成的顺序脉冲发生器电压波形图

图6.74 MSI构成的顺序脉冲发生器

虽然74LS161中的触发器是在同一时钟信号操作下工作的，但由于各触发器传输时间的差异，所以在将计数器的状态译码时仍然存在竞争冒险现象。为了消除竞争冒险现象，74LS161的E_1端一般不接1，而是加接选通脉冲，选通脉冲的有效时间应与触发器的翻转时间错开。例如图中选取$\overline{CP}$作为74LS138的选通脉冲，即得到如图6.74(b)所示的输出电压波形。此电路中，CP信号的上升沿计数，下降沿译码。使用这种方案，要注意计数器和译码器的输出状态的匹配。其一，为了将计数器的每个状态译码输出为对应位数的顺序脉冲，译码器的输出状态数必须大于或等于计数器的输出状态数。例如，上例要输出16(或大于8位)位顺序脉冲，1片74LS138就不能满足要求，可以用2片74LS138或1片4线-16线译码器。其二，译码器的输出顺序必须和计数器的顺序一致。例如图6.73所示的4位扭环型计数器，就不能采用74LS138作为译码器，而应另行设计译码电路。

6.5.2 序列信号发生器

在数字系统中,有时需要一些特殊的串行周期信号,在循环周期内,信号1和0按一定的顺序排列。通常把这种串行周期信号称做序列信号。产生序列信号的电路成为序列信号发生器。可以看出前面所介绍的顺序脉冲就是序列信号的一种特例,顺序脉冲每个周期序列中,只有一个1或者一个0。序列信号发生器的构成方法有多种,下面介绍2种常用方法。

1. 计数器和数据选择器构成的序列信号发生器

计数器和数据选择器可构成序列信号发生器,这种方法比较简单、直观。为了得到序列信号,只需在数据选择器 MUX 的输入端上加上序列信号1或0,然后用模等于序列信号长度的计数器状态输出作为 MUX 的译码选择信号,即可得到所需的序列信号。例如,需要产生1个8位的序列信号00010111(时间顺序为从左到右),则可以由1个八进制计数器和1个8选1数据选择器组成,如图 6.75 所示。其中八进制计数器取自 74LS161 的低3位,74LS151 是8选1数据选择器,有 Y 和 $\overline{Y}$ 两个互补输出。为使 74LS161 工作在计数状态,它的清0、预置以及工作方式端均应接高电平1。

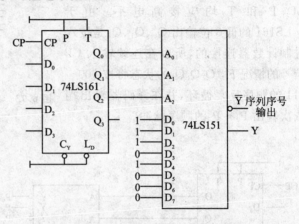

图 6.75 用计数器和数据选择器构成的序列信号发生器

当 CP 信号连续不断地加到计数器上时,$Q_2Q_1Q_0$ 的状态(即 $A_2A_1A_0$)便按照 000~111 的顺序不断循环,D_0 到 D_7 的状态就循环不断地依次出现在 Y 端。只要令 $D_0=D_1=D_2=D_4=1$、$D_3=D_5=D_6=D_7=0$,便可以在 Y 端得到不断循环的 8 位序列信号 00010111。在需要修改序列信号时,只要修改加到 D_0 到 D_7 的高低电平即可实现,而不需对电路结构作任何更动,使用这种电路既灵活又方便。使用这种方法要保证所用计数器的模等于序列信号长度。例如,需要产生一个5位的序列信号 10110(时间顺序为从左到右),即可以用1个五进制计数器和1个8选1数据选择器组成,只要把 74LS161 接成五进制计数器(置0法),$Q_2Q_1Q_0$ 分别接 $A_2A_1A_0$,10110 按顺序接 D_0、D_1、D_2、D_3、D_4 就可实现。

2. 移位寄存器构成的序列信号发生器

构成序列信号发生器的另一种常用方法是采用带反馈逻辑电路的移位寄存器。它由移位寄存器和组合反馈网络组成,从移位寄存器的某一输出端可以得到周期性的序列信号。

产生序列信号的关键是如何从移位寄存器的输出端引出一个反馈信号送至串行输入端。序列信号的长度(位数)和数值与移位寄存器的位数及反馈信号的逻辑取值有关。如果序列信号的位数为 m,移位寄存器的位数为 n,则应满足 $m \leqslant 2^n$。由于移位寄存器具有依次移位的特点,中间各级只能移位,所以实现电路的关键是找到串行输入级的驱动方程,也就是反馈逻辑方程,这样才可以得到反馈逻辑电路。反馈逻辑电路和移位寄存器的选取有多种方法,这里仅举例说明。

例如,如图 6.76 所示是利用移位寄存器产生8位序列信号00010111的电路。图中 $Q_2Q_1Q_0$ 构成3位右移寄存器,反馈电路由与或电路构成,反馈输出 $D_0 = Q_2\bar{Q_1}Q_0 + \bar{Q_2}Q_1 + \bar{Q_2}\bar{Q_0}$,序列信号由 Q_2 端顺序输出。

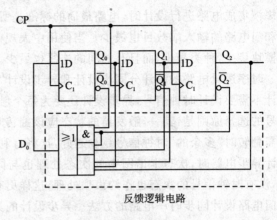

【例6.11】 分析如图 6.77(a) 所示的序列信号发生器的逻辑功能。

解: 由如图 6.77(a) 所示的逻辑电路图可见,该电路由3个D触发器构成的右移寄存器和与非门构成的反馈组合电路组成。由电路可写出其输出函数和激励函数分别为:

图 6.76 移位寄存器构成的序列信号发生器

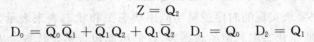

$$Z = Q_2$$
$$D_0 = \bar{Q_0}\bar{Q_1} + \bar{Q_1}Q_2 + Q_1\bar{Q_2} \quad D_1 = Q_0 \quad D_2 = Q_1$$

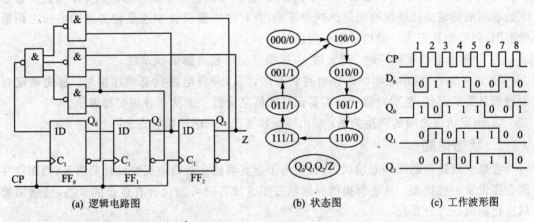

(a) 逻辑电路图   (b) 状态图   (c) 工作波形图

图 6.77 序列信号发生器

分析可得状态图和工作波形图如图 6.77(b)、(c)所示。由状态图和工作波形图可以看出,$Z = Q_2$ 端在8个CP脉冲的作用下,顺序输出序列信号00010111。

思 考 题

(1) 什么是顺序脉冲发生器和序列信号发生器?
(2) 移位寄存器构成的顺序脉冲发生器有什么特点?
(3) 计数器和数据选择器构成序列信号发生器应注意什么?

6.6 时序逻辑电路的设计

时序逻辑电路设计是时序分析的逆过程。它要求设计者根据给定的逻辑功能要求,选择适当的逻辑器件,设计出符合逻辑要求的逻辑电路。所得到的逻辑电路要尽量简单。当选用小规模集成电路进行设计时,电路最简的标准是所用的触发器和门电路的数目最少,而且触发器和门电路的输入端数目也最少。当使用中大规模集成电路时,电路最简的标准是所用的集成模块最少,种类最少,而且互相间的连线也最少。

时序逻辑电路的设计分同步设计和异步设计 2 种,其设计方法相似,但有明显区别。同步设计不需要设计时钟信号,异步设计还要为每个触发器选定合适的时钟信号。异步设计时钟信号的选择原则是:其一,触发器的状态应该翻转时必须有时钟信号发生;其二,触发器的状态不需翻转时"多余的"时钟信号越少越好,这将有利于触发器驱动方程和状态方程的化简。在设计异步电路时,次态卡诺图中的次态处理也与同步有所不同,除了无效状态作任意项处理外,没有时钟信号的次态也作约束项处理,这样更有利于设计的简化。本节重点介绍用触发器和门电路设计同步时序电路的方法。异步设计的具体方法请参阅有关书籍和资料。

6.6.1 同步时序逻辑电路设计的一般步骤

1. 根据逻辑功能要求,建立原始状态图和状态表

根据设计要求把要求实现的时序逻辑功能用状态图和状态表来表示,这种初步画出的状态图和状态表,称为原始状态图和原始状态表,它们可能包含多余状态。从文字描述的命题到原始状态图的建立往往没有明显的规律可循,在时序电路设计中这是较关键的一步。画原始状态图、列原始状态表一般按下列步骤进行。

① 分析给定的逻辑问题,确定输入/输出变量以及电路的状态数。

② 定义输入/输出逻辑状态和电路状态的含义,并将电路状态顺序编号。首先确定有多少种信息需要记忆,然后对每一种需要记忆的信息设置一个状态并用字母表示。

③ 确定状态之间的转换关系,画出原始状态图,列出原始状态表。

2. 状态化简

在建立原始状态图和原始状态表时,由于重点将放在正确地反映设计要求上,因而往往可能会多设置一些状态。从而所得的原始状态图或状态表可能包含有多余的状态,这就需要对状态化简或状态合并。

状态简化的目的就是要消去多余状态,以得到最简状态图和最简状态表。状态化简的具体方法就是合并等价状态。若 2 个电路状态在相同的输入下有相同的输出,并且转化到同一个状态去,则称这 2 个状态为等价状态。显然等价状态是重复的,可以合并为 1 个。电路的状态数越少,设计的电路就越简单。

3. 状态分配

状态分配是指将化简后的状态表中的各个状态用二进制代码来表示,从而得到代码形式的状态表(二进制状态表),状态分配有时又称为状态编码。通过代码形式的状态表便可求出激励函数和输出函数,最后完成时序电路的设计。

电路的状态通常是用触发器的状态来表示的。首先,确定触发器的数目 n。时序电路状态数为 M,n 与 M 之间必须满足:

$$2^{n-1} < M \leqslant 2^n$$

其次,给每个电路状态分配一个二进制代码。触发器的个数为 n,有 2^n 种不同代码。若要将 2^n 种代码分配到 M 个状态中,可以有多种不同的方案。如果编码方案选择得当,设计结

时序逻辑电路
第6章

果可以很简单,如果编码方案选择不合适,设计出来的电路就会复杂得多,设计中有一定的技巧。

寻找一个最佳方案很困难,虽然人们已提出了许多算法,但也都还不成熟,在理论上这个问题还没解决。实际上,为了便于记忆和识别,一般选用的状态编码和它们的排列顺序都遵循一定的规律。

4. 选定触发器的类型

选定触发器的类型,确定电路的状态方程、激励方程和输出方程。因为不同逻辑功能的触发器其驱动方式不同,所以用不同类型触发器设计出的电路也不一样。为此,在设计具体电路前必须选定触发器的类型。触发器类型的选定,要保证触发器类型最少,实际上容易得到,并且可靠。

根据状态图或状态表以及选定的状态编码和触发器的类型,写出电路的状态方程、驱动方程和输出方程。

5. 画逻辑图

根据得到的方程式画出逻辑图。根据方程要求,用逻辑符号把触发器和门电路连起来则构成逻辑电路图。

6. 检查电路

检查所设计的电路是否具有自启动能力。若未用状态(无效状态)不能自动进入有效状态,则所设计电路不能自启动,这时应采取措施加以解决。主要有2种方法:一种是在工作前将电路强行置入有效状态;另一种是重新选择编码或修改逻辑设计。第1种方案实用价值不大,我们一般采取重新选择编码或修改逻辑设计的方法对电路进行设计使电路具有自启动能力。

① 电路不能自启动的原因。电路设计中,往往有一些无效状态,这些无效状态在画卡诺图时都作为任意项处理,可以取为1,也可取为0,这无形中已经为无效状态指定了状态。若指定状态属于有效循环中的状态,那么电路是能自启动的,若指定状态是无效状态,则电路是不能自启动的。

② 让电路自启动的方法。若电路不能自启动,就需要修改状态方程的化简方式,将无效状态的状态改为某个有效状态。也就是说,修改状态转换关系,即切断无效循环,引入到有效的计数循环序列。实际设计中第5和第6步合一,检查自启动,再画逻辑图。

6.6.2 同步时序逻辑电路设计举例

【例6.12】 设计一个串行数据检测器,该电路具有一个输入端 X 和一个输出端 Z。输入为一连串随机信号,当出现"1111"序列时,检测器输出信号 Z=1,对其他任何输入序列,输出皆为0。

解:

① 建立原始状态图。假定起始状态 S_0,表示没接收到待检测的序列信号。当输入信号 X=0 时,状态仍为 S_0,输出 Z 为 0;如输入 X=1,表示已接收到第1个"1",其状态应为 S_1,输出为 0。

状态为 S_1,当输入 X=0 时,返回状态 S_0,输出为 0;当输入 X=1 时,表示已接收到第2

个"1",其状态应为 S_2,输出为 0。

状态为 S_2,当输入 X=0 时,返回状态 S_0,输出为 0;当输入 X=1 时,表示已连续接收到第 3 个"1",其状态应为 S_3,输出为 0。

状态为 S_3,当输入 X=0 时,返回状态 S_0,输出为 0;当输入 X=1 时,表示已连续接收到第 4 个"1",其次态为 S_4,输出为"1"。

状态为 S_4,当输入 X=0 时,返回状态 S_0,输出为 0;当输入 X=1 时,则上述过程的后 3 个"1"与本次的"1",仍为连续的 4 个"1",故次态仍为 S_4,输出为"1"。

通过上述分析,可画出如图 6.78 所示的原始状态图。

② 状态化简。从原始状态图中,可以看出 S_3 和 S_4 是等价状态,用一个状态 S_3 表示即可以。化简后的状态表只有 S_0、S_1、S_2、S_3 4 个状态。要注意 S_3 输入 X=1 时,应保持。

③ 状态分配。由于 $2^2=4$,故该电路应选用两级触发器 Q_2 和 Q_1 就可以。它有 4 种状态:"00"、"01"、"10"、"11",因此对 S_0、S_1、S_2、S_3 的状态分配方式有多种。本例状态分配如下:$S_0=00$、$S_1=10$、$S_2=01$、$S_3=11$,状态分配后的状态表如表 6.9 所列。

表 6.9 状态分配后的状态表

X	Q_2^n	Q_1^n	Q_2^{n+1}	Q_1^{n+1}	Z
1	0	0	1	0	0
1	0	1	1	1	0
1	1	0	0	1	0
1	1	1	1	1	1
0	×	×	0	0	0

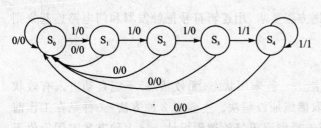

图 6.78 例 6.12 原始状态图

④ 选择触发器类型,确定状态方程、激励方程和输出方程。由状态分配后的状态表可得,如图 6.79 所示的次态和输出 Z 的卡诺图,也可以把 3 个卡诺图写在一起,称为综合卡诺图。图 6.79(a)、(b)、(c)分别为 Q_2、Q_1 和 Z 的卡诺图。

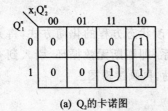 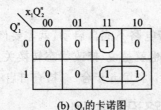 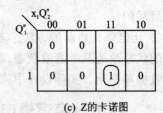

(a) Q_2 的卡诺图　　　　(b) Q_1 的卡诺图　　　　(c) Z 的卡诺图

图 6.79 例 6.12 状态方程、输出方程的确定

在求每一级触发器的次态方程时,不一定要化到最简,而是化到与所选择触发器的特征方程一致就行,这样才能获得最佳激励函数。本例选用 JK 触发器,其特征方程为:

$$Q^{n+1} = J\overline{Q^n} + \overline{K}Q^n$$

卡诺图上述圈法可得到与 JK 触发器特征方程一致的状态方程如下:

$$Q_2^{n+1} = X\overline{Q_2^n} + XQ_1^nQ_2^n \quad Q_1^{n+1} = XQ_2^n\overline{Q_1^n} + XQ_1^n \tag{6-25}$$

将两式与 JK 触发器特征方程相比得:

时序逻辑电路
第6章

$$\begin{cases} J_2 = X & K_2 = \overline{XQ_1^n} \\ J_1 = XQ_2^n & K_1 = \overline{X} \end{cases} \quad (6-26)$$

输出方程由卡诺图得：

$$Z = XQ_2^n Q_1^n \quad (6-27)$$

⑤ 本电路没有无效状态，能够自启动。根据驱动方程和输出方程可画出如图 6.80 所示的逻辑图。

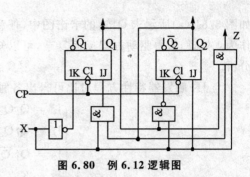

图 6.80 例 6.12 逻辑图

【例 6.13】 用 JK 触发器设计一个 8421BCD 码加法计数器。

解：该题的题意中即明确有 10 个状态，且是按 8421BCD 加法规律进行状态迁移，所以需要 4 级触发器，其状态迁移表如表 6.10 所列，本例选择 JK 触发器。由状态表可画出每一级触发器的卡诺图，如图 6.81(a)～(d)所示，(a)～(d)分别是每一级触发器 $Q_4^{n+1} Q_3^{n+1} Q_2^{n+1} Q_1^{n+1}$ 的卡诺图。

表 6.10　例 6.13 状态迁移表

Q_4^n	Q_3^n	Q_2^n	Q_1^n	Q_4^{n+1}	Q_3^{n+1}	Q_2^{n+1}	Q_1^{n+1}
0	0	0	0	0	0	0	1
0	0	0	1	0	0	1	0
0	0	1	0	0	0	1	1
0	0	1	1	0	1	0	0
0	1	0	0	0	1	0	1
0	1	0	1	0	1	1	0
0	1	1	0	0	1	1	1
0	1	1	1	1	0	0	0
1	0	0	0	1	0	0	1
1	0	0	1	0	0	0	0
1	0	1	0	×	×	×	×
1	0	1	1	×	×	×	×
1	1	0	0	×	×	×	×
1	1	0	1	×	×	×	×
1	1	1	0	×	×	×	×
1	1	1	1	×	×	×	×

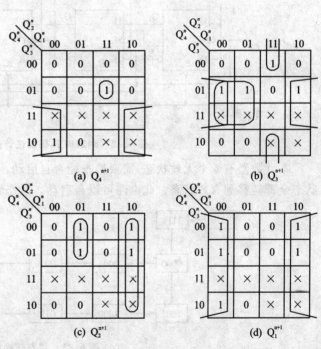

图 6.81　确定激励函数的次态卡诺图

由图 6.81(a)～(d)可得：

$$Q_4^{n+1} = Q_1^n Q_2^n Q_3^n \overline{Q_4^n} + \overline{Q_1^n} Q_4^n$$

$$Q_3^{n+1} = Q_1^n Q_2^n \overline{Q_3^n} + \overline{Q_1^n} Q_3^n + \overline{Q_2^n} Q_3^n = Q_1^n Q_2^n \overline{Q_3^n} + \overline{Q_1^n Q_2^n} Q_3^n$$

$$Q_2^{n+1} = Q_1^n \overline{Q_4^n} \overline{Q_2^n} + \overline{Q_1^n} Q_2^n$$

$$Q_1^{n+1} = \overline{Q_1^n}$$

(6-28)

注意，这里用卡诺图求状态方程，并没有化到最简，而是尽量化到与特征方程一致的形式。

如图 6.81(a)所示求 Q_4^{n+1} 的卡诺图中,任意项 1111 对应的次态"×"没有作为 1,而是作为 0,若作为 1 处理,所得驱动方程反而复杂,可以知道若选择 D 触发器则可以化到最简,自己可以去分析。

与 JK 触发器特性方程对比可得出各触发器的激励函数为:

$$\begin{cases} J_4 = Q_1^n Q_2^n Q_3^n & K_4 = Q_1^n \\ J_3 = Q_1^n Q_2^n & K_3 = Q_1^n Q_2^n \\ J_2 = Q_1^n \overline{Q_4^n} & K_2 = Q_1^n \\ J_1 = K_1 = 1 \end{cases} \quad (6-29)$$

由激励方程得逻辑图如图 6.82 所示。图中还画出了进位输出电路,本例未作要求,自己可以去设计。

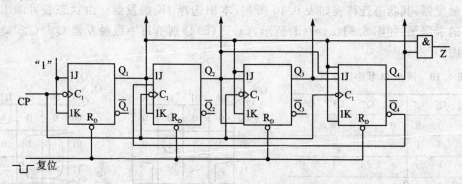

图 6.82　8421BCD 码加法计数器逻辑图

本计数器有 6 个无效状态,需要检查能否自启动。把无效状态代入状态方程,可得出无效状态全部转移到有效状态。此电路可以自启动。状态转换图如图 6.83 所示。

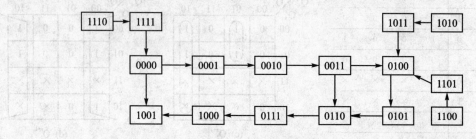

图 6.83　状态转换图

【例 6.14】 用 JK 触发器设计模 6 计数器。

解:题意中明确告诉有 6 个状态,所以需要 3 级触发器,本例选择 JK 触发器。3 级触发器有 8 种状态,从中选 6 种状态,方案很多。我们按如图 6.84 所示选取,其状态表如表 6.11 所列,同时也表示出了进位关系。由状态表可画出每一级触发器的次态卡诺图和进位输出卡诺图,如图 6.85(a)~(d)所示,(a)~(d)分别是 $Q_3^{n+1} Q_2^{n+1} Q_1^{n+1} C$ 的卡诺图。由如图 6.85(a)~(d)所示可得状态方程和输出方程式(6-31),与 JK 触发器特征方程对比可得出各触发器的激励函数式(6-32)。注意,在这里次态方程同样没化到最简。

$$\begin{cases} Q_3^{n+1} = \overline{Q_1^n}\ \overline{Q_3^n} + \overline{Q_1^n}Q_3^n \\ Q_2^{n+1} = Q_3^n\overline{Q_2^n} + Q_3^nQ_2^n \\ Q_1^{n+1} = Q_2^n\overline{Q_1^n} + Q_2^nQ_1^n \\ C = \overline{Q_2^n}Q_1^n \end{cases} \quad (6-30)$$

$$\begin{cases} J_3 = \overline{Q_1^n} \quad K_3 = Q_1^n \\ J_2 = Q_3^n \quad K_2 = \overline{Q_3^n} \\ J_1 = Q_2^n \quad K_1 = \overline{Q_2^n} \end{cases} \quad (6-31)$$

表 6.11 状态表

Q_3^n	Q_2^n	Q_1^n	Q_3^{n+1}	Q_2^{n+1}	Q_1^{n+1}	C
0	0	0	1	0	0	0
1	0	0	1	1	0	0
1	1	0	1	1	1	0
1	1	1	0	1	1	0
0	1	1	0	0	1	0
0	0	1	0	0	0	1

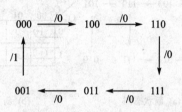

图 6.84 模 6 计数器状态迁移图

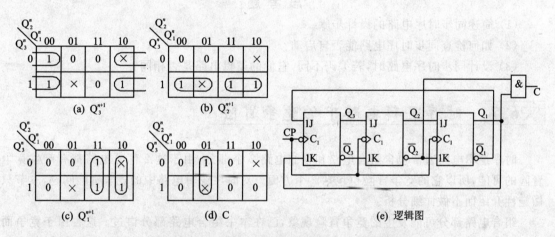

图 6.85 模 6 计数器激励函数的确定和逻辑图

由激励方程和进位输出方程可画出逻辑图,如图 6.85(e)所示。

检查自启动能力,把未用状态(010,101)代入上述次态方程,可以得到它们的状态变化情况,如图 6.86 所示。可以看出此电路未有自启动能力,需要修改设计以让电路能够自启动。

为了使电路具有自启动能力,对原设计方案进行修改。电路不能自启动的原因是无效状态和无效循环的存在,我

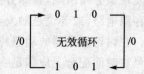

图 6.86 例 6.15 自启动能力检查

们只要切断无效循环,把所有无效状态引入到有效的计数循环序列中去,重新求方程,画逻辑电路图就可以实现自启动。全部修改太麻烦,一般采取局部修改,方法较多,有一定的技巧性。

本例中我们切断 101→010 的转换关系,强迫它进入 110,可得到如图 6.87(a)所示的新的状态转换关系(新状态图)。根据新状态图可以看出,Q_2 和 Q_1 的转换关系没变,只有 Q_3 改变了,故只要重新设计 Q_3 级即可。根据新状态图的要求,把原 Q_3^{n+1} 卡诺图中的"×"改为 1 即可,所得新卡诺图如图 6.87(b)所示。由卡诺图可得:

$$Q_3^{n+1} = \overline{Q_2^n} \, \overline{Q_3^n} + \overline{Q_1^n} \, \overline{Q_3^n} + \overline{Q_1^n} \, \overline{Q_2^n} = \overline{Q_1^n} \, \overline{Q_3^n} + \overline{Q_1^n Q_2^n Q_3^n}$$

与 JK 触发器特征方程对比得:

$$J_3 = \overline{Q_1^n} \qquad K_3 = Q_1^n Q_2^n$$

从而画出具有自启动能力的模 6 计数器逻辑电路如图 6.87(c)所示。

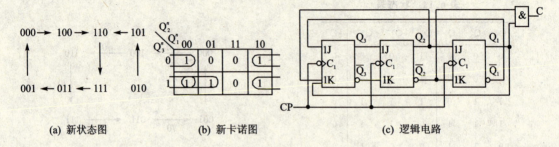

(a) 新状态图 (b) 新卡诺图 (c) 逻辑电路

图 6.87 具有自启动能力的模 6 计数器

思 考 题

(1) 简述同步时序电路的设计步骤。
(2) 如何检查同步时序电路能否自启动?
(3) 设计同步时序电路时,若编码不同,它们的逻辑电路是否相同?

*6.7 时序逻辑电路中的竞争冒险

时序逻辑电路通常包含组合电路和存储电路 2 个部分,由于这 2 部分电路都有产生竞争冒险的可能,所以它的竞争冒险也包括 2 个方面。对时序逻辑电路中的竞争冒险问题,本节只做定性介绍而不做详细分析。

组合电路部分可能发生的竞争冒险现象,已在本书组合电路部分讲过。这种由于竞争而产生的尖峰脉冲并不影响组合电路的稳态输出,但如果它被存储电路中的触发器接受,就可能引起触发器的错误翻转,造成整个时序电路的误动作,这种现象必须绝对避免。组合电路的竞争冒险现象必须消除,具体方法已在本书组合电路部分讲过。

存储电路(或者说是触发器)工作过程中发生的竞争冒险现象,是时序电路所特有的一个问题。在讨论触发器的动态特性时曾经明确指出,为了保证触发器可靠地翻转,输入信号和时钟信号在时间配合上应满足一定的要求。然而当输入信号和时钟信号同时改变,而且不同路径到达同一触发器时,便产生了竞争。竞争的结果有可能导致触发器误动作,这种现象称为存储电路(或触发器)的竞争冒险现象。

在异步时序电路中,由于时钟的不同步,产生竞争冒险现象的可能极大,因此为了避免这一冒险现象,一般在时钟和状态的传输路径上加延迟环节。

在同步时序电路中,由于所有的触发器都在同一时钟操作下动作,而在此以前每个触发器的输入信号均已处于稳定状态,因而可以认为不存在竞争现象。

一般认为存储电路的竞争现象仅发生在异步时序电路中。这里要特别说明的是,同步时序电路中有时也可能出现竞争现象。例如,在有些规模较大的时序电路中,由于每个门的带负载能力有限,所以经常是先用一个时钟信号同时驱动几个门电路,然后再由这几个门电路分别去驱动若干个触发器。而每个门的传输延迟时间不同,严格地讲,是系统已不是真正的同步时序电路了,这种情况下就有可能发生存储电路的竞争冒险现象。

思考题

(1) 简述异步时序电路竞争冒险的原因。
(2) 简述同步时序电路竞争冒险的原因。
(3) 如何抑制时序电路的竞争冒险?

本章小结

时序逻辑电路的逻辑功能特点是,时序逻辑电路任意时刻的输出信号不仅与该时刻的输入信号有关,还与电路原来所处的状态有关。

时序逻辑电路在电路结构上的特点是,一般包含组合器件和存储器件 2 部分。由于它要记忆以前的输入和输出信号,所以存储电路是不可缺少的,有些时序电路可以没有组合部分,例如环型计数器等。

具体的时序逻辑电路千变万化,种类繁多,本章介绍的计数器、寄存器、移位寄存器、顺序脉冲发生器和序列信号发生器只是其中常见的几种。

计数器是组成数字系统的重要部件之一,它的功能就是计算输入脉冲的数目。根据计数脉冲输入方式的不同,可将计数器分为同步计数器和异步计数器 2 类。同步计数器工作速度较高,但控制电路较复杂,CP 脉冲的负载较重。异步计数器电路简单,对 CP 脉冲负载能力要求低,但工作速度较低。计数器根据计数进制不同又可以分为二进制计数器、十进制计数器和任意进制计数器。前 2 种计数器有许多集成电路产品可供选择,而任意进制计数器如果没有现成的产品,则可以将二进制或十进制计数器通过引入适当的反馈控制信号或多片集成电路级联来实现任意进制计数。计数器除了计数外,在定时、分频等方面也有重要的用途。

寄存器是数字电路系统中应用较多的逻辑器件之一,有状态寄存器和移位寄存器 2 类。状态寄存器基本原理是利用触发器来接收、存储和发送数据。1 个触发器可以构成 1 个最基本的寄存 1 位数据的逻辑单元。状态寄存器(基本寄存器)一般具有置数、清 0、存储、三态输出等功能。它是构成各种寄存器的基础。移位寄存器除能将数据存储外,还能将寄存的数据按一定方向传输。将几个 D 触发器的触发端连接到一起,输入、输出端首尾相接,就构成 1 个移位寄存器。移位寄存器有串行输入与并行输入、串行输出与并行输出 2 种不同的输入、输出形式,具有加载数据、左移位、右移位等多种功能。

寄存器寄存数据或对数据进行移位操作,都必须受时钟脉冲控制。触发方式有电平触发、边沿触发、双沿触发等多种形式。使用寄存器时,必须对其触发方式、输出方式等有足够的认识。集成寄存器在数字电路中得到广泛的应用,如构成序列信号发生器、计数器、分频器、可编程分频器、串并转换等。

本章通过这几个常见时序电路,对时序逻辑电路的共同特点以及一般分析方法和设计方法进行了较为详细的讨论。一般分析方法和设计方法对任何复杂的时序电路都是适应的,具体步骤可以灵活处理。只有掌握这些基本知识,才能适应对各种时序电路进行分析和设计的需要。

描述时序电路的方法由方程组、状态转换表、状态转换图和时序波形图等几种。它们各具特色,在不同场合各有应用。其中方程组是与具体电路结构直接对应的一种表达式,在分析电路时,一般直接从电路图写出方程组,在设计电路时,也是通过方程组画出逻辑图。状态转换表和状态转换图的特点是给出了电路工作的全部过程,能使电路的逻辑功能一目了然,这也是其被常用的原因。时序波形图的表示方法,便于进行波形观察,最适宜用在实验调试中。

时序电路竞争冒险也有两个方面:一方面,因组合电路的竞争冒险而产生的尖峰脉冲如果被存储电路接收,引起触发器翻转,则电路将发生误动作;另一方面,存储电路本身也存在竞争冒险问题。存储电路中竞争冒险的实质是由于触发器的输入信号和时钟信号同时改变而在时间上配合不当,从而可能导致触发器误动作。存储电路中竞争冒险现象一般只发生在异步时序电路中,这也是设计较大时序系统时多数采用同步电路的原因之一。

习 题

题 6.1 画出如图 6.88 所示电路的状态图和时序图(设初始状态为 00,X 为输入控制信号,可分别分析 X=0 和 X=1 时的情况)。

题 6.2 画出如图 6.89 所示电路的状态图,简要说明电路的功能特点。

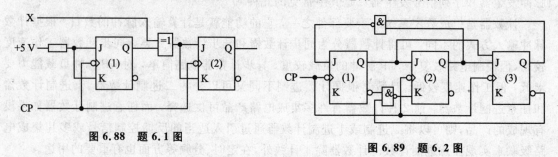

图 6.88 题 6.1 图   图 6.89 题 6.2 图

题 6.3 分析如图 6.90 所示电路的逻辑功能。

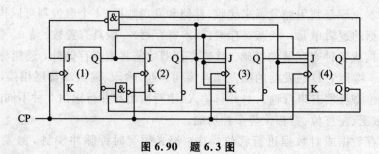

图 6.90 题 6.3 图

题 6.4 画出如图 6.91(a)所示电路中 B、C 端的波形。已知输入端 A、CP 波形如图 6.91(b)所示,触发器起始状态为 0 状态。

时序逻辑电路

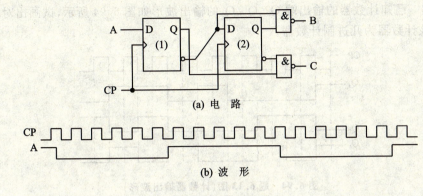

(a) 电路

(b) 波形

图 6.91 题 6.4 图

题 6.5 如图 6.92 所示电路的计数长度 N 是多少？能否自启动？

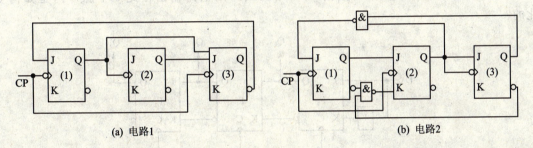

(a) 电路1　　　　　　　　　　　　　(b) 电路2

图 6.92 题 6.5 图

题 6.6 已知时序电路中各触发器的时钟方程 $CP_1 = CP\downarrow$、$CP_2 = Q_1\downarrow$、$CP_3 = CP\downarrow$；驱动方程 $J_1 = \overline{Q_3}$，$K_1 = 1$，$J_2 = 1$，$K_2 = 1$，$J_3 = Q_2 \cdot Q_1$，$K_3 = 1$。试用主从 JK 触发器（下降沿触发）和若干门电路画出对应的逻辑电路图，并分析其逻辑功能。

题 6.7 分析如图 6.93 所示时序电路的逻辑功能。

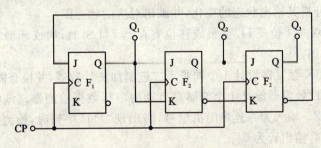

图 6.93 题 6.7 图

题 6.8 用直接清 0 法，将集成计数器 74LS90 构成三进制计数器和九进制计数器，画出逻辑电路。

题 6.9 用直接清 0 法，将集成计数器 74LS161 构成十三进制计数器，画出逻辑电路图。

题 6.10 用预置位法，将集成计数器 74LS161 构成七进制计数器，画出逻辑电路图。

题 6.11 用进位输出置最小数法，将集成计数器 74LS161 构成十二进制计数器，画出逻辑电路图。

题 6.12 采用级联法，将集成计数器 74LS161 构成一百零八进制计数器，画出逻辑电路图。

题 6.13 已知计数器的输出端 Q_2、Q_1、Q_0 的输出波形如图 6.94 所示,试画出对应的状态图,并分析该计数器为几进制计数器。

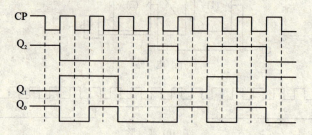

图 6.94 题 6.13 图(计数器输出波形)

题 6.14 分析如图 6.95 所示时序电路的逻辑功能,假设电路初始状态为 000,如果在 CP 的前 6 个脉冲内,D 端依次输入数据 1、0、1、0、0、1,则电路输出在此 6 个脉冲内是如何变化的?

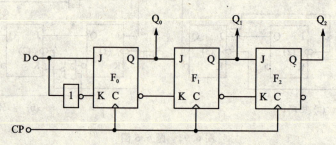

图 6.95 题 6.14 图

题 6.15 环型计数器电路如图 6.64 所示,若电路初始状态 $Q_3Q_2Q_1Q_0$ 预置为 1001,随着 CP 脉冲的输入,试分析其输出状态的变化,并画出对应的状态图。

题 6.16 扭环型计数器电路如图 6.68 所示,若电路初态 $Q_3Q_2Q_1Q_0$ 预置为 0110,随着 CP 脉冲的输入,试分析其输出状态的变化,并画出对应的状态图。

题 6.17 利用双向 4 位 TTL 型集成移位寄存器 74LS194,构成环型计数器和扭环型计数器,画出逻辑电路图。

题 6.18 试用 JK 触发器设计 1 个同步十二进制加法计数器,并检查能否自启动。

题 6.19 试用 D 触发器设计 1 个能够自启动的串行数据检测器。该电路具有一个输入端 X 和一个输出端 Z。输入为一连串随机信号,当出现"111"序列时,检测器输出信号 Z=1,对其他任何输入序列,输出皆为 0。

第7章 脉冲信号的产生与整形

本章首先讨论脉冲信号的特点及参数;然后介绍施密特触发器、单稳态触发器、多谐振荡器的工作原理和应用;最后重点讨论555定时器的电路结构、工作原理以及实际应用。

7.1 概述

在数字系统中,经常要用到矩形脉冲,例如在同步时序电路中,作为时钟信号的矩形脉冲控制和协调着整个系统的工作。时钟信号的质量好坏,直接关系到系统能否正常工作。如何得到频率和幅度等指标都符合要求的矩形脉冲是数字系统设计的一个重要任务。获取矩形脉冲的方法通常有2种:一种是用各种脉冲产生电路直接产生所需要的矩形脉冲;另一种是对已有的周期信号进行变换整形,将它变换成所需要的脉冲信号。

7.1.1 脉冲信号的特点及主要参数

通常用如图7.1所示标柱的几个主要参数,来定量描述矩形脉冲的特性。

① 脉冲周期 T:周期性重复的脉冲序列中,2个相邻脉冲之间的时间间隔。有时也使用频率 $f=1/T$ 来表示单位时间内脉冲重复的次数。

② 脉冲幅度 U_m:脉冲电压的最大变化幅度。

③ 脉冲宽度 T_w:从脉冲前沿 $0.5U_m$ 处到脉冲后沿 $0.5U_m$ 处的一段时间。

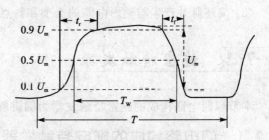

图 7.1 描述矩形脉冲特性的参数

④ 上升时间 t_r:脉冲波形从 $0.1U_m$ 上升到 $0.9U_m$ 所需的时间。

⑤ 下降时间 t_f:脉冲波形从 $0.9U_m$ 下降到 $0.1U_m$ 所需的时间。

⑥ 占空比 q:脉冲宽度 T_w 与脉冲周期 T 的比值,亦 $q=T_w/T$。它是描述脉冲波形疏密的参数。

此外,在将脉冲信号产生与整形电路用于具体的数字系统时,有时还可能有一些特殊要求,例如脉冲周期和幅度的稳定性等,这时还需要增加一些相应的性能参数来说明。

7.1.2 脉冲产生与整形电路的特点

脉冲产生电路不需外加触发脉冲就能够产生具有一定频率和幅度的矩形波,多谐振荡器是用途最广泛的脉冲产生电路。脉冲整形电路能够将其他形状的信号,如正弦波、三角波和一些不规则的波形变换成矩形脉冲。施密特触发器和单稳态触发电路就是2种常见的脉冲整形电路。每一种电路,既可以由分立元件组成,也可以由集成逻辑单元组成。

多谐振荡器没有稳态,只具有2个暂稳态,它的状态转换不需要外加触发信号触发,而完全由电路自身完成。它产生的矩形波中除基波外,还含有丰富的高次谐波成分,因此称这种电路为多谐振荡器,常常用做脉冲信号源。

施密特触发器属于双稳态触发电路,它具有2个稳定状态。2个稳定状态的转换都需要外加触发脉冲的推动才能完成。它具有以下2个特点。

① 输入信号从低电平上升或从高电平下降到某一特定值时,电路状态就会转换,2种情况所对应的转换电平不同。也就是说施密特触发器有2个触发电平,因此它属于电平触发的双稳态电路。

② 电路状态转换时,通过电路内部的正反馈使输出电压的波形边沿变得很陡。利用这2个特点不仅能把变化非常缓慢的输入波形整形成数字电路所需要的上升沿和下降沿都很陡峭的矩形脉冲,而且可以将叠加在矩形脉冲高、低电平上的噪声有效地清除。

单稳态触发电路只有一个稳定状态,另一个是暂时稳定状态。从稳定状态转换到暂稳态时必须由外加触发信号触发,从暂稳态转换到稳态是由电路自动完成的,暂稳态的持续时间取决于电路本身的参数,与外加触发脉冲没有关系。它主要用于将宽度不符合要求的脉冲变换为符合要求的矩形脉冲。

555定时器使用方便、灵活,只要外部配接少量的阻容元件就可方便地构成施密特触发器、单稳态触发电路和多谐振荡电路。

思 考 题

(1) 描述脉冲的主要参数有哪些?
(2) 简述脉冲产生与整形电路的类型和特点。

*7.2 施密特触发器

本节以门电路构成的施密特触发器为例讲解施密特触发器的工作原理和特点。

7.2.1 门电路构成的施密特触发器

1. 电路结构

如图7.2(a)所示为由 G_1 和 G_2 2个 CMOS 反向器组成的施密特触发器。R_1 和 R_2 为分压反馈电阻,要求 $R_1 < R_2$,CMOS 反向器的阈值电压 U_{TH} 为电源的1/2。如图7.2(b)和(c)所示为施密特触发器的逻辑符号。图中"⟓"为施密特触发器的限定符号。

2. 工作原理

参照如图7.3所示的施密特触发器的工作波形,分析施密特触发器的工作原理。

① 初始状态。当输入电压 $u_i = 0$ V 时,输出电压 $u_{o1} = U_{oH} = U_{DD}$,$u_{o2} = U_{oL} = 0$。

② 电路状态第一次翻转。随着输入电压 u_i 的逐步增大,u_i' 也随之增大,由于此时 $u_{o2} = 0$,所以

第 7 章 脉冲信号的产生与整形

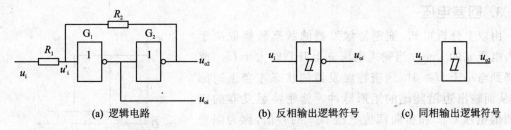

(a) 逻辑电路　　　　(b) 反相输出逻辑符号　　　(c) 同相输出逻辑符号

图 7.2　CMOS 反相器组成的施密特触发器

$$u'_i = \frac{R_2}{R_1 + R_2} u_i \tag{7-1}$$

当输入电压 u_i 增大到使 $u'_i = U_{TH}$ 时，G_1 工作在电压传输特性的转折区，这时 u_i 的微小增大，会使电路产生如下的正反馈过程：

$$u_i \uparrow \rightarrow u'_i \uparrow \rightarrow u_{o1} \downarrow \rightarrow u_{o2} \uparrow \rightarrow u'_i$$

正反馈使电路状态在极短的时间内发生翻转，G_1 变成导通，输出电压 $u_{o1} = U_{oL} = 0$，G_2 变成截止，输出电压 $u_{o2} = U_{oH} = U_{DD}$。

输入电压上升到使电路状态发生翻转的值，称为正向阈值电压，用 U_{T+} 表示。根据式(7-1)可得：

$$u'_i = \frac{R_2}{R_1 + R_2} u_i = U_{TH}$$

由上式可得：

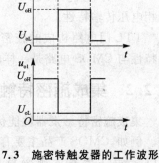

图 7.3　施密特触发器的工作波形

$$U_{T+} = \frac{R_1 + R_2}{R_2} U_{TH} \tag{7-2}$$

此后输入电压继续增大时，电路状态保持不变。

③ 电路状态第 2 次翻转。当输入电压 u_i 由高电平逐步下降时，u'_i 也随之下降，由于此时 $u_{o2} = U_{oH} = U_{DD}$，所以

$$u'_i = \frac{R_1}{R_1 + R_2} (U_{DD} - u_i) + u_i \tag{7-3}$$

当输入电压 u_i 下降到使 $u'_i = U_{TH}$ 时，电路产生如下的正反馈过程：

$$u_i \downarrow \rightarrow u'_i \downarrow \rightarrow u_{o1} \uparrow \rightarrow u_{o2} \downarrow \rightarrow u'_i \downarrow$$

正反馈使电路状态在极短的时间内发生再次翻转，G_1 变成截止，输出电压 $u_{o1} = U_{oH} = U_{DD}$，G_2 变成导通，输出电压 $u_{o2} = U_{oL} = 0$。

输入电压下降到使电路状态发生翻转的值，称为负向阈值电压，用 U_{T-} 表示。根据式(7-3)可得：

$$u'_i = \frac{R_1}{R_1 + R_2} (U_{DD} - u_i) + u_i = U_{TH}$$

将 $U_{DD} = 2U_{TH}$ 代入上式可得：

$$U_{T-} = \frac{R_2 - R_1}{R_2} U_{TH} \tag{7-4}$$

此后输入电压继续下降时，电路状态保持不变。

3. 回差电压

由以上分析可知,施密特触发器的状态转换取决于输入电压 u_i 的大小。当输入电压 u_i 上升到略大于 U_{T+} 或下降到略小于 U_{T-} 时,施密特触发器的状态才会迅速翻转,从而输出边沿陡峭的矩形脉冲。施密特触发器的正向阈值电压 U_{T+} 和负向阈值电压 U_{T-} 的差值,称为回差电压,用 ΔU_T 表示,其值为:

$$\Delta U_T = U_{T+} - U_{T-} \quad (7-5)$$

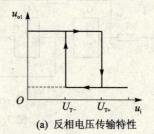

(a) 反相电压传输特性

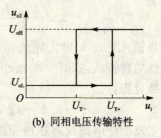

(b) 同相电压传输特性

通过调节 R_1 和 R_2 的比值可以调节 U_{T+}、U_{T-} 和 ΔU_T 的大小。但要保证 R_1 小于 R_2,否则电路将进入自锁状态,不能正常工作。

如图 7.4 所示为施密特触发器的电压传输特性。如图 7.4(a) 所示为反相电压传输特性,如图 7.4(b) 所示为同相电压传输特性。

TTL 门电路构成的施密特触发器有多种,其电压传输特性与 CMOS 电路是一样的,只是参数有所差别。

图 7.4 施密特触发器的电压传输特性

7.2.2 集成施密特触发器

集成施密特触发器性能优良,应用广泛,TTL 电路和 CMOS 电路中都有多种单片集成产品。例如,CMOS 产品主要有,六施密特反向器 CC40106、施密特四 2 输入与非门 CC4093 等;TTL 产品主要有六施密特反向器 7414/5414、74LS14、54LS14,施密特四 2 输入与非门 74132/54132、74LS132、54LS132,双四输入与非门 7413/5413、74LS13、54LS13 等。有关 TTL 电路和 CMOS 电路的外引脚功能和具体电路不再分析,具体参数值请查阅有关手册。

使用集成施密特触发器时,要注意集成施密特触发器具有以下特点:其一,对于阈值电压和回差电压均有温度补偿,温度稳定性较好;其二,集成施密特触发器电路中一般加有缓冲级,有较强的带负载能力和抗干扰能力,同时还起到了内部电路与负载的隔离作用;其三,CMOS 电路阈值电压与电源电压关系密切,随电源电压而增大;其四,由于集成电路内部器件参数差异较大,阈值电压分散性较大,要注意使用条件;其五,集成施密特触发器阈值电压与回差电压均不可调节。

7.2.3 施密特触发器的应用

施密特触发器的用途十分广泛,它主要用于波形变化、脉冲波形的整形及脉冲幅度鉴别等。下面所有波形画法均以反向施密特触发器为准。

1. 脉冲波形变换

施密特触发器可以将三角波、正弦波及变化缓慢的周期性信号变换成矩形脉冲。只要输入信号的幅度大于 U_{T+},即可在施密特触发器的输出端得到相同频率的矩形脉冲信号,如图 7.5 所示。

2. 脉冲整形

将一个不规则的或者在信号传送过程中受到干扰而变坏的波形经过施密特电路整形,可以得到良好的矩形波形,如图 7.6 所示。若适当增大回差电压,可提高电路的抗干扰能力,只要 U_{T+} 和 U_{T-} 设置得合适均能收到满意的整形效果。

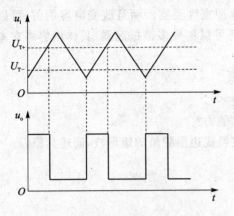

图 7.5 施密特触发器实现波形变换

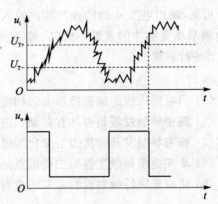

图 7.6 施密特触发器实现波形的整形

3. 脉冲幅度鉴别

利用施密特电路,可以从输入幅度不等的一串脉冲中,去掉幅度较小的脉冲,保留幅度超过 U_{T+} 的脉冲,这就是幅度鉴别,如图 7.7 所示。只有那些幅度大于上触发电平 U_{T+} 的脉冲才在输出端产生输出信号。通过这一方法可以选出幅度大于 U_{T+} 的脉冲,即对幅度可以进行鉴别。

4. 实现脉冲展宽

利用施密特触发器可以将脉冲展宽,如图 7.8 所示是用施密特触发器构成的脉冲展宽器电路和工作波形。其中,图 7.8(a)为脉冲展宽器电路,图 7.8(b)为工作波形图。

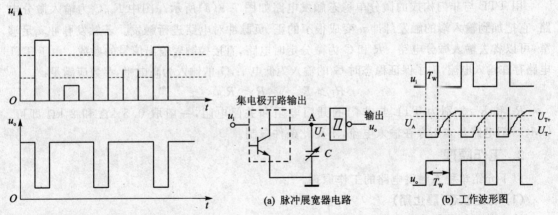

图 7.7 施密特触发器实现脉冲幅度鉴别

图 7.8 脉冲展宽器

① 当输入电压 u_i 为低电平时,集电极开路输出三极管截止,施密特反向触发器的输入特性可以保证 A 点电位为高电平,输出电压 u_o 为低电平。

② 当输入电压 u_i 跳变为高电平时,三极管饱和导通,通过电容 C 放电,A 点电位迅速下降为低电平,输出电压 u_o 跳变为高电平。

③ 当输入电压 u_i 再次由高电平跳变为低电平时,三极管截止,电源通过施密特反向触发

器的输入端电路对电容 C 再次充电,使 A 点电位缓慢上升。当上升到 U_{T+} 时,输出电压 u_o 才会由高电平跳变为低电平。

可见,输出电压 u_o 的脉冲宽度比输入电压的脉冲宽度要宽。而且改变电容的值,可以方便地调节展宽脉冲的宽度。此外,施密特触发器还可以构成多谐振荡器,具体内容将在本章 7.4 节进行讲解。

思 考 题

(1) 门电路构成的施密特触发器回差如何调整?
(2) 施密特触发器是否具有存储二进制信息的能力?
(3) 施密特触发器能将边沿变化缓慢的信号变换成边沿陡峭的矩形波,简述其原因。
(4) 集成施密特触发器的主要优点是什么?
(5) 集成施密特触发器的主要用途有哪些?

*7.3 单稳态触发器

本节以门电路构成的单稳态触发器为例讲解单稳态触发器的工作原理和特点。

7.3.1 门电路构成的单稳态触发器

单稳态触发器的暂稳态通常是靠 RC 电路的充放电过程来维持的。因为 RC 电路有微分和积分 2 种不同接法,所以又把单稳态触发器分为微分型和积分型 2 种。TTL 和 CMOS 门电路均可实现,有各种构成形式。

1. 电路组成

用 TTL 与非门构成的微分单稳态触发电路如图 7.9(a)所示。图中 R_i、C_i 为输入微分电路,它把加到输入端的触发脉冲 u_i 变成很窄的正、负脉冲对电路进行触发。若触发脉冲 u_i 足够窄,可以省去输入微分电路。R 和 C 为微分定时电路,直接控制着输出信号的参数。由于 TTL 电路存在输入电流,为了保证稳态时 G_2 的输入为低电平,G_1 的输入为高电平,参数应满足:

$$R_i > R_{on} \qquad R < R_{off}$$

R_{on} 和 R_{off} 分别为 TTL 与非门的开门电阻和关门电阻,一般取 0.5 kΩ 和 2 kΩ 即可。CMOS 门电路基本不存在输入电流,不受此条件限制。

2. 工作原理

以下介绍单稳态触发电路的工作原理。

(1) 稳定状态(静止期)

输入端不加信号或输入信号 u_i 为高电平时,由于 $R < R_{off}$,所以门 G_2 关门,输出高电平,即 $u_o = U_{oH}$。门 G_1 输入端中一个是从门 G_2 反馈而来的高电平,另一个输入端经 R_i 接地,由于 $R_i > R_{on}$,所以门 G_1 开门,输出低电平 $U_{o1} = U_{oL}$。此时电容 C 近似开路,两端电压接近 0。

自己可以思考一下,$R_i > R_{on}$ 不满足,还能保证这个稳态否,若换成 CMOS 门电路还需要这个条件吗?

(2) 触发进入暂稳态

当输入端 u_i 的负向触发脉冲到来时,经 R_i、C_i 微分后加到门 G_1 输入端,使 U_B 端得到一个

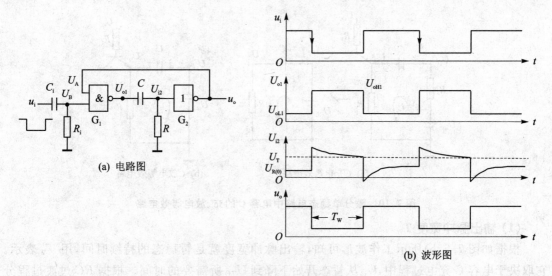

图 7.9 微分单稳态触发电路

负向尖脉冲,当 U_B 下降到门电路的阈值电压 U_T 时,将引起下列正反馈过程:

$$U_B \downarrow \rightarrow U_{o1} \uparrow \rightarrow U_{i2} \uparrow \rightarrow U_o(U_A) \downarrow \rightarrow U_{o1} \uparrow$$

结果使 U_{o1} 迅速跳变为高电平,门 G_1 迅速截止。由于电容上电压不能突变,U_{i2} 也同时跳变为高电平,门 G_2 迅速导通,使 u_o 跳变为低电平,电路进入暂稳态。这时即使触发信号消失,门 G_1 仍保持截止,u_o 的低电平仍将维持。但这个状态是不稳定的,因门 G_1 的输出高电平要对电容 C 充电,随着充电的进行,电路状态会发生改变。

(3) 自动翻转

进入暂稳态的同时,电容 C 开始充电。充电等效电路如图 7.10(a)所示。图中,R_o 为门 G_1 输出高电平时的输出电阻,一般远远小于 R,可以不考虑。随着充电的进行,U_{i2} 要逐渐下降,当下降到 $U_{i2} < U_{TH}$(阈值电压)时,又引起以下正反馈过程:

$$U_{i2} \downarrow \rightarrow u_o(U_A) \uparrow \rightarrow U_{o1} \downarrow \rightarrow U_{i2} \downarrow$$

如果这时触发脉冲已消失(U_B 已回到高电平),则 U_{o1}、U_{i2} 迅速跳变为低电平,门 G_1 截止,G_2 导通,使输出返回 $u_o = U_{oH}$ 的初始状态。

若在暂稳态期间有效触发脉冲 U_B 不消失,也就是说 U_B 的有效触发时间大于暂稳态持续时间,则在输出 u_o 返回高电平后,门 G_1 没有变化,不能形成前述的正反馈过程,输出 u_o 的输出边沿变缓,电路虽然能正常工作,但效果差。

(4) 恢复过程

暂稳态结束后,在输出返回初始状态的同时,电容 C 通过 R 放电。放电等效电路如图 7.10(b)所示,图中,没有考虑门 G_1 输出低电平时的输出电阻。随着放电进行,电容 C 上的电压返回到初始状态的 0 V,电路恢复到原来的稳态。

根据以上分析,可以画出其工作波形如图 7.9(b)所示。

3. 主要参数计算

实际中经常使用输出脉冲宽度 T_W、输出脉冲幅度 U_m、恢复时间 t_{re} 和最高工作频率 f_{max} 等几个参数来定量描述单稳态触发器的性能。

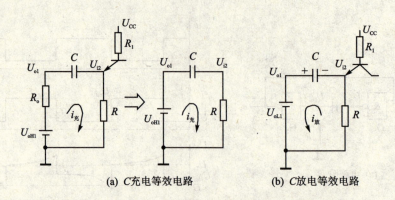

(a) C 充电等效电路　　　　(b) C 放电等效电路

图 7.10　微分单稳态电路中电容 C 的充、放电等效电路

(1) 输出脉冲宽度 T_W

根据如图 7.9(b) 所示工作波形可知，输出脉冲宽度就是暂稳态的持续时间，用 T_W 表示。它取决于电容 C 充电过程中，U_{i2} 从暂态开始下降到 U_{TH} 所需要的时间。根据 RC 过渡过程分析可得到：

$$T_W = RC \ln \frac{U_{i2}(\infty) - U_{i2}(0^+)}{U_{i2}(\infty) - U_{TH}} \tag{7-6}$$

其中，$U_{i2}(\infty)=0$，$U_{i2}(0^+)=U_R(0)+(U_{oH1}-U_{oL1})$，$U_R(0)$ 为稳态时 U_{i2} 的输入电压，$U_R(0) \leqslant U_{off}$。认为 TTL 与非门高低电平分别为 3 V 和 0.5 V，阈值电压为 1.5 V，可求得 $T_W \approx 0.7RC$，此值只是近似值，仅供参考。

(2) 输出脉冲幅度 U_m

$$U_m = U_{oH} - U_{oL}$$

(3) 恢复时间 t_{re}

暂稳态结束后，还需要一段恢复时间，以便电容在暂稳态期间所充的电释放完，使电路恢复到初始状态。一般近似认为经过 3~5 倍于电路时间常数的时间以后，电路已基本达到稳态。由图 7.10(b) 可见，电路恢复时间为：

$$t_{re} = (3 \sim 5)RC \tag{7-7}$$

(4) 最高工作频率 f_{max}

设触发信号的时间间隔为 T，为了使单稳态电路能正常工作，应满足 $T > t_{re} + T_W$ 的条件，即最小时间间隔 $T_{min} = t_{re} + T_W$。单稳态触发器的最高工作频率为 $f_{max} = 1/T_{min}$。

上述参数都是近似得到的，因而只能作为选择参数的初步依据，准确的参数还要通过实验调整得到。

7.3.2　集成单稳态触发器

用门电路组成的单稳态触发器虽然电路简单，但输出脉宽的稳定性差，调节范围小，且触发方式单一。为了适应数字系统的应用，现已生产出多种型号的 TTL 和 CMOS 单片集成单稳态触发器。集成单稳态触发器外接元件和连线少，触发方式灵活，既可以用输入脉冲的上升沿触发，也可以用输入脉冲的下降沿触发，而且工作稳定性好，因而使用方便，应用广泛。

集成单稳态触发器根据电路及工作状态的不同分为可重复触发和不可重复触发 2 种。所谓可重复触发，是指在暂稳态期间，能够接受新的触发信号，重新开始暂稳态过程，即输出脉冲宽度可在此前暂稳态时间的基础上再展宽 T_W；而不可重复触发（非重触发），是指在暂稳态期间，不能够接受新信号的触发，也就是说，非重触发单稳态触发器，只能在稳态时接收输入信号，一旦被触发由稳态翻转到暂稳态以后，即使再有新的信号到来，原暂稳态过程也会继续进行下去，直到结束为止，输出脉冲宽度 T_W 仍从第 1 次触发开始计算。设输入触发脉冲为 u_i，输出脉冲为 u_o，可画出单稳态触发器的工作波形如图 7.11(a)、(b)所示。从工作波形图可以知道，采用可重复触发单稳态触发器能比较方便地得到持续时间更长的输出脉冲宽度。

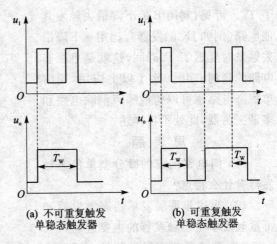

(a) 不可重复触发单稳态触发器　　(b) 可重复触发单稳态触发器

图 7.11　单稳态触发器的工作波形

常用的非重触发单稳态触发器主要有 74LS121，该集成电路内部采用了施密特触发输入结构，对于边沿较差的输入信号也能输出一个宽度和幅度恒定的矩形脉冲，74LS121 对两次触发脉冲的时间间隔有限制。74LS123 是一种常用的可重触发单稳态触发器，它与 74LS121 的最大区别是具有可重触发功能，并带有复位输入端，不受触发脉冲的时间间隔限制，可得到持续时间更长的输出脉冲宽度。有关 74LS121 和 74LS123 的具体电路以及外引脚功能不再分析，具体参数值请查阅有关手册。

7.3.3　单稳态触发器的应用

单稳态触发器是常见的脉冲基本单元电路之一，具有显著特点。它被广泛地用做脉冲的定时、延时和整形等电路。

1. 脉冲的整形

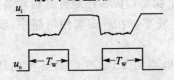

图 7.12　单稳态触发器整形波形

单稳态触发器能够把不规则的输入信号整形为幅度等高、宽度相同的矩形输出脉冲。这是因为，输出信号的幅度仅仅取决于单稳态触发器输出的高低电平，而宽度仅取决于电路中的 R、C 时间常数。如图 7.12 所示的是一个单稳态触发器对脉冲信号整形的例子，图中输入波形加到单稳态触发器的下降沿触发端。

2. 脉冲的定时

单稳态触发器能产生一定宽度 T_W 的矩形输出脉冲，利用这个矩形脉冲去控制某电路，使它在 T_W 时间内动作（或不动作），这就是脉冲的定时。如图 7.13(a)所示的电路是利用输出宽度为 T_W 的矩形脉冲作为与门输入信号之一，只有在 T_W 时间内，与门才开门，信号 A 才能通过与门，如图 7.13(b)所示。

3. 脉冲的延时

脉冲波形的延时是指将输入脉冲延迟一定的时间后输出。如图 7.13(b)所示，单稳态电路在输入触发信号 u_i 的下降沿被触发，输出产生一个正脉冲 B，它的下降沿比 u_i 的下降沿延迟

了 T_w。可见,利用 B 的下降沿去触发其他电路(例如 JK 触发器),比用 u_i 下降沿去触发时延迟了 T_w 时间,这就是单稳态电路的延时作用。除了以上应用,同时单稳态电路也可以构成噪声消除电路和多谐振荡器,此处不再详述。

思 考 题

(1) 门电路构成的微分型单稳态触发器有什么特点?

(2) 简述非重触发单稳态触发器和可重触发单稳态触发器的主要区别。

(3) 集成单稳态触发器的主要用途有哪些?

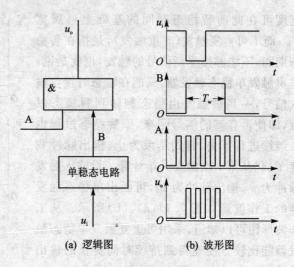

图 7.13 单稳态电路的定时作用

*7.4 多谐振荡器

多谐振荡器是一种自激振荡电路,它不需要输入触发信号,接通电源后就可以自动输出矩形脉冲。多谐振荡器在工作过程中不存在稳定状态,故又称为无稳态电路。多谐振荡器电路形式很多,当要求振荡频率很稳定时,则需要采用石英晶体多谐振荡器。

7.4.1 门电路构成的多谐振荡器

门电路构成的多谐振荡电路十分常用,形式多样,但它们都具有如下的共同点:首先,电路中含有开关器件,如门电路、电压比较器、BJT 等,这些器件主要用于产生高、低电平;其次,具有反馈网络,将输出电压恰当地反馈给开关器件使之改变输出状态;其次,还要有延迟环节,利用 RC 电路的充、放电特性可实现延时,以获得所需要的振荡频率。在许多实用电路中,反馈网络兼有延时的作用。

如图 7.14 所示为 2 种常用多谐振荡器电路,由 RC 定时电路和 TTL 或 CMOS 反向器构成。如图 7.14(a)所示 2 个门的外部电路不对称,称为不对称多谐振荡器;如图 7.14(b)所示外部电路对称,是对称多谐振荡器。

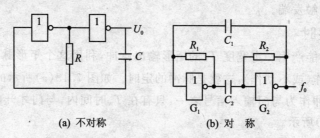

图 7.14 两种常用多谐振荡器电路

为了保证电路能够振荡,反向器必须工作在电压传输特性的转折区,即工作在放大区。

脉冲信号的产生与整形
第7章

R、R_1 和 R_2 为反馈偏置电阻,合理选择可以满足工作在放大区的要求。对于 TTL 门电路,通常取 $0.7\sim2$ kΩ;对于 CMOS 门电路,通常取 $10\sim100$ MΩ。

下面以不对称多谐振荡器为例来分析多谐振荡器的工作原理,并对振荡周期进行计算。为了分析方便,认定门电路为理想的 CMOS 非门,阈值电压 $U_{th}=U_{DD}/2$。

1. 工作原理

不对称多谐振荡器充放电电路和工作波形如图 7.15(a)、(b)所示。如图 7.15(a)中,V_{D_1}、V_{D_2}、V_{D_3}、V_{D_4} 均为保护二极管。

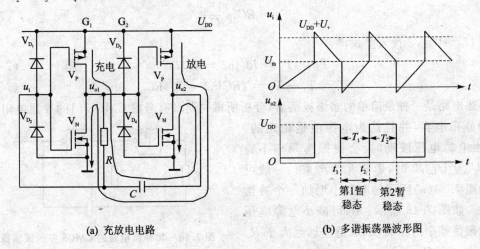

(a) 充放电电路   (b) 多谐振荡器波形图

图 7.15 充放电电路和工作波形

(1) 第 1 暂稳态及翻转

假定在 $t=0$ 时接通电源,电容 C 尚未充电,电路初始状态为 $u_{o1}=U_{oH}$,$u_i=u_{o2}=U_{oL}$,即第 1 暂稳态。此时,电源 U_{DD} 经 G_1 的 V_P 管、R 和 G_2 的 V_N 管给电容 C 充电,如图 7.15(a)所示。随着充电时间的增加,u_i 的值不断上升,当 u_i 上升到 U_{th} 时,电路发生下述正反馈过程:

$$u_i \uparrow \to u_{o1} \downarrow \to u_{o2} \uparrow \to u_i \uparrow$$

这一正反馈瞬间完成,使 G_1 导通,G_2 截止,电路进入第 2 暂稳态,$u_{o1}=U_{oL}$,$u_{o2}=U_{oH}$。

(2) 第 2 暂稳态及翻转

电路进入第 2 暂稳态瞬间,u_{o2} 由 0 V 上跳至 U_{DD},u_i 也将同样上跳 U_{DD},本应升至 $U_{DD}+U_{th}$,但由于保护二极管的钳位作用,u_i 仅上跳至 $U_{DD}+U_+$。随后,电容 C 通过 G_2 的 V_P 管、R 和 G_1 的 V_N 管放电,使 u_i 下降,当 u_i 下降到 U_{th} 时,电路又发生下述正反馈过程:

$$u_i \downarrow \to u_{o1} \uparrow \to u_{o2} \downarrow \to u_i \downarrow$$

从而使 G_1 迅速截止,G_2 迅速导通,电路又返回到第 1 暂稳态,$u_{o1}=U_{oH}$,$u_{o2}=U_{oL}$。电路返回到第 1 暂稳态,u_{o2} 由 U_{DD} 下跳至 0 V,保护二极管的钳位作用使 u_i 下跳至 U_-。此后,电路重复上述过程,状态周而复始翻转,在 G_2 的输出端得到方波,如图 7.15(b)所示。U_+、U_- 与保护二极管的导通电压和 U_{oL} 有关,一般较小可以不计。

2. 振荡周期的计算

在振荡过程中,电路状态的转换主要取决于电容的充、放电,而转换时刻则决定于 u_i 的数值。根据上述分析得到的几个 u_i 特征值,可以计算出如图 7.15(b)所示的 T_1、T_2 值。

(1) T_1 的计算

对应于第 1 暂稳态，$T_1=t_2-t_1$，$u_i(\infty)=U_{DD}$，$u_i(0^+)=0$，充电时间常数约为 RC。根据 RC 过渡过程分析可得到：

$$T_1 = RC\ln\frac{U_{DD}}{U_{DD}-U_{th}} \tag{7-8}$$

(2) T_2 的计算

对应于第 2 暂稳态，$u_i(\infty)=0$，$u_i(0^+)=U_{DD}$，放电时间常数约为 RC。同样可得到：

$$T_2 = RC\ln\frac{U_{DD}}{U_{th}} \tag{7-9}$$

将 $U_{th}=U_{DD}/2$ 代入上式得：

$$T_1 = T_2 = RC\ln 2 = 0.7RC \tag{7-10}$$
$$T = T_1 + T_2 = 2RC\ln 2 = 1.4RC \tag{7-11}$$

上述电路是一种最简单的多谐振荡器，分析所得周期没有考虑 CMOS 门的导通电阻和电路中的分布电容，并且认为电源值是稳定的。例如，当电源电压波动时，会使振荡频率不稳定，在 $U_{th} \neq U_{DD}/2$ 时，影响尤为严重。一般可以在如图 7.14(a) 所示的电路中增加一个补偿电阻 R_S，如图 7.16 所示。R_S 可减小电源电压变化对振荡频率的影响，R_S 取值应远远大于 R，一般取 $R_S=10R$。

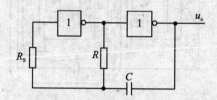

图 7.16　加补偿电阻的 CMOS 多谐振荡器

采用同样方法可分析如图 7.14(b) 所示的对称多谐振荡器。当耦合电容 $C_1=C_2=C$，反馈偏置电阻 $R_1=R_2=R$ 时，输出端同样得到方波，振荡周期 $T=T_1+T_2=2RC\ln 2=1.4RC$。若采用 TTL 电路，结构和分析方法完全一样，由于参数的不同（例如 U_{th}），振荡周期与 CMOS 差别很大。

7.4.2　石英晶体多谐振荡器

在前述多谐振荡器中，振荡频率既受时间常数 RC 的影响，也与阈值电压有关，而决定频率是否稳定的主要因素阈值电压本身却不够稳定，容易受到温度、电源电压变化的影响，可见振荡频率稳定性较差。对于频率稳定性要求较高的场合，通常采用石英晶体振荡器。

石英晶体的等效电路及电路符号如图 7.17 所示，C_S 为石英晶体静电电容，电抗频率特性如图 7.18 所示。从电抗频率特性可以看出，只有加电压的频率等于石英晶体的固有谐振频率 f_0 时，石英晶体的等效阻抗最小（电抗为 0），其他频率下电抗都很大。这说明，石英晶体具有很好的选频特性。石英晶体的选频特性在晶体生成时已经确定，只与晶体的材料、体积、几何尺寸等参数有关，而不受外部电路参数的影响。石英晶体的频率稳定性很高，其稳定度可达 $10^{-10} \sim 10^{-11}$。将石英晶体串接在多谐振荡器的反馈环路中时，等于谐振频率的信号最容易通过，其他频率信号均被衰减掉，从而可获得振荡频率等于石英晶体固有谐振频率而与电路中的 R、C 值无关的脉冲信号。

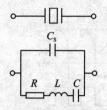

图 7.17 石英晶体的电路符号和等效电路

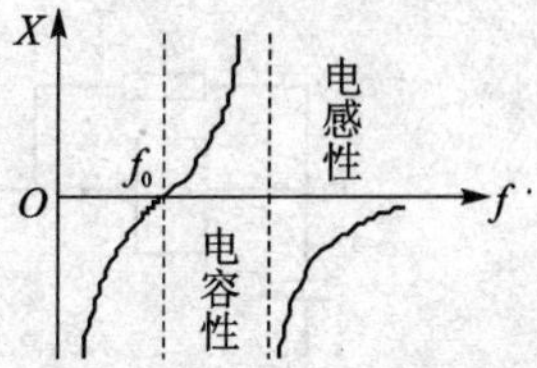

图 7.18 石英晶体的电抗频率特性

如图7.19(a)、(b)、(c)所示为3种石英晶体振荡器。其中,图7.19(a)的电路是在对称多谐振荡器的电容回路中串接石英晶体构成的,与2个反相器并联的电阻作用是确定其工作点,让其工作在放大区。C_1 和 C_2 是耦合电容,要求在频率 f_0 时,容抗极小,可忽略不计。如图7.19(b)所示的电路是在对称多谐振荡器的2个反相器输出和输入之间串接石英晶体构成的,与2个反相器并联的电阻作用是确定其工作点,让其工作在放大区。C_1 是耦合电容,C_2 用于抑制高次谐波,防止寄生振荡,保证输出信号稳定。如图7.19(c)所示的电路是用石英晶体和电容将2个反相器耦合构成的,与2个反相器并联的电阻作用是确定其工作点,让其工作在放大区。C_1 是耦合电容,C_2 用于抑制高次谐波。

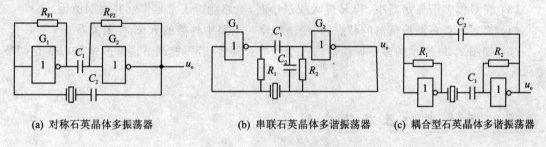

(a) 对称石英晶体多振荡器　　(b) 串联石英晶体多谐振荡器　　(c) 耦合型石英晶体多谐振荡器

图 7.19 3 种石英晶体振荡器

为了工作在放大区,以上3种电路中电阻的选取可以估算。对于 TTL 电路,通常取 $R_1=R_2=0.7\sim 2$ kΩ,而对于 CMOS 电路,通常取 $R_1=R_2=10\sim 100$ MΩ。实际应用中,为了改善输出波形和增强带负载能力,通常还在 u_o 输出端再加一级反相器。在对称多谐振荡器中的耦合电容还可以改换成耦合电阻。

在非对称多谐振荡器电路中,也可以接入石英晶体构成石英晶体多谐振荡器,以达到稳定频率的目的。电路的振荡频率同样也等于石英晶体的谐振频率,与外电路参数无关。

7.4.3 施密特触发器构成的多谐振荡器

将施密特触发器的反相输出端经 RC 积分电路接回输入端即可构成多谐振荡器,如图7.20(a)所示。

当刚接通电源时,因为电容上的初始电压为0,所以输出为高电平,经电阻 R 向电容 C 充电。当充电到输入电压 $u_i=U_{T+}$ 时,输出跳变为低电平,电容 C 经电阻 R 放电。当放电到输入电压 $u_i=U_{T-}$ 时,输出跳变为高电平,电容 C 重新充电。如此,周而复始,电路便不停地振荡。u_i 和 u_o 的波形如图7.20(b)所示。

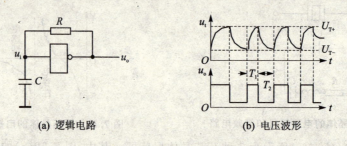

(a) 逻辑电路　　　　　　(b) 电压波形

图 7.20　施密特触发器构成的多谐振荡器及其电压波形图

振荡周期与电源电压、高低电平、U_{T+}、U_{T-} 和 R、C 有关，CMOS 施密特触发器和 TTL 施密特触发器构成的多谐振荡器的振荡周期计算公式有所差别，TTL 较复杂。特别是 TTL 施密特触发器对电阻 R 的取值还有限制。

思考题

(1) 简述门电路构成的多谐振荡器特点，其振荡频率取决于哪些元件的参数？

(2) 在不对称多谐振荡器中，若 R 过大或过小时，对电路工作有影响，并说明原因。

(3) 在对称多谐振荡器中，若 R 过大或过小时，电路能否正常工作？并说明原因。

(4) 简述石英多谐振荡器的特点，其振荡频率与电路中外接的 R、C 有无关系？

(5) 如图 7.20 所示的多谐振荡器的占空比能否调节，若不能调节请修改电路以满足调节要求。

7.5　555 定时器及其应用

555 定时器是一种数字和模拟相结合的中规模集成电路，通常只需外接几个阻容元件，就可以构成多谐振荡器、单稳态触发器以及施密特触发器等。由于使用灵活方便，因而在信号的产生与变换、检测与控制等许多领域中得到了广泛应用。

555 定时电路有 TTL 集成定时电路和 CMOS 集成定时电路，它们的逻辑功能与外引线排列都完全相同。TTL 集成定时器产品主要有两大类：一类是单定时器，产品型号最后的 3 位数码都是 555；另一类是双定时器，产品型号最后的 3 位数码都是 556。CMOS 集成定时器产品同样有两大类：单定时器产品型号最后的 4 位数码都是 7555；双定时器产品型号最后的 4 位数码都是 7556。555 定时器工作电源电压范围宽，对于 TTL 集成定时器为 5～16 V，对于 CMOS 集成定时器为 3～18 V。CMOS 集成定时器具有功耗低、输入阻抗极高等特点，但输出电流比双极型（如 5G555）小，一般 TTL 集成定时器的最大输出电流可达 200 mA，CMOS 集成定时器的最大输出电流在 4 mA 以下。下面以 CMOS 集成定时器 CC7555 为例进行介绍。

7.5.1　CC7555 的电路结构和工作原理

定时器 CC7555 内部结构的简化原理图如图 7.21(a) 所示，外引线排列图如图 7.21(b) 所示。由图 7.21(a) 可以看出，电路由电阻分压器、电压比较器、基本触发器、MOS 管构成的放电开关和输出驱动电路等几部分组成。

电阻分压器由 3 个阻值相同的电阻 $R(5 \text{ k}\Omega)$ 串联构成。它为 2 个比较器 C_1 和 C_2 提供基

脉冲信号的产生与整形
第 7 章

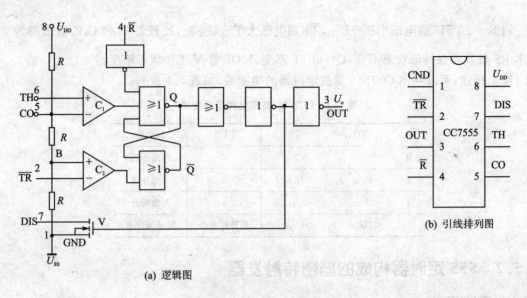

图 7.21 CC7555 集成定时电路

准电平。如引脚 5 悬空,则比较器 C_1 的基准电平为 $(2/3)U_{DD}$,比较器 C_2 的基准电平为 $(1/3)U_{DD}$。如果在引脚 5 外接电压 U_{CO},则可改变 2 个比较器 C_1 和 C_2 的基准电平,这时 C_1 和 C_2 的基准电平分别为 U_{CO} 和 $U_{CO}/2$。当引脚 5 不外接电压时,通常用 0.01 μF 的电容接地,以抑制高频干扰,稳定电阻上的分压比。

比较器 C_1 和 C_2 是 2 个结构完全相同的高精度电压比较器。C_1 的引脚 6 称为高触发输入端(也称为阈值输入端)用 TH 标注,C_2 的引脚 2 称为低触发输入端(也称触发端)用 $\overline{TR}$ 标注。

当 $U_6 > (2/3)U_{DD}$ 时,C_1 输出高电平,否则 C_1 输出低电平;当 $U_2 > (1/3)U_{DD}$ 时,C_2 输出低电平,否则输出高电平。比较器 C_1 和 C_2 的输出直接控制基本 RS 触发器和放电开关管的状态。

基本 RS 触发器由 2 个或非门组成,它的状态由 2 个比较器的输出控制。根据基本 RS 触发器的工作原理,就可以决定触发器输出端的状态。

$\overline{R}$ 端(引脚 4)是专门设置的可由外电路直接置"0"的复位端。当 $\overline{R} = 0$ 时,Q = 0,不受 TH 和 $\overline{TR}$ 影响。正常工作时,$\overline{R} = 1$,即 $\overline{R}$ 端可接 $+U_{DD}$ 端。

放电开关管是 N 沟道增强型 MOS 管,其栅极受基本 RS 触发器 $\overline{Q}$ 端状态的控制。

若 Q = 0,$\overline{Q}$ = 1 时,放电管 V 导通;若 Q = 1,$\overline{Q}$ = 0,放电管 V 截止。

2 级反相器构成输出缓冲级。采用反相器是为了提高电流驱动能力,同时隔离负载对定时器的影响。

CC7555 的工作原理如下:

当 $\overline{R} = 0$,TH = $\overline{TR}$ = × 时,基本 RS 触发器置 0,Q = OUT = 0,MOS 管 V 导通。

当 $\overline{R} = 1$,TH 端电压大于 $\frac{2}{3}U_{DD}$,$\overline{TR}$ 端电压大于 $\frac{1}{3}U_{DD}$ 时,比较器 C_1 和 C_2 的输出为 1、0,基本 RS 触发器置 0,Q = OUT = 0,MOS 管 V 导通。

当 $\overline{R} = 1$,TH 端电压小于 $\frac{2}{3}U_{DD}$,$\overline{TR}$ 端电压小于 $\frac{1}{3}U_{DD}$ 时,比较器 C_1 和 C_2 的输出为 0、1,基本 RS 触发器置 1,Q = OUT = 1,MOS 管 V 截止。

当 $\overline{R}=1$，TH 端电压小于 $\frac{2}{3}U_{DD}$，$\overline{TR}$ 端电压大于 $\frac{1}{3}U_{DD}$ 时，比较器 C_1 和 C_2 的输出都为 0，基本 RS 触发器保持原状态不变，Q＝OUT 不变，MOS 管 V 工作状态不变。

综上所述，可以列出 CC7555 集成定时器的功能表，如表 7.1 所列。

表 7.1　CC7555 集成定时器功能表

$\overline{R}$	TH	$\overline{TR}$	OUT	D 状态
0	×	×	0	与地导通
1	$>2U_{DD}/3$	$>U_{DD}/3$	0	与地导通
1	$<2U_{DD}/3$	$<U_{DD}/3$	1	与地断开
1	$<2U_{DD}/3$	$>U_{DD}/3$	保持原状态	保持原状态

7.5.2　555 定时器构成的施密特触发器

1. 电路组成

如图 7.22(a)所示是用 CC7555 构成的施密特触发器。它将 TH 和低触发端 $\overline{TR}$ 连接在一起作为电路触发信号输入端 u_i，从 OUT 端输出信号 u_o。

2. 工作原理

当输入信号 $u_i<(1/3)U_{DD}$ 时，比较器 C_1 和 C_2 的输出为 0、1，基本 RS 触发器置 1，即 Q＝1，输出 u_o 为高电平。

若 u_i 增加到 $(1/3)U_{DD}<u_i<(2/3)U_{DD}$ 时，比较器 C_1 和 C_2 的输出都为 0，电路维持原态不变，输出 u_o 仍为高电平。

如果输入信号增加到 $u_i\geqslant(2/3)U_{DD}$ 时，比较器 C_1 和 C_2 的输出为 1、0，RS 触发器置 0，即 Q＝0，输出 u_o 变为低电平，此时 u_i 再增加，只要满足 $u_i\geqslant(2/3)U_{DD}$，电路维持该状态不变。

若 u_i 下降，只要满足 $(1/3)U_{DD}<u_i<(2/3)U_{DD}$，比较器 C_1 和 C_2 的输出都为 0，电路状态仍然维持不变，u_o 仍为低电平。

只有当 u_i 下降到小于等于 $(1/3)U_{DD}$ 时，比较器 C_1 和 C_2 的输出为 0、1，触发器再次置 1，电路又翻转回输出为高电平的状态，工作波形如图 7.22(b)所示。

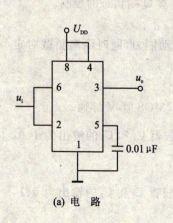
(a) 电路

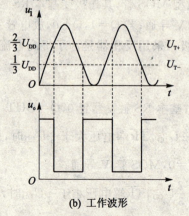
(b) 工作波形

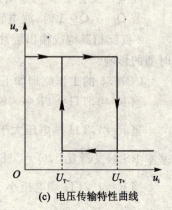
(c) 电压传输特性曲线

图 7.22　CC7555 构成的施密特触发器

显然,555定时器构成的施密特触发器,其上限触发门坎电平 $U_{T+}=(2/3)U_{DD}$,下限触发电平 $U_{T-}=(1/3)U_{DD}$,回差电压 $\Delta U_T=U_{T+}-U_{T-}=(1/3)U_{DD}$。如在控制电压端(引脚5)外加一电压 U_{CO},则 $U_{T+}=U_{CO}$,$U_{T-}=U_{CO}/2$,$\Delta U_T=U_{T+}-U_{T-}=U_{CO}/2$,调整 U_{CO} 可达到改变回差电压的目的,回差电压越大,抗干扰能力越强。施密特触发器的电压传输特性称为回差特性,电压传输特性曲线如图 7.22(c)所示。回差特性是施密特触发器的固有特性。

7.5.3 555定时器构成的单稳态触发器

1. 电路组成

如图 7.23(a)所示是用 CC7555 构成的单稳态触发器。它将 $\overline{TR}$ 作为电路触发信号输入端 u_i,同时将 TH 和放电管相连后,再与外接定时元件 R、C 连接,通过 R 连接电源,通过 C 连接地,从输出端输出信号 u_o。

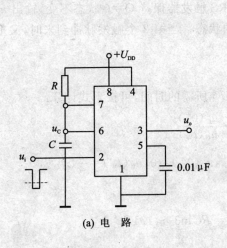

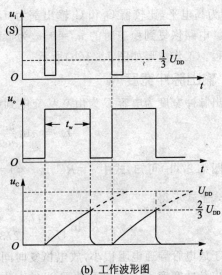

(a) 电 路 (b) 工作波形图

图 7.23　CC7555 构成的单稳态触发器

2. 工作原理

CC7555 构成的单稳态触发器的工作原理介绍如下。

(1) 电路的稳态

静态时,即没有输入负跳变输入信号时,触发器信号 u_i 为大于 $U_{DD}/3$ 的高电平。接通电源前因电容未充电,故 TH 端为低电平。根据 555 定时电路工作原理可知,基本 RS 触发器处于保持状态。

接通电源时,可能 $Q=0$,也可能 $Q=1$。如果 $Q=0$,$\overline{Q}=1$,放电管 V 导通,电容 C 被旁路而无法充电。于是电路稳定在 $Q=0$,$\overline{Q}=1$ 的状态,输出 u_o 为低电平;如果 $Q=1$,$\overline{Q}=0$,那么放电管 V 截止,接通电源后,电路有一个逐渐稳定的过程:即电源 $+U_{DD}$ 经电阻 R 对电容 C 充电,电容两端电压 u_C 上升,当 u_C 上升到大于等于 $2U_{DD}/3$ 时,(此时 u_i 大于 $U_{DD}/3$),比较器 C_1 和 C_2 输出为 1、0,RS 触发器置 0,即 $Q=0$,放电管 V 导通,电容 C 经放电管 V 迅速放电,$u_C=0$,这时输出为低电平。由于 $u_C=0$,u_i 为高电平,比较器 C_1 和 C_2 输出都为 0,基本 RS 触发器保持 0 状态,电路处于稳定状态。

（2）在外加触发信号作用下，电路从稳态翻转到暂稳态

当触发脉冲负跳到 $u_i<(1/3)U_{DD}$ 时，此时电容未被充电，$u_C=0$，比较器 C_1 和 C_2 输出为 0、1，基本 RS 触发器翻转为 1 态，即 $Q=1,\overline{Q}=0$，输出 u_o 为高电平，放电管 V 截止，电路进入暂稳态，定时开始。在暂稳态期间，电源 $+U_{DD}$ 经电阻 R 对电容 C 充电，电容充电时间常数 $\tau=RC$，u_C 按指数规律上升，趋向 $+U_{DD}$ 值。

（3）自动返回稳态过程

当电容两端电压 u_C 上升到 $(2/3)U_{DD}$ 后，TH 端为高电平，(此时触发脉冲已消失，$\overline{TR}$ 端为高电平)，比较器 C_1 和 C_2 输出为 1、0，则基本 RS 触发器又被置 0（$Q=0$、$\overline{Q}=1$），输出 u_o 变为低电平，放电管 V 导通，定时电容 C 充电结束，即暂稳态结束。

（4）恢复过程

由于放电管 V 导通，电容 C 经 $(2/3)U_{DD}$ 迅速放电，u_C 迅速下降到 0。这时，TH 端为低电平，u_i 端为高电平，比较器 C_1 和 C_2 输出都为 0，基本 RS 触发器保持 $Q=0$ 状态不变，输出 u_o 为低电平。电路恢复到稳态时的 $u_C=0$，u_o 为低电平的状态。当第 2 个触发脉冲到来时，又重复上述过程。工作波形如图 7.23(b) 所示。

3. 输出脉冲宽度 t_W

输出脉冲宽度为电容 C 为由 0 V 充电到 $(2/3)U_{DD}$ 所需的时间，可按下式计算：

$$t_W = \tau\ln\frac{u_C(\infty)-u_C(0^+)}{u_C(\infty)-u_C(t_W)}$$

由图 7.27(b) 可知，式中 $\tau=RC$，$u_C(\infty)=+U_{DD}$，$u_C(0^+)=0$，$u_C(t_W)=\frac{2}{3}U_{DD}$。

代入上式求得：

$$t_W = RC\ln\frac{U_{DD}-0}{U_{DD}-(2/3)U_{DD}} = RC\ln 3 \approx 1.1RC \tag{7-13}$$

由于放电管导通电阻很小，放电恢复时间极短。

输出脉冲宽度 t_W 与定时元件 R、C 的大小有关，而与电源电压、输入脉冲宽度无关，改变定时元件 R 和 C 的大小可改变输出脉宽 t_W。如果利用外接电路改变 CO 端（5 号端）的电位，则可以改变单稳态电路的翻转电平，使暂稳态持续时间 t_W 改变。

注意，为了使电路正常工作，要求外加触发脉冲 u_i 的宽度应小于输出脉宽 t_W，且负脉冲 u_i 的数值一定要低于 $(1/3)U_{DD}$。

4. 具有微分环节的单稳态触发器

由以上分析可以看出，如图 7.23(a) 所示的单稳态触发器只有在输入 u_i 的负脉冲宽度小于输出脉冲宽度 t_W 时，才能正常工作。如果输入 u_i 的负脉冲宽度大于 t_W，需要在输入触发信号 u_i 与 $\overline{TR}$ 端之间接入 R_pC_p 微分电路后，才能正常工作，R_pC_p 微分电路的作用是将 u_i 变成符合要求的窄脉冲，如图 7.24 所示。

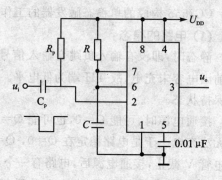

图 7.24　具有微分环节的单稳态电路

7.5.4 555定时器构成的多谐振荡器

1. 电路组成

如图7.25(a)所示为由CC7555集成定时器构成的多谐振荡器。电路中将TH和$\overline{\text{TR}}$短接对地接电容C,对电源接R_1和R_2,放电管端与R_1、R_2相连,电阻R_1、R_2和电容C均为外接定时元件,R_2为放电回路中的电阻。如图7.25(b)所示为工作波形图。

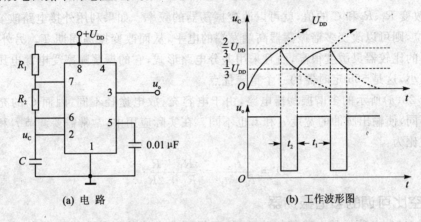

图7.25 CC7555构成的多谐振荡器

2. 工作原理

接通电源前,电容器两端电压$u_C=0$。TH和$\overline{\text{TR}}$端均为低电平,RS触发器置1(Q=1),输出u_o为高电平,放电管V截止。

接通电源后,电源U_{DD}经R_1、R_2对电容C充电,使其电压u_C按指数规律上升。当u_C上升到$(2/3)U_{DD}$时,比较器C_1和C_2输出为1、0,RS触发器置0(Q=0),输出u_o变为低电平,同时放电管V导通。我们把u_C从$(1/3)U_{DD}$上升到$(2/3)U_{DD}$这段时间内电路的状态称为第1暂稳态,其维持时间t_1的长短与电容的充电时间有关。充电时间常数$\tau_充=(R_1+R_2)C$。

由于放电管V导通,电容C通过电阻R_2和放电管放电,u_C随之下降,电路进入第2暂稳态。放电时间常数$\tau_放=R_2C$。当u_C下降到$(1/3)U_{DD}$时,比较器C_1和C_2输出为0、1,RS触发器置1(Q=1),输出u_o变为高电平,放电管V截止,电容C放电结束,U_{DD}再次对电容C充电,电路又翻转到第1暂稳态。如此反复,则输出可得矩形波形。

由以上分析可知,电路靠电容C充电来维持第1暂稳态,其持续时间即为t_1。电路靠电容C放电来维持第2暂稳态,其持续时间为t_2。电路一旦起振后,u_C电压总是在$(1/3\sim2/3)U_{DD}$之间变化。

3. 电路振荡周期T和振荡频率f

电路振荡周期$T=t_1+t_2$,其中t_1由电容C充电过程来决定。

$$t_1=(R_1+R_2)C\ln\frac{U_{DD}=1/3U_{DD}}{U_{DD}-2/3U_{DD}} \tag{7-14}$$
$$=(R_1+R_2)C\ln2\approx0.7(R_1+R_2)C$$

其中t_2由电容C放电过程来决定。

$$t_2 = R_2 C \ln \frac{0 - 2/3 U_{DD}}{0 - 1/3 U_{DD}} R_2 C \ln 2 \approx 0.7 R_2 C \tag{7-15}$$

多谐振荡器的振荡周期 T 为：

$$T = t_1 + t_2 = 0.7(R_1 + R_2)C + 0.7 R_2 C = 0.7(R_1 + 2R_2)C \tag{7-16}$$

多谐振荡器的振荡频率 f 为：

$$f = 1/T = \frac{1}{0.7(R_1 + 2R_2)C} = \frac{1.43}{(R_1 + 2R_2)C} \tag{7-17}$$

显然，改变 R_1、R_2 和 C 的值，就可以改变振荡器的频率。如果利用外接电路改变 CO 端（5号端）的电位，则可以改变多谐振荡器高触发端的电平，从而改变振荡周期 T。另外，由于 555 定时器内部的比较器灵敏度很高，而且采用差分电路形式，它的振荡频率受电源电压和温度变化的影响极小，这是 555 定时器的一个重要优点。

如图 7.25(a)所示的多谐振荡器电路，由于电容充、放电途径不同，因而 C 的充电和放电时间常数不同，使输出脉冲的宽度 t_1 和 t_2 也不同。在实际应用中，常常需要调节 t_1 和 t_2。输出脉冲的占空比为：

$$D = \frac{t_1}{t_1 + t_2} = \frac{R_1 + R_2}{R_1 + 2R_2} \tag{7-18}$$

4. 占空比可调的多谐振荡器

将如图 7.25(a)所示的电路稍加改动，就可得到占空比可调的多谐振荡器，如图 7.26 所示。在如图 7.26 中加了电位器 RP，并利用二极管 V_{D_1} 和 V_{D_2} 将电容 C 的充放电回路分开，充电回路为 R_1、V_{D_1} 和 C，放电回路为 C、V_{D_2} 和 R_2。该电路的振荡周期为 $T = t_1 + t_2$，其中 $t_1 = 0.7 R_1 C$，$t_2 = 0.7 R_2 C$。

所以
$$T = t_1 + t_2 = 0.7(R_1 + R_2)C \tag{7-19}$$

占空比为
$$D = \frac{t_1}{t_1 + t_2} = \frac{R_1}{R_1 + R_2} \tag{7-20}$$

调节电位器 RP，即可改变 R_1 和 R_2 的值，并使占空比 D 得到调节。当 $R_1 = R_2$ 时，$D = 1/2$（此时，$t_1 = t_2$），电路输出方波。

5. 压控振荡器

压控振荡器的功能是将控制电压转换为对应频率的矩形波。压控振荡器的电路如图 7.27 所示。调节 R_W 可改变矩形波的频率。555 定时器如果加上适当的外部电路，还可以产生锯齿波、三角波等脉冲信号。

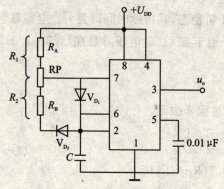

图 7.26 占空比可调的振荡器

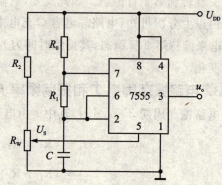

图 7.27 压控振荡器

7.5.5 555定时器综合应用实例

555定时器在实际中,应用广泛,下面给大家介绍几种具体应用。

1. 模拟声响电路

用2个555定时器构成的多谐振荡器可以组成如图7.28(a)、(b)所示的模拟声响电路。其中如图7.28(a)所示的电路,适当选择定时元件,使振荡器A的振荡频率$f_A=1\text{ Hz}$,振荡器B的振荡频率$f_B=1\text{ kHz}$。由于低频振荡器A的输出接至高频振荡器B的复位端(4脚),当U_{o1}输出高电平时,B振荡器才能振荡,U_{o1}输出低电平时,B振荡器被复位,停止振荡,从而使扬声器发出频率为1 kHz的间歇声响。

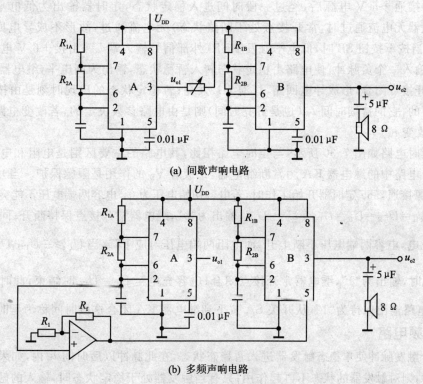

图7.28 模拟声响电路

若低频振荡器A的输出U_{o1}接至高频振荡器B的CO端(5脚),则高频振荡器B的振荡频率有两种,当U_{o1}输出高电平时,U_{CO}较大,B振荡器产生较低频信号,当U_{o1}输出低电平时,U_{CO}较小,B振荡器产生较高频信号,从而使扬声器交替发出高低不同的两种声响。实际中的一些声音报警电路,例如救护、消防、警用等就是利用上述原理制作的。

若想产生多频声响,只要将振荡器A的两端电压直接或通过运算放大器与B振荡器的CO端相连就可实现,电路如图7.28(b)所示,自己分析。以上电路中的电解电容起隔直耦合作用。

2. 定时和延时电路

555定时器可以构成定时和延时电路,与继电器或驱动放大电路配合,可实现自动控制、定时开关的功能,一个典型定时灯控电路如图7.29所示,图中555定时器构成了单稳态触发器。

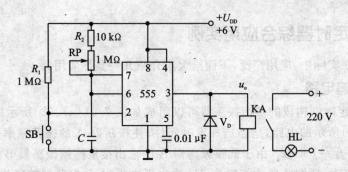

图 7.29 定时灯控电路

当电路接通+6 V电源后,经过一段时间进入稳定状态,定时器输出为低电平,继电器 KA(当继电器无电流通过时,常开接点处于断路状态)无电流通过,故形不成导电回路,灯泡 HL 不亮。当按下按钮 SB 时,低电平触发端 $\overline{TR}$(外部信号输入端 U_i)由接+6 V 电源变为接地,相当于输入一个负脉冲,使电路由稳定状态转入暂稳状态,输出为高电平,继电器 KA 通过电流,使常开接点闭合,形成导电回路,灯泡 HL 发亮;暂稳定状态的出现时刻是由按钮 SB 何时按下决定的,它的持续时间 t_W(也是灯亮时间)则是由电路参数决定的,若改变电路中的 RP 或 C,均可改变 t_W。

典型延时电路如图 7.30 所示,与定时电路相比,其电路的主要区别是电阻和电容连接的位置不同。电路中的继电器 KA 为常断继电器,二极管 V_D 的作用是限幅保护。当开关 SA 闭合,直流电源接通,555 定时器开始工作时,若电容初始电压为 0,电容两端电压不能突变,$U_{DD} = U_C + U_R$,$U_{TH} = U_{\overline{TR}} = U_R = U_{DD} - U_C = U_{DD}$,输出为"0",继电器常开接点保持断开;同时电源开始向电容充电,电容两端电压不断上升,而电阻两端电压对应下降,当 $U_C \geqslant \frac{2}{3} U_{DD}$,$U_{th} = U_{\overline{TR}} = U_R \leqslant \frac{1}{3} U_{DD}$ 时,输出为"1",继电器常开接点闭合;电容充电至 $U_C = U_{DD}$ 时结束,此时电阻两端电压为 0,电路输出保持为"1",从开关 SA 按下到继电器 KA 闭合这段时间称为延时时间。

3. 分频电路

当一个触发脉冲使单稳态触发器进入暂稳态状态,在此脉冲以后时间 t_W 内,如果再输入其他触发脉冲,则对触发器的状态不再起作用;只有当触发器处于稳定状态时,输入的触发脉冲才起作用,分频电路正是利用这个特性将高频率信号变换为低频率信号,电路如图 7.31 所示。

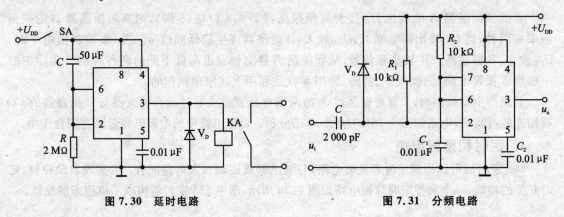

图 7.30 延时电路　　　　　　　　图 7.31 分频电路

第 7 章 脉冲信号的产生与整形

思 考 题

(1) 双极型定时器与 CMOS 型定时器有什么异同？简述 555 定时器的组成及各组成部分的作用。

(2) 简述 555 定时器构成施密特触发器、单稳态触发器、多谐振荡器的方法。

(3) 555 定时器构成单稳态触发器，若输入负脉冲的宽度大于输出脉冲的宽度，应怎样改正电路，保证正常工作？

(4) 555 定时器构成的施密特触发器怎样调整回差电压？

(5) 555 定时器构成的多谐振荡器在振荡周期不变的情况下，如何改变输出脉冲的宽度？

本章小结

本章主要介绍了施密特触发器、单稳态触发器、多谐振荡器和 555 定时器的电路组成、工作原理及实际应用，对各种电路的分析采用波形分析法。

(1) 施密特触发器是一种双稳态触发器，具有电压滞回特性，某时刻的输出由当时的输入决定，即不具备记忆功能。当输入电压处于 2 个阈值电压之间时，施密特触发器保持原来的输出状态不变，具有较强的抗干扰能力。

(2) 单稳态触发器中，输入触发脉冲只决定暂稳态的开始时刻，暂稳态的持续时间由外部的 RC 电路决定，从暂稳态回到稳态时不需要输入触发脉冲。

(3) 多谐振荡器又称为无稳态电路。在状态的变换时，触发信号不需要由外部输入，而是由其电路中的 RC 电路提供，状态持续的时间也由 RC 电路决定。多谐振荡器通过闭和回路的反馈和延迟环节产生振荡。若频率稳定性要求高，则采用石英晶体振荡器。

(4) 555 定时器主要由比较器、基本 RS 触发器、门电路构成。基本应用形式有 3 种：施密特触发器、单稳态触发器和多谐振荡器。实际中应用更加广泛。

习 题

题 7.1 反相施密特触发器的正向阈值电压和负向阈值电压分别为 6 V 和 3 V，若输入 1 个幅度为 10 V 的正弦波形，试对应画出输出电压的波形。若为同相施密特触发器，正向阈值电压和负向阈值电压不变，输出电压的波形如何？

题 7.2 如图 7.32(a) 所示为与非门施密特触发器，图 7.32(b) 为其输入 A 和 B 的波形，试对应画出输出 u_o 的波形。

题 7.3 如图 7.33(a) 所示为 TTL 与非门组成的施密特触发器。图中与非门的阈值电压 $U_{TH}=1.4$ V，二极管 V_D 的正向电压为 0.7 V。试计算施密特触发器的正向阈值电压 U_{T+} 和负向阈值电压 U_{T-}。如图 7.33(b) 所示为其输入

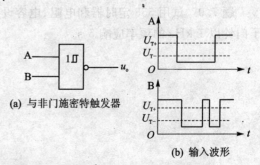

图 7.32 题 7.2 图

波形,试对应画出输出 u_o 的波形。

题 7.4 TTL 电路构成的单稳态触发器电路如图 7.34 所示,分析回答下述问题。

(1) 单稳态触发器是积分型还是微分型?

(2) 单稳态触发器是正脉冲还是负脉冲触发?

(3) 电阻 R 的选取有什么要求?

(4) 工作过程是否发生正反馈?

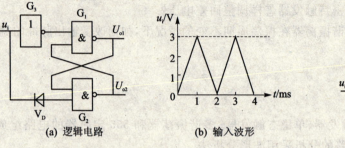

(a) 逻辑电路　　　　　　(b) 输入波形

图 7.33　题 7.3 图

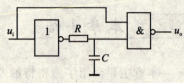

图 7.34　题 7.4 图

题 7.5 将如图 7.9 所示的微分形单稳态触发器改用 CMOS 或非门实现,画出逻辑电路,分析其工作原理。

题 7.6 如图 7.14(a) 所示的非对称多谐振荡器,若采用 TTL 门电路,重新估算振荡周期。已知 TTL 门高、低电平为 3.5 V、0.5 V,电源电压为 5 V。

题 7.7 利用 555 定时器芯片构成一个鉴幅电路,实现如图 7.35 所示的鉴幅电路。图中,$U_{TH}=3.2\ V, U_{TR}=1.6\ V$。要求画出电路图,并标明电路中相关的参数值。

题 7.8 多谐振荡器电路如图 7.25(a) 所示,图中 C 为 $0.2\ \mu F$,要求输出矩形波的频率为 1 kHz,占空比为 0.6,试计算电阻 R_1 和 R_2 的数值。若采用如图 7.26 所示的电路,当滑动电阻滑动端向上移动时,保持电路其他参数不变,输出矩形波会产生什么变化?

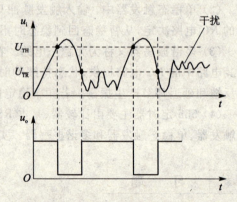

图 7.35　题 7.7 鉴幅电路的输入/输出波形

题 7.9 试用 555 定时器和电阻、电容设计一个电子门铃。要求每按 1 次按钮开关时,电子门铃以 1 kHz 的频率应响 5 s。

第8章 半导体存储器

本章将系统介绍只读存储器和随机存储器的分类、结构和工作原理。在只读存储器中,分别介绍了固定 ROM、可编程 ROM 以及可擦可编程 ROM 的工作原理和特点,然后介绍典型的只读存储器。在随机存储器中,介绍 RAM 的电路结构以及静态存储单元和动态存储单元的特点,然后介绍典型的随机存储器,最后重点介绍半导体存储器的容量扩展和应用。

8.1 半导体存储器概述

存储器是数字系统中用于存储大量信息的设备和部件,可以存放各种程序、数据和资料,是数字系统和计算机中不可缺少的组成部分。存储器有很多种,按制作材料的不同,可分为半导体存储器、磁存储器和光存储器。半导体存储器以其容量大、存储速度快、功耗低、体积小、成本低、可靠性高等一系列优点得到广泛应用。

半导体存储器按采用元件的类型来分,有双极型和 MOS 型两大类。双极型存储速度快,MOS 型集成度较高。按照内部信息的存取方式不同可分为只读存储器和随机存取存储器两大类。只读存储器(Read Only Memory)简称 ROM,在存入数据以后不能用简单的方法更改,也就是说,在工作时它的内容是固定不变的,只能从中读出信息,不能写入新的信息。只读存储器所存储的信息在断电以后仍能保持不变,常用于存放固定程序、常用波形和常数等。随机存取存储器(Random Access Memory)简称 RAM,在工作过程中可以随时读出和写入信息,且读出信息后,存储器的内容不改变,除非写入新的信息。在计算机中,随机存取存储器要用来存放各种现场的输入/输出数据、中间结果等,但是断电后存储的数据会全部丢失。

思 考 题

(1) 随机存取存储器与只读存储器有什么不同?
(2) 随机存取存储器与只读存储器常使用于哪些场合?

8.2 只读存储器

只读存储器有很多类型,按使用器件的类型可分为双极型和 MOS 型 2 种,按存储器内容的变化方式可分为掩模 ROM、可编程 ROM(简称 PROM)和可擦可编程 ROM。其中可擦可编程 ROM 又有光擦写、电擦写和闪速 3 种结构形式。只读存储器一般由地址译码器、存储矩阵和输出缓冲器 3 部分组成,不同类型的只读存储器,存储矩阵中的存储单元结构不同,控制电路有所不同,但基本结构和工作原理不变。

8.2.1 掩模 ROM

掩模 ROM 中存放的信息是由生产厂家采用掩模工艺专门为用户制作的,这种 ROM 出厂时其内部存储的信息就已经"固化"在里边了,使用时无法更改,又称为内容固定的 ROM。它在使用时只能读出,不能写入,通常只用来存放固定数据、固定程序和函数表等。

掩模 ROM 主要由地址译码器、存储单元矩阵和输出缓冲器 3 部分组成,其基本结构如图 8.1 所示。

① 存储矩阵。存储矩阵是存放信息的主体,它由许多存储单元排列组成,可以存放大量的二进制信息。每个存储单元存放 1 位二值代码(0 或 1),1 个或若干个存储单元组成 1 个"字"(也称为一个信息单元),被编为 1 个地址。存储矩阵有 m 条输出线,m 为一个字的位数。

② 地址译码器。地址译码器有 n 条地址输入线 $A_0 \sim A_{n-1}$,2^n 条译码输出线 $W_0 \sim W_{2^n-1}$,每一条译码输出线 W_i 称为"字线",它与存储矩阵中的一个"字"相对应。每当

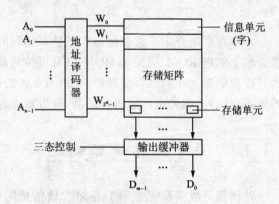

图 8.1 ROM 的基本电路结构

给定一组输入地址时,译码器只有一条输出字线 W_i 被选中,该字线可以在存储矩阵中找到一个相应的"字",并将字中的 m 位信息 $D_{m-1} \sim D_0$ 送至输出缓冲器。读出 $D_{m-1} \sim D_0$ 的每条数据输出线 D_i 也称为"位线",每个字中信息的位数称为"字长"。

③ 输出缓冲器。输出缓冲器是 ROM 的数据读出电路,通常用三态门构成,它不仅可以实现对输出数据的三态控制,以便与系统总线连接,还可以提高存储器的带负载能力。

ROM 的存储单元可以用二极管构成,也可以用双极型三极管或 MOS 管构成。存储器的容量用存储单元的数目来表示,写成"字线数×位线数"的形式。对于如图 8.1 所示的存储矩阵有 2^n 个字,每个字的字长为 m,整个存储器的存储容量为 $2^n \times m$ bit。存储容量也习惯用 K(1K=1 024)为单位来表示,例如 1K×4、2K×8 和 64K×1 的存储器,其容量分别是 1 024×4 bit、2 048×8 bit 和 65 536×1 bit。

如图 8.2 所示的是存储容量为 4×4 的二极管掩模 ROM 结构图,它具有 2 bit 地址输入和 4 bit 数据输出,其存储单元用二极管构成。图中,地址译码器输出为 4 条字选择线 $W_0 \sim W_3$。当输入一组地址,相应的 1 条字线输出高电平,4 条字线分别选择存储矩阵中的 4 个字,每个字存放 4 bit 信息。

制作芯片时,若在某个字中的某一位存入"1",则在该字的字线 W_i 与位线 D_i 之间接入二极管,反之,就不接二极管。如图 8.2 所示的存储矩阵由 16 个存储单元组成,存储矩阵和电阻 R 组成了 4 个二极管或门,每个十字交叉点代表一个存储单元,交叉处有二极管的单元,表示存储数据为"1",无二极管的单元表示存储数据为"0"。输出电路由 4 个三态驱动器组成,4 条位线经驱动器由 $D_3 \sim D_0$ 输出。

读出数据时,首先输入地址码,并对输出缓冲器实现三态控制,则在数据输出端 $D_3 \sim D_0$ 可以获得该地址对应字中所存储的数据。例如,当 $A_1 A_0 = 00$ 时,$W_0 = 1$,$W_1 = W_2 = W_3 = 0$,即

此时 W_0 被选中,W_0 字线上的高电平通过接有二极管的位线使 D_0 和 D_3 为 1,其他位线与 W_0 字线相交处没有二极管,D_1 和 D_2 为 0,读出 W_0 对应字中的数据 $D_3D_2D_1D_0 = 1001$。同理,当 A_1A_0 分别为 01、10 和 11 时,依次读出各对应字中的数据分别为 0111、1110 和 0101。如图 8.2 所示的 ROM 全部地址内所存储的数据如表 8.1 所列。

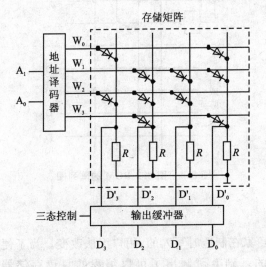

表 8.1 ROM 的数据表

地址		数据			
A_1	A_0	D_3	D_2	D_1	D_0
0	0	1	0	0	1
0	1	0	1	1	1
1	0	1	1	1	0
1	1	0	1	0	1

图 8.2 二极管 ROM 结构图

显然,ROM 并不能记忆前一时刻的输入信息,只是用门电路来实现组合逻辑关系。实际上,如图 8.2 所示的存储矩阵和电阻 R 组成了 4 个二极管或门,$D_3 = W_0 + W_2$,$D_2 = W_1 + W_2 + W_3$,$D_1 = W_1 + W_2$,$D_0 = W_0 + W_1 + W_3$,可见 ROM 属于组合逻辑电路。

用于存储矩阵的或门阵列也可由双极型或 MOS 型三极管构成,存储矩阵的 MOS 型三极管一般制作成对称结构,这里就不再赘述,其工作原理与二极管 ROM 相同。现在 ROM 的存储单元基本上都是双极型三极管和 MOS 管,这样可以提高存储器的工作速度。无论任何结构的固定只读存储器,都是通过设置和不设置存储元件来表示存入的数据是 1 还是 0。

从组合逻辑结构来看,ROM 中的地址译码器形成了输入变量的所有最小项,即每一条字线对应输入地址变量的一个最小项。在图 8.2 中,$W_0 = \overline{A_1}\overline{A_0}$、$W_1 = \overline{A_1}A_0$、$W_2 = A_1\overline{A_0}$,$W_3 = A_1A_0$。

$$D_3 = W_0 + W_2$$
$$D_2 = W_1 + W_2 + W_3$$
$$D_1 = W_1 + W_2$$
$$D_0 = W_0 + W_1 + W_3$$

这种 ROM 可用如图 8.3 所示的阵列框图来表示,如图 8.4 所示是图 8.2 所示结构图的 ROM 阵列图,有二极管的交叉点画有实心点,无二极管的交叉点不画点。

由于掩模 ROM 的电路结构简单,集成度高,工作可靠,成批生产时价格又很低,所以适合存储固定的信息。

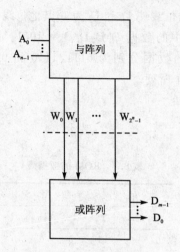
图 8.3 ROM 的阵列框图

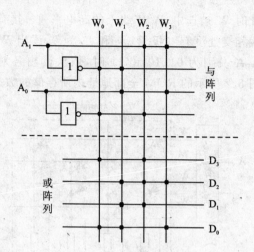
图 8.4 图 8.2 ROM 的阵列图

8.2.2 可编程只读存储器

在固定的 ROM 中,存储信息是由芯片生产厂家在制造时写入的,用户无法改变。为了便于用户根据自己需要写入数据,在固定 ROM 的基础上研制出了可以编程的只读存储器 PROM。PROM 针对固定 ROM 存储内容不能改写的缺点进行了改进,使设计人员可以根据自己的需要来确定其存储内容,但基本原理不变。

PROM 的结构比 ROM 多了一个写入控制电路,存储单元的结构有很大差别。PROM 的存储单元常用二极管、双极型三极管和 MOS 管。PROM 存储矩阵的所有交叉点上全部制作了存储器件,在出厂时,所有存储器件状态相同,存储的内容为全"0"或全"1",用户根据需要,可将某些单元改写为"1"或"0"。

PROM 的存储单元有熔丝型和 PN 结击穿型 2 种。熔丝型 PROM 的存储矩阵中,每个存储单元都有一个存储管,每个存储管的一个电极都通过一根易熔的金属丝接到相应的位线上,如图 8.5 所示。如图 8.5(a)所示为双极型三极管存储单元,其集电极接电源 U_{CC},基极连接字线,发射极通过熔丝与位线相连。如图 8.5(b)所示为 MOS 存储单元,栅极连接字线,漏极通过熔丝与位线相连。熔丝在正常工作电流下不会被熔断,但在几倍于工作电流的编程电流作用下就会立即熔断。所有字线和位线交叉点上带熔丝的三极管组成了 PROM 的存储矩阵。在存储矩阵中,熔丝断的的三极管表示存储信息"0",熔丝未断的的三极管表示存储信息"1"。

读操作时,选中字线使之变为高电平,若熔丝完好,可在位线输出"1";若熔丝已断,则在位线输出"0"。

一个未编程的熔丝型 PROM,其存储矩阵中的信息全部为"1"。所谓写入数据,即编程,就是设法把要存入"0"的那些存储单元的熔丝烧断。用户对 PROM 编程是逐字逐位进行的。首先通过字线和位线选择需要编程的存储单元,然后通过规定宽度和幅度的脉冲电流,将该存储管的熔丝熔断,这样就将该单元的内容改写了。例如图 8.5(a)中,PROM 在出厂时,三极管阵列的熔丝均为完好状态,相当于所有基本存储电路的存储数据为"1"。当用户写入数据时,通过编程地址选中相应的字线,使之变为高电平。若在某位写"0",写入逻辑电路使相应的位线呈低电平,三极管导通,较大的电流使该位熔丝烧断,即相当于该位存入了"0";若该位熔丝未烧断,该位保持原态,即仍存储"1"。

采用 PN 结击穿法 PROM 的存储单元原理图如图 8.6(a)所示,字线与位线相交处由 2 个肖特基二极管反向串联而成。正常工作时二极管不导通,字线和位线断开,相当于存储了"0"。若将该单元改写为"1",可使用恒流源产生约 100~150 mA 电流使 V_{D_2} 击穿短路,存储单元只剩下一个正向连接的二极管 V_{D_1},如图 8.6(b)所示,相当于该单元存储了"1";未击穿 V_{D_2} 的单元仍存储"0"。在读操作时,选中字线使之变为高电平。若二极管已经击穿,可在位线输出"1";若二极管还未击穿,则二极管不导通,位线输出"0"。

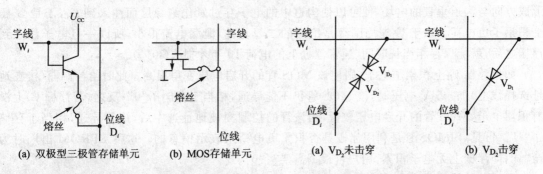

图 8.5　熔丝型 PROM 的存储单元　　　　图 8.6　PN 结击穿法 PROM 的存储单元

显然熔丝一旦烧断或肖特基二极管一旦击穿,就无法恢复原来的状态,可见 PROM 只能一次编程,即只能改写一次。用户给其编程时要借助于专用编程工具,有关 PROM 编程器的使用方法不在本书范围之内,请参考相应的使用说明书。

8.2.3　可擦除可编程只读存储器

PROM 为一次性的编程器件,一旦编程出了差错,芯片只有报废,使用仍不方便。为此人们研究出了可擦除可编程只读存储器。这类 ROM 利用特殊结构的浮栅 MOS 管进行编程,ROM 中存储的数据可以进行多次擦除和改写,克服了 PROM 的缺点,应用范围更加广泛。

最早出现的是用紫外线照射擦除的 EPROM(Ultra-Violet Erasable Programmable Read-Only Memory),简称 UVEPROM。不久又出现了用电信号可擦除的可编程 ROM(Electrically Erasable Programmable Read-Only Memory),简称 EEPROM。后来又研制成功的快闪存储器(Flash Memory)也是一种用电信号擦除的可编程 ROM。

1. 光可擦除可编程只读存储器(EPROM)

EPROM 与前面讲过的 PROM 在总体结构形式上没有多大差别,只是采用了不同的存储单元,EPROM 的存储单元采用浮栅技术生产。早期 EPROM 的存储单元采用浮栅雪崩注入 MOS 管(Floating-gate Avalanche-Injection Metal-Oxide-Semiconductor),简称 FAMOS 管。FAMOS 管存储单元存在存储容量低、速度低和写入不方便等缺点。目前的 EPROM 存储单元多采用叠栅注入 MOS 管(Stacked-gate Injection Metal-Oxide-Semiconductor),简称 SIMOS 管。

如图 8.7 所示的是 SIMOS 管的结构示意图和符号,它是一个 N 沟道增强型的 MOS 管,有 2 个重叠的多晶硅栅 G_c 和 G_f。G_c 有引出线,一般与字线相连,用于控制读出和写入,称为控制栅;G_f 栅没有引出线,而是被包围在二氧化硅绝缘层(SiO_2)中,称之为浮栅,用于长期保存注入电荷。浮栅中的电子注入不是由雪崩效应而是由沟道注入完成,由叠栅注入 MOS 管而得名。

若在漏极 D 端加上约几十伏的脉冲电压(一般取 25 V),使得沟道中的电场足够强,则会造成雪崩,产生很多高能量的电子。此时若在 G_c 上加高压正脉冲(一般幅度为 25 V),将

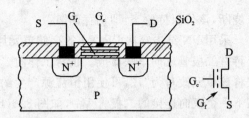

图 8.7 SIMOS 管的结构和符号

形成方向与沟道垂直的电场,便可以使沟道中的电子穿过氧化绝缘层面注入到 G_f,于是 G_f 栅上积累了负电荷。由于 G_f 栅周围都是绝缘的二氧化硅,泄漏电流很小,所以一旦电子注入到浮栅之后,就能保存相当长时间(通常浮栅上的电荷 10 年才损失 30%)。

如果浮栅 G_f 上积累了电子,则使该 MOS 管的开启电压变得很高。此时给控制栅(接在地址选择线上)加+5 V 电压时,该 MOS 管仍不能导通,相当于存储了"0";反之,若浮栅 G_f 上没有积累电子,MOS 管的开启电压较低,当该管的控制栅被地址选中后,该管导通,相当于存储了"1"。可见,SIMOS 管是利用浮栅是否积累负电荷来表示信息的。这种 EPROM 出厂时为全"1",即浮栅上无电子积累,用户可根据需要写"0"。

当用紫外线或 X 射线照射 EPROM 时,浮栅中的电子获得足够能量,从而穿过氧化层回到衬底中,这样可以使浮栅上的电子消失,MOS 管便回到了未编程时的状态,从而将编程信息全部擦去,相当于存储了全"1"。对 EPROM 数据的擦除一般是使用 12 W/cm² 紫外灯,距芯片 3 cm 照射 10~20 min。为了便于擦除操作,EPROM 封装外壳上通常装有透明的石英盖板,正常使用时,应盖住石英板,以免光照使信息丢失。

EPROM 的擦除为一次性全部擦除,EPROM 一次全部擦除后,可根据需要进行编程。EPROM 的编程是在编程器上进行的,编程器通常与微机联用。常用的 EPROM 有 2716、2732、2764~27512 等,即型号以 27 打头的芯片都是 EPROM。

2. 电可擦除可编程只读存储器(E^2PROM)

EPROM 的优点是可以多次改写存储内容,但它只能进行整体擦除,不能实现字位擦除。EPROM 整个芯片只要写错 1 位,就必须从电路板上取下擦掉重写。而实际中往往只须改写几个字节的内容,这使得实际使用非常不方便。EPROM 还有擦除速度慢,操作烦琐,编程电压高等缺点,并且频繁插拔会影响器件的可靠性。为了克服这些缺点,人们又研制出了电可擦除可编程只读存储器 E^2PROM,有时也写作 EEPROM。

E^2PROM 也是采用浮栅技术生产的可编程存储器。构成 E^2PROM 存储单元的器件是一种与 SIMOS 管极为相似的叠栅 MOS 管,这种叠栅 MOS 管称为浮栅隧道氧化层 MOS 管

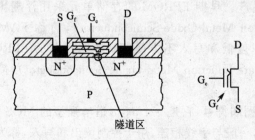

图 8.8 Flotox 管的结构和符号

(Floating-gate Tunnel Oxide MOS,简称 Flotox),其结构和符号如图 8.8 所示。Flotox 管也是一个 N 沟道增强型的 MOS 管,它有 2 个栅极-控制栅 G_c 和浮栅 G_f,不同的是 Flotox 管的浮栅与漏极区(N^+)之间有一小块面积极薄的二氧化硅绝缘层(厚度在 2×10^{-8} m 以下)区域,称为隧道区。当隧道区电场强度大到一定程度($>10^7$ V/cm)

时,漏区和浮栅之间出现导电隧道,电子可以双向通过,形成电流。这种现象称为隧道效应,因此称此管为浮栅隧道氧化层MOS管。

加到控制栅和漏极上的工作电压是通过浮置栅-漏极间的电容和浮置栅-控制栅间的电容分压加到隧道区上的。为了使加到隧道区上的电压尽量大,需要尽可能减小浮置栅-漏极间的电容,为此要求把隧道区的面积做得非常小。在实际制作隧道氧化层MOS管时,对隧道区氧化层的厚度、面积和耐压都有严格的要求。

为了提高擦写的可靠性,并保护隧道区超薄氧化层,在E^2PROM的存储单元中除隧道MOS管外还附加了一个选通管,选通管为普通N沟道增强型MOS管。E^2PROM的存储单元电路如图8.9所示,图中V_2是选通管,V_1是叠栅隧道MOS管。未写入数据前,Flotox管的浮栅上充有负电荷,所有的存储单元均为"1"态。

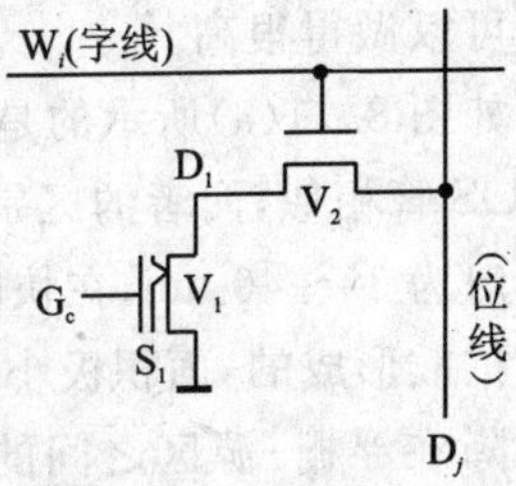

控制Flotox管各个电极的电压,E^2PROM可工作在读出、写入和擦除3种不同的状态。具体电路如图8.10所示。

图8.9 E^2PROM的存储单元

读出数据时,在控制栅上加+3 V电压,字线W_i给出+5 V的正常高电平,选通管V_2导通,根据Flotox管的浮栅G_f上有无负电荷,读出"0"或"1"。有负电荷读出"1",无负电荷读出"0",如图8.10(a)所示。

写入数据的实质就是使那些要写入"0"的存储单元Flotox管的浮栅放电,使Flotox管的开启电压下降到约为0 V,成为低开启电压管。为此,写入数据时,只需要在那些要写入"0"的存储单元Flotox管的控制栅接低电平,同时在相应的字线W_i和位线D_j上加+20 V左右、宽度为10 ms的脉冲电压,使浮栅G_f上存储的负电荷通过隧道区放掉,便完成了写"0"操作,如图8.10(b)所示。

擦除时,Flotox管的控制栅和相应的字线W_i上加+20 V左右、宽度为10 ms的脉冲电压,漏极接低电平。这时经控制栅G_c和浮栅G_f间的电容、浮栅G_f与漏极间的电容分压,在隧道区产生强电场,吸引漏极的电子通过隧道区达到浮栅G_f,形成存储电荷,使Flotox管成为高开启电压管,存储单元回到未写入数据前的状态,即"1"态,如图8.10(c)所示。

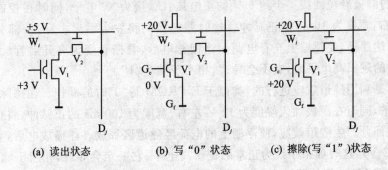

(a) 读出状态　　(b) 写"0"状态　　(c) 擦除(写"1")状态

图8.10 E^2PROM的3种工作状态

E^2PROM的编成和擦除都是用电信号完成的,而且所需电流很小,故可用普通电源供给。另外,E^2PROM可进行一次性全部擦除,也可进行字位擦除,擦除时间为10 ms内,可多次在应用系统中进行在线改写。但由于擦除和写入电压仍高达+20 V左右,且擦写时间仍较长,所以在系统的正常工作状态下，E^2PROM 仍然只能工作在它的读出状态，作为 ROM 使用。

目前的 +5 V 电擦除 E^2PROM，通常不需进行单独的擦除操作，可在写入过程中自动擦除，使用非常方便。以 28 打头的系列芯片都是 E^2PROM，例如 2864 就是一种 E^2PROM 芯片。

3. 快闪存储器

快闪存储器（Flash Memory）是新一代电信号擦除的可编程可擦除 ROM。它既有 EPROM 结构简单、编程可靠的优点，又保留了 E^2PROM 用隧道效应擦除快捷的特性，而且集成度可以做得很高。

如图 8.11(a) 所示的是快闪存储器采用的叠栅 MOS 管示意图。其结构与 EPROM 中的 SIMOS 管相似，两者的区别在于浮栅与衬底间氧化层的厚度不同。在 EPROM 中氧化层的厚度一般为 30～40 nm，在快闪存储器中仅为 10～15 nm，而且浮栅和源区重叠的部分是源区的横向扩散形成的，面积极小。浮栅-源区之间的电容很小，当 Gc 和 S 之间加电压时，大部分电压将降在浮栅-源区之间的电容上。快闪存储器的存储单元就是用这样一只单管组成的，如图 8.11(b) 所示。

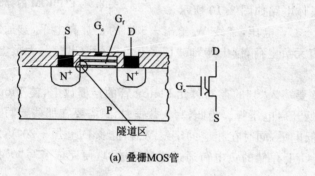
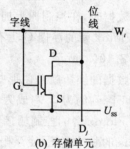

(a) 叠栅 MOS 管　　　　　　　　　　(b) 存储单元

图 8.11　快闪存储器

在读出状态下，字线加上 +5 V，存储单元公共端 U_{SS} 为 "0" 电平。若浮栅上没有电荷，则叠栅 MOS 管导通，位线输出低电平；如果浮栅上充有电荷，则叠栅管截止，位线输出高电平。

快闪存储器的写入方法和 EPROM 相同，即利用雪崩注入的方法使浮栅充电。在写入状态下，叠栅管的漏极经位线接一个约 6 V 的正电压，U_{SS} 接为 "0" 电平，同时在控制栅上加入幅度为 12 V 左右、宽度为 10 μs 的正脉冲。这时漏源极间将发生雪崩击穿，一部分高能电子将穿过氧化层到达浮栅，使浮栅上充有电荷。浮栅充电后，叠栅管变为高开启管（大于 7 V），这时字线为正常的逻辑高电平时，它不会导通，相当于储存 "1"。

擦除方法是利用隧道效应进行的，类似于 E^2PROM 写 "0" 时的操作。在擦除状态下，控制栅处于 "0" 电平，同时在源极加入幅度为 12 V 左右、宽度为 100 ms 的正脉冲，将在浮栅和源区间极小的重叠部分产生隧道效应，使浮栅上的电荷经隧道区释放。浮栅放电后，叠栅管变为低开启管（小于 2 V），这时如果字线为正常的逻辑高电平，它一定会导通，相当于储存 "0"。但由于片内所有叠栅 MOS 管的源极连在一起，所以擦除时是将全部存储单元同时擦除的，这是不同于 E^2PROM 的一个特点。

快闪存储器只用一个管子作为存储单元，具有高集成度、大容量、低成本、高速擦写和使用方便等优点，应用越来越广泛。Flash Memory 的产品型号有 29BV010、29BV020、29BV040 等。

8.2.4 只读存储器芯片简介

只读存储器有很多种产品,这里仅以 EPROM 为例进行介绍。2716(2K×8 bit)、2732(4K×8 bit)~27512(64K×8 bit)等都是 EPROM 集成芯片。这些 EPROM 集成芯片除存储容量和编程高电压等参数不同外,其他参数基本相同。EPROM 2764 是一个 8K×8 bit 的紫外线可擦除可编程 ROM 集成电路。其引脚示意图如图 8.12 所示。EPROM 2764 共有 2^{16} 个存储单元,存储容量为 8K×8 bit。2764 有 13 根地址线 A_0~A_{12},8 根数据线 D_0~D_7,3 条控制线 $\overline{CE}$、$\overline{OE}$ 和 $\overline{PGM}$,以及编程电压 V_{PP}、电源 V_{CC} 和地 GND 等。EPROM 2764 有 5 种工作方式,具体如下。

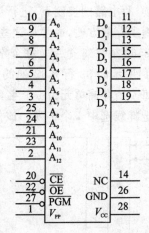

图 8.12　EPROM 2764 引脚示意图

① 编程写入。$\overline{CE}=0$、$\overline{OE}=1$、$\overline{PGM}=0$,$V_{PP}=25$ V、$V_{CC}=5$ V,D_0~D_7 上的内容存入对应的单元。

② 读出数据。$\overline{CE}=0$、$\overline{OE}=0$、$\overline{PGM}=1$,$V_{PP}=5$ V、$V_{CC}=5$ V,A_0~A_{12} 对应单元的内容输出到数据线。

③ 低功能维持。$\overline{CE}=1$、$\overline{OE}=\times$、$\overline{PGM}=\times$,$V_{PP}=5$ V、$V_{CC}=5$ V,D_0~D_7 成高阻态。

④ 编程校验。$\overline{CE}=0$、$\overline{OE}=0$、$\overline{PGM}=1$,$V_{PP}=25$ V、$V_{CC}=5$ V,数据读出。

⑤ 编程禁止。$\overline{CE}=1$、$\overline{OE}=\times$、$\overline{PGM}=\times$,$V_{PP}=25$ V、$V_{CC}=5$ V,D_0~D_7 成高阻态。

思 考 题

(1) ROM 有哪些种类?各有什么特点?
(2) 在 ROM 中,什么是字?什么是位?ROM 的容量如何表示?

8.3　随机存储器

随机存储器也称为读/写存储器,简称 RAM。RAM 工作时可以随时从任何一个指定的地址写入(存入)或读出(取出)信息。读出操作时原信息保留,写入操作时,新信息取代原信息。RAM 的最大优点是读/写方便,使用灵活;缺点是电路失电后存储信息全部丢失。

根据制造工艺可分为双极型和场效应管 RAM。双极型 RAM 的存取速度较高,可达 10 ns,但功耗较高,集成度低;场效应管 RAM 功耗较低,集成度高,单片集成容量可达几百兆位。

根据存储单元的工作原理不同,RAM 分为静态 RAM(SRAM)和动态 RAM(DRAM)。静态存储单元是在静态触发器的基础上附加控制电路而构成的,它们是靠电路的自我保持功能来存储数据的。动态存储单元利用 MOS 管栅极电容能够存储电荷的原理制成,其电路结构可以做得非常简单,但需要复杂的刷新电路。

8.3.1　RAM 的基本电路结构

静态 RAM 和动态 RAM 的电路结构基本相同,通常主要由存储矩阵、地址译码器和读/

写控制电路 3 部分组成,其框图如图 8.13 所示。

(1) 存储矩阵

存储矩阵由许多存储单元排列组成,每个存储单元能存放 1 位二值信息(0 或 1),在译码器和读/写电路的控制下,进行读/写操作。存储单元可以是静态的,也可以是动态的。

为了存取方便,通常将这些存储单元设计成矩阵形式,即若干行和若干列。例如,一个容量为 256×4(256 个字,每个字 4 位)的存储器,共有 1 024 个存储单元,这些单元可排成如图 8.14 所示的 32 行×32 列的矩阵。在图 8.14 中,每行有 32 个存储单元(圆圈代表存储单元),每 4 个存储单元为 1 个字,每行可存储 8 个字称为 8 个字列。每根行选择线选中 1 行,每根列选择线选中 1 个字列。该 RAM 存储矩阵共需要 32 根行选择线和 8 根列选择线。

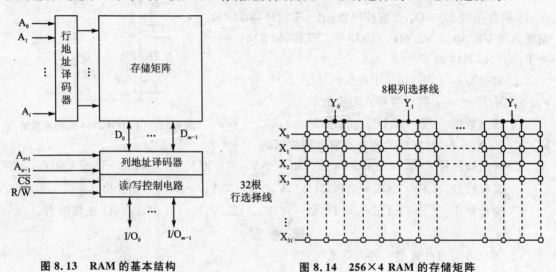

图 8.13 RAM 的基本结构　　　　图 8.14 256×4 RAM 的存储矩阵

(2) 地址译码器

1 片 RAM 由若干个字组成(每个字由若干位组成,例如 4 位、8 位、16 位等)。通常信息的读/写是以字为单位进行的。为了区别不同的字,将存放同一个字的存储单元编为 1 组,并赋予 1 个号码,称为地址。不同的字具有不同的地址,从而在进行读/写操作时,便可以按照地址选择欲访问的单元。

地址的选择是通过地址译码器来实现的。在存储器中,通常将输入地址分为 2 部分,分别由行地址译码器和列地址译码器译码。行地址译码器将输入地址代码的若干低位($A_0 \sim A_i$)译成某 1 条字线有效,从存储矩阵中选中 1 行存储单元;列地址译码器将输入地址代码的其余若干位($A_{i+1} \sim A_{n-1}$)译成某 1 根输出线有效,从字线选中的 1 行存储单元中再选 1 位(或 n 位),使这些被选中的单元与读/写电路和 I/O(输入/输出端)数据线接通,以便对这些单元进行读/写操作。

例如,上述的 256×4 RAM 的存储矩阵,256 个字需要 8 根地址线($A_7 \sim A_0$)区分($2^8 = 256$)。其中地址码的低 5 位 $A_4 \sim A_0$ 作为行译码输入,产生 $2^5 = 32$ 根行选择线,地址码的高 3 位 $A_7 \sim A_5$ 用于列译码,产生 $2^3 = 8$ 根列选择线。只有行选择线和列选择线都被选中的单元,才能被访问。例如,若输入地址 $A_7 \sim A_0$ 为 00011111 时,位于 X_{31} 和 Y_0 交叉处的单元被选中,才可以对该单元进行读/写操作。

(3) 片选和读/写控制电路

由于单片 RAM 的存储容量有限,数字系统中的 RAM 一般由多片组成,而系统每次读/写时,只选中其中的 1 片(或几片)进行读/写,因此在每片 RAM 上均加有片选信号线 $\overline{CS}$。只有该信号有效时(0),RAM 才被选中,可以对其进行读/写操作,否则该芯片不工作。某芯片被选中后,该芯片执行读还是写操作由读/写信号 $R/\overline{W}$ 控制。$\overline{CS}$ 和 $R/\overline{W}$ 字母上的非号只是表示低电平有效。RAM 的片选和读/写控制电路用于对电路的工作状态进行控制,其逻辑电路如图 8.15 所示。$\overline{CS}$ 称为片选信号,当 $\overline{CS}=1$ 时,三态门 G_1、G_2、G_3 均为高阻态,所有 I/O 端均和存储器内部

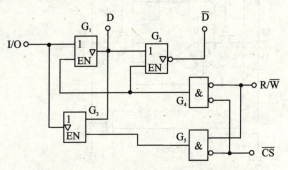

图 8.15 RAM 的片选和读/写控制逻辑电路

隔离,不能对 RAM 进行读/写操作,芯片未被选中;$\overline{CS}=0$ 时,芯片被选中,RAM 工作,这时根据读/写控制信号 $R/\overline{W}$ 进行操作。$R/\overline{W}=1$ 时,则 G_1、G_2 高阻态截止,G_3 导通,数据 D 经 G_3 送到 I/O 端读出,执行读操作;当 $R/\overline{W}=0$ 时,则 G_1、G_2 导通,G_3 高阻态截止,加到 I/O 端的数据以互补的形式出现在数据线 D 上,并被存入选中的存储单元。存储器执行的是写操作。

例如,如图 8.14 所示的存储矩阵,若输入地址 $A_7 \sim A_0$ 为 00011111,则位于 [31,0] 的存储单元被选中,信息可通过 I/O 端从 [31,0] 中读出,也可写入。

(4) 输入/输出线(I/O 线)

在向 RAM 存储写入信息时,I/O 线是输入线,在读出 RAM 的信息时,I/O 线是输出线,即一线两用。I/O 线的多少取决于字的位数,即并行输出/输入数据的位数。例如在 1 024×1 bit 的 RAM 中,每个字只有 1 个存储单元,只有 1 条 I/O 线。在 512×4 bit 的 RAM 中,每个字有 4 个存储单元,应该有 4 条 I/O 线。RAM 的输出端一般采用三态输出结构,便于与外面的总线相连,进行信息的交换和传递。

8.3.2 RAM 的存储单元

1. 静态随机存储器(SRAM)的存储单元

六管 MOS 静态存储单元如图 8.16 所示。为了画图方便,MOS 管一般采用如图 8.16 所示的简化符号,栅极有小圆圈者为 PMOS 管,无小圆圈者为 NMOS 管。如图 8.16(a)是由 6 个 NMOS 管($V_1 \sim V_6$)组成的存储单元。V_1、V_2 构成的反相器与 V_3、V_4 构成的反相器交叉耦合组成 1 个 RS 触发器,可存储 1 位二进制信息。Q 和 $\overline{Q}$ 是 RS 触发器的互补输出。V_5、V_6 是行选通管,受行选线 X(相当于字线)控制。行选线 X 为高电平时,V_5、V_6 导通,触发器的 Q 和 $\overline{Q}$ 端与位线 D 和位线 $\overline{D}$ 接通,触发器的存储信息分别送至位线 D 和位线 $\overline{D}$;行选线 X 为低电平时,V_5、V_6 截止,触发器的 Q 和 $\overline{Q}$ 端与位线 D 和位线 $\overline{D}$ 断开。V_7、V_8 是每一列存储单元公用的 2 个门控管,用于和读/写缓冲放大器之间的连接。列选通管受列选线 Y 控制,列选线 Y 为高电平时,V_7、V_8 导通,从而使位线上的信息与外部数据线相通;列选线 Y 为低电平时,V_7、V_8 截止,从而使位线上的信息与外部数据线断开。

存储单元所在的 1 行和 1 列被选中以后,行选线 X 和列选线 Y 同时为"1",V_5、V_6 和 V_7、

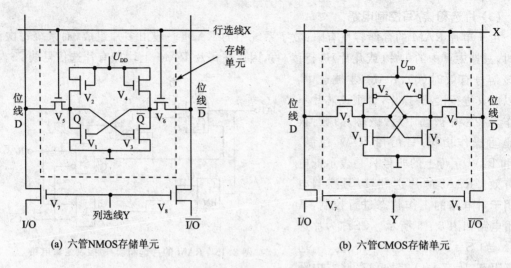

图 8.16 SRAM 存储单元

V_8 均处于导通状态。如果这时 $\overline{CS}=0$、$R/\overline{W}=1$，则存储信息 Q 被读到 I/O 线上，实现读出操作；如果这时 $\overline{CS}=1$、$R/\overline{W}=0$，则加到 I/O 端的数据经 V_7、V_8 和 V_5、V_6 加到触发器 V_3 和 V_1 的栅极，从而使触发器触发，新的信息被写入存储单元中，实现写入操作。

常用静态 RAM 芯片有 2114(1K×4 bit)、2128(2K×8 bit)等。NMOS 静态 RAM 功耗极大，而且无法实施断电保护。

如图 8.16(b)所示是六管(V_1~V_6)CMOS 静态存储单元。CMOS 存储单元结构形式和工作原理与图 8.16(a)相似，不同的是图(b)中，2 个负载管 V_2、V_4 改用了 P 沟道增强型 MOS 管。CMOS 电路的制造工艺虽然比 NMOS 复杂，但它具有微功耗的特点，并且在交流供电系统断电后可以用电池供电，以长期保存所存储的信息，很好地弥补了 RAM 数据易失的缺点。目前大容量的静态 RAM 中几乎都采用 CMOS 存储单元。例如，Intel 公司生产的超低功耗 CMOS 工艺的 SRAM5101L 用 +5 V 电源供电，静态功耗仅 1~2 μW。当它的片选端加入无效电平时，立即进入低压微功耗保持数据状态，这时只需 2 V 的电源电压，5~40 μA 的电流，就可以保证原存数据不丢失。此时功耗可降为 0.28 μW。采用六管 CMOS 静态存储单元的常用静态 RAM 芯片有 6116(2K×8 bit)、6264(8K×8 bit)，62256(32K×8 bit)等。

双极型 SRAM 的静态存储单元也有多种结构形式。这种存储单元的工作速度很快，但功耗较大。主要用在高速系统中，例如 ECL 系统。有关这方面的内容不再详述，读者可参阅有关资料。

SRAM 工作稳定，不需要外加刷新电路，外部电路设计比较简单。但由于 SRAM 的基本存储单元需要晶体管较多，与 DRAM 相比集成度较低，功耗较高。SRAM 使用方便，适用于小容量存储器。

2. 动态随机存储器(DRAM)的存储单元

动态 RAM 的存储矩阵由动态 MOS 存储单元组成。动态 MOS 存储单元利用 MOS 管的栅极电容来存储信息，但由于栅极电容的容量很小，而漏电流又不可能绝对等于 0，所以电荷保存的时间有限。为了避免存储信息的丢失，必须定时地给电容补充漏掉的电荷，通常把这种操作称为"刷新"或"再生"。DRAM 内部要有刷新控制电路，其操作也比静态 RAM 复杂。尽管如此,由于 DRAM 存储单元的结构能做得非常简单,所用元件少,功耗低,所以目前已成为大容量 RAM 的主流产品。

动态 MOS 存储单元有四管电路、三管电路和单管电路等。四管和三管电路比单管电路复杂,但外围电路简单,一般容量在 4 Kb 以下的 RAM 多采用四管或三管电路。图 8.17(a)为四管动态 MOS 存储单元电路。图中,V_1 和 V_2 为 2 个 N 沟道增强型 MOS 管,它们的栅极和漏极交叉相连,信息以电荷的形式储存在电容 C_1 和 C_2 上,V_5、V_6 是同一列中各单元公用的预充管,预充电脉冲是脉冲宽度为 1 μs 而周期一般不大于 2 ms 的预充电脉冲,C_{O1}、C_{O2} 是位线上的分布电容,其容量比 C_1、C_2 大得多。

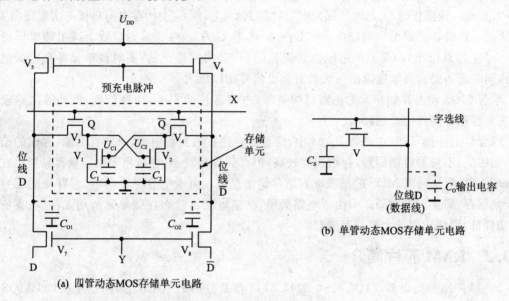

(a) 四管动态 MOS 存储单元电路   (b) 单管动态 MOS 存储单元电路

图 8.17 动态 MOS 存储单元

若 C_1 被充电到高电位,C_2 上没有电荷,则 V_1 导通,V_2 截止,此时 Q=0,$\bar{Q}$=1 这一状态称为存储单元的 0 状态;反之,若 C_2 充电到高电位,C_1 上没有电荷,则 V_2 导通,V_1 截止,Q=1,$\bar{Q}$=0,此时称为存储单元的 1 状态。当字选线 X 为低电位时,门控管 V_3、V_4 均截止。在 C_1 和 C_2 上电荷泄漏掉之前,存储单元的状态维持不变,存储的信息被记忆。实际上,由于 V_3、V_4 存在着泄漏电流,电容 C_1 和 C_2 上存储的电荷将慢慢释放,因此每隔一定时间要对电容进行一次充电,即进行刷新。2 次刷新之间的时间间隔一般不大于 20 ms。

在读出信息之前,首先加预充电脉冲,预充管 V_5、V_6 导通,电源 U_{DD} 向位线上的分布电容 C_{O1}、C_{O2} 充电,使 D 和 $\bar{D}$ 2 条位线都充到 U_{DD}。预充电脉冲消失后,V_5、V_6 截止,C_{O1}、C_{O2} 上的信息保持。

要读出信息时,该单元被选中(X、Y 均为高电平),V_3、V_4 导通,若原来存储单元处于 0 状态(Q=0,$\bar{Q}$=1),即 C_1 上有电荷,V_1 导通,C_2 上无电荷,V_2 截止,这样 C_{O1} 经 V_3、V_1 放电到 0,使位线 D 为低电平,而 C_{O2} 因 V_2 截止无放电回路,经 V_4 对 C_1 充电,补充了 C_1 漏掉的电荷,结果读出数据仍为 D=0,$\bar{D}$=1;反之,若原存储信息为 1(Q=1;$\bar{Q}$=0),C_2 上有电荷,则预充电后 C_{O2} 经 V_4、V_2 放电到 0,而 C_{O1} 经 V_3 对 C_2 补充充电,读出数据为 D=1,$\bar{D}$=0,可见位线 D、$\bar{D}$ 上读出的电位分别和 C_2、C_1 上的电位相同。同时每进行一次读操作,实际上也进行了一次补充充电,即刷新。

写入信息时,首先该单元被选中,V_3、V_4 导通,Q 和 $\overline{Q}$ 分别与 2 条位线连通。若需要写 0,则在位线 $\overline{D}$ 上加高电位,D 上加低电位。这样 $\overline{D}$ 上的高电位经 V_4 向 C_1 充电,使 $Q=0$,而 C_2 经 V_3 向 D 放电,使 $\overline{Q}=1$,于是该单元写入了 0 状态。

如图 8.17(b)所示的是单管动态 MOS 存储单元电路,它只有一个 NMOS 管和存储电容器 C_S,C_0 是位线上的分布电容($C_0 \gg C_S$)。显然,采用单管存储单元的 DRAM,其容量可以做得更大。写入信息时,字线为高电平,V 导通,位线上的数据经过 V 存入 C_S。

读出信息时也使字线为高电平,V 导通,这时 C_S 经 V 向 C_0 充电,使位线获得读出的信息。由于 $C_0 \gg C_S$,读操作时 C_S 上的一部分电荷转移到 C_0 上,使 C_S 上所存电荷每读 1 次就要损失 1 次,这是一种破坏性读出。例如读出前 $U_S=5$ V,若 $C_S/C_0=1/50$,则位线上读出的电压将仅有 0.1 V,而且读出后 C_S 上的电压也只剩下 0.1 V。每次读出后,要对该单元补充电荷进行刷新,同时还需要高灵敏度读出放大器对读出信号加以放大。

单管 MOS 动态存储单元的电路结构简单,占用芯片面积小,功耗较低,但外围电路较复杂,在大容量存储器中采用较多。

综合以上分析可知,在静态 RAM 中,信息是存储在触发器中的,只要有电源,存储的信息就不会丢失,不需要定期刷新,存取速度较高,但存储容量较小,它适用于小容量存储器。在动态 RAM 中,则是利用 MOS 的栅极电容来存储信息的。由于电容存在漏电,它存储的信息难以长期保存,需要定时刷新。但由于电路简单,存储单元比静态存储单元所用元件少、集成度高,功耗低,因而适用于大容量存储器。

8.3.3 RAM 芯片简介

RAM 产品种类很多,6116、6114、6264、8118 都是常用的 RAM 芯片,这里仅以 CMOS 静态 RAM6116 为例来介绍。

6116 是一种典型的 CMOS 静态 RAM,其引脚如图 8.18 所示。图中 $A_0 \sim A_{10}$ 是 11 条地址输入线,$D_0 \sim D_7$ 是数据输入/输出端。显然,6116 可存储的字数为 $2^{11}=2\,048(2K)$,字长为 8 bit,其容量为 $2\,048$ 字 $\times 8$ bit/字 $=16\,384$ bit;$\overline{CE}$ 为片选端,低电平有效;$\overline{OE}$ 为输出使能端,低电平有效;$\overline{WE}$ 为读/写控制端。电路采用标准的 24 脚双列直插式封装,电源电压为 5 V,输入、输出电平与 TTL 兼容。6116 有 3 种工作方式。

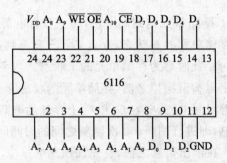

图 8.18　6116 引脚图

① 写入方式:当 $\overline{CE}=0$,$\overline{OE}=1$,$\overline{WE}=0$ 时,数据线 $D_0 \sim D_7$ 上的内容存入 $A_0 \sim A_{10}$ 决定的相应单元。

② 读出方式:当 $\overline{CE}=0$,$\overline{OE}=0$,$\overline{WE}=1$ 时,$A_0 \sim A_{10}$ 相应单元的内容输出到数据线 $D_0 \sim D_7$。

③ 低功耗维持方式:当 $\overline{CE}=1$ 时,芯片进入这种工作方式,此时器件电流仅 20 μA 左右,为系统断电时用电池保持 RAM 内容提供了可能性。

思 考 题

(1) RAM 存储器有哪几种?它们的存储容量如何计算?

(2) 256×8 bit 的存储器有多少根地址线、字线、位线？

(3) 静态 RAM 和动态 RAM 有哪些区别？动态 RAM 为什么要进行周期性刷新？

8.4 存储器容量的扩展

一片 RAM 或 ROM 的存储容量是一定的。在数字系统或计算机中，单个芯片往往不能满足存储容量的需要，为此要将若干个存储器芯片组合起来，以构成一个容量更大的存储器，从而达到实际要求。RAM 的扩展分为位扩展和字扩展 2 种。扩展所需要的芯片数目为总存储器容量与一片存储器容量的比值。

8.4.1 位数的扩展

RAM 或 ROM 存储器芯片的字长多数为 1 bit、4 bit、8 bit 等。当实际的存储系统的字长超过存储器芯片的字长时，需要进行位扩展。

位扩展可以利用芯片的并联方式实现，这样可以将 RAM 或 ROM 组合成位数更多的存储器。如图 8.19 所示是用 8 片 1 024×1 bit 的 RAM 扩展为 1 024×8 bit RAM 的存储系统框图。图中 8 片 RAM 的所有地址线、R/$\overline{W}$、$\overline{CS}$ 分别对应并接在一起，而每一片的 I/O 端作为整个 RAM 的 I/O 端的 1 位。总的存储容量为单片存储容量的 8 倍。

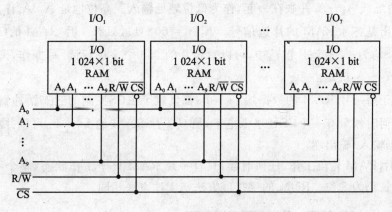

图 8.19 RAM 的位扩展连接法

ROM 芯片上没有读/写控制端 R/$\overline{W}$，位扩展时其余引出端的连接方法与 RAM 完全相同。

8.4.2 字数的扩展

如果存储器的数据位数满足要求而字数达不到要求时，需要字扩展。字数若增加，地址线需要相应地增加。

字数的扩展可以利用外加译码器控制芯片的片选（$\overline{CS}$）输入端来实现。如图 8.20 所示是用字扩展方式将 4 片 256×8 bit 的 RAM 扩展为 1 024×8 bit 的 RAM 的系统框图。

4 片中共有 1 024 个字，必须给其编成 1 024 个不同的地址，而每片芯片的地址输入端只有 8 个（$A_7 \sim A_0$），给出的地址范围全都是 0～255，无法区分 4 片中同样的地址单元。为此必

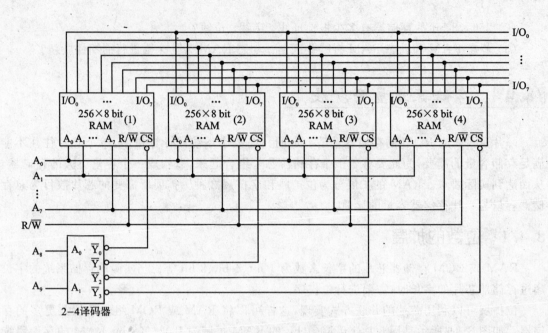

图 8.20 RAM 的字扩展

须增加 2 位地址代码 A_9A_8，使地址代码增加到 10 位，这样才能得到 1 024 个不同的地址。各芯片的 8 位地址线 $A_7 \sim A_0$ 并联在一起，作为低位地址输入。高位地址 A_9、A_8 作为译码器的地址输入，其输出是各片 RAM 的片选信号。$A_9A_8 = 00 \sim 11$，只有 1 片 RAM 的 $\overline{CS} = 0$，其余各片 RAM 的 $\overline{CS}$ 均为 1，故该片被选中，可以对该片的 256 个字进行读/写操作，读/写的内容则由低位地址 $A_7 \sim A_0$ 决定。

此外，由于每一片 RAM 的数据端 $I_{O1} \sim I_{O8}$ 都设置了由 $\overline{CS}$ 控制的三态缓冲器，而由于译码器的作用，任何时候只有一个 $\overline{CS}$ 处于低电平，所以 4 片 RAM 的 $I_{O1} \sim I_{O8}$ 可以并联起来作为整个的 8 位数据输入/输出端。

显然，4 片 RAM 轮流工作，任何时候，只有一片 RAM 处于工作状态，整个系统字数扩大了 4 倍，而字长仍为 8 位。ROM 的字扩展方法与上述方法相同。

8.4.3 RAM 的字数、位数同时扩展

如果存储器的数据字数和位数都达不到实际要求时，就需要对位数和字数同时进行扩展。对于字数、位数同时扩展的 RAM，一般先进行位扩展后再进行字扩展。

如图 8.21 所示为 8 片 64×2 bitRAM 扩展为 256×4 bit 存储器的逻辑图。首先将 64×2 bit RAM 扩展为 64×4 bit RAM，因位数增加了 1 倍，故需 2 片 64×2 bit RAM 组成 64×4 bit RAM，然后扩展字数，因字数由 64 扩展为 256，即字数扩展了 4 倍，故应增加 2 位地址线，通过译码器产生 4 个相应的低电平分别去连接 4 组 64×4 bit RAM 的片选端 $\overline{CS}$。这样扩展后的 RAM 的地址线由原来的 6 条 $A_5 \sim A_0$ 扩展为 8 条 $A_7 \sim A_0$，位数由 2 位扩展为 4 位，从而构成了 256×4 bit RAM 电路。

思考题

(1) 什么是位扩展和字扩展？存储器扩展有什么意义？

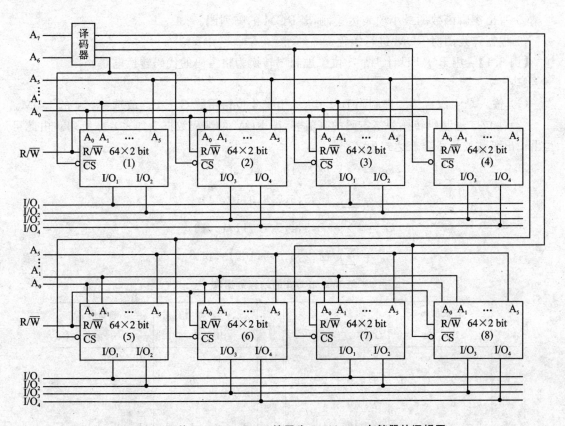

图 8.21　8 片 64×2 bit RAM 扩展为 256×4 bit 存储器的逻辑图

（2）存储器进行位扩展、字扩展时如何连接？扩展后的存储容量如何计算？

（3）扩展为 1 024×8 bit 存储器需要多少块 256×4 bit 的存储器？

8.5　存储器的应用

存储器主要用于存放二进制信息（数据、程序指令、运算的中间结果等），同时还可以实现代码的转换、函数运算、时序控制以及实现各种波形的信号发生器等。下面讲解几种应用实例。

8.5.1　存储器实现组合逻辑函数

由 ROM 的电路结构可知，ROM 译码器的输出包含了输入变量的全部最小项，而每一位数据输出又都是若干个最小项之和。对于一个内容固定的 ROM 来说，数据线输出信号的状态仅仅由输入的地址码来决定，地址码与输出数据之间存在一种组合逻辑关系。ROM 除用做存储器外，还可以用来实现任何形式的组合逻辑函数。

具有 n 位输入地址，m 位数据输出的 ROM 可以获得一组（最多为 m 个）任何形式的 n 变量组合逻辑函数。但必须按不同的逻辑函数需要在 ROM 的相应逻辑存储单元中存储相应的"0"和"1"。这个方法同样适应于 RAM。用 ROM 实现逻辑函数一般按以下步骤进行：

① 根据逻辑函数的输入、输出变量数目，确定 ROM 的容量，选择合适的 ROM。

② 写出逻辑函数的最小项表达式,画出 ROM 的阵列图。
③ 根据阵列图对 ROM 进行编程。

【例 8.1】 用 ROM 设计 1 个 4 位二进制码转换为格雷码的代码转换电路。

解：

(1) 输入是 4 位自然二进制码 $B_3 \sim B_0$,输出是 4 位格雷码 $G_3 \sim G_0$,故选 $2^4 \times 4$ 的 ROM。

(2) 4 位二进制码转换为格雷码的真值表,即 ROM 的编程数据表如表 8.2 所列。由此可写出输出函数的最小项表达式为：

$$G_3 = \sum\nolimits_m (8,9,10,11,12,13,14,15)$$

$$G_2 = \sum\nolimits_m (4,5,6,7,8,9,10,11)$$

$$G_1 = \sum\nolimits_m (2,3,4,5,10,11,12,13)$$

$$G_0 = \sum\nolimits_m (1,2,5,6,9,10,13,14)$$

表 8.2 ROM 的编程数据表

字	二进制码 B_3 B_2 B_1 B_0	格雷码 G_3 G_2 G_1 G_0	字	二进制码 B_3 B_2 B_1 B_0	格雷码 G_3 G_2 G_1 G_0
W_0	0 0 0 0	0 0 0 0	W_8	1 0 0 0	1 1 0 0
W_1	0 0 0 1	0 0 0 1	W_9	1 0 0 1	1 1 0 1
W_2	0 0 1 0	0 0 1 1	W_{10}	1 0 1 0	1 1 1 1
W_3	0 0 1 1	0 0 1 0	W_{11}	1 0 1 1	1 1 1 0
W_4	0 1 0 0	0 1 1 0	W_{12}	1 1 0 0	1 0 1 0
W_5	0 1 0 1	0 1 1 1	W_{13}	1 1 0 1	1 0 1 1
W_6	0 1 1 0	0 1 0 1	W_{14}	1 1 1 0	1 0 0 1
W_7	0 1 1 1	0 1 0 0	W_{15}	1 1 1 1	1 0 0 0

(3) 用 ROM 实现码组转换的阵列图及逻辑符号图分别如图 8.22(a)、(b)所示。若制成固定 ROM,则交叉处制作有二极管或三极管即可;若用可编程 ROM 或可编程可擦除 ROM,只要根据需要写入相应的数据即可。ROM 中的地址译码器形成了输入变量的最小项,即实现了逻辑变量的"与"运算;ROM 中的存储矩阵实现了最小项的或运算,即形成了各个逻辑函数;与阵列中的垂直线 W_i 代表与逻辑,交叉圆点代表与逻辑的输入变量;或阵列中的水平线 D 代表或逻辑,交叉圆点代表字线输入。

【例 8.2】 用 ROM 实现 1 位二进制全加器。

解： 由 4.3.1 小节可写出一位全加器的最小项表达式为

$$C_i = \overline{A}BC_{i-1} + A\overline{B}C_{i-1} + AB\overline{C}_{i-1} + ABC_{i-1}$$

$$S_i = \overline{A}\,\overline{B}C_{i-1} + \overline{A}B\,\overline{C}_{i-1} + A\overline{B}\,\overline{C}_{i-1} + ABC_{i-1}$$

其中,A_i、B_i 为 2 个加数,C_{i-1} 为低位进位,S_i 为本位的和,C_i 为本位的进位。根据上式,可画出全加器的 ROM 阵列图如图 8.23 所示。

【例 8.3】 用 ROM 实现下列逻辑函数：

第 8 章 半导体存储器

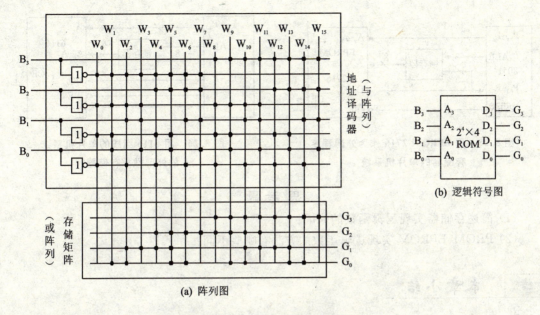

图 8.22 例 8.1 阵列图和逻辑符号图

$$F_1 = A\bar{B} + \bar{A}B$$
$$F_2 = AB + \bar{A}\bar{B}$$
$$F_3 = AB$$

解：输入是 2 位变量，输出是 3 个函数，故选 $2^2 \times 4$ 的 ROM。由表达式画出 ROM 的阵列图如图 8.24 所示。多出的一根数据线未画。

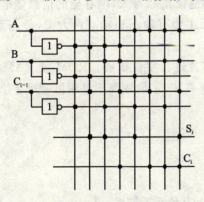

图 8.23 例 8.2 全加器 ROM 阵列图

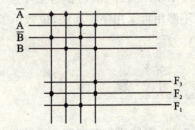

图 8.24 例 8.3 的 ROM 阵列图

*8.5.2 存储数据、程序

在单片机系统中，含有一定单元的程序存储器 ROM（用于存放编好的程序和表格或常数）和数据存储器 RAM。如图 8.25 所示的是用 EPROM 2716 作为外部程序存储器的单片机系统。如图 8.26 所示的是用 6116 组成的单片机系统的外部数据存储器。

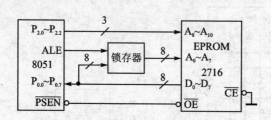

图 8.25 用 EPROM 2716 作为外部程序存储器的单片机系统

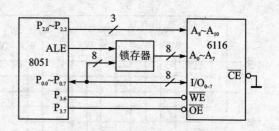

图 8.26 用 6116 组成的单片机系统的外部数据存储器

思 考 题

(1) 简述存储器实现逻辑函数的原因。

(2) PROM、EPROM 实现逻辑函数的方法有哪些不同？

☞ 本章小结

存储器是现代数字系统中重要的组成部分，其主要功能是存放数据、指令等信息。存储器有只读存储器 ROM、随机存取存储器 RAM 两大类。

ROM 是一种非易失性的存储器，它存储的是固定信息，只能读出，不能随便写入。常见的有固定 ROM、PROM、EPROM、E^2PROM 和快闪存储器等，而 EPROM、E^2PROM 和快闪存储器更为常见，应用更为广泛。

RAM 是随机存取存储器，它存储的信息可以方便地读出和写入，但存储的信息随电源断电而消失，是一种易失性的读/写存储器。其存储单元主要有静态和动态两大类，静态 RAM 的信息可以长久保持，而动态 RAM 必须定期刷新。

一片 ROM 或 RAM 存储容量不够用时，可以用多片进行字位扩展。ROM 或 RAM 存储器字数不够用可采用字扩展法，位数不够用可采用位扩展法，字位数都不够用可采用字位同时扩展法。

☞ 习 题

题 8.1 存储器和寄存器在电路结构和工作原理上有什么不同？

题 8.2 ROM 和 PROM、EPROM 及 E^2PROM 有什么相同和不同之处？

题 8.3 现有容量为 256×8 bit ROM 一片，试回答：

(1) 该片 ROM 共有多少个存储单元？

(2) ROM 共有多少个字？字长多少位？

(3) 该片 ROM 共有多少条地址线？

(4) 访问该片 ROM 时，每次会选中多少个存储单元？

题 8.4 RAM 2114(1 024×4 bit)的存储矩阵为 64×64，它的地址线、行选择线、列选择线、输入/输出数据线各是多少？

第8章 半导体存储器

题 8.5　试用 2114(1 024×4 bit)扩展成 1 024×8 bit 的 RAM，画出连接图。

题 8.6　把 256×2 bit 的 RAM 扩展成 512×4 bit 的 RAM，说明各片的地址范围。

题 8.7　已知 ROM 的阵列图如图 8.27 所示，请写出该图的逻辑函数表达式，并说明其逻辑功能。

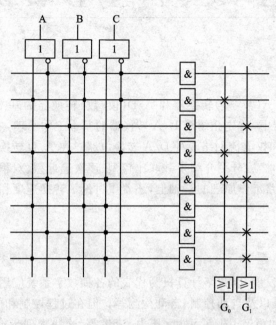

图 8.27　题 8.7 图

题 8.8　试用 8×3 PROM 实现下列逻辑函数，画出实现的阵列图。

$$F_1(A, B, C) = \overline{A}B + \overline{A}\,\overline{C} + BC$$

$$F_2(A, B, C) = \sum\nolimits_m (2, 4, 5, 7)$$

$$F_3(A, B, C) = \overline{A}\,\overline{B}\,\overline{C} + A\overline{B}C + AB\overline{C} + ABC$$

题 8.9　用 ROM 实现 8421BCD 码转换为余 3 码电路。

第 9 章 D/A 转换和 A/D 转换

本章主要介绍了 D/A(数/模)转换器和 A/D(模/数)转换器的基本工作原理和常见的典型电路。在 D/A 转换器中,首先介绍了 D/A 转换器的基本工作原理,然后分别介绍了权电阻网络、倒 T 型电阻网络和权电流网络 3 种 D/A 转换电路。在 A/D 转换器中,首先介绍了 A/D 转换器的基本工作原理,然后分别介绍了并联比较型、逐次逼近型、双积分型 3 种 A/D 转换电路。在讲述各种转换电路工作原理的基础上,还着重讨论了转换速度和转换精度问题。

9.1 概 述

数字电子技术飞速发展,以数字计算机为代表的各种数字系统应用越来越广泛。例如,数字彩色电视机、数字空调以及自动控制、自动检测等。但在过程控制和信息处理中遇到的大多是连续变化的物理量,如声音、图像、温度、压力、流量等,这些物理量经过传感器可以变成电压、电流等模拟电信号。要用计算机或数字控制电路处理这些信号,就必须把模拟信号转换为数字信号。同时,数字系统处理的信号通常需要转换为模拟信号作为最后的输出以驱动控制对象,从而实现自动控制,如数字彩色电视机或计算机输出的声音、图像等信号。

我们把从模拟信号到数字信号的转换称为模-数转换,或称为 A/D(Analog to Digital)转换,把后一种从数字信号到模拟信号的转换称为数-模转换,或称为 D/A(Digital to Analog)转换。同时,把实现 A/D 转换的电路称为 A/D 转换器(Analog Digital Converter,ADC);把实现 D/A 转换的电路称为 D/A 转换器(Digital Analog Converter,DAC)。

D/A 转换器和 A/D 转换器是数字系统和模拟系统互相联系的桥梁,是数字电路和模拟电路的中间接口电路,是数字系统不可缺少的组成部分。例如,要用计算机对生产过程进行实时控制,其控制过程原理图如图 9.1 所示。

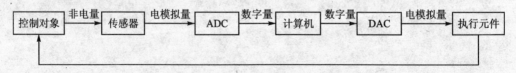

图 9.1 计算机对生产过程进行实时控制原理图

在目前常见的 D/A 转换器中,主要有权电阻网络 D/A 转换器、倒 T 形电阻网络 D/A 转换器、权电容网络 D/A 转换器以及权电流型 D/A 转换器等类型。A/D 转换器的类型也有多种,可以分为直接 A/D 转换器和间接 A/D 转换器两大类。在直接 A/D 转换器中,输入的模拟信号直接被转换成相应的数字信号;而在间接 A/D 转换器中,输入的模拟信号先被转换成某种中间变量(如时间、频率等),然后再将中间变量转换为最后的数字量。直接 A/D 转换器主要有逐次渐近型、并联比较型等,间接 A/D 转换器主要有双积分型、压频变换型等。另外,在数字信号的输入方式上 D/A 转换器有串行输入和并行输入 2 种方式,在数字信号的输出方式上 A/D 转换器同样有串行输出和并行输出 2 种方式。

为了准确、快速地处理信号,D/A 转换器和 A/D 转换器必须有足够高的转换速度和转换精度。转换速度和转换精度是衡量 D/A 转换器和 A/D 转换器性能优劣的主要标志。目前 D/A 转换器和 A/D 转换器的各种集成芯片正朝着高速度、高精度的方向发展。

思 考 题

(1) D/A 转换器和 A/D 转换器有什么作用?
(2) D/A 转换器和 A/D 转换器主要有哪些类型?

9.2 D/A 转换器

9.2.1 D/A 转换器的基本工作原理

D/A 转换器(DAC)是将输入的二进制数字信号转换成模拟信号,以电压或电流的形式输出的电路。D/A 转换器主要由电阻译码网络、模拟开关、基准电源和求和运算放大器 4 部分组成。D/A 转换器芯片内还设置有数据锁存器以暂存二进制输入数据。如图 9.2 所示为数-模转换的示意图,图中 $D_0 \sim D_{n-1}$ 为输入的 n 位二进制数字量,D_0 为最低位(LSB),D_{n-1} 为最高位(MSB),U_o 为输出的模拟量,V_{ref} 为实现转换所需的参考电压(又

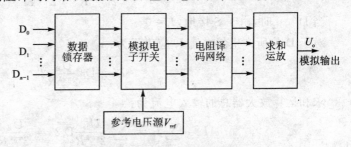

图 9.2 数-模转换的示意图

称基准电压)。数字量 $D_0 \sim D_{n-1}$ 控制模拟电子开关,将参考电压源 V_{ref} 按位切换到电阻译码网络中变成加权电流,然后经运放求和,输出相应的模拟电压,完成 D/A 转换过程。

图 9.2 中输出模拟电压 U_o 和输入数字量 D 之间成正比关系,即 $U_o = KD$,式中 K 为常数,与参考电压有关。D/A 转换器类型很多,本节介绍权电阻网络、倒 T 型电阻网络和权电流型 D/A 转换器的工作原理。

9.2.2 D/A 转换器的主要电路形式

1. 权电阻网络 D/A 转换器

如图 9.3 所示为 n 位权电阻网络 D/A 转换器,它由数据锁存器、权电阻网络、模拟开关和运算放大器组成。U_R 为基准电压 V_{ref},电阻网络的各电阻的值呈二进制权的关系,并与输入二进制数字量对应的位权成比例关系。

图 9.3 中数据锁存器用来暂时存放输入的数字信号 $D_i(i = 0 \sim n-1)$。n 位寄存器的并行输出分别控制 n 个模拟开关的工作状态。通过模拟开关,将参考电压按权关系加到权电阻网

络。当 $D_i=1$ 时，S_i 将电阻网络中相应的电阻 R_i 和基准电压 U_R 接通；当 $D_i=0$ 时，S_i 将电阻 R_i 接地。

权电阻值的选择应使流过各电阻支路的电流 I_i 和对应 D_i 位的权值成正比。例如，数码最高位 D_{n-1}，其权值为 2^{n-1}，驱动开关为 S_{n-1}，连接的电阻 $R_{n-1}=2^{n-1-(n-1)}R=2^0R$；最低位 D_0，驱动开关 S_0，连接的权电阻为 $R_0=2^{n-1-(0)}R=2^{n-1}R$。对

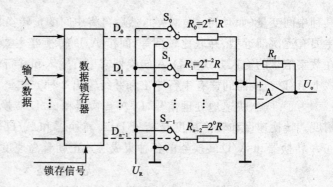

图 9.3 权电阻 DAC 电路原理图

于任意位 D_i，其权值为 2^i，驱动开关 S_i，连接的权电阻值为 $R_i=2^{n-1-i}R$，即位权(i)越大，对应的权电阻值就越小。权电阻网络由 n 个电阻($2^0R \sim 2^{n-1}R$)组成。

集成运算放大器，作为求和权电阻网络的缓冲，主要是减小输出模拟信号负载变化的影响，并将电流转换为电压输出。

当 $D_i=1$ 时，S_i 将相应的权电阻 $R_i=2^{n-1-i}R$ 与基准电压 U_R 接通，此时，运算放大器负输入端为虚地，因此该支路产生的电流为：

$$I_i = \frac{U_R}{2^{n-1-i}R} = \frac{U_R}{2^{n-1}R}2^i$$

当 $D_i=0$ 时，由于 S_i 接地，$I_i=0$。

对于 D_i 位所产生的电流 I_i 应表示为：

$$I_i = D_i \frac{U_R}{2^{n-1}R}2^i$$

求和运算放大器总的输入电流为：

$$I = \sum_{i=0}^{n-1} I_i = \sum_{i=0}^{n-1} \frac{U_R}{2^{n-1}R}D_i 2^i = \frac{U_R}{2^{n-1}R}\sum_{i=0}^{n-1} D_i 2^i \qquad (9-1)$$

对于 n 位的权电阻 D/A 转换器，其输出电压为运算放大器的输出电压：

$$U_o = -R_f I = -\frac{R_f U_R}{2^{n-1}R}\sum_{i=0}^{n-1} D_i 2^i \qquad (9-2)$$

若 $R_f=1/2R$，代入上式后则得：

$$U_o = -\frac{R_f U_R}{2^{n-1}R}\sum_{i=0}^{n-1} D_i 2^i = -\frac{U_R}{2^n}\sum_{i=0}^{n-1} D_i 2^i \qquad (9-3)$$

当 $D=D_{n-1} \sim D_0=00 \sim 0$ 时，最小输出电压 $V_{min}=0$。

当 $D=D_{n-1} \sim D_0=11 \sim 1$ 时，最大输出电压为：

$$U_{max} = -\frac{2^n-1}{2^n}U_R$$

可见 U_o 的变化范围是 $0 \sim \frac{2^n-1}{2^n}U_R$。

从上式可见，输出模拟电压 U 的大小与输入二进制数的大小成正比，实现了数字量到模拟量的转换。

权电阻网络 D/A 转换器的优点是电路结构简单，转换速度也比较快，适用于各种权码；主

要缺点是构成网络电阻的阻值范围较宽,品种较多。为保证 D/A 转换的精度,要求电阻的阻值很精确,这给生产带来了一定的困难,在集成电路中很少采用。

2. 倒 T 型电阻网络 D/A 转换器

图 9.4 为 n 位 $R-2R$ 倒 T 型 D/A 转换器。此 D/A 转换器由数据锁存器、R、$2R$ 两种阻值的电阻构成的倒 T 型电阻网络、模拟开关和运算放大器组成(图中未画数据锁存器)。输入数字量 $D_0 \sim D_{n-1}$ 分别控制模拟电子开关 $S_0 \sim S_{n-1}$ 的工作状态。当 D_i 为"1"时,开关 S_i 接通右边,相应的支路电流流入运算放大器;当 D_i 为"0"时,开关 S_i 接通左边,相应的支路电流流入地。

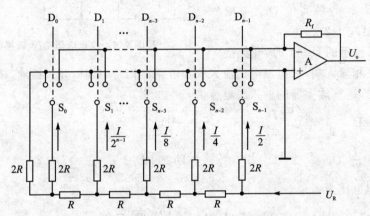

图 9.4 n 位 $R-2R$ 倒 T 型 D/A 转换器

根据运算放大器的虚短特性可知,数码 D_i 无论是 0 还是 1,开关 S_i 都相当于接地。从图 9.4 中可以看出,由 U_R 向里看的等效电阻为 R,由 U_R 流出的总电流 I 是固定不变的,其值为 $I=U_R/R$。由于总电流 I 每经过一个节点,电流被分流一半,因而流入 $2R$ 支路的电流从右至左按 2 的倍速递减。流入运算放大器的总电流为:

$$I_\Sigma = D_{n-1}\frac{I}{2^1} + D_{n-2}\frac{I}{2^2} + \cdots + D_1\frac{I}{2^{n-1}} + D_0\frac{I}{2^n}$$

$$= \frac{I}{2^n}(D_{n-1}2^{n-1} + D_{n-2}2^{n-2} + \cdots + D_1 2^1 + D_0 2^0) = \frac{I}{2^n}\sum_{i=0}^{n-1}D_i 2^i \quad (9-4)$$

运算放大器的输出电压为:

$$U_o = -I_\Sigma R_f = -\frac{IR_f}{2^n}\sum_{i=0}^{n-1}D_i 2^i \quad (9-5)$$

若 $R_f = R$,并将 $I = U_R/R$ 代入上式,则有:

$$U_o = -\frac{U_R}{2^n}\sum_{i=0}^{n-1}D_i 2^i \quad (9-6)$$

由式(9-5)可以看出,输出模拟电压正比于数字量的输入。由于倒 T 型 D/A 转换器的模拟开关不管处于什么位置,流过各支路 $2R$ 的电流总是接近于恒定值,并且直接流入运算放大器的反相输入端,它们之间不存在传输时间差,具有较高的工作速度。该 D/A 转换器只采用 R 和 $2R$ 这两种电阻,故在集成芯片中应用非常广泛,是目前 D/A 转换器中速度最快的一种。

3. 权电流型 D/A 转换器

上述几种 D/A 转换器,模拟开关都是串联接于各支路中,它的导通电阻不可避免地要产生压降,引起转换误差。为了克服这一缺点,提高 D/A 转换器的转换精度,产生了权电流型 D/A 转换器,又称为电流激励 D/A 转换器。

如图 9.5 是 n 位权电流型 D/A 转换器的基本工作原理电路图,在图 9.5 中,电阻网络被呈二进制"权"关系的恒流源所代替。输入数字量 $D_0 \sim D_{n-1}$ 通过模拟开关 $S_0 \sim S_{n-1}$ 分别控制相应的恒流源连接到输入端或地。$S_0 \sim S_{n-1}$(D_i)分别对应的电流源为 $I/2^{n-i}$,最高位 D_{n-1} 对应 $I/2$,最低位 D_0 对应 $I/2^n$。

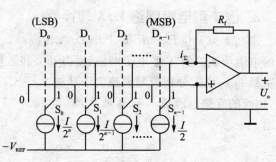

图 9.5 权电流型 D/A 转换器

当如图 9.5 所示的 $D_i = 1$ 时,开关接运算放大器的反相输入端,相应权电流流入求和电路;当 $D_i = 0$ 时,开关接地,相应权电流流入地。故容易得出,运算放大器的输入总电流为:

$$I_\Sigma = D_{n-1}\frac{I}{2^1} + D_{n-2}\frac{I}{2^2} + \cdots + D_1 \frac{I}{2^{n-1}} + D_0 \frac{I}{2^n}$$

$$= \frac{I}{2^n}(D_{n-1}2^{n-1} + D_{n-2}2^{n-2} + \cdots + D_1 2^1 + D_0 2^0) = \frac{I}{2^n}\sum_{i=0}^{n-1} D_i 2^i \quad (9-7)$$

这时的输出电压为:

$$U_o = -I_\Sigma R_f = -\frac{IR_f}{2^n} \sum_{i=0}^{n-1} D_i 2^i \quad (9-8)$$

由式(9-8)可以看出,输出模拟电压和输入的数字量成正比。

如图 9.6 所示为常用的恒流源电路,固定 V_B、V_{EE},改变 R_{Ei} 可以得到不同的恒流源电流 I_i。I_i 不受电子开关的影响,采用恒流源后,减小了模拟开关引起的误差,提高了 D/A 转换器的转换精度。

4. 模拟开关

D/A 转换器中使用的模拟开关,在工作时应当具备下列特点:其一、开关的状态由输入的数字信号的状态(0 或 1)控制,这一点和门电路对反相器的要求一样;其二,因为它传输的是

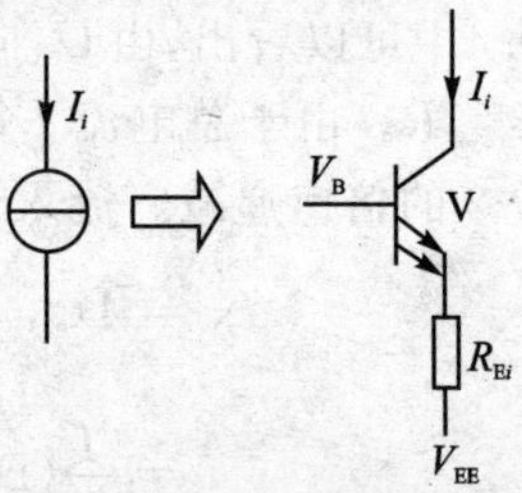

图 9.6 权电流型 D/A 转换器的恒流源结构

模拟信号,所以要求开关的接通和断开不能影响被传送的模拟信号大小,也就是要求它的开关特性尽可能接近理想。而逻辑开关只要能区分开、关状态的高、低电平即可,允许高、低电平有一定的变化范围。显然,对模拟开关的要求比普通的逻辑开关要高得多。我们把具有第 2 个特点的开关电路,称为模拟开关。

按照所使用的开关元件的不同,常用的模拟开关有双极型三极管构成的双极型模拟开关和场效应管构成的单极型模拟开关两大类。在双极型模拟开关中,虽然电路结构形式多种多样,但不外乎饱和型和非饱和型 2 种。饱和型开关速度较低,非饱和型开关速度较高。单极型模拟开关由结型管或 MOS 管构成,目前主要由 MOS 管构成。例如,在第 3 章介绍的 CMOS 模拟开关就是其中一种。模拟开关已制作在 D/A 转换器芯片内部,不同类型的 D/A 转换器,其芯片内的模拟开关电路结构也有所不同,具体电路这里就不介绍了。

9.2.3 D/A 转换器的主要技术指标

1. 分辨率

输入数字量仅最低位为 1 对应的输出电压称为最小输出电压,输入数字量各有效位全为 1 对应的输出电压称为最大输出电压。分辨率是指 D/A 转换器的最小输出电压与最大输出电压之比值。n 位 D/A 转换器的分辨率为:

$$\text{分辨率} = \frac{1}{2^n - 1} \tag{9-9}$$

由式(9-9)可见,n 越大,分辨率越高,转换时对输入量的微小变化的反应越灵敏。分辨最小输出电压的能力也越强。例如,$n=8$,D/A 转换器的分辨率=$1/(2^8-1)=0.0039$。

2. 转换精度

转换精度是实际输出值与理论模拟输出电压的最大差值。这种差值由转换过程各种误差综合引起,主要包括非线性误差、比例系数误差、漂移误差等。非线性误差是电子开关的导通电压降和电阻网络电阻值偏差产生的;比例系数误差是参考电压 U_R 的偏离而引起的误差,因 U_R 是比例系数,故称之为比例系数误差;漂移误差是由运算放大器零点漂移产生的误差。当输入数字量为 0 时,由于运算放大器的零点漂移,输出模拟电压并不为 0,这使输出电压特性与理想电压特性产生一个相对位移。因此,要获得高精度的 D/A 转换器应该选用高精度、低漂移的运算放大器和高稳定度的 U_R。

3. 建立时间

从数字信号输入起,到输出电流(或电压)达到稳态值所需的时间为建立时间,又称为转换时间。建立时间的大小决定了转换速度。目前 10~12 位单片集成 D/A 转换器(不包括运算放大器)的建立时间可以在 1 μs 以内。

除上述技术指标外,还有输入电阻、输入电容、输出电阻、输出电容、温度系数、功率消耗和输出电压范围等技术指标。

9.2.4 常用集成 D/A 转换器简介

1. DAC0830 系列

DAC0830 系列包括 DAC0830、DAC0831 和 DAC0832。该系列电路采用双缓冲寄存器,能方便地应用于多个 D/A 转换器同时工作的场合。数据输入能以双缓冲、单缓冲或直接通过 3 种方式工作。DAC0830 系列各电路的原理、结构及功能都相同,参数指标略有不同。下面以 8 位集成 D/A 转换器 DAC0832 为例进行说明。

DAC0832 是常用的集成 D/A 转换器,它是用 CMOS 工艺制成的双列直插式单片 8 位 D/A 转换器,可以直接与 Z80、8080、8085、MCS51 等微处理器相连接。其结构框图与引脚图如图 9.7 所示。

DAC0832 由 1 个 8 位输入寄存器、1 个 8 位 D/A 转换器寄存器和 1 个 8 位 D/A 转换器三大部分组成。由于 DAC0832 有 2 个可以分别控制的数据寄存器,可以实现 2 次缓冲,所以使用时有较大的灵活性,可根据需要接成不同的工作方式。DAC0832 中采用了倒 T 型 R-$2R$ 电阻网络,DAC0832 中无运算放大器,且是电流输出,使用时须外接运算放大器。芯片

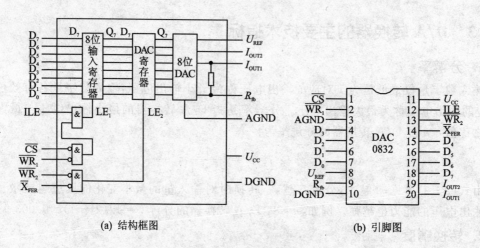

(a) 结构框图   (b) 引脚图

图 9.7 集成 DAC0832 结构框图与引脚图

中已设置了 R_{fb}，只要将引脚 9 接到运算放大器的输出端即可。若运算放大器增益不够，还须外加反馈电阻。DAC0832 芯片上各引脚的名称和功能如下。

    ILE   输入锁存允许信号，输入高电平有效。

    $\overline{CS}$ 片选信号，输入低电平有效。

    $\overline{WR}_1$ 输入数据选通信号，输入低电平有效。

    $\overline{WR}_2$ 数据传送选通信号，输入低电平有效。

    $\overline{X}_{FER}$ 数据传送选通信号，输入低电平有效。

    $D_7 \sim D_0$ 8 位输入数据信号。

    U_{REF} 参考电压输入。一般此端外接一个精确稳定的电压基准源。U_{REF} 可在 $-10 \sim +10\ V$ 范围内选择。

    R_{fb} 反馈电阻（内已含 1 个反馈电阻）接线端。

    I_{OUT1} DAC 输出电流 1。此输出信号一般作为运算放大器的一个差分输入信号（一般接反相端）。当 DAC 寄存器中的各位为 1 时，电流最大；为全 0 时，电流为 0。

    I_{OUT2} DAC 输出电流 2。它作为运算放大器的另一个差分输入信号（一般接地）。I_{OUT1} 和 I_{OUT2} 满足如下关系：$I_{OUT1} + I_{OUT2} =$ 常数。

    U_{CC} 数字部分电源输入端。U_{CC} 可在 $+5 \sim +15\ V$ 范围内取值（一般取 $+5\ V$）。

    D_{GND} 数字电路地。

    A_{GND} 模拟电路地。

从 DAC0832 的内部控制逻辑分析可知，当 ILE、$\overline{CS}$ 和 $\overline{WR}_1$ 同时有效时，LE_1 为高电平，在此期间，输入数据 $D_7 \sim D_0$ 进入输入寄存器。当 $\overline{WR}_2$ 和 $\overline{X}_{FER}$ 同时有效时，LE_2 为高电平，在此期间，输入寄存器的数据进入 DAC 寄存器。8 位 D/A 转换电路随时将 DAC 寄存器的数据转换为模拟信号（$I_{OUT1} + I_{OUT2}$）输出。

    DAC0832 的使用有双缓冲器型、单缓冲器型和直通型等 3 种工作方式，如图 9.8 所示。

    双缓冲器型如图 9.8(a)所示。首先 $\overline{CS}$ 接低电平，将输入数据先锁存在输入寄存器中。当需要 D/A 转换时，再将 $\overline{WR}_2$ 接低电平，将数据送入 DAC 寄存器中并进行转换，工作方式为两

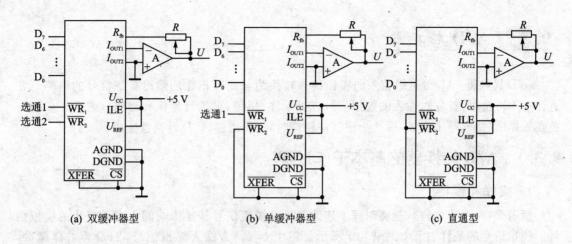

图 9.8 DAC0832 的 3 种工作方式

级缓冲方式。

单缓冲器型如图 9.8(b)所示。DAC 寄存器处于常通状态，当需要 D/A 转换时，将 $\overline{WR_1}$ 接低电平，使输入数据经输入寄存器直接存入 DAC 寄存器中并进行转换。工作方式为单缓冲方式，即通过控制一个寄存器的锁存，达到使 2 个寄存器同时选通及锁存。

直通型如图 9.8(c)所示。2 个寄存器都处于常通状态，输入数据直接经 2 寄存器到 D/A 转换器进行转换，故工作方式为直通型。实际应用时，要根据控制系统的要求来选择工作方式。

2. 10 位 CMOS DAC AD7533

AD7533 是单片集成 D/A 转换器，与早期产品 AD7530、AD7520 完全兼容。它由一组高稳定性能的倒 $R-2R$ 电阻网络和 10 个 CMOS 开关组成。AD7533 引脚图如图 9.9 所示，使用时需外接参考电压和求和运算放大器，将 D/A 转换器的电流输出转换为电压输出。AD7533 既可作为单极性使用，也可作为双极性使用。

实际应用中还有很多种 D/A 转换器，例如 AC1002、DAC1022、DAC1136、DAC1222、DAC1422 等，用户在使用时，可查阅相关的手册。

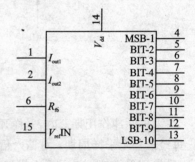

图 9.9 AD7533 引脚图

思 考 题

(1) 在倒 T 型 D/A 转换器中，流经 $2R$ 支路中电流的大小与电子模拟开关的位置是否有关？说明原因。

(2) 权电流型 D/A 转换器和电阻网络 D/A 转换器相比有什么优点？

(3) D/A 转换器的位数与分辨率有什么关系？

9.3　A/D 转换器

A/D 转换器(ADC)是把输入的模拟信号转换为与之成正比的输出数字信号的电路。在进行 A/D 转换时,首先对输入的模拟信号进行采样、保持,再进行量化和编码。前 2 个步骤一般在采样-保持电路中完成,后 2 个步骤在保持时间内,通过 A/D 转换器完成。

9.3.1　A/D 转换器的基本工作过程

1. 采样和保持

所谓采样(也称取样),是将时间上连续变化的模拟信号转换为时间上离散变化的模拟信号。模拟信号的采样过程如图 9.10 所示。图中 $U_i(t)$ 为输入模拟信号,$S(t)$ 为采样脉冲,$U'_o(t)$ 为采样后的输出模拟信号。采样过程的实质就是将连续变化的模拟信号变成一串等距不等幅的脉冲,脉冲的幅度取决于输入模拟量。

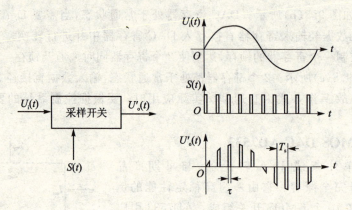

图 9.10　采样过程

在采样脉冲作用期 τ 内,采样开关接通,使 $U'_o(t)=U_i(t)$,在其他时间 $(T_s-\tau)$ 内,输出为 0。每经过一个采样周期,对输入信号采样一次,在输出端便得到输入信号的一个采样值。为了正确地用采样信号表示输入模拟信号,要求采样脉冲必须有足够高的频率。可以证明,一个频率有限的模拟信号,其采样脉冲频率 f_s 必须大于等于输入模拟信号包含的最高频率 f_{imax} 的 2 倍,才能不失真地恢复原来的输入信号。即采样频率必须满足:

$$f_s \geqslant 2f_{imax} \tag{9-10}$$

式 (9-10) 称为采样定理,在满足式 (9-10) 的条件下,可以用低通滤波器将采样输出信号还原为输入模拟信号。对低通滤波器传输系数的频率特性,有较高的要求。

根据采样定理可知,A/D 转换器的采样频率越高越好,但采样频率越高,留给每次进行转换的时间也相应地缩短,这就要求转换电路必须有更高的工作速度。对采样频率要有所限制,通常取 $f_s=(3\sim5)f_{imax}$,即可满足要求。

模拟信号经采样后,得到一系列样值脉冲,采样脉冲宽度 τ 一般是很短暂的,采样的宽度往往是很窄的。为了使 A/D 转换器有时间进行 A/D 转换,在下一个采样脉冲到来之前,应暂时保持所取得的样值脉冲幅度,以便进行转换,这个过程称为保持。为此,在采样电路之后须

D/A 转换和 A/D 转换
第 9 章

加保持电路。采样保持一般由同一电路完成,一起总称为采样保持电路。如图 9.11(a)所示是一种常见的采样保持电路。图中场效应管 V 为采样门,一般为 NMOS 管,用做电子模拟开关,其导通电阻很小,受采样脉冲 $S(t)$ 控制;电容 C 为存储电容,用于存储样值信号,要求其品质优良,漏电流极小;运算放大器为电压跟随器,其输入阻抗极高,起缓冲隔离作用。采样保持电路工作过程如下:

在采样脉冲 $S(t)$ 到来的时间 τ 内($S(t)=1$),场效应管 V 导通,输入模拟量 $U_i(t)$ 向电容充电,假定充电时间常数远小于 τ,那么 C 上的充电电压能及时跟上 $U_i(t)$ 的采样值,在 τ 期间内 $U_C(t)=U_i(t)$。$S(t)=0$ 采样结束,V 迅速截止,电容 C 上的充电电压就保持了前一采样时间 τ 的输入 $U_i(t)$ 的值,在 $T_s-\tau$ 时间内保持不变,一直保持到下一个采样脉冲到来为止。当下一个采样脉冲到来,电容 C 上的电压 $U_C(t)$ 再按输入 $U_i(t)$ 变化。输出电压 $U_o(t)$ 始终跟随电容 C 上的电压 $U_C(t)$ 变化,在输入一连串采样脉冲序列后,采样保持电路的缓冲放大器输出电压 $U_o(t)$ 的波形如图 9.11(b)所示。每次采样结束保持期内的输出电压 $U_o(t)$ 为 A/D 转换器输入的样值电压,以便进行量化和编码。

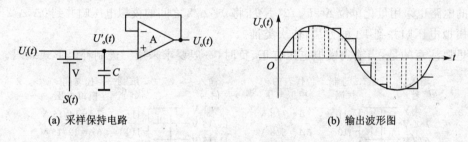

(a) 采样保持电路　　　　　　　　　(b) 输出波形图

图 9.11　采样保持电路及输出波形

2. 量化和编码

量化编码电路的任务就是将采样保持后的输出信号转换成一组 n 位的二进制数输出。由于采样保持后的输出信号是阶梯波,该阶梯波仍是一个可以连续取值的模拟量,无法用位数有限的二进制数字信号完全表达(n 位二进制数只能表示 2^n 个数值)。因此,用数字量来表示连续变化的模拟量时,必须将采样后的样值电平归化到与之接近的离散电平上,这个过程称为量化。指定的离散电平称为量化电平,量化电平可以用某个最小量单位的整数倍来表示,显然,数字信号最低位 1 对应的模拟电压就是量化单位,用 Δ 表示。在量化时,将采样后的样值电平归化到量化单位的整数倍,但样值电压一般不能被 Δ 整除,非整数部分的余数被舍去,必然会产生误差,这个误差称为量化误差,用 δ 表示,最大等于 Δ。A/D 转换器的位数越多,量化单位就越小,量化误差也越小。用二进制数码来表示各个量化电平的过程称为编码。这些二进制数码就是 A/D 转换的输出结果。

量化的方法一般有 2 种:只舍不入法和有舍有入法,这是一个类似于四舍五入的近似问题。

(1) 只舍不入法

取量化单位 $\Delta=U_m/2^n$(其中 U_m 为输入模拟电压的最大值,n 为输出数字代码的位数),将 $0\sim\Delta$ 之间的模拟电压归并到 0Δ,$1\Delta\sim2\Delta$ 之间的模拟电压归并到 1Δ,依次类推。这种方法把不足一个 Δ 的尾数舍去,取其原整数,产生的最大误差为 Δ。

例如，把 0~1 V 的模拟电压转化为 3 位二进制代码，则 $\Delta=1/2^3$ V$=1/8$ V。0~1/8 V 的模拟电压归并到 0Δ，用二进制数 000 表示；1/8~2/8 V 的模拟电压归并到 1Δ，用二进制数 001 表示；2/8~3/8 V 的模拟电压归并到 2Δ，用二进制数 010 表示，依次类推，如图 9.12(a) 所示。此时产生的最大误差为 1/8 V。

(2) 有舍有入法

为了减小量化误差，常常采用有舍有入的方法，即最小量化单位 $\Delta=2U_m/(2^{n+1}-1)$，将 $0\sim\Delta/2$ 之间的模拟电压归并到 0Δ，$\Delta/2\sim3\Delta/2$ 之间的模拟电压归并到 1Δ，依次类推。这种方法把不足 $\Delta/2$ 的尾数舍去，取其原整数，产生的最大误差为 $\Delta/2$。

在上面例子中，取 $\Delta=2/(2^{3+1}-1)$ V$=2/15$ V，将 0~1/15 V 之间的模拟电压归并到 0Δ，用二进制数 000 表示；1/15~3/15 V 之间的模拟电压归并到 1Δ，用二进制数 001 表示；依次类推，如图 9.12(b) 所示。此时产生的最大误差为 1/15 V，比第 1 种方法误差要小。这个道理不难理解，因为这种方法把每个二进制代码所对应的模拟电压值规定为它所对应的模拟范围的中点，所以最大量化误差自然不会超过 $\Delta/2$。

有的电路也采用量化单位 $\Delta=U_m/2^n$ 不变，将 $0\sim\Delta/2$ 之间的模拟电压归并到 0Δ，$\Delta/2\sim3\Delta/2$ 之间的模拟电压归并到 1Δ 的方法，依次类推。

这里要注意的是，当输入模拟电压有正、负时，一般要求采用二进制补码形式编码。

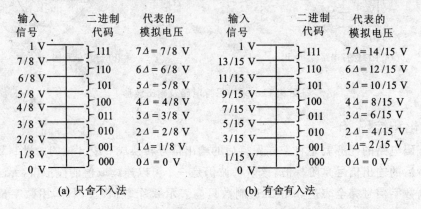

图 9.12 划分量化电平的两种方法

9.3.2 A/D 转换器的主要电路形式

A/D 转换器电路分成直接法和间接法两大类。直接法是通过一套基准电压与取样保持电压进行比较，从而将模拟信号直接转换成数字信号。其特点是工作速度高，转换精度容易保证，调准也比较方便。间接法是将取样后的模拟信号先转换成一个中间量（时间 t 或频率 f），然后再将 t 或 f 转换成数字量。其特点是工作速度较低，但转换精度可以做得较高，且抗干扰性强，一般在测试仪表中用得较多。下面介绍几种常用的 A/D 转换器。

1. 逐次渐近式 A/D 转换器

逐次渐近式 A/D 转换器又称为逐次逼近 A/D 转换器，是目前用得较多的一种直接型 A/D 转换器。如图 9.13 所示为逐次渐近式 A/D 转换器的工作原理框图，其电路一般由电压比较器、电压输出型 D/A 转换器、寄存器、控制逻辑和时钟脉冲源 5 个部分组成。

这种转换器是将转换的模拟电压 U_i 与一系列的基准电压比较。比较是从高位到低位逐位进行的,并依次确定各位数码是 1 还是 0。转换开始前,先将逐位逼近寄存器(SAR)清 0。转换控制信号 U_L 为有效电平(1 或 0)开始转换,控制逻辑首先将逐位逼近寄存器(SAR)的最高位置 1,使其输出为 100…000,这个数码被 D/A 转换器转换成相应的模拟电压 U_o,送至比较器与输入 U_i 比较。若 $U_o > U_i$,说明

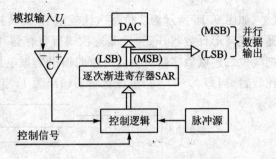

图 9.13 逐次渐进型 ADC 的结构框图

寄存器输出的数码大了,应将最高位改为 0(去码),同时设次高位为 1;若 $U_o \leqslant U_i$,说明寄存器输出的数码还不够大,需将最高位设置的 1 保留(加码),同时也设次高位为 1。然后,再按同样的方法进行比较,确定次高位的 1 是去掉还是保留(即去码还是加码)。这样逐位比较下去,一直到最低位为止。比较完毕后,寄存器中的状态就是转化后的数字输出。输出方式为并行输出。上述比较过程如同用天平称量未知重量物体的操作程序一样,只是所用砝码依次减半而已。

例如,一个待转换的模拟电压 $U_i = 163$ mV,逐位逼近寄存器(SAR)的数字量为 8 位,则整个比较过程如表 9.1 所列,D/A 转换器的输出反馈电压如图 9.14 所示。

表 9.1 $U_i = 163$ mV 的逐次比较过程

步骤	SAR 设定的数码								十进制读数	比较判别	结果
	128	64	32	16	8	4	2	1			
1	1	0	0	0	0	0	0	0	128	$U_i \geqslant U_o$	留
2	1	1	0	0	0	0	0	0	192	$U_i < U_o$	去
3	1	0	1	0	0	0	0	0	160	$U_i \geqslant U_o$	留
4	1	0	1	1	0	0	0	0	176	$U_i < U_o$	去
5	1	0	1	0	1	0	0	0	168	$U_i < U_o$	去
6	1	0	1	0	0	1	0	0	164	$U_i < U_o$	去
7	1	0	1	0	0	0	1	0	162	$U_i \geqslant U_o$	留
8	1	0	1	0	0	0	1	1	163	$U_i = U_o$	留
结果	1	0	1	0	0	0	1	1	163		

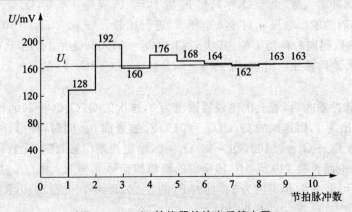

图 9.14 D/A 转换器的输出反馈电压

如图 9.15 所示为 3 位逐次比较型 A/D 转换电路的原理图。图中，$F_1 \sim F_5$ 这 5 个 D 触发器构成环形计数器，$F_A \sim F_C$ 是逐次逼近寄存器和 1～5 号门组成控制逻辑电路，3 位 DAC 电路把 3 位二进制数字码转换成对应的输出模拟电压，u_A 是保持电路送来的样值电压。C 是电压比较器，当 $U_+ > U_-$ 时，电压比较器输出为 1，当 $U_- > U_+$ 时，电压比较器输出为 0。

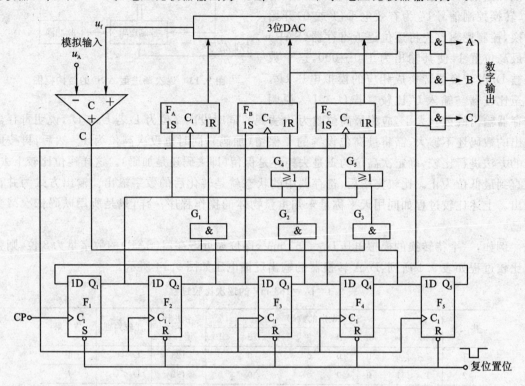

图 9.15　3 位逐次比较型 A/D 转换电路的原理图

转换开始前，将寄存器 F_A、F_B、F_C 清 0，$Q_A Q_B Q_C = 000$，同时将环形计数器 $F_1 \sim F_5$ 置成 $Q_1 \sim Q_5 = 10000$ 的初始状态。此时 $Q_1 = 1$，F_A 的 $S=1$，$R=0$，F_B、F_C 触发器的 $S=0$，$R=1$。这里，之所以讨论 F_A、F_B、F_C 的 S 和 R，是因为下一个 CP 脉冲触发沿到来时，将根据这 3 个触发器的 R 和 S 来决定 3 个触发器的新状态。

CP 到达后转换开始，实际电路中，CP 受控制信号控制。

第 1 个 CP 脉冲输入后，由于 $Q_1 = 1$，使 F_A 置 1，F_B、F_C 保持 0 不变，$Q_A Q_B Q_C = 100$，经 3 位 D/A 转换器转换后的输出电压 u_f 与输入电压 u_A 进行比较。若 $u_A \geq u_f$，$C=0$；否则，$C=1$。同时，环形计数器的数码向右移动 1 位，其状态 $Q_1 \sim Q_5 = 01000$，$Q_2 = 1$。由于 $Q_5 = 0$，因此输出控制门被封锁，无数码输出。此时 F_A 的 $S=0$，$R=Q_2 \cdot C = C$，F_B 的 $S=1$，$R=0$，F_C 的 $S=R=0$。

第 2 个 CP 脉冲输入后，若上次比较器输出为 0，这次的 $Q_A Q_B Q_C = 110$，F_A 的 1 状态保留；若上次比较器输出为 1，则这次的 $Q_A Q_B Q_C = 010$，F_A 被置成 0。同时，环形计数器的数码向右移动 1 位，其状态 $Q_1 \sim Q_5 = 00100$，$Q_3 = 1$。$Q_5 = 0$，输出控制门被封锁，无数码输出。

D/A 转换器电路再将 110 或 010 转换成的新模拟信号 u_f 与输入电压 u_A 进行比较。同样，比较器的输出 C 可能为 0，也可能为 1。此时 F_A 的 $S=0$，$R=0$，F_B 的 $S=0$，$R=CQ_3 + Q_1 = C$，F_C 的 $S=1$，$R=0$。

第 3 个 CP 脉冲输入后，F_A 的状态不变，F_C 的状态变为 1。若上次比较器输出为 0，这次 F_B 维持 1 状态不变，$Q_A Q_B Q_C = 111/011$；若上次比较器输出为 1，这次 F_B 的状态就为 0，$Q_A Q_B Q_C = 101/001$。同时，环形计数器的数码向右移动 1 位，其状态 $Q_1 \sim Q_5 = 00010$，$Q_4 = 1$。$Q_5 = 0$，输出控制门被封锁，无数码输出。

D/A 转换器电路进行转换后再次送给比较器进行比较，比较器的输出为 0 或 1。此时 F_A、F_B 的 $S=0$，$R=0$，F_C 的 $S=0$，$R=CQ_4+Q_1=C$。

第 4 个 CP 脉冲输入后，F_A、F_B 状态不变。若上次比较器输出为 0，这次 F_C 维持 1 状态不变，$Q_A Q_B Q_C$ 的状态为 111/011 或 101/001，保持不变；若上次比较器输出为 1，这次 F_C 的状态就由 1 变 0，$Q_A Q_B Q_C$ 的状态就为 110/010 或 100/000，$Q_A Q_B Q_C$ 的状态就是所要求转化的结果。同时，环形计数器的数码向右移动 1 位，其状态 $Q_1 \sim Q_5 = 00001$，$Q_5 = 1$。$Q_5 = 1$ 打开了输出端的 3 个与门，将最后转换成的 3 位二进制码 ABC 输出，A 是最高位。

第 5 个 CP 脉冲输入后，环形计数器的数码又向右移动 1 位，其状态回复到 $Q_1 \sim Q_5 = 10000$ 的初始状态，准备对下一次模拟信号抽样值进行转换。

实际中为了减小量化误差，应使 D/A 转换器的输出电压产生 $\Delta/2$ 的偏移。可以这样来理解，现在用来与输入模拟电压比较的量化电平，每次由 D/A 转换器给出，由图 9.12(b) 可知，为了使量化误差不大于 $\Delta/2$，应使第 1 个比较电平为 $\Delta/2$，而不是 Δ，但以后每个比较电平之差都必须是 Δ。为了做到这一点，必须使 D/A 转换器输出的所有电平同时向负方向偏移 $\Delta/2$。

从上面 A/D 转换电路的分析可以看出，3 位逐次比较型 A/D 转换器完成一次转换需要 5 个时钟信号周期的时间，依此易知 n 位输出的逐次比较型 A/D 转换器完成一次转换需要时间为 $(n+2)T_{CP}$，式中，n 为 A/D 转换器的位数，T_{CP} 为时钟脉冲周期。逐次逼近型 A/D 转换器的位数越多，转换时间就越长，但转换结果越精确。逐次比较型 A/D 转换器的转换速度比并联比较型 A/D 转换器慢，但比双积分 A/D 转换器高，为中速 A/D 转换器。

逐次比较型 A/D 转换器的电路规模，要远比同位数的并联比较型 A/D 转换器小得多，具有电路结构简单的优点；另外，逐次比较型 A/D 转换器的转换精度主要取决于其中 D/A 转换器的位数和线性度、参考电压的稳定性和电压比较器的灵敏度。现在高精度的 D/A 转换已易实现，逐次比较型 A/D 转换器可以达到很高的转换精度。可见，逐次比较型 A/D 转换器是目前集成 A/D 转换器产品中应用最为广泛的一种。

【例 9.1】 一个 4 位逐次逼近型 A/D 转换器电路，输入满量程电压为 5 V，现加入的模拟电压 $U_i = 4.58$ V。

求：① A/D 转换器输出的数字是多少？
② 误差是多少？

解：
① 第 1 步：使寄存器的状态为 1000，送入 D/A 转换器，由 D/A 转换器转换为输出模拟电压为：

$$U_o = \frac{U_m}{2} = \frac{5}{2} \text{ V} = 2.5 \text{ V}$$

因为 $U_o < U_i$，所以寄存器最高位的 1 保留。

第 2 步：寄存器的状态为 1100，由 D/A 转换器转换输出的电压为：

$$U_o = \left(\frac{1}{2} + \frac{1}{4}\right) U_m = 3.75 \text{ V}$$

因为 $U_o < U_i$,所以寄存器次高位的 1 也保留。

第 3 步:寄存器的状态为 1110,由 D/A 转换器转换输出的电压为:

$$U_o = \left(\frac{1}{2} + \frac{1}{4} + \frac{1}{8}\right)U_m = 4.38 \text{ V}$$

因为 $U_o < U_i$,所以寄存器第 3 位的 1 也保留。

第 4 步:寄存器的状态为 1111,由 D/A 转换器转换输出的电压为:

$$U_o = \left(\frac{1}{2} + \frac{1}{4} + \frac{1}{8} + \frac{1}{16}\right)U_m = 4.69 \text{ V}$$

因为 $U_o > U_i$,所以寄存器最低位的 1 去掉,只能为 0。

因此,A/D 转换器输出数字量为 1110。

② 转换误差为:

$$4.58 \text{ V} - 4.38 \text{ V} = 0.2 \text{ V}$$

2. 双积分型 A/D 转换器

双积分型 A/D 转换器是一种间接型 A/D 转换器,它的转换原理是先将输入模拟电压转换成与其大小成正比的时间间隔,然后在此时间内利用计数器对基准时钟脉冲进行计数,计数器输出的计数结果就是对应的数字量。如图 9.16 所示是双积分型 A/D 转换器的原理框图,它由积分器、0 值比较器、时钟控制门 G 和计数器(计数定时电路)等部分构成。

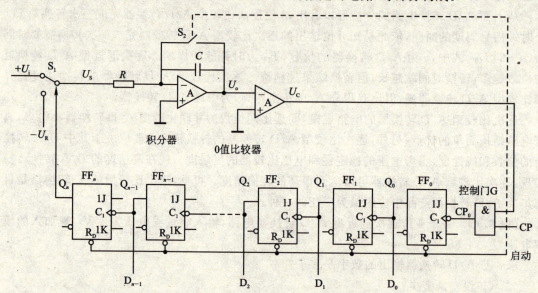

图 9.16 双积分 A/D 转换器原理框图

① 积分器:由运算放大器和 RC 积分网络组成,它是双积分 A/D 转换器的核心部分。它的输入端接开关 S_1,开关 S_1 受触发器 F_n 的控制,当 $Q_n = 0$ 时,S 接被测输入模拟电压 $+U_i$,积分器对输入信号电压 $+U_i$ 积分(正向积分);当 $Q_n = 1$ 时,S 接与输入模拟电压极性相反的基准电压 $-U_R$,积分器对基准电压 $-U_R$ 积分(负向积分)。可见,积分器在一次转换过程中进行两次方向相反的积分。时间常数为 RC,双积分 A/D 转换器名称由此而来,积分器输出 U_o 接 0 值比较器。

② 0 值比较器:接在积分器之后,用来检测积分器输出电压的过 0 时刻。当积分器输出

$U_o \leqslant 0$ 时,比较器输出 $U_C=1$;当积分器输出 $U_o>0$ 时,比较器输出 $U_C=0$。0 值比较器输出 U_C 作为控制门 G 的门控信号。

③ 时钟控制门 G:时钟控制门 G 有 2 个输入端,一个接标准时钟脉冲源 CP,另一个接 0 值比较器输出 U_C。当 0 值比较器输出 $U_C=1$ 时,G 门开,计数器对通过 G 门送到的标准时钟脉冲 CP 计数;当 0 值比较器输出 $U_C=0$ 时,G 门关,标准时钟脉冲不能通过 G 门加到计数器,计数器停止计数。

④ 计数器(计数定时电路):它由 $n+1$ 个触发器构成,触发器 $F_{n-1} \cdots F_1 F_0$ 构成 n 位二进制计数器,触发器 F_n 实现对 S_1 的控制。

下面讨论双积分 A/D 转换器的工作原理和工作特点,如图 9.17 所示为它的工作波形图。

转换开始前,转换启动信号为 0,全部触发器被置 0,触发器 F_n 输出 $Q_n=0$,使开关 S_1 接输入电压 $+U_i$,同时使开关 S_2 闭合,让电容 C 充分放电使初始值为 0。

在时间 $t=0$ 时,转换启动信号由 0 变为 1,转换开始。转换过程分以下 2 个阶段进行。

(1) 采样阶段

转换启动信号为 1,使开关 S_2 断开,触发器 F_n 输出 Q_n 仍为 0,将开关 S_1 接输入电压 $+U_i$。U_i 经电阻 R 对电容 C 进行充电,积分器开始对 U_i 进行积分(第 1 次积分)。积分器的输出电压 $U_o(t)$ 为:

$$U_o(t) = -\frac{1}{RC}\int_0^t (+U_i)dt$$

当 $+U_i$ 为正极性不变常量时,则有

$$U_o(t) = -\frac{U_i}{RC}t \qquad (9-11)$$

可见,$U_o(t)$ 以 $-\dfrac{U_i}{RC}$ 的斜率随时间下降,如图 9.17 所示。

此时,由于积分器的输出电压 $U_o \leqslant 0$,比较器输出 $U_C=1$,G 门开,n 位二进制计数器开始对周期为 T_{CP} 的时钟 CP 进行计数。经过 $t=T_1=2^n T_{CP}$ 的时间后,计数器计满 2^n 个 CP 脉冲,触发器 $F_{n-1} \cdots F_1 F_0$ 状态由 $11\cdots 111$ 返回到 $00\cdots 000$ 状态,同时使触发器 F_n 由 0 翻转为 1。由于 $Q_n=1$,使开关 S_1 转接至 $-U_R$,至此,取样阶段结束。第 1 次积分结束时,对应时间为 T_1,这时积分器的输出电压为:

$$U_o(T_1) = -\frac{T_1}{RC}U_i = -\frac{2^n T_{CP}}{RC}U_i$$
$$(9-12)$$

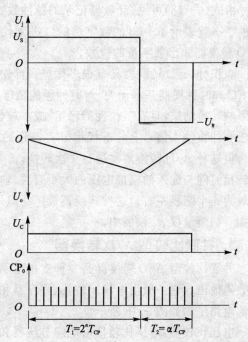

图 9.17 双积分 A/D 转换器工作波形

由于 $T_1=2^n T_{CP}$ 为定值,故对 U_i 的积分为定积分。输出电压 $U_o(t)$ 与输入电压 U_i 成正比。

(2) 比较阶段

在时间 $t=T_1$ 时,第 1 次积分结束,开关 S_1 转接至 $-U_R$,电容 C 开始放电,积分器对基准电压进行反向积分(第 2 次积分)。由于积分器输出还是 $U_o\leqslant 0$,比较器输出 $U_C=1$,G 门开,n 位二进制计数器从 00⋯000 开始第 2 次计数。随着反向积分的进行,U_o 逐步上升。当积分器输出 $U_o=0$ 时,0 值比较器输出 $U_C=0$,G 门关,计数器停止计数,完成一个转换周期。若第 2 次积分的时间为 T_2,则此时输出电压为:

$$U_o(T_1+T_2) = U_o(T_1) - \frac{1}{RC}\int_{T_1}^{T_1+T_2}(-U_R)\mathrm{d}t = 0$$

所以
$$\frac{2^n T_{CP}}{RC}U_i = \frac{T_2}{RC}U_R$$

由上式可得第 2 次积分的时间 T_2 为:

$$T_2 = \frac{2^n T_{CP}}{U_R}U_i \tag{9-13}$$

由式(9-13)可知,第 2 次积分的时间间隔 T_2 与输入模拟电压 U_i 是成正比的,即完成了模拟电压 U_i 到时间间隔的转换。若在 T_2 时间内,计数器记录的脉冲个数为 α,则 $T_2=\alpha T_{CP}$,将其代入式(9-13)中可求得:

$$\alpha = 2^n \frac{U_i}{U_R} \tag{9-14}$$

由式(9-13)可见,计数器记录的脉冲数 α 与输入电压 $+U_i$ 成正比。计数器记录 α 个脉冲后的状态就表示了 $+U_i$ 的数字量的二进制代码,从而实现了 A/D 转换。计数器的位数就是 A/D 转换器输出数字量的位数。

双积分 A/D 转换器具有很多优点。首先,其转换结果主要受基准电压的影响,与时间常数 RC 和时钟周期基本无关,对时钟源的精度要求不高,允许 R、C 在一个较宽范围内变化,而不影响转换结果,具有工作性能稳定、成本较低的优点;其次,转换器的输入端采用了积分器,对于叠加在输入信号上的干扰信号有很强的抑制能力,具有抗干扰能力强、转换精度高的优点。但这种 A/D 转换器每进行 1 次转换,需要进行 2 次积分,它的主要缺点是工作速度低,并且转换时间与输入的模拟电压的大小有关,输入的模拟电压越高,转换时间越长,其转换时间一般为几十毫秒左右。这种转换器被广泛应用于精度要求较高而转换速度要求不高的场合,例如一些测量仪表、仪器中。

3. 并联比较型 A/D 转换器

并联比较型 A/D 转换器是一种直接型 A/D 转换器,它将模拟输入电压直接转换为二进制数码输出。它一般由电压比较器、寄存器和编码器 3 部分构成。3 位并联比较型 A/D 转换器的电路结构如图 9.18 所示。

电压比较器:电压比较器由电阻分压器和 7 个比较器构成。在电阻分压器中,量化电平依据有舍有入法进行划分,电阻链把参考电压 U_R 分压,得到 $1/16 U_R \sim 13/16 U_R$ 之间 7 个量化电平,量化单位为 $\Delta=(2/16)U_R=(1/8)U_R$。然后,把这 7 个量化电平分别接到 7 个电压比较器 $C_6 \sim C_0$ 的负输入端,作为比较基准。同时,将模拟输入 U_{in} 接到 7 个电压比较器的正输入端,与这 7 个量化电平进行比较。若 U_{in} 大于比较器的参考电平,则比较器的输出为 1,否则为 0。

寄存器:由 7 个 D 触发器构成。在时钟脉冲 CP 的作用下,将比较结果暂时寄存,以供编

D/A 转换和 A/D 转换

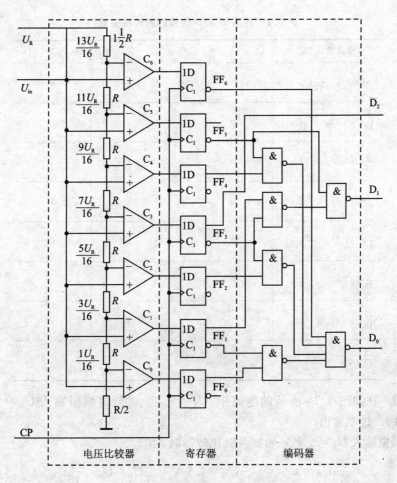

图 9.18 并联比较型 A/D 转换器

码用。因为寄存器所存的是 1 组 7 位二进制代码,仍不是所要求的二进制数,所以必须进行代码转换。

当 $0\,\text{V} \leqslant U_{in} < 1/16 U_R$ 时,全部 C 输出为 0,CP 上升沿到达后,全部触发器被置成 0 状态;若 $1/16 U_R \leqslant U_{in} < 13/16 U_R$ 时,则只有 C_0 输出为 1,CP 上升沿到达后,触发器 FF_0 被置成 1 状态,其余触发器被置成 0 状态;依次类推,可得出不同 U_{in} 所对应的寄存器状态。寄存器状态通过编码器得出的二进制码就是 A/D 转换器的输出。3 位并联型 A/D 转换器的转换关系如表 9.2 所列。

编码器:将比较器送来的 7 位二进制码转换成 3 位二进制代码 D_2、D_1、D_0。编码器输出的 3 位二进制代码 D_2、D_1、D_0 就是输入模拟电压所对应的二进制数。由图 9.18 可得编码网络的逻辑关系为:

$$D_2 = Q_3$$
$$D_1 = Q_5 + \overline{Q}_3 Q_1 \tag{9-15}$$
$$D_0 = Q_6 + \overline{Q}_5 Q_4 + \overline{Q}_3 Q_2 + \overline{Q}_1 Q_0$$

当然从设计的角度看,应该根据表 9.2 的要求,求得编码网络的逻辑关系式,从而设计出如图 9.18 所示的 3 位并联比较型 A/D 转换器的比较器。

表 9.2 并联型 A/D 转换器的转换关系

模拟输入 U_{in}	C_6	C_5	C_4	C_3	C_2	C_1	C_0	D_2	D_1	D_0
$0\text{ V} \leqslant U_{in} < \frac{1}{16}U_R$	0	0	0	0	0	0	0	0	0	0
$\frac{1}{16}U_R \leqslant U_{in} < \frac{3}{16}U_R$	0	0	0	0	0	0	1	0	0	1
$\frac{3}{16}U_R \leqslant U_{in} < \frac{5}{16}U_R$	0	0	0	0	0	1	1	0	1	0
$\frac{5}{16}U_R \leqslant U_{in} < \frac{7}{16}U_R$	0	0	0	0	1	1	1	0	1	1
$\frac{7}{16}U_R \leqslant U_{in} < \frac{9}{16}U_R$	0	0	0	1	1	1	1	1	0	0
$\frac{9}{16}U_R \leqslant U_{in} < \frac{11}{16}U_R$	0	0	1	1	1	1	1	1	0	1
$\frac{11}{16}U_R \leqslant U_{in} < \frac{13}{16}U_R$	0	1	1	1	1	1	1	1	1	0
$\frac{13}{16}U_R \leqslant U_{in} < U_R$	1	1	1	1	1	1	1	1	1	1

【例 9.2】 在如图 9.18 所示的电路中，$U_R=8$ V。试计算模拟输入 $U_{in}=3.8$ V 时，此 A/D 转换器的二进制输出。

解：当模拟输入 $U_{in}=3.8$ V 加到各级比较器时，由于

$$\frac{7}{16}U_R=3.5\text{ V} \quad \frac{9}{16}U_R=4.5\text{ V} \quad \frac{7}{16}U_R \leqslant U_{in} < \frac{9}{16}U_R$$

因此，比较器的输出 $C_6 \sim C_0$ 为 0001111。在时钟脉冲作用下，比较器的输出存入寄存器，经编码网络输出 A/D 转换结果为 $D_2 D_1 D_0 = 100$。

并联比较型 A/D 转换器的最大优点是转换速度快。由于并联比较型 A/D 转换器的转换时间只包括比较器、触发器和代码转换电路的延迟时间，而且各位代码输出都是并行的，输出代码位数的增加对转换时间的影响较小，因此，该 A/D 转换器的转换速度可以做得很高。例如，如果从 CP 上升沿算起，如图 9.18 所示的电路完成 1 次转换所需的时间只包括 1 级触发器的翻转时间和 2 级门电路的传输延迟时间。目前，8 位并联比较型 A/D 转换器的转换时间可以达到 50 ns 以下，这是其他类型的 A/D 转换器无法做到的。另外，并联比较型 A/D 转换器可以不用附加取样-保持电路，因为比较器和寄存器这 2 部分电路也兼有取样-保持功能。这也是该 A/D 转换器的优点之一。

并联比较型 A/D 转换器的缺点是电路结构复杂，转换精度受到限制。由如图 9.18 所示的电路可知，对于一个 n 位二进制输出的并联比较型 A/D 转换器，需 2^n-1 个电压比较器和 2^n-1 个触发器，编码电路也随 n 的增大变得相当复杂。如果输出为 10 位二进制代码，则需要 $2^{10}-1=1\ 024$ 个电压比较器和 1 024 个触发器以及一个相当复杂的代码转换电路。输出代码位数的增加将使电路的规模变得十分庞大，这对集成电路的制作和转换精度的提高都十分不利。

并联比较型 A/D 转换器的转换精度主要取决于量化电平的划分,分得越细(即 Δ 小),精度越高。但分得过细,需要使用的比较器和触发器数目就越大,电路就更加复杂。此外,转换精度还受参考电压的稳定度和分压电阻相对精度以及电压比较器灵敏度的限制。

并联比较型 A/D 转换器一般适用于高速、精度较低的场合。近年来,随着集成技术的发展,并联比较型 A/D 转换器的转换精度得到了很大提高。

4. 串行输出的 A/D 转换器

前面所介绍的几种 A/D 转换器中,输出的数字量都是并行输出的。在很多情况下,需要减少信号线的数目,希望输出的数字量以串行方式给出。为此,又出现了各种串行输出的 A/D 转换器产品。串行输出 A/D 转换器可以在并行输出 A/D 转换器的基础上增加并-串转换电路而得到。串行输出 A/D 转换器转换速度较慢。为了提高速度,人们采用了很多方法,生产出了各种类型的产品。这里不作详细介绍,请参考有关资料。

9.3.3 A/D 转换器的主要技术指标

1. 分辨率

A/D 转换器的分辨率是指 A/D 转换器对输入模拟信号的分辨能力。从理论上讲,一个输出为 n 位二进制数的 A/D 转换器应能区分输入模拟电压的 2^n 个不同量级,能区分输入模拟电压的最小差异为 $\frac{1}{2^n}$FSR(FSR 是输入的满量程模拟电压),$\frac{1}{2^n}$FSR 被定义为分辨率。例如,8 位 A/D 转换器,最大输入模拟信号为 10 V,则其分辨率为:

$$\frac{1}{2^8} \times 10 \text{ V} = \frac{10 \text{ V}}{256} = 39.06 \text{ mV}$$

12 位 A/D 转换器,最大输入模拟信号为 10 V,则其分辨率为:

$$\frac{1}{2^{12}} \times 10 \text{ V} = \frac{10 \text{ V}}{4\,096} = 2.44 \text{ mV}$$

可见,A/D 转换器的位数越多,其分辨能力也越高。

2. 相对误差

相对误差又称相对精度,它是指 A/D 转换器实际输出的数字量与理论输出的数字量之间的差值,一般用最低有效位的倍数来表示。例如相对误差≤LSB/2,则说明实际输出的数字量与理论上的数字量之间的误差值不大于最低位 1 的一半。分辨率和相对误差共同描述了 A/D 转换器的转换精度。

3. 转换速度

转换速度是指完成 1 次转换所需的时间,转换时间是从接到转换启动信号开始,到输出端获得稳定的数字信号所经过的时间。A/D 转换器的转换速度主要取决于转换电路的类型,不同类型 A/D 转换器的转换速度相差很大。双积分型 A/D 转换器的转换速度最慢,需几百毫秒左右;逐次逼近型 A/D 转换器的转换速度较快,转换速度在几十微秒;并联型 A/D 转换器的转换速度最快,仅需几十纳秒时间。

这里要指出的是,参数手册上所给出的技术指标都是在一定的电源电压和环境温度下得到的数据。如果这些条件改变了,将引起附加的转换误差,转换误差将变大,实际使用中应加以注意。例如,10 位 A/D 转换器 AD571,在室温(+25 ℃)和标准电源电压($U^+ = +5$ V,

$U^- = -15$ V)的条件下,转换误差≤LSB/2。当使用环境温度或电源发生变化时,可能附加 1~2 LSB 的误差。为了获得较高的转换精度,必须保证供电电源有良好的稳定度,并限制环境温度的变化。对于那些需要外加参考电压的 A/D 转换器,尤其需要保证参考电压的稳定度。

此外,在组成高速 A/D 转换器时还应将采样-保持电路的获取时间(即采样信号稳定地建立起来所需要的时间)计入转换时间之内。一般单片集成采样-保持电路的获取时间在几微秒的数量级,和所选定的保持电容的电容量大小有很大关系。

9.3.4 集成 A/D 转换电路

集成 A/D 转换电路很多,下面介绍 ADC0809、MC14433 两种。

1. 8 位集成 ADC0809

ADC0809 是采用 CMOS 工艺制成的 8 位 8 通道 A/D 转换器,是一种常用的集成逐次比较型 A/D 转换器。ADC0809 适用于分辨率较高而转换速度适中的场合。

ADC0809 采用 28 只引脚的双列直插封装,其原理图和引脚图如图 9.19 所示。它由 8 路模拟开关、地址锁存与译码器、A/D 转换器核心电路、三态输出锁存缓冲器组成。

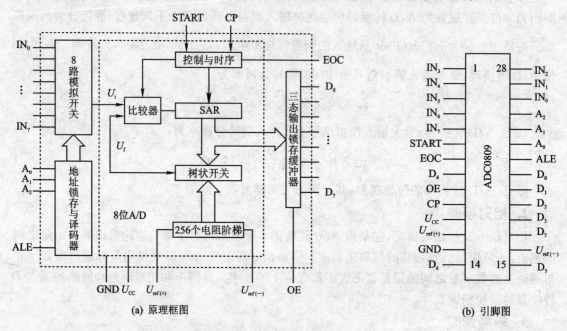

图 9.19 ADC0809 原理框图和引脚图

ADC0809 通过 $IN_0 \sim IN_7$ 引脚可输入 8 路单端模拟电压。ALE 将 3 位地址线 A_2、A_1 和 A_0 进行锁存,然后,由地址译码器和 8 路模拟开关选择 8 个模拟信号之一送入 A/D 转换器电路进行 A/D 转换,转换成的数字信号有 8 位。$A_2A_1A_0$ 的地址从 000~111 依次选中 $IN_0 \sim IN_7$ 通道。ADC0809 适用于数据采集系统。

如图 9.19 所示虚线框内电路实质上就是 1 个 8 位逐次比较型 A/D 转换器电路。ADC0809 内部由树状开关和 256R 电阻网络构成 8 位 D/A 转换器,其输入为逐次寄存器 SAR 的 8 位二进制数据,输出为 U_f,变换器的参考电压为 $U_{ref(+)}$ 和 $U_{ref(-)}$。在时序控制下,通

过比较器将 U_f 和 U_{in} 进行比较,直到最低位比较完为止。转换结束后,SAR 的数字送三态输出锁存器,以供读出。

ADC0809 各主要引脚功能简述如下。

① IN0～IN7:8 路模拟信号输入端。

② A_2、A_1、A_0:8 路模拟信号的地址码输入端。

③ D_0～D_7:转换后输出的数字信号。D_7 为高位,D_0 为低位。

④ START:启动输入信号端。为了启动 A/D 转换过程,应在此引脚加一个正脉冲,脉冲的上升沿将内部寄存器全部清 0,在其下降沿开始 A/D 转换过程。

⑤ ALE:通道地址锁存允许信号输入端,高电平有效。当 ALE 上升沿来到时,地址锁存器可对 A_2、A_1、A_0 锁定。为了稳定锁存地址,即在 A/D 转换器转换周期内模拟多路器稳定地接通在某一通道,ALE 脉冲宽度应大于 100 ns。下一个 ALE 上升沿允许通道地址更新。实际使用中,要求 A/D 转换器开始转换之前地址就应锁存。通常将 ALE 和 START 连在一起,使用同一个脉冲信号,上升沿锁存地址,下降沿启动转换。

⑥ OE:输出允许信号端,高电平有效。即当 OE=0 时,输出端为高阻态,当 OE=1 时,打开输出锁存器的三态门,将数据送出。

⑦ EOC:转换结束输出信号,由 ADC 8089 内部控制逻辑电路产生。EOC=0 表示转换正在进行,EOC=1 表示转换已经结束。

EOC 可作为微机的中断请求信号或查询信号。显然只有当 EOC=1 以后,才可以让 OE 为高电平,这时读出的数据才是正确的转换结果。

⑧ $U_{ref(+)}$ 和 $U_{ref(-)}$:基准电压的正端和负端,由此施加基准电压,基准电压的中心点应在 $U_{CC}/2$ 附近,其偏差不应超过±0.1 V。

⑨ CP:时钟脉冲输入端。一般在此端加 500 kHz 的时钟信号。

8 位 ADC0809 的转换时间为 100 μs,5 V 电源下,功耗约为 15 mW。

2. 双积分型 MC14433(5G14433)

MC14433 是 $3\frac{1}{2}$ CMOS 双积分型 A/D 转换器。所谓 $3\frac{1}{2}$ 位是指输出的 4 位十进制数,其最高位仅有 0 和 1 两种状态,而低 3 位都有 0～9 共 10 种状态。MC14433 把线性放大器和数字逻辑电路同时集成在一个芯片上,其原理框图如图 9.20 所示。

图 9.20 中,虚线框内为集成电路内部电路,框外为外接元件。它采用动态扫描输出方式,其输出是按位扫描的 BCD 码。使用时只需外接 2 个电阻和 2 个电容,即可组成具有自动调零和自动极性转换功能的 A/D 转换系统。

该电路的模拟电路为积分器。R_1、C_1 为积分电阻和电容,它们的取值与电路选定的时钟频率和电压量程有关。例如,当时钟频率为 66 kHz,C_1=0.1 μF 时,若量程为 2 V,则 R_1=470 Ω;若量程为 200 mV,则 R_1=27 kΩ。电容 C_0 存放积分器的失调电压,电路可根据 C_0 记录的失调电压自动调 0。C_0 的推荐值为 0.1 μF。

MC14433 的数字逻辑电路部分包括时钟信号发生器、4 位十进制计数器、锁存器、多路开关、逻辑控制器、极性检测器和溢出指示器等。

4 位十进制计数器的计数范围为 0～1 999。锁存器用来存放 A/D 转换结果。MC14433 输出为 BCD 码,4 位十进制数按时间顺序从 Q_0～Q_3 输出,DS_1～DS_4 是多路选择开关的位选通

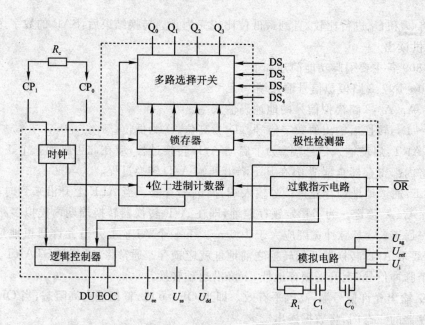

图 9.20 MC14433 原理图

信号。当某一个 DS 信号为高电平时,相应的位被选通,此刻 $Q_0 \sim Q_3$ 输出的 BCD 码与该位数据相对应。

U_{ag} 是积分器的接地端。U_{ref} 是双积分器参考电压输入端。参考电压取值有 2 个,分别为 200 mV 和 2 V,对应的模拟电压量程为 199.9 mV 和 1.999 V,U_i 是待转换的模拟信号输入端。

时钟信号发生器产生系统时钟脉冲,由芯片内部的反相器、电容以及外接电阻 R_C 所构成。在 CP_0 和 CP_1 输入端之间接不同阻值的电阻,可产生不同的内部时钟频率。当外接电阻 R_C 依次取 750 kΩ、470 kΩ、360 kΩ 等典型值时,相应的时钟频率依次为 50 kHz、66 kHz 和 100 kHz。如果要从外部输入时钟脉冲就不接 R_C,时钟脉冲直接从 CP_1 端输入。

MC14433 采用 24 只引脚的双列直插封装。它与国产同类产品 5G14433 的功能、外形封装、引线排列以及参数性能均相同,可以替换使用。下面对各引脚的功能做简要介绍。

① U_{ag} 为模拟地,作为输入模拟电压和参考电压的参考点;U_{ref} 为参考电压输入端。当参考电压分别为 200 mV 和 2 V 时,电压量程分为 199.9 mV 和 1.999 V;U_{ss} 为电源公共地;U_{dd} 为正电源输入端;U_{ee} 为负电源输入端。

② R_1、C_1 端点为外接电阻、电容的接线端;C_0 端点为补偿电容 C_0 接线端,补偿电容用于存放失调电压,以便自动调 0。

③ CP_1、CP_0:外接电阻端。CP_1 为时钟信号输入端,外部时钟信号由此输入。在 CP_1 和 CP_0 之间接一电阻 R_C,内部即可产生时钟信号输出。

④ $Q_3 \sim Q_0$:转换结果的 BCD 码输出端,可连接显示译码器。其中,最高位千位只有 0 和 1 两种状态(0000 和 0001),其他 3 位各有 0~9 共 10 种状态。

⑤ DU:锁存器触发信号,控制转换结果的输出。当从 DU 端输入正脉冲时,十进制计数器中的计数结果就送入锁存器,反之,锁存器保持原来的数据。

⑥ EOC:转换结束信号。电路正在转换时,该端输出 0;转换结束,输出一个正脉冲。在

实际使用中，EOC 端与 DU 端直接相连。这样，每次转换结束，EOC 端输出的正脉冲能触发锁存器锁存转换结果，保证每次转换的结果都被输出。锁存器中锁存 4 组数据，分别是从千位到个位的 4 组 4 位 BCD 码。

⑦ $\overline{OR}$：溢出状态输出。当转换过程中有溢出现象发生时，该端输出 0。

⑧ $DS_1 \sim DS_4$：$DS_1 \sim DS_4$ 就是输出位号选通信号，平时处于低电平状态。MC14433 采用动态扫描方式输出，即周期性地从千位到个位依次将转换结果输出。一到转换过程结束，EOC 正脉冲触发选通信号发生器，产生选通信号的脉冲序列。脉冲序列的高电平持续 18 个时钟脉冲宽度，低电平持续 2 个时钟脉冲宽度，即相邻的 2 个选通信号之间有 $2T_{CP}$ 的位间消隐时间。

每 4 个脉冲 1 组，轮流依次输入 $DS_1 \sim DS_4$ 共 4 个端子。DS_1 触发千位输出，DS_4 触发个位输出。这样，从千位到个位的各组 4 位 BCD 码就依次输出，送往译码和显示电路。容易算出，在动态扫描时，每位的显示周期为 $80T_{CP}$。若时钟频率为 66 kHz，则显示频率约为 800 Hz，远高于视觉暂留所要求的最低频率。这样，虽然千、百、十位及个位是先后显示的，但给人的感觉却是同时显示的。

MC14433 是双积分型的 A/D 转换器，它的的特点是线路结构简单，外接元件少，抗共模干扰能力强，但转换速度较慢。MC14433 是数字面板表的通用器件，也可用在数字温度计、数字量具和遥测/遥控系统中。

如图 9.21 所示是以 MC14433 为核心组成的 $3\frac{1}{2}$ 位数字电压表的电路原理图。图中用了 4 块集成电路。MC14433 用做 A/D 转换；CC4511 为译码驱动电路（LED 为共阴极数码管）；MC1403 为基准电压源电路；MC1413 为 7 组达林顿管反相驱动电路。$DS_1 \sim DS_4$ 信号经 MC1413 缓冲后驱动各位数码管的阴极（DS 为 1 时，对应 O 输出为 0，对应数码管工作）。由此可见，MC14433 是将输入的模拟电压转换为数字电压的核心芯片，其余都是它的外围辅助芯片。

MC1403 的输出接至 MC14433 的 V_{ref} 输入端，为后者提供高精度、高稳定度的参考电源。CC4511 接收 MC14433 输出的 BCD 码，经译码后送给 4 个 LED 7 段数码管。4 个数码管 a~g 分别并联在一起。MC1413 的 4 个输出端 $O_1 \sim O_4$ 分别接至 4 个数码管的阴极，为数码管提供导电电路。它接收 MC14433 的选通脉冲 $DS_1 \sim DS_4$，使 $O_4 \sim O_1$ 轮流为低电平，从而控制 4 个数码管轮流工作，实现所谓扫描显示。

电压极性符号"−"由 MC14433 的 Q_2 端控制。当输入负电压时，$Q_2 = 0$，"−"符号通过 R_M 点亮；当输入正电压时，$Q_2 = 1$，"−"符号熄灭，小数点由电阻 R_{dp} 供电点亮。当电源电压为 5 V 时，R_M、R_{dp} 和 7 个限流电阻的阻值约为 270~390 Ω。

实际 ADC 产品有很多种。例如，ADC0801、ADC0802、ADC0803、ADC0831、ADC0832、ADC0834 等为常用的 8 位 A/D 转换器；ADC10061、ADC10062 等为常用的 10 位 A/D 转换器；ADC10731、ADC10734 等为常用的 11 位 A/D 转换器；AD7880、AD7883 等为常用的 12 位 A/D 转换器；AD7884、AD7885 等为常用的 16 位 A/D 转换器。读者可根据需要选择模拟输入量程、数字量输出位数、转换速度均合适的 A/D 转换器。

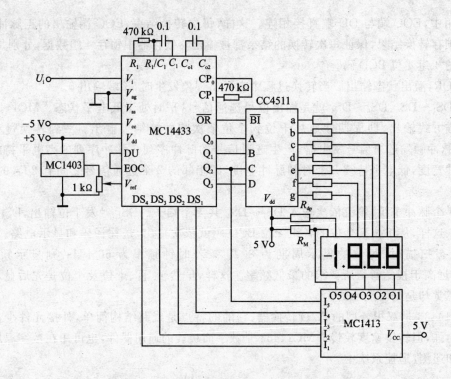

图 9.21　$3\frac{1}{2}$ 位数字电压表电路原理图

思 考 题

(1) 简述 A/D 转换的 4 个步骤。

(2) 试说明双积分 A/D 转换器、逐次渐进型 A/D 转换器和并联比较型 A/D 转换器是否需要设置采样-保持电路。

(3) 双积分 A/D 转换器对基准电压有什么要求。

📖 本章小结

A/D 转换器和 D/A 转换器是数字系统和模拟系统的接口电路,是现代数字系统中的重要组成部分,应用日益广泛。在数字系统中,数字信号处理的精度和速度最终取决于 D/A 转换器和 A/D 转换器的转换精度和转换速度。可见,转换精度和转换速度是 D/A 转换器和 A/D 转换器的 2 个重要指标。

D/A 转换器将输入的二进制数字信号转化为与之成正比的模拟电流或电压。D/A 转换器的种类很多,常用的 D/A 转换器有权电阻网络 D/A 转换器、$R-2R$ 倒 T 型电阻网络 D/A 转换器和权电流型 D/A 转换器。由于倒 T 型电阻网络 D/A 转换器只要求 2 种阻值的电阻,所以在集成 D/A 转换器中得到了广泛的应用。

A/D 转换器将输入的模拟电压转化为与之成正比的二进制数字信号。常用的 A/D 转换器主要有并联比较型 A/D 转换器、逐次逼近 A/D 转换器及双积分型 A/D 转换器等。不同的 A/D 转换方式具有各自的特点。在要求速度高的情况下,可以采用并联比较型 A/D 转换器;

D/A 转换和 A/D 转换
第 9 章

在要求精度高的情况下,可以采用双积分 A/D 转换器;逐次逼近 A/D 转换器在一定程度上兼顾了以上 2 种转换器的优点。

除了以上并行输入 D/A 转换器和并行输出 A/D 转换器外,还有一些串行输入 D/A 转换器和串行输出 A/D 转换器芯片可供使用者选用。使用这些转换器可以减少内部连线,但工作速度会受影响。

A/D 转换要经过采样、保持、量化和编码 4 个步骤,一般前 2 个步骤在采样保持电路中完成,后 2 个步骤在转换器中完成。在对模拟信号进行采样时,必须满足采样定理。

D/A 转换器和 A/D 转换器的主要参数是转换精度和转换速度,在与数字系统连接后,数字系统的精度和速度主要取决于 D/A 转换器和 A/D 转换器。目前,常用的集成 A/D 转换器和 D/A 转换器种类很多,其发展趋势是高速度、高分辨率、易与计算机接口,以满足各个领域对信息处理的要求。

习 题

题 9.1 常见的 D/A 转换器有几种?其特点分别是什么?

题 9.2 常见的 A/D 转换器有几种?其特点分别是什么?各适合在什么情况下采用。

题 9.3 一理想的 6 位 D/A 转换器具有 10 V 的满刻度模拟输出,当输入为自然加权二进制码"100100"时,此 D/A 转换器的模拟输出为多少?

题 9.4 在如图 9.3 电路中,当 $U_R = 10$ V,$R_f = R/2$ 时,若输入数字量 $D_3 = 1$,$D_2 = 0$,$D_1 = 1$,$D_0 = 0$,则各模拟开关的位置和输出 U_o 为多少?

题 9.5 在如图 9.4 所示的电路中,当 $U_R = 10$ V,$R_f = R$ 时,若输入数字量 $D_3 = 0$,$D_2 = 1$,$D_1 = 1$,$D_0 = 0$,则各模拟开关的位置和输出 U_o 为多少?

题 9.6 试画出 DAC0832 工作于单缓冲方式的引脚接线图。

题 9.7 一个 8 位逐次逼近型 A/D 转换器完成 1 次转换需要多少个时钟脉冲?若时钟频率为 1MHz,则完成 1 次转换需要多长时间?

题 9.8 8 位并联比较型 A/D 转换器中含有多少个电压比较器和 D 触发器?

题 9.9 在如图 9.18 所示的电路中,$U_R = 6$ V。试计算模拟输入 $U_{in} = 3.8$ V 时,此 A/D 转换器的二进制输出。

第 10 章 可编程逻辑器件

本章首先介绍早期可编程逻辑器件 PLA、PAL 和 GAL 的表示方法、基本电路结构及应用；然后介绍近代可编程器件 EPLD、CPLD 和 FPGA 的基本电路结构和特点；最后简单介绍在线可编程技术以及 PLD 的开发过程。

10.1 概 述

自 20 世纪 60 年代以来，数字集成电路已经历了从 SSI、MSI、LSI 到 VLSI 的发展过程，现在人们已经可以在一块芯片上集成超亿个晶体管或基本单元。数字集成电路的发展不但表现在集成度上的提高，还表现在结构和功能上的发展。即从在一块芯片上完成基本功能发展到在一块芯片上实现一个子系统乃至一个整系统；从固定的逻辑功能发展到逻辑功能可编程等。

数字集成电路按照芯片设计方法的不同大致可以分为 3 类：通用型中、小规模集成电路；用软件组态的大规模、超大规模集成电路，如微处理器、单片机等；专用集成电路（Application Specific Integrated Circuit，ASIC）。

通用型集成电路是指那些逻辑功能固定的电路。它们的逻辑功能比较简单，一般为中、小规模集成电路。通用型集成电路具有很强的通用性，其电路的电器指标、芯片封装等在国内外都已标准化，并印有公开发行的用户手册，供大家选用。如门电路、加法器、触发器和寄存器等都属于通用集成电路。从理论上看，采用通用型中、小规模集成电路可以组成任何复杂的逻辑系统，但设计出的逻辑系统存在集成度低、可靠性差、维护不方便等缺点。

用软件组态的大规模、超大规模集成电路主要指通用的微处理机芯片。例如 Z80、8080、80386、80486、80586、M6800、M68000 等。这类器件的功能由汇编语言或高级语言编写的程序来确定，具有一定的灵活性。但该器件应用时很难与其他类型的器件直接配合，需要设计专门的接口电路。目前除用于 CPU 外，多用于实时处理系统。

ASIC 是一种专门为某一应用领域或为专门用户需要而设计制造的 LSI 或 VLSI 电路，它可以将某些专用电路或电子系统设计在一个芯片上，构成单片集成系统。专用集成电路具有体积小、重量轻、功耗低、可靠性高等优点。但是在用量不大的情况下，设计和制造这样的专用集成电路成本很高，而且设计制造的周期也很长。

可编程逻辑器件（Programmable Logic Devices，PLD）的研制成功为解决这个问题提供了一条比较理想的途径。可编程逻辑器件是 20 世纪 80 年代发展起来的一种通用的可编程的数字逻辑电路。它是一种标准化、通用的数字电路器件，集门电路、触发器、多路选择开关、三态门等器件和电路连线于一身。PLD 使用起来灵活方便，可以根据逻辑要求设定输入与输出之间的关系,也就是说 PLD 是一种由用户配置某种逻辑功能的器件。

可编程逻辑器件发展非常迅速,在制造工艺上,其采用过 TTL、CMOS、ECL、RAM 等技术,目前生产和使用的 PLD 产品主要有现场可编程逻辑阵列 FPLA(Field Programmable Logic Array)、可编程阵列逻辑 PAL(Programmable Array Logic)、通用阵列逻辑 GAL(Generic Array Logic)、可擦除 EPLD(Erasable Programmable Logic Devices)、复杂的可编程逻辑器件 CPLD(Complicated Programmable Logic Devices)和现场可编程门阵列 FPGA(Field Programmable Gate Array)等几种。根据集成度的不同,人们习惯把 FPLA、PAL、GAL 称为低密度 PLD(LDPLD),把 EPLD、CPLD 和 FPGA 称为高密度 PLD(HDPLD)。第 8 章所讲的 PROM、EPROM、EEPROM 实际上也是可编程逻辑器件,其与阵不可编,或阵可编,主要作为存储器使用。

从工厂设计生产和销售的角度来看,可编程逻辑器件属于通用型集成电路,从用户设计编程的角度来看,可编程逻辑器件属于专用型集成电路。作为一种理想的设计工具,PLD 具有通用标准器件和半定制电路的许多优点,只要其集成度高,就完全可以由设计人员自己编程而把一个数字系统"集成"在一片 PLD 上,没有必要请芯片生产厂商设计和制作专用集成芯片了,给数字系统设计者带来很多方便。

在发展各种类型 PLD 的同时,设计手段的自动化程度也在日益提高。用于 PLD 编程的开发系统由硬件和软件两部分组成,硬件部分包括计算机和专用编程器,软件部分有多种编程软件。这些编程软件一般都有强大的功能,可以在计算机上运行。利用这些开发系统可以快捷、方便地完成数字系统的优化设计。与采用中小规模通用型集成电路相比,具有如下优点。

① 设计简化,设计周期缩短。由于 PLD 的可编程性和灵活性,在强大的编程软件支持下,利用计算机可以快速设计,待电路设计结束后,又可利用编程软件的仿真功能对设计进行仿真测试,发现问题可随时进行修改或删除,无需重新布线和生产印制板,大大缩短了系统的设计周期。

② 高性能和高可靠性。PLD 器件具有集成度高、工作速度快的特点,现在市场上提供的 PLD 器件的性能超过了最快的标准通用逻辑器件的性能。采用 PLD 器件将使所用器件的数目减少,也使印制板面积减小,密度下降,这些都大大提高了电路的可靠性,同时也将减小干扰和噪声,使系统的运行更可靠。而且一片 PLD 芯片的功耗比通用逻辑器件组合而成的电路的功耗要低,系统的工作速度更高。

③ 成本下降。采用 PLD 设计数字系统,由于所用器件少,用于器件测试及装配的工作量也小,所以系统的成本下降。

④ 硬件加密。使用 PLD 器件构成的数字系统,其内部结构是由设计者通过编程实现的。有些 PLD 器件(例如 GAL)还提供一个能被编程的保密单元,可用来防止检验和读出芯片中的程序,这对于保持芯片设计的专利、防止他人抄袭有很大好处。

10.2 可编程逻辑器件的基本结构和表示方法

目前常用的可编程逻辑器件(PLD)都是从与或阵列和门阵列两类基本结构发展起来的,它们通过修改内部电路的逻辑功能或改变内部连线来编程。

10.2.1 PLD 的基本结构

任何组合逻辑函数都可以用与或逻辑表达式表示,即可以用与门和或门来实现,时序逻辑电路可以由组合逻辑电路和存储电路(触发器)组成。为满足上述要求,大多数标准的 PLD 器件是由与阵列和或阵列组成的,阵列型 PLD 的基本结构框图如图 10.1 所示。

输入电路主要是将输入信号变换为互补信号,并被有选择地接到与阵列有关的与门的输入端,与阵列的输出端得到一组与项,之后被有选择地接到或阵列中相应或门的输入端,并在或阵列输出端得到一组或项,最后通过输出电路输出。输出电路有多

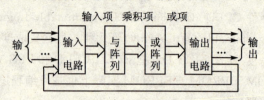

图 10.1 PLD 的基本结构框图

种输出方式,既可以是组合逻辑输出,也可以是寄存器输出,总体上可以分为固定输出和可编程输出两大类。

10.2.2 PLD 器件的表示方法

由于 PLD 内部电路的连接十分庞大,PLD 器件所用门电路输入/输出端数繁多,所以对其进行描述时采用了一种与传统方法不相同的简化方法。在讲解 PLD 器件之前,先介绍目前被广泛采用的 PLD 器件的逻辑表示方法。

1. 输入/输出逻辑缓冲器的逻辑表示

PLD 的输入/输出缓冲器的常用结构有互补输出门和三态输出门电路,其逻辑表示法如图 10.2 所示。其中,图 10.2(a)为互补输出门,图 10.2(b)和(c)分别为高、低电平有效的三态输出门。

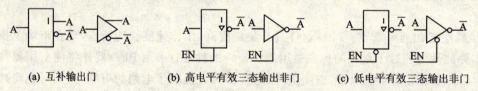

(a) 互补输出门   (b) 高电平有效三态输出非门   (c) 低电平有效三态输出非门

图 10.2 输入/输出缓冲器的逻辑表示法

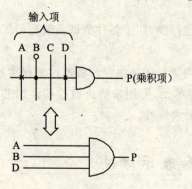

图 10.3 与门的传统表示法和 PLD 表示法

2. 与门和或门的逻辑表示

如图 10.3 所示为与门的传统表示法和 PLD 表示法。图中与门的输入线通常画成行(横)线,与门的所有输入变量都称为输入项,并画成与行线垂直的列线以表示与门的输入。列线与行线相交的交叉处若有"·",表示有一个耦合元件固定连接;"×"表示编程连接;交叉处若无标记则表示不连接(被擦除)。与门的输出称为乘积项 P,图中与门的输出 $P = A \cdot B \cdot D$。

或门可以用类似的方法表示,也可以用传统的

第10章 可编程逻辑器件

方法表示,如图 10.4 所示,$F=P_1+P_3+P_4$。

3. 与门的默认状态逻辑表示

如图 10.5 所示是 PLD 中与门的默认状态逻辑表示法。图中与门 P_1 的全部输入项接通,因此 $P_1=A \cdot \bar{A} \cdot B \cdot \bar{B}=0$,这种状态称为与门的默认(Default)状态。为简便起见,对于这种全部输入项都接通的默认状态,可以用带有"×"的与门符号表示,如图中的 $P_2=P_1=0$ 表示默认状态。P_3 中任何输入项都不接通,即所有输入都悬空,$P_3=1$,也称为"悬浮1"状态。

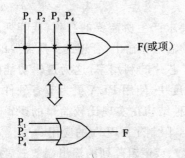

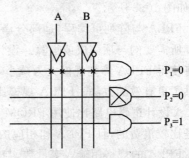

图 10.4 或门的传统表示法和 PLD 表示法　　　图 10.5 与门的默认状态

【例 10.1】 分别用 SSI 和 PLD 逻辑图表示异或逻辑关系。

解: 异或组合逻辑 $Y=I_1\bar{I}_2+\bar{I}_1I_2$,在 SSI 和 PLD 的逻辑图分别如图 10.6(a)和(b)所示。

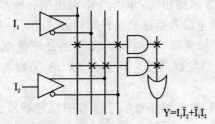　　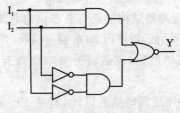

(a) 异或组合逻辑在SSI中的逻辑图　　　(b) 异或组合逻辑在PLD中的逻辑图

图 10.6 组合逻辑在 SSI 和 PLD 中的逻辑图

*10.3 现场可编程逻辑阵列

10.3.1 PROM 的结构

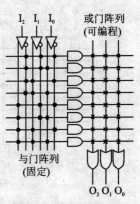

1970 年制成的 PROM 是最早出现的 PLD。由前面分析可知,PROM 由固定的"与"阵列和可编程的"或"阵列组成,如图 10.7 所示。

在 PROM 中,与阵列是全译码方式,其输出产生 n 个输入变量的全部最小项,其阵列规模一般很大,巨大阵列规模的开关时间会限制 PROM 的工作速度。实现大多数逻辑函数,并不需要使用输入变量的全部乘积项,有许多乘积项是没用的,这样,用 PROM 实现逻辑函数,就不能充分利用 ROM 的与阵

图 10.7 PROM 的结构

列从而会造成硬件的浪费。可见无论 PROM、EPROM 还是 E^2PROM,其主要功能是进行"读"操作,它的基本用途是用做存储器,如软件固化、显示查寻等。

10.3.2 FPLA 结构

现场可编程逻辑阵列 FPLA(也称为可编程逻辑阵列 PLA)是 20 世纪 70 年代中期在 PROM 基础上发展起来的 PLD,其基本结构与 PROM 类似,但它的与阵列和或阵列均可编程,如图 10.8 所示。

FPLA 与阵列可编程,是部分译码方式,根据编程要求产生所需要的与项,或阵列可编程选择所需要的与项完成或运算。设计者可以控制全部的输入和输出,合理选择所需要的与项,这将使得 FPLA 阵列规模大为减小,从而有效地提高了芯片的利用率,这为逻辑功能的处理提供了更有效的方法。FPLA 规模比 ROM 小,工作速度快,使用 PLA 更为节省硬件。使用 FPLA 设计逻辑电路比使用 PROM 更为合理。但是这种结构在实现比较简单的逻辑功能时还是比较浪费的,且 FPLA 和相应的编程工具也比较贵,限制了 FPLA 的应用。

FPLA 的规格用输入变量数、与逻辑阵列的输出端数、或逻辑阵列的输出端数三者的乘积表示。例如 82S100 是一个双极型、熔丝编程单元的 FPLA,它的规格为 $16\times 48\times 8$,即表示它有 16 个变量输入端,与逻辑阵列能产生 48 个乘积项,或逻辑阵列有 8 个输出端。

FPLA 的编程单元有熔丝型和叠栅注入式 MOS 管两种,它们的单元结构和 PROM、UVEPROM 的存储单元一样,编成的原理和方法也相同。FPLA 的输出端一般都接有输出缓冲器,其输出缓冲器结构主要有三态输出和集电极开路输出两种结构形式。

如图 10.8 所示的 FPLA 电路中不包含触发器,只能用于设计组合逻辑电路。如果用它设计时序逻辑电路,就必须另外增加含有触发器的芯片。这种 FPLA 又称为组合逻辑型 FPLA。

为便于时序逻辑电路的设计,有些 FPLA 芯片内部增加了由若干触发器组成的寄存器。这种内部含有触发器的 FPLA 称为时序逻辑型 FPLA,也称为可编程逻辑时序器 PLS(Programmable Logic Sequencer)。如图 10.9 所示为时序型 FPLA 的结构框图。其中,X 为与阵的输入变量,所有触发器的输入端均由与或逻辑阵列的输出控制(W),同时所有或部分触发器的状态(Q),又反馈到与或逻辑阵列上,作为与阵的输入变量,这样就可以很方便地构成时序逻辑电路了。Z 仅作为组合逻辑电路的输出端,实现组合输出,有些直接通过触发器输出。

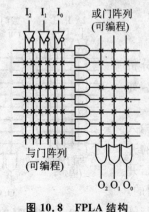

图 10.8 FPLA 结构

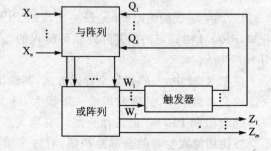

图 10.9 时序型 FPLA 结构

10.3.3 FPLA 器件的应用

采用 FPLA 可以实现任何复杂的组合逻辑和时序逻辑设计。其设计方法是，首先根据给定的逻辑关系，推导出逻辑方程或真值表，然后再把它们直接变化成与已规格化的电路结构相对应的 FPLA 点阵图。下面以实例来介绍 FPLA 器件在组合逻辑和时序逻辑设计中的应用。

1. 采用 FPLA 实现组合逻辑

FPLA 器件的与阵列产生与项，或阵列完成与项相或，可以实现组合逻辑函数。实现组合逻辑函数时，首先求出逻辑方程和真值表，并化简成最简与-或逻辑表达式。然后把化简得到的逻辑方程，按照逻辑方程的"与"项，对应 FPLA 器件中的与阵列，逻辑方程的"或项"，对应 FPLA 器件中的"或"阵列的原则，画出 FPLA 的点阵图。在 FPLA 的输出端产生的逻辑函数是简化的与或表达式。

【例 10.2】 试用 FPLA 实现例 8.1 要求的 4 位二进制码转换为格雷码的代码转换电路。

解：根据表 8.2 所列的码组转换真值表，将多输出函数用卡诺图化简，得出输出最简与或表达式为：

$$G_3 = B_3$$
$$G_2 = B_3 \overline{B_2} + \overline{B_3} B_2$$
$$G_1 = B_2 \overline{B_1} + \overline{B_2} B_1$$
$$G_0 = B_1 \overline{B_0} + \overline{B_1} B_0$$

式中：B_3、B_2、B_1、B_0 为输入 4 位二进制码，G_3、G_2、G_1、G_0 为对应的 4 位格雷码输出。表达式中共有 4 个输入变量，7 个乘积项，4 路输出。根据上式，可画出由 PLA 实现全加器的阵列结构图如图 10.10 所示。

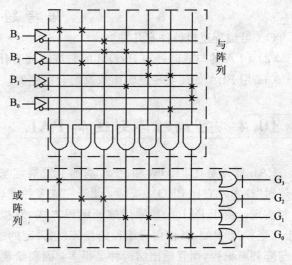

图 10.10 例 10.2 FPLA 的阵列图

2. 采用 FPLA 实现时序逻辑

时序逻辑电路可以用组合逻辑型 FPLA 来实现（另加触发器），也可以用带反馈触发器的时序型 FPLA 来实现。显然用时序型 FPLA 来实现时序逻辑电路更简单一些。

【例 10.3】 试用 FPLA 和 JK 触发器实现模 4 可逆计数器。当 X＝0 时进行加法计数；X＝1 时进行减法计数。

解：由给定的功能可画出模 4 可逆计数器的状态图如图 10.11(a)所示。根据状态图可求得时序电路的激励方程和输出方程为：

$$J_1 = K_1 = 1$$
$$J_2 = K_2 = X\overline{Q_1} + \overline{X}Q_1$$
$$Z = X\overline{Q_2}\overline{Q_1} + \overline{X}Q_2Q_1$$

根据上式，选用具有 3 个输入变量、5 个输出变量和 4 个乘积项的 FPLA 器件，可得如图 10.11(b)所示的 FPLA 阵列图。图中，Q_1、Q_2 为触发器的初始状态。

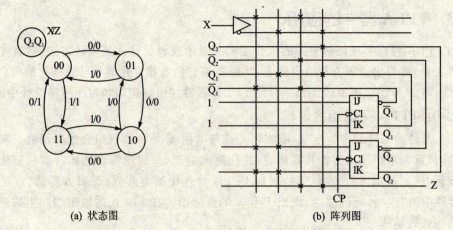

(a) 状态图 (b) 阵列图

图 10.11 例 10.3 模 4 可逆计数器的状态图和阵列图

思 考 题

(1) 可编程逻辑器件有几种？
(2) PLA 的与或阵列与 PROM 的与或阵列有什么区别？
(3) 用 PLA 如何实现逻辑函数及组合电路？

*10.4 可编程阵列逻辑 PAL

PAL 器件是在 PROM 和 PLA 基础上发展起来的，它与 PROM 和 PLA 一样都采用"阵列逻辑"技术。它比 PROM 灵活，便于完成多种逻辑功能，同时又比 PLA 工艺简单，易于编程和实现。由于 PAL 一般采用熔丝编程方式、双极型工艺制造，因而器件的工作速度很高（十几毫秒）。PAL 器件由可编程的与阵列、固定的或阵列和输出电路 3 部分组成。由于它们是与阵列可编程，而且输出结构种类很多，因而给逻辑设计带来很大的灵活性。利用 PAL 器件可以方便地构成组合逻辑电路和时序逻辑电路。

10.4.1 PAL 的基本电路结构

可编程的与阵列和不可编程的或阵列是 PAL 器件最基本的组成部分，PAL 器件的基本阵列结构如图 10.12(a)所示。它仅包含一个可编程的与阵列和一个不可编程的或阵列，没有附加其他的输出电路，这也是 PAL 器件中最简单的一种结构形式。

由图 10.12(a)可见，在尚未编程之前，与阵列的所有交叉点上均有熔丝接通。通过编程将有用的熔丝保留，将无用的熔丝熔断，即得到所需的电路。如图 10.12(b)所示是编程后的阵列结构图。它所产生的逻辑函数为：

$$O_2 = I_2 \bar{I}_1 I_0 + I_2 \bar{I}_1 I_0 = I_2 \bar{I}_1 I_0$$
$$O_1 = I_2 \bar{I}_1 I_0 + I_2 \bar{I}_1 I_0 = I_2 \bar{I}_1 I_0$$
$$O_0 = I_2 \bar{I}_1 I_0 + I_2 \bar{I}_1 I_0 = I_2 \bar{I}_1 I_0$$

目前常见的 PAL 器件中，输入变量最多可达 20 个，与项的数目由制造厂固定，最多可达 80 个，或逻辑阵列的输出端最多可达 10 个，每个或门的输入端最多可达 16 个。为了扩展电

第 10 章 可编程逻辑器件

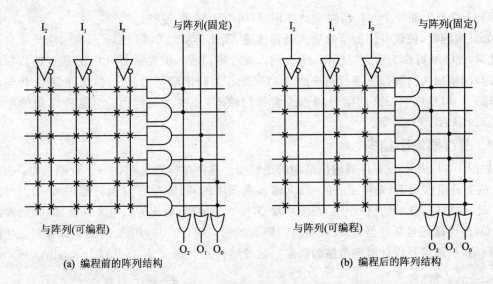

(a) 编程前的阵列结构 (b) 编程后的阵列结构

图 10.12 PAL 器件的基本阵列结构

路的逻辑功能并增加使用的灵活性,不同型号的 PAL 器件中增加了各种形式的输出电路。

10.4.2 PAL 的输出电路结构和反馈形式

PAL 器件具有多种输出结构,根据 PAL 器件输出电路结构和反馈形式的不同,大致可分为专用输出、可编程 I/O 输出、寄存器输出、异或输出和算术选通反馈输出等结构类型。它不仅可以构成组合逻辑电路,也可以构成时序逻辑电路。不同型号的芯片对应一种固定的输出结构,由生产厂家来决定。

1. 专用输出结构

如图 10.12(a)所示基本门阵列的输出结构就是一种专用输出结构,除此之外,还有或非门结构和互补型结构。专用输出结构的输出端只能输出信号,不能兼做输入。或非门专用输出结构的逻辑图如图 10.13 所示,输入信号 I 经过输入缓冲器与"输入行"相连,输出部分采用或非门,有 8 个乘积项,输出用 O 标记,它是在基本门阵列的输出加上反相器得到的。如图 10.13 所示的输出部分采用或非门输出,为低电平有效器件;若输出部分采用或门输出时,为高电平有效器件。有的器件采用互补输出的或门,则称为

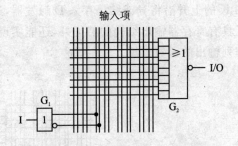

图 10.13 或非门专用输出结构的逻辑图

互补型输出。这种输出结构只适用于实现组合逻辑函数。目前常用的产品有 PAL10H8(10 输入,8 输出,高电平有效)、AL10L8(10 输入,8 输出,低电平有效)、PAL16C1(16 输入,1 输出,互补型)等。

2. 可编程 I/O 输出结构

如图 10.14 所示是异步 I/O 输出结构的逻辑图。该图的或门实现 7 个与项的逻辑加,经三态缓冲器 G_3 由 I/O 端引出。同时 I/O 端的信号也可经过缓冲器 G_4 反馈到与阵列的输入。

三态门 G_3 受最上面一个与门所对应的乘积项(第 1 个与项)控制。

如果编程时,使该与门的所有输入端都接通,则此与项为 0,即三态门禁止,输出呈高阻状态,此时,I/O 端可作为输入端使用,G_4 为输入缓冲器;相反,编程后与门 G_2 的所有输入项都断开,即与门输出为"1"时,三态门被选通,I/O 只能作为输出端使用。这时,缓冲器 G_4 将输出反馈到输入。但是反馈回来的信号能否成为与门输入,还要视编程而定。这种结构的产品有 PAL16L8、PAL20L10 等。

3. 寄存器输出结构

如图 10.15 所示是寄存器输出结构的逻辑图。这种结构输出端有一个 D 触发器,在时钟 CLK 的上升沿作用下,先将或门的输出(输入乘积项的和)寄存在 D 触发器的 Q 端。当使能信号 EN 有效时,Q 端的信号经三态缓冲器 G_3 反相后输出,输出为低电平有效,同时触发器的输出 $\bar{Q}$,还可以通过缓冲器 G_2 反馈至与门阵列的输入端。这样,PAL 便成了具有记忆功能的时序网络,从而满足设计时序电路的需要。这种结构的 PAL 产品有 PAL16R4、PAL16R8 等。

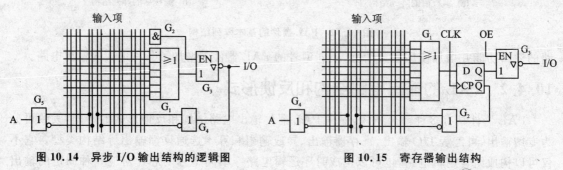

图 10.14 异步 I/O 输出结构的逻辑图　　　图 10.15 寄存器输出结构

4. 异或输出结构

如图 10.16 所示是异或输出结构的逻辑图。它把与项之和分成了两部分,其输出部分有两个或门,它们的输出经异或门进行异或运算后,再经 D 触发器和三态缓冲器输出。在时钟 CLK 的上升沿将异或结果存入 D 触发器,通过 OE 控制的三态门 G_6 输出。这样处理后,它除了具有寄存器输出结构的特征外,还能实现时序逻辑电路的保持功能,同时便于对与-或逻辑阵列输出的函数求反。

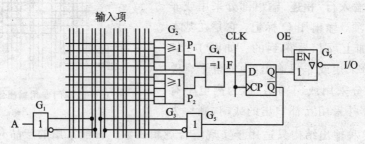

图 10.16 异或输出结构

例如图 10.16 中,若 G_2 的输出 $P_1=I$,G_3 的输出 $P_2=Q$,则 G_4 的输出 $F=P_1 \oplus P_2$。当 $I=0$ 时,$D=F=0 \oplus Q=Q$,$Q^{n+1}=Q$,即时钟来到时触发器状态保持不变;当 $I=1$ 时,$D=F=1 \oplus Q=\bar{Q}$,$Q^{n+1}=\bar{Q}$。这种结构的 PAL 产品有 PAL20X4、PAL20X8 等。

5. 算术选通反馈结构

算术选通反馈结构是在异或结构的基础上，加入反馈选通电路得到的，如图 10.17 所示。反馈选通电路可以对反馈项 Q 和输入项 A 实现 4 种逻辑加操作，反馈选通的 4 个或门输出分别为 $(A+Q)$、$(\overline{A}+Q)$、$(A+\overline{Q})$、$(\overline{A}+\overline{Q})$。这 4 种结果反馈到与门阵列之后，可获得更多的逻辑组合。这种结构的 PAL 产品有 PAL16X4、PAL16A4 等。PAL 产品有 20 多种不同的型号可供用户选用。

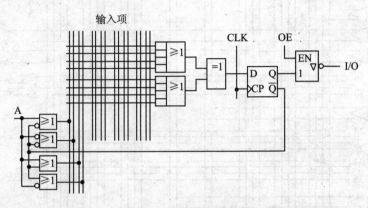

图 10.17 算术选通反馈结构

PAL 的不同输出结构派生出性能、功能各异的许多器件，可以从器件型号上看出 PAL 器件的结构和性能。例如 PAL16L8N 中，16 代表阵列输入端数，L 代表低电平有效输出方式（H 代表高电平有效输出方式、R 代表寄存器输出方式、X 代表异或寄存器输出方式），8 代表阵列输出端数，N 代表 PAL 芯片是塑封双列直插（J 陶瓷双列直插、NL 塑料简封双列、NS 陶瓷简封双列）。

10.4.3 PAL 器件的应用

PAL 器件的种类很多，应用越来越广泛。目前，PAL 器件除了在一般逻辑设计中得到应用外，还被广泛地应用于数据检错和纠错、工业控制技术和计算机系统设计等领域。本小节只简单介绍 PAL 器件在一般逻辑设计中的应用，有关其他应用请参考有关书籍。

用 PAL 器件实现逻辑函数的过程与 PLA 器件基本相似，也是先化简逻辑函数得到最简与或式，再画出 PAL 器件点阵图。由于 PAL 器件种类繁多，所以选择合适的 PAL 器件就成为应用中不可忽视的因素。PAL 器件的输入端和输出端数、乘积项数以及寄存器数量是选择 PAL 器件的主要依据，在实际应用中还要考虑速度、功耗和输出特性等是否符合要求。

【例 10.4】 用 PAL 器件实现 4 位二进制码到 4 位循环码的代码转换电路。

解：$B_3B_2B_1B_0$ 为 4 位二进制码作为输入，$G_3G_2G_1G_0$ 为 4 位循环码作为输出，根据如表 8.1 所列的真值表可得到如下逻辑表达式：

$$G_3 = B_3$$
$$G_2 = B_3\overline{B_2} + \overline{B_3}B_2$$
$$G_1 = B_2\overline{B_1} + \overline{B_2}B_1$$
$$G_0 = B_1\overline{B_0} + \overline{B_1}B_0$$

这是一组 4 个输入、4 个输出的组合逻辑函数，实现上述函数的 PAL 应该有 4 个以上输入端、4个以上输出端,且每个输出要包含2个以上的乘积项。根据上述理由,选用PAL14H4比较合适。PAL14H4有14个输入端、4个输出端,且每个输出端要包含4个乘积项。如图10.18所示是用PAL14H4实现4位二进制码到4位循环码转换的逻辑图。

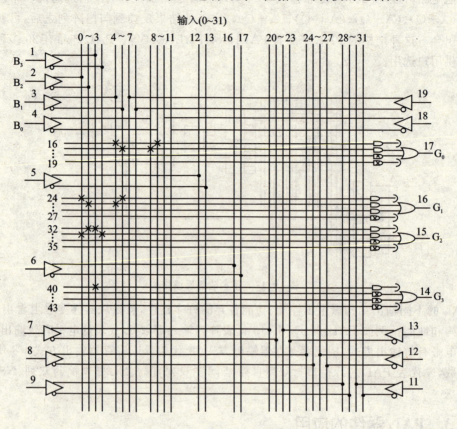

图 10.18　PAL14H4 的代码转换接线图

图10.18中交叉处的"×"表示熔丝保留,意味着该与线含有竖线对应的变量;交叉处无"×"表示熔丝烧断,表示该与线不含有相应的变量。如果一条与线上的熔丝全保留,则这条与线的值恒为0;如果一条与线上的熔丝全烧断,则这条与线的值恒为1。为简化作图,所有输入端交叉点上的"×"一般不画,而用对应与门符号中的"×"来代替。标有"NC"符号的输入端,表示该输入端不接输入信号。

【**例 10.5**】　用PAL器件设计一个具有置0和对输出进行三态控制功能的4位循环码计数器。

解: 根据循环码的计数顺序可以列出一系列时钟信号作用下4位循环码计数器的状态转换表,如表10.1所列。

如果用PAL实现这个计数器,则所用的PAL器件中至少要包含4个触发器、具有三态输出缓冲器和相应的"与或"逻辑阵列。从手册上可以查到PAL16R4满足上述要求。PAL16R4有64×32个熔丝点,8个变量输入端、8个反馈输入端,4个具有三态缓冲器的寄存器(4个D触发器)输出端和4个可编程I/O输出端。

因为PAL16 R4的三态输出缓冲器具有反相作用,故对如表10.1所列取反才是PAL16 R4中触发器的状态转换表,如表10.2所列。

可编程逻辑器件
第 10 章

表 10.1 4 位循环码计数器的状态转换表

CP	Y_3	Y_2	Y_1	Y_0	C(进位)
0	0	0	0	0	0
1	0	0	0	1	0
2	0	0	1	1	0
3	0	0	1	0	0
4	0	1	1	0	0
5	0	1	1	1	0
6	0	1	0	1	0
7	0	1	0	0	0
8	1	1	0	0	0
9	1	1	0	1	0
10	1	1	1	1	0
11	1	1	1	0	0
12	1	0	1	0	0
13	1	0	1	1	0
14	1	0	0	1	0
15	1	0	0	0	1
16	0	0	0	0	0

表 10.2 PAL16 R4 中触发器的状态转换表

CP	Q_3	Q_2	Q_1	Q_0	$\overline{C}$(进位)
0	1	1	1	1	1
1	1	1	1	0	1
2	1	1	0	0	1
3	1	1	0	1	1
4	1	0	0	1	1
5	1	0	0	0	1
6	1	0	1	0	1
7	1	0	1	1	1
8	0	0	1	1	1
9	0	0	1	0	1
10	0	0	0	0	1
11	0	0	0	1	1
12	0	1	0	1	1
13	0	1	0	0	1
14	0	1	1	0	1
15	0	1	1	1	0
16	1	1	1	1	1

根据如表 10.2 所列可以画出次态和进位的卡诺图,化简后可得每个触发器驱动端 D 的逻辑函数式。同时考虑到要求具有置 0 功能,故应在 D 端的逻辑函数式中加一项置 0 输入信号 R。当时钟信号到达,R=1 时,所有的触发器置 1,反相后的输出为 0000,完成置 0 功能。于是每个触发器 D 端的逻辑函数式为:

$$D_3 = Q_3 \overline{Q_1} + Q_3 \overline{Q_0} + Q_2 Q_1 Q_0 + R$$
$$D_2 = \overline{Q_3}\, \overline{Q_1} Q_0 + Q_2 \overline{Q_0} + Q_2 Q_1 + R$$
$$D_1 = Q_1 Q_0 + Q_3 \overline{Q_2}\, \overline{Q_0} + \overline{Q_3} Q_2 \overline{Q_0} + R$$
$$D_0 = \overline{Q_3}\, \overline{Q_2} Q_1 + \overline{Q_3} Q_2 Q_1 + Q_3 Q_2 \overline{Q_1} + Q_3 \overline{Q_2} Q_1 + R$$

进位输出的逻辑函数式为:
$$\overline{C} = \overline{\overline{Q_3}\, \overline{Q_2}\, \overline{Q_1}\, \overline{Q_0}}$$

按照上述逻辑函数式,编程后的 PAL16 R4 的逻辑图如图 10.19 所示。其中,1 脚接时钟输入(计数输入),11 脚接输出缓冲器的三态控制信号 $\overline{OE}$,2 脚接置 0 输入信号 R,正常计数时,R 应为 0;17、16、15、14 脚分别输出 Y_3、Y_2、Y_1、Y_0,18 端为 $\overline{C}$ 输出端。若从 0000 开始计数,则在输入 10 个时钟信号时,$\overline{C}$ 从低电平跳回到高电平,给出 1 个进位输出信号。

利用 PAL 器件进行逻辑电路设计都可以在开发系统上进行。一般只要按照编程软件规定的格式输入逻辑真值表即可。后面的工作完全由计算机去完成。

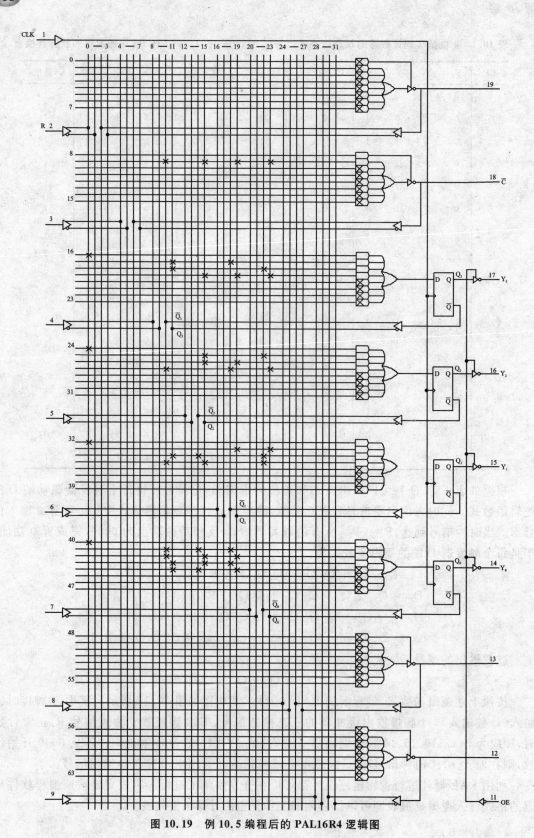

图 10.19 例 10.5 编程后的 PAL16R4 逻辑图

10.4.4 PAL 的特点

PAL 器件是在 FPLA 器件之后第 1 个具有典型实用意义的可编程逻辑器件。PAL 和 SSI、MSI 通用标准器件相比有许多优点。

① 提高了功能密度，节省了空间。通常 1 片 PAL 可以代替 4～12 片 SSI 或 2～4 片 MSI。同时 PAL 只有 20 多种型号，但可以代替 90% 的通用 SSI、MSI 器件，进行系统设计时，可以大大减少器件的种类。

② 提高了设计的灵活性，且编程和使用都比较方便。

③ 有上电复位功能和加密功能，可以防止非法复制。

PAL 的主要缺点是由于它采用了双极型熔丝工艺（PROM 结构），只能一次性编程，因而使用者仍要承担一定的风险。少量采用 CMOS 可擦除编程单元的 PAL 器件虽然克服了不可改写的缺点，但 PAL 器件输出电路结构的类型繁多，仍然给设计和使用带来一些不便。

思 考 题

(1) PAL 与 PLA 结构上有什么区别？

(2) PAL 有什么特点？

10.5 通用阵列逻辑 GAL

为了克服 PAL 器件的缺点，Lattice 公司于 1985 年首先推出了另一种新型可编程逻辑器件 GAL(Generic Array Logic)。GAL 器件采用高速的电擦除、电可编程的 E^2CMOS 工艺制作，可以用电信号擦除并反复编程上百次。GAL 器件的输出端设置了可编程的输出逻辑宏单元 OLMC (Output Logic Macro Cell)，OLMC 中包含了或门、寄存器和可编程的控制电路，通过编程可以将 OLMC 设置成不同的输出方式，几乎涵盖了 PAL 的各种输出结构。这样，同一型号的 GAL 器件就可以实现 PAL 器件所有的各种输出电路工作模式，即取代了大部分 PAL 器件，并且编程灵活、使用方便，称为通用可编程逻辑器件。GAL 器件能方便灵活地仿真所有的 PAL 器件，且具有速度快、功耗低、集成度高等优点，因此 GAL 成为各种 PLD 器件的理想产品。

GAL 器件分两大类：一类为普通型 GAL，其与或阵列结构与 PAL 相似，其与门阵列是可编程的，或门阵列是固定连接的，如 GAL16V8、GAL20V8 都属于这一类；另一类为新型 GAL，其与或阵列均可编程，与 FPLA 结构相似，主要有 GAL39V8。目前，市场上供应较多的是 GAL16V8、GAL20V8。这里 "16(20、39)" 是指可使用的输入端数，"V" 表示通用型，"8" 表示输出端数。

10.5.1 常用 GAL 芯片的结构

常用 GAL 电路结构一般由与阵列、输出逻辑宏单元、输入缓冲器、反馈/输入缓冲器和输出三态缓冲器 5 部分组成，或阵列设置在输出逻辑宏单元中。GAL16V8 和 GAL20V8 结构相似，下面简单介绍 GAL16V8 和 GAL20V8 2 种 GAL 芯片的电路结构。

1. GAL16V8

GAL16V8 是 20 个引脚的集成电路芯片，如图 10.20 所示为它的芯片逻辑框图。它的内

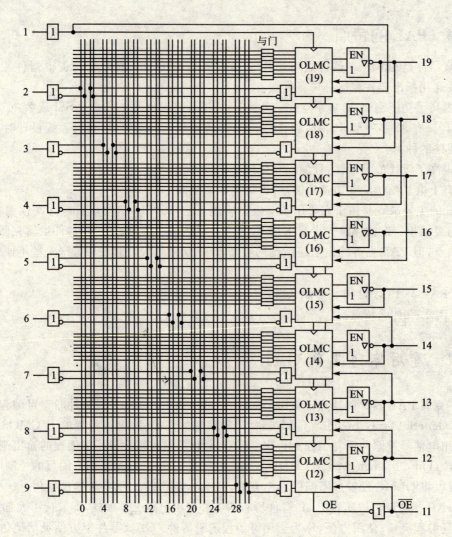

图 10.20　GAL16V8 逻辑图

部电路结构主要由 5 部分组成。

① GAL16V8 的 2～9 脚是输入端，每个输入端有一个输入缓冲器，共有 8 个输入缓冲器和 8 个反馈/输入缓冲器。8 个反馈/输入缓冲器的 8 个输出有时可用作反馈输入，因此输入端最多可有 16 个。

② 有 8 个输出三态缓冲器，8 个输出逻辑宏单元 OLMC，输出引脚为 12～19。每个 OLMC 对应 1 个 I/O 引脚。OLMC 包括"或"门、"异或"门、D 触发器、2 个 2 选 1、2 个 4 选 1 多路选择器和输出缓冲器。组成或逻辑阵列的 8 个或门分别包含在 8 个 OLMC 中，它们和与逻辑阵列的连接是固定的。

③ 与阵列的每个交叉点上设置有 E^2CMOS 编程单元，这种编程单元的结构和原理与前面所讲的 E^2PROM 的存储单元相同。8×8 个与门构成的与阵列，共有 32 列×64 行。32 列表示 8 个输入的原变量和反变量以及 8 个输出反馈信号的原变量和反变量，相当于每个与门有 32 个输入变量；64 行表示 8×8 个与门输出的乘积项，共形成 64 个乘积项。可编程与阵列共有 32×8×8＝2 048 个可编程单元。

④ 1 脚为系统时钟 CK。11 脚为三态输出/输入缓冲器的选通信号 OE 端。10 脚为公共地，20 脚为直流电源 V_{CC}（一般接直流+5 V）。

2. GAL20V8

GAL20V8 是 24 个引脚的集成电路芯片，其逻辑框图与 GAL16V8 大致相同，限于篇幅不再画出。它的内部路结构也有以下 5 部分。

① GAL20V8 的 2～11 脚、14、23 脚皆为输入端，它的 8 个输出有时可用做反馈输入，输入端最多可有 20 个。

② 也有 8 个同样的输出逻辑宏单元（OLMC），对应 8 个输出引脚 15～22。OLMC 内部结构与 GAL16V8 的结构相同。

③ GAL20V8 比 GAL16V8 多了 4 条输入线，与阵列有 40 列 64 行，共有 2 560 个可编程单元。

④ 1 脚为系统时钟 CK。

⑤ 13 脚为输出三态公共控制端 OE，12 脚为公共地，24 脚为直流电源 V_{CC}（一般接直流+5 V）。

3. GAL 的行地址映射

在 GAL16V8 中除了与逻辑阵列，还有一些编程单元。GAL 的逻辑功能、工作模式都是靠编程来实现的，编程时写入的数据按行安排。GAL16V8 编程单元的地址分配和功能划分情况如图 10.21 所示。GAL16V8 共分 64 行，供用户使用的有 36 行。因为这不是编程单元实际的空间布局图，所以又把图 10.21 称为行地址映射图。

第 0～31 行对应与逻辑阵列的编程单元，编程后可产生 0～63 共 64 个乘积项。

第 32 行是电子标签（ES），供用户存放各种备查的信息，如器件的编号、电路的名称、编程日期、编程次数等。

第 33～59 行是制造厂家保留的地址空间，用户不能利用。

第 60 行是结构控制字，共有 82 位，用于设定 8 个 OLMC 的工作模式和 64 个乘积项的禁止。

第 61 行是 1 位加密单元。由于这位被编程以后，不能对与逻辑阵列作进一步的编程或读出验证，因此可以实现对电路设计结果的保密。只有在与逻辑阵列被整体擦除

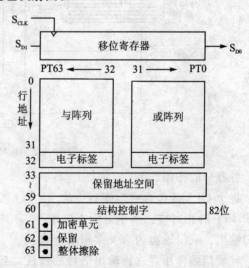

图 10.21　GAL16V8 行地址映射图

时，才能将加密单元同时擦除。但是电子标签的内容不受加密单元的影响，在加密单元被编程后电子标签的内容仍可读出。

第 63 行只包含 1 位，用于整体擦除。对这 1 位单元寻址并执行擦除命令，则所有编程单元全被擦除，器件返回到编程前的初始状态。

对 GAL 的编程是在开发系统的控制下完成的。在编程状态下，编程数据由第 9 脚串行

送入 GAL 器件内部的移位寄存器中。移位寄存器中有 64 位,寄存器装满 1 次就向 GAL 阵列编程单元地址中写入 1 行,编程是逐行进行的。

10.5.2 GAL 的输出逻辑宏单元

GAL 器件输出端都是输出逻辑宏单元(OLMC)结构。GAL 器件的逻辑宏单元和 I/O 做在一起,称为输出逻辑宏单元。无论是 GAL16V8 还是 GAL20V8,它们内部都有 8 个 OLMC。8 个 OLMC 在相应的控制字作用下,具有不同的电路结构。深刻理解 OLMC 的结构和原理是正确使用 GAL 器件设计数字系统的关键,下面我们首先讨论 OLMC 的结构。

1. OLMC 的结构

OLMC 的结构原理如图 10.22 所示,它主要由 1 个 8 输入或门、1 个 D 触发器、4 个数据选择器和控制门电路组成。

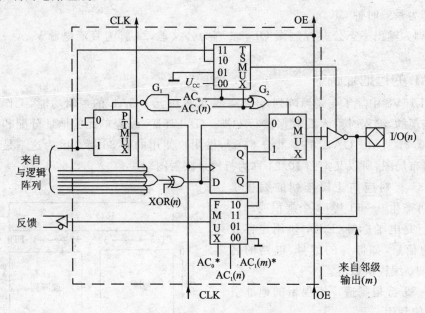

图 10.22　OLMC 的结构原理图

各部分的作用如下:

每个 OLMC 包含或门阵列中的 1 个或门。1 个或门有 8 个输入端,和来自与阵列的 8 个乘积项(PT)相对应。其中 7 个直接相连,第 1 个乘积项(图中最上边的一项)经 PTMUX 相连或门输出。或门输出为有关乘积项之和。

异或门的作用是选择输出信号的极性。当 XOR(n) 为 1 时,异或门起反相器作用,否则起同相器作用。XOR(n) 是控制字中的一位,n 为引脚号。

D 触发器(寄存器)为时序逻辑电路的寄存单元,其驱动信号位来自异或门的输出,用以存放异或门的输出信号。使 GAL 适用于时序逻辑电路设计。

控制字 AC_0,$AC_1(n)$ 通过控制门 G_1 和 G_2 实现不同的控制组合。

4 个数据选择器(MUX)在结构控制字作用下设定输出逻辑宏单元的组态。4 个多路选择器的功能如下所述。

① 乘积项数据选择器(PTMUX),又称为乘积项多路开关。PTMUX 为 2 选 1 数据选择

器,在 $AC_1(n)$、AC_0 的控制下,选择第 1 乘积项或地(0)送至或门输入端。当 G_1 输出为 1 时,第 1 乘积项经过 PTMUX 送至或门输入端;当 G1 输出为 0 时,第 1 乘积项不作为或门输入端。

② 输出数据选择器(OMUX),又称做输出多路开关。OMUX 为 2 选 1 数据选择器,在 AC_0、$AC_1(n)$ 的控制下,选择组合型或寄存器型作为 OMUX 输出。8 输入或门的输出首先送给异或门,由 XOR(n)控制输出所需极性的信号。该输出一方面直接送给 OMUX,作为逻辑运算的组合型输出结果;另一方面送入 D 触发器,Q 的输出作为逻辑运算的寄存器结果也送入 OMUX。当 G_2 输出为 1 时,触发器的状态经 OMUX 送到三态输出缓冲器;当 G_2 输出为 0 时,异或门的输出直接经 OMUX 送到三态输出缓冲器。

③ 三态数据选择器(TSMUX),又称为三态多路开关。TSMUX 为 4 选 1 数据选择器,它主要用于选择三态输出缓冲器的使能信号,控制它的工作状态。OMUX 的输出经过输出三态门后才是实际输出。三态门的控制信号是通过 TSMUX 来选择的。在 AC_0、$AC_1(n)$ 组合 00、01、10、11 控制下依次选择 V_{CC}、地、OE 或者第 1 乘积项中的一个作为三态门的控制信号。

④ 反馈数据选择器(FMUX),又称为反馈多路开关。FMUX 为 8 选 1 数据选择器,但输入信号只有 4 个,它主要用于选择不同来源的输入信号反馈到与阵列的输入端。该多路选择器在 AC_0、$AC_1(n)$、$AC_1(m)$ 的控制下,依次选择地、邻级 OLMC 的输出、本级 OLMC 的输出和 D 触发器的 Q 非作为反馈信号,送回与阵列作为输入信号。这里(m)是相邻级 OLMC 的编号。由如图 10.21 所示 GAL16V8 的电路结构图可见,对 OLMC(16)、OLMC(17)、OLMC(18)而言,相邻的 OLMC 分别为 OLMC(17)、OLMC(18)、OLMC(19);而对 OLMC(13)、OLMC(14)、OLMC(15)而言,相邻的 OLMC 分别为 OLMC(12)、OLMC(13)、OLMC(14)。OLMC(12)和 OLMC(19)的邻级输入分别由 11 号引脚和 1 号引脚的输入取代,$AC_1(n)$ 被 $AC_1(m)$ 取代,同时这 2 个单元的 AC_0 和 $AC_1(m)$ 又被 $\overline{SYN}$ 和 SYN 替代,SYN 是控制字中的 1 位。具体控制如下:当 AC_0、$AC_1(n)$、$AC_1(m)$ 取值为 0×0 时,FMUX 输出 0(地);当 AC_0、$AC_1(n)$、$AC_1(m)$ 取值为 0×1 时,FMUX 选择邻级 OLMC 的输出;当 AC_0、$AC_1(n)$、$AC_1(m)$ 取值为 1×0 时,FMUX 选择本级 OLMC D 触发器的 $\overline{Q}$;当 AC_0、$AC_1(n)$、$AC_1(m)$ 取值为 1×1 时,FMUX 选择本级 OLMC 的输出。"*"表示相应的 AC_0、$AC_1(n)$、$AC_1(m)$ 可以任意取值,在图 10.22 中,未标出任意取值。

2. OLMC 的结构控制字

上述 AC_0、$AC_1(n)$、$AC_1(m)$ 和 SYN 等控制信号是由结构控制字寄存器来实现的。GAL16V8、GAL20V8 的结构控制字寄存器如图 10.23 所示,它有 82 位控制字,每位取值为"1"或"0",其中 64 位用于控制与阵列的 64 个与门,其余 18 位用于控制 8 个 OLMC。图中 XOR(n)和 $AC_1(n)$ 字段下的数字对应各个 OLMC 的引脚号。OLMC 在相应的控制下,具有不同的电路输出结构。GAL 器件提供了比目前的 PAL 器件更多的功能、更方便的应用。

① 同步位 SYN 。SYN 只有 1 位,8 个 OLMC 共用,决定 GAL 器件是组合逻辑电路还是时序逻辑电路。当 SYN=1 时,D 触发器不工作,OLMC 为组合逻辑电路;当 SYN=0 时,D 触发器工作,OLMC 为时序逻辑电路。只要 OLMC 用到 D 触发器,SYN 就必须为 0。在 GAL16V8 的 OLMC(12)和 OLMC(19)中,SYN 还替代 $AC_1(n)$,$\overline{SYN}$ 替代 AC_0 作为 FMUX 的选择输入,以维护与 PAL 器件的兼容性。

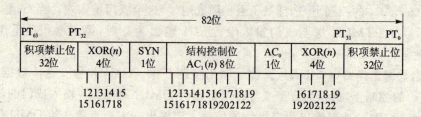

图 10.23 GAL16V8、GAL20V8 的结构控制字寄存器

② 结构控制位 AC_0、$AC_1(n)$。AC_0 只有 1 位,8 个 OLMC 共用;$AC_1(n)$ 共 8 位,每个 OLMC(n)有 1 位,n 为引脚号(12~19)。AC_0、$AC_1(n)$ 与 SYN 配合控制各个 OLMC 的工作状态。

③ 极性控制位 XOR(n)。XOR(n)共 8 位,每个 OLMC(n)有 1 位,它通过异或门来控制输出极性。XOR(n)为 0 时,输出 O(n)低电平有效,XOR(n)为 1 时,输出高电平有效。对于 GAL16V8,$n=12\sim19$,对于 GAL20V8,$n=15\sim22$。

④ 乘积项禁止位 PT(n)。PT(n)共 64 位,64 位积项控制位 $PT_0 \sim PT_{63}$,分别控制与阵列的 64 行,和与阵列中 64 个乘积项($PT_0 \sim PT_{63}$)相对应,用以禁止(屏蔽)某些不用的乘积项。

通过以上分析知道,GAL 器件的与阵列、输出结构和输出极性均可编程。与阵列乘积项通过禁止位 PT(n)来完成;输出结构通过 AC_0、$AC_1(n)$ 与 SYN 配合来完成;输出极性的改变由极性控制位 XOR(n)来完成。这也是 GAL 器件设计逻辑电路灵活方便的原因所在。

3. OLMC 的 5 种工作方式

OLMC 组态的实现,即结构控制字各控制位的设定都是由开发软件和硬件自动完成的。在 SYN、AC_0、$AC_1(n)$、XOR(n)组合控制下,GAL 的输出逻辑宏单元可以有 5 种组态,即 5 种工作方式。如表 10.3 列出了各种模式下对控制位的配置和选择。如图 10.24 所示(a)~(e)分别表示不同配置模式下 OLMC 的等效电路。

表 10.3　1OLMC 工作模式的配置选择

NO	SYN	AC_0	AC_1(n)	XOR(n)	配置功能	输出极性	备　注
1	1	0	1	—	专用输入	—	1 和 11 脚为数据输入,被组态的三态门不通,输出端作输入使用
2	1 1	0 0	0 0	0 1	专用组合输出	低有效 高有效	1 和 11 脚为数据输入,三态门总是选通
3	1 1	1 1	1 1	0 1	反馈组合输出	低有效 高有效	1 和 11 脚为数据输入,三态门的选通信号是第 1 乘积项,反馈信号取自 I/O
4	0 0	1 1	1 1	0 1	时序电路中的组合输出	低有效 高有效	1 脚=CK,11 脚=$\overline{OE}$,其余 OLMC 至少有一个是寄存型(时序型)
5	0 0	1 1	0 0	0 1	寄存器输出	低有效 高有效	1 脚=CK,11 脚=$\overline{OE}$

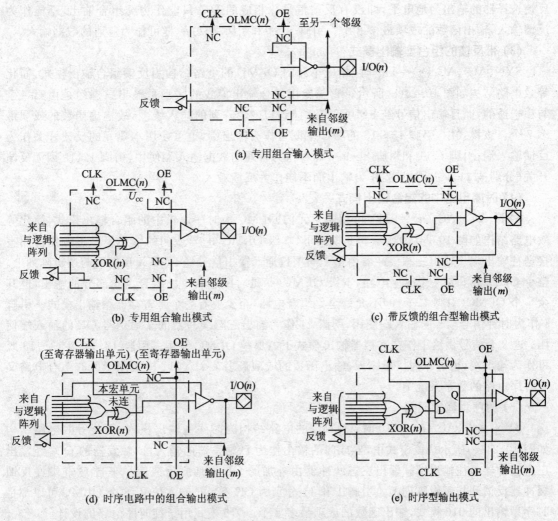

图 10.24 OLMC 5 种工作模式的等效电路

(1) 专用组合输入模式

SYN、AC_0、$AC_1(n)=101$ 时,相应单元的 OLMC 的电路结构为专用组合输入模式,简化等效电路结构如图 10.24(a)所示。该模式中,OLMC 是组合逻辑电路。因为输出三态门禁止工作,所以 I/O(n)端不能作为输出,只能借用邻级的 FMUX 作为组合电路的反馈输入。也就是说,这时加到 I/O(n)的输入信号作为相邻 OLMC 的"来自邻级输出(m)"信号经过邻级的 FMUX 接到与逻辑阵列的输入上。1、11 脚和 2~9 脚一样,可作为普通的数据输入使用,共 10 个。

(2) 专用组合输出模式

SYN、AC_0、$AC_1(n)=100$ 时,相应单元的 OLMC 的电路结构为专用组合输出模式,简化等效电路结构如图 10.24(b)所示。该模式中,OLMC 是组合逻辑电路。此时输出三态门控制信号接 V_{CC},输出三态门处于选通状态,输出始终允许异或门的输出经 OMUX 送到三态门。因为输出三态门是一个反相器,所以 XOR(n)=0 时,输出的组合逻辑函数为低电平有效,XOR(n)=1 时,输出的组合逻辑函数为高电平有效。由于邻级 OLMC 的 $AC_1(m)$ 也是 0,故反馈选择器的输出为地电平,即没有反馈信号。相应的 I/O 只能作为纯组合输出,不能作为反馈输入,输出函数的或项最多 8 个。引脚 1、11 和引脚 2~9 一样可作为普通的数据输入。

(3) 带反馈的组合型输出模式

SYN、AC_0、$AC_1(n)$=111 时,相应单元的 OLMC 的电路结构为反馈组合输出模式,简化等效电路结构如图 10.24(c)所示。它与专用组合输出模式的区别是输出三态门是由第一个与项选通的,而且输出信号经 FMUX 又反馈到与逻辑阵列的输入线上,故输出函数的或项最多 7 个。该模式中,引脚 13~18 的 I/O 端既可作为输出端,也可使用本单元的反馈开关作为反馈输入端;引脚 1、11 和引脚 2~9 一样可作为普通的数据输入端使用,引脚 12、19 因无反馈开关(分别被 11、1 占用)只能作为输出端而不能作为反馈输入。

(4) 时序电路中的组合输出模式

SYN、AC_0、$AC_1(n)$=011 时,相应单元的 OLMC 为时序逻辑中的组合输出模式,简化等效电路结构如图 10.24(d)所示。此模式下,本级 OLMC(n)异或门的输出不经过触发器而直接送往输出端。输出三态缓冲器由第 1 与项选通。输出信号经 FMUX 反馈到与逻辑阵列上。整个 GAL16V8 是一个时序电路,本级 OLMC(n)是时序逻辑中的组合逻辑部分的输出,但其余 7 个 OLMC(引脚 12~19)不允许全是组合电路,至少要有一个是寄存器型输出模式。引脚 1 作为时钟信号 CK 的输入端使用,引脚 11 作为输出三态缓冲器的选通信号 OE 的输入端使用。这 2 个信号供给工作在寄存器输出模式下的那些 OLMC 使用。引脚 12、19 和 13~18 既可作为输出端,也可作为反馈输入,输出函数的或项最多 7 个。011 模式用于既有组合电路又有时序电路的数字系统中。

(5) 时序型输出模式

SYN、AC_0、$AC_1(n)$=010 时,OLMC 的电路结构为时序型输出模式,简化等效电路结构如图 10.24(e)所示。该模式中,异或门的输出作为 D 触发器的输入,D 触发器的 Q 端经输出三态缓冲器送往输出端。输出三态缓冲器由外加的 OE 选通。反馈信号来自 Q 非端经反馈缓冲器反馈到与逻辑阵列上。引脚 1 和 11 分别为 CK 和 OE 输入信号,8 个 OLMC 可以都是时序型输出的 010 模式,输出函数的或项最多 8 个。010 模式用于纯时序电路的设计。

GAL20V8 是 24 引脚的芯片,输入最多 20 个,输出有 8 个,即引脚 15~22 的 8 个 I/O 端,它用于输入数量较多的数字系统设计。GAL20V8 同样具有上述 5 种工作方式,也具有 8 个相同的 OLMC,其工作原理和使用方法都和 GAL16V8 基本相同。

综上所述,只要给 GAL 写入不同的结构控制字,就可以得到不同类型的输出电路结构。这些电路结构完全可以取代 PAL 器件的各种输出电路结构。这里要指出的是结构控制字寄存器的设置不是独立由人工设置的,而是在应用软件开发系统进行逻辑设计时,由软件开发系统自动完成的。只要用户的逻辑设计是正确的,符合开发系统软件的设计规范,系统在对设计源文件进行编译、器件选配时,将自动设置结构控制字寄存器,而不需人工干预。

但用户若想正确地使用 GAL 芯片设计数字系统,必须认识和掌握 OLMC 的结构和工作原理,理解结构控制字的功能和作用。只有这样才能编写正确的源程序,完成数字系统的设计。

10.5.3 GAL 器件的特点

GAL 器件和 PAL 器件相比,功能更加强大,应用更加灵活方便,GAL 器件具有以下优点。

① 采用电擦除工艺和高速编程方法,使编程改写变得方便、快速,整个芯片改写只需数秒钟,具有可重复擦除和编程的功能,1 片可改写 100 次以上。

② 采用高性能的 E^2CMOS 工艺,保证了 GAL 的高速度和低功耗。存取速度为 15~25 ns,功耗仅为双极性 PAL 器件的 1/2 或 1/4,编程数据可保存 20 年以上。

③ 采用可编程的输出逻辑宏单元(OLMC),使得 GAL 器件对复杂逻辑门设计具有极大的灵活性。例如 GAL16V8 可以仿真或代替 20 引脚的 PAL 器件约 21 种;GAL20V8 可以仿真或代替 21 种 24 引脚的 PAL 器件。

④ 具有加密单元,可防止他人复制抄袭设计电路。

⑤ 可预置和加电复位全部寄存器,具有 100% 的功能可测试性。

⑥ 具有电子标签(ES),可用做识别标志,方便了文档管理,提高了生产效率。

但 GAL 和 PAL 一样,都属于低密度 PLD,其共同缺点是规模小,每片相当于几十个等效门电路,只能代替 2~4 片 MSI 器件,远达不到 LSI 和 VLSI 专用集成电路的要求。另外,GAL 在使用中还有许多局限性,如一般 GAL 只能用于同步时序电路,各 OLMC 中的触发器只能同时置位或清 0,每个 OLMC 中的触发器和或门还不能充分发挥其作用,且应用灵活性差等。这些不足之处,都在高密度 PLD 中得到了较好的解决。

思 考 题

(1) GAL 有什么特点?其输出逻辑宏单元能实现哪些逻辑功能?

(2) GAL 中的输出三态缓冲器由哪几个信号控制?

(3) GAL 的 OLMC 中可以将哪几个信号反馈到与阵列中?

(4) 在现代数字系统中,GAL 应用的局限性是什么?

*10.6 高密度 PLD

随着超大规模集成电路的发展,近几十年出现了多种高集成度的可编程逻辑器件,它们的出现很好地弥补了早期低密度 PLD 的不足。由于其具有集成度高、功能强大、编程方便、使用灵活等优点,得到了广泛应用。高密度 PLD(HDPLD)主要有可擦除 EPLD、复杂的可编程逻辑器件 CPLD 和现场可编程门阵列 FPGA 等几种。EPLD 和 CPLD 的电路结构形式与 PAL 和 GAL 相似,都是与或逻辑阵列结构,属于阵列型可编程逻辑器件;FPGA 的电路结构形式与 EPLD 和 CPLD 则完全不同,它不是与或逻辑阵列结构,而是门阵列结构。

10.6.1 可擦除的可编程逻辑器件

1. EPLD 的基本结构和特点

EPLD 是在 PAL 和 GAL 之后推出的一种集成度更高的 PLD。EPLD 采用 CMOS 和 UVEPROM 工艺制作,集成度比 GAL 高得多,目前产品属于高密度 PLD。

EPLD 的基本结构形式和 GAL 类似,仍由可编程的与阵列、固定的或阵列和输出逻辑宏单元组成。但 EPLD 的与或逻辑阵列和输出逻辑宏单元的具体结构和制作工艺与 GAL 明显不同,具体表现在以下几个方面。

① 由于采用了 CMOS 工艺,所以 EPLD 具有 CMOS 器件低功耗、高噪声容限的优点;由于采用了 UVEPROM 工艺,以叠栅注入 MOS 管作为编程单元,所以 EPLD 具有高可靠性、高集成度、可以改写和价格便宜的优点。目前 EPLD 产品的集成度已高达 10 000 门以上。

② 采用特殊的与或逻辑阵列结构,例如采用乘积项共享结构等,有的 EPLD 或逻辑阵列部分也引入了可编程逻辑结构。这样可以更好地提高与或逻辑阵列中乘积项的利用率。

③ 与 GAL 器件一样,EPLD 的输出部分采用了可编程的输出逻辑宏单元(逻辑宏单元和 I/O 做在一起)。EPLD 的 OLMC 不仅具有 GAL 器件输出电路结构可编程的优点,而且还增加了对 OLMC 中触发器的预置数和异步置 0 功能,同时 EPLD 的 OLMC 中一般为多触发器结构。可见 EPLD 的 OLMC 要比 GAL 中的 OLMC 具有更大的使用灵活性。EPLD 的传输延迟时间可以预测,其产品有 AT22V10、ATV750、EP512 等。

2. EPLD 的与或逻辑阵列

在 PAL 和 GAL 的与或阵列中,每个或门的输入乘积项最多为 7 个或 8 个,且是固定的。而由于要实现的与或逻辑函数所包含的乘积项各不相同,因而与或逻辑阵列中的乘积项得不到充分利用。例如,当要实现多于 8 个乘积项的与-或逻辑函数时,必须将与-或函数表达式进行逻辑变换。为了克服这种局限性,在 EPLD 的与或阵列上进行了一些改进。

① 在多数 EPLD 中,与或阵列每一组乘积项的数目不完全相等,这样既便于产生不同项数的与或逻辑函数,又有利于提高乘积项的利用率。

② 将 EPLD 的每一组乘积项分成两部分,产生两个与或逻辑函数,然后通过编程使这两部分既可以单独地送到输出逻辑电路,又可以组合在一起产生一个项数更多的与或逻辑函数,如图 10.25 所示。图中的"⊕"表示可编程逻辑单元。ATMEL 公司生产的 ATV750 就是采用了这种阵列结构。

③ 改进的 EPLD 多采用如图 10.26 所示的乘积项共享可编程逻辑结构。其中每组乘积项都分成 2 部分,通过编程可以将这 2 部分相加,产生一个含有 8 个乘积项的与或逻辑函数,也可以分别为相邻一组所共享,与相邻一组乘积项共同组成项数更多的与或逻辑函数。在图 10.26 中,虽然每一组乘积项本身为 8 项,但通过对 4 个编程单元的编程可以产生包含 4、8、12、16 项的与或逻辑函数。可见,这种可编程结构能使与逻辑阵列的乘积项得到充分的利用。

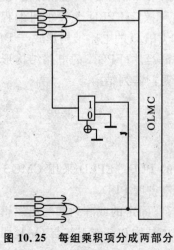

图 10.25 每组乘积项分成两部分的可编程结构

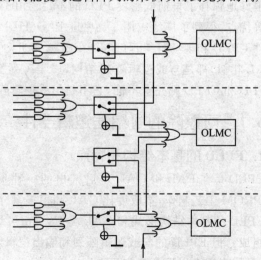

图 10.26 乘积项共享可编程逻辑结构

这种通过编程使 OLMC 公用乘积项的结构称为乘积项共享可编程逻辑结构。图中的"⊕"表示可编程逻辑单元。采用这种结构的 EPLD 有 ALTERA 公司生产的 EP512 等。

3. EPLD 的输出逻辑宏单元(OLMC)

EPLD 的输出电路结构和 GAL 相似,但是 EPLD 的 OLMC 中一般为多触发器结构,同时增加了触发器的预置数和异步置 0 功能。

(1) 多触发器结构

GAL 器件的每个 OLMC 中只有 1 个触发器,而 EPLD 的宏单元内通常含 2 个或 2 个以上触发器,其中 1 个触发器与输出端相连,其余触发器的输出不和输出相连,但可以通过相应的缓冲电路反馈到与阵列,从而与其他触发器构成较复杂的时序电路。这些不与输出端相连的触发器称为"隐埋"触发器。如图 10.27 所示为 ATV750 OLMC 电路结构图,它由 2 个 D 触发器 FF_1 和 FF_2、异或门 XOR 和一个 2 选 1 数据选择器 MUX 组成。通过 MUX 编程可以选择组合逻辑输出或寄存器输出方式。当控制 MUX 的编程单元输出高电平时,ATV750 OLMC 为组合逻辑输出;当控制 MUX 的编程单元输出低电平时,ATV750 OLMC 为寄存器输出(时序逻辑输出)。通过对异或门输入端的编程实现对输出极性的选择,当异或门的可编程输入端接地时,输出高电平有效;当异或门的可编程输入端为高电平时,输出低电平有效。

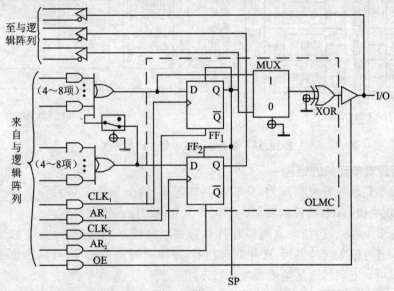

图 10.27 ATV750 OLMC 电路结构图

ATV750 OLMC 的 2 个触发器都可直接反馈到与阵列。这种"隐埋"触发器结构对于引脚数有限的 PLD 器件来说,可以增加触发器数目,即增加了内部资源。

(2) 异步时钟和时钟选择

EPLD 中各触发器的时钟可以异步工作,通常时钟信号可以通过数据选择器进行选择,触发器的异步清 0 和异步置位信号也可以利用乘积项来控制。

在如图 10.27 所示的 ATV750 OLMC 电路结构图中,每个触发器的时钟信号 CLK_1 和 CLK_2、异步置 0 信号 AR_1 和 AR_2 都是独立的,而且分别由与逻辑阵列的一个乘积项给出,是可编程的,SP 为公用预置信号,可视为同步信号。这种结构的 EPLD 不仅可以用于同步时序逻辑电路的设计,而且可以用于异步时序逻辑电路的设计。

10.6.2 复杂的可编程逻辑器件

为了进一步提高集成度,又保持传输时间可预测的优点,将若干个类似于 GAL 的功能模块和实现互连的开关矩阵集成于同一芯片上,就形成了所谓复杂的可编程逻辑器件 CPLD。CPLD 多采用 E²CMOS 工艺制作,近年来得到了迅速发展,目前 CPLD 产品的集成度已高达 10 000 门以上。特别是在系统可编程技术的使用方面,CPLD 的应用越来越广泛。

1. CPLD 器件的基本结构

和低密度 PLD 相比,CPLD 允许有更多的输入信号、更多的乘积项和更多的宏单元,CPLD 内部含有多个逻辑单元块,每个逻辑块就相当于 1 个 GAL 器件,这些逻辑块之间可以使用可编程内部连线实现相互连接。目前生产 CPLD 器件著名的公司有多家,各公司的产品结构千差万别,但它们仍有共同之处,如图 10.28 所示给出了通用的 CPLD 器件的基本结构框图。CPLD 主要由通用逻辑块(Generic Logic Block,GLB)、可编程连线阵列以及输入/输出单元 I/O 等部分组成。

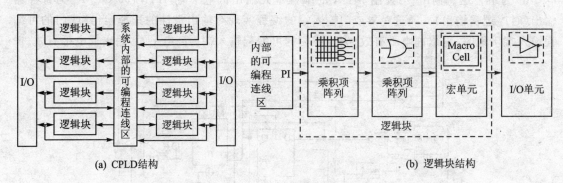

图 10.28 通用的 CPLD 器件结构框图

(1) 通用逻辑单元块的结构

通用逻辑单元块一般由与阵列、乘积项共享阵列、输出逻辑宏单元和功能控制等部分组成,它可以实现类似 GAL 器件的功能。不同产品具体结构有较大差别。

与阵列有多个输入,包括来自可编程连线阵列以及输入/输出单元 I/O 的输入和专用输入。这些输入通过输入缓冲器后,产生互补信号,通过对与阵列编程,可以产生实现逻辑函数所需要的乘积项。不同产品输入端数各有不同。

CPLD 中的乘积项采用共享阵列结构。这种阵列可以把很多个乘积项分送到多个或门,其输出经过乘积项共享阵列的编程,可以根据需要连至逻辑单元块的任何一个输出。乘积项共享阵列具有"线或"功能,它可以将 2 个或 2 个以上的或门输出的乘积项合并,以实现更多的乘积项输出。

CPLD 的逻辑宏单元在内部,没有和 I/O 做在一起,称为内部逻辑宏单元。CPLD 的逻辑宏单元结构与 GAL 相似,主要包括多个可编程 D 触发器、多路选择器、异或电路等。其中,异或电路可以与 D 触发器结合构成 JK 触发器或 T 触发器。CPLD 的逻辑宏单元能独立地配置为时序或组合工作模式。

功能控制部分主要完成时钟信号和控制信号的选择。CPLD 中各触发器的时钟信号可以同步工作,亦可异步工作。其时钟信号分为同步时钟和异步时钟信号 2 种。通常同步时钟信号可以通过数据选择器或时钟网络进行选择,异步时钟信号可以利用乘积项来控制。触发器的异步清0可以利用乘积项来控制,也可以由全局复位引脚来提供。乘积项的输出还可以作为输出三态门的输出使能控制信号。

(2) 可编程 I/O 单元

输入/输出单元简称 I/O 单元或 IOC,它是内部信号到 I/O 引脚的接口部分。每个 I/O 单元对应 1 个封装引脚,通过对 I/O 单元中可编程单元的编程,可以使每个 I/O 引脚单独地配置为输入、输出、双向工作和寄存器输入等各种不同的工作方式,使 I/O 端的使用更为方便、灵活。由于 CPLD 通常只有少数几个专用输入端,大部分端口均为 I/O 端,而且系统的输入信号常常需要锁存,因此 I/O 常作为一个独立单元来处理。

(3) 可编程连线阵列

可编程连线阵列一般位于 CPLD 器件中心,它由众多的可编程 E^2CMOS 构成。可编程连线阵列的作用是在各逻辑宏单元之间以及各逻辑宏单元和 I/O 单元之间提供互连网络。它接收输入总线送来的输入信号和各逻辑宏单元的输出信号,同时向每个宏单元输出信号,把通用逻辑块的输出信号接到 I/O 单元。这些工作是由开发软件的布线程序自动完成的,这种互连机制有很大的灵活性,它允许在不影响引脚分配的情况下改变内部的设计。这种连接方式可以保证任何一个逻辑块的输出信号和任何一个通过 I/O 单元的输入信号都能送到任何一个逻辑块的输入端。这种结构使得信号的传输时间是可以预知的,有利于获得高性能的数字系统。

(4) 时钟分配网络

很多 CPLD 产品内部还设置有时钟分配网络。时钟分配网络一般有 3 个左右外部时钟引脚,时钟分配网络的作用是通过对内部编程单元的编程为逻辑块和 I/O 单元提供各种时钟。在每个器件的内部都有一个确定的逻辑块和时钟分配网络相连,通过对内部编程单元的编程可以把这个逻辑块作为普通的通用逻辑块使用(此时不与时钟分配网络相连),也可以用来产生时钟。

2. CPLD 产品介绍

Altera、Lattice 和 Xilinx 都是生产 CPLD 器件较著名的公司。下面以 Altera 公司生产的 MAX7000A 器件和 Lattice 公司生产的 ispLSI 1016 器件为例,简单介绍这 2 种 CPLD 器件的电路结构和工作特点。

如图 10.29 所示是 Altera 公司 MAX7000A 器件的结构框图。MAX7000 结构主要由高性能的逻辑阵列块 LAB、I/O 控制块以及可编程连线阵列 PIA 组成。每个逻辑阵列块 LAB 由 16 个宏单元组成,多个 LAB 通过可编程连线阵 PIA 和全局总线连接在一起,并构成所需要的逻辑。全局总线由所有的专用输入、I/O 控制块和宏单元馈给信号送至 PIA,PIA 再把这些信号送到器件内各个地方。

Lattice 公司生产的 ispLSI 1016 器件的最大特点是"在系统可编程特性",不需要专用编程器,可以在电路板上直接对器件多次修改和编程。ispLSI 1016 由 16 个相同的通用逻辑块、32 个相同的输入/输出单元、可编程的集总布线区、时钟分配网络以及在系统编程控制电路等部分组成。在集总布线区的左右两边形成 2 个宏模块,每个宏模块包括:8 个相同的通用逻辑块、16 个相同的输入/输出单元、2 个专用输入引脚、1 个输出布线区以及 16 位的输入总线。其中输出布线区由众多的可编程 E^2CMOS 构成,它的作用是把通用逻辑块的输出信号接到

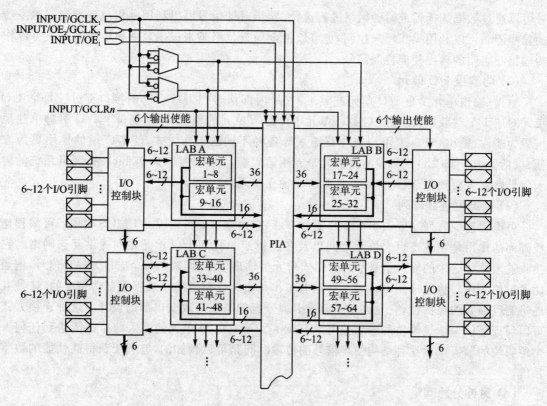

图 10.29 MAX7000A 器件的结构框图

I/O 单元,多个 I/O 单元和多个通用逻辑块共用 1 个输出布线区。时钟分配网络有 3 个外部时钟引脚,并且与宏模块内部 1 个确定的逻辑块相连,在系统编程控制电路包括升压电路和编程电路,保证在系统编程。

ispLSI 1016 的 I/O 单元结构图如图 10.30 所示。该单元有输入和输出 2 条信号通路,通过 4 选 1 可编程 MUX 控制输出三态门的状态,可以选择输入、输出和双向 I/O 这 3 类组态。

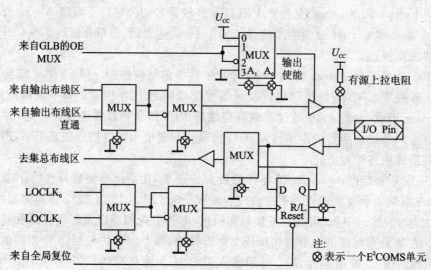

图 10.30 ispLSI 1016 的 I/O 单元结构图

4 选 1 MUX 有 2 个可编程地址输入 A_1A_0（图中"⊗"为未编程状态）。当 $A_1A_0=00$ 时，三态缓冲器的输出使能为高电平，I/O 处于专用输出组态；若 $A_1A_0=01$ 或 10，则将由逻辑块 GLB 送来的信号控制使能，处于双向 I/O 组态或具有三态缓冲电路的输出组态；若 $A_1A_0=11$，则使能端接地，I/O 处于专用输入组态。当 I/O 引脚作为输出时，三态门的输入信号来自输出布线区，由可编程单元控制第 2 行 2 个 2 选 1 MUX 选择输入信号的来源和极性。当 I/O 引脚作为输入时，引脚上的输入信号经过输入缓冲器，由可编程单元控制第 3 行 2 选 1 MUX 选择是直接送到集总布线区，还是经 D 触发器寄存后输入到集总布线区。D 触发器是寄存器输入还是锁存器输入，靠 D 触发器中的 R/L 端可编程单元编程来确定。可编程单元控制第 4 行 2 个 2 选 1 MUX 选择 D 触发器的时钟信号 LOCLK 的来源和极性。通过对上述 8 个可编程单元的编程，可以将 I/O 单元配置为如图 10.31 所示的各种形式。

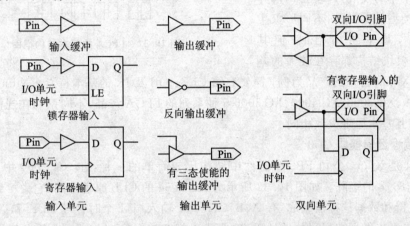

图 10.31 ispLSI 1016 的 I/O 单元配置的各种形式

每一个 I/O 单元都接有上拉电阻，如果某一个 I/O 引脚未使用，通过所接的可编程单元可以使上拉电阻接至该引脚，防止该引脚悬空，避免了噪声进入该电路及消耗额外的功率。

10.6.3 现场可编程门阵列

FPGA(Field Programmable Gate Array)是与 CPLD 同期发展起来的另一种类型的可编程逻辑器件。它的结构与前面所介绍的 PAL、GAL、EPLD 和 CPLD 不同，不再是与或逻辑阵列结构，而是由若干独立的可编程逻辑模块组成。因为这些模块的排列形式和门阵列中单元的排列形式相似，所以沿用了门阵列这个名称。这种可编程逻辑模块结构可以使器件具有更高的集成度，FPGA 属于高密度 PLD，其集成度可达 30 000 门以上。

1. FPGA 的基本结构

如图 10.32 所示为 FPGA 的基本结构框图，它主要由可编程输入/输出模块(Input/Output Block,IOB)、可编程逻辑模块(Confiurable Logic Block,CLB)和可编程互连资源（Programmable Interconnect Resource,PIR)3 种可编程逻辑单元和存放编程数据的静态存储器 SRAM 组成。3 种可编程逻辑单元的工作状态全部由存放在静态存储器中的编程数据决定。

可编程输入/输出模块 IOB 通常排列在芯片的四周，它是内部逻辑电路和芯片引脚之间的编程接口，可根据需要设置成输入端或输出端。

可编程逻辑模块 CLB 是实现用户功能的基本单元，它们通常规则地排列成一个阵列，散布于整个芯片,包括组合逻辑电路和触发器2部分,通过编程可实现组合逻辑电路或时序逻辑电路。

可编程互连资源 PIR 包括各种长度的纵横网状金属导线、可编程连接开关和可编程连接点,它们将各个 CLB 之间或 CLB、IOB 之间以及 IOB 之间连接起来,构成特定功能的电路。

2. FPGA 的模块功能

经过几十年的发展,许多公司都开发出了多种类型的 FPGA,不同厂家生产的 FPGA,基本结构相似,但其 CLB、IOB 等模块结构都存在较大的差

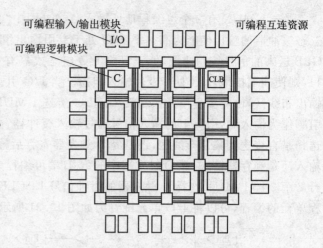

图 10.32　FPGA 的基本结构框图

异。下面以 Xilinx 公司的产品为例,简要介绍 CLB、IOB 及 IR 的基本特点。Xilinx 公司已开发出 XC 2000、XC 3000、XC 4000、XC 5000 5 种系列的 FPGA 产品,不同系列在规模和功能上有所差异,但其基本原理大致相同。

(1) 可编程逻辑模块 CLB

XC 2064 是 Xilinx 公司 FPGA 器件中结构比较简单的一种,在 XC 2064 中共有 64 个 CLB,排列成 8×8 的矩阵。如图 10.33 所示为 XC 2064 的 CLB 原理框图,它由可编程组合逻辑电路、触发器和数据选择器组成,有 A、B、C、D 4 个输入端,1 个时钟端 CLK 和 X、Y 2 个输出端。图中未画出数据选择器的地址码,这些代码都存放在 SRAM 中,由开发软件根据用户

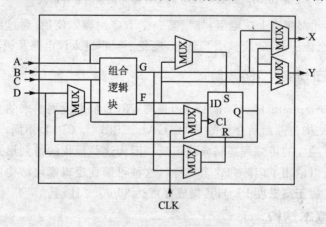

图 10.33　CLB 原理框图

设计需要自动决定。通过对组合逻辑电路编程,可以产生 3 种不同的组合逻辑电路组态,分别可以实现 4 输入/单输出逻辑函数、3 输入/2 输出逻辑函数和 3 输入/2 选 1 输出逻辑函数。3 种电路组态如图 10.34 所示。CLB 中的触发器具有 3 种不同的时钟信号,可供编程选择。触发器的置位和清除信号也有 2 种,通过编程可以进行选择。CLB 的这种结构为逻辑设计提供了很大的灵活性。

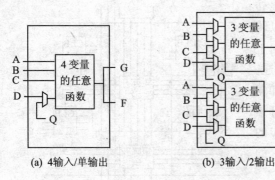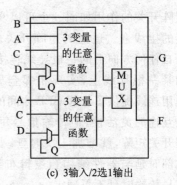

(a) 4输入/单输出　　　　(b) 3输入/2输出　　　　(c) 3输入/2选1输出

图 10.34　CLB 的 3 种电路组态

(2) 可编程输入/输出模块 IOB

XC 2064 中共有 56 个可编程的 I/O 端，IOB 与外部引脚相连，控制外部引脚的输入、输出方式。如图 10.35 所示为 IOB 的电路结构图，它由三态输出缓冲器 G_1、输入缓冲器 G_2、D 触发器和 2 个数据选择器 MUX_1、MUX_2 组成。

数据选择器 MUX_1 的输出 OE 非为三态输出缓冲器 G_1 提供使能控制信号。MUX_1 的输出为低电平时，IOB 工作在输出状态，FPGA 内部产生的信号通过 G_1 送到 I/O 端输出。MUX_1 的输出为高电平时，G_1 为高阻态，IOB 工作在输入状态。

数据选择器 MUX_2 用于输入方式的选择。当 MUX_2 选中输入缓冲器 G_2 的输出时，为异步输入方式，加到 I/O 端的输入信号立即通过 G_2、MUX_2 送往 FPGA 内部。

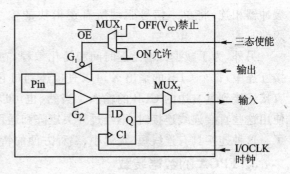

图 10.35　IOB 的电路结构图

当 MUX_2 选中 D 触发器的输出时，为同步输入方式。在同步输入方式下，必须等到时钟信号 I/OCLK 到达后，加到 I/O 端的输入信号才能经过 MUX_2 送往内部电路。

输入缓冲器 G_2 的阈值电平是可以编程的，既可以设置为 TTL 电路的阈值电平，也可以设置为高速 CMOS 电路的阈值电平。在 XC 2064 中，所有 IOB 的时钟信号均是共用的。

(3) 可编程互连资源 PIR

PIR 是 FPGA 中为实现各模块之间的互连而设计的可编程互连网络结构，它的 3 种互连方式如图 10.36 所示。PIR 由内部连接导线、可编程连接开关矩阵 SM(Switching Matrices) 和可编程连接点 PIP(Programmable Interconnect Points) 组成。图中的纵向和横向分布的细线为连接导线，分为直接连线、通用连线和长线。连线通路的数量与器件内部阵列的规模有关，阵列规模越大，连线数量越多。导线交叉处分布有很多可编程连接点，这些金属线经可编程的逻辑连接点与 CLB、IOB 和开关矩阵相连。控制互连关系的编程数据存储在分布于 CLB 矩阵中的 SRAM 单元里(图中未画出 SRAM 单元)。通过对 PIR 的编程可实现系统的逻辑互连。

通用连线由垂直金属线段和水平金属线段组成，主要用于 CLB 之间的连接，垂直金属线段和水平金属线段的交叉处用开关矩阵连接，金属线段的长度与逻辑块间的互连间距相当。

矩阵开关的作用如同一个可以实现多根导线转接的接线盒。通过对矩阵开关的编程,可以将来自任何方向上的一根导线转接至其他方向上的某一根导线上,实现相邻金属线段的互连。通用连线提供了相邻 CLB 之间的快速互连和复杂互连的灵活性,但传输信号每通过一个可编程开关矩阵,就增加 1 次时延。可见,FPGA 的内部时延与器件结构和逻辑布线等有关,它的信号传输时延不可确定。

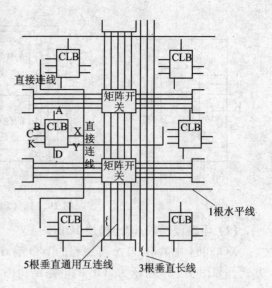

长线是贯穿整个互连区的长金属线段,它不通过矩阵开关,主要用于长距离或多分支信号的传输。全局连线也是长线的一种,用于传输一些共用信号。XC 2064 的 3 根垂直长线中有 1 根是全局连线,它与 FPGA 内的 1 个全局缓冲器相连,将单一信号驱动所有逻辑块的输入端。

图 10.36 PIR 的 3 种互连方式

另外,为了减少传输延迟时间和简化编程,在相邻的 CLB 之间还设置了直接连线。在直接互连中,每个 CLB 的输出 X 可以直接连到与它上下相邻的 CLB 的输入中,其输出 Y 可以直接连接到其右边的 CLB 的输入。当然,也可以通过互连将 CLB 与相邻的 IOB 直接相连。使用这些直接连线连接时,不经过开关矩阵和通用连线,只要对信号接收端的开关点编程就行了。这种连接具有连线短、延迟小、编程方便的特点。

3. FPGA 的数据装载

FPGA 的工作状态完全由编程数据来控制,它存放在 FPGA 芯片内的静态存储器 SRAM 中。由于失电后,SRAM 中的数据无法保存,所以每次接通电源以后必须给 SRAM "装载"编程数据,这些编程数据通常存放在片外的 EPROM、E^2PROM 或计算机的软盘或硬盘中。将编程数据写入该静态存储器称为装载。整个装载过程是在 FPGA 芯片内的一个时序控制电路操作下自动进行的。装载过程在接通电源后自动开始,或由外加控制信号启动。人们可以控制加载过程,在现场修改器件的逻辑功能,即所谓现场编程。芯片装载的详细过程,本书不再详述,请参考有关书籍。

FPGA 静态存储器的静态存储单元具有高密度、高可靠性和可充分测试的特点,其结构如图 10.37 所示。它由 2 个 CMOS 反相器和 1 个用于读/写数据的通道晶体管组成。在正常工作时,通道晶体管断开,以保持存储单元的稳

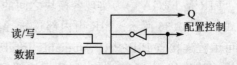

图 10.37 FPGA 静态存储器的存储单元结构

定,而只有当结构生成时,才可以向存储单元写入数据,在读回时才可以读出数据。这点和普通的存储单元有所不同,普通的存储单元可以不断地读出和写入数据。

4. FPGA 的特点

FPGA 中除了个别的几个引脚外,绝大部分引脚都与可编程的 IOB 相连,均可根据需要

设置成输入或输出端。FPGA 器件最大可能的输入端数和输出端数比同等规模的 EPLD、CPLD 多。

FPGA 的每个 CLB 中都包含组合逻辑电路和触发器 2 部分,可以单独设置成规模不大的组合逻辑和时序逻辑电路。

FPGA 不受与或逻辑阵列结构以及含有触发器和 I/O 端数量上的限制,用户可根据需要编程设计任何复杂的逻辑电路。

上述特点使得 FPGA 的通用性更好,使用更加灵活方便,功能更加强大。FPGA 已成为设计数字电路或系统的首选器件之一。

但 FPGA 本身也存在一些明显的缺点:

其一,它的信号传输延迟时间不是确定的。在构成复杂的数字系统时一般总要将若干个 CLB 组合起来才能实现。而由于每个信号的传输途径各异,所以传输延迟时间也就不可能相等。这不仅会给设计工作带来麻烦,而且也限制了器件的工作速度。在 EPLD 和 CPLD 中就不存在这个问题。

其二,由于 FPGA 中的编程数据存储器是一个静态随机存储器结构,所以断电后数据便随之丢失。每次开始工作时都要重新装载编程数据,并需要配备保存编程数据的 EPROM 或 E^2PROM。这些都给使用带来一些不变。

其三,FPGA 的编程数据一般存放在 EPROM 或 E^2PROM 中,而且要读出并送到 FPGA 的 SRAM 中,不便于保密。而 EPLD 和 CPLD 中设置有加密编程单元,加密后可以防止编程数据被读出。

可见,FPGA 和 EPLD、CPLD 各有独特优点,这也是这些器件目前都得到广泛应用的原因。

思 考 题

（1）EPLD 与 GAL 相比具有什么特点？
（2）CPLD 在结构上可分成哪几个部分？各部分的主要功能是什么？
（3）通过对 CPLD 的 I/O 单元的编程,可将其配置成哪几种形式？
（4）FPGA 在结构上可分成哪几个部分？各部分的主要功能是什么？
（5）简述 FPGA 的信号传输时延不可确定的原因。
（6）FPGA 具有什么优点和缺点？

*10.7　可编程逻辑器件的开发

10.7.1　在系统可编程技术

在系统可编程(In-System Programmabile,ISP)技术是 20 世纪 80 年代末 Lattice 公司首先提出的一种先进的编程技术。支持 ISP 技术的可编程逻辑器件称为在系统可编程逻辑器件(ispPLD)。所谓"在系统可编程"是指未编程的 ISP 器件可以直接焊接在印制电路板上,然后通过计算机和专用的编程电缆对焊接在印制电路板上的 ISP 器件直接多次编程,从而使器件具有所需要的逻辑功能。

原属于编程器的编程电路和升压电路已被集成在 ISP 器件内部。ISP 器件编程不需要使用专用的编程器。ISP 技术使得调试过程不需要反复拔插芯片,从而不会产生引脚损伤现象,提高了可靠性,而且可以随时对焊接在印制电路板上的 ISP 器件的逻辑功能进行修改,从而加快了数字系统的调试过程。

ispPLD 不需要使用编程器,只需要通过计算机接口和编程电缆,直接在目标系统或印刷线路板上进行编程。ispPLD 可以先装配,后编程。ispPLD 的修改和调试可以在产品设计、制造过程中的每个环节,甚至在交付用户之后进行。ISP 技术有利于提高系统的可靠性,便于系统板的调试和维修。

除 Lattice 公司外,其他很多生产 PLD 器件的公司也都推出了自己的 ispPLD 产品。目前 ispPLD 有低密度和高密度 2 种类型。低密度 ispPLD 是在 GAL 电路的基础上加进了写入/擦除控制电路而形成的。例如 ispGAL16z8 就属于低密度 ispPLD,除了附加的控制逻辑和移位寄存器,电路主要部分的逻辑功能和 GAL16V8 完全相同。高密度 ispPLD 又称为 ispLSI,它的电路结构比低密度 ispPLD 要复杂得多,芯片功能也更加强大。例如 Lattice 公司的 ispLSI 1016 器件就是一种高密度 ispPLD,前面已简单介绍。

ISP 技术是一种串行编程技术,其编程接口非常简单。ISP 器件的编程必须具备专用编程电缆、PC、ISP 编程软件 3 个条件。编程时,用户首先将编程电缆的一端接到 PC 的并行口,另一端接到电路板上被编程器件的 ISP 接口上,然后通过编程软件发出编程命令,将编程数据文件中的数据转换成串行数据传送到芯片中。不同型号 ispPLD 器件的编程接口有所不同,这里不再详述,应用时请参考有关资料。

10.7.2 可编程逻辑器件的设计过程

随着 PLD 集成度的不断提高,PLD 的编程也日益复杂,设计的工作量也越来越大。在这种情况下,PLD 的编程工作必须在开发系统的支持下才能完成。为此,一些 PLD 的生产厂商和软件公司相继研制了各种功能完善、高效率的 PLD 开发系统。其中一些系统还具有较强的通用性,可以支持不同厂家生产的、各种型号的 PAL、GAL、EPLD、CPLD、FPGA 产品的开发。

PLD 的开发系统包括软件和硬件两部分。开发系统软件是指 PLD 专用的编程语言和相应的汇编语言或编译程序。开发系统软件一般可分为汇编型、编译型和原理图收集型 3 种。

早期使用的多为一些汇编型软件。这类软件要求以化简后的与或逻辑式输入,不具备自动化简功能,而且对不同类型的 PLD 兼容性差。例如由 MMI 公司研制的 PALASM 以及随后出现的 FM(Fast-Map)等就属于这一类。

进入 20 世纪 80 年代以后,功能更强、效率更高、兼容性更好的编译型开发系统软件很快得到了推广应用。其中比较流行的有 Data I/O 公司研制的 ABEL 和 Logical Devuce 公司的 CUPL。这类软件输入的源程序采用专用的高级编程语言(也称为硬件描述语言 HDL)编写,有自动化简和优化设计功能。除了能自动完成设计,还有电路模拟仿真和自动测试等附加功能。

20 世纪 80 年代后期又出现了功能更强大的开发系统软件。这种软件不仅可以用高级编程语言输入,而且可以用电路原理图输入。这对于想把已有的电路(例如用中、小规模集成器件组成的一个数字系统)写入 PLD 的人来说,提供了最便捷的设计手段。例如 Data I/O 公司的 Synario 就属于这样的软件。

20 世纪 90 年代以来,PLD 开发系统软件开始向集成化方向发展。为了给用户提供更加方便的设计手段,生产 PLD 产品的主要公司都推出了自己的集成化开发系统软件(软件包)。这些集成化开发系统软件通过一个设计程序管理软件把一些已经广为应用的优秀 PLD 开发软件集成为一个大的软件系统,在设计时技术人员可以灵活地调用这些资源来完成设计工作。属于这种集成化的软件系统有 Xilinx 公司的 XACT 5.0、Lattice 公司的 ISP Synario System 等。

所有这些 PLD 开发系统软件都可以在 PC 机或工作站上运行。虽然它们对计算机内存容量的要求不同,但都没有超过目前 PC 一般的内存容量。

开发系统的硬件部分包括计算机和编程器。编程器是对 PLD 进行写入和擦除的专用装置,能提供写入或擦除操作所需要的电源电压和控制信号,并通过串行接口从计算机接收编程数据,最终写入 PLD 中。早期生产的编程器往往只适应于一种或少数几种类型的 PLD 产品,而目前生产的编程器都有较强的通用性。ispPLD 不需要使用编程器,使设计数字电路或系统更加方便。

PLD 的设计流程一般如图 10.38 所示。

图 10.38 PLD 设计流程

1. 设计准备

采用有效的设计方案是 PLD 设计成功的关键,设计准备包括进行抽象的逻辑设计、选择合适的 PLD 器件和选定开发系统 3 步。

首先,进行抽象的逻辑设计,将需要实现电路的逻辑功能用逻辑方程、真值表、状态图或原理图等方式进行描述。

其次,根据整个电路输入、输出端数以及所需要的资源(门、触发器数目)选择能满足设计要求的 PLD 器件系列和型号。器件的选择除应考虑器件的引脚数、资源外,还要考虑其速度、功耗以及结构特点。例如,是否需要擦除改写;是组合逻辑电路还是时序逻辑电路;是否需要加密等。

最后,确定开发系统,选用的开发系统必须能支持选定器件的开发工作。与 PLD 器件相比,开发系统的价格要昂贵得多。为此,应充分利用现有的开发系统,选择该开发系统所能支持的 PLD 器件,更加经济、方便。目前系统方案的设计工作和器件的选择都可以在计算机上完成,设计者可以采用国际标准的 2 种硬件描述语言——VHDL 或 Verilog 对系统级进行功能描述,并选用各种不同的芯片进行平衡、比较,选择最佳结果。

2. 设计输入

设计者将所设计的系统或电路以开发软件要求的某种形式表示出来,并送入计算机的过程称为设计输入。首先按编程语言规定的格式编写源程序,然后送入计算机。鉴于 PLD 编程语言种类较多,而且发展变化很快,本书中不进行具体讲解。这些专用编程语言的语法都比较简单,通过阅读使用手册和实践,很容易掌握。

3. 设计处理

从设计输入到编程文件产生的整个编译、适配过程通常称为设计处理或设计实现。它是器件设计中的核心环节,是由计算机自动完成的,设计者只能通过设置参数来控制其处理过程。在编译过程中,编译软件对设计输入文件进行逻辑化简、综合和优化,并适当地选用1个或多个器件自动进行适配和布局、布线,最后产生编程用的编程文件。

编程文件是可供器件编程使用的数据文件。对于阵列型 PLD 来说,是产生 JEDEC(Joint Electronic Device Engineering Council)下载文件,它是电子器件工程联合会制定的记录 PLD 编程数据的标准文件格式;对于 FPGA 来说,是生成位流数据文件(Bitstream Generation)。

4. 设计校验

设计校验过程包括功能仿真和时序仿真,这两项工作是在设计输入和设计处理过程中同时进行的。

功能仿真是在设计输入完成以后的逻辑功能检证,又称前仿真。它没有延时信息,对于初步功能检测非常方便。时序仿真在选择好器件并完成布局、布线之后进行,又称为后仿真或定时仿真。时序仿真可以用来分析系统中各部分的时序关系以及仿真设计性能。

5. 器件编程

编程是指将编程数据放到具体的 PLD 中去。对阵列型 PLD 来说,是将 JED 文件"下载(Down Load)"到 PLD 中;对 FPGA 来说,是将位流数据文件"配置"到器件中。

器件编程需要满足一定的条件,如编程电压、编程时序和编程算法等。普通的 PLD 需要专用的编程器完成器件的编程工作。首先将编程文件由计算机送给编程器,再由编程器将编程数据写入 PLD 中。基于 SRAM 的 FPGA 可以由 EPROM 或微处理器进行配置。但要注意的是,FPGA 的装载过程可以"在系统"进行,但与之配合使用的 EPROM 在编程时仍然离不开编程器。ISP 在系统编程器件则不需要专门的编程器,只要一根下载编程电缆就可以了。

6. 器件测试

将写好数据的 PLD 从编程器上(或下载编程电缆)取下,用实验方法测试它的逻辑功能,检查它是否达到了设计要求。

10.7.3 边界扫描测试技术

边界扫描测试技术主要解决芯片的测试问题。20 世纪 80 年代后期,对电路板和芯片的测试出现了困难。以往,在生产过程中对电路板的检验是由人工或测试设备进行的,但随着集成电路密度的提高,集成电路的引脚也变得越来越密,测试变得很困难。例如,TQFP 封装器件,引脚的间距仅有 0.6 mm,这样小的空间内几乎放不下一根探针。

同时,由于国际技术的交流和降低产品成本的需要,也要求为集成电路和电路板的测试制定统一的规范。

边界扫描技术正是在这种背景下产生的。IEEE 1149.1 协议是由 IEEE 组织联合测试行动组(JTAG)在 20 世纪 80 年代提出的边界扫描测试技术标准,用来解决高密度引线器件和高密度电路板上的元件的测试问题。

标准的边界扫描测试只需要 4 根信号线,能够对电路板上所有支持边界扫描的芯片内部逻辑和边界引脚进行测试。应用边界扫描技术能增强芯片、电路板甚至系统的可测试性。

第 10 章 可编程逻辑器件

思 考 题

(1) ispPLD 具有什么特点?
(2) 什么是边界扫描测试技术?
(3) ispPLD 和 FPGA 的编程有什么不同?

☞ 本章小结

可编程逻辑器件 PLD 是 20 世纪 80 年代后迅速发展起来的一种新型半导体数字集成电路,它的最大特点是可以通过编程的方法设置其逻辑功能。PLD 的出现,使数字系统的设计过程和电路结构都大大简化,同时也使电路的可靠性得到提高。到目前为止,已经开发出的 PLD 器件主要有 FPLA、PAL、GAL 、EPLD、CPLD、FPGA 等。FPLA、PAL、GAL 的集成度都比较低,习惯称为低密度 PLD,EPLD、CPLD、FPGA 的集成度都比较高,习惯称为高密度 PLD。

FPLA、PAL 是较早应用的两种 PLD。这两种 PLD 器件多采用双极型、熔丝工艺或 UVCMOS 工艺制作,电路的基本结构是与或逻辑阵列。PLA 的与或阵列都是可编程的;PAL 的与阵列是可编程的,而或阵列是固定的。熔丝工艺不能改写,UVCMOS 工艺改写不便,但由于可靠性高、成本低,在一些定型产品中还在使用。

GAL 是在 FPLA、PAL 之后出现的 PLD 器件。GAL 采用 E^2CMOS 工艺制作,可以用电擦除和改写。电路的基本结构仍是与或逻辑阵列,但其输出具有可编程的逻辑宏单元,可以由用户定义所需的输出状态,具有较强的通用性。与 FPLA、PAL 相比,具有擦除和改写方便、速度快、功耗低、集成度高等特点。GAL 是一种比较理想的 PLD 器件产品,编程只有在开发软件和硬件的支持下才能完成。

EPLD 是采用 UVCMOS 工艺制作的高密度 PLD,集成度高达千门以上。它的电路结构类似于 GAL,由若干个与或阵列模块和一些 OLMC 组成,可以构成较大的数字系统。这种结构的优点是信号传输时间较短,并且是可预知的。

CPLD 是在 GAL 和 EPLD 的基础上发展起来的高密度 PLD,比 EPLD 集成度更高,规模更大,集成度高达万门以上。它的电路结构类似于 EPLD,采用 UVCMOS 工艺或 E^2CMOS 工艺制作,具有 EPLD 结构的优点。

FPGA 是另外一种高密度可编程逻辑器件。FPGA 采用 CMOS-SRAM 工艺制作,电路结构不是逻辑阵列结构,而是逻辑单元阵列形式。它主要通过改变内部连线来编程,其最大的特点是可实现现场编程。FPGA 中 SRAM 存储的编程数据停电丢失,需要重新装载,并且传输延迟时间不可预知。

近些年出现的 ispPLD 是在 GAL 和 CPLD 的基础上由附加编程控制电路和高压脉冲发生电路而构成的。ispPLD 采用 E^2CMOS 工艺制作,具有编程数据停电不丢失,传输延迟时间可预知 ,不需要编程器,可以在系统编程。ispPLD 的出现提高了数字系统设计自动化的水平,同时也为系统的安装、调试、修改提供了更大的方便和灵活性。

PLD 器件的编程工作需要在开发系统的支持下进行。开发系统的硬件部分由计算机和编程器组成,软件部分是专用的编程语言和相应的编程软件。开发系统的种类很多,所选择的开发系统必须支持PLD器件的编程工作。

习 题

题10.1 用PLA实现下列逻辑函数：
$$F_1 = AB\bar{C} + \bar{A}C + A\bar{B}C \qquad F_2 = \bar{A}B + AC + ABD + BCD$$

题10.2 试分析如图10.39所示中由PAL14H4构成的逻辑电路，分别写出各输出和输入之间的逻辑关系。

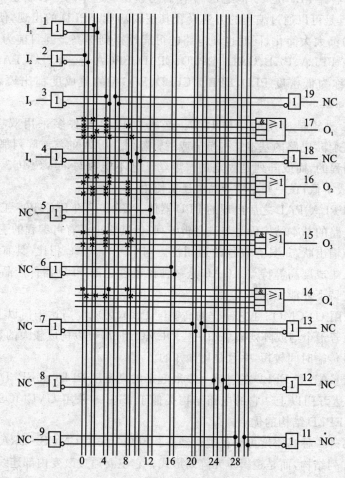

图10.39 题10.2 PAL14H4的应用实例接线图

题10.3 试说明在下列应用场合下选用哪种类型的PLD最为合适。

（1）小批量定型产品中的中规模逻辑电路。

（2）产品研制过程中需要不断修改的中、小规模逻辑电路。

（3）少量的定型产品中需要的规模较大的逻辑电路。

（4）需要经常改变其逻辑功能的规模较大的逻辑电路。

（5）要求能以遥控方式改变其逻辑功能的逻辑电路。

第 11 章 硬件描述语言

本章主要为读者简单介绍 EDA 技术及其主要内容,详细介绍硬件描述语言 VHDL 的概念、内容及设计过程。

11.1 EDA 技术概述

11.1.1 EDA 技术及发展

20 世纪末,数字电子技术得到了飞速发展,有力地推动和促进了社会生产力的发展和社会信息化的提高,数字电子技术的应用已经渗透到人类生活的各个方面。从计算机到手机,从数字电话到数字电视,从家用电器到军用设备,从工业自动化到航天技术,都尽可能采用了数字电子技术。

现代电子设计技术的核心是 EDA(Electronic Design Automation)技术。EDA 技术就是依靠功能强大的电子计算机,在 EDA 工具软件平台上,对以硬件描述语言 HDL(Hardware Description Language)为系统逻辑描述手段完成的设计文件,自动地完成逻辑编译、化简、分割、综合、优化和仿真,直至下载到可编程逻辑器件 CPLD/FPGA 或专用集成电路 ASLC(Application Specific Integrated Circuit)芯片中,实现既定的电子电路设计功能。EDA 技术使得电子电路设计者的工作仅限于利用硬件描述语言和 EDA 软件平台来完成对系统硬件功能的实现,极大地提高了设计效率,缩短了设计周期,节省了设计成本。

(1) 20 世纪 70 年代的计算机辅助设计 CAD 阶段

20 世纪 70 年代是 EDA 技术发展初期,人们开始将产品设计过程中高度重复性的繁杂劳动,如布图布线工作,用二维图形编辑与分析的 CAD 工具替代。

(2) 20 世纪 80 年代的计算机辅工程设计 CAE 阶段

随着微电子工艺的发展,可以用少数几种通用的标准芯片实现电子系统的设计。伴随着计算机和集成电路的发展,EDA 技术进入到计算机辅助工程设计阶段。20 世纪 80 年代初推出的 EDA 工具则以逻辑模拟、定时分析、故障仿真、自动布局和布线为核心,重点解决电路设计没有完成之前的功能检测等问题。20 世纪 80 年代出现的具有自动综合能力的 CAE 工具则代替了设计师的部分工作,对保证电子系统的设计、制造出最佳的电子产品起着关键的作用。

(3) 20 世纪 90 年代的电子系统设计自动化 EDA 阶段

在这个阶段发展起来的 EDA 工具,目的是在设计前期将设计师从事的许多高层次设计工作由工具来完成,如可以将用户要求转换为设计技术规范,有效地处理可用的设计资源与理想的设计目标之间的矛盾,按具体的硬件、软件和算法分解设计等。20 世纪 90 年代,设计师逐步从使用硬件转向设计硬件,从单个电子产品开发转向系统级电子产品开发,即片上系统集成(System on Chip)。因此,EDA 工具是以系统级设计为核心,包括系统行为级描述与结构综合、系统仿真与测试验证、系统划分与指标分配、系统决策与文件生成等一整套的电子系统设计自动化工具。

今天,EDA 技术已经成为电子设计的重要工具,无论是设计芯片还是设计系统,如果没有 EDA 工具的支持,都将是难以完成的。EDA 工具已经成为现代电路设计工程师的重要武器,正在发挥着越来越重要的作用。

11.1.2 EDA 技术的主要内容

EDA 技术涉及面广,内容丰富,包括硬件、软件的设计使用两个方面,具体可分为大规模可编程逻辑器件、硬件描述语言、软件开发工具、实验室开发系统等。其中,大规模可编程逻辑器件是实现 EDA 技术的硬件基础,用作电子系统设计的载体;硬件描述语言是实现 EDA 技术的软件基础,作为描述所设计电子系统的手段;软件开发工具是利用 EDA 技术设计电子系统的自动化设计平台,是硬件描述语言的应用环境;实验开发系统作为 EDA 技术的下载及硬件验证工具。

1. 大规模可编程逻辑器件

可编程逻辑阵列 PLD(Programmable Logic Device)是一种通过用户编程来实现某种逻辑功能的新型逻辑器件。经过几十年的发展,可编程逻辑器件已经从最初简单的 PLA、PAL、GAL 发展到目前应用最为广泛的 CPLD(Complex Programmable Logic Device,复杂的可编程逻辑器件以及 FPGA(Field Programmable Gate Array,现场可编程门阵列)。相比 PLA、GAL 而言,高集成度、高速度和高可靠性是 CPLD/FPGA 最显著的特点。由于开发工具的通用性、设计语言的标准化以及设计过程与目标芯片硬件结构的独立性,设计成功的各种逻辑功能块软件可以很好地兼容和移植,从而使得产品设计效率得到大幅提高。

2. 硬件描述语言

硬件描述语言 HDL(Hardware Description Language)是一种对于数字电路和数字系统进行性能描述和模拟的语言,即利用高级语言来描述硬件电路的功能、信号连接关系以及各器件间的时序关系。其设计理念是将硬件设计软件化,即采用软件的方式来描述硬件电路。数字电路和数字系统设计者利用这种语言来描述自己的设计思想,然后利用电子设计自动化工具进行仿真、综合,最后利用专用集成电路或可编程逻辑器件来实现其设计功能。目前,VHDL 和 Verilog HDL 几乎得到了所有主流 EDA 工具的支持。VHDL 作为 IEEE 的工业标准硬件描述语言,在电子工程领域,已成为事实上的通用硬件描述语言。Verilog HDL 适用于 RTL 级和门电路级的描述,其综合过程较 VHDL 稍简单,但其在高级语言描述方面不及 VHDL。

功能强大的逻辑综合工具把硬件描述语言(HDL)推到了数字电路设计的最前沿,设计者不再需要手工放置通用数字芯片的办法来"搭建"数字电路。由于使用 HDL,设计者能够将更多精力投入到系统上,更好地从功能、行为和算法上表述自己的设计,并加上详细的注解,便于设计的移植和再开发。

3. 软件开发工具

EDA 技术的综合应用设计离不开 EDA 软件的支持。目前比较流行的、主流厂家的 EDA 软件工具有 Altera 公司的 MAX+plus II 与 Quartus II，Lattice 公司的 ispDesignEXPERT 以及 XiLinx 公司的 Foundation Series、ISE/ISE—WebPACK Series。业界最流行的第三方 EDA 工具中，逻辑综合性能最好的是 Synplify，仿真功能最强大的是 ModelSim。

Altera 公司是世界上最大的可编程逻辑器件供应商之一，MAX+plus II 是该公司开发的 EDA 工具软件，目前已发展到 10.0 以上版本。该软件界面友好、方便易用、功能全面，是非常流行的大众化 EDA 平台，适合教学和科研开发等多种应用场合。

MAX+plus II 工具软件几乎支持 EDA 设计的全过程，包括设计文件的输入编辑、编译、仿真、综合和编程下载，自动完成综合过程中的编译网表提取、数据库建立、逻辑综合、逻辑分割、适配、延时网表提取和编程文件汇编等操作。

MAX+plus II 工具软件可以从 Altera 公司的网站下载得到，在该软件存放的目录下，运行 setup.exe 文件即可实现安装。安装成功后，第 1 次运行 MAX+plus II 前，还必须得到授权。首先把 ALTERA\CRACK 目录下的名称为 altera.dat 或 license_m_q.dat 的 LICENSE 文件，复制到 MAX+plus II 的安装目录\maxplus2 下。运行 MAX+plus II，进入 MAX+plus II 集成环境，执行 Option 选项的 License Setup 命令，弹出 License Setup 对话框；单击 Browse 按钮选择授权文件（LICENSE），此时选择前面复制的\maxplus2\altera.dat 或\maxplus2\license_m_q.dat 授权文件即可。

在 Windows 98 环境下安装 MAX+plus II 结束后，可直接使用硬件编程下载功能。在 Windows 2000 环境下安装，除了安装 MAX+plus II 工具软件外，为了使用编程下载功能，还必须安装硬件驱动程序 drivers。

硬件驱动程序具体的安装如下：

① 打开计算机的控制面板（"开始"→"设置"→"控制面板"）。

② 在"控制面板"上打开"游戏选项"，然后选择"添加"→"添加其他"→"从磁盘安装"，接着浏览 MAX+plus II 的安装目录：c:\maxplus2\drivers\Win2000。

③ 选择"win2000.inf"，单击"确定"按钮。

④ 在"数字签名未找到"对话框中选择"是"。

⑤ 在"选择一个设备驱动程序"对话框中，选择 Altera ByteBlaster，并单击"下一步"按钮。

⑥ 在接下去的"数字签名未找到"对话框，仍然选择"是"。

⑦ 安装完成，依提示重新启动计算机。

4. 实验室开发系统

除了 EDA 开发工具软件外，EDA 实验中还需要用到其他一些外围资源，以共同完成完整的 EDA 设计开发。开发所需的资源包括各类基本信号发生模块、输出信息显示模块、目标芯片的适配座以及上面的 CPLD/FPGA 目标芯片和编程下载电路等。

11.1.3 EDA 设计流程

利用 EDA 技术进行电路设计的大部分工作是在 EDA 软件工作平台上进行的，EDA 设计流程如图 11.1 所示。EDA 设计流程包括设计准备、设计输入、设计处理和器件编程 4 个步骤,以及相应的功能仿真、时序仿真和器件测试 3 个设计验证过程。

1. 设计准备

设计准备是指设计者在进行设计之前,依据任务要求,确定系统所要完成的功能及复杂程度,器件资源的利用、成本等所要做的准备工作,如进行方案论证、系统设计和器件选择等。

2. 设计输入

设计输入是指将设计的系统或电路按照 EDA 开发软件要求的某种形式表示出来,并送入计算机的过程。设计输入有多种方式,包括采用硬件描述语言(如 AHDL、VHDL 和 Verilog HDL 等)进行设计的文本输入方式、图形输入方式和波形输入方式,或者采用文本、图形两者混合的设计输入方式;也可以采用自上而下(Top-Down)的层次结构设计方法,将多个输入文件合并成一个设计文件等。

(1) 图形输入方式

图形输入也称为原理图输入,这是一种最直接的设计输入方式,它使用软件系统提供的元器件库及各种符号和连线画出设计电路的原理图,形成图形输入文件。这种方式大多

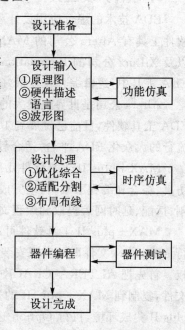

图 11.1 EDA 设计流程图

用在设计者对系统及各部分电路很熟悉或系统对时间特性要求较高的场合。优点是容易实现仿真,便于信号的观察和电路的调整。

(2) 文本输入方式

文本输入是指采用硬件描述语言进行电路设计的方式。硬件描述语言有普通硬件描述语言和行为描述语言,它们用文本方式描述设计和输入。行为描述语言是目前常用的高层硬件描述语言,有 VHDL 和 Verilog HDL 等,它们具有很强的逻辑描述和仿真功能,可实现与工艺无关的编程与设计,输入效率高,在不同的设计输入库之间转换也非常方便。运用 VHDL 硬件描述语言进行设计已是当前的趋势。

(3) 波形输入方式

波形输入主要用于建立、编辑波形设计文件以及输入仿真向量和功能测试向量。波形设计输入适合用于时序逻辑和有重复性的逻辑函数,系统软件可以根据用户定义的输入/输出波形自动生成逻辑关系。

波形编辑功能还允许设计者对波形进行复制、剪切、粘贴、重复及伸展,从而可以用内部节点、触发器和状态机建立设计文件,并将波形进行组合,显示各种进制(如二进制、八进制等)的状态值;还可以通过将一组波形重叠到另一组波形上,对两组仿真结果进行比较。

3. 设计处理

设计处理是 EDA 设计中的核心环节。在设计处理阶段,编译软件将对设计输入文件进行逻辑化简、综合和优化,并适当地用一片或多片器件自动地进行适配,最后产生编程用的编程文件。设计处理主要包括设计编译和检查、逻辑优化和综合、适配和分割、布局和布线、生成编程数据文件等过程。

(1) 设计编译和检查

设计输入完成之后,立即进行编译。在编译过程中首先进行语法检验,如检查原理图的信号线有无漏接,信号有无双重来源,文本输入文件中关键字有无错误等各种语法错误,并及时标出错误的位置,供设计者修改;然后进行设计规则检验,检查总的设计有无超出器件资源或规定的限制并将编译报告列出,指明违反规则和潜在不可靠电路的情况以供设计者纠正。

(2) 逻辑优化和综合

利用 VHDL 综合器对设计进行综合是十分重要的一步,综合过程将把软件设计与硬件的可实现性挂钩,是软件转化为硬件电路的关键步骤。EDA 工具中的综合器将 VHDL 程序设计转换成实际的硬件电路结构,也就是将采用 VHDL 描述的设计进行编译、优化、转换和综合,得到门级电路甚至更底层的电路描述文件——VHDL 网表文件。

(3) 适配和布线

所谓逻辑适配,就是将由综合器产生的网表文件针对某一具体的目标器进行逻辑映射操作,其中包括底层器件配置、逻辑分割、逻辑优化、布线与操作等,配置于指定的目标器件中,产生最终的下载文件,适配所选定的目标器件(FPGA/CPLD 芯片)必须属于原综合器指定的目标器件系列。

(4) 设计过程中的有关仿真

设计过程包括功能仿真和时序仿真,这两项工作是在设计过程中同时进行的。功能仿真是在设计输入完成之后,选择具体器件进行编译之前进行的逻辑功能验证,此时的仿真没有延时信息或者由系统添加的微小标准延时,这对于初步的功能检测非常方便。仿真前,要先利用波形编辑器或硬件描述语言等建立波形文件或测试向量(即将所关心的输入信号组合成序列),仿真结果将会生成报告文件和输出信号波形,从中便可以观察到各个节点的信号变化。若发现错误,则返回设计输入中修改逻辑设计。

时序仿真是在选择了具体器件并完成布局、布线之后进行的时序关系仿真,由于不同器件的内部延时不一样,不同的布局、布线方案也给延时造成不同的影响,所以在设计处理以后,对系统和各模块进行时序仿真分析其时序关系,估计设计的性能及检查和消除竞争冒险等是非常有必要的。

4. 器件编程

如果编译、综合、布线/适配都没有发现问题,即满足原设计的要求,则可以将由 FPGA/CPLD 布线/适配器产生的配置下载文件,通过编程器或下载电缆下载入目标芯片 FPGA 或 CPLD 中。

对得到的硬件电路进行测试看其是否完全满足系统设计的要求。其中,硬件仿真主要是针对 ASIC 设计而言,比如利用 FPGA 对系统的设计进行功能检测,通过后再将其 VHDL 设计以 ASIC 形式实现;而硬件测试则是针对 FPGA/CPLD 直接用于应用系统的检测而言。

11.1.4 EDA 的原理图设计方法

1. 原理图输入设计法

用 MAX+plus II 的原理图输入设计法进行数字系统设计时,不需要任何硬件描述语言知识,在具有数字逻辑电路基本知识的基础上,就可使用 MAX+plus II 提供 EDA 平台设计数字电路。在MAX+plus II平台上，使用原理图输入设计法实现数字电路系统设计的操作流程如图11.2所示。原理图输入设计法的基本操作包括编辑原理图、编译设计文件、生成元件符号、功能仿真、引脚锁定、时序仿真、编程下载和硬件调试等基本过程。

为了方便电路设计，设计者首先应当在计算机中建立自己的工程目录。例如，将自己的全部EDA设计文件放在d:\myeda文件夹中，而为图形编辑设计建立d:\myeda\mygdf文件夹，为VHDL文本编辑设计建立d:\myeda\myvhdl文件夹等。

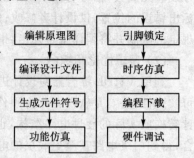

图11.2　原理图输入设计法的基本操作流程示意图

(1) 编辑设计图形文件

在MAX+plus II集成环境下，执行File→New命令，弹出"编辑文件类型"对话框，选择Graphic file Editor后单击OK按钮，进入MAX+plus II图形编辑方式(Graphic Editor file)。图形编辑界面中的空白处，即原理图编辑区，相当于一张空白图纸，设计者可以在此画出自己的电路设计图。在原理图编辑区的任何位置双击，将弹出一个"元件选择"对话框；或者右击，在弹出的对话框中选择输入元件项Enter Symbol，也可以出现这个对话框。

在元件选择对话框的Symbol Libraries内列出了各个元件库，其中，"d:\maxvs\myahdl"是设计者自己定义的元件库，即为工程设计建立的文件夹，设计者可以将自己设计的电路元件存放在该文件夹中；"d:\maxplus2\max2lib\prim"是MAX+plus II基本元件库，如门电路、触发器、电源、输入和输出等；"d:\maxplus2\max2lib\mf"是老式宏函数(Old-style Macrofunctions)元件库，如加法器、编码器、译码器、计数器和移位寄存器等74系列器件；"d:\maxplus2\max2lib\mega_lpm"是参数可设置的强函数(Megafunctions)元件库，如参数可设置的与门lpm_and和参数可预置的三态缓冲器lpm_bustri等。这些库函数的详细信息可以利用MAX+plus II的"帮助"获得。

下面以半加器的设计为例，介绍原理图输入设计法的全过程。半加器逻辑电路图如图11.3所示，它由1个异或门和1个与门构成，1、2是输入端，so是和输出端，co是向高位的进位输出端。在MAX+plus II工具软件的元件库中已经有与门、或门、与非门和异或门等元件，在设计中可直接调用这些元件，实现电路设计。

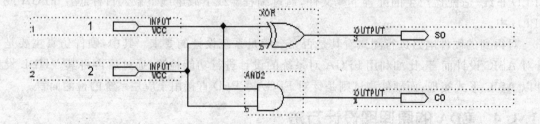

图11.3　半加器逻辑电路图

在元件选择对话框的符号库Symbol Libraries中，双击基本元件库文件夹"d:\maxplus2\rnax21ib\prim"后，在符号文件Symbol Files中列出了该库的基本元件的元件名，例如and2

（二输入端的与门）、VCC（电源）、input（输入）和 output（输出）等，元件库的部分基本元件符号如图 11.4 所示。在元件选择对话框的符号名 Symbol Name 内直接输入 xor，或者在 Symbol Files 中双击 xor 元件名，即可得到异或门的元件符号。用上述同样的方法也可以得到与门及输入或输出端的元件符号，如图 11.5 所示。用鼠标双击输入或输出元件中原来的名称，使其变黑后就可以进行名称修改，用这种方法把两个输入端的名称分别更改为"1"和"2"，把两个输出端的名称分别更改为"so"和"co"；然后按照图 11.3 所示的半加器逻辑电路的连接方式，用鼠标将相应的输入端和输出端及电路内部连线连接好；并以"h_adder.gdf"（注意后缀是.gdf）为文件名保存在自己建立的工程目录内。

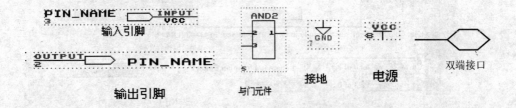

图 11.4 基本元件符号

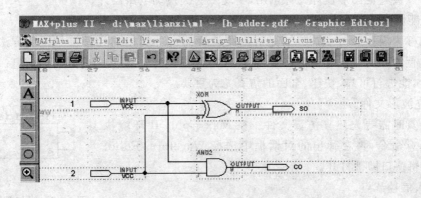

图 11.5 半加器设计项目示意图

(2) 编译设计图形文件

设计好的图形文件一定要通过 MAX+plus II 的编译。在 MAX+plus II 集成环境下，执行"MAX+plus"→Compiler 命令，在弹出的编译对话框中单击 Start，即可对 h_adder.gdf 文件进行编译。如果图形文件不存在错误，编译后的结果如图 11.6 所示。

在编译中，MAX+plus II 自动完成编译网表提取（Compiler Netlist Extractor）、数据库建立（Database Builder）、逻辑综合（Logic Synthesizer）、逻辑分割（Partitioner）、适配（Fitter）、延时网表提取（Timing SNF Extractor）和编程文件汇编（Assembler）等操作，并检查设计文件是否正确。存在错误的设计文件是不能将编译过程进行到底的，此时计算机会中断编译，并在编译（Compiler）对话框中指出错误类型和个数。

(3) 生成元件符号

在 MAX+plus II 集成环境下，执行 File→Create Default Symbol 命令，将通过编译的 GDF 文件生成一个元件符号，并保存在工程目录中。半加器的元件符号如图 11.7 所示，这个

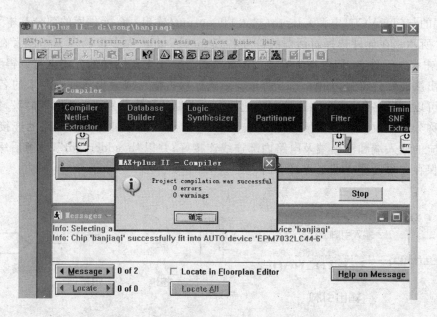

图 11.6　编译图形设计文件结果示意图

元件符号可以被其他图形设计文件调用,实现多层次系统电路设计。

(4) 功能仿真设计文件

仿真也称为模拟(Simulation),是对电路设计的一种间接的元件符号检测方法。对电路设计的逻辑行为和功能进行模拟检测,可以获得许多设计错误及改进方面的信息。对于大型系统的设计,能进行可靠、快速、全面的仿真尤为重要。

① 建立波形文件。

进行仿真时需要先建立仿真文件。在 Max+plus II 环境执行 File→New 命令,再在弹出的对话框中选择 Waveform Editor file,波形编辑窗口即被打开。

② 输入信号节点。

在波形编辑方式下,执行 Node→Nodes from SNF 命令,弹出

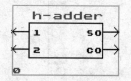

图 11.7　半加器元件符号

如图 11.8 所示的输入节点 Enter Nodes from SNF 对话框,在对话框中首先单击 List 按钮,这时在对话框左边的 Available Nodes & Groups(可利用的节点与组)列表框中将列出该设计项目的全部信号节点。若在仿真中只需要观察部分信号的波形,则首先用鼠标将选中的信号名点黑,然后单击对话框中间的"=>"按钮,选中的信号即进入到对话框右边的 Selected Nodes & Groups(被选择的节点与组)列表框中。如果需要删除"被选择的节点与组"列表框中的节点信号,也可以用鼠标将其名称点黑,然后单击对话框中间的"<="按钮。节点信号选择完毕后,单击 OK 按钮即可。

③ 设置波形参量。

在波形编辑对话框中调入了半加器的所有节点信号后,还需要为半加器输入信号 1 和 2 设定必要的测试电平等相关的仿真参数。如果希望能够任意设置输入电平位置或输入时钟信号的周期,可以在 Options 选项中,取消网格对齐 Snap to Grid 的选择。

④ 设定仿真时间宽度。

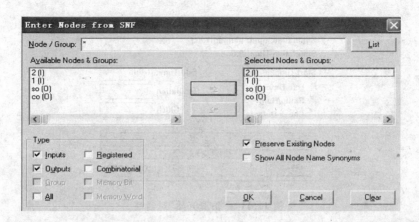

图 11.8　Enter Nodes from SNF 对话框

在仿真对话框中,默认的仿真时间域是 $1\,\mu s$。如果希望有足够长的时间观察仿真结果,可以选择 File→End Time,在弹出的如图 11.9 所示的 End Time 对话框中,填入适当的仿真时间域(如 $5\,\mu s$)即可。

⑤ 加上输入信号。

为输入信号 1 和 2 设定测试电平的方法及相关操作如图 11.10 所示,利用必要的功能键为 1 和 2 加上适当的电平,以便仿真后能测试 SO 和 CO 输出信号。

⑥ 波形文件存盘。

执行 File→Save 命令,在弹出的 Save as 对话框中直接单击 OK 按钮即可完成波形文件的存盘。在波形文件存盘操作中,系统自动将波形文件名设置与设计文件名同名,但文件类型是 .scf。例如,波形文件存盘时,系统将本设计电路的波形文件名自动设置为"h_adder.scf",因此可以直接单击 OK 按钮存盘。

图 11.9　End Time 对话框

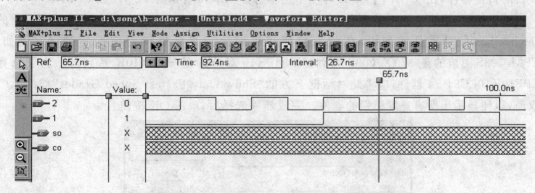

图 11.10　为输入信号设定测试电平或数据示意图

⑦ 运行仿真器。

执行"MAX+plus II"选项中的仿真器 Simulator 命令,在弹出的图 11.11 所示的"仿真开始"对话框中单击 Start 按钮,即可完成对半加器设计电路的仿真,仿真波形如图 11.12 所示。

图 11.11 "仿真开始"对话框

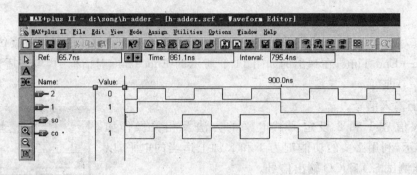

图 11.12 半加器仿真波形

(5) 编程下载设计文件

上述的仿真仅是用来检查设计电路的逻辑功能是否正确，与实际编程下载的目标芯片还没有联系。为了获得与目标器件对应的、精确的时序仿真文件，在对文件编译前必须选定设计项目的目标器件，在 MAX+plus II 环境中主要选择 Altera 公司的 FPGA 或 CPLD。

首先执行 Assign 选项的器件，选择 Device 弹出如图 11.13 所示对话框。此对话框的 Device Family 是器件序列栏，在此下拉列表框中选定目标器件对应的序列名。例如，EPM7128S 对应的是 MAX7000S 系列，EPF10K10 对应的是 FLEX10K 系列等。为了选择 EPF10K10LC84－4 器件，应将此对话框下方的"Show Only Fastest Speed Grades"前的"√"取消，以便显示出所有速度级别的器件。完成器件选择后，单击 OK 按钮。

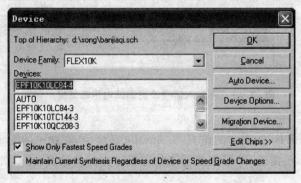

图 11.13 选择编程下载的目标芯片对话框

在目标芯片确定后,为了把设计电路的编写程序下载到目标芯片 EPF10K10LC84-4 中,还需要确定引脚的连接,即指定设计电路的输入/输出端口与目标芯片哪一个引脚连接在一起,这个过程称为"引脚锁定",必须根据评估板、开发电路系统或 EDA 实验板的要求对设计项目输入/输出引脚赋予确定的引脚,以便能够对其进行实测。

在目标芯片引脚锁定前,还需要先确定使用的 EDA 硬件开发平台及相应的工作模式。

在确定了设计电路的输入/输出端与目标芯片引脚的连接关系后,即可进行引脚锁定,具体操作如下:

① 执行 Assign→Pin\Location\Chip 命令,弹出如图 11.14 所示的对话框,在 Node Name 文本框中输入半加器的端口名,如 1、2 等。如果输入的端口名正确,在 Pin Type 中将显示该信号的属性。

② 在 Chip Resource 选项区域的 Pin 中,输入该信号对应的引脚编号,如 22、23、37、38 等,然后单击 Add 按钮。分别将 4 个信号锁定在对应的引脚上后,单击 OK 按钮后结束。需要说明的是:在图 11.14 中,Add 与 Change 公用一个按钮,当在 Pin 中输入一个新的引脚名时,该按钮是 Add;而需要修改一个已经存在的引脚名时,该按钮是 Change。图 11.14 出现的是 Change 按钮,表明可对已经存在的引脚 co(38 引脚)进行修改。

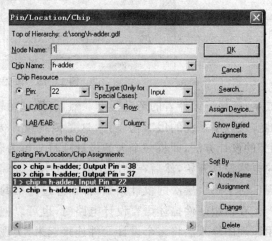

图 11.14 半加器设计电路的引脚锁定对话框

③ 特别需要注意的是,在锁定引脚后必须再通过 MAX+plus II 的 Compiler 选项,对文件重新进行编译一次,以完成对设计文件的编译、综合、优化、逻辑分割和适配/布线等操作,并将引脚信息编入编程下载文件中。完成上述操作后,还要对设计电路再次进行时序仿真,验证设计结果和针对目标芯片的信号延迟。时序仿真与功能仿真的操作完全相同,这里不再重复。

在编程下载顶层设计文件之前,需要将硬件测试系统,通过计算机的并行打印机接口与计算机连接好,打开电源。

首先设定编程下载方式。选择"MAX+plus II"→Programmer,弹出如图 11.15 左侧所示的编程器对话框;然后选择 Options→Hardware Setup(硬件设置)选项,如图 11.15 右侧所示,在 HardWare Type 下拉列表框中选 ByteBlaster(MV)编程方式。此编程方式对应计算机的并行口编程下载通道,"MV"是混合电压的意思,主要指对 Altera 的各类芯片电压(如 5V、3.3V、5.5V、1.8V 等)的 FPGA/CPLD 都能由此编程下载。此项设置只在初次装软件后第一次编程前进行,设置确定后就不必重复此设置。单击 Configure 按钮即可向 EPF10K10 编程下载配置文件,如果连线无误,接下来就可以在实验系统上进行实验验证。

2. 原理图输入法的层次化设计

原理图输入设计法可以与传统的数字电路设计法接轨,即用传统方法得到设计电路的原理图,用 EDA 平台对设计电路进行设计输入、仿真验证和综合,最后编程下载到可编程逻辑器件(FPGA/CPLD)或专用集成电路(ASIC)中。在 EDA 设计中,将传统电路设计过程的电路布线、印刷电路板绘制、电路焊接和电路加电测试等过程取消,提高了设计效率,降低了设计

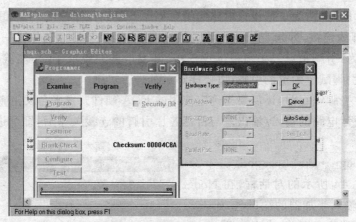

图 11.15　设置编程下载方式

成本,减轻了设计者的劳动强度。然而,原理图输入设计法的优点不仅如此,它可以极为方便地实现数字系统的层次化设计,这是传统设计方式无法比拟的。层次化设计也称为"自底向上"的设计方法,即将一个大的设计项目分解为若干个子项目或若干个层次来完成。先从底层的电路设计开始,然后在高层次的设计中逐级调用低层次的设计结果,直至最后系统电路的实现。对于每个层次的设计结果,都需经过严格的仿真验证,尽量减少系统设计中的错误。

在使用硬件描述语言设计电路时,也可以把硬件描述语言设计的电路作为底层元件,然后用原理图输入法将多个设计元件连接起来,实现多层次系统电路的设计。这种方法可以克服硬件描述语言在大系统设计时不够直观的缺点。

下面通过 4 位加法器的设计介绍原理图输入法的层次化设计。4 位加法器由 4 个 1 位全加器构成,它的底层设计文件是 1 位全加器,因此需要首先设计 1 位全加器电路。

(1) 全加器的 EDA 原理图输入设计

1 位全加器可以用两个半加器和一个或门连接而成,其逻辑结构如图 11.16 所示。其中,ain 和 bin 是全加器的输入端,cin 是从低位来的进位输入,sum 是和输出,cout 是向高位进位的输出。

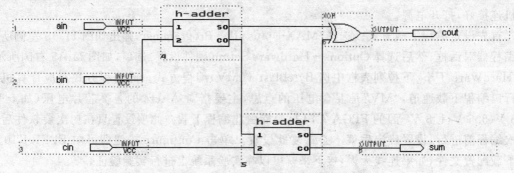

图 11.16　1 位全加器逻辑结构图

打开一个新的原理图编辑窗口,在编辑框内双击,在弹出的元件输入窗口的用户工程目录中找到自己设计的半加器元件 h_adder,并将它调入原理图编辑框中(共调入 2 个);另外在"d:\maxplus2\max21ib\prim"元件库中,调入一个两输入端的或门 OR2、两个输入(INPUT)和两个输出(OUTPUT)。

根据如图 11.16 所示全加器的原理图,用鼠标完成输入、输出及元件之间的电路连接。完成 1 位全加器原理图输入设计后,以文件名 f_addr.gdf 存在同一工程目录中。执行 File→Create Default Symbol 命令,为全加器设计电路生成一个如图 11.17 所示的元件符号。

全加器 fadder.gdf 文件包含两个层次设计,半加器 h_adder.gdf 是底层设计文件,f_adder.gdf 是顶层设计文件。在编译顶层文件之前,需要设置此文件为顶层文件(或称为工程文件)。操作方法是先打开 f_adder.gdf,执行 File→Project→Set Project to Current File 命令即可。

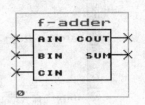

图 11.17 全加器元件符号

为了验证设计的正确性,需要对全加器电路进行仿真,在仿真过程中,如果发现设计电路有错误,而且是底层电路产生的,则可以在顶层设计文件的原理图中直接查找。例如,在 f_adder.gdf 编辑窗中双击半加器元件符号 h_adder,即可弹出此元件内部的原理图。如果错误确实出现在 h_adder.gdf 中,就可以直接对该电路进行修改和仿真验证,并对修改后的 h_adder.gdf 文件进行编译,然后关闭 h_adder.gdf 编辑窗口,回到 f_adder.gdf 编辑窗口,得到修改后的顶层设计结果。

(2) 4 位加法器的设计

在 1 位全加器的设计中,使用了两个设计层次,半加器是低层次设计文件,全加器是高层次的设计结果。而在 4 位加法器的设计中,全加器则成为底层设计文件。打开一个新的原理图编辑窗,在其中选择如图 11.16 所示的 1 位全加器元件共 4 个,然后根据 4 位并行加法器的原理图,构成如图 11.18 所示的 4 位加法器电路,并以文件名 adder4.gdf 存在工程目录中。在图 11.18 所示原理图中,4 位加法器输入符号 ain[3..0] 的右边连接了一条粗的信号线,表示该信号线与有 ain[3]~ain[0] 文字标注的 4 个全加器的 ain 输入端连接;输入符号 bin[3..0] 的右边连接了一条粗的信号线,表示该信号线与有 bin[3]~bin[0] 文字标注的 4 个 bin 输入端连接;输出符号 sum[3..0] 的左边连接了一条粗的信号线,表示该信号线与有 sum[3]~sum[0] 文字标注的 4 个全加器的输出端 sum 连接。粗线表示由多条信号线组成的总线,而细线表示单信号线。左击信号线使之变成红色,然后在红线上右击选择 Line Style,然后选择相应的粗或细信号线即可。需要在信号线上加文字标注时,单击 MAX+plus II 文本编辑窗口左边的"A"按钮,然后再单击文字写入地点,就可以在该处写入相应的文字。

11.2 硬件描述语言 VHDL

目前人们所说的 HDL,通常特指电子技术高层设计阶段中所采用的硬件描述语言,这样的 HDL 有如下特点:

① HDL 以行为级描述见长,它能从比较抽象的角度描述电子实体的行为,能够进行系统早期仿真。

② HDL 能够进行结构化描述,它能从具体的角度描述电子实体的结构,便于存档,便于共享。

③ HDL 具备了从比较抽象到比较具体的多个层面上对电子实体进行混合描述的能力,降低了硬件电路设计难度。

④ HDL 的生命力在于用它描述的实体的程序,既能被仿真又能被综合。通过仿真可验

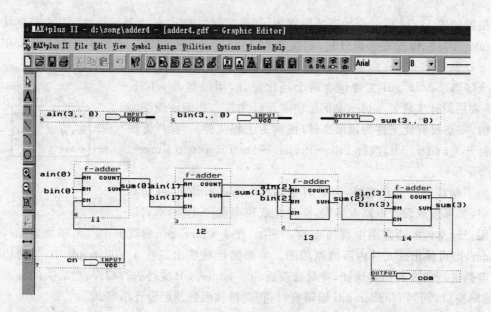

图 11.18 4 位加法器电路

证设计的正确性;通过综合,抽象的设计描述将自动地自上而下转化为实在的物理设计——逻辑图、电路图,直至 FPGA 或 ASIC 版图。硬件描述语言是高层次、自动化设计的起点和基础。

目前世界上存在许多 HDL,其中最流行的为 VHDL 和 Verilog HDL 两种。VHDL 的头一个字母 V 代表 Very High Speed Integrated Circuit,即 VHSIC,所以 VHDL 最初是超高速集成电路硬件描述语言。其诞生的背景是美国的 VHSIC 计划,即 1980~1986 年,美国国防部组织的以国防电子系统要求为目标的集成电路研究计划。后来,人们发现 VHDL 能够满足各种数字电路设计要求,可以作为一种通用的硬件描述语言工业标准。国际电气与电子工程协会 IEEE 参与了对它的标准化。经广泛征求意见,融合其他 HDL 的优点,1987 年 12 月由 IEEE 正式推出了版号为 IEEE1076 的第一个 VHDL 工业标准版本,1993 年推出更新版 VHDL 工业标准版本。

VHDL 具有以下显著优点:

① 通用性好,支持面广。因为它是工业标准,故受到普遍支持,凡大型 EDA 软件都推出支持 VHDL 的设计环境,所以用 VHDL 描述的设计文件可采用不同的设计工具。

② 重用性好。VHDL 的描述与具体工艺无关,因而适用面宽。VHDL 的设计模块便于在不同设计场合重复使用。

③ 可靠性好。VHDL 文件兼技术文档与实体设计于一身,可读性好,既是技术说明又是设计实现,保证了二者的一致性。

④ 与 Verilog HDL 相比较,VHDL 以行为级描述见长,即以抽象的角度描述电子实体行为的能力更强。

客观地讲,上述 4 条 VHDL 优点中前 3 条基本上是 HDL 的共同优点,而第 4 条则是 VHDL 的特殊优点。需要指出的是:在学习和使用 VHDL 时,应当特别关注并利用其抽象描述电子实体行为能力强的特点,此特点意味着人们可以利用 VHDL 来较迅速地获得对电路与系统的正确描述。

11.2.1 VHDL 设计实体的基本结构

一个完整的 VHDL 程序或者说设计实体,是指能为 VHDL 综合器接受,并能作为独立的设计单元,即以元件形式存在的 VHDL 程序。这里所谓的"综合",是将给定电路应实现的功能和实现此电路的约束条件(如速度、功耗、成本及电路类型等)通过计算机的处理,获得一个满足上述要求的设计方案。简单地说,"综合"就是依靠 EDA 工具软件自动完成电路设计的整个过程。因此,VHDL 程序设计必须完全适应 VHDL 综合器的要求,VHDL 程序牢固植根于可行的硬件实现中。这里所谓的"元件",既可以被高层次的系统调用,成为系统的一部分,也可以作为一个电路的功能块独立存在和独立运行。它由库(LIBRARY)、程序包(PACKAGE)、实体(ENTITY)、结构体(ARCHITECTURE)和配置(CONFIGURATION)等部分构成。其中,实体和结构体是设计实体的基本组成部分,它们可以构成最基本的 VHDL 程序。这 5 个组成部分的主要作用如下:

实体　描述设计单元的外围接口信号和内部参数。

构造体　描述设计单元的内部结构和逻辑行为。

配置　为设计单元从多个构造体中选择合适的构造体或从库中选取合适的元件,以便于进行设计单元的仿真或综合。

程序包　存放各设计模块都能共享的数据类型、常数和子程序等。

库　存放已经编译了的元件和程序包,以便在设计单元中使用。库可由系统工程师自行设计或由 ASIC 芯片制造商提供。

1. 实体(ENTITY)

实体描述的是设计单元的外围,主要包括类属参数说明(Generic: Declarations)和外围输入/输出端口说明(Port: Declarations),这两部分都是可选部分。实体说明按照上述格式来编写,即实体说明应以"ENTITY(实体名)Is"开始,以"END(实体名);"或"END ENTITY(实体名);"结束。"ENTITY"、"IS"、"END"为关键字,而"实体名"是由设计者依据设计单元的功能或特定项目的命名规则起的名字,只要满足标识符的命名规则即可。

(1) 类属参数说明(Generic: Declarations)

类属参数说明主要用来为用户设计指定待定参数,如用来定义端口宽度、器件延时时间等参数,该参数在整个设计单元内有效。书写格式如下:

GENERIC(参数名,…,参数名:数据类型: = 初值;

　　……

　　参数名,…,参数名:数据类型: = 初值);

类属参数说明必须放在端口说明之前。需要注意的是类属参数可在编译时被赋予新的值,但类属参数在仿真和综合过程中是只读的。数据类型及初值相同的类属参数可以","分隔写在同一行,否则要分行写。

(2) 端口说明(Port: Declarations)

实体说明中的每一个输入/输出信号称为端口,端口对应于电路图上的引脚。端口说明描述的是设计单元与外部的接口,具体来说就是对端口名称、数据类型和信号模式进行描述。书写格式如下:

PORT(端口名{,端口名};方向 数据类型名;
　　　…
　　端口名{,端口名};方向 数据类型名);

端口名是输入/输出端口的名字,可由字母和数字等符号构成,只要满足标识符定义的规则即可。

端口方向包括:IN——输入;OUT——输出;INOUT——双向,既可用于输入也可用于输出;BUFFER——具有读功能的输出。

(3) 数据类型

数据类型说明经过该端口信号的数据类型。由于 VHDL 是强数据类型的语言,不同数据类型的信号、变量等不可以相互赋值,所以要给端口指定数据类型。端口使用的数据类型可以是 VHDL 的标准数据类型,也可以是用户自己定义的包集合中的数据类型。

2. 结构体

结构体描述的是设计的行为和结构,即描述一个设计实体的功能。在设计过程中,设计人员常常将一个设计比喻成一个盒子,实体说明可以被看成是一个"黑盒子",通过它只能了解其输入和输出端口,无法知道盒子内部的内容,而结构体就是描述盒子内部的详细内容。结构体是对实体功能的具体描述,因此应在实体说明的后面。在 VHDL 语法中,结构体的结构如下所示:

ARCHITECTURE 结构体名 OF 实体名 IS
[说明语句];——为内部信号名称及类型声明
BEGIN
[功能描述语句]
END ARCHITECTURE 结构体名;

一个完整的构造体由两个基本层次组成:

① 结构体的说明语句部分。该部分对数据类型、常数、信号、子程序和元件等定义说明。

② 功能描述语句部分。可以使用并行语句或并发子结构描述设计单元的逻辑功能或结构,可以采用行为级、RTL 级和结构级描述。

11.2.2 VHDL 语言要素

VHDL 具有计算机编程语言的一般特性,其语言要素是编程语句的基本单元。准确无误地理解和掌握 VHDL 语言要素的基本含义和用法,对正确地完成 VHDL 程序设计十分重要。

1. VHDL 文字规则

任何一种程序设计语言都规定了自己的一套符号和语法规则,程序就是用这些符号按照语法规则写成的。在程序中使用的符号若超出规定的范围或不按语法规则书写,都视为非法,计算机不能识别。与其他计算机高级语言一样,VHDL 也有自己的文字规则,在编程中需要认真遵循。

(1) 数字型文字

数字型文字的值有多种表达方式,现列举如下:

① 整数文字:整数文字都是十进制的数,如:3,648,156E2(=15 600),45_234_287(=

45 234 287)。

其中，数字间的下划线仅是为了提高文字的可读性，相当于一个空的间隔符，而没有其他的意义，因而不影响文字本身的数值。

② 实数文字：实数文字也都是十进制的数，但必须带有小数点，如：133.763，86_370_53.423_124(8 637 053.423 124)，5.0，44.99E_2(=0.449 9)，0.0。

③ 以数制基数表示的文字：用这种方式表示的数由 5 个部分组成。第 1 部分，用十进制数标明数制进位的基数；第 2 部分，数制隔离符号"#"；第 3 部分，表达的文字；第 4 部分，指数隔离符号"#"；第 5 部分，用十进制表示的指数部分，这部分的数如果是 0 可以省去不写。现举例如下：

```
10#450#            ——(十进制数表示，等于 450)
2#1111_1110#       ——(二进制数表示，等于 254)
16#F.01#E+2        ——(十六进制数表示，等于 3 841.00)
```

④ 物理量文字(VHDL 综合器不接受此类文字)，如：40 s(40 秒)，300 m(300 米)，165 A(165 安培)。

(2) 字符串型文字

字符是用单引号引起来的 ASCII 字符，既可以是字符，也可以是符号或字母，如：'D'、'$'、'*'等。可以用字符来定义新的数据类型，如：TYPE STD_ULOGIC IS('U' 'W' '8' '1' '#')。

字符串是一维的字符数组，必须用双引号括起来。在 VHDL 中，字符串分两种类型，分别是文字字符串和数位字符串。

① 文字字符串。

文字字符串是用双引号引起来的一串文字，如："AX"、"banna"、"y&I"、"asd"、"Z5HF"等。

② 数位字符串。

数位字符串也称位矢量，是预定义的数据类型 BIT 的一维数组，所代表的是二进制、八进制或十六进制的数组。它们的位矢量的长度即为等值的二进制数的位数，字符串数值的数据类型是一维的枚举型数组。数位字符串的表示先要有计算基数，然后将该基数表示的值放在双引号中，基数符以"B"、"O"和"X"表示，并放在字符串的前面。需要强调的是，基数符号不可省略。其中，B 为二进制基数符号，表示二进制数位 0 或 1，在字符串中每一位表示一个 BIT；O 为八进制基数符号，每一个数代表一个八进制数，代表 3 个 BIT 的二进制数；X 为十六进制基数符号，代表 4 个 BIT 的二进制数。数位字符串的格式为：基数符号"数值"，如：

```
Data1<= B"1101 1001"
Data2<= O"15"
Data3<= X"FB"
```

(3) 标识符

标识符是用户给常量、变量、信号、端口、子程序或参数定义的名字。标识符命名规则：以字母开头，后跟若干字母、数字或单个下划线构成，但最后不能为下划线。例如：h_adder，mux21，example 为合法标识符；7adder，_mux21，addeu_为错误的标识符。

VHDL93 标准支持扩展标识符,即以反斜杠来定界,允许以数字开头,允许使用空格及两个以上的下划线。例如:\74LSl90\,\A GIRL\等为合法的标识符。

(4) 下标名

下标名用于指示数组型变量或信号的某元素。下标名的格式为:标识符(表达式)。例如:b(6)、g(h)都是下标名。

(5) 段 名

段名是多个下标名的组合。段名的格式为:标识符(表达式 方向 表达式)。其中,方向包括:TO,表示下标序号由低到高;DOWNTO,表示下标序号由高到低。

例如:

D(5 DOWNTO 0)   ——可表示数据总线 D5~D0
D(0 TO 5)   ——可表示数据总线 D0~D5

2. VHDL 数据对象规则

VHDL 数据对象是指用来存放各种类型数据的容器,包括变量、常量和信号。

(1) 信 号

信号是 VHDL 语言特有的数据对象,它代表物理设计中的某一条硬件连接线,包括了输入、输出端口。信号一般在程序包、实体和结构体中说明使用;在进程和子程序中不能定义,只能使用。要声明一个信号,应该使用关键字 SIGNAL。信号定义的一般格式如下:

SIGNAL 信号名:数据类型:= 初始值;

信号名是由设计者自行命名的合法标识符;初始值的设定不是必须的,且仅在行为仿真有效。如:

SIGNAL tmp:BIT_VECTOR;   --定义一个位矢量,不对其进行赋值
SIGNAL flag:INTEGER:= 1;   --定义一个整数型信号,赋值为 1

信号数据对象的硬件特性十分显著。它不但可以保存当前值,也可以保存历史值,这与触发器的特点有着异曲同工之妙;在 VHDL 中,信号与信号赋值语句、决断函数等可以很好地描述硬件系统的许多基本特性,如信号传输过程的惯性延时等。与变量相比,信号具有全局性的特征:在程序包中定义的信号,对于所有调用此程序包的设计实体都是有效的,可以直接使用;在实体中定义的信号,对于此实体对应的所有结构体都是可视的。在结构体中定义的信号,整个结构体所有子结构均可使用。事实上,信号可以看作是实体内部的端口,其与端口的区别就是信号本身并无方向且可写。端口的定义实际上隐含了信号的定义,并加上了数据流向的限制。因此,所有在实体中定义的端口在结构体中都能作为信号使用。另外,对信号进行初值赋值的符号":="没有延时。在信号赋值语句中,可以使用符号"<=",这种赋值方式允许产生延时,其格式为:"信号名<=表达式;"。如:

a<= v;
b<= a AFTER 4ns;
c<= b;

(2) 变 量

变量是一个临时的数据载体,在电路中没有具体的硬件与之对应。变量是一个局部量,只

能在 VHDL 程序的进程、函数、过程中使用。

① 变量的申明。

变量的申明格式为：

VARIABLE 变量名:数据类型[:= 初始值];

变量的申明与信号的申明十分相似，"VARIABLE"是变量申明的关键字；"变量名"是设计者自行定义的标识符；"数据类型"表明变量可承载的数据类型；可选项"约束条件"表征变量的取值范围，一般用关键字"RANGE"表示；可选项":=表达式"用于在申明变量的同时给它赋初值。BIT_VECTOR(3 DOWNTO 0)类型，即 sum 是 4 位 BIT 数据组成的数列。

例如，变量声明语句：

VARIABLE a: INTEGER;
VARIABLE b: INTEGER:= 7;

分别声明变量 a、b 为整型变量，变量 b 赋有初值 7。

② 变量的赋值。

已申明的变量可以用":="（立即赋值符号）为其代入新的值，从而完成该变量与其他信号、变量、常量等数据之间的传递。变量的赋值没有延时，立即生效。在程序中，可以给变量多次赋值。

例如，下面在变量声明语句后列出的都是变量赋值语句。

VARIABLE x,y: INTEGER;
VARIABLE a,b: BIT_VECTOR(0 TO 6);
x:= 100;
y:= 5 + x;
a:= "00101"
a(1 TO 4) := ('1','1','0','1');
g(0 TO 4) := b(2 TO 6);

(3) 常 量

常量一般可用来表示固定的数据位宽、固定电平及固定延时等，是个全局量，可以在实体、构造体、程序包以及进程、函数、子程序中进行申明。

① 常量的申明。

常量申明一般格式为：

CONSTANT 常数名:数据类型:= 初值;

例如：

CONSTANT bus:BIT_VECTOR:= "110111"
CONSTANT Vcc:REAL:= 8.0;
CONSTANT delay:TIME:= 5ns;

常量的申明和信号、变量的申明十分相似，但需要注意的是":=初值"用于给常量赋值，对于常量来说这一部分必须有。

② 常量的赋值。

常量的赋值即赋初值,初值赋值符号为":="。值得一提的是,信号和变量在申明时赋初值也同样采用初值赋值符号":="来实现。在程序中,常量一旦被赋值后就不能被再次赋值。若要改变常量值,必须改变实体中的常量申明。

3. VHDL 数据类型

VHDL 是一种强类型语言,要求每一个数据对象必须具有确定的唯一的数据类型,而且只有数据类型相同的量才能互相传递和作用;在定义一个操作时,也必须定义该操作对象的数据类型。VHDL 的这种语言特性便于其在编译和综合时发现设计中的常见错误。VHDL 语言的数据类型有很多种,也存在不同的分类方法。按照数据类型的性质来分,可以分为 4 大类,包括标量型、复合型、存取类型和文件类型。

① 标量型(Scalar Type)是单元素的最基本数据类型,通常用于描述一个单值的数据对象。标量型包括实数类型、整数类型、枚举类型和时间类型。

② 复合类型(Composite Type)可由最基本数据类型(如标量型)复合而成。它包括数组型(Array)和记录型(Record)。

③ 存取类型(Access Type)为给定的数据对象提供存取方式。

④ 文件类型(Files Type)用于提供多值存取类型。

上述的 4 种数据类型可以作为预定义数据类型放在现成的程序包中,供程序设计时使用,也可以由用户自己定义。预定义的 VHDL 数据类型是 VHDL 最常用、最基本的数据类型。这些数据类型已在 IEEE 库中的标准程序包 STANDARD 和 STD_LOGIC_1164 及其他标准程序包中预先做了定义。下面介绍 VHDL 预定义的数据类型,这些数据类型都可在编程时调用。

4. VHDL 的预定义数据类型

VHDL 的预定义数据类型都是在 VHDL 标准程序包 STANDARD 中定义的,在实际使用中,已自动包含入 VHDL 的源文件中,因而不必通过 USE 语句以显式调用。

(1) 布尔(BOOLEAN)数据类型

程序包 STANDARD 中定义布尔数据类型的源代码如下:

TYPE BOOLEAN IS(FALSE,TRUE);

布尔数据类型实际上是一个二值枚举型数据类型,它的取值有 FALSE 和 TRUE 两种。综合器将用一个二进制位表示 BOOLEAN 型变量或信号。

例如,当 A 大于 B 时,在 IF 语句中关系运算表达式(A>B)的结果是布尔量 TRUE,反之为 FALSE。综合器将其变为 1 或 0 信号值,对应于硬件系统中的一根线。

(2) 位(BIT)数据类型

位数据类型也属于枚举型,取值只能是 1 或 0。位数据类型的数据对象,如变量、信号等,可以参与逻辑运算,运算结果仍是位的数据类型。VHDL 综合器用一个二进制位表示 BIT。在程序包 STANDARD 中定义的源代码是:

TYPE BIT IS('0','1');

(3) 位矢量(BIT_VECTOR)类型

位矢量只是基于 BIT 数据类型的数组,在程序包 STANDARD 中定义的源代码是:

```
TYPE BIT_VECTOR IS ARRAY(NATURAL RANGE<>)OF BIT;
```

(4) 字符类型(CHARACTER)

字符类型也是一种枚举值,一般用单引号引起来。字符类型区分大小写,如'Z'和'z'字符类型是不同的。举例如下:

```
VARIABLE tmp:CHARACTER: = 'Z';
```

(5) 字符串类型(STRING)

字符串类型是字符数据类型的一个非约束型数组或称为字符串数组,字符串必须用双引号括起来。如:

```
VARIABLE str:STRING(0 TO 4): = "books";
```

(6) INTEGER(整数)数据类型

整数是 VHDL 标准库中预定义的数据类型,整数包括正整数、负整数和零。整数是 32 位的带符号数,因此它的数值范围是 $-2\,147\,483\,647 \sim +2\,147\,483\,647$,即 $-2^{31} \sim +2^{31}$。

(7) NATURAL(自然数)和 POSITIVE(正整数)数据类型

自然数是整数的一个子集,它包括 0 和正整数。正整数也是整数的一个子集,它是不包括 0 的整数。

(8) REAL(实数)数据类型

实数是 VHDL 标准库中预定义的数据类型,它由正、负、小数点和数字组成,例如:-1.0,$+2.5$,$-1.0E38$ 都是实数。实数的范围是:$-1.0E+38 \sim +1.0E+38$。

(9) TIME(时间)数据类型

时间是物理量数据,它由整数数据和单位两部分组成。时间 TIME 数据定义语句为:

```
TYPE TIME IS RANGE   -2147483647 TO 2147483647
units
  fs;                ——飞秒,VHDL 中的最小时间单位
  ps = 1000fs;       ——皮秒
  ns = 1000ps;       ——纳秒
  μs = 1000ns;       ——微秒
  ms = 1000Bs;       ——毫秒
  sec = 1000ms;      ——秒
  min = 60sec;       ——分
  hr = 60min;        ——时
END units;
```

(10) Severity Level(错误等级)

在 VHDL 标准库中预定义了错误等级枚举数据类型。错误等级数据用于表征系统的状态以及编译源程序时的提示。错误等级包括 NOTE(注意)、WARNING(警告)、ERROR(出错)和 FAILURE(失败)。

5. IEEE 预定义的标准逻辑位和矢量

在 IEEE 标准库的程序包 STD_LOGIC_1164 中,定义了两个非常重要的数据类型,即标准逻辑位 STD_LOGIC 和标准逻辑矢量 STD_LOGIC_VECTOR。在数字逻辑电路的描述

中,经常用到这两种数据类型。

(1) STD_LOGIC(标准逻辑位)数据类型

在 VHDL 中,标准逻辑位数据有 9 种逻辑值(即九值逻辑),它们是 U(未初始化的)、X(强未知的)、0(强 0)、1(强 1)、Z(高阻态)、W(弱未知的)、L(弱 0)、H(弱 1)和_(忽略)。它们在 STD_LOGIC_1164 程序包中的定义语句如下:

TYPE STD_LOGIC IS('U','X','0,''1','Z','W','L','H','_');

注意:STD_LOGIC 数据类型中的数据是用大写字母定义的,使用中不能用小写字母代替。

(2) STD_LOGIC_VECTOR(标准逻辑矢量)数据类型

标准逻辑矢量数据类在数字电路中常用于表示总线。它们在 STD_LOGIC_1164 程序的定义语句如下:

TYPE STD_LOGIC_VECTOR IS ARRAY(Natural Range<>)OF STD_LOGIC;

6. 用户自定义数据类型方式

除了上述一些标准的预定义数据类型外,VHDL 还允许用户自己定义新的数据类型。用户自定义数据类型分为基本数据类型定义和子类型数据定义两种格式。

基本数据类型定义的语句格式为:

TYPE 数据类型名 IS 数据类型定义;
TYPE 数据类型名 IS 数据类型定义 OF 基本数据类型;

子类型数据定义格式为:

SUBTYPE 子类型名 IS 类型名 RANGE 低值 TO 高值;

用户自定义的数据类型可以有多种,例如整数类型、枚举类型、时间类型、数组类型和记录类型等。例如,用户可以用如下的语句定义 week(星期)枚举类型数据:

TYPE st1 IS ARRAY(0 TO 15)OF STD_LOGIC;
TYPE week IS (sun,mon,tue,wed,thu,fri,sat);

7. VHDL 操作符

在 VHDL 中共有 4 类操作符,可以分别进行逻辑运算(LOGICAL)、关系运算(RELATIONAL)、算术运算(ARITHMETIC)和并置运算(CONCATENATION)。操作符是有优先级的,例如,逻辑运算符"NOT"在所有操作符中优先级最高。

① 要严格遵循在基本操作符间操作数是同数据类型的规则。
② 要严格遵循操作数的数据类型必须与操作符要求的数据类型完全一致。
③ 包含多种操作符的表达式中,需要用括号将这些运算分组。例如:(x OR y) XOR z。
④ 在 VHDL 中有并置运算操作符"&",它用来完成一维数组的位扩展。例如,将一维数组 a1、a2 扩展为二维数组的语句是:a<=a1&a2。

(1) 逻辑运算符

在 VHDL 中逻辑运算符共有 6 种,它们分别是:

NO   取反   NAND   与非

| AND | 与 | NOR | 或非 |
| OR | 或 | XOR | 异或 |

(2) 算术运算符

VHDL 有 10 种算术运算符,它们分别是:

+	加	MOD	求模
−	减	REM	取余
*	乘	ABS	取绝对值
/	除		

(3) 关系运算符

VHDL 中有 6 种关系运算符,它们分别是:

=	等于	<=	小于等于
/=	不等于	>	大于
<	小于	>=	大于等于

(4) 并置运算符

并置运算符"&"或","用于位的连接。例如,将 4 个位用并置运算符"&"连接起来就可以构成一个具有 4 位长度的位矢量;两个 4 位的位矢量用并置运算符"&"连接起来就可以构成 8 位长度的位矢量。

11.2.3 VHDL 顺序语句

顺序语句是相对于并行语句而言的,其最大的特点是:每一条语句在行为仿真中的顺序与它们在代码中的书写顺序相同,且只出现在进程或者子程序(包括过程和函数)中。在数字系统设计中,可以利用顺序语句来描述逻辑系统的组合逻辑、时序逻辑等。VHDL 中的顺序描述语句主要包括:赋值语句、流程控制语句、等待语句、子程序调用语句、返回语句和空操作语句等。

1. 赋值语句

赋值语句的功能是将一个值或一个表达式的运算结果传递给某一数据对象,如信号、变量或由此组成的数组。VHDL 设计实体内的数据传递以及对端口界面外部数据的读/写都必须通过赋值语句的运行来实现。VHDL 赋值语句有两种:信号赋值语句和变量赋值语句。每一种赋值语句都由 3 个基本部分组成,即赋值对象(也称赋值目标)、赋值符号和赋值源。其中,赋值对象是所赋值的受体,它的基本元素只能是信号或变量;但表现形式可以有多种,如文字、标识符、数组等。赋值符号有信号赋值符号"<="和变量赋值符号":="。赋值源是赋值的主体,它可以是一个数值,也可以是一个逻辑或运算表达式。VHDL 规定赋值对象与赋值源的数据类型必须严格一致。信号赋值语句和变量赋值语句的语法格式分别如下:

信号赋值对象<=表达式;
变量赋值对象:=表达式;

变量赋值与信号赋值的区别在于,变量具有局部特征,它的有效性只局限于所定义的一个进程中或一个子程序中,它是一个局部的暂时性数据对象(在某些情况下)。对于它的赋值是立即发生的(假设进程已启动),是一种时间延时为零的赋值行为。信号则不同,信号具有全局性特征,它不但可以作为一个设计实体内部各单元之间数据传送的载体,而且可以与其他的实体进行通信(端口本质上也是一种信号)。信号的赋值并不是立即发生的,它发生在一个进程结束时。当在同一进程中,同一信号目标有多个赋值源时,信号赋值对象只能被最后一个赋值源赋值,前面的任何赋值都不会改变赋值对象的值。

2. 流程控制语句

流程控制语句又称为转向控制语句,其特点是通过条件控制开关,决定是否执行、重复执行或者跳过一条或几条语句。这类控制语句共有 5 种:IF 语句、CASE 语句、LOOP 语句、NEXT 语句和 EXIT 语句。下面将逐一介绍这 5 种流程控制语句。

(1) IF 语句

IF 语句是 VHDL 语言中最重要的语句结构之一,作为选择分支语句,IF 语句可以用来判断给定的条件是否满足,并根据判断结果的真或假来决定执行哪个程序段。IF 语句的格式有 3 种。

格式 1:

```
IF 条件句 then
  顺序语句;
END IF;
```

格式 2:

```
IF 条件句 then
  顺序语句;
ELSE
  顺序语句;
END IF;
```

格式 3:

```
IF 条件句 Then
  顺序语句;
ELSIF 条件句 Then
  顺序语句;
  …
ELSE
  顺序语句;
END IF;
```

IF 语句中至少应有一个条件句,条件句必须由 BOOLEAN 表达式构成。IF 语句根据条件句产生的判断结果 TRUE 或 FALSE,有条件地选择执行其后的顺序语句。

【例 11.1】 用 VHDL 语言描述如图 11.19 所示的硬件电路。

图 11.19 所示硬件电路的 VHDL 描述如下:

```
LIBRARY IEEE;
USE IEEE.STD_LOGIC_1164.ALL;
ENTITY controll IS
```

第 11 章 硬件描述语言

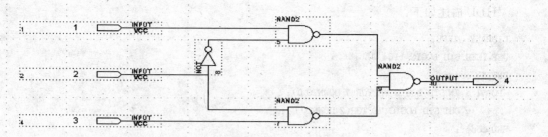

图 11.19 例 11.1 硬件电路

```
PORT(1,2,3:IN BOOLEAN;
    4:OUT BOOLEAN);
END controll;
ARCHITECTURE example1 OF controll IS
  BEGIN
    PROCESS(1,2,3)
    VARIABLE n:BOOLEAN;
    BEGIN
    IF 2 THEN n:=3;
    ELSE
    n:=1;
    END IF;
    4<=n;
    END PROCESS;
END example1;
```

在本例的结构体中用了一个进程来描述图 11.19 所示的硬件电路,其中输入信号 1、2、3 是进程的敏感信号。进程中的 IF 语句的条件是信号 1,它属于 BOOLEAN 类型,其值只有 TRUE 和 FALSE 两种。如果 1 为 TRUE(真)时,执行"n:=2"语句;若 1 为 FALSE(假)时, 则执行"n:=3"语句。n 是在进程中声明的 BOOLEAN 型变量。

【例 11.2】8 线-3 线优先编码器的设计。

8 线-3 线优先编码器的功能表如表 11.1 所列。

表 11.1 8 线-3 线优先编码器的功能表

输 入								输 出		
a0	a1	a2	a3	a4	a5	a6	a7	y0	y1	y2
x	x	x	x	x	x	x	0	1	1	1
x	x	x	x	x	x	0	1	0	1	1
x	x	x	x	x	0	1	1	1	0	1
x	x	x	x	0	1	1	1	0	0	1
x	x	x	0	1	1	1	1	1	1	0
x	x	0	1	1	1	1	1	0	1	0
x	0	1	1	1	1	1	1	1	0	0
0	1	1	1	1	1	1	1	0	0	0

VHDL 描述如下：

```
LIBRARY  IEEE;
USE IEEE.STD_LOGIC_1164.ALL;
ENTITY coder IS
 PORT( a:IN STD_LOGIC_VECTOR(7 DOWNTO 0);
       y:OUT STD_LOGIC_VECTOR(2 DOWNTO 0));
END coder;
ARCHITECTURE example2  OF coder IS
  BEGIN
    PROCESS(a)
    BEGIN
    IF    (a(7) = '0')THEN y<="111";
    ELSIF(a(6) = '0')THEN y<="110";
    ELSIF(a(5) = '0')THEN y<="101";
    ELSIF(a(4) = '0')THEN y<="100";
    ELSIF(a(3) = '0')THEN y<="011";
    ELSIF(a(2) = '0')THEN y<="010";
    ELSIF(a(1) = '0')THEN y<="001";
    ELSIF(a(0) = '0')THEN y<="000";
    ELSE     y<="000";
    END IF;
    END PROCESS;
END example2;
```

(2) CASE 语句

CASE 语句根据表达式的值，从多项顺序语句中选择满足条件的一项执行。CASE 语格式为：

```
CASE 表达式 IS
When 选择值 = >顺序语句;
When 选择值 = >顺序语句;
…
When OTHERS = >顺序语句;
END CASE;
```

执行 CASE 语句时，首先计算表达式的值，然后执行在条件句中找到的"选择值"与其值相同的"顺序语句"。当所有的条件句的"选择值"与表达式的值不同时，则执行"OTHERS"后的"顺序语句"。条件句中的"=>"不是操作符，它只相当于"THEN"的作用。

【例 11.3】用 CASE 语句描述 4 选 1 数据选择器。

4 选 1 数据选择器的逻辑符号如图 11.20 所示，数据选择器在控制输入信号 s1 和 s2 的控制下，使输入数据信号 A、B、C、D 中的一个被选中传到输出。s1 和 s2 有 4 种组合

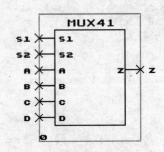

图 11.20 4 选 1 数据选择器的逻辑符号

值,可以用 CASE 语句实现其功能。

4 选 1 数据选择器 VHDL 描述如下:

```
LIBRARY IEEE;
USE IEEE.STD_LOGIC_1164.ALL;
ENTITY mux41 IS
PORT(s1,s2:IN STD_LOGIC;
A,B,C,D:IN STD_LOGIC;
z:OUT STD_LOGIC);
END mux41;
ARCHITECTURE example3 OF mux41 IS
SIGNAL s:STD_LOGIC_VECTOR(1 DOWNTO 0);
BEGIN
s<= s1&s2;      —将 s1 和 s2 合并为 s
PROCESS(s1,s2,A,B,C,D)
BEGIN
    CASE s IS
WHEN"00" => z<= A;
WHEN"01" => z<= B;
WHEN"10" => z<= C;
WHEN"11" => z<= D;
WHEN OTHERS => z<= 'X';     —当 s 的值不是选择值时,z 用做未知处理
END CASE;
END PROCESS;
END example3;
```

(3) LOOP 语句

LOOP 是循环语句,它可以使一组顺序语句重复执行,执行的次数由设定的循环参数确定。LOOP 语句有 3 种格式,每种格式都可以用"标号"来给语句定位,但也可以不使用,因此,用方括号将"标号"括起来,表示它为任选项。

① FOR_LOOP 语句。

FOR_LOOP 语句的语法格式为:

[标号:] FOR 循环变量 IN 范围 LOOP
顺序语句组;   ——循环体
END LOOP[标号];

FOR_LOOP 循环语句适用于循环次数已知的程序设计。语句中的循环变量是一个临时变量,属于 LOOP 语句的局部变量,不必事先声明。这个变量只能作为赋值源,而不能被赋值,它由 LOOP 语句自动声明。使用时应当注意,在 LOOP 语句范围内不要使用与其同名的其他标识符。

在 FOR_LOOP 语句中,用 IN 关键字指出循环的次数(即范围)。循环范围有两种表示方法,其一为:"初值 TO 终值",要求初值小于终值;其二为:"初值 DOWNTO 终值",要求初值大于终值。

FOR_LOOP 语句中的循环体由一条或多条顺序语句组成,每条语句后用";"结束。

FOR_LOOP 循环的操作过程是,循环从循环变量的"初值"开始,到"终值"结束,每执行一次循环体中的顺序语句后,循环变量的值递增或递减 1。由此可知,循环次数＝|终值－初值|＋1。

【例 11.4】8 位奇偶校验器的描述。

本例用 a 表示输入信号,它是一个长度为 8 的标准逻辑位矢量。在程序中,用 FOR_LOOP 语句对 a 的值逐位进行模 2 加(即异或 XOR)运算,循环变量 n 控制模 2 加的次数。循环变量的初值为 0,终值为 7,因此,控制循环共执行了 8 次。用 VHDL 对 8 位奇偶校验器的描述如下:

```
LIBRARY  IEEE;
USE IEEE.STD_LOGIC_1164.ALL;
ENTITY p_check IS
PORT(a:IN STD_LOGIC_VECTOR(7 DOWNTO 0);
y:OUT STD_LOGIC);
END p_check;
ARCHITECTURE example4  OF p_check IS
BEGIN
PROCESS(a)
VARIABLE temp:STD_LOGIC;
BEGIN
temp: = '0';
FOR n IN  0 TO 7 LOOP
temp: = temp XOR a(n);
END LOOP;
y< = temp;
END PROCESS;
END example4;
```

② WHILE_LOOP 语句。

WHILE_LOOP 语句的语法格式为:

```
[标号:]WHILE 循环控制条件 LOOP
顺序语句；   ——循环体
END LOOP[标号];
```

与 FOR_LOOP 循环不同的是,WHILE_LOOP 循环并没有给出循环次数,没有自动递增循环变量的功能,而是只给出循环执行顺序语句的条件。这里的循环控制条件可以是任何布尔表达式,如 a＝0、a＞b 等。当条件为 TRUE 时,继续循环;为 FALSE 时,跳出循环,执行"END LOOP"后的语句。用 WHILE_LOOP 语句实现例 4 奇偶校验器的描述如下:

```
LIBRARY IEEE;
USE IEEE.STD_LOGIC_1164.ALL;
ENTITY p_check_1 IS
 PORT(a:IN STD_LOGIC_VECTOR(7 DOWNTO 0);
    Y:OUT STD_LOGIC);
END p_check_1;
```

```
ARCHITECTURE example4  OF p_check_1 IS
  BEGIN
  PROCESS(a)
    VARIABLE temp:STD_LOGIC;
    VARIABLE n:INTEGER;
    BEGIN
    Temp: = '0';
    n: = 0;
    WHILE n<8 LOOP
    temp: = temp XOR a(n);
    n: = n+1;
    END LOOP;
    y< = temp;
    END PROCESS;
END example4;
```

③ 单个 LOOP 语句。

单个 LOOP 语句的语法格式为：

[标号:] LOOP
　　顺序语句；　——循环体
　　END LOOP[标号];

这是最简单的 LOOP 语句循环方式，它的循环方式需要引入其他控制语句（如 NEXT、EXIT 等）后才能确定。

(4) NEXT 语句

NEXT 语句主要用在 LOOP 语句执行中，进行有条件或无条件的转向控制。其语法格式为：

NEXT[标号][WHEN 条件表达式]

根据 NEXT 语句中的可选项，有 3 种 NEXT 语句格式。

格式 1：NEXT。

这是无条件结束本次循环语句，当 LOOP 内的顺序语句执行到 NEXT 语句时，无条件终止本次循环，跳回到循环体的开始位置，执行下一次循环。

格式 2：NEXT LOOP 标号。

这种语句格式与 NEXT 语句的功能基本相同，区别在于结束本次循环时，跳转到"标号"规定的位置继续循环。

格式 3：NEXT WHEN 条件表达式。

这种语句的功能是，当"条件表达式"的值为 TRUE 时，才结束本次循环，否则继续循环。

(5) EXIT 语句

EXIT 语句主要用在 LOOP 语句执行中，进行有条件或无条件的跳转控制。其语法格式为：

EXIT[标号][WHEN 条件];

根据 EXIT 语句中的可选项,有 3 种 EXIT 语句格式。

格式 1:EXIT。

这是无条件结束本次循环语句,当 LOOP 内的顺序语句执行到 EXIT 语句时,无条件跳出循环,执行 END LOOP 语句下面的顺序语句。

格式 2:EXIT 标号。

这种语句格式与 EXIT 语句的功能基本相同,区别在于跳出循环时,转到"标号"规定位置执行顺序语句。

格式 3:EXIT WHEN 条件表达式。

这种语句的功能是,当"条件表达式"的值 TURE 时,才跳出循环,否则继续循环。

请读者注意 EXIT 语句和 NEXT 语句的区别。EXIT 语句是用来从整个循环中跳出而结束循环;而 NEXT 语句是用来结束循环执行过程的某一次循环,重新执行下一次循环。

3. WAIT 语句

WAIT 语句在进程(包括过程)中用来将程序挂起暂停执行,直到满足此语句设置的结束挂起条件后才重新执行程序。WAIT 语句的语法格式为:

WAIT[ON 敏感信号表][UNTIL 条件表达式][FOR 时间表达式]

根据 WAIT 语句中的可选项,有 4 种 WAIT 语句格式。

格式 1:WAIT。

这种语句未设置将程序挂起的结束条件,表示将程序永远挂起。

格式 2:WAIT ON 敏感信号表。

这种语句称为敏感信号挂起语句,其功能是将运行的程序挂起,直至敏感信号表中的任一信号发生变化时结束挂起,重新启动进程,执行进程中的顺序语句。例如:

```
SIGNAL s1,s2:STD_LOGIC;
PROCESS
...
WAIT ON s1,s2;
END PROCESS;
```

注意:含 WAIT 语句的进程中 PROCESS 的括号内不能再加敏感信号,否则是非法的。例如,在程序中写 PROCESS(s1,s2)是非法的。

格式 3:WAIT UNTIL 条件表达式。

这种语句的功能是,将运行的程序挂起,直至表达式中的敏感信号发生变化,而且满足表达式设置的条件时结束挂起,重新启动进程。例如:

```
WAIT UNTIL enable = '1'
```

格式 4:WAIT FOR 时间表达式。

这种 WAIT 语句格式称为超时等待语句,在此语句中声明了一个时间段,从执行到当前的 WAIT 语句开始,在此时间段内,进程处于挂起状态,当超过这一时间段后,进程自动恢复执行。

4. ASSERT(断言)语句

ASSERT 语句只能在 VHDL 仿真器中使用,用于在仿真、调试程序时的人机对话。AS-

SERT 语句的语法格式为：

ASSERT 条件表达式[REPORT 字符串][SEVERITY 错误等级]

ASSERT 语句的功能是：当条件为 TRUE 时，向下执行另一个语句；条件为 FALSE 时，则输出"字符串"信息并指出"错误等级"。例如：

ASSERT(S = '1' AND R = '1')
    REPORT"Both values of S and R are equal'1'"
    SEVERITY ERROR；

语句中的错误等级包括 NOTE(注意)、WARNING(警告)、ERROR(出错)和 FAILURE(失败)。

11.2.4 VHDL 并行语句

1. PROCESS(进程)语句

PROCESS 结构是最具有 VHDL 语言特色的语句。进程语句是由顺序语句组成的，本身却是并行语句，正是由于它的并行行为和顺序行为的双重特性，使它成为 VHDL 中使用最频繁和最能体现 VHDL 风格的一种语句。PROCESS 语句在结构体中使用可分为带敏感信号参数表格式和不带敏感信号参数表格式两种。

带敏感信号参数表的 PROCESS 格式为：

[进程标号：]PROCESS[(敏感信号参数表)] [IS]
[进程声明部分]
BEGIN
顺序描述语句；
END PROCESS[进程标号]；

在这种进程语句格式中有一个敏感信号表，表中列出的任何信号的改变都将启动进程，使进程内相应的顺序语句被执行一次。用 VHDL 描述的硬件电路的全部输入信号都是敏感信号，为了使 VHDL 的软件仿真与综合和硬件仿真对应起来，应当把进程中所有输入信号都列入敏感信号表中。

不带敏感信号参数表的 PROCESS 语句格式为：

[进程标号：]PROCESS[IS]
[进程声明部分]
BEGIN
WAIT 语句；
顺序描述语句；
END PROCESS[进程标号]；

在这种进程语句格式中包含了 WAIT 语句，因此不能再设置敏感信号参数表，否则将存在语法错误。

【例 11.5】锁存器的描述。

下面以锁存器为例，让读者对时序逻辑电路的 VHDL 描述有 定的了解。图 11.21 为 1 位数据锁存器

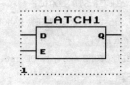

图 11.21 1 位数据锁存器的逻辑符号

的逻辑符号,其中 D 是数据输入信号,E 是使能信号(或称时钟信号),Q 是输出信号。锁存器的功能:如果 E=1,则 Q=d;否则(即 E=0)Q 保持原来状态不变。

用 VHDL 描述锁存器功能的语句是:

```
IF E = '1'THEN
Q<= D;
END IF;
```

完整的锁存器 VHDL 描述如下:

```
LIBRARY IEEE;
USE IEEE.STD_LOGIC_1164.ALL;
ENTITY LATCH1 IS
PORT(D:IN   STD_LOGIC;
     E:IN   STD_LOGIC;
     Q:OUT  STD_LOGIC)
END LATCH1;
ARCHITECTURE example OF LATCH1 IS
    BEGIN
    PROCESS(D,E)
    BEGIN
      IF E = '1'THEN
             Q<= D;
      END IF;
    END PROCESS;
    END example;
```

在这个程序的结构体中,用了一个进程(PROCESS)来描述锁存器的行为,其中,输入信号 D 和 E 是进程的敏感信号,当它们中的任何一个信号发生变化时,进程中的语句就要重复执行一次。

【例11.6】异步清除十进制加法计数器的描述。

异步清除是指复位信号有效时,直接将计数器的状态清 0。在本例中,复位信号是 clr,低电平有效;时钟信号是 clk,上升沿是有效边沿。在 clr 清除信号无效的前提下,当 clk 的上升沿到来时,如果计数器原态是 9("1001"),计数器回到 0("0000")态,否则计数器的状态将加 1。计数器的 VHDL 描述如下:

```
LIBRARY   IEEE;
USE IEEE.STD_LOGIC_1164.ALL;
ENTITY cnt10y IS
 PORT(clr:IN STD_LOGIC;
     clk:IN STD_LOGIC;
     cnt:BUFFER INTEGER RANGE 9 DOWNTO 0);
END cnt10y;
ARCHITECTURE example OF cnt10y IS
  BEGIN
PROCESS(clr,clk)
```

```
    BEGIN
        IF clr = '0' THEN cnt<= 0;
        ELSIF clk'EVENT AND clk = '1'THEN
        IF(cnt = 9)THEN
        cnt<= 0;
        ELSE
        cnt<= cnt + 1;
        END IF;
        END IF;
        END PROCESS;
END example;
```

2. 生成语句

生成语句可以简化为有规律设计结构的逻辑描述。生成语句有一种复制作用,在设计中只要根据某些条件,设计好某一元件或设计单位,就可以用生成语句复制一组完全相同的并行元件或设计单元电路结构。生成语句有两种格式。

格式1:

[标号:]FOR 循环变量 IN 取值范围 GENERATE
[声明部分]
BEGIN
[并行语句];
END GENERATE[标号];

格式2:

[标号:]IF 条件 GENERATE
[声明部分]
BEGIN
[并行语句];
END GENERATE[标号];

这两种语句格式都是由4个部分组成:

① 用 FOR 语句结构或 IF 语句结构,规定重复生成并行语句的方式。

② 声明部分对元件数据类型、子程序、数据对象进行局部声明。

③ 并行语句部分是生成语句复制一组完全相同的并行元件的基本单元。并行语句包括前述的所有并行语句,甚至生成语句本身,即嵌套式生成语句结构。

④ 标号是可选项,在嵌套式生成语句结构中,标号的作用是十分重要的。

【例 11.7】生成语句设计三态输出 8D 锁存器 CT74373。

CT74373 是三态输出的 8D 锁存器,其逻辑符号如图 11.22 所示。8D 锁存器是一种有规律设计结构,用生成语句可以简化

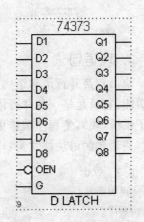

图 11.22 8D 锁存器逻辑符号

它的逻辑描述。本例设计分为3个步骤：第1步，设计1位锁存器Latch1，并以Latch.vhd为文件名保存在磁盘工程目录中，以待调用，这个工作已在例11.5中完成；第2步，将设计元件的声明装入my_pkg程序包中，便于在生成语句的元件例化。包含Latch1元件的my_pkg程序包的VHDL源程序如下：

```
LIBRARY  IEEE;
IJSE IEEE.STD_LOGIC_1164.ALL;
PACKAGE my_pkg IS
Component latch1                      —Latch1 的元件声明
    PORT(d:IN STD_LOGIC;
         e:IN STD_LOGIC;
         q:OUT STD_LOGIC);
    END Component;
END my_pkg;
```

第3步，用生成语句重复8个Latch1，具体描述为：

```
LIBRARY IEEE;
USE IEEE_STD_LOGIC_1164.ALL;
USE work.my_pkg.ALL;
ENTITY CT74373 IS
   PORT(d:IN STD_LOGIC_VECTOR(7 DOWNTO 0);  —声明8位输入信号
        oen:IN BIT;
        g:IN STD_LOGIC;
        q:OUT  STD_LOGI_ VECTOR(7 DOWNTO 0);  —声明8位输出信号
END CT74373;
ARCHITECTURE one OF CT74373 IS
 SIGNAL sig_save:STD_LOGIC_VECTOR(7 DOWNTO 0)
     BEGIN     GeLacth:
     FOR n IN  0 TO 7 GENERATE             —用FOR_GENERATE语句循环例化8个1位锁存器
     Latchx:Latch 1 PORT MAP(d(n),g,sig_save(n));
     END GENERATE;
     q< = sig_save WHEN oen = '0'ELSE
         "ZZZZZZZZ";                       —输出为高阻
END one;
```

3. 块语句

块语句是并行语句结构，它的内部也是由并行语句构成（包括进程）。块语句本身无独特的功能，它只是将一些并行语句组合在一起形成"块"。在大型系统电路设计中，系统分解为若干子系统（块），使程序编排更加清晰、更有层次，方便程序的编写、调试和查错。

块语句的语法格式为：

```
块名:BLOCK
[声明部分]
BEGIN
…       ——以并行语句构成的块体
END BLOCK 块名;
```

【例 11.8】 假设 CPU 芯片由算术逻辑运算单元 ALU 和寄存器组 REG_8 组成，REG_8 又由 8 个 REG1、REG2、…、REG8 子块构成，用块语句实现其程序结构。

```
LIBRARY   IEEE;
USE IEEE.STD_LOGIC_1164.ALL;
ENTITY CPU IS
PORT(CLK,RESET:IN STD_LOGIC;                      ——CPU 的时钟和复位
     ADDERS:OUT STD_LOGIC_VECTOR(31 DOWNTO 0);    ——地址总线
     DATA:INOUT STD_LOGIC_VECTOR(7 DOWNTO 0);     ——数据总线
END CPU;
ARCHITECTURE CPU_ALU_REG_8 OF CPU IS
     SIGANL ibus,dbus:STD_LOGIC_VECTOR(31 DOWNTO 0);
BEGIN
     ALU:BLOCK;                                   —— ALU 块声明
     SIGNAL Qbus:STD_LOGIC_VECTOR(31 DOWNTO 0);   ——声明局域量
     BEGIN
     …                                            —— ALU 块行为描述语句
     END ALU;
     REG_8 BLOCK
     SIGNAL Zbus:STD_LOGIC_VECTOR(31 DOWNTO 0);   ——声明局域量
     BEGIN
     REG1 BLOCK;
SIGNAL Zbus1:STD_LOGIC_VECTOR(31 DOWNTO 0);       ——声明子局域量
     BEGIN
     …                                            —— REG1 子块行为描述语句
     END REG1
     …
     END REG8;
END CPU_ALU_REG_8;
```

在本例中可以看到，结构体和各块根据需要都声明了数据对象（信号），在结构体中声明的数据对象属于全局量，它们可以在各块结构中使用；在块结构中声明的数据对象属于局域量，它们只能在本块及所属的子块中使用；而子块中声明的数据对象只能在子块中使用。

4. 并行信号赋值语句

信号赋值语句有并行信号赋值语句和顺序信号赋值语句之分。信号的赋值有 3 种形式：一般信号赋值、条件信号赋值和选择信号赋值。3 种信号赋值语句均可用作并行信号赋值语句，而其中只有一般信号赋值语句才可用作顺序信号赋值语句。

(1) 简单信号赋值语句

并行简单信号赋值语句是 VHDL 并行语句结构的最基本的单元，它的语句格式如下：

信号赋值目标＜＝表达式；

式中，信号赋值目标的数据类型必须与赋值符号右边表达式的数据类型一致。

(2) 条件信号赋值语句

条件信号赋值语句的表达方式如下：

```
赋值目标<=表达式 WHEN    赋值条件 ELSE
         表达式 WHEN    赋值条件 ELSE
         表达式;
```

在结构体中的条件信号赋值语句的功能与在进程中的循环语句相同。在执行条件信号赋值语句时,每一赋值条件是按书写的先后关系逐项测定的,一旦发现赋值条件为 TRUE,立即将表达式的值赋给赋值目标。

(3) 选择信号赋值语句

如同条件信号赋值语句与 IF 语句的功能一样,选择信号赋值语句在功能上与顺序语句 CASE 也相似。作为分支控制型的顺序语句,CASE 语句只能在进程和子程序内部使用,而选择信号赋值语句则属于分支控制型并行语句,可用于进程之外。它对选择条件表达式进行测试,当选择条件表达式取值不同时,将把不同的信号量表达式值代入目的信号量。选择信号赋值语句的完整的书写规范是:

```
WITH   表达式   SELECT
赋值目标<=表达式 1 WHEN   赋值条件 1,
         表达式 2 WHEN   赋值条件 2,
         表达式 N WHEN   赋值条件 N,
         表达式 N+1 WHEN   OTHERS;
```

5. 并行过程调用语句

并行过程调用语句可以作为一个并行语句直接出现在结构体或块语句中。并行过程调用语句的功能等效于包含了同一个过程调用语句的进程。并行过程调用语句的语句调用格式与顺序过程调用语句是相同的,即过程名(关联参量名)。

6. 元件例化语句

元件例化语句也称为端口映射语句,是构造体的结构化描述中不可缺少的一个基本语句。元件例化语句把库中现成的、低层次的的端口信号映射成高层次设计电路中的信号,各个模块、各个元件之间的类属参数传递也是用这种语句来描述的。

元件例化语句由两部分组成,前一部分是将一个现成的设计实体定义为一个元件,后一部分则是此元件与当前设计实体中的连接说明。其语句格式如下:

```
COMPONENT  元件名 IS
    GENERIC Declaration
    PORT Declaration
END COMPONENT  元件名
例化名:元件名 PORT MAP([端口名=>]连接端口名);
```

11.3 VHDL 设计流程实例

VHDL 设计流程是在 EDA 工具软件支持下进行的,VHDL 的程序设计可以在这些 EDA 工具软件平台上进行编辑、编译、综合、仿真、适配、配置、下载和硬件调试等技术操作。

VHDL 设计的最终目标是实现硬件系统,而 EDA 工具正是实现这一目标的必要条件。下面介绍在 Alterla 公司的 MAX+plus II 工具软件支持下的 VHDL 设计流程。VHDL 的设计流程与原理图输入法设计流程基本相同,包括编辑、编译、仿真、下载和硬件调试等过程,但 VHDL 设计流程的第 1 步是采用 MAX+plus II 的文本编辑方式来输入源文件,因此被称为文本输入设计法。下面仅以计数显示译码电路为例,简要介绍 VHDL 的设计流程。

计数显示译码电路的设计包括 CNT4E.vhd、DEC7S.vhd 和 TOP.gdf 这 3 个模块,其中 CNT4E.vhd 和 DEC7S.vhd 是用 VHDL 编写的 4 位二进制计数器和共阴极七段显示译码器源程序,TOP.gdf 则是以原理图输入法设计的顶层文件。TOP.gdf 原理图中以 CNT4E.vhd 和 DEC7S.vhd 作为元件,设计一个 8 位计数显示译码电路。

11.3.1 编辑 VHDL 源程序

首先为设计建立一个工程目录,如 D:\max\lianxi;然后在 Max+plus II 集成环境下,打开一个新文件,并进入 VHDL 文本编辑方式(Text Editor file)。进入文本编辑方式的对话框如图 11.23 所示。

1. 编辑 4 位二进制计数器 VHDL 源程序

进入文本编辑方式后,在文本框中编辑 4 位二进制计数器源程序,并以 CNT4E.vhd 为文件名,保存在 D:\max\lianxi 工程目录中,后缀为 .vhd 表示 VHDL 源程序文件。注意:VHDL 源程序的文件名应与设计实体名相同,否则将是个错误,无法通过编译。CNT4E.vhd 源程序为:

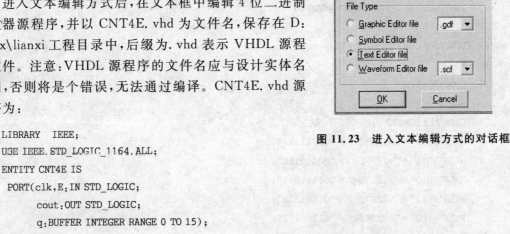

图 11.23 进入文本编辑方式的对话框

```
LIBRARY  IEEE;
USE IEEE.STD_LOGIC_1164.ALL;
ENTITY CNT4E IS
 PORT(clk,E:IN STD_LOGIC;
      cout:OUT STD_LOGIC;
      q:BUFFER INTEGER RANGE 0 TO 15);
END CNT4E;
ARCHITECTURE one OF CNT4E IS
 BEGIN
 PROCESS(clk,E)
 BEGIN
     IF clk'EVENT AND clk = '1'THEN
     IF E = '1'THEN
     IF q = 15 THEN q<= 0;
      cout<= '0';
     ELSIF q = 14 THEN q<= q+1;
     cout<= '1';
     ELSE q<= q+1;
     END IF;
     END IF;
     END IF;
  END PROCESS;
END one;
```

在完成 4 位二进制计数器源程序的编辑后,执行菜单下的 Compiler 命令,对 CNT4E.vhd 进行编译。编译后系统自动为 CNT4E 生成一个元件符号,如图 11.24 所示,其中,细的输入/输出线表示单线,如 CLK、E 和 COUT;粗的输入/输出线表示多信号,如 Q[3..0]。为了验证设计电路的正确性,可以对 CNT4E 进行仿真。

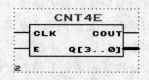

图 11.24 CNT4E 的元件符号

2. 编辑七段显示译码器的源程序

在文本编辑方式下,编辑七段显示译码器的源程序,并以 DEC7S.vhd 为源程序名。DEC7S.vhd 源程序如下:

```
LIBRARY IEEE;
USE IEEE.STD_LOGIC_1164.ALL;
ENTITY DEC7S IS
    PORT(a:IN BIT_VECTOR(3 DOWNTO 0);
    led7s:OUT BIT_VECTOR(7 DOWNTO 0));
END;
ARCHITECTURE one OF DEC7S IS.
BEGIN
    PROCESS(A)
    BEGIN
    CASE A(3 DOWNTO 0)  IS
    WHEN"0000" = >LED7S< = "00111111";
    WHEN"0001" = >LED7S< = "00000110";
    WHEN"0010" = >LED7S< = "01011011";
    WHEN"0011" = >LED7S< = "01001111";
    WHEN"0100" = >LED7S< = "01100110";
    WHEN"0101" = >LED7S< = "01101101";
    WHEN"0110" = >LED7S< = "01111101";
    WHEN"0111" = >LED7S< = "00000111";
    WHEN"1000" = >LED7S< = "01111111";
    WHEN"1001" = >LED7S< = "01101111";
    WHEN"1010" >LED7S< = "01110111";
    WHEN"1011" = >LED7S< = "01111100";
    WHEN"1100" = >LED7S< = "00111001";
    WHEN"1101" = >LED7S< = "01011110";
    WHEN"1110" = >LED7S< = "01111001";
    WHEN"1111" = >LED7S< = "01110001";
    WHEN OTHERS = >NULL;
        END CASE;
    END PROCESS;
END one;
```

DEC7S.vhd 源程序通过编译后,生成的元件符号如图 11.25 所示。

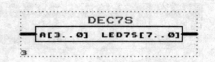

图 11.25 DEC7S 元件符号

11.3.2 设计 8 位计数显示译码电路顶层文件

生成的 CNT4E 和 DEC7S 图形符号只是代表两个分立的电路设计结果,并没有形成系统。顶层设计文件就是调用 CNT4E 和 DEC7S 两个功能元件,将它们组装起来形成一个完整的设计。TOP.gdf 是本例的顶层设计文件,在 MAX+plus II 集成环境下打开一个新文件并进入图形编辑方式(Graphic Editor file)。在图形编辑框中,调出两个 CNT4E 元件符号和两个 DEC7S 元件符号及输入(INPUT)和输出(OUTPUT)元件符号,如图 11.26 所示。根据 8 位计数显示译码电路设计原理,用鼠标将它们连接在一起。具体操作如下:

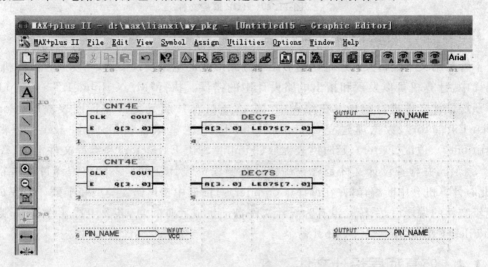

图 11.26 计数显示译码电路设计需要的元件

① 把输入元件 INPUT 与两片 CNT4E 的 CLK 连接在一起,并把输入元件的名称改为 CLK 作为系统时钟输入端。

② 把 CNT4E(1)的使能控制输入 ENA 接电源 VCC(VCC 也是基本元件库中的元件),使其总是在计数状态下工作;把 CNT4E(2)的使能控制输入 ENA 接 CNT4E(1)的进位输出 COUT,只有当 CNT4E(1)的状态为"1111"时,ENA=1 才能进行计数。

③ 把 CNT4E(1)输出 Q[3..0]与 DEC7S(3)的输入 A[3..0]连接在一起,把 DEC7S(3)的输出 LED7S 与输出元件连接在一起,并把输出元件的名称改为 LED7S[7..0]作为低 8 位译码输出端。

④ 把 CNT4E(2)的输出 Q[3..0]与 DEC7S(4)的输入 A[3..0]连接在一起,把 DEC7S(4)的输出 LED7S 与输出元件连接在一起,并把输出元件的名称改为 LED7S[15..8]作为高 8 位译码输出端。

完成上述操作后,得到计数译码电路的顶层设计结果,如图 11.27 所示。顶层设计图形完成后,用 TOP.gdf 作为文件名存入工程目录中。"TOP"是用户为顶层文件定义的名字,后缀.gdf 表示图形设计文件。

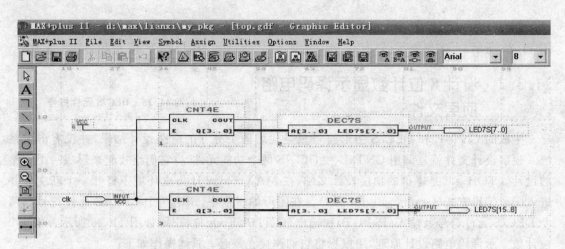

图 11.27 TOP 顶层文件

11.3.3 编译顶层设计文件

不管是用文本编辑方式还是用图形编辑方式形成的电路设计文件,都要通过计算机编译,在编译中,计算机可以发现和指出电路设计中的错误。执行"MAX+plus II"→Compiler,即可对顶层设计文件进行编译。在编译中,MAX+plus II 自动完成编译网表提取(Compiler Netlist Extractor)、数据库建立(Database Builder)、逻辑综合(LOSynthesizer)、逻辑分割(Partitioner)、适配(Fitter)、延时网表提取(Timing SNF Extractor)和编程文件汇编(Assembler)等操作,并检查设计文件是否正确。存在错误的设计文件是不能将编译过程进行到底的,此时计算机会中断编译,并在编译(Compiler)对话框中指出错误类型和个数。在完成对图形编辑文件的编译后,系统并没有为设计文件自动生成元件符号,若要生成元件符号,则还要执行 File→Create Default Symbol 命令。

11.3.4 仿真顶层设计文件

在对顶层设计文件进行编译的过程中,系统为电路的仿真完成了延时网表提取(Timing SNF Extractor)操作,支持设计电路的仿真。但此时的仿真并没有与实际硬件器件的特性相结合起来,因此把这种仿真称为功能仿真。TOP 顶层设计文件的仿真结果如图 11.28 所示。

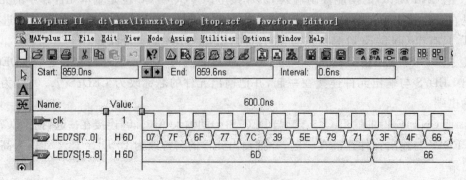

图 11.28 TOP 顶层设计文件的仿真结果

11.3.5 下载顶层设计文件

下载顶层设计文件操作包括选择下载目标器件、引脚锁定和编程下载等操作。

本章小结

EDA 技术就是依靠功能强大的电子计算机,在 EDA 工具软件平台上,对以硬件描述语言 HDL(Hardware Description Language)为系统逻辑描述手段完成的设计文件,自动地完成逻辑编译、化简、分割、综合、优化和仿真,直至下载到可编程逻辑器件 CPLD/FPGA 或专用集成电路 ASIC(Application Specific Integrated Circuit)芯片中,实现既定的电子电路设计功能。EDA 技术使得电子电路设计者的工作仅限于利用硬件描述语言和 EDA 软件平台来完成对系统硬件功能的实现,极大地提高了设计效率,缩短了设计周期,节省了设计成本。

在使用 EDA 工具软件进行设计输入时有多种输入方式:采用硬件描述语言 VHDL 进行设计的文本输入方式、图形输入方式,或者采用文本、图形两者混合的设计输入方式;也可以采用层次结构设计方法,将多个输入文件合并成一个设计文件等。

图形输入也称为原理图输入,这是一种最直接的设计输入方式,它使用软件系统提供的元器件库及各种符号和连线画出设计电路的原理图,形成图形输入文件。

文本输入是指采用硬件描述语言进行电路设计的方式。硬件描述语言有普通硬件描述语言和行为描述语言,它们用文本方式描述设计和输入。行为描述语言是目前常用的高层硬件描述语言 VHDL。

层次化设计输入也称为"自底向上"的设计方法,即将一个大的设计项目分解为若干个子项目或若干个层次来完成。先从底层的电路设计开始,然后在高层次的设计中逐级调用低层次的设计结果,直至最后系统电路的实现。对于每个层次的设计结果都需经过严格的仿真验证,尽量减少系统设计中的错误。在使用硬件描述语言设计电路时,也可以把硬件描述语言设计的电路作为底层元件,然后用原理图输入法将多个设计元件连接起来,实现多层次系统电路的设计。这种方法可以克服硬件描述语言在大系统设计时不够直观的缺点。

高层硬件描述语言 VHDL 主要内容包括:VHDL 设计实体的基本结构、语言要素、顺序语句、并行语句等。本章通过一些简单数字电路的设计实例对几种设计输入方式以及高层硬件描述语言 VHDL 的主要知识点进行了讨论。

习 题

题 11.1 一个相对完整的 VHDL 程序有哪些比较固定的结构?
题 11.2 试用 VHDL 对二输入异或门电路进行描述。
题 11.3 试用嵌套结构的 IF 语句描述带复位端的四选一多路选择器。
题 11.4 试通过调用已有的二输入与门模块、三输入与门电路的逻辑表达式和逻辑真值表分别进行电路设计,写出相应程序。
题 11.5 设计出带异步复位/置位 D 触发器。

题 11.6　试用 VHDL 描述 4 位二进制同步可逆计数器。

题 11.7　分析下面程序描述哪种时序电路。

```
LIBRARY IEEE;
USE IEEE.STD_LOGIC_1164.ALL;
ENTITY siso6 IS
PORT(clk,data_in:IN  STD_LOGIC;
     data_out:OUT  STD_LOGIC)
END siso6;
ARCHITECTURE rt OF siso6  IS
    SIGNAL temp:STD_LOGIC_VECTOR( 5 DOIWNTO 0);
BEGIN
    PROCESS(clk)
    BEGIN
      IF (rising_edge(clk)THEN
           temp(5) < = data_in;
            temp( 54DOIWNTO 0) < = ( 5 DOIWNTO 1)
        END IF;
    END PROCESS;
        data_out < = temp(0);
END rt;
```

题 11.8　根据下面 VHDL 的描述，画出相应的数字电路图。

```
LIBRARY IEEE;
USE IEEE.STD_LOGIC_1164.ALL;
ENTITY controll IS
PORT(a,b,c:IN BOOLEAN;
    y:OUT BOOLEAN);
END controll;
ARCHITECTURE example5 OF controll IS
  BEGIN
    PROCESS(a,b,c)
    VARIABLE n:BOOLEAN;
    BEGIN
    IF aTHEN n: = b;
    ELSE
    N: = c;
    ENDIF;
    y< = n;
  END PROCESS;
END example5;
```

题 11.9　判断下列程序实现的哪种逻辑门。

```
LIBRARY  IEEE;
USE IEEE.STD_LOGIC_1164.ALL;
    ENTITY tri _gate IS
```

```
            PORT(DIN,EN:IN std_logic;
            DOUT:OUT std_logic);
END tri_gate;
ARCHITECTURE rtl OF tri_gate  IS
BEGIN
    PROCESS(DIN,EN)
    BEGIN
    IF(EN = '1' )THEN
    DOUT< = DIN;
    ELSE
    DOUT< = 'Z';
    ENDm:
    END PROCESS;
END rtl;
```

题 11.10 试说明下列程序完成的逻辑功能。

```
LIBRARY IEEE;
USE IEEE.STD_ LOGIC _1164.ALL;
ENTITY tf IS
PORT(clk:IN   STD_ LOGIC;
      q:OUT   STD_LOGIC)
END tf;
ARCHITECTURE rt OF tf IS
SIGNAL q_temp:STD_ LOGIC: = '0';
BEGIN
    PROCESS(clk)
    BEGIN
     IF (clk'EVENT AND clk = '1')THEN
          q_temp < = NOT q _temp;
       END IF;
    END PROCESS;
        q< = q _temp;
END rt;
```

附录 A 数字电路系统的设计

A.1 数字电路系统的组成

数字电路系统是比较复杂的数字电路,一般由输入电路、输出电路、控制电路、运算电路、存储电路以及电源等部分组成。其中,运算电路和存储电路合称数据处理电路。

通常以是否有控制电路作为区别功能部件和数字系统的标志,凡是包含控制电路且能按顺序进行操作的系统,不论规模大小,一律称为数字系统,否则只能算是一个子系统部件,不能称做一个独立的数字系统。例如,大容量存储器尽管电路规模很大,但也不能称为数字系统。

1. 输入电路

输入电路的作用是将被处理信号加工变换成适应数字电路的数字信号,其形式包括各种输入接口电路。通过 A/D 转换、电平变换、串行-并行变换等,使外部信号源与数字系统内部电路在负载能力、驱动能力、电平、数据形式等方面相适配。同时,还提供数据锁存、缓冲,以解决外部电路和数字系统内部在数据传输速度上的差别。

2. 输出电路

输出电路是完成系统最后逻辑功能的重要部分。数字电路系统中存在各种各样的输出接口电路。其功能可能是发送一组经系统处理的数据,或显示一组数字,或通过 D/A 转换器将数字信号转换成模拟输出信号。信号的传输方向是从内到外。

3. 控制电路

控制电路的功能是为系统各部分提供所需的控制信号,它根据输入信号及运算电路的运算结果,发出各种控制信号,控制系统内各部分按一定顺序进行操作。数字电路系统中,各种逻辑运算、判别电路、时钟电路等都是控制电路,它们是整个系统的核心。时钟电路是数字电路系统中的灵魂,它属于一种控制电路,整个系统都在它的控制下按一定的规律工作。时钟电路包括主时钟振荡电路及经分频后形成的各种时钟脉冲电路。

4. 运算电路和存储电路

运算电路在控制电路指挥下,进行各种算术及逻辑运算,将运算结果送控制电路或者直接输出。输入数字系统的各种信息,以及运算电路在运算中的各种中间结果,都要由存储电路存储。在数字系统工作过程中,存储电路的内容不停地变化。

5. 电源电路

电源为整个系统工作提供所需的能源,为各端口提供所需的直流电平。直流电源类型繁多,一般分为线性电源和开关电源两类。线性电源结构简单,效率低;开关电源结构复杂,效率高,实际应用中应根据具体要求进行选择。

A.2 数字电路系统的方框图描述法

数字电路系统一般比较复杂,再用前面所介绍的真值表、表达式等描述方法不方便,而且方框图是描述数字系统的十分有效的方法。方框图描述法是在矩形框内用文字、表达式、符号或图形来表示系统的各个子系统或模块的名称和主要功能。矩形框之间用带箭头的线段相连接,表示各子系统或模块之间数据流或控制流的信息通道。图上的一条连线可表示实际电路间的一条或多条连接线,连线旁的文字或符号可以表示主要信息通道的名称、功能或信息类型。箭头指示了信息的传输方向。方框图对于数字系统的分析和设计都是十分重要的。方框图是系统分析和设计的初步,方框图描述法有以下特点:
① 提高了系统结构的可读性和清晰度。
② 容易进行结构化系统设计。
③ 便于对系统进行修改和补充。
④ 为设计者和用户之间提供了交流的手段和基础。

A.3 多路可编程控制器的设计与制作

在实际应用中,常常需要一种能同时控制多组开关按一定的方式闭合与断开的装置,比如显示图样不断变化的各种霓虹灯或彩灯的电源控制系统。本附录设计与制作的多路可编程控制器就具有这种功能。

A.3.1 多路可编程控制器的电路设计

1. 设计要求

设计并制作一种用于控制霓虹灯的控制器,它具有如下功能:
① 可以控制每段霓虹灯的点亮或熄灭。
② 每段霓虹灯的点亮与熄灭可以通过编程来实现。
③ 每间隔一段时间,霓虹灯的图样变化一次。
④ 图样变化的间隔时间可以调节。

2. 霓虹灯受控显示的基本原理

以背景霓虹灯的一种显示效果为例,介绍控制霓虹灯显示的基本原理。设有一排 n 段水平排列的霓虹灯,某种显示方式为从左到右每间隔 0.2 s 逐个点亮。其控制过程如下。

若以"1"代表霓虹灯点亮,以"0"代表霓虹灯熄灭,则开始时刻, n 段霓虹灯的控制信号均为"0"。随后,控制器将一帧 n 个数据送至 n 段霓虹灯的控制端,其中,最左边的一段霓虹灯对应的控制数据为"1",其余的数据均为 0,即 1000…000。

当 n 个数据送完以后,控制器停止送数,保留这种状态(定时)0.2 s,此时,第 1 段霓虹灯被点亮,其余霓虹灯熄灭。随后,控制器又在极短的时间内将数据 1100…000 送至霓虹灯的控制端,并定时 0.2 s,这段时间里前 2 段霓虹灯被点亮。由于送数过程很快,我们观测到的效果是第 1 段霓虹灯被点亮 0.2 s 后,第 2 段霓虹灯接着被点亮,即每隔 0.2 s 显示 1 帧图样。如此下去,最后控制器将数据 1111…111 送至 n 段霓虹灯的控制端,则 n 段霓虹灯被全部点亮。只要改变送至每段霓虹灯的数据,即可改变霓虹灯的显示方式,显然,可以通过合理地组合数据(编程)来得到霓虹灯的不同显示方式。

3. 系统框图

根据设计要求,可以确定如图 A.1 所示的系统框图。

框图中,右边的 $D_0 \sim D_n$ 为 n 个发光二极管,它们与 n 段霓虹灯相对应,二极管亮,则霓虹灯亮。下面介绍框图中各部分的功能与实现方法。

① 移位寄存器。移位寄存器用于寄存控制发光二极管亮、灭的数据。对应 n 个发光二极管,移位寄存器有 n 位输出。移位寄存器的输入信号取自存储器输出的 8 位并行数据。为使电路简单,可以采用 8 位并入并出的移位寄存器,也可以采用并入串出的移位寄存器。

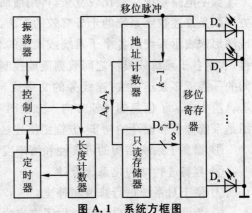

图 A.1 系统方框图

② 只读存储器。只读存储器内部通过编程已写入控制霓虹灯显示方式的数据。控制器每间隔一段时间(显示定时)将 n 位数据送至移位寄存器,所送的数据内容由存储器的地址信号确定。

存储器的容量由霓虹灯的段数、显示方式及显示方式种类的多少确定。n 段霓虹灯,m 种显示方式(每种显示方式包含 k 帧画面),要求存储器的容量为:

$$c = k \times n \times m \quad (\text{bit})$$

只读存储器可以采用常用的 EPROM,如 2764、27128、27256、27512 等,也可以采用 E^2PROM、闪存等。

③ 地址计数器。地址计数器产生由低到高连续变化的只读存储器的地址。存储器内对应地址的数据被送至寄存器。地址计数器输出的位数由存储器的大小决定。64 Kbit 容量的存储器对应的地址线为 16 根,要求 16 位计数器,其余可依次类推。地址计数器给出存储器的全部地址以后自动复位,重新从 0000H 开始计数。地址计数器可以采用一般的二进制计数器,如 74161、162 等。

④ 控制门与定时器。控制门用于控制计数脉冲是否到达地址计数器。控制门的控制信号来自定时器。定时器启动时,控制门被关闭,地址计数器停止计数,寄存器的数据被锁存。此段时间发光二极管发光。达到定时值时,定时器反相,计数器重新开始计数。控制门可以用一般的与门或者或门,定时器可以采用单稳态电路来实现,也可以用计数器实现。

⑤ 长度计数器。长度计数器与地址计数器对应同一个计数脉冲。长度计数器工作时,地址计数器也在工作。计数器工作期间,存储器对应地址的数据被逐级移位至对应的寄存器。长度计数器的计数长度为 $n/8$,该长度恰好保证一帧图样(n 位)的数据从存储器中读出送寄存器锁存。长度计数器达到长度值时自动清 0,同时启动定时器工作。定时器启动期间,长度计数器与地址计数器的计数脉冲均被封闭。

长度计数器电路可视计数的具体长度来确定。当计数长度较短时,可以采用移位寄存器来实现。

4. 实用电路

根据上面的分析,设计出如图 A.2 所示的霓虹灯显示控制器实用电路。该实用电路可以

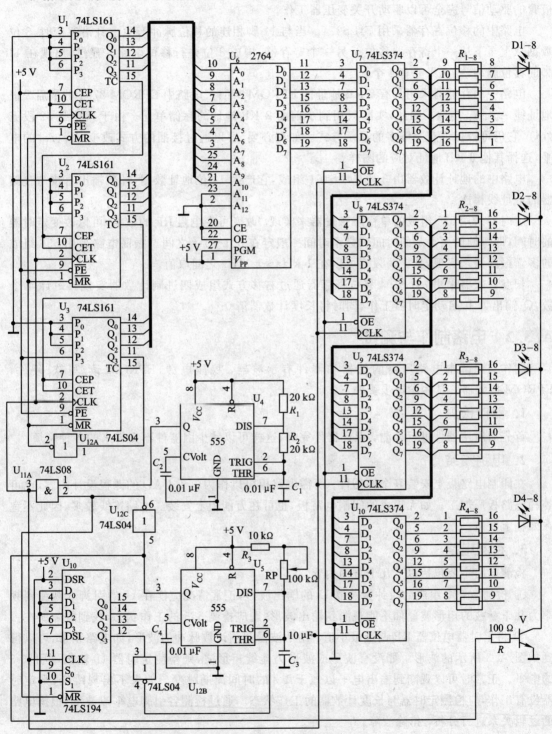

图 A.2 霓虹灯显示控制器实用电路

控制32段霓虹灯。这里用32个发光二极管代替霓虹灯。实际电路中,霓虹灯是由开关变压器提供的电源点亮的。开关变压器通过光耦进行强、弱电隔离。从寄存器输出的点亮发光二极管的驱动信号完全可以驱动开关变压器工作。

电路中的移位寄存器采用74LS374。当与11脚相连的移位脉冲产生上升沿突变时,8位数据从上至下从一个寄存器移位至另一个寄存器,构成8位并行移位电路。显然,出现在11脚的移位脉冲,一次只能有4个。

电路中的存储器采用具有8 KB地址的EPROM 2764。电路中EPROM 2764的最后2根地址线A_{11}、A_{12}接地。因此,实际只用到了前面2 KB地址的存储单元。由于只控制32段霓虹灯,它仍可以保证有足够多的显示方式。如有必要,可以通过接插的方式改变A_{11}、A_{12}的电平,选择其他6 KB地址对应的图样。

电路中的地址计数器由3块74LS161组成,它产生11位地址数据,计数输出直接与存储器的地址线相连。

定时器采用555组成的单稳态触发器来实现。改变可变电阻RP的数值,可以改变定时器的时间,即每帧画面显示的时间。显示时间一般定在0.1～1 s之间。振荡电路采用555组成的多谐振荡器来实现,其振荡频率可以在1 kHz～1 MHz之间取值。

长度计数器采用74LS194移位寄存器通过右移方式组成四进制计数器实现。每计4个数,Q_3输出为1,启动定时器工作,同时将长度计数器清0。

A.3.2 电路制作与测试

制作与测试本电路所需的仪器和器件有示波器,稳压电源,EPROM 读/写软、硬件,EPROM 擦除器。具体参考步骤如下。

1. 器件检测

首先对所用器件进行检测,保证器件完好,这样可以减少因器件不良带来的各种麻烦。

2. 电路安装

在印制电路板上安装好全部器件。所需电路板可以作为电子CAD的课程设计内容,也可委托电路板厂加工。如无现成的印制电路板,也可在万能板上安装。电路连线较多,因此不宜在面板上安装。

3. 检测电路

检测电路主要包括以下几个方面内容。

① 检测由555组成的时钟振荡器U_4的输出波形,正常情况应能在U_4的引脚3观测到频率为几千赫兹的矩形波。如不能观测到输出波形,则应检测555的工作状态,找到故障所在。

② 将定时器电位器RP调至最小值,用示波器观测计数脉冲的波形,如电路正常,可以得到如图A.3所示的波形。如没有波形或波形为连续矩形波,则检测定时器U_5输出端引脚3的电平。正常时可以观测到输出电平以短于1 s的时间周期跳变。如果不出现跳变,则定时器没有工作,应检测定时器与长度计数器的工作状态。通过检测各引脚电平或波形,根据电路的逻辑关系进行分析,排除故障。

③ 检测存储器各地址线的电平,在低地址端应能观测到电平的跳变。如地址线电平不发生变化,则应检测由4个74LS161构成的地址计数器工作是否正常,通过检测各IC的引脚

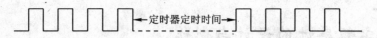

图 A.3 计数脉冲的波形

或波形,排除故障。

④ 检测寄存器 74LS374 各引脚电平,各电平值应与电路确定的值一致,出现异常则应找出故障所在,予以排除。

4. 排列发光二极管

将 32 个发光二极管按自己喜欢的方式排列成一定的图形或字符。

5. 确定显示方式

根据排列的图形,确定发光二极管的显示方式。

6. 确定存储器各地址对应的数据

显示方式确定之后,则可确定存储器各地址对应的数据。为加深读者的认识,设发光二极管水平排列,显示方式为从左至右一个一个点亮。这种情况下,各地址对应的数据如表 A.1 所列。表中,每行第 1 个十六进制数为存储器的一个起始地址,其余 16 个数为该地址及与该地址相连的其他 15 个地址的数据,也用十六进制数表示。

表 A.1 一种显示方式各地址对应的数据

地址	16 位数据															
0000H	00H	00H	00H	01H	00H	00H	00H	03H	00H	00H	00H	07H	00H	00H	00H	0FH
0010H	00H	00H	00H	1FH	00H	00H	00H	3FH	00H	00H	00H	7FH	00H	00H	00H	FFH
0020H	00H	00H	01H	FFH	00H	00H	03H	FFH	00H	00H	07H	FFH	00H	00H	0FH	FFH
0030H	00H	00H	1FH	FFH	FFH	00H	00H	3FH	FFH	00H	00H	7FH	FFH	00H	00H	FFH
0040H	00H	01H	FFH	00H	03H	FFH	FFH	00H	07H	FFH	FFH	00H	0FH	FFH	FFH	FFH
0050H	00H	1FH	FFH	FFH	00H	3FH	FFH	FFH	00H	7FH	FFH	FFH	00H	FFH	FFH	FFH
0060H	01H	FFH	FFH	FFH	03H	FFH	FFH	FFH	07H	FFH	FFH	FFH	0FH	FFH	FFH	FFH
0070H	1FH	FFH	FFH	FFH	3FH	FFH	FFH	FFH	7FH	FFH	FFH	FFH	FFH	FFH	FFH	FFH

7. 输入数据

读者可以利用任何读/写 EPROM 的软件及相关附件将编辑好的内容固化在 EPROM 中。固化时,必须注意使选择的编程电压与实际存储器的编程电压一致。

8. 显示图样

将 EPROM 插入 IC 插座,接通电源,即可看到发光二极管依一定的规律点亮与熄灭。观看显示方式是否与自己设计的方式一致,如不一致,找出原因。如属数据编辑错误,可改写前面的数据。EPROM 具有光擦除功能,要修改内部数据,必须先用紫外线擦除器擦除后,才能重写全部内容。

A.4 数字频率计的设计与制作

利用示波器可以粗略测量被测信号的频率,要精确测量信号的频率则要用到数字频率计。数字频率计的设计方法很多,本附录通过数字频率计的设计与制作可以进一步加深我们对数字电路应用技术方面的了解与认识,进一步熟悉数字电路系统设计、制作与调试的方法和步骤。

A.4.1 数字频率计电路设计

1. 设计要求

设计并制作一种数字频率计,其技术指标如下。
① 频率测量范围:10~9 999 Hz。
② 输入电压幅度:300 mV~3 V。
③ 输入信号波形:任意周期信号。
④ 显示位数:4 位。
⑤ 电源:220 V、50 Hz。

2. 数字频率计的基本原理

数字频率计的主要功能是测量周期信号的频率。频率是在单位时间(1 s)内信号周期性变化的次数。如果能在给定的 1 s 时间内对信号波形计数,并将计数结果显示出来,就能读取被测信号的频率。数字频率计首先必须获得相对稳定与准确的时间,同时将被测信号转换成幅度与波形均能被数字电路识别的脉冲信号,然后通过计数器计算这一段时间间隔内的脉冲个数,将其换算后显示出来。这就是数字频率计的基本原理。

3. 系统框图

从数字频率计的基本原理出发,根据设计要求,得到如图 A.4 所示的系统框图。

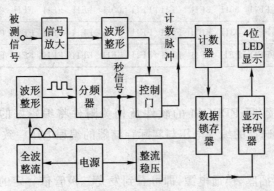

图 A.4 数字频率计系统框图

① 电源与整流稳压电路。框图中的电源采用 50 Hz 的交流市电。市电被降压、整流、稳压后为整个系统提供直流电源。系统对电源的要求不高,可以采用串联式稳压电源电路来实现。

② 全波整流与波形整形电路。本频率计采用市电频率作为标准频率,以获得稳定的基准

时间频率,频率漂移不能超过 0.5 Hz,即在 1% 的范围内。

滤波整流电路首先对 50 Hz 交流市电进行全波整流,得到如图 A.5(a)所示 100 Hz 的全波整流波形。波形整形电路对频率为 100 Hz 的信号进行整形,使之成为如图 A.5(b)所示 100 Hz 的矩形波。采用密特触发器或单稳态触发器可将全波整流波变为矩形波。

这部分的目的是获得一个标准周期信号,也可以不从市电获得,这时需要设置一个信号产生电路。

③ 分频器。分频器的作用是为了获得 1 s 的标准时间。首先对如图 A.5 所示的 100 Hz 信号进行 100 分频得到如图 A.6(a)所示周期为 1 s 的脉冲信号;然后再进行二分频得到如图 A.6(b)所示的占空比为 50%、脉冲宽度为 1 s 的方波信号,由此获得测量频率的基准时间。利用此信号去打开与关闭控制门,可以获得在 1 s 时间内通过控制门的被测脉冲的数目。

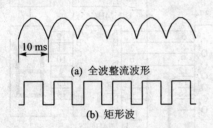

图 A.5 全波整流与波形整形电路的输出波形

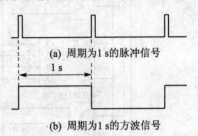

图 A.6 分频器的输出波形

分频器可以采用第 6 章介绍过的方法,由计数器通过计数获得。二分频可以采用 T′触发器来实现。

④ 信号放大、波形整形电路。为了能测量不同电平值与波形的周期信号的频率,必须对被测信号进行放大与整形处理,使之成为能被计数器有效识别的脉冲信号。信号放大可以采用一般的运算放大电路,波形整形可以采用施密特触发器。

⑤ 控制门。控制门用于控制输入脉冲是否送计数器计数。它的一个输入端接标准秒信号,一个输入端接被测脉冲。控制门可以用与门或或门来实现。当采用与门时,秒信号为正时进行计数;当采用或门时,秒信号为负时进行计数。

⑥ 计数器。计数器的作用是对输入脉冲计数。根据设计要求,最高测量频率为 9 999 Hz,应采用 4 位十进制计数器。可以选用现成的十进制集成计数器。

⑦ 锁存器。在确定的时间(1 s)内计数器的计数结果(被测信号频率)必须经锁定后才能获得稳定的显示值。锁存器通过触发脉冲的控制,将测得的数据寄存起来,送显示译码器。锁存器可以采用一般的 8 位并行输入寄存器。为使数据稳定,最好采用边沿触发方式的器件。

⑧ 显示译码器与数码管。显示译码器的作用是把用 BCD 码表示的十进制数转换成能驱动数码管正常显示的段信号,以获得数字显示。显示译码器的输出方式必须与数码管匹配。

4. 实际电路

根据系统框图,设计出的电路如图 A.7 所示。图中,稳压电源采用 7805 来实现,电路简单可靠,电源的稳定度与波纹系数均能达到要求。

对 100 Hz 全波整流输出信号,由 7 位二进制计数器 74HC4024 组成的一百进制计数器进行分频。计数脉冲下降沿有效。在 74HC4024 的 Q_7、Q_6、Q_3 端通过与门加入反馈清 0 信

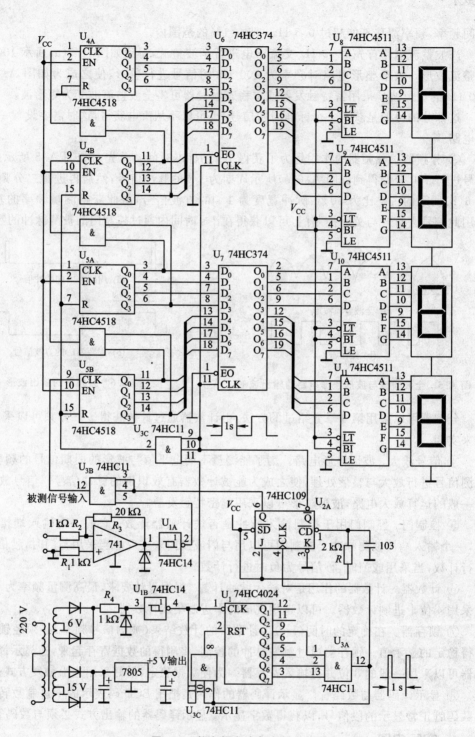

图 A.7 数字频率计电路图

号。当计数器输出为二进制数 1100100(十进制数为 100)时,计数器异步清 0,实现一百进制计数。为了获得稳定的分频输出,清 0 信号与输入脉冲"与"后再清 0,使分频输出脉冲在计数脉冲为低电平时能保持高电平一段时间(10 ms)。电路中采用双 JK 触发器 74HC109 中的一个触发器组成 T′ 触发器。它将分频输出脉冲整形为脉宽为 1 s,周期为 2 s 的方波。从触发器

Q 端输出的信号加至控制门,确保计数器只在 1 s 的时间内计数。从触发器 $\overline{Q}$ 端输出的信号作为数据寄存器的锁存信号。

被测信号通过 741 组成的运算放大器放大 20 倍后送施密特触发器整形,得到能被计数器有效识别的矩形波输出。通过由 74HC11 组成的控制门送计数器计数。为了防止输入信号太强而损坏集成运算放大器,可以在运算放大器的输入端并接 2 个保护二极管。

频率计数器由 2 块双十进制计数器 74HC4518 组成,最大计数值为 9999 Hz。由于计数器受控制门控制,每次计数只在 JK 触发器 Q 端为高电平时进行。当 JK 触发器 Q 端由高电平跳变至低电平时,$\overline{Q}$ 端由低电平向高电平跳变,8D 锁存器 74HC374(上升沿有效)将计数器的输出数据锁存起来送显示译码器。计数结果被锁存以后,即可对计数器清 0。由于 74HC4518 为异步高电平清 0,所以将 JK 触发器的 $\overline{Q}$ 与 100 Hz 脉冲信号"与"后的输出信号作为计数器的清 0 脉冲。由此保证清 0 是在数据被有效锁存一段时间(10 ms)以后再进行。

A.4.2 数字频率计的制作与调试

制作与调试频率计所需的仪器设备有示波器、音频信号发生器、逻辑笔、万用表、数字集成电路测试仪和直流稳压电源。制作与调试可以参考如下步骤进行。

1. 器件检测

用数字集成电路检测仪对所要用的 IC 进行检测,以确保每个器件完好。如有兴趣,也可对 LED 数码管进行检测,检测方法由自己确定。

2. 电路连接

在自制电路板上将 IC 插座及各种器件焊接好。装配时,先焊接小器件,最后固定并焊接变压器等大器件。电路连接完毕后,可以先不插 IC,这样对保护 IC 有好处。

3. 电源测试

将与变压器连接的电源插头插入 220 V 电源,用万用表检测稳压电源的输出电压。输出电压的正常值应为+5 V。如果输出电压不对,应仔细检查相关电路,消除故障。稳压电源输出正常后,接着用示波器检测产生基准时间的全波整流电路输出波形。正常情况应观测到如图 A.5(a)所示的波形。

4. 基准时间检测

关闭电源后,插上全部 IC。依次用示波器检测由 U_1(74HC4024)与 U_{3A} 组成的基准时间计数器与由 U_{2A} 组成的 T′ 触发器的输出波形,并与图 A.6 所示的波形对照。如无输出波形或波形形状不对,则应对 U_1、U_2、U_3 各引脚的电平或信号波形进行检测,消除故障。

5. 输入检测信号

从被测信号输入端输入幅值为 1 V 左右、频率为 1 kHz 左右的正弦信号,如果电路正常,数码管可以显示被测信号的频率。如果数码管没有显示,或显示值明显偏离输入信号频率,则进一步检测。

6. 输入放大与整形电路检测

用示波器观测整形电路 U_{1A}(74HC14)的输出波形。正常情况下,可以观测到与输入频率一致、信号幅值为 5 V 左右的矩形波。

7. 控制门检测

检测控制门 U_{3C}(74HC11)输出信号波形。正常时,每间隔 1 s 时间,可以在荧屏上观测到被测信号的矩形波。如观测不到波形,则应检测控制门的 2 个输入端的信号是否正常,并通过进一步的检测找到故障电路,消除故障。如电路正常,或消除故障后频率计仍不能正常工作,则检测计数器电路。

8. 计数器电路的检测

依次检测 4 个计数器 74HC4518 时钟端的输入波形。正常时,相邻计数器时钟端的波形频率依次相差 10 倍。正常情况时,各电平值或波形应与电路中给出的状态一致。如频率关系不一致或波形不正常,则应对计数器和反馈门的各引脚电平与波形进行检测,通过分析找出原因,消除故障。如电路正常,或消除故障后频率计仍不能正常工作,则检测锁存器电路。

9. 锁存电路的检测

依次检测 74HC374 锁存器各引脚的电平与波形。正常情况时,各电平值应与电路中给出的状态一致。其中,第 11 脚的电平每隔 1 s 跳变 1 次。如不正常,则应检查电路,消除故障。如电路正常,或消除故障后频率计仍不能正常工作,则检测锁存器电路。

10. 显示译码电路与数码管显示电路的检测

检测显示译码器 74HC4511 各控制端与电源端引脚的电平,同时检测数码管各段对应引脚的电平及公共端的电平,通过检测与分析找出故障。

A.5 数字电路系统设计与制作的一般方法

通过对前面 2 个具体数字电路系统的设计与制作,我们对数字电路设计有了一定的认识。数字电路系统的设计与第 4 章和第 6 章讨论的组合和时序逻辑电路的设计有较大的区别。组合逻辑电路与一般时序逻辑电路的设计是根据设计任务要求,用真值表、状态表求出简化的逻辑表达式,画出逻辑图、逻辑电路,用一般的集成门电路或集成触发器电路来实现。而本附录设计的数字电路系统具有复杂的逻辑功能,难以用真值表、逻辑表达式来完整地描述其逻辑功能,用前面介绍的方法来设计,显然是复杂而困难的。

利用数字电路硬件描述语言来设计数字系统是目前最先进的方法。硬件描述语言比较简单第 11 章已经进行了介绍。

从后续课程的要求出发,本课程最关心的问题是通过对各种基本数字电路的认识与了解,利用现有的数字电路器件来设计与实现具有各种复杂逻辑关系的数字系统。下面讨论采用这种方法进行数字电路系统设计与制作的一般方法。

A.5.1 数字电路系统设计的一般方法

数字电路系统一般包括输入电路、输出电路、控制电路、运算和存储电路以及电源等。在设计输入电路时,必须首先了解输入信号的性质,接口的条件,以设计合适的输入接口电路。在本附录设计与制作的数字频率计中,通过输入电路对微弱信号进行放大、整形,得到数字电路可以处理的数字信号。

设计控制电路是数字系统设计的最重要的内容,必须充分注意不同信号之间的逻辑性与时序性。比如本章设计与制作的多路可编程控制器,其定时器即为一控制电路。正是在它的作用下,计数脉冲才按一定的时间周期(定时器的定时时间)一组一组地送给地址计数器,形成时间控制。在数字频率计中,从 JK 触发器 2 个反相输出端输出的信号也是控制信号,它既控制了被测信号送至计数器的时间,同时又控制了锁存器在计数完毕后对数据进行锁存。

设计时钟电路,应根据系统的要求首先确定主时钟的频率,并注意与其他控制信号结合产生系统所需的各种时钟脉冲。比如多路可编程控制器中的 555 多谐振荡电路,数字频率计中的基准时间形成电路等都属于时钟电路。

输出电路是完成系统最后逻辑功能的重要部分。设计输出电路,必须注意与负载在电平、信号极性、拖动能力等方面进行匹配。比如数字频率计的显示译码与数码管电路,多路可编程控制器的并行移位寄存器及驱动电路等,都属于系统的输出电路。

电源为整个系统工作提供所需的能源,为各端口提供所需的直流电平。在数字电路系统中,TTL 电路对电源电压要求比较严格,电压值必须在一定范围内;CMOS 电路对电源电压的要求相对比较宽松。设计电源时,必须注意电源的负载能力、电压的稳定度及波纹系数等。

显然,任何复杂的数字电路系统都可以逐步划分成不同层次、相对独立的子系统。通过对子系统的逻辑关系、时序等的分析,最后可以选用合适的数字电路器件来实现。将各子系统组合起来,便完成了整个大系统的设计。按照这种由大到小,由整体到局部,再由小到大,由局部到整体的设计方法进行系统设计,就可以避免盲目的拼凑,完成设计任务。数字电路系统设计的一般步骤如下。

① 消化课题。必须充分了解设计要求,明确被设计系统的全部功能、要求及技术指标。熟悉被处理信号与被控制对象的各种参数与特点。

② 确定总体设计方案。根据系统逻辑功能将系统分解,画出系统的原理框图。确定贯穿不同方框间各种信号的逻辑关系与时序关系。方框图应能简洁、清晰地表示设计方案的原理。

③ 绘制单元电路并对单元电路仿真。选择合适的数字器件,用电子 CAD 软件绘出各逻辑单元的逻辑电路图。标注各单元电路输入/输出信号的波形。原理图中所用的元件应使用标准标号;电路的排列一般按信号流向由左至右排列;重要的线路放在图的上方,次要线路放在图的下方,主电路放在图的中央位置;当信号通路分开画时,在分开的两端必须做出标记,并指出断开处的引出与引入点。

然后利用电子 CAD 软件中的数字电路仿真软件对电路进行仿真测试,以确定电路是否准确无误。当电路中采用 TTL、CMOS、运放、分立元件等多种器件时,如果采用不同的电源供电,则要注意不同电路之间电平的正确转换,并绘制出电平转换电路。

④ 分析电路。可能设计的单元电路不存在任何问题,但组合起来后系统却不能正常工作,为此,必须充分分析各单元电路,尤其是对控制信号要从逻辑关系、正反极性、时序几个方面进行深入考虑,确保不存在冲突。在深入分析的基础上通过对原设计电路的不断修改,获得最佳设计方案。

⑤ 完成整体设计。在各单元电路完成的基础上,用电子 CAD 软件将各单元电路连接起来,画出符合软件要求的整机逻辑电路图。

⑥ 逻辑仿真。整体电路设计完毕后,再次在仿真软件上对整个试验系统进行逻辑仿真,验证设计。

根据设计任务设计出一个比较理想的数字电路系统，必须经常训练、反复实践才能熟练。为使设计尽可能优化，必须对数字电路器件，尤其是中、大规模集成电路器件有比较多的了解。学会查阅数字电路器件手册，了解不同器件之间的区别。充分明了各器件输入端、控制端对信号的要求以及输出端输出信号的特点，这些对设计者来说是十分重要的。熟悉电子CAD软件的使用，对我们的设计十分有帮助。

A.5.2 数字电路系统的安装与调试

数字系统整体电路设计完毕后，还必须通过试验板的安装与调试，纠正设计中因考虑不周出现的错误或不足。检测出实际系统正常运行的各项技术指标、参数、工作状态、输出驱动情况、动作情况与逻辑功能。系统装调工作是验证理论设计，进一步修正设计方案的重要实践过程。具体可按如下步骤进行。

1. 制作PCB

如果整体电路是利用电子CAD软件按其要求绘制的，则可以利用该软件绘制PCB图，制作出印制电路板。采用PCB制作数字电路系统可以保证试验系统工作可靠，减少不必要的差错，大大节省电路试验时间。

2. 检测器件

在将器件安装到PCB上之前，对所选用的器件进行测试是十分有必要的，它可以减少因器件原因造成的电路故障，缩短工作时间。

3. 安装元、器件

将各种元、器件安装到PCB上是一件不太困难的工作。安装时，集成电路最好通过插座与电路板连接，便于不小心损坏元、器件后进行更换。数字电路的布线一般比较紧密、焊点较小，在焊接过程中注意不要出现挂锡或虚焊。

4. 电路调试

电路的调试可分两步来进行，一是单元电路的调试，二是总调。只有通过调试使单元电路到达预定要求，总调才能顺利进行。调试时应注意以下事项。

① 充分理解电路的工作原理和电路结构，对电路输入/输出量之间的逻辑关系，正常情况下信号的电平、波形、频率等做到心中有数。据此设计出科学的调试方法，包括选用的仪器设备、调试的步骤、每个步骤中检测的部位、如何人为设置电路工作状态进行测试等。

② 可以先进行静态测量，确定IC的电源、地、控制端的静态电平等直流工作状态是否正常后再进行动态测量，如果电路装配工艺比较好，也可以在动态测量发现问题后再进行静态测量。进行静、动态测量时应尽量保证测试条件与电路的实际工作状态相吻合。

③ 在寻找故障时，可以按信号的流程对电路进行逐级测量，或由前往后，或由后向前；也可以根据电路的特点从关键部位入手进行；或根据通电连接后系统的工作状态直接从电路的某一部分着手进行。

④ 明确每次测量的意义，要了解什么，希望解决什么问题，一定要做到心中有数。从测量中掌握的各种数据、现象、观测到的信号波形等入手，通过分析、试验（调整）再开始新的测量，如此循环往复进行，就可以发现与排除故障，达到预定的设计目标。

⑤ 在对电路进行检测、试验或调整的过程中，应掌握一些实用的检测方法，如对换法（将

检测好的器件或电路代替怀疑有故障的器件或电路)、对比法(通过测量将故障电路与正常电路的状态、参数等进行逐项对比)、对分法(把有故障的电路根据逻辑关系分成2部分,确定是哪一部分有问题,然后再对有故障的电路再次对分,直至找到故障所在)、信号注入法(根据电路的逻辑关系,人为设置输入端口电平或注入数字信号,观测电路的响应,判断故障所在)、信号寻迹法(从信号的流向入手,通过在电路中跟踪寻找信号,找出故障所在)。

在数字电路中,由于不存在大功率、大电流、高电压的工作状态,电路故障一般都是装配过程中出现的挂锡、虚焊、元件插错等原因造成的,除非IC插反了方向或电源接错了极性,一般情况下,有源器件损坏的可能性较小。

5. 归纳总结

当电路能够正常工作以后,应将测试的数据、波形、计算结果等原始数据归纳保存,以备以后查阅。最后编写总结报告。总结报告应对本设计的特点、所采用的设计技巧、存在的问题、解决的方法、电路的最后形式、电路达到的技术指标等进行必要的分析与阐述。

数字电路系统的设计,应采取从整体到局部,再从局部到整体的设计方法。通过对系统的目标、任务、指标要求等的分析绘出系统的方框图是设计的第1步;通过对每个框图作用的进一步分析,通过对各种数字电路器件的深入认识,合理设计每个框图中的实际电路是系统设计中最重要的内容;通过对电路的进一步分析、仿真、修改,以使系统完善与优化,是系统设计的关键所在。

系统装配与调试工作是验证理论设计,进一步修正设计方案的实践过程。数字系统的制作必须严格遵守相关工艺,按步骤进行。在调试数字系统时要充分理解电路的工作原理和电路结构,有步骤、有目的地进行。对系统进行检测时,应灵活运用"对换"、"对比"、"对分"、"信号注入"、"信号寻迹"等方法。

附录 B 数字系统一般故障的检查和排除

一个数字系统通常由多个功能模块组成,每个功能模块都要有确定的逻辑功能。查询数字系统的故障实际上就是找出故障所在的功能块,然后再查出故障,并加以排除。若要迅速、有条理地查出故障,通常应根据整机逻辑图对故障现象进行分析和判断,找出可能出现故障的功能块,而后再根据安装接线图对有关功能块进行检测,以确定有故障的功能块和定位故障点,并加以排除。整机逻辑图主要用于分析故障,而安装接线图则用于具体查询故障。它们对于分析、查询和排除故障是十分重要的。

B.1 常见故障

1. 永久故障

永久故障一旦产生就会永久保持下去,只有通过人为修复后,故障才会排除。绝大多数静态故障属于这一类。

① 固定电平故障。固定电平故障是指某一点电平为一个固定值的故障。例如接地故障,这时故障点的逻辑电平固定在 0 上;若电路某一点和电源短路,这时故障点的逻辑电平固定在 1 上。这类故障在没有排除前,故障点的逻辑电平不会恢复到正常值。

② 固定开路故障。固定开路故障是一种在电路中经常出现的故障,例如门电路某个输入管栅极引线断开或外引线未和其他路连通而悬空,这时门电路的输出端处于高阻状态,这种故障称为开路故障。由于门电路输入和输出电阻非常大,因此门电路输出和下级门电路间的分布电容对电荷的存储效应使输出电平在一定时间内会保持不变。

③ 桥接故障。桥接故障是由 2 根或多根信号线相互短路造成的,裸线部分过长,或印制电路焊接不注意时容易引起这类故障。桥接故障主要有 2 种类型:一种是输入信号线之间桥接造成的故障,另一种是输出线与输入线连在一起所形成的反馈桥接故障。桥接故障会改变原有电路的逻辑功能。

2. 随机故障

随机故障具有偶发的特点,出现电路故障的瞬间会造成电路功能错误,故障消失后,功能又恢复正常。它的表现形式为时有时无,出现具有随机性。

引线松动、虚焊,设计不合理,电磁干扰等都会使系统产生随机故障。对于引线松动、虚焊引起的随机故障应修理加以排除;对于设计不合理(例如竞争冒险现象)引起的随机故障应在电路设计上采取措施加以消除;对于电磁干扰引起的随机故障需要进行防范。随机故障的检查和判断是十分麻烦的。

B.2 产生故障的主要原因

1. 设计电路时未考虑集成电路的参数和工作条件

如集成电路的参数不合适、工作条件不具备，就会产生故障。设计电路要考虑以下情况。

① 集成电路负载能力差。集成电路负载能力不能满足实际负载的需要，应选用负载能力更强的集成电路。例如一个普通与非门能带动同类门的数目为 N，实际驱动 M 个同类门，若 $M>N$，则无法驱动，电路的逻辑功能将被破坏，系统不能正常工作。这时应选用负载能力更强的集成电路。

② 集成电路工作速度低。一组输入信号通过集成电路需要延时一段时间才能在输出端得到稳定的输出信号，输出信号稳定后才能输入第 2 组输入信号。若集成电路工作速度低，内部延时过长，则在输入脉冲频率较高时，会出现输出不稳定的故障。要查处这种故障十分困难，为此，在进行逻辑设计时，应选用比实际工作速度更高的集成电路。

③ 电子元、器件的热稳定性差。电子元、器件的特性受温度的影响较大，主要表现为开机时设备工作正常，经过一段工作时间后，随着机内温度升高工作便不正常了，关机冷却一段时间后再开机，又正常了。反之，当机内温度较低时出现故障，而温度升高后设备工作正常，这些都属于热稳定性差引起的故障。这些故障在分立元件为主的设备中表现更为突出。解决的办法是设计时选用热稳定性好的电子元、器件。

2. 安装布线不当

在安装中断线、桥接、漏线、错线、多线、插错电子元件或器件、使能端信号加错或未加、闲置输入端处理不当（例如集成电路闲置输入端悬空）都会造成故障。另外，布线和元、器件安置不合理，容易引起干扰，也会造成各种各样的故障。应以集成电路为中心检查有无上述问题，重点检查集成电路是否插错，各元、器件之间连线是否正确，电源线和地线是否合理。

3. 接触不良

接触不良也是容易发生的故障，如插接件松动、虚焊、接点氧化等。这类故障的表现为信号时有时无，带有一定的偶发性。减少这类故障的办法是选用质量好的插接件，从工艺上保证焊接质量。

4. 工作环境恶劣

许多数字设备对工作环境都有一定的要求，如温度过高或过低，湿度过大等因素都难以保证设备正常工作。使用环境的电磁干扰超过设备的允许范围也会使设备不能正常工作。

B.3 查找故障的常用方法

查找故障的目的是确定故障的原因和部位，以便及时排除，使设备恢复正常工作。查找故障通常用以下方法。

1. 直观检查法

直观检查法有以下几种。

① 常规检查。常规检查主要是检查设备的功能是否符合要求,能否正常使用。首先应观察设备有没有被腐蚀、破损,电源熔断丝是否烧断,导线有无断线,电子元、器件有无变色或脱落。此外,还应检查插件的松动、电解电容的漏液、焊点的脱落等,这些都是查找故障的重要线索。

② 静态检查。静态检查就是将电路通电后,观察有无异常现象,并用仪表测试电路逻辑功能是否正常。例如集成电路芯片和晶体管等外壳过热,因功率过大烧毁电子元、器件产生的异味或冒烟等是异常现象。若无异常现象,还需要用仪表测试电路的逻辑功能,并做详细记录,以供分析故障使用。

静态检查是查找故障的重要方法,很大一部分故障可以在静态检查中发现并消除。

③ 缩小故障所在区域。一个数字系统通常由多个子系统或模块组成,一旦发生故障往往很难查找,这时首先应该根据故障现象和检测结果进行分析、判断,确定故障可能出现的子系统或模块,然后再对该子系统或模块进行单独检查。

2. 顺序检查法

顺序检查法通常采用由输入到输出和由输出到输入 2 种检查法。

① 由输入级逐级向输出级检查。采用这种方法检查时,通常需要在输入端加入信号,然后沿着信号的流向逐级向输出级进行检查,直到发现故障为止。

② 由输出级逐级向输入级检查。当发现输出信号不正常时,这时应从故障级开始逐级向输入级进行检查,直到输出信号好的一级为止,则故障便出现在信号由正常变为不正常的一级。

有些子系统不但有分支模块、汇合模块,还有反馈回路,使故障的检查变得较为复杂,一般按以下方法检查。

对于分支模块、汇合模块一般由输入级开始逐级检查各模块的输入信号和输出信号,以确定故障部位;对于具有反馈回路的系统,由于反馈回路将部分或全部输出信号反馈到输入端形成了闭合回路,这类系统出现的故障可能在系统模块内,也可能在反馈回路内。检查这类故障时,通常将反馈回路断开,对每一个模块单独检查,以便确定故障所在模块,若模块正常工作,则故障就出现在反馈环路内。

3. 对分法

对分法就是把有故障的电路根据逻辑关系分成 2 部分,确定是哪一部分有问题,然后再对有故障的电路再次对分,直至找到故障所在。对分法能加快查找故障的速度,是一种十分有效的检查方法。

4. 比较法

比较法就是通过测量将故障电路与正常电路的状态、参数等进行逐项对比。为了尽快找出故障,常将故障电路主要测试点的电压波形以及电流、电压参数和一个工作正常的相同电路对应测试点的参数进行比较,从而查出故障。比较法也是一种常用的故障检查方法。

5. 替换法

替换法就是用检测好的器件或电路代替怀疑有故障的器件或电路,以判断故障,排除故障。若替换后故障消失了,则说明该元、器件或电路有故障,同时也排除了故障,这是替换法的优点。替换法方便易行,但有可能损坏器件,使用时要慎重。

除了以上方法外，人们在实践中还摸索到其他一些方法，实际操作时，应灵活运用上述方法。在数字系统有多种故障同时出现时，应先检查排除对系统工作影响严重的故障，然后再检查排除其他次要的故障。

B.4 故障的排除

故障查出后，就要排除，排除故障并不困难。若故障是由电子元、器件损坏造成的，最好用同厂、同型号的元、器件替换，也可用同型号的其他厂家产品替换，但要保证质量。若故障是由导线的断线、焊点的脱落等原因引起的，则应更换好的导线，焊好脱落的焊点。在故障排除后，应检查修复后的数字系统是否已完全恢复正常功能，是否带来其他问题。只有功能完全恢复，达到规定的技术要求，而又没有附加问题时，才能确信故障完全排除。

附录 C 国产半导体集成电路型号命名法（GB3430—82）

本标准适用于国家标准生产的半导体集成电路系列产品（通常简称器件）。

C.1 型号的组成

半导体器件型号由 5 部分组成，其符号和意义如表 C.1 所列。

表 C.1 半导体器件的符号和意义

第 0 部分		第 1 部分		第 2 部分	第 3 部分		第 4 部分	
用字母表示符合国标		用字母表示器件类型		用字母表示器件系列和品种代号	用字母表示器件的工作温度范围		用字母表示器件的封装形式	
符号	意义	符号	意义		符号	意义	符号	意义
C	中国制造	T	TTL		C	0～70℃	W	陶瓷扁平
		H	HTL		E	−40～85℃	B	塑料扁平
		E	ECL		R	−55～85℃	F	全密封扁平
		C	CMOS		M	−55～125℃		
		F	线性放大器		⋮	⋮	D	陶瓷直插
		⋮	⋮				P	塑料直插
							J	黑陶瓷扁平
							K	金属菱形
							T	金属圆形
							⋮	⋮

C.2 实际器件举例

例 1：CT74S20ED。第 0 部分 C 表示符合国家标准；第 1 部分 T 表示 TTL 器件；第 2 部分 74S20 表示是肖特基系列双 4 输入与非门；第 3 部分 E 表示温度范围为 −40～85℃；第 4 部分 D 表示陶瓷双列直插封装。CT74S20ED 是肖特基 TTL 双 4 输入与非门。

例 2：CC4512MF。第 0 部分 C 表示符合国家标准；第 1 部分 C 表示 CMOS 器件；第 2 部分 4512 表示是 8 选 1 数据选择器；第 3 部分 M 表示温度范围为 −55～125℃；第 4 部分 F 表示全密封扁平封装。CC4512MF 为 CMOS 8 选 1 数据选择器（三态输出）。

例 3：CF0741CT。第 0 部分 C 表示符合国家标准；第 1 部分 F 表示线性放大器；第 2 部分 0741 表示是通用Ⅲ型运算放大器；第 3 部分 C 表示温度范围为 0～70℃；第 4 部分 T 表示金属圆形封装。

CF0741CT 为通用Ⅲ型运算放大器。

附录 D 本书常用文字符号

D.1 晶体管符号

V(或 T)	三极管符号
V_D(或 D)	二极管符号
V_N	NMOS 管
V_P	PMOS 管
b	晶体三极管的基极
c	晶体三极管的集电极
e	晶体三极管的发射极
G(或 g)	MOS 管栅极
D(或 d)	MOS 管漏极
S(或 s)	MOS 管源极
B	MOS 管衬底

D.2 电压、电流和功率符号

1. 电压符号

u	一般电压符号
U_m	电压幅度
u_i	输入电压
U_{iH}	输入高电平
U_{iL}	输入低电平
u_o	输出电压
U_{oH}	输出高电平
U_{oL}	输出低电平
U_{on}	二极管、晶体管开启电压
U_T	温度的电压当量

$U_{(BR)}$	二极管的击穿电压
u_{CE}	三极管 c-e 间的电压
$U_{CE(sat)}$（或 U_{CES}）	三极管 c-e 间的饱和电压
$U_{(BR)CEO}$	三极管基极开路时 c-e 间的击穿电压
u_{GS}	MOS 管栅极-源极间电压
u_{DS}	MOS 管漏极-源极间电压
$U_{GS(th)}$（或 U_T）	增强型 MOS 管开启电压
$U_{GSN(th)}$（或 U_{TN}）	增强型 NMOS 管开启电压
$U_{GSP(th)}$（或 U_{TP}）	增强型 PMOS 管开启电压
$U_{GS(off)}$（或 U_P）	耗尽型 MOS 管夹断电压
$U_{GSN(off)}$（或 U_{PN}）	耗尽型 NMOS 管夹断电压
$U_{GSP(off)}$（或 U_{PP}）	耗尽型 PMOS 管夹断电压
U_{th}	门电路的阈值电压
U_{off}	门电路的关门电平
U_{on}	门电路的开门电平
U_{SH}	门电路的标准高电平
U_{SL}	门电路的标准低电平
U_{NH}	门电路的高电平噪声容限
U_{NL}	门电路的低电平噪声容限
U_{T+}	施密特触发器正向阈值电压
U_{T-}	施密特触发器负向阈值电压
$\triangle U_T$	施密特触发器滞后电压（回差电压）
V_{REF}	基准参考电压
V_{CC}	双极型三极管的集电极电源电压
V_{BB}	双极型三极管的基极电源电压
V_{DD}	MOS 管的漏极电源电压

2. 电流符号

i（或 I）	一般电流符号
i_i	输入电流
I_{iH}	输入高电平时的电流
I_{iL}	输入低电平时的电流
i_o	输出电流
I_{OH}	输出高电平时的电流
I_{OL}	输出低电平时的电流
I_{CC}（或 I_{DD}）	电源电流
I_F	二极管正向电流
I_R	二极管反向电流
I_S	二极管的反向饱和电流
i_C	双极型三极管的集电极电流

本书常用文字符号
附录 D

I_{CBO}	发射极开路时的 c–b 间的反向电流
I_{CEO}	基极开路时的 c–e 间的穿透电流
$I_{C(sat)}$	临界饱和集电极电流
I_{CM}	集电极最大允许电流
i_B	双极型三极管的基极电流
$I_{B(sat)}$	临界饱和基极电流
i_L	负载电流

3. 功率符号

P	功率通用符号
P_O	输出功率
P_D	静态功耗
Pa	动态功耗
P_{tOt}	总功耗
P_M	最大允许功耗
P_{CM}	集电极最大允许耗散功率

D.3　电阻、电导和电容符号

R, r	电阻通用符号（小写表示器件内部等效电阻）
R_i	输入电阻
R_o	输出电阻
R_L	负载电阻
R_S	信号源内阻
R_F	反馈电阻
r_{on}	器件导通电阻
R_{ext}	外接电阻
R_{off}	门电路的关门电阻
R_{on}	门电路的开门电阻
G, g	电导的通用符号
C	电容的通用符号
C_{ext}	外接电容负载
C_L	负载电容
g_m	跨导

D.4　时间和频率符号

1. 时间

t	一般时间符号

t_d	延迟时间
t_s	存储时间
t_r	上升时间
t_f	下降时间
t_{re}	二极管反向恢复时间
t_{on}	开启时间或开通时间
t_{off}	关闭时间
t_{pd}	平均传输延迟时间
T	周期
t_W（或 T_W）	脉冲宽度
τ	时间常数

2. 频 率

f	频率通用符号
ω	角频率通用符号
f_o	中心频率、谐振频率、输出频率
f_{CP}	时钟频率
f_{max}	最高频率
q	占空比

D.5 逻辑器件及其他符号

A、B、C、D	常用输入逻辑变量
L、Y、F、Z	常用输出逻辑变量
G	逻辑门
OC	集电极开路输出门
OD	漏极开路输出门
TSL	三态输出门
TG	传输门
FF	触发器
E(EN)	允许、使能、控制端
Q、$\bar{Q}$	触发器、计数器、寄存器状态输出
a、b、c、d、e、f、g、h、dp	显示译码器笔段输出
BI	灭灯输入
LT	灯测试
CP(CLOK)	触发器时钟脉冲
Cr、CR	清 0 端
S	置位、加法和

R	复位
S_d	直接置 1 端
R_d	直接置 0 端（触发器）
D	数据、D 触发器输入
J、K	JK 触发器输入
LD	送数控制端
U/D	加/减计数选择
P/S	串行/并行选择
R/W	读/写控制
TH	阈值控制
TR	触发输入
OUT	输出
NC	空
Z	高阻输出
D_{SL}	左移串行输入端
D_{SR}	右移串行输入端

D.6 其他参数符号

β	三极管共发射极电流放大系数
α	三极管共基极电流放大系数
A	放大倍数的通用符号
F	反馈系数的通用符号
K	绝对温度
N_F	噪声系数
η	效率
D	非线性失真系数
N_i	扇入系数
N_o	扇出系数

参考文献

[1] 清华大学电子学教研组编,阎石主编. 数字电子技术基础[M]. 4 版. 北京:高等教育出版社,1998.

[2] 华中工学院电子学教研组编,康华光主编. 电子技术基础(数字部分)[M]. 4 版. 北京:高等教育出版社,2000.

[3] 李大友等. 数字电路逻辑设计[M]. 北京:清华大学出版社,1997.

[4] 刘守义,钟苏. 数字电子技术[M]. 西安:西安电子科技大学出版社,2000.

[5] 杨志忠. 数字电子技术基础[M]. 北京:高等教育出版社,2003.

[6] 靳孝峰. 数字电子电路基础[M]. 北京:中国商业出版社,2001.

[7] 杨颂华等编著. 数字电子技术基础[M]. 西安:西安电子科技大学出版社,2000.

[8] 蔡良伟. 数字电路与逻辑设计[M]. 西安:西安电子科技大学出版社,2003.

[9] 皇莆正贤. 数字逻辑电路[M]. 合肥:中国科学技术大学出版社,1993.

[10] 孙津平. 数字电子技术[M]. 西安:西安电子科技大学出版社,2000.

[11] 宋万杰等. CPLD 技术及其应用[M]. 西安:西安电子科技大学出版社,1999.

[12] 杨晖,张风言. 大规模可编程逻辑器件与数字系统设计[M]. 北京:北京航空航天大学出版社,1998.

[13] 李广军等. 可编程 ASIC 设计及应用[M]. 成都:电子科技大学出版社,2000.

[14] 黄正瑾. 在系统编程技术及其应用[M]. 南京:东南大学出版社,1997.

[15] 高泽涵. 电子电路故障诊断技术[M]. 西安:西安电子科技大学出版社,2001.

[16] 电子工程手册编委会. 中外集成电路简明速查手册——TTL、CMOS[M]. 北京:电子工业出版社,1991.

[17] 中国集成电路大全编委会编. 中国集成电路大全——存储器集成电路[M]. 北京:国防工业出版社,1995.